확률과 통계 입문 2판

BASIC PROBABILITY & STATISTICS

이재원 지음

한빛아카데미
Hanbit Academy, Inc.

지은이 **이재원** ljaewon@kumoh.ac.kr

성균관대학교 수학과를 졸업하였고, 동 대학교 대학원에서 이학석사, 이학박사 학위를 취득하였다. 미국 아이오와대학교에서 객원 교수를 지냈으며, 1996년부터 현재까지 국립 금오공과대학교 응용수학과에 재직 중이다. 현재 한국수학교육학회, 대한수학회, 영남수학회에서 회원으로 활동하고 있다. 다음의 도서를 포함하여 수학/통계 관련 교재의 집필과 번역 활동을 활발히 하고 있다.

- 『알기 쉬운 미분적분학(개정판)』 (북스힐, 2010)
- 『확률과 보험통계(개정판)』 (경문사, 2012)
- 『대학수학 Plus』 (한빛아카데미, 2013)
- 『이자론 중심으로 배우는 금융수학 : 보험계리사 시험 대비』 (한빛아카데미, 2014)
- 『(실생활 소재로 쉽게 설명한) 경영경제통계학』 (북스힐, 2015)
- 『생생한 사례로 배우는 확률과 통계』 (한빛아카데미, 2016)
- 『공학인증을 위한 확률과 통계(제4판)』 (북스힐, 2019)
- 『기초수학(2판)』 (한빛아카데미, 2020)
- 『EXCEL을 활용한 확률과 통계』 (북스힐, 2021)
- 『공학도라면 반드시 알아야 할 최소한의 수학(8판)』 (한빛아카데미, 2022)

확률과 통계 입문 2판

초판발행 2023년 6월 30일

지은이 이재원 / **펴낸이** 전태호
펴낸곳 한빛아카데미(주) / **주소** 서울시 서대문구 연희로2길 62 한빛아카데미(주) 2층
전화 02-336-7112 / **팩스** 02-336-7199
등록 2013년 1월 14일 제2017-000063호 / **ISBN** 979-11-5664-667-9 93410

총괄 김현용 / **책임편집** 김은정 / **기획 · 편집** 조우리
디자인 최연희 / **전산편집** 임희남 / **제작** 박성우, 김정우
영업 김태진, 김성삼, 이정훈, 임현기, 이성훈, 김주성 / **마케팅** 길진철, 김호철, 심지연

이 책에 대한 의견이나 오탈자 및 잘못된 내용에 대한 수정 정보는 아래 이메일로 알려주십시오.
잘못된 책은 구입하신 서점에서 교환해 드립니다. 책값은 뒤표지에 표시되어 있습니다.

홈페이지 www.hanbit.co.kr / 이메일 question@hanbit.co.kr

Published by HANBIT Academy, Inc. Printed in Korea

어려운 확률과 통계, 이제 꼭 필요한 것만 배우자!

2017년 7월에 초판이 출간된 이후 많은 교수님과 학생들의 애정에 힘을 받아 2판을 출간할 수 있게 되어 감사드린다. 초판은 통계학의 기초를 다지고자 하는 독자에게 많은 사랑을 받았다. 이에 따라 2판에서는 초판을 읽은 독자의 다양한 의견을 반영하여 내용을 구성하였다.

2판은 확률과 통계를 공부하면서 학생이 가질 수 있는 의문점을 스스로 해결하는 능력을 함양할 수 있도록 내용을 수정 및 보완하였으며, 학생들의 의견을 반영하여 확률과 통계에 더 친숙하게 다가갈 수 있도록 구성하였다. 그리고 초판을 집필한다는 마음으로 보다 실용적인 문제를 수록하였다.

이 책은 첫째로 수학 기초가 부족한 학생을 위해 확률과 통계를 되도록 쉽게 풀어 쓰고, 둘째로 학생들의 통계적 사고력을 함양시키는 데 주목하였다. 따라서 이러한 방향에 맞춰 한 학기용 확률과 통계 과목에 필수인 내용을 중점적으로 다룬다. 이 책은 초판과 동일하게 확률과 통계의 기초, 기술통계학, 확률과 확률분포, 추측통계학의 4개 PART로 구성하였으며, 본문 내용뿐만 아니라 예제, I Can Do 문제, 연습문제 등을 새롭고 다양하게 구성하였다. 2판에서 보완한 내용은 다음과 같다.

1. 이산확률분포의 확률을 쉽게 구할 수 있도록 1장에 수열과 급수를 추가하였다.
2. 결합확률밀도함수에 대한 확률 이론과 계산을 이해할 수 있도록 2장에 편미분과 이중적분의 기본 내용을 추가하였다.
3. 확률 계산을 더 쉽게 이해할 수 있도록 5장에 경우의 수, 순열과 조합을 보완하였다.
4. 두 확률변수가 결합된 확률분포를 이해할 수 있도록 7장에 결합확률분포를 추가하였다.
5. 8장에 이산확률분포인 이산균등분포, 기하분포, 초기하분포, 푸아송분포와 연속확률분포인 균등분포, 지수분포 등을 추가하였다.
6. 초판의 '8장 표본분포와 통계적 추정'을 2판에서 '9장 표본분포', '10장 추정'으로 분리하였다.
7. 9장에 표본평균의 분포와 표본비율의 분포 개념을 보완하였으며, 10장에 표본의 크기를 결정하는 방법을 추가하였다.

초판에 이어 여러분이 통계학을 이해하고 통계적 사고력을 함양하는 데 이 책이 많은 도움이 되기를 진심으로 희망한다. 또한 기획 및 편집을 도와준 한빛아카데미㈜ 관계자 여러분께 큰 감사를 드린다.

이재원

미리보기

||| 목차 |||

||| 학습목표 |||

- 사건의 개념을 이해하고, 경우의 수를 구할 수 있다.
- 순열과 조합의 의미를 이해하고, 순열의 수와 조합의 수를 계산할 수 있다.
- 확률의 의미를 이해하고, 주어진 사건의 확률을 계산할 수 있다.
- 확률의 여러 가지 성질을 이용하여 확률을 계산할 수 있다.
- 조건부 확률을 이해하고, 사건의 독립성을 이해할 수 있다.
- 전확률 공식을 이해하고, 베이즈 정리를 적용하여 확률을 계산할 수 있다.

학습목표
해당 장에서 배울 내용을 간략히 소개한다.

Section 6.2 **연속확률변수**

'연속확률변수'를 왜 배워야 하는가?
이산확률변수는 확률변수 X가 취할 수 있는 개개의 값이 구분되며, 그 값이 유한개이거나 셀 수 있는 값이다. 그러나 하루 동안 최저 온도 -10℃에서 최고 온도 5℃까지 수은주의 높이를 확률변수 X라 하면, X가 취할 수 있는 값은 구간 $[-10, 5]$ 안의 모든 실수로 나타난다. 이 절에서는 이와 같이 확률변수 X의 상태공간이 구간으로 나타나는 경우에 대한 확률함수와 분포함수 및 확률을 계산하는 방법에 대해 살펴본다.

도입글
해당 장의 응용 분야와 해당 장을 배워야 하는 이유를 소개한다.

연속확률변수의 의미

온도계 수은주의 높이, 새로 교체한 전구의 수명 등과 같이 확률변수가 취하는 값이 어떤 구간인 경우를 생각할 수 있다. 이때 온도계 수은주의 높이는 유한구간이고, 전구의 수명은 무한구간이다.

정의 6-5 **연속확률변수**
확률변수 X의 상태공간이 유한구간 $[a, b]$, (a, b) 또는 무한구간 $[0, \infty)$, $(-\infty, \infty)$인 확률변수를 **연속확률변수** continuous random variable 라 한다.

정의
본문에서 기억해 두어야 할 주요 개념을 보여준다.

정리 5-14 **베이즈 정리** Bayes' theorem
사건 $A_1, A_2, \cdots, A_n$이 표본공간 S의 분할이라 하고 $P(B)>0$인 어떤 사건 B가 발생했을 때, 사건 A_i의 조건부 확률은 다음과 같다.

$$P(A_i \mid B) = \frac{P(A_i)P(B \mid A_i)}{\sum_{j=1}^{n} P(A_j)P(B \mid A_j)}$$

이때 사건 B의 발생 원인을 제공하는 확률 $P(A_i)$를 **사전확률** prior probability 이라 하고, 사건 B가 발생한 이후의 확률 $P(A_i \mid B)$를 **사후확률** posterior probability 이라 한다.

정리
본문에서 중요한 명제를 뽑아 정리로 소개한다.

예제 5-9

10 이하의 자연수 중에서 임의로 어느 하나를 선택하는 실험을 한다. 짝수가 나오는 사건을 A, 3의 배수가 나오는 사건을 B, 소수가 나오는 사건을 C라 할 때, 각 사건이 일어날 확률을 구하라.

풀이

표본공간과 세 사건을 집합으로 나타내면 다음과 같다.

$$S = \{1, 2, 3, 4, 5, 6, 7, 8, 9, 10\}$$
$$A = \{2, 4, 6, 8, 10\},\ B = \{3, 6, 9\},\ C = \{2, 3, 5, 7\}$$

따라서 구하고자 하는 확률은 각각 다음과 같다.

$$P(A) = \frac{5}{10} = \frac{1}{2},\quad P(B) = \frac{3}{10},\quad P(C) = \frac{4}{10} = \frac{2}{5}$$

예제
본문에서 다룬 개념을 적용한 문제와 상세한 풀이를 담았다.

I Can Do 5-9

주사위를 두 번 던지는 실험에서 첫 번째 나온 눈의 수가 짝수인 사건을 A, 두 번째 나온 눈의 수가 짝수인 사건을 B, 두 눈의 합이 7인 사건을 C라 할 때, 각 사건이 일어날 확률을 구하라.

I Can Do 문제
예제와 유사한 유형을 직접 풀어보는 문제를 제시한다.

I Can Do 문제 해답
각 PART의 I Can Do 문제 해답을 QR 코드로 제공한다.

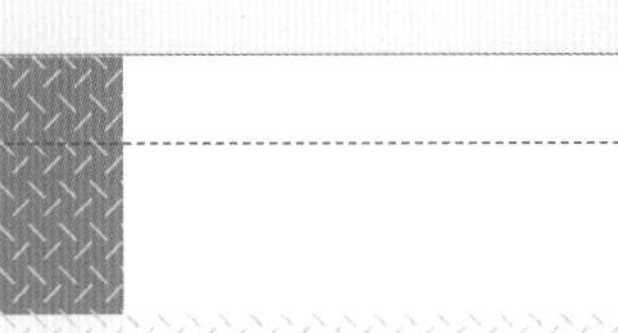

Chapter 05 연습문제

기초문제

1. 각각 네 종류가 있는 그림 카드 J, Q, K 중 3장을 뽑아서 순서대로 나열할 수 있는 경우의 수를 구하라.
① 132 ② 150 ③ 220 ④ 1320 ⑤ 1500

6. $(a+b)(l+n+m)(p+q+r)$을 전개할 때 항의 개수를 구하라.
① 18 ② 12 ③ 8 ④ 24 ⑤ 32

응용문제

13. 다음 극한값을 구하라.
(a) $\lim_{x \to 1}(3x^2+x-2)$
(b) $\lim_{x \to -1}(3x^2+x-2)$

21. 곡선 $y = \frac{1}{x}+1$ 위의 점 $(1, 2)$에서 접선의 방정식을 구하라.

심화문제

37. 양의 정수만을 취하는 확률변수 X의 확률질량함수 $f(x)$에 대해, $f(x)$가 다음과 같이 정의되는 어떤 양의 상수 k가 존재하는가? 존재하지 않으면 그 이유를 설명하라.
(a) $f(x) = \frac{k}{x}$
(b) $f(x) = \frac{k}{x^2}$

연습문제
해당 장의 내용을 제대로 이해했는지 짚어볼 수 있는 문제를 [기초 → 응용 → 심화]의 순서로 제시한다.
〈부록 B〉에서 연습문제 해답을 제공한다.

• 강의자용 : **강의보조자료 다운로드**
한빛출판네트워크(http://www.hanbit.co.kr) 접속 → [교수전용] 클릭 → [강의자료] 클릭

• 학습자용 : **I Can Do 문제 해답 다운로드**
한빛출판네트워크(http://www.hanbit.co.kr) 접속 → [SUPPORT] 클릭 → [자료실] 클릭

목차

PART 02 기술통계학

Chapter 03 자료의 정리

Chapter 04 자료의 수치적 특성

PART 03 확률과 확률분포

Chapter 05 확률

Chapter 06 확률변수

Chapter 07 결합확률분포

Chapter 08 여러 가지 확률분포

PART 04 추측통계학

Chapter 09 표본분포

Chapter 10 추정

목차

Chapter 11 가설검정

PART 01

확률과 통계의 기초

||| 목차 |||

PART 01에서는 무엇을 배울까?

PART 01에서는 확률과 통계를 배우는 데 필수인 수학을 다룬다.

먼저 1장에서는 집합과 함수의 개념을 살펴보고, 수열과 급수의 개념 및 계산 방법을 알아본다. 어떤 관심의 대상이 나타날 확률을 구하기 위해서는 관심의 대상인 '사건'을 생각해야 하는데, 그 '사건'을 수학적으로 '집합'으로 표현할 수 있다. 또한 연속확률변수에 대한 확률을 계산하기 위한 도구는 확률밀도함수라는 연속함수이고, 이산확률변수에 대한 확률을 계산하기 위한 도구는 확률질량함수라는 수열의 합으로 표현된다. 따라서 집합과 함수, 그리고 수열의 합은 확률에 있어서 가장 기본이 되는 수학적 도구이다.

2장에서는 미분과 적분에 대한 기본적인 개념과 성질을 살펴보고, 변수를 확장한 편미분과 이중적분에 대해 알아본다. 연속확률분포는 미분과 적분 개념으로 설명되며, 두 개의 연속확률변수가 결합된 확률분포는 편미분과 이중적분 개념으로 설명된다. 따라서 미분과 적분, 그리고 편미분과 이중적분에 대한 기본적인 개념과 계산 방법을 숙지해야 한다.

I Can Do 문제 해답

Chapter 01

집합과 함수

||| 목차 |||

||| 학습목표 |||

- 집합의 개념을 이해하고, 여러 가지 상황을 집합으로 표현할 수 있다.
- 함수의 개념을 이해하고, 일차함수와 이차함수의 특성을 이용하여 문제를 해결할 수 있다.
- 이변수함수의 개념을 이해하고, 이변수함수의 특성을 이용하여 문제를 해결할 수 있다.
- 수열과 급수의 개념을 이해하고, 수열의 극한과 급수의 합을 구할 수 있다.

Section

1.1 집합

'집합'을 왜 배워야 하는가?

여론조사 기관에서 발표하는 정당 지지율에 대한 통계조사를 살펴보면 연령별, 지역별로 정당 지지율을 비교하는 경우를 자주 접한다. 이에 따라 조사에 응답한 모든 사람을 연령별, 지역별로 구분한 집합을 생각할 수 있다. 또한 주사위를 던져서 짝수 눈이 나올 확률을 구하고자 한다면 주사위 눈의 수 중에서 짝수라는 특정한 성질을 만족하는 집합을 생각해야 한다. 이처럼 집합은 확률과 통계를 학습하는 데 있어 기본적으로 필요한 개념이다. 이 절에서는 집합에 대한 기본적인 개념과 성질을 살펴본다.

집합의 의미

강의실 안에 있는 학생 50명을 다음과 같이 두 가지 방법으로 나눠보자.

- 멋진 남학생과 아름다운 여학생의 모임
- 안경을 낀 학생들의 모임

'멋지다'와 '아름답다'라는 개념은 보는 사람 개개인의 생각에 따라 다르게 나타난다. 따라서 '멋지다' 또는 '아름답다'와 같은 개념은 명확한 기준을 설정할 수 없다. 그러나 '안경을 끼다'와 같은 개념은 안경이라는 조건에 의해 그 대상을 명확하게 결정할 수 있다. 이와 같이 어떤 조건에 의해 명확히 구별할 수 있는 대상들의 모임과 그렇지 않은 대상들의 모임을 생각할 수 있다. 이때 명확히 구별되는 대상들의 모임을 집합이라고 한다.

정의 1-1 집합과 원소

- **집합**set : 주어진 조건에 의해 그 대상을 명확하게 구별할 수 있는 대상들의 모임
- **원소**element : 집합을 이루는 개개의 대상

보편적으로 집합은 대문자 알파벳 A, B 등으로 나타내고, 원소는 소문자 알파벳 a, b 등으로 나타낸다. 예를 들어 주사위를 던져서 나올 수 있는 모든 눈의 수를 생각해보자. 만일 짝수 눈의 수의 집합을 A라고 하면, A의 원소는 2, 4, 6이다. 이때 A의 원소 2에 대하여, "2는 집합 A에 속한다."고 하고 다음과 같이 나타낸다.

$$2 \in A$$

그러나 3은 집합 A에 속하지 않으며, 이 경우에는 다음과 같이 나타낸다.

$$3 \notin A$$

집합은 중괄호 기호 { }를 이용하여 나타내며, 집합을 표현하는 방법으로는 다음 두 가지가 있다.

정의 1-2 원소나열법과 조건제시법

- **원소나열법**tabular form : 집합을 이루는 모든 원소를 나열하여 표현하는 방법
- **조건제시법**set-builder form : 원소에 대한 조건을 이용하여 표현하는 방법

예를 들어 주사위를 던지는 게임에서 짝수 눈에 대한 집합을 원소나열법으로 표현하면 다음과 같다.

$$A = \{2, 4, 6\}$$

그리고 이 집합은 다음과 같이 조건제시법으로 표현할 수도 있다.

$$A = \{x \mid x\text{는 짝수, } 1 \le x \le 6\}$$

이때 주사위를 던져서 나올 수 있는 모든 눈의 수로 이루어진 집합 $U = \{1, 2, 3, 4, 5, 6\}$과 같은 모든 원소의 집합을 **전체집합**universal set이라고 한다. 원소의 개수와 특성에 따라 집합을 다음과 같이 분류한다.

정의 1-3 집합의 종류

- **유한집합**finite set : 원소의 개수가 유한개인 집합
- **무한집합**infinite set : 원소의 개수가 무수히 많은 집합
- **가산집합**countable set : 자연수 전체의 집합과 같이 원소의 개수를 셀 수 있는 무한집합
- **비가산집합**uncountable set : 실수 전체의 집합과 같이 원소의 개수를 셀 수 없는 무한집합
- **공집합**empty set : 원소가 하나도 없는 집합($\varnothing$)

예제 1-1

다음 모임이 집합인지 아닌지를 결정하고, 집합이면 원소나열법과 조건제시법으로 표현하라.

(a) 1월 한 달 동안 좋은 날씨의 모임

(b) 10보다 작거나 같은 홀수의 모임

풀이

(a) '좋다'는 기준이 명확하지 않으므로 집합이 아니다.

(b) '10보다 작거나 같은 홀수'라는 기준이 명확하므로 집합이고, 다음과 같이 표현할 수 있다.

$$A = \{1, 3, 5, 7, 9\} = \{x \mid 0 < x \leq 10,\ x\text{는 홀수}\}$$

I Can Do 1-1

다음 모임이 집합인지 아닌지를 결정하고, 집합이면 원소나열법과 조건제시법으로 표현하라.

(a) 맛있는 음식의 모임

(b) 20보다 작은 소수 전체의 모임

이제 두 집합 사이의 포함관계를 나타내는 집합과 두 집합의 상등을 다음과 같이 정의한다.

정의 1-4 부분집합과 상등

- **부분집합** subset : 두 집합 A와 B에 대하여 집합 A의 모든 원소가 집합 B에 속할 때, 즉 다음을 만족할 때 집합 A를 집합 B의 부분집합이라 하고 $A \subset B$로 나타낸다.

$$a \in A \Rightarrow a \in B$$

- **상등** equal : $A \subset B$이면서 $B \subset A$인 두 집합 A와 B는 '상등'이라 하고, $A = B$로 나타낸다.

[그림 1-1]은 $A \subset B$인 관계를 만족하는 두 집합 A와 B를 나타낸 벤 다이어그램이고, '집합 B는 집합 A를 포함한다'고 한다. 집합 A가 집합 B의 부분집합이 아닌 경우에는 $A \not\subset B$로 나타내고, 서로 같지 않은 두 집합은 $A \neq B$로 나타낸다.

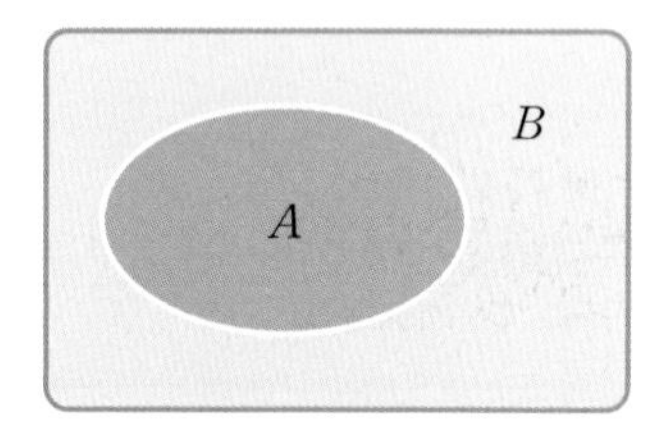

[그림 1-1] 부분집합의 벤 다이어그램

예를 들어 자연수 전체의 집합을 $\mathbb{N}$, 정수 전체의 집합을 $\mathbb{Z}$, 유리수 전체의 집합을 $\mathbb{Q}$, 그리고 실수 전체의 집합을 $\mathbb{R}$이라고 하면 다음과 같은 포함관계가 성립한다.

$$\mathbb{N} \subset \mathbb{Z} \subset \mathbb{Q} \subset \mathbb{R}$$

여러 가지 집합

두 집합 A와 B의 원소에 의해 새로 구성되는 집합을 살펴보자.

■ 교집합

[그림 1-2(a)]와 같이 두 집합 A와 B 안에 모두 포함된 원소로 구성된 집합을 A와 B의 **교집합** intersection of sets이라고 하며, 다음과 같이 정의한다.

$$A \cap B = \{x \mid x \in A \text{ 그리고 } x \in B\}$$

특히 다음과 같이 공통인 원소를 갖지 않는 두 집합 A와 B를 **서로소** disjoint라고 한다.

$$A \cap B = \varnothing$$

■ 합집합

[그림 1-2(b)]와 같이 집합 A 또는 B의 원소로 구성된 집합을 A와 B의 **합집합** union of sets이라고 하며, 다음과 같이 정의한다.

$$A \cup B = \{x \mid x \in A \text{ 또는 } x \in B\}$$

■ 차집합

[그림 1-2(c)]와 같이 집합 A 안에는 포함되지만 집합 B 안에는 포함되지 않는 원소로 구성된 집합을 A와 B의 **차집합** difference of sets이라고 하며, 다음과 같이 정의한다.

$$A - B = \{x \mid x \in A \text{ 그리고 } x \notin B\}$$

■ 여집합

[그림 1-2(d)]와 같이 집합 A 안에 포함되지 않는 모든 원소로 구성된 집합을 A의 **여집합** complementary set이라고 하며, 다음과 같이 정의한다.

$$A^c = \{x \mid x \in U \text{ 그리고 } x \notin A\}$$

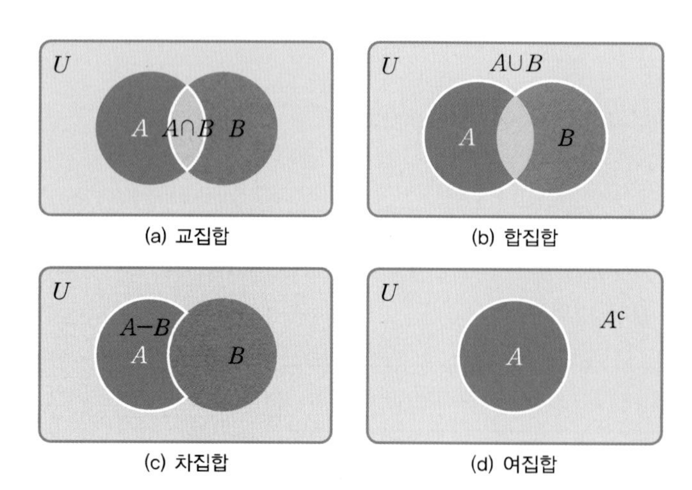

[그림 1-2] 여러 가지 집합의 벤 다이어그램

예제 1-2

전체집합이 $U = \{x \mid x$는 자연수, $x \le 10\}$일 때, 두 집합 $A = \{3, 5, 7\}$과 $B = \{3, 6, 9\}$에 대해 다음 집합을 구하라.

(a) $A \cap B$　　(b) $A \cup B$　　(c) $A - B$　　(d) $A \cap B^c$

풀이

(a) $A \cap B = \{3\}$

(b) $A \cup B = \{3, 5, 6, 7, 9\}$

(c) $A - B = \{5, 7\}$

(d) $B^c = \{1, 2, 4, 5, 7, 8, 10\}$이므로 $A \cap B^c = \{5, 7\}$이다.

I Can Do 1-2

전체집합이 $U = \{x \mid x$는 정수, $-3 \le x \le 3\}$일 때, 두 집합 $A = \{x \mid x$는 홀수, $x \in U\}$와 $B = \{x \mid x$는 자연수, $x \in U\}$에 대해 다음 집합을 구하라. 여기서 홀수는 음의 홀수를 포함한다.

(a) $A \cap B$　　(b) $A \cup B$　　(c) $A - B$　　(d) $A \cap B^c$

집합의 성질

전체집합 U와 집합 A, B, C에 대해 다음과 같은 기본적인 집합 연산이 성립한다.

정리 1-1 합집합의 성질

(1) $A \cup A = A$

(2) $A \cup B = B \cup A$ (교환법칙)

(3) $A \cup \varnothing = A$

(4) $A \cup A^c = U$

(5) $A \cup U = U$

(6) $(A \cup B) \cup C = A \cup (B \cup C)$ (결합법칙)

정리 1-2 교집합의 성질

(1) $A \cap A = A$

(2) $A \cap B = B \cap A$ (교환법칙)

(3) $A \cap \varnothing = \varnothing$

(4) $A \cap A^c = \varnothing$

(5) $A \cap U = A$

(6) $(A \cap B) \cap C = A \cap (B \cap C)$ (결합법칙)

특히 [그림 1-1]에서 알 수 있듯이 두 집합 A와 B에 대해 $A \subset B$이면, A와 B의 합집합과 교집합은 각각 다음과 같다.

$$A \cup B = B, \quad A \cap B = A$$

또한 다음과 같이 $A \subset B$인 집합 B를 서로소인 두 집합 A와 $B - A$의 합집합으로 표현할 수 있다.

$$B = A \cup (B - A)$$

정리 1-3 여집합의 성질

$$(A^c)^c = A$$

정리 1-4 분배법칙

(1) $(A \cup B) \cap C = (A \cap C) \cup (B \cap C)$

(2) $(A \cap B) \cup C = (A \cup C) \cap (B \cup C)$

정리 1-5 드 모르간의 법칙 De Morgan's law

(1) $(A \cup B)^c = A^c \cap B^c$

(2) $(A \cap B)^c = A^c \cup B^c$

예제 1-3

전체집합 $U = \{x \mid x$는 자연수, $x \le 10\}$에 대해 부분집합 A, B, C를 다음과 같이 정의한다.

$$A = \{x \mid x\text{는 짝수},\ x \in U\},\ B = \{x \mid x\text{는 소수},\ x \in U\},\ C = \{3, 5, 7, 9\}$$

다음 집합을 구하라.

(a) $(A \cap B) \cup C$

(b) $(A \cup C) \cap (B \cup C)$

(c) $(A \cup B) \cap C$

(d) $(A \cap C) \cup (B \cap C)$

풀이

부분집합 A, B, C를 원소나열법으로 표현하면 다음과 같다.

$$A = \{2, 4, 6, 8, 10\},\ B = \{2, 3, 5, 7\},\ C = \{3, 5, 7, 9\}$$

(a) $A \cap B = \{2\}$이므로 $(A \cap B) \cup C = \{2, 3, 5, 7, 9\}$이다.

(b) $A \cup C = \{2, 3, 4, 5, 6, 7, 8, 9, 10\}$, $B \cup C = \{2, 3, 5, 7, 9\}$이므로 $(A \cup C) \cap (B \cup C) = \{2, 3, 5, 7, 9\}$이다.

(c) $A \cup B = \{2, 3, 4, 5, 6, 7, 8, 10\}$이므로 $(A \cup B) \cap C = \{3, 5, 7\}$이다.

(d) $A \cap C = \varnothing$, $B \cap C = \{3, 5, 7\}$이므로 $(A \cap C) \cup (B \cap C) = \{3, 5, 7\}$이다.

I Can Do 1-3

[예제 1-3]에 대해 다음 집합을 구하라.

(a) $(A \cup B)^c$

(b) $A^c \cap B^c$

(c) $(A \cap B)^c$

(d) $A^c \cup B^c$

Section

1.2 함수

'함수'를 왜 배워야 하는가?

확률 현상에서 발생하는 특정한 성질을 나타내기 위해 확률변수를 사용하는데, 이때 확률변수에 대한 함수를 이용하면 확률을 쉽게 계산할 수 있다. 따라서 함수는 확률을 계산하는 데 꼭 필요한 기본적인 개념이다. 이 절에서는 함수의 의미와 성질, 그리고 기본적인 함수에 대해 살펴본다.

함수의 의미

공집합이 아닌 두 집합 X와 Y의 원소 사이에서 생각할 수 있는 여러 가지 대응관계 중에서 '함수'에 대해 알아보자.

정의 1-5 함수

- **함수**function : 공집합이 아닌 두 집합 X와 Y에 대해, X의 각 원소 x를 Y의 오직 한 원소 y에 대응시키는 관계 f를 X에서 Y로의 함수라 하고, $f: X \to Y$, $y = f(x)$로 나타낸다.
- **함숫값**value of function : X에서 Y로의 함수 f에 대해, x값에 따라 정해지는 y값인 $y = f(x)$
- **정의역**domain : 함수 $y = f(x)$에 대해 함숫값 y가 존재하는 모든 x의 집합

$$\text{dom}(f) = \{x \in X \mid \exists\, y = f(x)\}$$ [1]

- **치역**range : 함수 $y = f(x)$의 정의역에 있는 모든 x에 대한 함숫값 y의 집합

$$\text{ran}(f) = \{y \mid y = f(x),\ \forall\, x \in \text{dom}(f)\}$$ [2]

X에서 Y로의 함수 $y = f(x)$에 대하여, x값이 정해지면 대응관계 f에 의해 y값이 오직 하나로만 정해진다. 이때 x를 **독립변수**independent variable, y를 **종속변수**dependent variable라고 한다. X에서 Y로의 함수 $y = f(x)$에 대해 [그림 1-3]을 보면 f의 치역 $\text{ran}(f)$는 집합 Y의 부분집합, 즉 $\text{ran}(f) \subset Y$이다. 이때 치역을 $f(X)$로 나타내기도 하며, 집합 Y를 f의 **공역**codomain이라고 한다.

1 수학 기호 ∃는 '존재한다'는 의미의 단어 'Exist'의 'E'를 거꾸로 나타낸 것이다.
2 수학 기호 ∀는 '모든 ~에 대해'라는 의미의 단어 'for All'의 'A'를 거꾸로 나타낸 것이다.

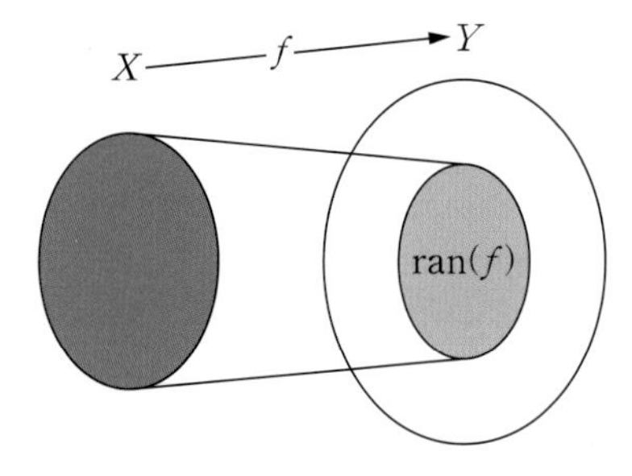

[그림 1-3] 공역과 치역

또한 X에서 Y로의 함수 $y=f(x)$에 대해 순서쌍 (x, y) 전체의 집합을 함수 $y=f(x)$의 **그래프** graph라고 한다.

$$G=\{(x, y) \mid y=f(x), \ \forall x \in \operatorname{dom}(f)\}$$

특히 정의역의 모든 원소가 공역의 한 원소에 대응하는 함수 $y=f(x)=a(a \in Y)$를 **상수함수** constant function라 하고, 자기 자신에 대응하는 함수 $y=f(x)=x$를 **항등함수** identity function라고 한다.

예제 1-4

다음의 집합 X에서 Y로의 대응관계 f가 함수인지 아닌지를 결정하라. 만일 대응관계가 함수이면 정의역, 공역, 치역을 구하고 그래프를 그려라.

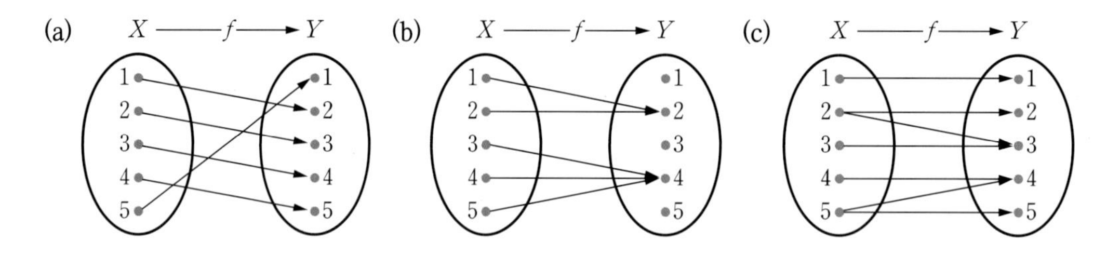

풀이

(a) 집합 X의 각 원소에 집합 Y의 원소가 하나씩 대응하므로 대응관계 f는 함수이다. 이때 정의역 $\operatorname{dom}(f)$, 공역 Y, 치역 $\operatorname{ran}(f)$는 각각 다음과 같다.

$$\operatorname{dom}(f)=\{1, 2, 3, 4, 5\}, \quad Y=\{1, 2, 3, 4, 5\}, \quad \operatorname{ran}(f)=Y$$

또한 함수 f의 그래프는 다음과 같다.

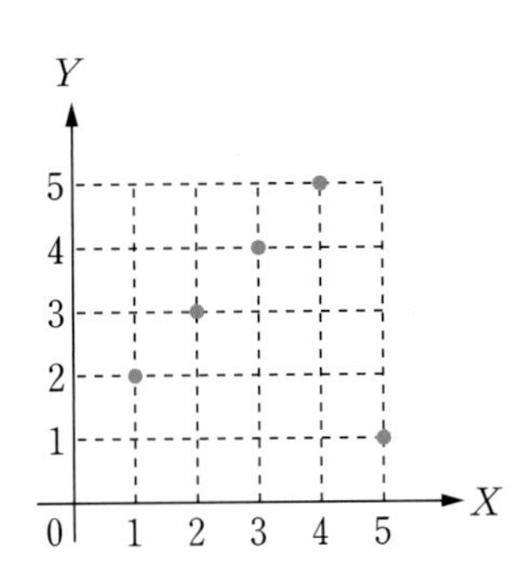

(b) 집합 X의 각 원소에 집합 Y의 원소가 하나씩 대응하므로 대응관계 f는 함수이다. 이때 정의역 $\mathrm{dom}(f)$, 공역 Y, 치역 $\mathrm{ran}(f)$는 각각 다음과 같다.

$$\mathrm{dom}(f)=\{1, 2, 3, 4, 5\},\quad Y=\{1, 2, 3, 4, 5\},\quad \mathrm{ran}(f)=\{2, 4\}$$

또한 함수 f의 그래프는 다음과 같다.

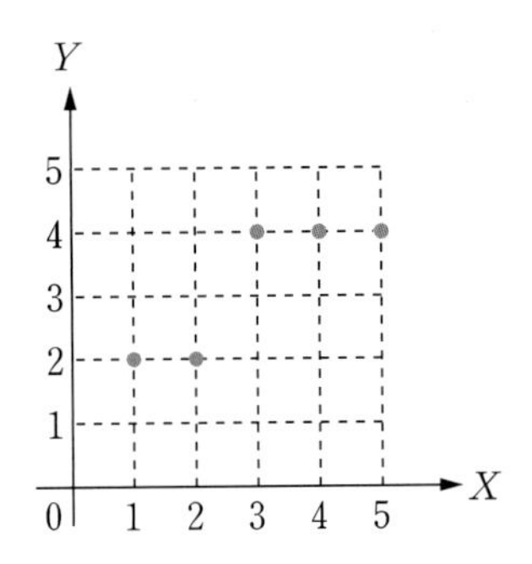

(c) 집합 X의 원소 2와 5는 다음 그림과 같이 각각 집합 Y의 두 원소에 대응하므로 대응관계 f는 함수가 아니다. 또한 대응관계 f를 좌표평면에 나타내면 다음과 같다.

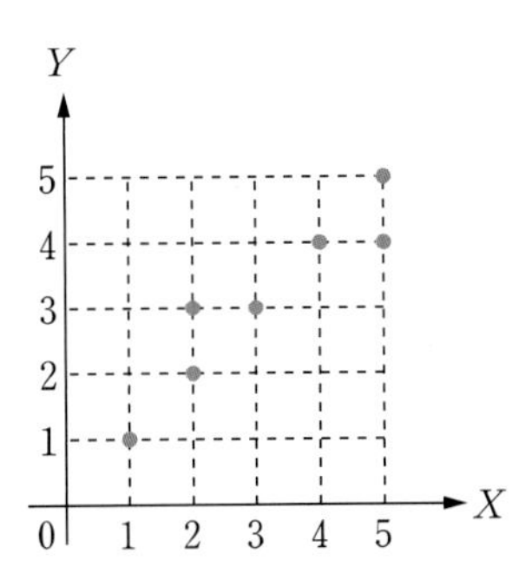

I Can Do 1-4

다음의 집합 X에서 Y로의 대응관계 f가 함수인지 아닌지를 결정하라. 만일 대응관계가 함수이면 정의역, 공역, 치역을 구하고 그래프를 그려라.

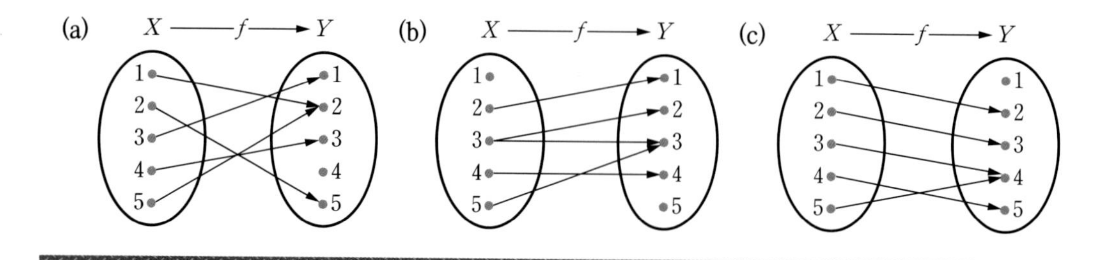

함수의 연산과 합성

의미는 같지만 표현이 다른 함수가 있다. 또한 어떤 함수가 주어지면, 그 함수를 이용하여 새로운 함수를 만들 수 있다. 이 절에서는 이와 같은 경우에 대해 살펴본다.

■ 함수의 상등

실수 전체의 집합 $\mathbb{R}$에서 $\mathbb{R}$로의 함수 $f: \mathbb{R} \to \mathbb{R}$과 $g: \mathbb{R} \to \mathbb{R}$을 생각해보자. 이때 두 함수 f와 g가 다음 두 조건을 만족하면, 두 함수 f와 g는 서로 '**상등**equal이다' 또는 '**같다**'라 하고 $f = g$로 나타낸다. 만약 두 함수 f와 g가 상등이 아니면, f와 g는 서로 같지 않다고 하며 $f \neq g$로 나타낸다.

❶ 두 함수의 정의역이 같다. 즉 $\text{dom}(f) = \text{dom}(g)$이다.
❷ 정의역의 모든 원소 x에 대한 함숫값이 같다. 즉 $f(x) = g(x)$이다.

예제 1-5

실수 전체의 집합 $\mathbb{R}$에서 정의되는 두 함수 $f(x) = ax$, $g(x) = 2x + b$가 동일한 함수가 되기 위한 상수 a와 b를 구하라.

풀이

임의의 실수 x에 대해 $f(x) = g(x)$를 만족하기 위해 $ax = 2x + b$, 즉 $(a-2)x - b = 0$이어야 한다. 이 식이 모든 실수 x에 대해 항등식이 되려면 $a - 2 = 0$, $-b = 0$이어야 하므로 $a = 2$, $b = 0$이다.

I Can Do 1-5

실수 전체의 집합 $\mathbb{R}$에서 정의되는 두 함수 $f(x) = ax^2 + 2x - 1$, $g(x) = 2x^2 - bx - c$가 동일한 함수가 되기 위한 상수 a, b, c를 구하라.

■ 함수의 연산

두 함수 f와 g에 대해 [표 1-1]과 같이 사칙연산을 적용하여 새로운 함수를 만들 수 있다. 이때 사칙연산에 의해 생성된 새로운 함수는 두 함수의 정의역의 교집합에서 정의된다는 점에 유의해야 한다.

[표 1-1] 함수의 사칙연산

함수의 사칙연산	정의역
(1) $(f+g)(x)=f(x)+g(x)$	$\text{dom}(f+g)=\text{dom}(f)\cap\text{dom}(g)$
(2) $(f-g)(x)=f(x)-g(x)$	$\text{dom}(f-g)=\text{dom}(f)\cap\text{dom}(g)$
(3) $(f\cdot g)(x)=f(x)\cdot g(x)$	$\text{dom}(f\cdot g)=\text{dom}(f)\cap\text{dom}(g)$
(4) $\left(\dfrac{f}{g}\right)(x)=\dfrac{f(x)}{g(x)}$	$\text{dom}\left(\dfrac{f}{g}\right)=\text{dom}(f)\cap\text{dom}(g)-\{x\mid g(x)=0\}$

예를 들어 $f(x)=x$, $g(x)=x-1$이라고 하면, 사칙연산에 의해 다음 함수를 얻는다.

$$(f+g)(x)=x+(x-1)=2x-1$$
$$(f-g)(x)=x-(x-1)=1$$
$$(fg)(x)=x\times(x-1)=x^2-x$$
$$\left(\frac{f}{g}\right)(x)=\frac{x}{x-1}$$

이때 세 함수 $f+g$, $f-g$, fg의 정의역은 모든 실수이지만, 함수 $\dfrac{f}{g}$의 정의역은 1이 아닌 모든 실수이다. 또한 함수 f와 영이 아닌 실수 k의 곱을 다음과 같이 정의한다. $k>0$에 대해 함수 kf는 함수 f를 k배만큼 늘리거나 줄인 함수이다. 그리고 $k<0$에 대해 함수 kf는 함수 f를 x축에 대해 대칭이동하여 k배만큼 늘리거나 줄인 함수이다.

$$(kf)(x)=kf(x),\quad \text{dom}(kf)=\text{dom}(f)$$

예제 1-6

$\mathbb{R}$에서 $\mathbb{R}$로의 함수 $f(x)=2x-1$, $g(x)=x+2$에 대해 함수 $f+g$, $f-g$, fg, $\dfrac{f}{g}$, $2f$를 구하고, 각각의 정의역을 구하라.

풀이

$$(f+g)(x)=(2x-1)+(x+2)=3x+1,\quad \text{dom}(f+g)=\mathbb{R}$$
$$(f-g)(x)=(2x-1)-(x+2)=x-3,\quad \text{dom}(f-g)=\mathbb{R}$$

$$(fg)(x) = (2x-1)(x+2) = 2x^2+3x-2, \ \mathrm{dom}(fg) = \mathbb{R}$$

$\left(\frac{f}{g}\right)(x) = \frac{2x-1}{x+2}$이고 분모가 0이 아니어야 하므로, 정의역은 $x \neq -2$인 모든 실수이다.

$$(2f)(x) = 2(2x-1) = 4x-2, \ \mathrm{dom}(2f) = \mathbb{R}$$

I Can Do 1-6

$\mathbb{R}$에서 $\mathbb{R}$로의 함수 $f(x) = x+1$, $g(x) = x^2-1$에 대해 함수 $f+g$, $f-g$, fg, $\frac{f}{g}$, $-2f$를 구하고, 각각의 정의역을 구하라.

■ 함수의 합성

두 함수 $f: X \to Y$와 $g: Y \to Z$에 대해, [그림 1-4]와 같이 함수 f에 의해 $x \in X$가 $y = f(x)$ $(y \in Y)$에 대응하고, 이 원소 y가 함수 g에 의해 $z = g(y)\,(z \in Z)$로 대응한다고 하자. 그러면 집합 X의 원소 x는 집합 Z의 원소 z에 대응한다.

이때 집합 X로부터 집합 Z로의 함수를 f와 g의 **합성함수**composite function라 하고, 다음과 같이 나타낸다.

$$g \circ f: X \to Z, \ (g \circ f)(x) = g(f(x))$$

일반적으로 함수 f, g, h에 대해 $g \circ f \neq f \circ g$이지만, $(f \circ g) \circ h = f \circ (g \circ h)$는 성립한다.

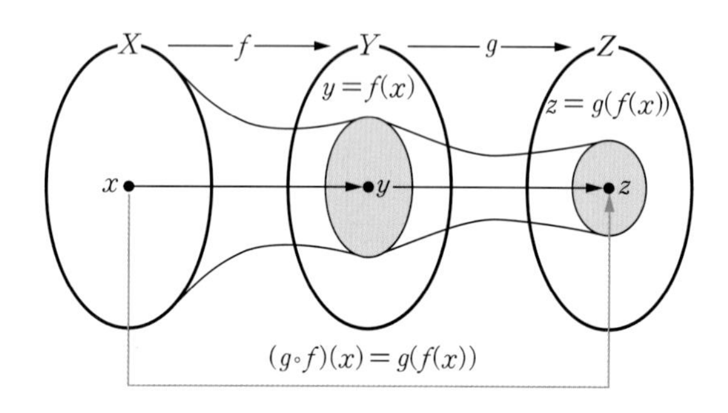

[그림 1-4] 합성함수 $g \circ f$

예제 1-7

두 함수 $f(x)=x-1$, $g(x)=x^2+1$에 대해 합성함수 $g \circ f$, $f \circ g$, $f \circ f$를 구하라.

풀이

$(g \circ f)(x)=g(f(x))=(f(x))^2+1=(x-1)^2+1=x^2-2x+2$

$(f \circ g)(x)=f(g(x))=g(x)-1=(x^2+1)-1=x^2$

$(f \circ f)(x)=f(f(x))=f(x)-1=(x-1)-1=x-2$

I Can Do 1-7

두 함수 $f(x)=x^2+2$, $g(x)=x+4$에 대해 합성함수 $g \circ f$, $f \circ g$, $f \circ f$를 구하라.

일차함수와 이차함수

■ 일차함수

상수 $a(a \neq 0)$, b에 대해 $\mathbb{R}$에서 $\mathbb{R}$로의 함수 $y=ax+b$를 **일차함수**linear function라 한다. 일차함수의 그래프는 [그림 1-5]와 같이 직선이다. 이때 상수 a를 **기울기**slope라 하며, 기울기는 x가 1만큼 증가할 때 y가 a만큼 증가하거나 감소함을 나타낸다. 따라서 기울기가 양수, 즉 $a>0$이면 x가 1만큼 증가할 때 y는 a만큼 증가하며, 함수의 그래프는 [그림 1-5(a)]와 같다. 반면에 $a<0$이면 x가 1만큼 증가할 때 y는 a만큼 감소하며, 함수의 그래프는 [그림 1-5(b)]와 같다.

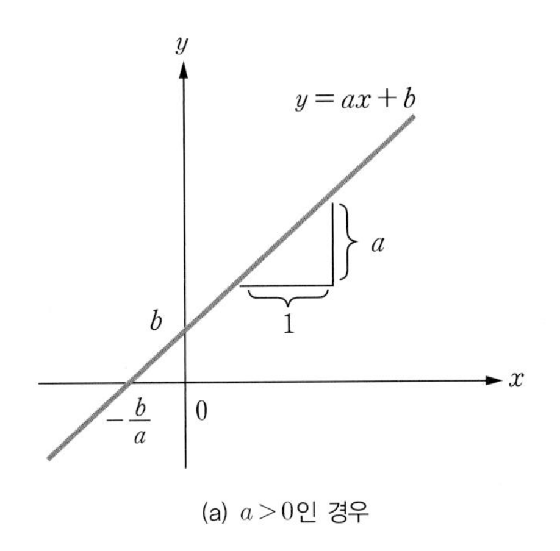

(a) $a>0$인 경우

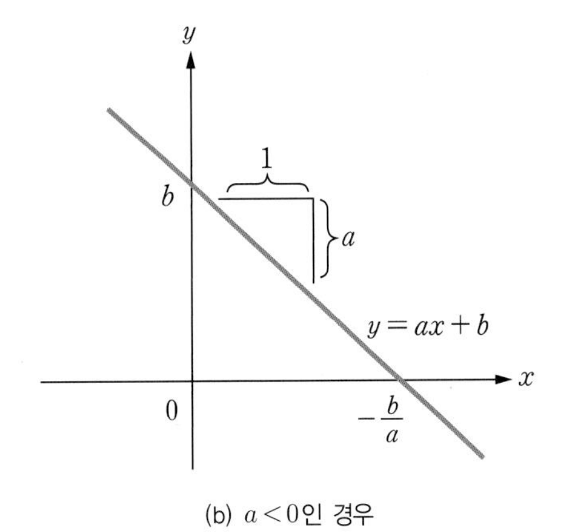

(b) $a<0$인 경우

[그림 1-5] 일차함수의 그래프

일차함수의 그래프는 다음과 같은 두 축을 지난다.

❶ $y=0$ 이면 함수의 그래프는 $x=-\frac{b}{a}$ 를 지난다. 이때 $x=-\frac{b}{a}$ 를 **x 절편**x-intercept이라 한다.

❷ $x=0$ 이면 함수의 그래프는 $y=b$ 를 지난다. 이때 $y=b$ 를 **y 절편**y-intercept이라 한다.

예제 1-8

다음 일차함수에서 기울기, x 절편, y 절편을 구하라.

(a) $y=2x-1$　　(b) $y=-2x+1$

풀이

(a) $y=2x-1$ 의 기울기는 2이다. $y=0$ 이면 $2x-1=0$ 이므로 x 절편은 $x=\frac{1}{2}$ 이고, $x=0$ 이면 $y=-1$ 이므로 y 절편은 $y=-1$ 이다.

(b) $y=-2x+1$ 의 기울기는 -2 이다. $y=0$ 이면 $-2x+1=0$ 이므로 x 절편은 $x=\frac{1}{2}$ 이고, $x=0$ 이면 $y=1$ 이므로 y 절편은 $y=1$ 이다.

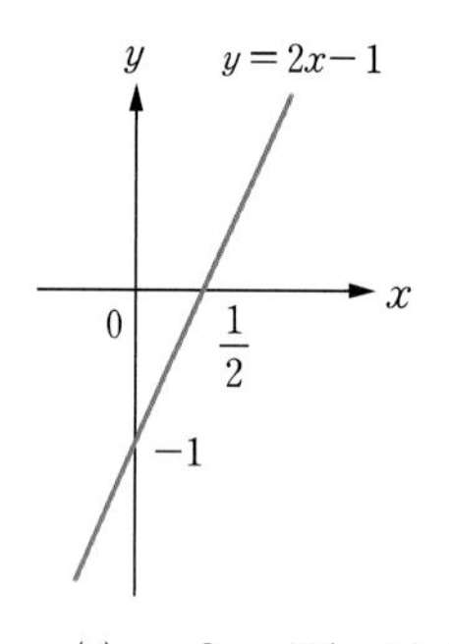

(a) $y=2x-1$ 의 그래프

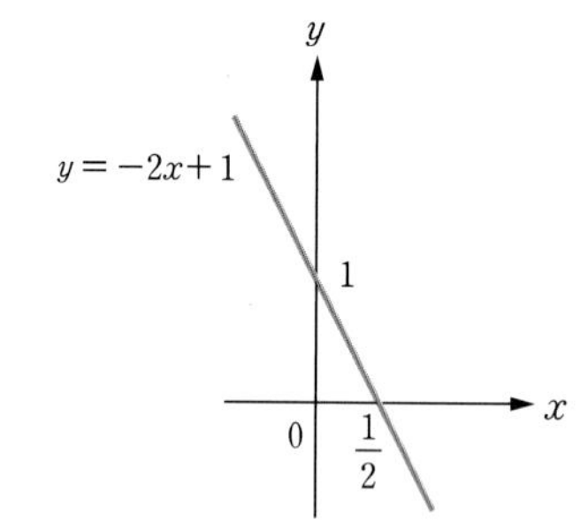

(b) $y=-2x+1$ 의 그래프

I Can Do 1-8

다음 일차함수에서 기울기, x 절편, y 절편을 구하라.

(a) $y=-3x+2$　　(b) $y=\frac{1}{2}x-1$

■ 이차함수

상수 $a(a \neq 0)$, b, c에 대해 $\mathbb{R}$에서 $\mathbb{R}$로의 함수 $y = ax^2 + bx + c$를 **이차함수** quadratic function 라고 한다. 이차함수의 그래프는 [그림 1-6]과 같이 포물선이다. 이때 이차항의 계수 a는 이차함수의 기울기를 나타내고, 상수항 c는 y절편을 나타낸다. 만일 $a > 0$이면 [그림 1-6(a)]와 같이 아래로 볼록한 포물선이고, $a < 0$이면 [그림 1-6(b)]와 같이 위로 볼록한 포물선이다.

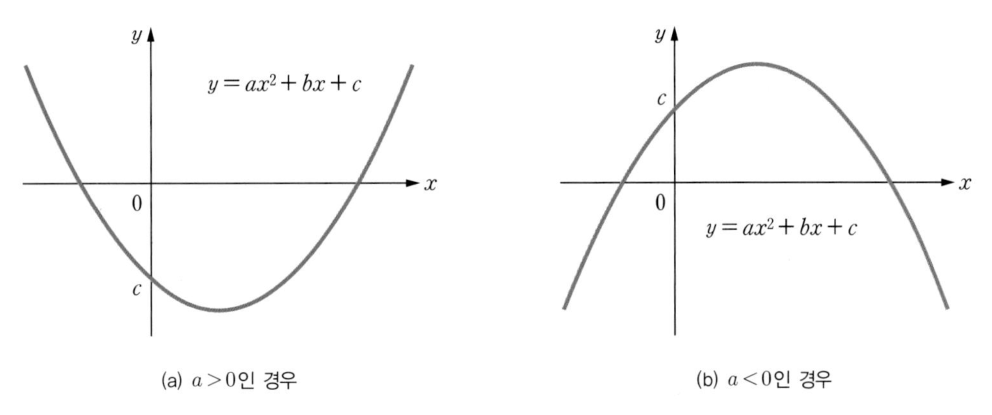

[그림 1-6] 이차함수의 그래프

한편, 완전제곱식을 이용하여 이차함수 $y = ax^2 + bx + c$를 다음과 같이 표현할 수 있다.

$$y = ax^2 + bx + c = a\left(x + \frac{b}{2a}\right)^2 - \frac{b^2 - 4ac}{4a}$$

그러면 이차함수는 대칭축 $x = -\dfrac{b}{2a}$를 중심으로 좌우대칭이고, 꼭짓점의 좌표는 다음과 같다.

$$\left(-\frac{b}{2a}, -\frac{b^2 - 4ac}{4a}\right)$$

이차함수 $y = ax^2 + bx + c$는 기울기의 부호에 따라 다음과 같이 꼭짓점에서 최댓값 또는 최솟값을 갖는다.

❶ $a > 0$이면, 이차함수는 꼭짓점에서 최솟값 $-\dfrac{b^2 - 4ac}{4a}$를 갖는다.

❷ $a < 0$이면, 이차함수는 꼭짓점에서 최댓값 $-\dfrac{b^2 - 4ac}{4a}$를 갖는다.

특히 제한된 구간에서 이차함수의 최댓값과 최솟값은 제한된 구간의 양 끝점에서의 함숫값과 꼭짓점에서의 함숫값 중 가장 큰 값이 최댓값이고, 가장 작은 값이 최솟값이다.

예제 1-9

다음 이차함수의 기울기, x절편, y절편, 대칭축과 최댓값, 최솟값을 구하라.

(a) $y = x^2 - 2x + 2$　　　　(b) $y = -x^2 + x + 1$

풀이

(a) $y = x^2 - 2x + 2 = (x-1)^2 + 1$이므로 기울기는 1이고, y절편은 $y = 2$이다. x절편은 $y = 0$을 만족하는 x값이지만, $(x-1)^2 + 1 = 0$, 즉 $(x-1)^2 = -1$을 만족하는 x는 존재하지 않으므로 x절편은 없다. 그리고 대칭축은 $x = 1$, 최솟값은 1이고 최댓값은 없다.

(b) $y = -x^2 + x + 1 = -\left(x - \frac{1}{2}\right)^2 + \frac{5}{4}$이므로 기울기는 -1이고, y절편은 $y = 1$이다. x절편은 $y = 0$을 만족하는 x값이므로 다음과 같다.

$$-\left(x-\frac{1}{2}\right)^2 + \frac{5}{4} = 0 \Rightarrow \left(x-\frac{1}{2}\right)^2 = \frac{5}{4}$$
$$\Rightarrow x - \frac{1}{2} = \pm\frac{\sqrt{5}}{2}$$
$$\Rightarrow x = \frac{1-\sqrt{5}}{2},\ \frac{1+\sqrt{5}}{2}$$

그리고 대칭축은 $x = \frac{1}{2}$, 최댓값은 $\frac{5}{4}$이고 최솟값은 없다.

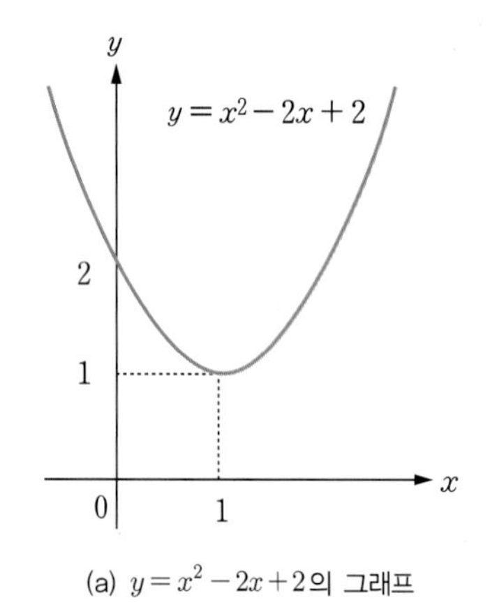

(a) $y = x^2 - 2x + 2$의 그래프

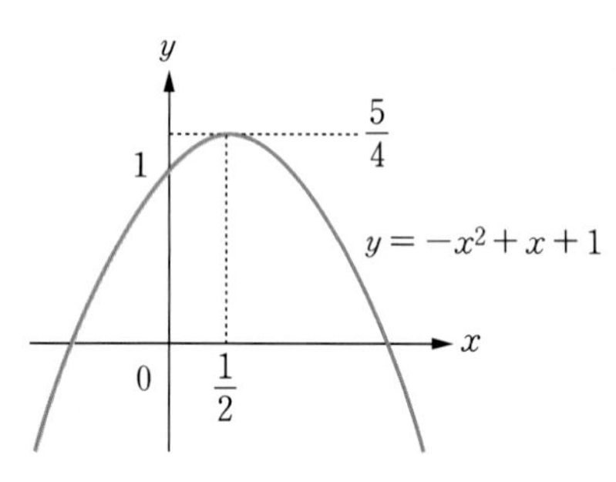

(b) $y = -x^2 + x + 1$의 그래프

I Can Do 1-9

$-1 \le x \le 2$에서 다음 이차함수의 기울기, x절편, y절편, 대칭축과 최댓값, 최솟값을 구하라.

(a) $y = x^2 - 2x + 1$　　　　(b) $y = -x^2 + 3x + 1$

이변수함수

지금까지 독립변수가 하나인 ℝ에서 ℝ로의 함수를 살펴보았다. 그러나 실생활에서 나타나는 대부분의 현상은 독립변수가 둘 이상인 함수로 표현된다. 예를 들어 가로 길이가 x, 세로 길이가 y인 직사각형의 넓이 S는 다음과 같이 두 변수 x와 y의 곱이다.

$$S = f(x,\ y) = xy$$

또한 가로, 세로의 길이와 높이가 각각 x, y, z인 직육면체의 부피 V는 다음과 같이 세 변수 x, y, z의 곱으로 표현된다.

$$V = f(x,\ y,\ z) = xyz$$

정의 1-6 이변수함수

- **이변수함수**function of two variables : 평면 $\mathbb{R}^2$ 안의 각 점 $(x,\ y)$를 오로지 하나의 실수 z에 대응시키는 관계 f를 이변수함수라 하고, $f: \mathbb{R}^2 \to \mathbb{R}$, $z = f(x,\ y)$로 나타낸다.
- **정의역**domain : 이변수함수 $z = f(x,\ y)$에 대해 함숫값 z가 존재하는 모든 $(x,\ y)$의 집합

$$\mathrm{dom}(f) = \{(x,\ y) \in \mathbb{R}^2 \mid \exists\, z = f(x,\ y)\}$$

- **치역**range : 이변수함수 $z = f(x,\ y)$의 정의역에 있는 모든 $(x,\ y)$에 대한 함숫값 z의 집합

$$\mathrm{ran}(f) = \{z \in \mathbb{R} \mid z = f(x,\ y),\ \ \forall\,(x,\ y) \in \mathrm{dom}(f)\}$$

$\mathbb{R}^2$에서 ℝ로의 이변수함수 $z = f(x,\ y)$에 대하여, [그림 1-7(a)]와 같이 대응관계 f에 의해 $(x,\ y)$가 오직 하나의 실수 z에 대응하므로 x와 y를 **독립변수**, z를 **종속변수**라 한다. 그러면 함수 $z = f(x,\ y)$의 그래프는 다음을 만족하는 x, y, z의 순서쌍으로 정의되며, [그림 1-7(b)]와 같이 공간에서 곡면을 이룬다.

$$G = \{(x,\ y,\ z) \mid z = f(x,\ y),\ \ \forall\,(x,\ y) \in \mathrm{dom}(f)\}$$

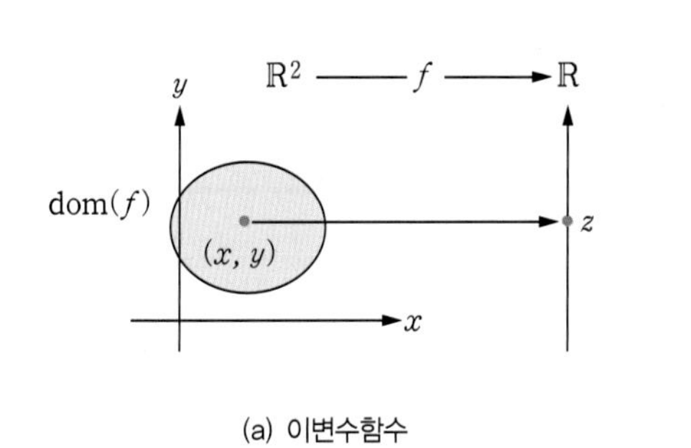

(a) 이변수함수

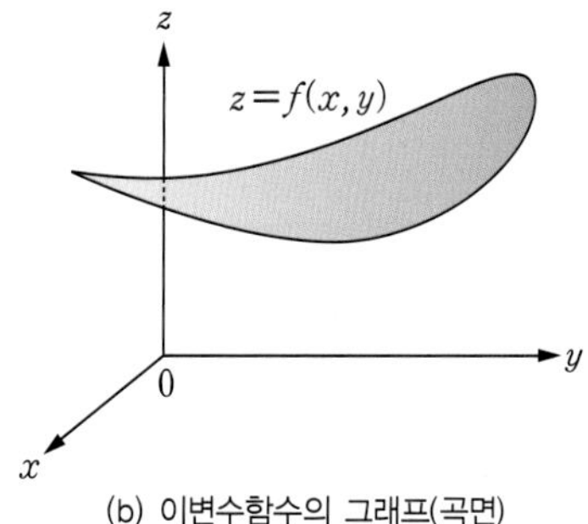

(b) 이변수함수의 그래프(곡면)

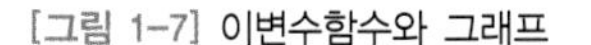

[그림 1-7] 이변수함수와 그래프

예제 1-10

다음 이변수함수의 정의역과 치역을 구하라.

(a) $z = \sqrt{4 - x^2 - y^2}$ (b) $z = x^2 + y^2$

풀이

(a) 함숫값 z가 존재하려면 제곱근 안의 값이 0보다 크거나 같아야 하므로, 정의역은 다음과 같이 원점이 중심이고 반지름이 2인 원의 내부(경계 포함)이다.

$$\mathrm{dom}(f) = \{(x, y) \mid 4 - x^2 - y^2 \geq 0\} = \{(x, y) \mid x^2 + y^2 \leq 4\}$$

$x^2 + y^2 = 4$이면 $z = 0$이다. 그리고 $x^2 + y^2 = 0$, 즉 $x = 0$이고 $y = 0$이면 $z = 2$이다. 따라서 치역은 $\mathrm{ran}(f) = \{z \mid 0 \leq z \leq 2\}$이다.

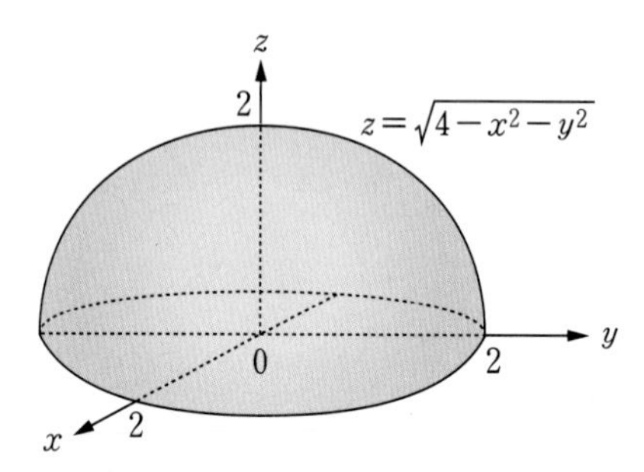

(b) 모든 실수 x, y에 대해 $x^2 \geq 0$, $y^2 \geq 0$이므로 $z = x^2 + y^2 \geq 0$이다. 따라서 정의역은 xy 평면 전체인 $\mathbb{R}^2$이고, 치역은 $\mathrm{ran}(f) = \{z \mid z \geq 0\}$이다.

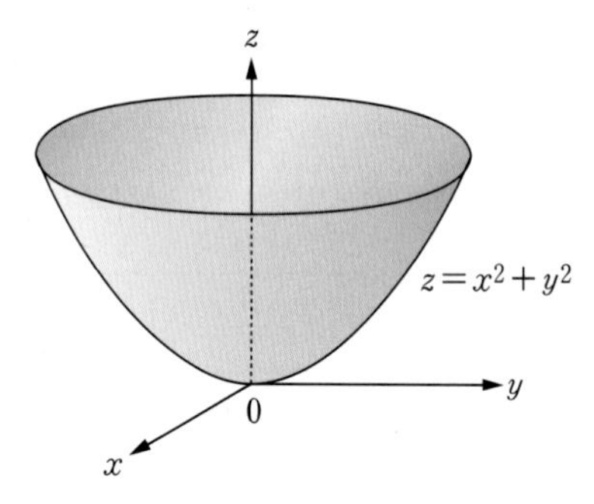

I Can Do 1-10

다음 이변수함수의 정의역과 치역을 구하라.

(a) $z = \sqrt{4 - x^2 - 4y^2}$ (b) $z = x^2 - y^2$

Section

1.3 수열과 급수

'수열과 급수'를 왜 배워야 하는가?

만일 두 사람이 1의 눈이 나올 때까지 주사위를 던지는 게임을 한다면 먼저 던지는 사람이 유리할까, 아니면 나중에 던지는 사람이 유리할까? 이런 경우에 확률을 계산하는 확률함수는 수열로 나타나며, 이 확률은 무한급수를 이용하여 구할 수 있다. 주사위의 예와 같은 이산확률분포의 확률함수를 비롯하여 다양한 확률을 계산하기 위해서는 수열의 합과 무한급수의 개념을 필수로 알아야 한다. 이 절에서는 이러한 수열의 합과 급수에 대해 알아본다.

수열

짝수인 자연수를 순서대로 나열하면 2, 4, 6, 8, $\cdots$ 이다. 이렇게 나열한 수들의 구조를 살펴보면, 첫 번째 수 2에 2를 더하여 두 번째 수 4를 얻고, 두 번째 수 4에 2를 더하여 세 번째 수 6을 얻는다. 이러한 과정을 반복하면 모든 짝수를 얻는다. 즉 모든 짝수의 나열은 자연수 2부터 시작하여 앞에 나온 수에 2를 더하는 규칙을 통해 얻을 수 있다.

정의 1-7 **수열과 항**

- **수열**sequence : 일정한 규칙에 따라 나타나는 수의 나열
- **항**term : 수열을 구성하는 개개의 수

일반적으로 수열은 다음과 같이 나타낸다. 이때 각 항의 아래첨자는 항의 배열 순서를 이용하여 나타낸다.

$$\{a_1, a_2, a_3, \cdots\} \quad \text{또는} \quad \{a_n\}_{n=1}^{\infty} \quad \text{또는} \quad \{a_n\}$$

따라서 a_1은 첫 번째 항, a_2는 두 번째 항을 의미하며, 같은 방법으로 a_n은 n번째 항을 의미한다. 그러면 짝수 수열의 첫 번째 항은 $a_1 = 2$이고, 다음과 같은 규칙에 의해 a_2, a_3, a_4를 얻는다.

$$a_2 = a_1 + 2 = 2 + 2 = 2 \times 2 = 4$$
$$a_3 = a_2 + 2 = 4 + 2 = 2 \times 3 = 6$$
$$a_4 = a_3 + 2 = 6 + 2 = 2 \times 4 = 8$$

따라서 각 항은 첫 번째 항 2와 각 항의 배열 순서를 나타내는 자연수를 곱하는 규칙을 통해 얻을

수 있음을 알 수 있다. 그러므로 일반적으로 n번째 짝수, 즉 n번째 항은 $a_n = 2 \times n = 2n$이다. 이러한 사실로부터 모든 항이 짝수인 수열은 다음과 같이 표현할 수 있다.

$$\{2, 4, 6, \cdots\} \quad 또는 \quad \{2n\}_{n=1}^{\infty} \quad 또는 \quad \{2n\}$$

여기서 $n = 1, 2, 3, \cdots$은 자연수이다. 앞에서 살펴본 함수의 개념을 도입하면 [그림 1-8]과 같이 $a_n = f(n) = 2n$으로 표현할 수 있으며, 결국 수열은 자연수 전체의 집합 $\mathbb{N}$에서 실수 전체의 집합 $\mathbb{R}$로의 함수 $f: \mathbb{N} \to \mathbb{R}$, $f(n) = a_n$임을 알 수 있다.

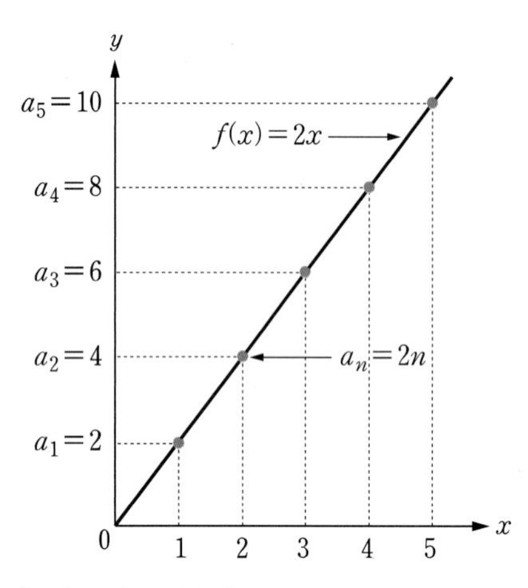

[그림 1-8] 수열과 함수

예제 1-11

다음 수열의 처음 5개 항을 구하라.

(a) $\left\{\dfrac{1}{2n-1}\right\}$

(b) $\left\{\dfrac{(-1)^n n}{n+1}\right\}$

풀이

(a) $a_n = f(n) = \dfrac{1}{2n-1}$이라고 하면 $n = 1, 2, 3, 4, 5$에 대한 함숫값은 다음과 같다.

$$a_1 = f(1) = \frac{1}{2(1)-1} = 1, \quad a_2 = f(2) = \frac{1}{2(2)-1} = \frac{1}{3},$$

$$a_3 = f(3) = \frac{1}{2(3)-1} = \frac{1}{5}, \quad a_4 = f(4) = \frac{1}{2(4)-1} = \frac{1}{7},$$

$$a_5 = f(5) = \frac{1}{2(5)-1} = \frac{1}{9}$$

따라서 주어진 수열의 처음 5개 항은 $1, \dfrac{1}{3}, \dfrac{1}{5}, \dfrac{1}{7}, \dfrac{1}{9}$이다.

(b) $a_n = f(n) = \dfrac{(-1)^n n}{n+1}$ 이라고 하면 $n = 1, 2, 3, 4, 5$ 에 대한 함숫값은 다음과 같다.

$$a_1 = f(1) = \frac{(-1)(1)}{1+1} = -\frac{1}{2}, \quad a_2 = f(2) = \frac{(-1)^2(2)}{2+1} = \frac{2}{3},$$
$$a_3 = f(3) = \frac{(-1)^3(3)}{3+1} = -\frac{3}{4}, \quad a_4 = f(4) = \frac{(-1)^4(4)}{4+1} = \frac{4}{5},$$
$$a_5 = f(5) = \frac{(-1)^5(5)}{5+1} = -\frac{5}{6}$$

따라서 주어진 수열의 처음 5개 항은 $-\frac{1}{2}, \frac{2}{3}, -\frac{3}{4}, \frac{4}{5}, -\frac{5}{6}$ 이다.

I Can Do 1-11

다음 수열의 처음 5개 항을 구하라.

(a) $\{n^2+1\}$ (b) $\left\{\left(-\frac{1}{2}\right)^n\right\}$

이제 앞의 항에 일정한 수를 더해서 다음 항을 얻는 수열과, 앞의 항에 일정한 수를 곱해서 다음 항을 얻는 수열을 생각해보자.

■ 등차수열

앞에서 살펴본 짝수 수열은 앞의 항에 2를 더해 다음 항을 얻는다. 이처럼 항에 일정한 수를 더해서 다음 항을 얻는 수열, 즉 연속인 두 항에 대해 뒤 항에서 앞 항을 뺀 값이 일정한 수열을 **등차수열** arithmetic sequence이라 한다. 이때 뒤 항(a_{k+1})에서 앞 항(a_k)을 뺀 값 $a_{k+1} - a_k$를 **공차**common difference 라 하며, d로 나타낸다. 공차가 d인 등차수열의 첫 번째 항을 $a_1 = a$라고 하면 다음 관계를 얻는다.

$$\begin{aligned} a_2 - a_1 &= d \\ a_3 - a_2 &= d \\ a_4 - a_3 &= d \\ &\vdots \\ a_n - a_{n-1} &= d \end{aligned}$$

따라서 양변을 각 변끼리 모두 더하면 좌변은 $a_n - a_1 = a_n - a$이고 우변은 $(n-1)d$이므로, 첫 번째 항이 a이고 공차가 d인 등차수열의 n번째 항은 다음과 같다.

$$\boxed{a_n = a + (n-1)d}$$

이때 n번째 항을 $a_n = a+(n-1)d = l$이라고 하면, n번째 항까지의 합 S_n을 다음과 같이 구할 수 있다. 여기서 두 번째 줄의 합 S_n은 n번째 항 l부터 거꾸로 d만큼씩 작아지는 순서로 배열한 수들의 합을 의미한다.

$$\begin{array}{rl} S_n = a & +(a+d)+\cdots+[a+(n-2)d]+[a+(n-1)d] \\ +) \; S_n = l & +(l-d)+\cdots+[l+(n-2)d]+[1-(n-1)d] \\ \hline 2S_n = (a+l) & +(a+l)+\cdots+(a+l) \qquad +(a+l) \qquad = n(a+l) \end{array}$$

따라서 첫 번째 항이 $a_1 = a$이고 n번째 항이 $a_n = l$인 등차수열에 대한 n번째 항까지의 합 S_n은 다음과 같다.

$$S_n = \frac{1}{2}n(a+l)$$

또한 $l = a+(n-1)d$이므로 첫 번째 항이 a이고 공차가 d인 등차수열에 대한 n번째 항까지의 합 S_n은 다음과 같이 구할 수도 있다.

$$S_n = \frac{n[2a+(n-1)d]}{2}$$

예제 1-12

수열 $\{1, 3, 5, 7, \cdots\}$의 n번째 항을 구하고, 10번째 항까지의 합을 구하라.

풀이

수열 $\{1, 3, 5, 7, \cdots\}$은 이웃하는 두 항의 차가 2이므로 공차가 $d=2$이고 첫 번째 항이 1인 등차수열이다. 따라서 $a_n = a+(n-1)d$이므로, n번째 항은 $a_n = 1+(n-1)(2) = 2n-1$이다.

10번째 항은 $a_{10} = 19$이고 $S_n = \frac{1}{2}n(a+l)$이므로 10번째 항까지의 합은 다음과 같다.

$$S_{10} = \frac{10(1+19)}{2} = 100$$

I Can Do 1-12

수열 $\{4, 7, 10, 13, \cdots\}$의 n번째 항을 구하고, 10번째 항까지의 합을 구하라.

■ **등비수열**

수열 $\{1, 2, 4, 8, 16, \cdots\}$은 앞 항에 2를 곱해서 다음 항을 얻음을 알 수 있다. 이처럼 앞 항에 일정한 수를 곱해서 다음 항을 얻는 수열, 즉 연속인 두 항의 비가 일정한 수열을 **등비수열**geometric sequence이라 한다. 이때 앞 항(a_k)에 곱하는 일정한 수, 즉 $\frac{a_{k+1}}{a_k}$을 **공비**common ratio라 하며, r로 나타낸다. 공비가 r인 등비수열의 첫 번째 항을 $a_1 = a$라고 하면 다음 관계를 얻는다.

$$\frac{a_2}{a_1} = r$$

$$\frac{a_3}{a_2} = r$$

$$\frac{a_4}{a_3} = r$$

$$\vdots$$

$$\frac{a_n}{a_{n-1}} = r$$

따라서 양변을 각 변끼리 모두 곱하면 좌변은 $\frac{a_n}{a_1} = \frac{a_n}{a}$이고 우변은 r^{n-1}이므로, 첫 번째 항이 a이고 공비가 r인 등비수열의 n번째 항은 다음과 같다.

$$a_n = ar^{n-1}$$

이때 첫 번째 항이 a이고 공비 $r\,(r \neq 1)$인 등비수열의 n번째 항까지의 합을 S_n이라 하면 다음 두 식을 이용하여 S_n을 구할 수 있다.

$$S_n = a + ar + ar^2 + ar^3 + \cdots + ar^{n-1}$$

$$rS_n = \quad ar + ar^2 + ar^3 + \cdots + ar^{n-1} + ar^n$$

양변을 각 변끼리 빼면 $S_n - rS_n = a - ar^n$이므로 다음을 얻는다.

$$S_n = \frac{a(1-r^n)}{1-r} \quad (r \neq 1)$$

따라서 공비가 $r\,(r \neq 1)$인 등비수열의 n번째 항까지의 합 S_n은 다음과 같다.

$$S_n = \frac{a(1-r^n)}{1-r} \quad (r \neq 1)$$

그리고 $r = 1$이면 $S_n = na$이다.

등비수열의 간단한 예를 예금에서 찾을 수 있다. 예를 들어 1월 1일에 1,000만 원을 월 복리 2%로 1년 동안 예금한다고 하자. 그러면 1개월 후의 원금과 이자를 합한 원리금은 $1,000(1+0.02)$(만 원)이고, 2개월 후에는 $1,000(1+0.02)^2$(만 원)이며 이후에도 같은 방식으로 늘어난다. 따라서 n개월 후의 원리금은 공비가 $r=1.02$인 등비수열 $a_n = 1,000(1+0.02)^n$이다. 그러므로 12월 31일에 수령하는 원리금은 $a_{12} = 1,000(1+0.02)^{12} = 1,268.24$(만 원)이다.

예제 1-13

수열 $\left\{1, \frac{1}{3}, \frac{1}{9}, \frac{1}{27}, \cdots\right\}$의 n번째 항을 구하고, 10번째 항까지의 합을 구하라.

풀이

수열 $\left\{1, \frac{1}{3}, \frac{1}{9}, \frac{1}{27}, \cdots\right\}$은 이웃하는 두 항의 비가 $\frac{1}{3}$이므로 공비가 $r=\frac{1}{3}$이고 첫 번째 항이 1인 등비수열이다. 따라서 $a_n = ar^{n-1}$이므로 n번째 항은 $a_n = 1 \cdot \left(\frac{1}{3}\right)^{n-1} = \left(\frac{1}{3}\right)^{n-1}$이다.

$S_n = \frac{a(1-r^n)}{1-r}$이므로 10번째 항까지의 합은 다음과 같다.

$$S_{10} = \frac{1-(1/3)^{10}}{1-(1/3)} = \frac{3}{2}\left[1-\left(\frac{1}{3}\right)^{10}\right] = \frac{3^{10}-1}{2 \cdot 3^9} = \frac{29524}{19683}$$

I Can Do 1-13

수열 $\left\{1, -\frac{1}{2}, \frac{1}{4}, -\frac{1}{8}, \cdots\right\}$의 n번째 항을 구하고, 10번째 항까지의 합을 구하라.

■ 수열의 극한

무한수열 $\{a_n\}$에 대해 n이 한없이 커지면 a_n의 자취에 어떠한 변화가 있을까? 이를 알아보기 위해 수열 $\{a_n\} = \left\{\frac{n}{n+1}\right\}$을 생각해보자. 이 수열의 자취를 나타내는 [그림 1-9]를 보면, n이 한없이 커질수록 각 항의 값은 1에 가까워짐을 확인할 수 있다.

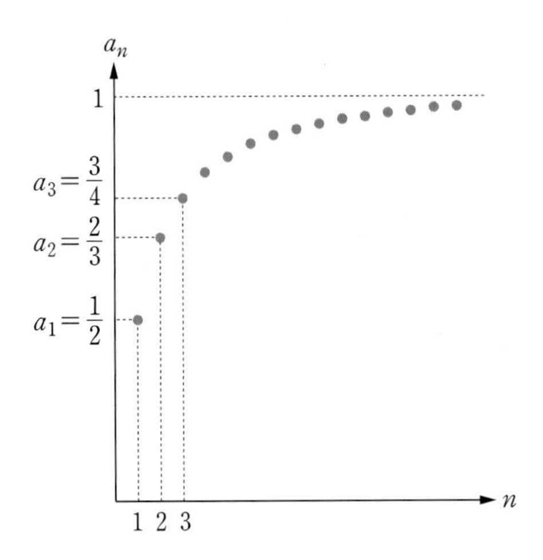

[그림 1-9] 수열 $a_n = \frac{n}{n+1}$ 의 극한

이처럼 n이 한없이 커질 때 n번째 항 a_n이 일정한 수 L에 접근하면, 수열 $\{a_n\}$은 L에 **수렴한다**[converge]고 하고 다음과 같이 나타낸다.

$$\lim_{n\to\infty} a_n = L$$

이때 수열 $\{a_n\}$이 어떤 실수 L에 수렴한다면, 실수 L을 수열 $\{a_n\}$의 **극한**[limit]이라고 한다. 특히 수열 $\{a_n\}$의 각 항이 상수 k로 일정한 경우, 즉 각 항이 $a_n = k$이면, [그림 1-10]과 같이 모든 자연수 n에 대해 $a_n = k$이므로 이 수열은 다음과 같이 수렴한다.

$$\lim_{n\to\infty} a_n = \lim_{n\to\infty} k = k$$

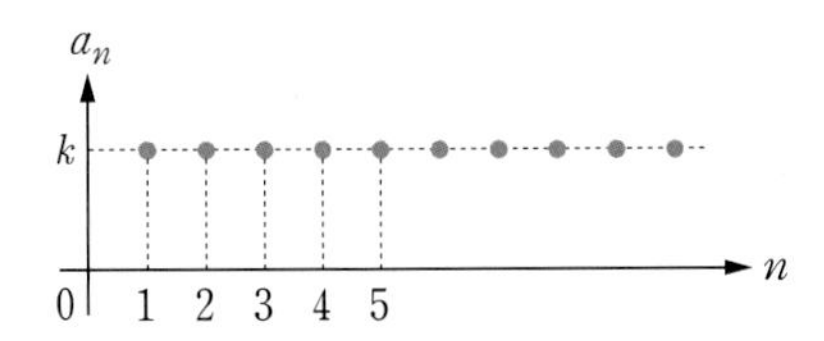

[그림 1-10] 수열 $a_n = k$의 극한

한편, 수열 $\{a_n\}$이 수렴하지 않는 경우에는 **발산한다**[diverge]고 한다. 다음과 같은 수열은 발산한다.

❶ 수열 $\{a_n\} = \{2n\}$의 각 항을 나열하면 $\{2, 4, 6, 8, \cdots\}$이다. 이 수열은 n이 커질수록 a_n도 한없이 커진다. 이와 같은 경우에 수열 $\{a_n\}$은 **양의 무한대**[infinity]**로 발산한다**고 하고 다음과 같이 나타낸다.

$$\lim_{n\to\infty} a_n = \infty$$

❷ 수열 $\{a_n\}=\{5-2n\}$의 각 항을 나열하면 $\{3, 1, -1, -3, -5, \cdots\}$이다. 이 수열은 n이 커질수록 a_n이 음의 부호를 가지면서 각 항의 절댓값 $|a_n|$이 한없이 커진다. 이와 같은 경우에 수열 $\{a_n\}$은 **음의 무한대로 발산한다**고 하고 다음과 같이 나타낸다.

$$\lim_{n\to\infty} a_n = -\infty$$

❸ 수열 $\{a_n\}=\{(-1)^n\}$의 각 항을 나열하면 $\{-1, 1, -1, 1, \cdots, (-1)^n, \cdots\}$이다. 이 수열은 n이 커질수록 a_n이 어느 특정한 수에 수렴하지 않고 -1과 1 사이에서 **진동**oscillation한다고 한다.

❹ 수열 $\{a_n\}=\{(-2)^n\}$의 각 항을 나열하면 $\{-2, 4, -8, 16, -32, 64, \cdots\}$이다. 이 수열의 홀수 번째 항은 음의 무한대로 발산하고 짝수 번째 항은 양의 무한대로 발산함을 알 수 있다. 이와 같은 경우에 수열 $\{a_n\}$은 **음의 무한대와 양의 무한대로 진동발산**oscillation and divergence한다고 한다.

수렴하는 두 수열 $\{a_n\}$과 $\{b_n\}$에 대해 다음이 성립한다.

정리 1-6 수열의 성질

$\lim_{n\to\infty} a_n = L$, $\lim_{n\to\infty} b_n = M$일 때 다음이 성립한다.

(1) $\lim_{n\to\infty} k = k$ (k는 상수)

(2) $\lim_{n\to\infty} ka_n = k\lim_{n\to\infty} a_n = kL$ (k는 상수)

(3) $\lim_{n\to\infty} (a_n + b_n) = \lim_{n\to\infty} a_n + \lim_{n\to\infty} b_n = L + M$

(4) $\lim_{n\to\infty} (a_n - b_n) = \lim_{n\to\infty} a_n - \lim_{n\to\infty} b_n = L - M$

(5) $\lim_{n\to\infty} a_n b_n = \left(\lim_{n\to\infty} a_n\right)\left(\lim_{n\to\infty} b_n\right) = LM$

(6) $\lim_{n\to\infty} \frac{a_n}{b_n} = \frac{\lim_{n\to\infty} a_n}{\lim_{n\to\infty} b_n} = \frac{L}{M}$ (단, $b_n \neq 0$, $M \neq 0$)

(7) $\lim_{n\to\infty} (a_n)^k = \left[\lim_{n\to\infty} a_n\right]^k = L^k$

특히 공비 r에 따른 등비수열 $\{r^n\}$의 수렴과 발산 여부를 정리하면 다음과 같다.

❶ $r > 1$이면 $\lim_{n \to \infty} r^n = \infty$이다(발산).

❷ $r = 1$이면 $\lim_{n \to \infty} r^n = 1$이다(수렴).

❸ $-1 < r < 1$이면 $\lim_{n \to \infty} r^n = 0$이다(수렴).

❹ $r = -1$이면 수열 $\{a_n\}$은 -1과 1 사이에서 진동한다.

❺ $r < -1$이면 수열 $\{a_n\}$은 ∞와 $-\infty$로 진동발산한다.

예제 1-14

다음 수열의 극한을 구하라.

(a) $\left\{\dfrac{2n-1}{n+1}\right\}$ (b) $\left\{1 + \left(-\dfrac{1}{2}\right)^n\right\}$

풀이

(a) $\dfrac{2n-1}{n+1} = 2 - \dfrac{3}{n+1}$이므로 주어진 수열의 극한은 다음과 같다.

$$\lim_{n \to \infty} \frac{2n-1}{n+1} = \lim_{n \to \infty}\left(2 - \frac{3}{n+1}\right) = \lim_{n \to \infty} 2 - 3\lim_{n \to \infty} \frac{1}{n+1}$$

이때 $\lim_{n \to \infty}(n+1) = \infty$이므로 $\lim_{n \to \infty} \dfrac{1}{n+1} = 0$이고, $\lim_{n \to \infty} 2 = 2$이다. 따라서 구하고자 하는 극한은 다음과 같다.

$$\lim_{n \to \infty} \frac{2n-1}{n+1} = \lim_{n \to \infty} 2 - 3\lim_{n \to \infty} \frac{1}{n+1} = 2 - 3(0) = 2$$

(b) $\left\{\left(-\dfrac{1}{2}\right)^n\right\}$은 공비가 $r = -\dfrac{1}{2}$인 등비수열이므로 $\lim_{n \to \infty}\left(-\dfrac{1}{2}\right)^n = 0$이다. 따라서 구하고자 하는 극한은 다음과 같다.

$$\lim_{n \to \infty}\left[1 + \left(-\frac{1}{2}\right)^n\right] = \lim_{n \to \infty} 1 + \lim_{n \to \infty}\left(-\frac{1}{2}\right)^n = 1 + 0 = 1$$

I Can Do 1-14

다음 수열의 극한을 구하라.

(a) $\left\{\dfrac{2n+3}{3n-1}\right\}$ (b) $\left\{\dfrac{1}{2^n}+\left(-\dfrac{1}{3}\right)^n\right\}$

급수

주어진 무한수열 $\{a_n\}$에 대해 다음과 같이 첫 번째 항부터 연속인 각 항을 하나씩 더하여 새로운 수열을 만들 수 있다.

$$\begin{aligned} S_1 &= a_1 \\ S_2 &= a_1 + a_2 \\ S_3 &= a_1 + a_2 + a_3 \\ &\vdots \\ S_n &= a_1 + a_2 + \cdots + a_n \\ &\vdots \end{aligned}$$

이러한 방법으로 만든 새로운 수열 $\{S_n\}$을 수열 $\{a_n\}$에 대한 **부분합수열**sequence of partial sum이라 하고, 부분합수열의 n번째 항을 일반적으로 다음과 같이 나타낸다.

$$S_n = \sum_{k=1}^{n} a_k = a_1 + a_2 + \cdots + a_n$$ [3]

이때 다음과 같이 무한수열 $\{a_n\}$의 모든 항을 더한 식을 **무한급수**infinite series 또는 간단히 **급수**series라 하고, $\sum\limits_{n=1}^{\infty} a_n$으로 나타낸다.

$$\sum_{n=1}^{\infty} a_n = a_1 + a_2 + a_3 + \cdots + a_n + \cdots$$

무한급수는 다음과 같이 부분합수열 $\{S_n\}$의 극한을 의미하며, 부분합수열이 일정한 값 S로 수렴하면 급수 $\sum\limits_{n=1}^{\infty} a_n$은 S로 **수렴한다**converge고 한다.

$$\lim_{n\to\infty} S_n = \lim_{n\to\infty} \sum_{k=1}^{n} a_k = \sum_{n=1}^{\infty} a_n = S$$

급수가 수렴하지 않는 경우에는 **발산한다**diverge고 한다.

3 수학 기호 Σ는 '더한다'는 의미인 영문 'sum'의 앞 글자 s의 대문자 S에 대응하는 그리스 문자이고 'sigma'로 읽는다.

특히 다음과 같이 첫 번째 항이 $a(\neq 0)$이고 공비가 r인 등비수열의 합을 **무한등비급수**infinite geometric series라고 한다.

$$\sum_{n=1}^{\infty} ar^{n-1} = a + ar + ar^2 + \cdots + ar^{n-1} + \cdots$$

그러면 앞에서 살펴본 바와 같이 공비가 $r\,(r \neq 1)$인 등비수열의 n번째 항까지의 합 S_n은 다음과 같다.

$$S_n = \frac{a(1-r^n)}{1-r} \quad (r \neq 1)$$

$r=1$이면 $S_n = na$이고, 무한등비급수는 공비 r값에 따라 다음과 같이 수렴 또는 발산한다.

❶ $r > 1$이면 $\lim_{n\to\infty} r^n = \infty$이므로 $\sum_{n=1}^{\infty} ar^{n-1}$은 발산한다.

❷ $r = 1$이면 $S_n = na$이므로 $\sum_{n=1}^{\infty} ar^{n-1}$은 발산한다.

❸ $-1 < r < 1$이면 $\lim_{n\to\infty} r^n = 0$이므로 무한등비급수 $\sum_{n=1}^{\infty} ar^{n-1}$은 다음과 같이 수렴한다.

$$\lim_{n\to\infty} S_n = \lim_{n\to\infty} \frac{a(1-r^n)}{1-r} = \frac{a}{1-r}$$

❹ $r \leq -1$이면 수열 $\{r^{n-1}\}$은 진동발산하므로 $\sum_{n=1}^{\infty} ar^{n-1}$은 발산한다.

수렴하는 두 무한급수에 대하여 다음이 성립한다.

정리 1-7 무한급수의 성질

실수 L, M에 대해 $\sum_{n=1}^{\infty} a_n = L$, $\sum_{n=1}^{\infty} b_n = M$일 때 다음이 성립한다.

(1) $\sum_{n=1}^{\infty} ka_n = kL$ (k는 상수)

(2) $\sum_{n=1}^{\infty} (a_n + b_n) = L + M$

(3) $\sum_{n=1}^{\infty} (a_n - b_n) = L - M$

그러나 다음과 같이 두 수열의 곱셈 또는 나눗셈에 대한 무한급수는 각 무한급수의 곱셈 또는 나눗셈과 일치하지 않는다.

❶ $\sum_{n=1}^{\infty} a_n b_n \neq LM = \sum_{n=1}^{\infty} a_n \sum_{n=1}^{\infty} b_n$

❷ $\sum_{n=1}^{\infty} \frac{a_n}{b_n} \neq \frac{L}{M} = \frac{\sum_{n=1}^{\infty} a_n}{\sum_{n=1}^{\infty} b_n}$

예제 1-15

다음 무한등비급수의 합을 구하라.

(a) $\sum_{n=1}^{\infty} \frac{2}{3^n}$

(b) $\sum_{n=1}^{\infty} \left(-\frac{1}{3}\right)^{n-1}$

풀이

(a) $\sum_{n=1}^{\infty} \frac{2}{3^n} = 2\sum_{n=1}^{\infty} \frac{1}{3^n}$ 이다. 여기서 $\sum_{n=1}^{\infty} \frac{1}{3^n}$ 은 초항이 $\frac{1}{3}$ 이고 공비가 $\frac{1}{3}$ 인 무한등비급수이므로 $\sum_{n=1}^{\infty} \frac{2}{3^n} = 2 \cdot \frac{1/3}{1-(1/3)} = 1$ 이다.

(b) 초항이 1 이고 공비가 $-\frac{1}{3}$ 인 무한등비급수이므로 $\sum_{n=1}^{\infty} \left(-\frac{1}{3}\right)^{n-1} = \frac{1}{1-(-1/3)} = \frac{3}{4}$ 이다.

I Can Do 1-15

다음 무한등비급수의 합을 구하라.

(a) $\sum_{n=1}^{\infty} \frac{1}{2^{n-2}}$

(b) $\sum_{n=1}^{\infty} \left(\frac{1}{2^n} - \frac{1}{3^{n-1}}\right)$

확률과 통계에서 자주 사용되는 수열의 부분합을 소개하며 이 절을 마무리한다.

❶ $\sum_{k=1}^{n} k = 1+2+3+\cdots+n = \frac{n(n+1)}{2}$

❷ $\sum_{k=1}^{n} k^2 = 1^2+2^2+3^2+\cdots+n^2 = \frac{n(n+1)(2n+1)}{6}$

❸ $\sum_{k=1}^{n} k^3 = 1^3+2^3+3^3+\cdots+n^3 = \left\{\frac{n(n+1)}{2}\right\}^2$

Chapter 01 연습문제

기초문제

1. 다음 중 옳은 것을 고르라.

① $A \cup \varnothing = \varnothing$

② $A \subset B$이면, $A \cap B = A$이다.

③ $(A \cap B)^c = A^c \cap B^c$

④ $\varnothing^c = \varnothing$

⑤ $(A \cap B) \cap C = (A \cup C) \cap (B \cup C)$

2. 전체집합 $U = \{x \mid x$는 10보다 작은 자연수$\}$에 대해 소수인 집합을 A, 3의 배수인 집합을 B라고 한다. 다음 중 옳은 것을 <u>모두</u> 고르라.

① $A = \{1, 2, 3, 5, 7\}$

② $A \cap B = \{3, 5, 7\}$

③ $A - B = \{1, 2, 5, 7\}$

④ $A^c \cap B = \{6, 9\}$

⑤ $A^c \cap B^c = \{1, 4, 8\}$

3. 주사위를 두 번 던질 때 첫 번째 눈의 수가 3의 배수인 집합을 A, 두 번째 눈의 수가 3의 배수인 집합을 B라고 한다. 다음 중 옳은 것을 고르라.

① $A - B = \varnothing$

② $A^c = B$

③ $A \cap B = \{(3, 3)\}$

④ $A = B$

⑤ $A \cup B = U$

4. 다음 대응관계 중 함수가 <u>아닌</u> 것을 고르라.

①

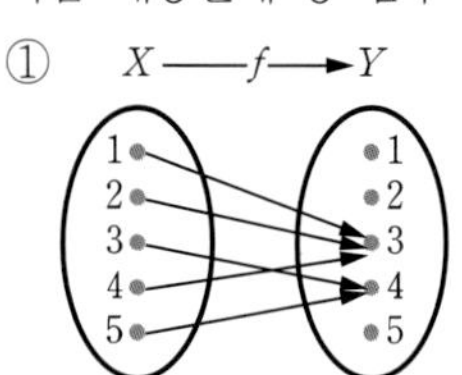

②

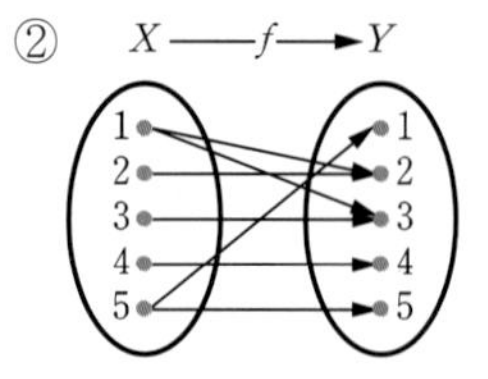

③

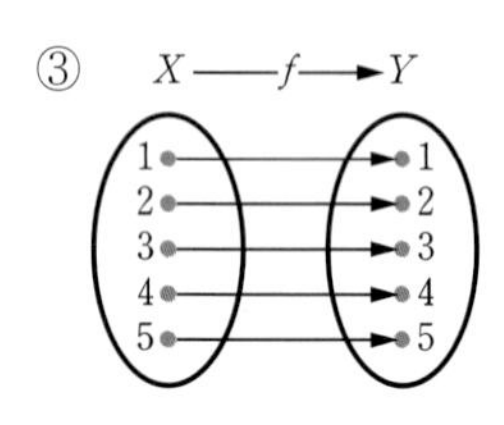

④

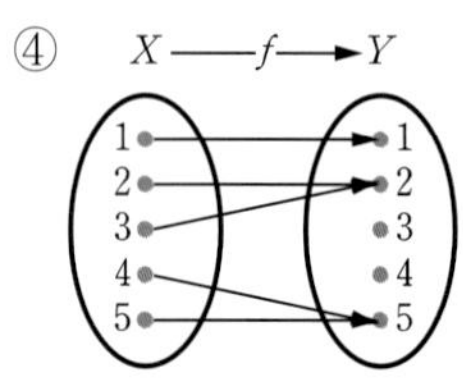

⑤

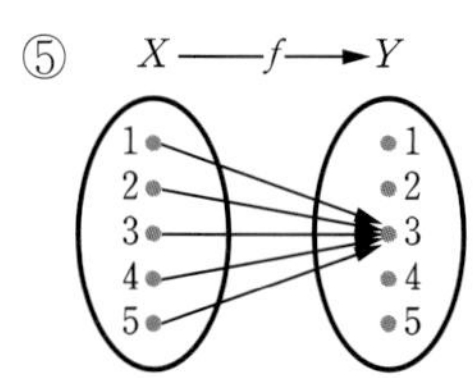

5. 다음 대응관계 중 함수가 <u>아닌</u> 것을 고르라.

①

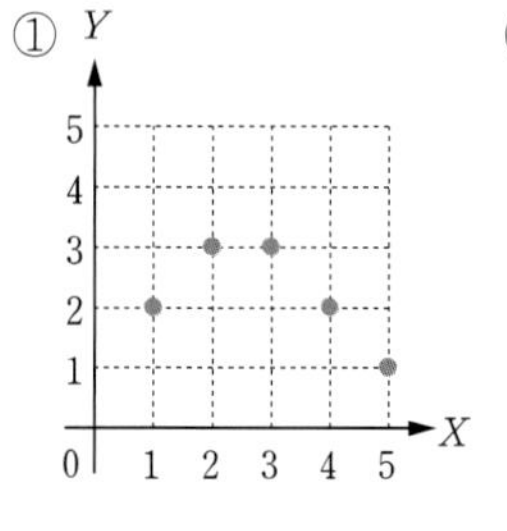

②

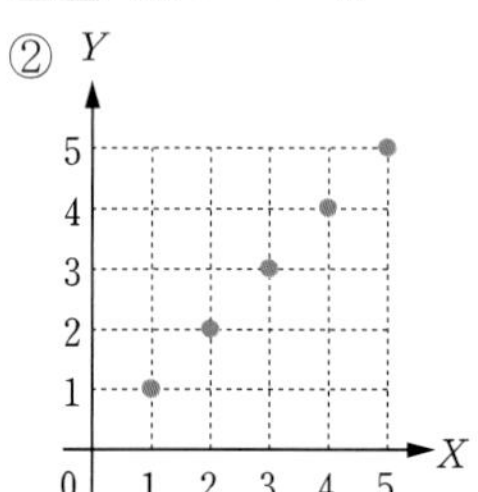

③

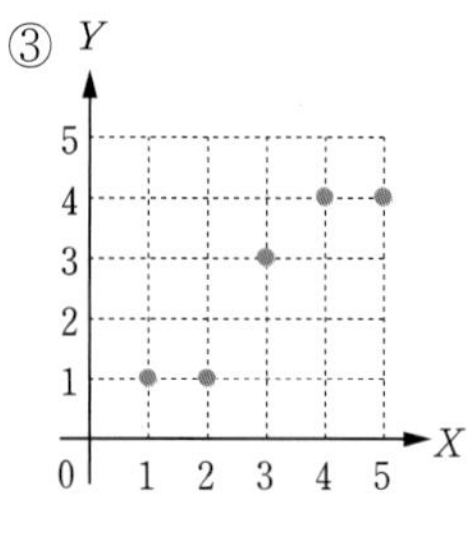

④

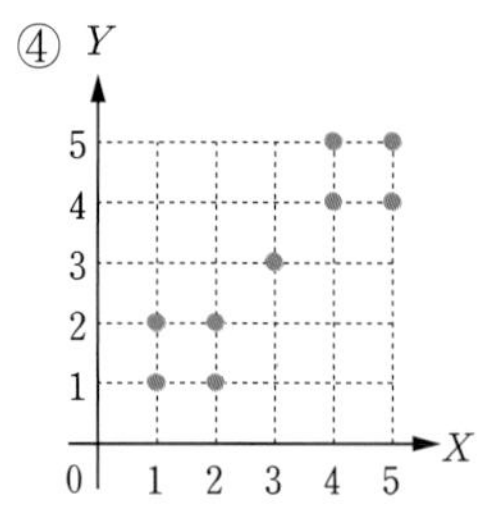

⑤
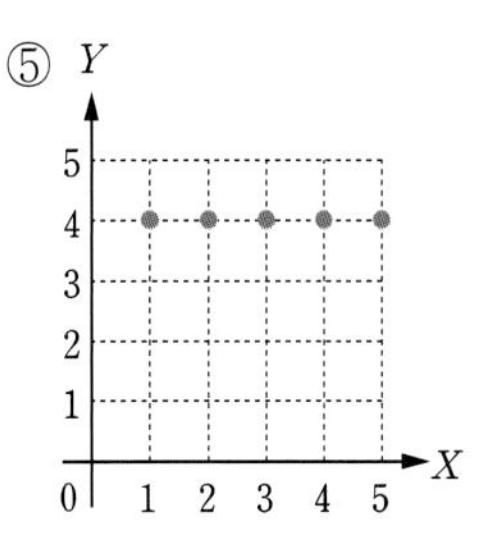

6. 다음 중 옳은 것을 모두 고르라.

① $f(x)=\dfrac{x-1}{2x}-1$에 대해 $\mathrm{dom}(f)=\mathbb{R}$

② $f(x)=\dfrac{x-1}{x^2+1}$에 대해 $\mathrm{dom}(f)=\mathbb{R}$

③ $f(x)=\left(\dfrac{x+1}{\sqrt{x}}\right)^2+1$에 대해 $\mathrm{dom}(f)=\mathbb{R}$

④ $f(x)=(\sqrt{x})^2-1$에 대해 $\mathrm{dom}(f)=\mathbb{R}$

⑤ $f(x)=\sqrt{x^2}$에 대해 $\mathrm{dom}(f)=\mathbb{R}$

7. 다음 중 옳은 것을 모두 고르라.

① $z=\sqrt{4-4x^2-y^2}$의 정의역은 $4x^2+y^2\ge 4$인 (x, y) 전체의 집합이다.

② $z=x^2-2y^2$의 정의역은 $y\le 0$인 (x, y) 전체의 집합이다.

③ $z=\dfrac{1}{x^2-y^2}$의 정의역은 $y\ne -x$인 (x, y) 전체의 집합이다.

④ $z=\dfrac{1}{x^2+y^2}$의 정의역은 $(0, 0)$을 제외한 평면 전체의 집합이다.

⑤ $f(x)=\sqrt{x^2+y^2}$의 정의역은 $x\ge 0,\ y\ge 0$인 (x, y) 전체의 집합이다.

8. 기울기가 2이고 점 $(0, 1)$을 지나는 직선의 방정식을 구하라.

① $y=2x-1$ ② $y=2x+1$
③ $y=2x-2$ ④ $y=2x+2$
⑤ $y=-2x+1$

9. x절편이 1이고 y절편이 1인 직선의 방정식을 구하라.

① $y=x+2$ ② $y=x-2$
③ $y=-x+1$ ④ $y=-x-1$
⑤ $y=-x-2$

10. 직선의 방정식 $y=2x+1$에 대해 x축, y축, 그리고 직선이 이루는 삼각형의 넓이를 구하라.

① $\dfrac{1}{4}$ ② $\dfrac{2}{3}$ ③ $\dfrac{1}{3}$ ④ $\dfrac{1}{2}$ ⑤ 1

11. 기울기가 2이고 꼭짓점의 좌표가 $(1, -1)$인 이차함수를 구하라.

① $y=2x^2+x-1$ ② $y=2x^2-x+1$
③ $y=2x^2-4x-1$ ④ $y=2x^2-4x+1$
⑤ $y=2x^2-2x+1$

12. $-2\le x\le 4$에서 이차함수 $f(x)=x^2-2x-3$에 대한 다음 설명 중 틀린 것을 고르라.

① y절편은 -3이다.
② x절편은 -1이다.
③ 꼭짓점의 좌표는 $(1, -4)$이다.
④ 최솟값은 -4이다.
⑤ 최댓값은 5이다.

13. $1\le x\le 3$에서 두 함수 $f(x)=x^2+2x+2$와 $g(x)=-x^2-x+1$에 대해 다음 중 틀린 것을 모두 고르라. $\max f(x)$와 $\min f(x)$는 각각 함수의 최댓값과 최솟값을 의미한다.

① $\max f(x)-\min g(x)=28$

② $\max f(x)-\min f(x)=\dfrac{63}{4}$

③ $\max f(x)+\max g(x)=-10$

④ $\max g(x)-\min f(x)=-2$

⑤ $\min f(x)-\min g(x)=12$

14. 첫 번째 항이 1이고 공차 3인 등차수열을 구하라.

① $a_n = 3n-2$ ② $a_n = 3n+1$
③ $a_n = 3n+2$ ④ $a_n = n+3$
⑤ $a_n = n+2$

15. 첫 번째 항이 2이고 공비 $\frac{1}{3}$인 등비수열을 구하라.

① $a_n = \frac{1}{3^{n-1}}$ ② $a_n = \frac{2}{3^{n-1}}$
③ $a_n = \frac{1}{3^n}$ ④ $a_n = \frac{2}{3^n}$
⑤ $a_n = \frac{3}{2^{n-1}}$

16. 첫 번째 항이 2이고 공차 5인 등차수열의 10번째 항까지의 합을 구하라.

① 305 ② 295 ③ 265
④ 255 ⑤ 245

17. 수열 $a_n = 1 + \left(-\frac{1}{2}\right)^n$의 5번째 항까지의 합을 구하라.

① $-\frac{11}{32}$ ② $\frac{21}{32}$ ③ $\frac{149}{32}$
④ $\frac{161}{32}$ ⑤ $\frac{223}{32}$

18. 다음 중 틀린 것을 고르라.

① $\lim_{n\to\infty} \frac{1-2n}{n+1} = -2$
② $\lim_{n\to\infty} \frac{1-n}{4n-2} = -\frac{1}{4}$
③ $\lim_{n\to\infty} \frac{n+1}{n^2-2} = 1$
④ $\lim_{n\to\infty} \frac{n^2+1}{2n^2+5} = \frac{1}{2}$
⑤ $\lim_{n\to\infty} \left(-\frac{1}{4}\right)^n = 0$

19. 다음 중 틀린 것을 고르라.

① $\sum_{n=1}^{\infty} \frac{1}{2^{n-1}} = 2$
② $\sum_{n=1}^{\infty} \frac{4}{3^n} = \frac{4}{3}$
③ $\sum_{n=1}^{\infty} \left(\frac{4}{3}\right)^n$은 수렴하지 않는다.
④ $\sum_{n=1}^{\infty} \left(\frac{1}{3^n} + \frac{1}{4^{n-1}}\right) = \frac{11}{6}$
⑤ $\sum_{n=1}^{\infty} \left(-\frac{1}{4}\right)^n = -\frac{1}{5}$

응용문제

20. 주사위를 두 번 던지는 게임에서 두 눈의 수의 합이 짝수인 집합을 A, 처음 나온 눈의 수가 홀수인 집합을 B라고 할 때 다음 물음에 답하라.

(a) 게임에서 나올 수 있는 모든 경우에 대한 전체집합을 구하라.
(b) 집합 $A \cup B$, $A \cap B$, $A - B$를 구하라.

21. 섭씨온도(℃)와 화씨온도(°F) 사이에 다음과 같은 관계가 성립한다.

$$C = \frac{5}{9}(F-32),\quad F > -459.6$$

(a) 섭씨온도와 화씨온도가 같아지는 화씨온도를 구하라.
(b) 10℃에 대한 화씨온도를 구하라.

22. $500l$의 물이 들어있는 물탱크에서 1분에 $4l$의 물이 배수구를 통해 빠져 나온다.

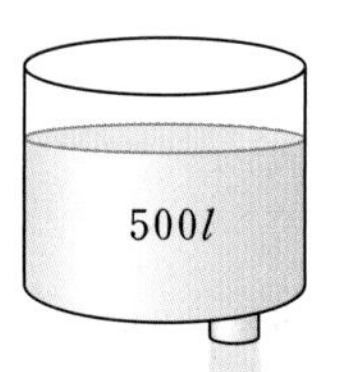

(a) 물이 빠지기 시작하여 x(분) 후 물탱크에 남아있는 물의 양을 $y(l)$라고 할 때, y를 x의 식으로 나타내라.

(b) 50분 후 물탱크에 남아있는 물의 양을 구하라.

(c) 물탱크의 물이 모두 빠져 나올 때까지 걸리는 시간을 구하라.

23. 최초 길이가 30 cm 인 용수철이 천장에 매달려있다. 이 용수철에 무게가 100 g 인 물체를 매달면 용수철의 길이가 1 cm 늘어난다.

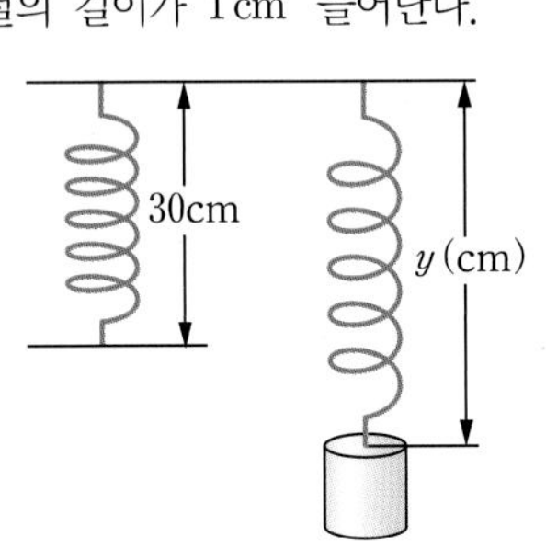

(a) 무게가 x(g)인 물체를 용수철에 매달 때, 용수철의 총 길이를 나타내는 관계식을 구하라.

(b) 늘어난 용수철의 총 길이가 50 cm 일 때, 물체의 무게를 구하라.

24. 수열 $\{a_n\}=\left\{\dfrac{2n}{n+1}\right\}$에 대해 다음을 구하라.

(a) 5번째 항까지의 합

(b) $\lim\limits_{n\to\infty} a_n$

25. 무한급수 $1-1+1-1+\cdots$은 수렴하지 않음을 설명하라.

26. 순환소수 $0.121212\cdots$를 분수로 나타내라.

심화문제

27. 주머니 안에 흰색과 검은색의 바둑돌이 각각 두 개씩 들어있다. 이 주머니에서 차례대로 바둑돌 세 개를 꺼낸다고 하자. 다음 물음에 답하라.

(a) 나올 수 있는 바둑돌 색의 경우에 대한 전체집합을 구하라.

(b) 적어도 하나의 바둑돌 색이 다른 경우의 집합을 구하라.

(c) 검은색 바둑돌이 꼭 하나인 집합을 구하라.

(d) 첫 번째 바둑돌이 흰색인 집합을 구하라.

28. 점 $(1, 1)$을 지나는 직선 $ax+by=2$와 x축, y축이 이루는 삼각형의 넓이가 12일 때, a와 b를 구하라. 단, $a>1$이다.

29. x에 대한 이차함수 $f(x)=x^2+px+q$가 $f(2)=1$과 $f(2-x)=f(2+x)$를 만족할 때, 상수 p, q와 $f(1)$을 구하라.

30. 두 이차함수 $y=\frac{1}{2}x^2+\frac{3}{2}$과 $y=\frac{1}{2}x^2-\frac{1}{2}$에 대해, 다음 그림과 같이 $x=-1$, $x=1$과 두 곡선으로 둘러싸인 부분의 넓이를 구하라.

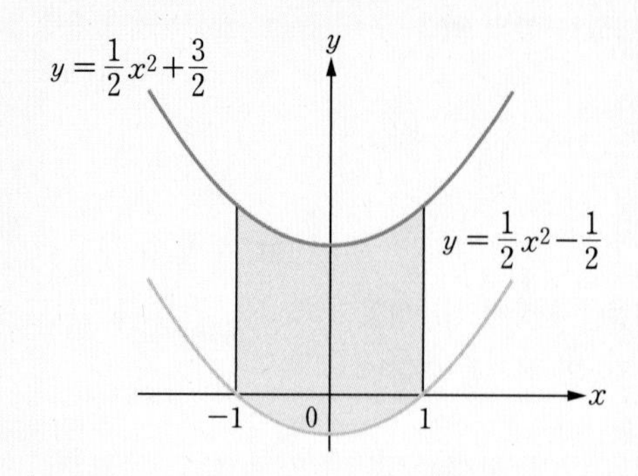

31. 은행에 원금 1,000만 원을 월이율 $d(0<d<1)$의 단리로 예금한다고 하자. 월이율 d의 단리 예금은 원금의 d에 해당하는 이자가 매월 증가하는 것을 의미한다. 즉 원금 P를 월이율 d인 단리로 n개월 예금한 원리금은 $P(1+dn)$(만 원)이다. 여기서 원리금은 원금과 총 이자의 합을 의미한다. 다음 물음에 답하라.

(a) 1년 후의 원리금이 1,050만 원일 때, 이자율 d를 구하라.

(b) (a)에서 구한 이자율 d로 20년 동안 예금할 때, 원리금을 구하라.

32. 은행에 원금 1,000만 원을 월이율 $r(0<r<1)$의 복리로 예금한다고 하자. 월이율 r의 복리 예금은 원금과 원금의 r에 해당하는 이자가 다음 달의 원금이 되는 것을 의미한다. 즉 원금 P를 월이율 r인 복리로 n개월 예금한 원리금은 $P(1+r)^n$(만 원)이다. 다음 물음에 답하라.

(a) 1년 후의 원리금이 1,050만 원일 때, 이자율 r을 구하라.

(b) (a)에서 구한 이자율 r로 20년 동안 예금할 때, 원리금을 구하라.

Chapter 02

미분과 적분

||| 목차 |||

||| 학습목표 |||

- 함수의 극한과 연속성을 이해하고, 함수의 극한을 구할 수 있다.
- 도함수의 개념을 이해하고, 미분법을 이용하여 도함수를 구할 수 있다.
- 부정적분과 정적분의 개념을 이해하고, 적분법을 이용하여 부정적분과 정적분을 구할 수 있다.
- 편도함수의 개념을 이해하고, 편미분법을 이용하여 편도함수를 구할 수 있다.
- 이중적분의 개념을 이해하고, 주어진 영역에서 이중적분을 구할 수 있다.

Section

2.1 함수의 극한과 연속

'함수의 극한과 연속'을 왜 배워야 하는가?

이 절에서는 '변수 x가 어떤 실수 a에 가까워질 때 함수 $f(x)$가 어떻게 변하는가'에 대해 생각하고, 함수의 극한에 대한 의미와 그 성질을 살펴본다. 함수의 극한은 도함수를 정의하기 위한 기초 도구로 사용된다. 그리고 함수의 연속성은 연속확률변수의 확률분포에서 매우 중요한 역할을 담당한다. 따라서 함수의 극한과 연속성에 대해 정확하게 이해하는 것이 중요하다.

함수의 극한

함수 $y=f(x)$에 대해 변수 x가 특정한 값 a에 한없이 가까워질 때 함숫값 $f(x)$가 어떻게 변하는지 살펴보기 위해, 두 함수 $f(x)=x+1$과 $g(x)=\dfrac{x^2-1}{x-1}$을 생각해보자. 이때 $f(x)$는 $x=1$에서 함숫값이 $f(1)=2$이지만 $g(x)$는 $x=1$에서 정의되지 않으며 다음과 같이 표현이 가능하다.

$$g(x)=\frac{x^2-1}{x-1}=\frac{(x-1)(x+1)}{x-1}=x+1,\quad x\neq 1$$

따라서 [그림 2-1]에서 보는 바와 같이 x가 1에 한없이 가까워지면 $f(x)$와 $g(x)$의 그래프 위에 있는 점 (x, y)는 점 $(1, 2)$에 가까워지고, 두 함수의 함숫값 $f(x)$와 $g(x)$는 2에 가까워지는 것을 알 수 있다. 즉 [그림 2-1(a)]처럼 함숫값 $f(1)$이 정의되는 경우뿐만 아니라, [그림 2-1(b)]처럼 함숫값 $g(1)$이 정의되지 않는 경우에도 x가 1에 가까워질 때 $f(x)$와 $g(x)$의 함숫값이 2에 가까워진다.

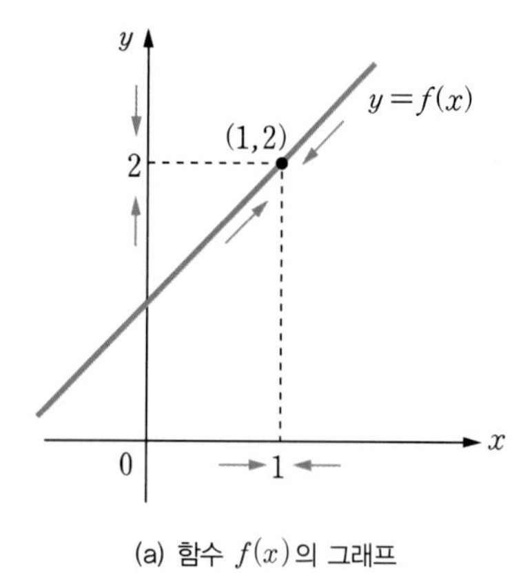

(a) 함수 $f(x)$의 그래프

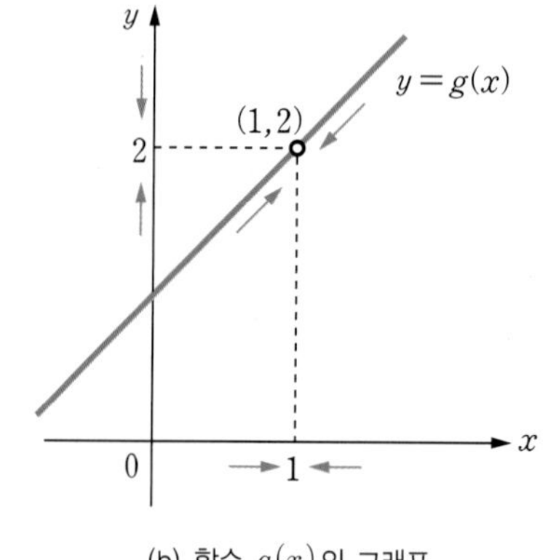

(b) 함수 $g(x)$의 그래프

[그림 2-1] 함수의 극한

이와 같이 함수 $f(x)$가 $x=a$에서 정의되는지 그렇지 않은지와 상관없이 a가 아닌 변수 x가 특정한 값 a에 한없이 가까워질 때 함숫값 $f(x)$가 일정한 값 L에 한없이 가까워지면, 함수 $f(x)$는 L에 **수렴한다**converge고 하고 다음과 같이 나타낸다.

$$\lim_{x \to a} f(x) = L \quad \text{또는} \quad x \to a \text{일 때, } f(x) \to L$$

이때 $f(x)$가 수렴하는 값 L을 $x \to a$일 때 함수 $f(x)$의 **극한**limit이라고 한다. 예를 들어 $x \to 1$일 때 두 함수 $f(x)=x+1$과 $g(x)=\dfrac{x^2-1}{x-1}$은 수렴하고 극한은 각각 다음과 같다.

$$\lim_{x \to 1} f(x) = \lim_{x \to 1}(x+1) = 2, \quad \lim_{x \to 1} g(x) = \lim_{x \to 1}\frac{x^2-1}{x-1} = 2$$

특히 $x<a$이고 $x \to a$일 때 $f(x) \to L_1$이면 극한 L_1을 **좌극한**left hand limit이라 하고, $x>a$이고 $x \to a$일 때 $f(x) \to L_2$이면 극한 L_2를 **우극한**right hand limit이라 한다. 좌극한과 우극한은 각각 다음과 같이 나타낸다.

$$\lim_{x \to a^-} f(x) = L_1, \quad \lim_{x \to a^+} f(x) = L_2$$

따라서 극한 $\lim_{x \to a} f(x)$가 존재하기 위한 필요충분조건은 $\lim_{x \to a^-} f(x) = \lim_{x \to a^+} f(x)$이다.

예제 2-1

$\lim_{x \to 0} |x|$를 구하라.

풀이

$x<0$이면 $|x| = -x$이고 $x>0$이면 $|x| = x$이다. 그러므로 좌극한과 우극한은 각각 다음과 같다.

$$\lim_{x \to 0^-} |x| = \lim_{x \to 0^-}(-x) = 0$$

$$\lim_{x \to 0^+} |x| = \lim_{x \to 0^+} x = 0$$

좌극한과 우극한이 동일하므로 $\lim_{x \to 0} |x| = 0$이다.

I Can Do 2-1

$\lim_{x \to 1} |x-1|$을 구하라.

한편, [그림 2-2]에서 보는 바와 같이 함수 $f(x) = \frac{1}{x}$은 변수 x가 한없이 커지면 함숫값 $f(x)$가 0에 한없이 가까워진다. 그리고 x가 음수이고 그 절댓값이 한없이 커질 때도 함숫값 $f(x)$가 0에 한없이 가까워진다.

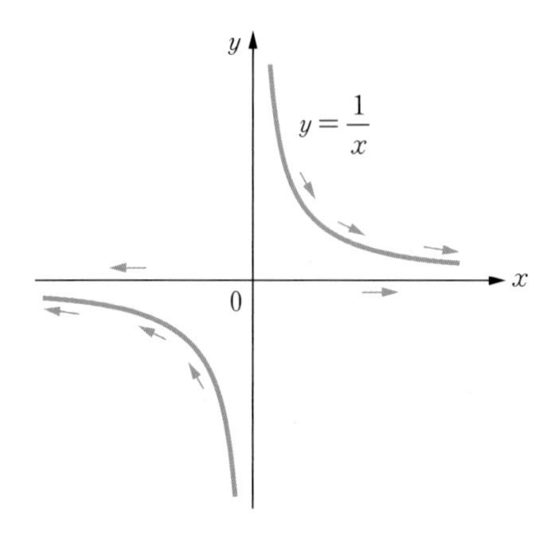

[그림 2-2] 함수 $f(x) = \frac{1}{x}$의 그래프

이와 같이 x가 한없이 커질 때, 함숫값 $f(x)$가 일정한 값 L에 한없이 가까워지면 양의 무한대에서 $f(x)$가 L에 수렴한다고 하고 다음과 같이 나타낸다.

$$\lim_{x \to \infty} f(x) = L$$

그리고 x가 음수이고 그 절댓값이 한없이 커질 때, 함숫값 $f(x)$가 일정한 값 L에 한없이 가까워지면 음의 무한대에서 $f(x)$가 L에 수렴한다고 하고 다음과 같이 나타낸다.

$$\lim_{x \to -\infty} f(x) = L$$

그러나 함수 $f(x) = \frac{1}{x^2}$은 [그림 2-3(a)]와 같이 x가 0에 가까워질수록 함숫값 $f(x)$는 한없이 커진다. 그리고 함수 $f(x) = -\frac{1}{x^2}$은 [그림 2-3(b)]와 같이 x가 0에 가까워질수록 함숫값 $f(x)$는 음수이고 그 절댓값은 한없이 커진다.

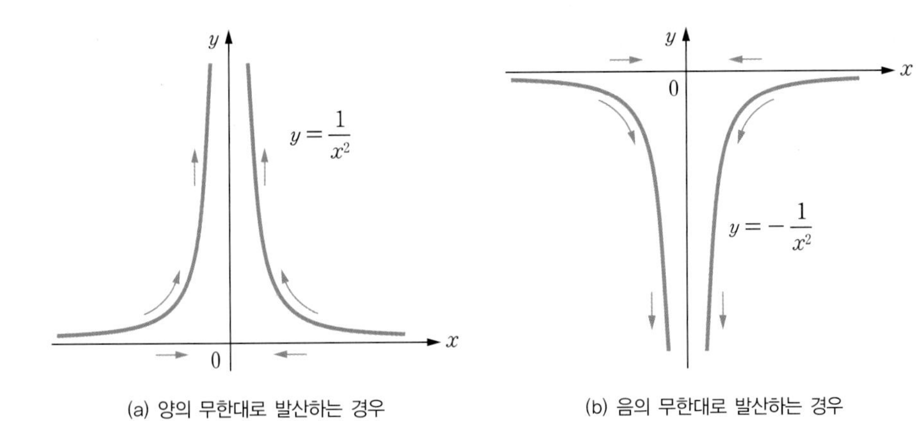

(a) 양의 무한대로 발산하는 경우

(b) 음의 무한대로 발산하는 경우

[그림 2-3] 발산하는 경우

이와 같이 x가 a에 가까워질수록 함숫값 $f(x)$가 한없이 커지는 경우에, $x \to a$이면 $f(x)$는 **양의 무한대로 발산한다**고 하고 다음과 같이 나타낸다.

$$\lim_{x \to a} f(x) = \infty$$

그리고 x가 a에 가까워질수록 함숫값 $f(x)$가 음수이고 그 절댓값이 한없이 커지는 경우에, $x \to a$이면 $f(x)$는 **음의 무한대로 발산한다**고 하고 다음과 같이 나타낸다.

$$\lim_{x \to a} f(x) = -\infty$$

한편, x가 한없이 커질수록 $f(x)$가 한없이 커지는 경우와, x가 음수이고 그 절댓값이 한없이 커질수록 $f(x)$가 한없이 커지는 경우는 각각 다음과 같이 나타낸다.

$$\lim_{x \to \infty} f(x) = \infty, \quad \lim_{x \to -\infty} f(x) = \infty$$

끝으로 x가 한없이 커질수록 $f(x)$가 음수이고 그 절댓값이 한없이 커지는 경우와, x가 음수이고 그 절댓값이 한없이 커질수록 $f(x)$가 음수이고 그 절댓값이 한없이 커지는 경우는 각각 다음과 같이 나타낸다.

$$\lim_{x \to \infty} f(x) = -\infty, \quad \lim_{x \to -\infty} f(x) = -\infty$$

그러면 수렴하는 함수의 극한에 대해 다음 성질이 성립한다.

정리 2-1 극한법칙

$\lim_{x \to a} f(x)$와 $\lim_{x \to a} g(x)$가 존재한다면 상수 k에 대해 다음이 성립한다.

(1) $\lim_{x \to a} k = k$

(2) $\lim_{x \to a} [f(x) \pm g(x)] = \lim_{x \to a} f(x) \pm \lim_{x \to a} g(x)$ (복부호 동순)

(3) $\lim_{x \to a} [kf(x)] = k \lim_{x \to a} f(x)$

(4) $\lim_{x \to a} [f(x)g(x)] = \left(\lim_{x \to a} f(x)\right) \cdot \left(\lim_{x \to a} g(x)\right)$

(5) $\lim_{x \to a} \dfrac{f(x)}{g(x)} = \dfrac{\lim_{x \to a} f(x)}{\lim_{x \to a} g(x)}$ (단, $\lim_{x \to a} g(x) \neq 0$)

예제 2-2

$\lim_{x \to 1} f(x) = -1$, $\lim_{x \to 1} g(x) = 3$일 때 다음 극한을 구하라.

(a) $\lim_{x \to 1} [f(x) - 2g(x)]$

(b) $\lim_{x \to 1} [3f(x) + 2g(x)]$

(c) $\lim_{x \to 1} f(x)[2g(x)]$

(d) $\lim_{x \to 1} \dfrac{f(x)}{g(x)}$

풀이

(a) $\lim_{x \to 1} [f(x) - 2g(x)] = \lim_{x \to 1} f(x) - 2\lim_{x \to 1} g(x) = -1 - 2(3) = -7$

(b) $\lim_{x \to 1} [3f(x) + 2g(x)] = 3\lim_{x \to 1} f(x) + 2\lim_{x \to 1} g(x) = 3(-1) + 2(3) = 3$

(c) $\lim_{x \to 1} f(x)[2g(x)] = \left(\lim_{x \to 1} f(x)\right) \cdot \left(2\lim_{x \to 1} g(x)\right) = (-1)2(3) = -6$

(d) $\lim_{x \to 1} \dfrac{f(x)}{g(x)} = \dfrac{\lim_{x \to 1} f(x)}{\lim_{x \to 1} g(x)} = \dfrac{-1}{3} = -\dfrac{1}{3}$

I Can Do 2-2

$\lim_{x \to 0} f(x) = 4$, $\lim_{x \to 0} g(x) = -2$일 때 다음 극한을 구하라.

(a) $\lim_{x \to 0} [f(x) + 2g(x)]$

(b) $\lim_{x \to 0} [3f(x) - 4g(x)]$

(c) $\lim_{x \to 0} f(x)g(x)$

(d) $\lim_{x \to 0} \dfrac{f(x)}{g(x)}$

한편, a를 포함하는 어떤 구간에서 $f(x) \le g(x)$이면 $\lim_{x \to a} f(x) \le \lim_{x \to a} g(x)$이고, 다음 정리가 성립한다.

정리 2-2 압축정리 sandwich theorem

a를 포함하는 어떤 구간에서 $f(x) \le g(x) \le h(x)$이고 $\lim_{x \to a} f(x) = \lim_{x \to a} h(x) = L$이면, $\lim_{x \to a} g(x) = L$이다.

예제 2-3

$\lim_{x \to 0} x \sin \dfrac{1}{x}$을 구하라. 단, $-1 \le \sin x \le 1$이다.

풀이

0이 아닌 모든 실수 x에 대해 $-1 \le \sin \dfrac{1}{x} \le 1$ $(|x| > 0)$이므로 $-|x| \le |x| \sin \dfrac{1}{x} \le |x|$가 성립한다. 즉 $-|x| \le x \sin \dfrac{1}{x} \le |x|$이고, [예제 2-1]로부터 $\lim_{x \to 0} (-|x|) = 0$, $\lim_{x \to 0} |x| = 0$이므로 압축정리에 의해 $\lim_{x \to 0} x \sin \dfrac{1}{x} = 0$이다.

I Can Do 2-3

$\lim_{x \to 0} x^2 \cos \dfrac{1}{x}$을 구하라. 단, $-1 \le \cos x \le 1$이다.

함수의 연속성

[그림 2-1]에서 살펴본 바와 같이 함수 $g(x)=\dfrac{x^2-1}{x-1}$의 그래프는 점 $(1, 2)$에서 끊어져 있으나, 함수 $f(x)=x+1$의 그래프는 점 $(1, 2)$에서 연결되어 있음을 알 수 있다. 이제 함수 $f(x)$가 그래프 위의 점 $(a, f(a))$에서 연결된다는 의미를 살펴보자. 함수 $f(x)=x+1$은 $x=1$에서 다음을 만족한다.

$$\lim_{x \to 1} f(x) = f(1) = 2$$

즉 $x=1$에서 함숫값이 존재하고 $x \to 1$일 때 $f(x)$의 극한이 함숫값 $f(1)=2$와 같다. 이와 같이 특정한 $x=a$에서 함수 $f(x)$가 다음 세 가지 조건을 만족할 때, 함수 $y=f(x)$는 $x=a$에서 **연속** continuous이라고 한다.

❶ $f(a)$가 존재한다.
❷ $\lim_{x \to a} f(x)$가 존재한다.
❸ $\lim_{x \to a} f(x) = f(a)$이다.

따라서 함수 $y=f(x)$가 $x=a$에서 연속이라는 것은 함수 $f(x)$의 그래프가 점 $(a, f(a))$에서 연결된다는 의미이다. 한편 함수 $y=f(x)$가 $x=a$에서 연속이 아닐 때, $y=f(x)$는 $x=a$에서 **불연속** discontinuous이라고 한다. 즉 $y=f(x)$가 $x=a$에서 불연속이라는 것은 함수 $f(x)$의 그래프가 점 $(a, f(a))$에서 끊어진다는 의미이다. $x=a$에서 연속인 두 함수의 사칙연산에 대해 다음이 성립한다.

정리 2-3 연속성의 성질

두 함수 $f(x)$와 $g(x)$가 $x=a$에서 연속이면, 다음 함수들도 $x=a$에서 연속이다.

(1) $kf(x)$ (2) $f(x)+g(x)$ (3) $f(x)-g(x)$

(4) $f(x)g(x)$ (5) $\dfrac{f(x)}{g(x)}$ (단, $g(a) \neq 0$)

이때 $\lim_{x \to a} x = a$이므로 [정리 2-3]의 (4)에 의해 다음 극한을 얻는다.

$$\lim_{x \to a} x^2 = \lim_{x \to a} x \cdot x = \lim_{x \to a} x \cdot \lim_{x \to a} x = a \cdot a = a^2$$

같은 방법으로 $\lim_{x \to a} x^n = a^n$을 얻으며, 다항함수 $f(x)=c_0x^n+c_1x^{n-1}+\cdots+c_{n-1}x+c_n$에 대해 다음이 성립한다. 따라서 다항함수는 모든 실수 x에서 연속이다.

$$\lim_{x \to a} f(x) = c_0a^n + c_1a^{n-1} + \cdots + c_{n-1}a + c_n = f(a)$$

예제 2-4

함수 $f(x)=\dfrac{x^3+x+2}{x^2-1}$가 불연속인 점을 구하라.

풀이

$g(x)=x^3+x+2$, $h(x)=x^2-1$이라 하면, $g(x)$와 $h(x)$는 각각 삼차함수와 이차함수이므로 모든 실수에서 연속이다. 따라서 $x^2-1\neq 0$, 즉 $x\neq -1, 1$인 모든 실수에서 $f(x)$는 연속이다. 그러므로 $f(x)$가 불연속인 점은 $x=-1, 1$이다.

I Can Do 2-4

함수 $f(x)=\dfrac{x^2-x+3}{x(x-1)^2}$이 불연속인 점을 구하라.

함수 $f(x)$가 어떤 열린 구간 안의 모든 점에서 연속이면, 간단히 함수 $f(x)$는 열린 구간에서 연속이라고 한다. 특히 함수 $f(x)$가 열린 구간 (a, b)에서 연속이고 열린 구간의 양 끝점에서 다음을 만족하면, 함수 $f(x)$는 닫힌 구간 $[a, b]$에서 연속이라고 한다.

$$\lim_{x\to a+} f(x)=f(a), \qquad \lim_{x\to b-} f(x)=f(b)$$

그러면 닫힌 구간에서 연속인 함수에 대해 다음 성질이 성립한다.

정리 2-4 최대최소정리 extreme value theorem

함수 $f(x)$가 닫힌 구간 $[a, b]$에서 연속이면, 닫힌 구간 $[a, b]$에서 함수 $f(x)$의 최댓값과 최솟값이 반드시 존재한다.

정리 2-5 중간값 정리 intermediate value theorem

함수 $f(x)$가 닫힌 구간 $[a, b]$에서 연속이고 $f(a)\neq f(b)$이면, $f(a)$와 $f(b)$ 사이의 임의의 실수 k에 대해 $f(c)=k$를 만족하는 c가 열린 구간 (a, b) 안에 적어도 하나 존재한다.

Section
2.2 미분법

'미분법'을 왜 배워야 하는가?

도함수는 그래프 위의 한 점에서 접선의 방정식을 구하거나 함수의 최댓값과 최솟값을 구하기 위한 도구로 사용될 뿐만 아니라, 연속확률변수의 분포함수와 확률밀도함수 사이의 관계를 규명하는 데 중요한 역할을 한다. 이 절에서는 도함수의 개념과 여러 가지 함수의 도함수를 구하는 방법을 살펴본다.

미분계수와 도함수

고속도로를 달리는 자동차가 어느 지점을 지날 때의 순간속도를 측정한다거나 곡선 위의 한 점에서 이 곡선에 대한 접선의 방정식을 구하기 위한 수학적 도구인 미분계수와 도함수의 개념을 살펴보자.

■ 평균변화율

함수 $y = f(x)$에 대해 [그림 2-4]와 같이 x가 a에서 b까지 변할 때, y값은 $f(a)$에서 $f(b)$로 변한다. 이때 x의 변화량 $b-a$를 **x의 증분**increments이라 하고 $\Delta x = b-a$로 나타낸다. 그리고 y의 변화량 $f(b)-f(a)$를 **y의 증분**이라 하고 $\Delta y = f(b)-f(a)$로 나타낸다.

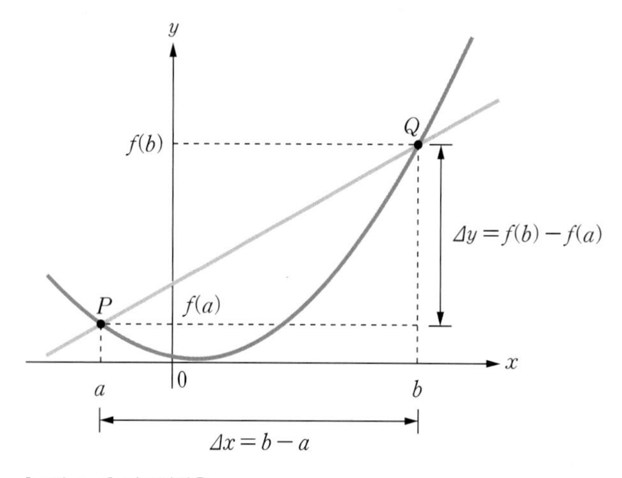

[그림 2-4] 평균변화율

다음과 같이 x의 증분에 대한 y의 증분의 비율을 x가 a에서 b까지 변할 때 함수 $y = f(x)$의 **평균변화율**average rate of change이라고 한다.

$$\frac{\Delta y}{\Delta x} = \frac{f(b)-f(a)}{b-a} = \frac{f(a+\Delta x)-f(a)}{\Delta x}$$

그러면 평균변화율은 그래프 위의 두 점 $P(a, f(a))$, $Q(b, f(b))$를 지나는 직선의 기울기와 같다.

■ 순간변화율

만일 $b = a + \Delta x$가 a에 가까워진다면, 즉 $\Delta x \to 0$이면 [그림 2-5]와 같이 그래프 위의 점 Q는 곡선을 따라서 점 P에 가까워진다.

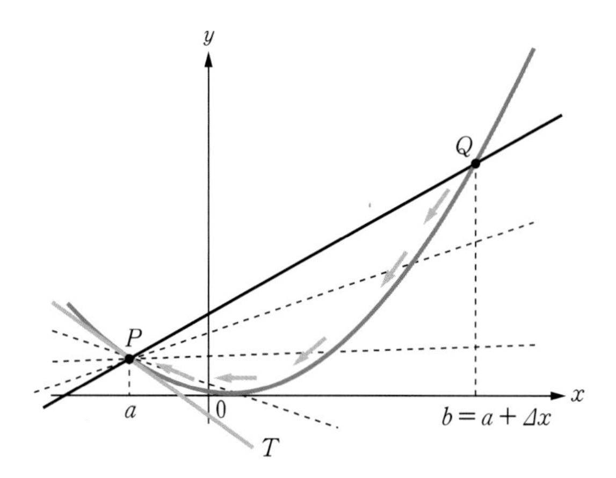

[그림 2-5] 순간변화율

이때 다음과 같이 평균변화율의 극한이 존재한다면, $f(x)$는 $x = a$에서 **미분가능하다**differentiable고 한다.

$$\lim_{\Delta x \to 0} \frac{\Delta y}{\Delta x} = \lim_{\Delta x \to 0} \frac{f(a+\Delta x) - f(a)}{\Delta x}$$

이 극한을 $x = a$에서 함수 $f(x)$의 **순간변화율**instantaneous rate of change 또는 **미분계수**differential coefficient 라 하고 $f'(a)$로 나타낸다. 즉 $x = a$에서 함수 $f(x)$의 순간변화율을 다음과 같이 정의한다.

$$\begin{aligned} f'(a) &= \lim_{\Delta x \to 0} \frac{f(a+\Delta x) - f(a)}{\Delta x} \\ &= \lim_{h \to 0} \frac{f(a+h) - f(a)}{h} = \lim_{b \to a} \frac{f(b) - f(a)}{b - a} \end{aligned}$$

한편 순간변화율 $f'(a)$가 존재한다면, 그래프 위의 두 점 P와 Q를 지나는 직선은 [그림 2-5]와 같이 h가 0에 가까워질수록 점 P에서의 접선 PT에 한없이 가까워진다. 따라서 $x = a$에서 함수 $y = f(x)$의 미분계수 $f'(a)$는 점 $P(a, f(a))$에서의 접선의 기울기이고, 이 점에서 접선의 방정식은 다음과 같다.

$$y = f'(a)(x - a) + f(a)$$

한편, $x=a$에서 함수 $y=f(x)$의 연속성과 미분가능성에 대해 다음 성질이 성립한다.

정리 2-6 미분가능성과 연속성

함수 $f(x)$가 $x=a$에서 미분가능하면, 함수 $f(x)$는 $x=a$에서 연속이다.

그러나 [정리 2-6]의 역은 성립하지 않는다. 예를 들어 함수 $f(x)=|x|$는 [예제 2-1]에서 살펴본 바와 같이 $\lim_{x\to 0}|x|=0$과 $f(0)=|0|=0$을 만족한다. 따라서 $\lim_{x\to 0}|x|=f(0)$이므로 이 함수는 $x=0$에서 연속이다. 그러나 다음의 좌극한과 우극한이 서로 다르므로 $f'(0)$이 존재하지 않는다. 따라서 함수 $f(x)=|x|$는 $x=0$에서 연속이지만 미분가능하지 않다.

$$\lim_{h\to 0^-}\frac{f(0+h)-f(0)}{h}=\lim_{h\to 0^-}\frac{|h|}{h}=\lim_{h\to 0^-}\frac{-h}{h}=-1$$

$$\lim_{h\to 0^+}\frac{f(0+h)-f(0)}{h}=\lim_{h\to 0^+}\frac{|h|}{h}=\lim_{h\to 0^-}\frac{h}{h}=1$$

예제 2-5

$x=1$에서 함수 $f(x)=x^2+x$의 미분계수를 구하고, 점 $(1,\ 2)$에서 접선의 방정식을 구하라.

풀이

미분계수의 정의에 따라 미분계수를 구하면 다음과 같다.

$$\begin{aligned} f'(1) &= \lim_{h\to 0}\frac{f(1+h)-f(1)}{h} \\ &= \lim_{h\to 0}\frac{[(1+h)^2+(1+h)]-(1+1)}{h} \\ &= \lim_{h\to 0}\frac{h^2+3h}{h}=\lim_{h\to 0}(h+3)=3 \end{aligned}$$

따라서 점 $(1,\ 2)$에서 접선의 방정식은 다음과 같다.

$$y=f'(1)(x-1)+2=3(x-1)+2=3x-1$$

I Can Do 2-5

$x=1$에서 함수 $f(x)=x^2-2$의 미분계수를 구하고, 점 $(1,\ -1)$에서 접선의 방정식을 구하라.

■ 도함수

함수 $y=f(x)$의 정의역 안의 미분가능한 점 x에 대해 그 점에서의 미분계수 $f'(x)$를 대응시키는 새로운 함수 $f' : x \to f'(x)$를 다음과 같이 정의할 수 있다.

$$f'(x)=\lim_{h\to 0}\frac{f(x+h)-f(x)}{h}$$

이와 같이 유도된 함수 $f'(x)$를 함수 $f(x)$의 **도함수**derivative라 하고, 다음과 같이 나타낸다.

$$y',\ f'(x),\ \frac{dy}{dx},\ \frac{df}{dx},\ \frac{d}{dx}f(x),\ Df(x)$$

그리고 함수 $y=f(x)$에 대한 도함수 $f'(x)$를 구하는 것을 **미분한다**differentiate고 하고, 도함수를 구하는 방법을 **미분법**differentiation이라 한다. 그러면 $x=a$에서의 미분계수는 $x=a$에서의 도함숫값 $f'(a)$와 같음을 알 수 있다.

예제 2-6

함수 $f(x)=x^2+x$의 도함수와 $f'(1)$을 구하라.

풀이

함수 $f(x)=x^2+x$의 도함수를 구하면 다음과 같다.

$$\begin{aligned} f'(x) &= \lim_{h\to 0}\frac{f(x+h)-f(x)}{h} \\ &= \lim_{h\to 0}\frac{[(x+h)^2+(x+h)]-(x^2+x)}{h} \\ &= \lim_{h\to 0}\frac{h^2+2xh+h}{h} \\ &= \lim_{h\to 0}(h+2x+1) = 2x+1 \end{aligned}$$

따라서 $f'(1)=2(1)+1=3$이다.

I Can Do 2-6

함수 $f(x)=x^2-2$의 도함수와 $f'(1)$을 구하라.

미분법

함수의 도함수를 구하기 위해 매번 도함수의 정의를 사용하는 것은 매우 불편하다. 따라서 도함수를 구하기 위한 여러 가지 유형의 미분법과 확률에서 나타나는 특수한 함수들의 도함수를 살펴보자.

■ x^{α}의 미분법

자연수 n에 대해 $b^n - a^n$을 인수분해하면 다음과 같다.

$$b^n - a^n = (b-a)(b^{n-1} + b^{n-2}a + \cdots + a^{n-2}b + a^{n-1})$$

그러면 정의에 의해 $f(x) = x^n$의 도함수는 다음과 같다.

$$\begin{aligned} f'(x) &= \lim_{t \to x} \frac{f(t) - f(x)}{t - x} \\ &= \lim_{t \to x} \frac{t^n - x^n}{t - x} \\ &= \lim_{t \to x} \Big(\underbrace{t^{n-1} + t^{n-2}x + \cdots + tx^{n-2} + x^{n-1}}_{n\text{개}} \Big) = nx^{n-1} \end{aligned}$$

따라서 임의의 자연수 n에 대해 $f(x) = x^n$의 도함수는 다음과 같다.

> **정리 2-7 x^n의 미분법**
>
> 임의의 자연수 n에 대해 $(x^n)' = nx^{n-1}$이다.

특히 $n = 0$이면 $x^0 = 1$이고, 따라서 [정리 2-7]에 의해 $(1)' = (x^0)' = 0(x^{-1}) = 0$이다. 또한 임의의 상수 k에 대해 $f(x) = k$라고 하면, 상수함수에 대해 다음 결과를 얻는다.

$$f'(x) = \lim_{t \to x} \frac{f(t) - f(x)}{t - x} = \lim_{t \to x} \frac{k - k}{t - x} = \lim_{t \to x} 0 = 0$$

그러므로 상수함수의 도함수는 0이다. 한편, 양의 정수 m과 $n(\neq 0)$에 대하여 $\frac{1}{x^n} = x^{-n}$, $\sqrt[n]{x^m} = x^{\frac{m}{n}}$으로 나타낼 수 있다. 그러면 지수가 음의 정수이거나 유리수인 경우의 도함수도 지수가 자연수인 경우와 동일한 방법으로 구할 수 있으며, 지수가 무리수인 경우에도 동일하게 적용할 수 있다. 따라서 다음 미분법을 얻는다.

> **정리 2-8 x^{α}의 미분법**
>
> 임의의 실수 α에 대해 $(x^{\alpha})' = \alpha x^{\alpha-1}$이다.

예제 2-7

다음 함수의 도함수를 구하라.

(a) x^3 (b) $\frac{1}{x^4}$ (c) $x^{\sqrt{3}}$ (d) $\sqrt[3]{x^4}$

풀이

(a) $\left(x^3\right)' = 3x^{3-1} = 3x^2$

(b) $\left(\frac{1}{x^4}\right)' = (x^{-4}) = (-4)x^{-4-1} = (-4)x^{-5} = -\frac{4}{x^5}$

(c) $\left(x^{\sqrt{3}}\right)' = \sqrt{3}\,x^{\sqrt{3}-1}$

(d) $\left(\sqrt[3]{x^4}\right)' = \left(x^{\frac{4}{3}}\right)' = \frac{4}{3}x^{\frac{4}{3}-1} = \frac{4}{3}x^{\frac{1}{3}} = \frac{4}{3}\sqrt[3]{x}$

I Can Do 2-7

다음 함수의 도함수를 구하라.

(a) x^{100} (b) $\frac{1}{x^{100}}$ (c) $x^{\pi+1}$ (d) $\sqrt[4]{x^3}$

■ 미분법의 기본 공식

이제 미분가능한 두 함수 $f(x)$와 $g(x)$에 대해 $f(x)+g(x)$의 도함수를 구해보자. 이를 위해 $v(x)=f(x)+g(x)$라고 하면 $f(x)+g(x)$의 도함수는 다음과 같다.

$$\begin{aligned}[f(x)+g(x)]' &= v'(x) \\ &= \lim_{h\to 0}\frac{v(x+h)-v(x)}{h} \\ &= \lim_{h\to 0}\frac{[f(x+h)+g(x+h)]-[f(x)+g(x)]}{h} \\ &= \lim_{h\to 0}\frac{[f(x+h)-f(x)]+[g(x+h)-g(x)]}{h} \\ &= \lim_{h\to 0}\frac{f(x+h)-f(x)}{h}+\lim_{h\to 0}\frac{g(x+h)-g(x)}{h} \\ &= f'(x)+g'(x)\end{aligned}$$

동일한 방법으로 $f(x)$와 $g(x)$의 사칙연산에 대한 도함수를 구하면 [정리 2-9]를 얻는다.

정리 2-9 미분법의 기본 공식

함수 $f(x)$와 $g(x)$가 미분가능하면 다음이 성립한다.

(1) $[kf(x)]' = kf'(x)$ (단, k는 상수)

(2) $[f(x) \pm g(x)]' = f'(x) \pm g'(x)$ (복부호 동순)

(3) $[f(x)g(x)]' = f'(x)g(x) + f(x)g'(x)$

(4) $\left[\dfrac{1}{g(x)}\right]' = -\dfrac{g'(x)}{[g(x)]^2}$

(5) $\left[\dfrac{f(x)}{g(x)}\right]' = \dfrac{f'(x)g(x) - f(x)g'(x)}{[g(x)]^2}$

[정리 2-9]의 (3)을 세 함수 $f(x)$, $g(x)$, $h(x)$에 적용하면 다음을 얻는다.

$$[f(x)g(x)h(x)]' = f'(x)g(x)h(x) + f(x)g'(x)h(x) + f(x)g(x)h'(x)$$

예제 2-8

다음 함수의 도함수를 구하라.

(a) $3x^2 + 1$ (b) $\dfrac{1}{x^2+2}$ (c) $(x-1)(x^2+2)$ (d) $\dfrac{x-1}{x^2+x+1}$

풀이

(a) $(3x^2+1)' = 3(x^2)' + (1)' = 3(2x) + 0 = 6x$

(b) $g(x) = x^2 + 2$라 하면, $g'(x) = (x^2)' + (2)' = 2x$이므로 구하려는 도함수는 다음과 같다.

$$\left(\frac{1}{x^2+2}\right)' = -\frac{(x^2+2)'}{(x^2+2)^2} = -\frac{2x}{(x^2+2)^2}$$

(c)
$$\begin{aligned}[(x-1)(x^2+2)]' &= (x-1)'(x^2+2) + (x-1)(x^2+2)' \\ &= (1-0)(x^2+2) + (x-1)(2x+0) \\ &= x^2 + 2 + 2x(x-1) \\ &= 3x^2 - 2x + 2\end{aligned}$$

(d) $f(x) = x - 1$, $g(x) = x^2 + x + 1$이라고 하면, $f'(x)$와 $g'(x)$는 각각 다음과 같다.

$$f'(x) = (x+1)' = (x)' + (0)' = 1$$
$$g'(x) = (x^2+x+1)' = (x^2)' + (x)' + (1)' = 2x + 1$$

따라서 구하려는 도함수는 다음과 같다.

$$\left(\frac{x-1}{x^2+x+1}\right)' = \frac{(1)(x^2+x+1)-(x-1)(2x+1)}{(x^2+x+1)^2} = \frac{-x^2+2x+2}{(x^2+x+1)^2}$$

I Can Do 2-8

다음 함수의 도함수를 구하라.

(a) x^2+3x-3 (b) $(x^2+x-1)(x^3+x^2-3)$ (c) $\dfrac{2x^2+x+1}{x^3+3x^2-2}$

■ 합성함수의 미분법

미분가능한 두 함수 $f(x)=x^5$과 $g(x)=x^2-5x+6$의 합성함수 $f(g(x))=(x^2-5x+6)^5$의 도함수를 구한다고 하자. 이를 위해 [정리 2-9]를 이용한다면 합성함수를 전개하여 각 항을 미분하고, 이를 다시 정리해야 하는 번거로움이 있다. 그러나 다음과 같은 연쇄법칙을 이용하면 매우 쉽게 도함수를 구할 수 있다.

정리 2-10 연쇄법칙chain rule

두 함수 $y=f(u)$와 $u=g(x)$가 각각 미분가능하면, 합성함수 $y=f(g(x))$도 미분가능하고 다음이 성립한다.

$$\frac{dy}{dx} = \frac{dy}{du}\cdot\frac{du}{dx} = f'(g(x))g'(x)$$

연쇄법칙은 세 함수 이상이 합성된 경우에도 적용할 수 있다. 만일 세 함수 $y=f(u)$, $u=g(v)$, $v=h(x)$가 미분가능하면 $y=f[g(h(x))]$도 미분가능하고, 그 결과는 다음과 같다.

$$\frac{dy}{dx} = \frac{dy}{du}\cdot\frac{du}{dv}\cdot\frac{dv}{dx}$$

또한 미분가능한 함수 $f(x)$에 대해 [정리 2-8]과 연쇄법칙을 이용하면 다음 미분 공식을 얻는다.

$$[\{f(x)\}^{\alpha}]' = \alpha\{f(x)\}^{\alpha-1}f'(x)$$

예제 2-9

다음 함수의 도함수를 구하라.

(a) $(x^2+1)^{100}$ (b) $\left(\dfrac{x-2}{x^2+x-1}\right)^{10}$

풀이

(a) $y=(x^2+1)^{100}$, $u=x^2+1$이라고 하면, $y=u^{100}$이므로 다음을 얻는다.

$$\frac{dy}{du}=100u^{99}, \quad \frac{du}{dx}=2x$$

따라서 구하고자 하는 도함수는 다음과 같다.

$$\frac{dy}{dx}=\frac{dy}{du}\cdot\frac{du}{dx}=(100u^{99})(2x)=200x(x^2+1)^{99}$$

(b) $y=\left(\dfrac{x-2}{x^2+x-1}\right)^{10}$, $u=\dfrac{x-2}{x^2+x-1}$라고 하면, $y=u^{10}$이므로 다음을 얻는다.

$$\frac{dy}{du}=10u^9, \quad \frac{du}{dx}=\frac{-x^2+4x+1}{(x^2+x-1)^2}$$

따라서 구하고자 하는 도함수는 다음과 같다.

$$\frac{dy}{dx}=\frac{dy}{du}\cdot\frac{du}{dx}=(10u^9)\cdot\frac{-x^2+4x+1}{(x^2+x-1)^2}=\frac{10(x-2)^9(-x^2+4x+1)}{(x^2+x-1)^2}$$

I Can Do 2-9

다음 함수의 도함수를 구하라.

(a) $(x^2+x+1)^2$ (b) $\left(\dfrac{x^2+x+1}{x+3}\right)^3$

■ 지수함수의 미분법

다항함수 또는 무리함수의 사칙연산을 통해 얻는 함수를 **대수적 함수**algebraic function라 하고, 대수적 함수가 아닌 모든 함수를 **초월함수**transcendental function라고 한다. 대표적인 초월함수로 지수함수, 로그함수, 삼각함수, 역삼각함수, 쌍곡선함수, 역쌍곡선함수 등이 있다. 특히 이들 중에서 **자연지수함수**natural exponential function는 이산확률분포인 푸아송분포와 지수분포의 기본을 이룬다. 여기서는 여러 가지 초월함수 중에서 자연지수함수의 도함수를 살펴본다.

정리 2-11 자연지수함수의 미분법

자연지수함수 $y = e^x$은 모든 실수에서 미분가능하며 $(e^x)' = e^x$이다.

특히 자연지수함수에 연쇄법칙을 적용하면 미분가능한 함수 $f(x)$에 대해 다음을 얻는다.

$$\{e^{f(x)}\}' = f'(x)e^{f(x)}$$

예제 2-10

다음 함수의 도함수를 구하라.

(a) e^{2x} (b) e^{x^2-x} (c) $(x^2-1)e^x$ (d) $(2x+1)e^{2x}$

풀이

(a) $y = e^{2x}$, $u = 2x$라고 하면 다음과 같다.

$$(e^{2x})' = \frac{dy}{du} \cdot \frac{du}{dx} = e^u(2) = 2e^{2x}$$

(b) $y = e^{x^2-x}$, $u = x^2 - x$라고 하면 다음과 같다.

$$(e^{x^2-x})' = \frac{dy}{du} \cdot \frac{du}{dx} = e^u(2x-1) = (2x-1)e^{x^2-x}$$

(c) $$\begin{aligned}[(x^2-1)e^x]' &= (x^2-1)'e^x + (x^2-1)(e^x)' \\ &= (2x)e^x + (x^2-1)e^x = (x^2+2x-1)e^x\end{aligned}$$

(d) (a)에 의해 $(e^{2x})' = 2e^{2x}$이므로 다음과 같다.

$$\begin{aligned}[(2x+1)e^{2x}]' &= (2x+1)'e^{2x} + (2x+1)(e^{2x})' \\ &= 2e^{2x} + (2x+1)(2e^{2x}) = 4(x+1)e^{2x}\end{aligned}$$

I Can Do 2-10

다음 함수의 도함수를 구하라.

(a) e^{x^2+1} (b) $(x^2+2x)e^{-x+1}$

■ 고계도함수

함수 $y=f(x)$가 미분가능하면, 도함수 $f'(x)$의 도함수를 함수 $y=f(x)$의 **2계도함수**라 하고 다음과 같이 나타낸다.

$$y'',\ f''(x),\ \frac{d^2y}{dx^2},\ \frac{d^2}{dx^2}f(x),\ D^2f(x)$$

또한 2계도함수 $f''(x)$가 미분가능할 때, $f''(x)$의 도함수를 $y=f(x)$의 **3계도함수**라 하고 다음과 같이 나타낸다.

$$y''',\ f'''(x),\ \frac{d^3y}{dx^3},\ \frac{d^3}{dx^3}f(x),\ D^3f(x)$$

일반적으로 함수 $y=f(x)$를 연속적으로 n번 미분하여 얻은 함수를 $y=f(x)$의 **n계도함수**라 하고, $n\geq 4$인 경우에 다음과 같이 나타낸다. 그리고 이러한 도함수들을 함수 $y=f(x)$의 **고계도함수** higher derivative라고 한다.

$$y^{(n)},\ f^{(n)}(x),\ \frac{d^ny}{dx^n},\ \frac{d^n}{dx^n}f(x),\ D^nf(x)$$

예제 2-11

함수 $y=x^2e^{-x}$에 대해 $y',\ y'',\ y''',\ y^{(4)}$를 구하라.

풀이

$$y'=(x^2)'e^{-x}+x^2(e^{-x})'=2xe^{-x}+x^2(-e^{-x})=(-x^2+2x)e^{-x}$$

$$\begin{aligned} y''&=(-x^2+2x)'e^{-x}+(-x^2+2x)(e^{-x})' \\ &=(-2x+2)e^{-x}+(-x^2+2x)(-1)e^{-x}=(x^2-4x+2)e^{-x} \end{aligned}$$

$$\begin{aligned} y'''&=(x^2-4x+2)'e^{-x}+(x^2-4x+2)(e^{-x})' \\ &=(2x-4)e^{-x}+(x^2-4x+2)(-1)e^{-x}=(-x^2+6x-6)e^{-x} \end{aligned}$$

$$\begin{aligned} y^{(4)}&=(-x^2+6x-6)'e^{-x}+(-x^2+6x-6)(e^{-x})' \\ &=(-2x+6)e^{-x}+(-x^2+6x-6)(-1)e^{-x}=(x^2-8x+12)e^{-x} \end{aligned}$$

I Can Do 2-11

함수 $y=e^{x^2}$에 대해 $y',\ y'',\ y''',\ y^{(4)}$를 구하라.

Section

2.3 적분법

'적분법'을 왜 배워야 하는가?

적분은 미분의 역산으로 연속확률변수에 대한 확률을 계산할 때 사용된다. 또한 연속확률변수의 확률밀도함수를 적분하여 분포함수를 얻으므로 적분의 개념은 확률에서 매우 중요하다. 이 절에서는 부정적분과 정적분의 개념을 알아보고, 여러 가지 함수의 적분법을 살펴보자.

부정적분

연속함수 $f(x)$의 정의역 D에서 다음과 같이 어떤 함수 $F(x)$를 미분하여 $f(x)$가 된다고 하자.

$$F'(x) = f(x)$$

이때 함수 $F(x)$를 $f(x)$의 **원시함수**primitive function라 하고 다음과 같이 나타낸다.

$$F(x) = \int f(x)\,dx$$

예를 들어 $F(x) = x^2$에 대해 $F'(x) = 2x$이므로 $F(x) = x^2$은 함수 $f(x) = 2x$의 원시함수이고 다음과 같이 나타낸다.

$$F(x) = \int 2x\,dx = x^2$$

또한 임의의 상수 C에 대해 $G(x) = x^2 + C$라 하면 $G'(x) = 2x$이므로 $G(x) = x^2 + C$도 역시 함수 $f(x) = 2x$의 원시함수이고 다음과 같이 나타낼 수 있다.

$$G(x) = \int 2x\,dx = x^2 + C$$

이때 C가 임의의 상수이므로 $f(x) = 2x$의 원시함수는 무수히 많은 것을 알 수 있으며, 함수 $G(x)$는 다음과 같이 표현할 수 있다.

$$G(x) = \int 2x\,dx = x^2 + C = F(x) + C$$

따라서 두 함수 $F(x)$와 $G(x)$가 어떤 함수 $f(x)$의 원시함수이면, 두 원시함수 사이에 다음과 같이 상수 차이가 있음을 알 수 있다.

$$\boxed{F(x) - G(x) = C}$$

따라서 $F(x)$를 $f(x)$의 한 원시함수라고 하면, $f(x)$의 일반적인 원시함수를 다음과 같이 표현할 수 있으며, 이를 $f(x)$의 **부정적분**indefinite integral이라고 한다.

$$\int f(x)\,dx = F(x) + C$$

이때 기호 $\int$를 **적분기호**symbol of integral, $f(x)$를 **피적분함수**integrand, 그리고 x를 **적분변수**variable of integrand, C를 **적분상수**constant of integration라 한다. 그러므로 부정적분과 도함수는 서로 역연산의 관계이며 다음 성질이 성립한다.

❶ $F(x) = \int f(x)\,dx \iff F'(x) = f(x)$

❷ $\dfrac{d}{dx}\left(\int f(x)\,dx\right) = f(x)$

❸ $\int \left(\dfrac{d}{dx} f(x)\right) dx = f(x) + C$

예제 2-12

다음 부정적분을 구하라.

(a) $\int 3x^2\,dx$　　(b) $\int \left(\dfrac{d}{dx}(x^2 + x + 1)\right) dx$　　(c) $\dfrac{d}{dx}\left(\int (x^3 + x^2 + 1)\,dx\right)$

풀이

(a) $(x^3)' = 3x^2$ 이므로 $\int 3x^2\,dx = x^3 + C$이다.

(b) $\int \left(\dfrac{d}{dx}(x^2 + x + 1)\right) dx = x^2 + x + 1 + C_1 = x^2 + x + C$

여기서 C_1이 임의의 상수이므로 $C = 1 + C_1$도 역시 임의의 상수이다.

(c) $\dfrac{d}{dx}\left(\int (x^3 + x^2 + 1)\,dx\right) = x^3 + x^2 + 1$

I Can Do 2-12

다음 부정적분을 구하라.

(a) $\int 2e^{2x}\,dx$　　(b) $\int \left(\dfrac{d}{dx}(e^x + x^3 - x)\right) dx$　　(c) $\dfrac{d}{dx}\left(\int (x^3 - x)\,dx\right)$

적분법

임의의 상수 a, b와 미분가능한 두 함수 $F(x)$, $G(x)$에 대해 다음 사실을 알고 있다.

$$\{aF(x)+bG(x)\}' = aF'(x)+bG'(x)$$

그러면 적분은 미분의 역산이므로 다음이 성립한다.

$$\int [aF'(x)+bG'(x)]\,dx = aF(x)+bG(x)$$

이때 $F(x)$와 $G(x)$를 각각 $f(x)$와 $g(x)$의 원시함수라고 하면, $F'(x)=f(x)$, $G'(x)=g(x)$이고 다음이 성립한다.

$$F(x)=\int f(x)\,dx, \quad G(x)=\int g(x)\,dx$$

따라서 부정적분에 대한 다음 공식을 얻는다.

정리 2-12 부정적분의 선형적 성질

$f(x)$와 $g(x)$의 원시함수를 각각 $F(x)$와 $G(x)$라고 하면 다음이 성립한다.

$$\int [af(x)+bg(x)]\,dx = a\int f(x)\,dx + b\int g(x)\,dx = aF(x)+bG(x)$$

■ 기본 함수의 적분법

[정리 2-8]에 의해 임의의 실수 α에 대해 $(x^{\alpha+1})' = (\alpha+1)x^{\alpha}$이므로 $\alpha \neq -1$이면 다음이 성립한다.

$$\int (\alpha+1)x^{\alpha}\,dx = (\alpha+1)\int x^{\alpha}\,dx = x^{\alpha+1}+C_1 \;\Rightarrow\; \int x^{\alpha}\,dx = \frac{1}{\alpha+1}x^{\alpha+1}+C$$

특히 임의의 실수 k에 대해 $(kx)'=k$이므로 $\int k\,dx = kx+C$이다. 그리고 [정리 2-11]에 의해 $(e^x)'=e^x$이므로 $\int e^x\,dx = e^x+C$이다. 따라서 다음과 같은 적분 공식을 얻는다.

정리 2-13 기본 함수의 적분법

(1) $\int x^{\alpha}\,dx = \dfrac{x^{\alpha+1}}{\alpha+1}+C$ (단, $\alpha \neq -1$인 실수)

(2) $\int k\,dx = kx+C$

(3) $\int e^x\,dx = e^x+C$

예제 2-13

다음 부정적분을 구하라.

(a) $\int (x^2 - 2x + 2)\,dx$ (b) $\int (e^x + x^3 - x)\,dx$ (c) $\int (e^{5x} + 2x^3)\,dx$

풀이

(a)
$$\begin{aligned}\int (x^2 - 2x + 2)\,dx &= \int x^2\,dx - 2\int x\,dx + \int 2\,dx \\ &= \frac{1}{3}x^3 - 2\left(\frac{1}{2}x^2\right) + 2x + C \\ &= \frac{1}{3}x^3 - x^2 + 2x + C\end{aligned}$$

(b) $\int (e^x + x^3 - x)\,dx = \int e^x\,dx + \int x^3\,dx - \int x\,dx = e^x + \frac{1}{4}x^4 - \frac{1}{2}x^2 + C$

(c) $(e^{5x})' = 5e^{5x}$ 이므로 $\int 5e^{5x}\,dx = 5\int e^{5x}\,dx = e^{5x} + C_1$, 즉 $\int e^{5x}\,dx = \frac{1}{5}e^{5x} + C$ 이다. 따라서 구하고자 하는 부정적분은 다음과 같다.

$$\begin{aligned}\int (e^{5x} + 2x^3)\,dx &= \int e^{5x}\,dx + 2\int x^3\,dx \\ &= \frac{1}{5}e^{5x} + 2\left(\frac{1}{4}x^4\right) + C \\ &= \frac{1}{5}e^{5x} + \frac{1}{2}x^4 + C\end{aligned}$$

I Can Do 2-13

다음 부정적분을 구하라.

(a) $\int (x^4 + 3x^2 - 2x)\,dx$ (b) $\int (e^{2x} - x^2 - 2)\,dx$

■ 치환적분법

[예제 2-13]에서는 함수 $f(x) = e^{5x}$ 의 원시함수를 구하기 위해 도함수가 e^{5x} 인 원시함수 $F(x)$를 생각해야 하는 번거로움이 있었다. 이와 같은 형태의 피적분함수에 대한 원시함수를 간편하게 구하는 방법으로 치환적분법이 있다. 치환적분법을 살펴보기 위해, 함수 $F(u)$가 $f(u)$의 원시함수이고 $u = g(x)$가 미분가능하다고 하자. 그러면 합성함수의 미분법에 의해 $y = F(g(x))$의 도함수는 다음과 같다.

$$\frac{d}{dx}F(g(x)) = \frac{dy}{du}\cdot\frac{du}{dx} = f(g(x))g'(x)$$

따라서 $F(g(x))$는 $f(g(x))g'(x)$의 원시함수이고 다음이 성립한다.

$$\int f(g(x))g'(x)\,dx = F(g(x)) + C$$

그러므로 피적분함수가 $f(g(x))g'(x)$일 때, $u = g(x)$라 하면 다음을 얻는다.

$$\frac{du}{dx} = g'(x)$$

이때 도함수를 나타내는 기호 $\frac{du}{dx}$는 du를 dx로 나눈 것으로 생각하면 $du = g'(x)\,dx$이다. 따라서 피적분함수 $f(g(x))g'(x)$의 부정적분은 다음과 같이 간단히 구할 수 있다.

$$\int f(g(x))g'(x)\,dx = \int f(u)\,du = F(u) + C = F(g(x)) + C$$

이때 함수 $g(x)$를 변수 u로 치환한다고 하고, 이와 같이 부정적분을 구하는 방법을 **치환적분법** integration by substitution이라 한다. 치환적분법의 구조는 [그림 2-6]과 같다.

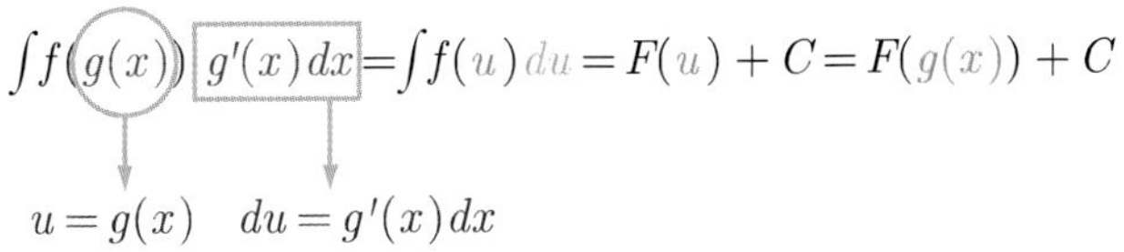

$$\int f(g(x))\, g'(x)\,dx = \int f(u)\,du = F(u) + C = F(g(x)) + C$$

$u = g(x)$ $du = g'(x)\,dx$

[그림 2-6] 치환적분법의 구조

예를 들어 $f(x) = e^{5x}$의 원시함수를 구하기 위해 $u = 5x$로 치환하면 $du = (5x)'\,dx = 5dx$이므로 $dx = \frac{1}{5}du$이다. 따라서 치환적분법에 의해 다음과 같이 간단히 적분할 수 있다.

$$\int e^{5x}\,dx = \int \frac{1}{5}e^u\,du = \frac{1}{5}\int e^u\,du = \frac{1}{5}e^u + C = \frac{1}{5}e^{5x} + C$$

치환적분법을 이용하면 다음 적분 공식을 얻는다.

정리 2-14 치환적분 공식

(1) $\int [f(x)]^n f'(x)\,dx = \frac{1}{n+1}[f(x)]^{n+1} + C$ (단, $n \neq -1$)

(2) $\int f'(x)e^{f(x)}\,dx = e^{f(x)} + C$

예제 2-14

다음 부정적분을 구하라.

(a) $\int (2x+1)(x^2+x)^3\,dx$ (b) $\int (2x-3)\,e^{x^2-3x}\,dx$

풀이

(a) $u = x^2 + x$라 하면 $\dfrac{du}{dx} = 2x+1$이므로 $du = (2x+1)\,dx$이고, 다음을 얻는다.

$$\int (2x+1)(x^2+x)^3\,dx = \int u^3\,du = \frac{1}{4}u^4 + C = \frac{1}{4}(x^2+x)^4 + C$$

(b) $u = x^2 - 3x$라 하면 $\dfrac{du}{dx} = 2x-3$이므로 $du = (2x-3)\,dx$이고, 다음을 얻는다.

$$\int (2x-3)\,e^{x^2-3x}\,dx = \int e^u\,du = e^u + C = e^{x^2-3x} + C$$

I Can Do 2-14

다음 부정적분을 구하라.

(a) $\int (3x^2+1)(x^3+x)^5\,dx$ (b) $\int x^2 e^{\frac{x^3}{3}}\,dx$

■ **부분적분법**

두 함수 $u = f(x)$, $v = g(x)$의 곱에 대한 미분법은 다음과 같다.

$$\{f(x)g(x)\}' = f'(x)g(x) + f(x)g'(x)$$

따라서 양변을 적분하면 다음을 얻는다.

$$\int [f'(x)g(x) + f(x)g'(x)]\,dx = f(x)g(x)$$

그러면 피적분함수가 $f(x)g'(x)$인 경우에 다음과 같이 부정적분을 구할 수 있다.

$$\boxed{\int f(x)g'(x)\,dx = f(x)g(x) - \int f'(x)g(x)\,dx}$$

이처럼 부정적분을 구하는 방법을 **부분적분법**integration by parts이라 한다. 이때 $u=f(x)$, $v=g(x)$이므로 다음과 같이 간단히 표현할 수 있다.

$$\int uv' = uv - \int u'v$$

예제 2-15

다음 부정적분을 구하라.

(a) $\int x^2 e^{-x}\,dx$ (b) $\int (x^2+x+2)e^x\,dx$

풀이

(a) $u=x^2$, $v'=e^{-x}$이라고 하면 $u'=2x$, $v=-e^{-x}$이므로 다음을 얻는다.

$$\int x^2 e^{-x}\,dx = x^2(-e^{-x}) - \int 2x(-e^{-x})\,dx = -x^2e^{-x} + 2\int xe^{-x}\,dx$$

위 식의 마지막 부정적분에 부분적분법을 다시 적용하기 위해 $u=x$, $v'=e^{-x}$이라고 하면 $u'=1$, $v=-e^{-x}$이므로 다음을 얻는다.

$$\begin{aligned}\int xe^{-x}\,dx &= x(-e^{-x}) - \int(-e^{-x})\,dx \\ &= -xe^{-x} + \int e^{-x}\,dx \\ &= -xe^{-x} - e^{-x} + C\end{aligned}$$

따라서 구하고자 하는 부정적분은 다음과 같다.

$$\int x^2e^{-x}\,dx = -x^2e^{-x} + 2(-xe^{-x} - e^{-x}) + C = -(x^2+2x+2)e^{-x} + C$$

(b) $u=x^2+x+2$, $v'=e^x$이라고 하면 $u'=2x+1$, $v=e^x$이므로 다음을 얻는다.

$$\int (x^2+x+2)e^x\,dx = (x^2+x+2)e^x - \int(2x+1)e^x\,dx$$

위 식의 마지막 부정적분에 부분적분법을 다시 적용하기 위해 $u=2x+1$, $v'=e^x$이라고 하면 $u'=2$, $v=e^x$이므로 다음을 얻는다.

$$\begin{aligned}\int (2x+1)e^x\,dx &= (2x+1)e^x - \int 2e^x\,dx \\ &= (2x+1)e^x - 2e^x + C \\ &= (2x-1)e^x + C\end{aligned}$$

따라서 구하고자 하는 부정적분은 다음과 같다.

$$\int (x^2+x+2)e^x\,dx = (x^2+x+2)e^x - (2x-1)e^x + C = (x^2-x+3)e^x + C$$

I Can Do 2-15

다음 부정적분을 구하라.

(a) $\int (x+1)e^x\,dx$ (b) $\int (x^2-1)e^{2x}\,dx$

[예제 2-15]와 같이 피적분함수가 다항함수와 초월함수의 곱으로 주어진 경우에는 부분적분법을 이용하여 부정적분을 구한다. 이때 다항함수를 $u=f(x)$로 놓고 초월함수를 $v'=g(x)$로 놓는다. 그러면 앞의 예제에서 볼 수 있듯이 다항함수는 반복적으로 미분하고 초월함수는 반복적으로 적분한다. 이때 다항함수는 n계도함수가 0이 될 때까지 반복적으로 미분하고 초월함수는 반복적으로 적분한다. 그리고 미분한 함수와 적분한 함수를 대각선 방향으로 곱하고, + 부호와 − 부호를 교대로 부여한다. 그러면 적분 결과는 부호를 부여한 각각의 곱을 모두 더한 것과 같다.

예를 들어 [예제 2-15(a)]의 경우에는 $\int x^2e^{-x}\,dx$를 구하기 위해, [그림 2-7]과 같이 함수 $u=x^2$을 0이 될 때까지 반복적으로 미분하고 $v'=e^{-x}$을 반복적으로 적분한다. 그리고 대각선 방향으로 곱한 결과에 + 부호와 − 부호를 교대로 부여하면 $-x^2e^{-x}$, $-2xe^{-x}$, $-2e^{-x}$을 얻는다. 이제 이 함수들을 모두 더하면 다음과 같은 부정적분을 얻는다.

$$\int x^2e^{-x}\,dx = -x^2e^{-x} - 2xe^{-x} - 2e^{-x} + C = -(x^2+2x+2)e^{-x} + C$$

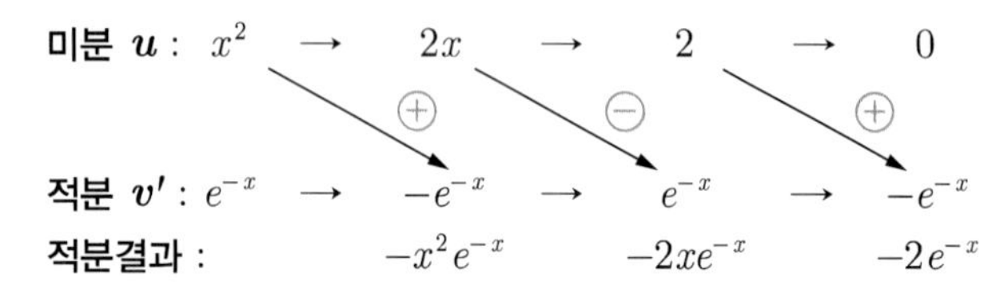

[그림 2-7] 편리한 부분적분 계산 방법

정적분과 기본정리

함수 $y=f(x)$가 닫힌 구간 $[a, b]$에서 연속이고, 이 구간에서 $f(x) \geq 0$이라고 하자. 그리고 함수 $y=f(x)$와 직선 $x=a$, $x=b$, 그리고 x축으로 둘러싸인 부분의 넓이를 I라고 하자. 이제 닫힌 구간 $[a, b]$를 n등분하여 양 끝점과 각 분할된 점의 x좌표를 다음과 같이 나타낸다.

$$a = x_0 < x_1 < x_2 < \cdots < x_{n-1} < x_n = b$$

그리고 소구간의 길이를 $\dfrac{b-a}{n} = \Delta x$라고 하면, 각 분할점 x_k는 다음과 같다.

$$x_k = a + k\Delta x = a + \frac{k}{n}(b-a)$$

이때 n개 사각형의 넓이의 합을 S_n이라고 하면, [그림 2-8]에서 보는 바와 같이 n이 커질수록 S_n의 넓이는 I에 가까워짐을 알 수 있다. 즉 $\lim_{n \to \infty} S_n = I$가 성립한다. 따라서 다음이 성립한다.

$$\lim_{n \to \infty} S_n = \lim_{n \to \infty} \sum_{k=1}^{n} f(x_k)\Delta x = I$$

이 극한값 I를 닫힌 구간 $[a, b]$에서 함수 $f(x)$의 **정적분**definite integral이라 하고, 다음과 같이 나타낸다.

$$I = \lim_{n \to \infty} S_n = \lim_{n \to \infty} \sum_{k=1}^{n} f(x_k)\Delta x = \int_a^b f(x)\,dx$$

그리고 극한값 I가 존재할 때 함수 $f(x)$는 닫힌 구간 $[a, b]$에서 **적분가능**integrable하다고 하고, a를 **적분하한**lower limit of integration, b를 **적분상한**upper limit of integration이라 한다. 닫힌 구간에서 연속인 함수는 반드시 적분가능하다. 따라서 닫힌 구간 $[a, b]$에서 연속이고, 이 구간에서 $f(x) \geq 0$인 함수 $y = f(x)$의 정적분은 곡선 $y = f(x)$와 $x = a$, $x = b$, 그리고 x축으로 둘러싸인 부분의 넓이와 같다. 이러한 사실은 6장에서 연속확률변수에 대한 확률을 계산할 때 응용된다.

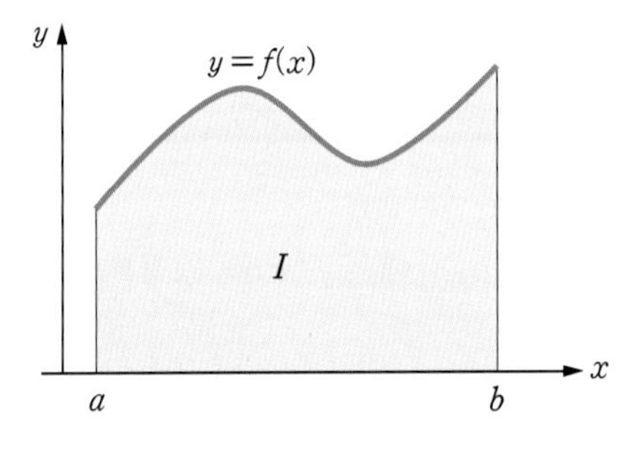

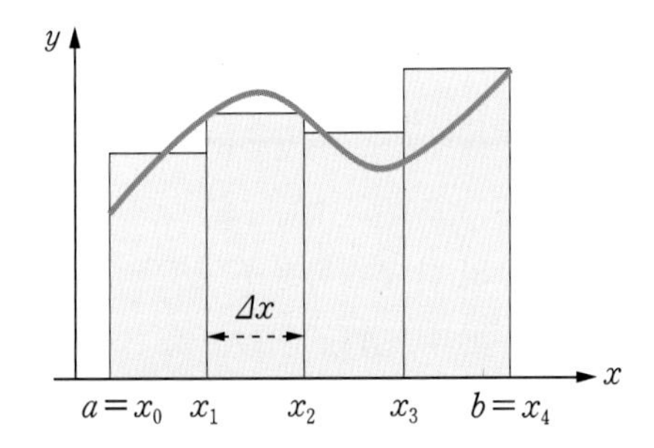

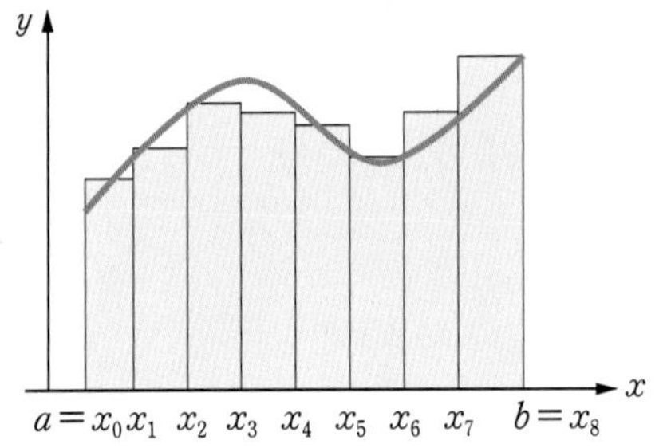

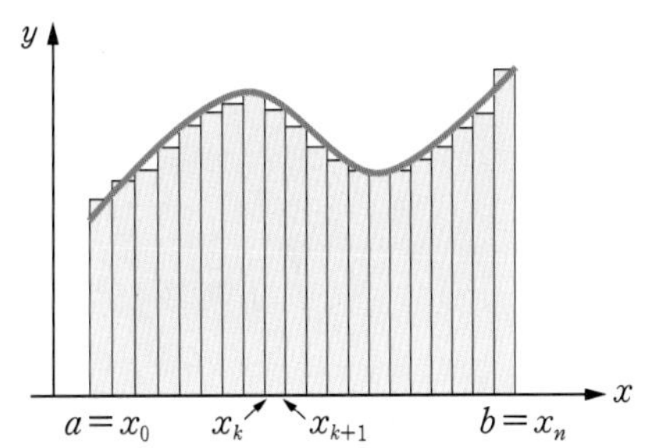

[그림 2-8] 분할 크기 n에 따른 사각형의 넓이

예제 2-16

정적분의 정의를 이용하여 $\int_0^b x^2\,dx$를 구하라. 단, $b>0$이다.

풀이

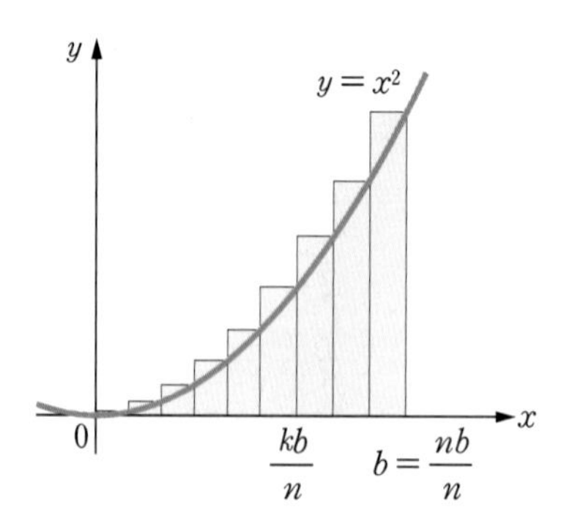

닫힌 구간 $[0, b]$를 n등분하면 오른쪽 그림과 같이 각 소구간의 오른쪽 끝점이 $x_k=\frac{kb}{n}$이다. 그러면 모든 소구간의 길이는 $\Delta x=\frac{b}{n}$이고, 각 소구간의 오른쪽 끝점에서의 함숫값은 $f(x_k)=\left(\frac{kb}{n}\right)^2$이므로 구하고자 하는 정적분은 다음과 같다.

$$\begin{aligned}\int_0^b x^2\,dx &= \lim_{n\to\infty}\sum_{k=1}^{n} f(x_k)\,\Delta x \\ &= \lim_{n\to\infty}\sum_{k=1}^{n}\left(\frac{kb}{n}\right)^2\left(\frac{b}{n}\right) \\ &= \lim_{n\to\infty}\frac{b^3}{n^3}\sum_{k=1}^{n}k^2 \\ &= \lim_{n\to\infty}\frac{b^3}{n^3}\cdot\frac{n(n+1)(2n+1)}{6}=\frac{b^3}{3}\end{aligned}$$

I Can Do 2-16

정적분의 정의를 이용하여 $\int_0^b x\,dx$를 구하라. 단, $b>0$이다.

한편, 함수 $f(x)$의 한 원시함수 $F(x)$를 알고 있다면 닫힌 구간 $[a, b]$에서 $f(x)$의 정적분을 다음과 같이 쉽게 구할 수 있다.

정리 2-15 미분적분학의 기본정리

$f(x)$가 닫힌 구간 $[a, b]$에서 연속이고 $F'(x)=f(x)$이면 다음이 성립한다.

$$\int_a^b f(x)\,dx = F(b)-F(a)\left(=F(x)\big|_a^b\right)$$

예제 2-17

정적분 $\int_0^2 x^2\,dx$를 구하고, [예제 2-16]과 비교하라.

풀이

먼저 대표적인 원시함수를 구하면 $F(x) = \int x^2\,dx = \frac{1}{3}x^3$이다. 따라서 구하고자 하는 정적분은 다음과 같다.

$$\int_0^2 x^2\,dx = \left[\frac{1}{3}x^3\right]_0^2 = \frac{8}{3} - \frac{0}{3} = \frac{8}{3}$$

[예제 2-16]에서 $b = 2$인 경우와 동일하다.

I Can Do 2-17

정적분 $\int_0^2 x\,dx$를 구하고 [I Can Do 2-16]과 비교하라.

정적분에 대하여 다음과 같은 기본적인 성질이 성립한다.

정리 2-16 정적분의 기본 성질

(1) 함수 $f(x)$가 닫힌 구간 $[a, b]$에서 연속이면 $\int_a^b f(x)\,dx$가 존재한다.

(2) $f(a)$가 존재하면 $\int_a^a f(x)\,dx = 0$이다.

(3) $a < b$이면 $\int_b^a f(x)\,dx = -\int_a^b f(x)\,dx$이다.

(4) $a < c < b$이고 $f(x)$가 닫힌 구간 $[a, c]$와 $[c, b]$에서 적분가능하면 다음이 성립한다.

$$\int_a^b f(x)\,dx = \int_a^c f(x)\,dx + \int_c^b f(x)\,dx$$

(5) 닫힌 구간 $[a, b]$에서 함수 $f(x)$가 적분가능하고 $f(x) \geq 0$이면, $\int_a^b f(x)\,dx \geq 0$이다.

(6) 닫힌 구간 $[-a, a]$에서 함수 $f(x)$가 우함수이면, $\int_{-a}^a f(x)\,dx = 2\int_0^a f(x)\,dx$이다.

(7) 닫힌 구간 $[-a, a]$에서 함수 $f(x)$가 기함수이면, $\int_{-a}^a f(x)\,dx = 0$이다.

예제 2-18

$\int_0^1 f(x)\,dx = -1$, $\int_0^8 f(x)\,dx = 10$일 때 $\int_1^8 f(x)\,dx$를 구하라.

풀이

$\int_0^8 f(x)\,dx = \int_0^1 f(x)\,dx + \int_1^8 f(x)\,dx$이므로 다음을 얻는다.

$$\int_1^8 f(x)\,dx = \int_0^8 f(x)\,dx - \int_0^1 f(x)\,dx = 10-(-1) = 11$$

I Can Do 2-18

$\int_2^1 f(x)\,dx = 2$, $\int_1^4 f(x)\,dx = 5$일 때 $\int_2^4 f(x)\,dx$를 구하라.

예제 2-19

다음 정적분을 구하라.

(a) $\int_{-1}^1 (x^2+x-1)\,dx$

(b) $\int_{-2}^2 (x^3+x^2-x)\,dx$

풀이

(a) $\int_{-1}^1 (x^2+x-1)\,dx = \int_{-1}^1 (x^2-1)\,dx + \int_{-1}^1 x\,dx = 2\int_0^1 (x^2-1)\,dx + 0$

$$= 2\left[\frac{1}{3}x^3 - x\right]_0^1 = 2\left(\frac{1}{3}-1\right) = -\frac{4}{3}$$

(b) $\int_{-2}^2 (x^3+x^2-x)\,dx = \int_{-2}^2 (x^3-x)\,dx + \int_{-2}^2 x^2\,dx = 0 + 2\int_0^2 x^2\,dx$

$$= 2\left[\frac{1}{3}x^3\right]_0^2 = 2\left(\frac{8}{3}-0\right) = \frac{16}{3}$$

I Can Do 2-19

$\int_{-1}^1 (x^4+x^3+x^2+x)\,dx$를 구하라.

특히 정적분의 치환적분법과 부분적분법은 다음과 같다.

정리 2-17 치환적분법과 부분적분법

(1) $\int_a^b f(g(x))g'(x)\,dx = \int_\alpha^\beta f(u)\,du = [F(u)]_\alpha^\beta$ (단, $\alpha = g(a)$, $\beta = g(b)$)

(2) $\int_a^b f(x)g'(x)\,dx = [f(x)g(x)]_a^b - \int_a^b f'(x)g(x)\,dx$

예제 2-20

다음 정적분을 구하라.

(a) $\int_0^1 x^2 e^{-x}\,dx$

(b) $\int_0^1 (2x-3)e^{x^2-3x}\,dx$

풀이

(a) [예제 2-15(a)]에서 다음 원시함수를 얻었다. 이때 적분상수를 $C=0$이라 해도 무방하다.

$$F(x) = \int x^2 e^{-x}\,dx = -(x^2+2x+2)e^{-x}$$

따라서 $F(0) = -2$, $F(1) = -5e^{-1} = -\frac{5}{e}$이므로, 구하고자 하는 정적분은 다음과 같다.

$$\int_0^1 x^2 e^{-x}\,dx = \left[-(x^2+2x+2)e^{-x}\right]_0^1 = F(1) - F(0) = -\frac{5}{e} - (-2) = 2 - \frac{5}{e}$$

(b) [예제 2-14(b)]에서 다음 원시함수를 얻었다. 이때 적분상수를 $C=0$이라 해도 무방하다.

$$F(x) = \int (2x-3)e^{x^2-3x}\,dx = e^{x^2-3x}$$

따라서 $F(0) = e^0 = 1$, $F(1) = e^{-2} = \frac{1}{e^2}$이므로, 구하고자 하는 정적분은 다음과 같다.

$$\int_0^1 (2x-3)e^{x^2-3x}\,dx = \left[e^{x^2-3x}\right]_0^1 = F(1) - F(0) = \frac{1}{e^2} - 1$$

I Can Do 2-20

다음 정적분을 구하라.

(a) $\int_0^2 (x+1)e^x\,dx$

(b) $\int_0^1 x^2 e^{\frac{x^3}{3}}\,dx$

이상적분

정적분을 정의하려면 적분구간이 닫힌 구간 $[a, b]$이고, 이 구간에서 함수 $y = f(x)$가 연속이어야 한다. 그러나 적분구간이 무한인 경우, 즉 $[a, \infty)$, $(-\infty, b]$ 또는 $(-\infty, \infty)$인 경우에도 정적분을 생각할 수 있다. 이 경우의 정적분이 존재할 때 무한구간에서의 정적분을 **이상적분**improper integral이라고 한다. 이상적분은 연속확률변수에 대한 확률밀도함수를 정의하는 데 필수인 개념이다.

■ 무한구간이 $[a, \infty)$ 또는 $(-\infty, b]$인 경우

$a < b < \infty$인 임의의 실수 b에 대해 연속함수 $f(x)$가 닫힌 구간 $[a, b]$에서 적분가능하다고 하자. 이때 [그림 2-9(a)]와 같이 극한 $\lim_{b \to \infty} \int_a^b f(x)\,dx$가 존재할 때, 무한구간 $[a, \infty)$에서 연속함수 $f(x)$의 이상적분을 다음과 같이 정의한다.

$$\int_a^{\infty} f(x)\,dx = \lim_{b \to \infty} \int_a^b f(x)\,dx$$

그리고 $-\infty < a < b$인 임의의 실수 a에 대해 연속함수 $f(x)$가 닫힌 구간 $[a, b]$에서 적분가능하다고 하자. 이때 [그림 2-9(b)]와 같이 극한 $\lim_{a \to -\infty} \int_a^b f(x)\,dx$가 존재할 때, 무한구간 $(-\infty, b]$에서 연속함수 $f(x)$의 이상적분을 다음과 같이 정의한다.

$$\int_{-\infty}^{b} f(x)\,dx = \lim_{a \to -\infty} \int_a^b f(x)\,dx$$

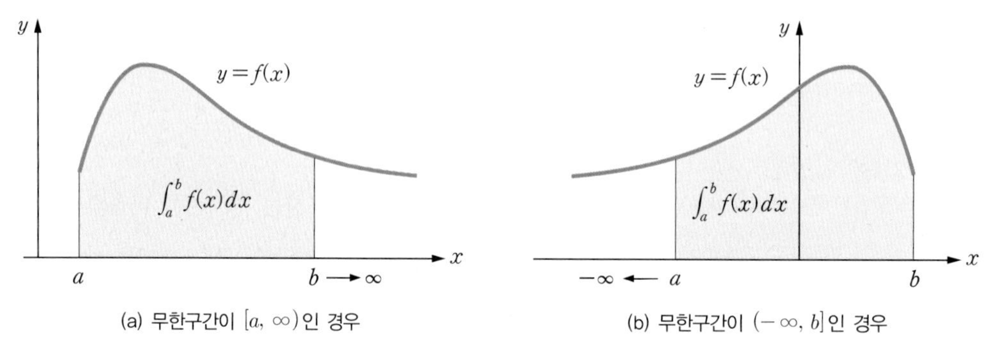

[그림 2-9] 무한구간에서의 이상적분

■ 무한구간이 $(-\infty, \infty)$인 경우

함수 $f(x)$가 모든 실수에서 연속이라고 하자. 이때 임의의 실수 a에 대하여 $\int_{-\infty}^{a} f(x)\,dx$와 $\int_a^{\infty} f(x)\,dx$가 존재할 때, 적분구간 $(-\infty, \infty)$에서 연속함수 $f(x)$의 이상적분을 다음과 같이 정의한다.

$$\int_{-\infty}^{\infty} f(x)\,dx = \int_{-\infty}^{a} f(x)\,dx + \int_{a}^{\infty} f(x)\,dx$$

일반적으로 다음과 같이 $(-\infty,\ \infty)$에서의 이상적분은 닫힌 구간 $[-a,\ a]$에서의 정적분에 대한 극한과 동일하지 않다.

$$\int_{-\infty}^{\infty} f(x)\,dx \neq \lim_{a\to\infty}\int_{-a}^{a} f(x)\,dx$$

특히 무한구간 $(-\infty,\ \infty)$에서 음이 아닌 함수 $f(x)$가 다음을 만족하면, 이 함수 $f(x)$를 **확률밀도함수**probability density function라고 한다. 확률밀도함수에 대해서는 6장에서 자세히 살펴본다.

$$\int_{-\infty}^{\infty} f(x)\,dx = 1$$

예제 2-21

이상적분 $\int_{0}^{\infty} e^{-x}\,dx$를 구하라.

풀이

$$\int_{0}^{\infty} e^{-x}\,dx = \lim_{a\to\infty}\int_{0}^{a} e^{-x}\,dx = \lim_{a\to\infty}\left(-e^{-x}\right)\Big|_0^a = \lim_{a\to\infty}\left(1-e^{-a}\right) = 1$$

I Can Do 2-21

이상적분 $\int_{1}^{\infty} 2e^{-2x}\,dx$를 구하라.

[예제 2-21]에서 살펴본 함수 $f(x)$를 다음과 같이 정의하자.

$$f(x) = \begin{cases} e^{-x}, & x \geq 0 \\ 0, & x < 0 \end{cases}$$

그러면 모든 실수에 대해 $f(x) \geq 0$이고, $x < 0$이면 $f(x) = 0$이므로 [예제 2-21]에 의해 다음 적분을 얻는다.

$$\int_{-\infty}^{\infty} f(x)\,dx = \int_{-\infty}^{0} 0\,dx + \int_{0}^{\infty} e^{-x}\,dx = 1$$

따라서 함수 $f(x)$는 확률밀도함수이고, 이 함수의 그래프는 [그림 2-10]과 같다. 특히 여기서 살펴본 함수 $f(x)$는 **지수분포**exponential distribution의 확률밀도함수이며, 이와 관련한 자세한 내용은 8.2절에서 살펴본다.

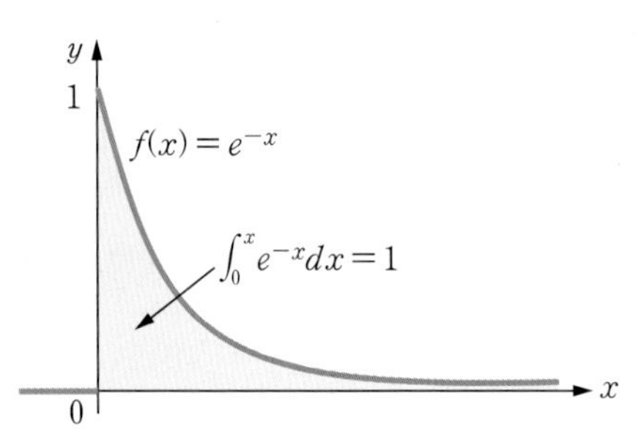

[그림 2-10] 지수분포의 확률밀도함수

예제 2-22

다음과 같이 정의되는 함수 $f(x)$가 확률밀도함수가 되기 위한 상수 k를 구하라.

$$f(x)=\begin{cases} ke^{-3x}, & x \geq 0 \\ 0 & , x < 0 \end{cases}$$

풀이

$f(x)$가 확률밀도함수가 되기 위해서는 $\int_{-\infty}^{\infty} f(x)\,dx = 1$을 만족해야 한다.

$$\begin{aligned}\int_{-\infty}^{\infty} f(x)\,dx &= \int_{-\infty}^{0} f(x)\,dx + \int_{0}^{\infty} f(x)\,dx \\ &= \int_{-\infty}^{0} 0\,dx + \int_{0}^{\infty} ke^{-3x}\,dx = k\int_{0}^{\infty} e^{-3x}\,dx\end{aligned}$$

한편, 마지막 적분은 다음과 같다.

$$\begin{aligned}\int_{0}^{\infty} e^{-3x}\,dx &= \lim_{a\to\infty}\int_{0}^{a} e^{-3x}\,dx = \lim_{a\to\infty}\left[-\frac{1}{3}e^{-3x}\right]_0^a \\ &= \lim_{a\to\infty}\frac{1}{3}\left(1-e^{-3a}\right) = \frac{1}{3}\end{aligned}$$

따라서 $\int_{-\infty}^{\infty} f(x)\,dx = \frac{k}{3} = 1$이어야 하므로 $k = 3$이다.

I Can Do 2-22

다음과 같이 정의되는 함수 $f(x)$가 확률밀도함수가 되기 위한 상수 k를 구하라.

$$f(x)=\begin{cases} ke^{-2x}, & x \geq 1 \\ 0 & , x < 1 \end{cases}$$

Section
2.4 편미분

'편미분'을 왜 배워야 하는가?

독립변수가 하나인 일변수함수의 도함수에 대한 개념을 다변수함수로 확장한 개념이 편도함수이다. 편도함수는 7.1절에서 연속확률변수의 결합확률밀도함수와 결합분포함수 사이의 관계를 살펴볼 때 꼭 필요한 개념이다. 여기서는 편도함수와 편미분법에 대해 간단히 살펴본다.

편미분계수

이변수함수 $z=f(x, y)$의 곡면 위에 있는 점 $P(a, b, c)$와 $c=f(a, b)$에서 [그림 2-11(a)]와 같이 수직평면 $y=b$로 곡면을 절단하자. 그러면 절단면을 따라 곡면 위에 나타나는 곡선이 $y=b$이므로 변수 x만의 함수인 $z=u(x)=f(x, b)$를 나타낸다. 따라서 2.2절에서 살펴본 것처럼 함수 $z=u(x)$에 대해 $x=a$인 점에서 미분계수를 다음과 같이 정의할 수 있다.

$$\lim_{h \to 0} \frac{u(a+h)-u(a)}{h} = \lim_{h \to 0} \frac{f(a+h, b)-f(a, b)}{h}$$

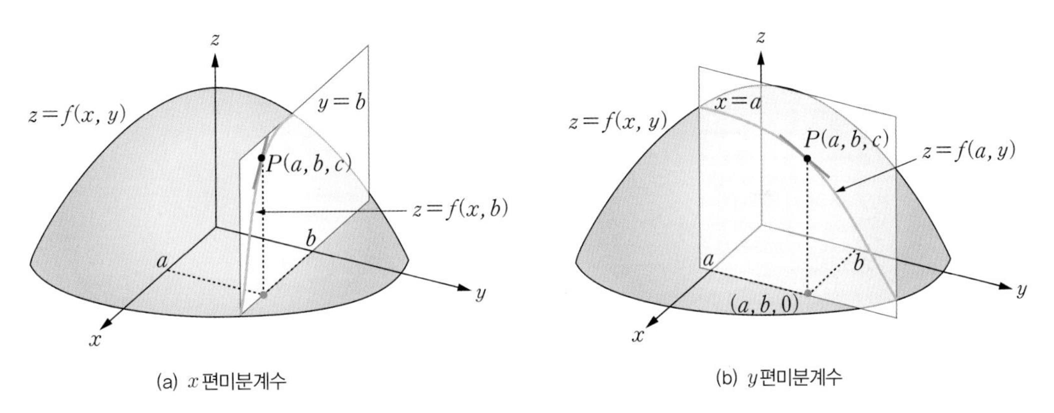

[그림 2-11] 편미분계수

만일 이 미분계수가 존재한다면 함수 $z=f(x, y)$는 변수 x에 대해 **편미분가능하다**partial differentiable 고 한다. 그리고 이 미분계수를 점 (a, b)에서 함수 $z=f(x, y)$의 **x 편미분계수**x-partial differential coefficient라 하며 $f_x(a, b)$로 나타낸다.

즉 점 (a, b)에서 함수 $z = f(x, y)$의 x편미분계수를 다음과 같이 정의한다.

$$f_x(a, b) = \lim_{h \to 0} \frac{f(a+h, b) - f(a, b)}{h}$$

그러면 점 (a, b)에서 함수 $z = f(x, y)$의 x편미분계수는 곡면 위의 점 $P(a, b, c)$에서 x축 방향의 접선의 기울기를 나타낸다.

동일한 방법으로 [그림 2-11(b)]와 같이 곡면 위에 있는 점 $P(a, b, c)$에서 수직평면 $x = a$로 곡면을 절단하여 만들어지는 곡선은 y만의 함수인 $z = f(a, y)$이다. 이 함수에 대한 **y편미분계수**는 다음과 같이 정의한다.

$$f_y(a, b) = \lim_{k \to 0} \frac{f(a, b+k) - f(a, b)}{k}$$

그러면 y편미분계수는 [그림 2-11(b)]와 같이 곡면 위에 있는 점 $P(a, b, c)$에서 y축 방향의 접선의 기울기를 나타낸다.

한편, 공간에서 두 직선을 포함하는 평면은 유일하게 결정된다. [그림 2-12]와 같이 이변수함수 $z = f(x, y)$의 곡면 위에 있는 점 $P(a, b, c)$와 $c = f(a, b)$에서 x축과 y축 방향의 두 접선을 모두 포함하는 평면을 점 P에서의 **접평면**tangent plane이라고 한다. 그러면 점 P에서 접평면의 방정식은 다음과 같다.

$$z - f(a, b) = f_x(a, b)(x - a) + f_y(a, b)(y - b)$$

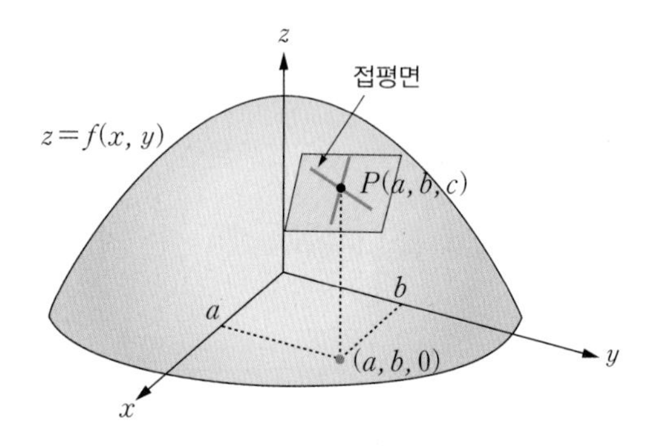

[그림 2-12] 접평면

예제 2-23

이변수함수 $f(x, y) = x^2 + y^2$에 대해 $(x, y) = (1, 1)$에서 다음을 구하라.

(a) x 편미분계수 (b) y 편미분계수 (c) 접평면의 방정식

풀이

(a) $f_x(1, 1) = \lim_{h \to 0} \dfrac{f(1+h, 1) - f(1, 1)}{h} = \lim_{h \to 0} \dfrac{[(1+h)^2 + 1^2] - (1^2 + 1^2)}{h}$

$= \lim_{h \to 0} \dfrac{2h + h^2}{h} = \lim_{h \to 0} (2 + h) = 2$

(b) $f_y(1, 1) = \lim_{k \to 0} \dfrac{f(1, 1+k) - f(1, 1)}{k} = \lim_{k \to 0} \dfrac{[1 + (1+k)^2] - (1^2 + 1^2)}{k}$

$= \lim_{k \to 0} \dfrac{2k + k^2}{k} = \lim_{k \to 0} (2 + k) = 2$

(c) $f(1, 1) = 2$이므로 접평면의 방정식은 다음과 같다.

$$z - 2 = 2(x - 1) + 2(y - 1) \quad \Rightarrow \quad z = 2x + 2y - 2$$

I Can Do 2-23

이변수함수 $f(x, y) = x^2 - y^2 + x - 2y$에 대해 $(x, y) = (1, 1)$에서 다음을 구하라.

(a) x 편미분계수 (b) y 편미분계수 (c) 접평면의 방정식

편도함수

이변수함수 $z = f(x, y)$에 대해 변수 y를 상수로 취급하면 $f(x, y)$는 x만의 함수이므로 변수 x에 대한 도함수를 다음과 같이 정의할 수 있다.

$$f_x(x, y) = \lim_{h \to 0} \frac{f(x+h, y) - f(x, y)}{h}$$

마찬가지로 이변수함수 $z = f(x, y)$에 대해 변수 x를 상수로 취급하면 $f(x, y)$는 y만의 함수이므로 변수 y에 대한 도함수를 다음과 같이 정의할 수 있다.

$$f_y(x, y) = \lim_{k \to 0} \frac{f(x, y+k) - f(x, y)}{k}$$

이때 $f_x(x, y)$와 $f_y(x, y)$를 각각 **x 편도함수**$^{x\text{-partial derivative}}$, **$y$ 편도함수**라 하고, 다음과 같이 나타낸다. 여기서 수학기호 ∂를 '라운드[round]'라고 읽는다.

$$x\text{편도함수} : f_x,\ f_x(x, y),\ z_x,\ \frac{\partial z}{\partial x},\ \frac{\partial f}{\partial x},\ D_x f(x, y),\ D_x z$$

$$y\text{편도함수} : f_y,\ f_y(x, y),\ z_y,\ \frac{\partial z}{\partial y},\ \frac{\partial f}{\partial y},\ D_y f(x, y),\ D_y z$$

따라서 편미분가능한 함수 $z = f(x, y)$에 대한 x 편도함수를 구할 때 변수 y는 상수로 취급하여 오직 변수 x에 대해서만 미분하고, 반대로 y 편도함수를 구할 때 변수 x는 상수로 취급하여 오직 변수 y에 대해서만 미분한다. 그러면 편도함수 $f_x(x, y)$와 $f_y(x, y)$ 또한 이변수함수이며, 두 편도함수가 x와 y에 대해 편미분가능하다면 다음과 같은 편도함수를 얻는다.

$$f_{xx} = z_{xx} = \frac{\partial^2 f}{\partial x^2} = \frac{\partial^2 z}{\partial x^2} = D_{xx} f, \qquad f_{xy} = z_{xy} = \frac{\partial^2 f}{\partial y\, \partial x} = \frac{\partial^2 z}{\partial y\, \partial x} = D_{xy} f$$

$$f_{yx} = z_{yx} = \frac{\partial^2 f}{\partial x\, \partial y} = \frac{\partial^2 z}{\partial x\, \partial y} = D_{yx} f, \quad f_{yy} = z_{yy} = \frac{\partial^2 f}{\partial y^2} = \frac{\partial^2 z}{\partial y^2} = D_{yy} f$$

이러한 편도함수를 $f(x, y)$의 **2계편도함수**라고 하며, 아래첨자로 표현할 때와 라운드 기호(∂)로 표현할 때, 편미분하는 변수의 순서가 서로 역순임에 주의해야 한다. 즉 f_{xy}는 함수 $f(x, y)$를 변수 x에 대해 먼저 편미분한 $f_x(x, y)$를 다시 변수 y에 대해 편미분한 것을 의미하지만, $\frac{\partial^2 z}{\partial x\, \partial y}$는 $f(x, y)$를 변수 y에 대해 먼저 편미분한 $f_y(x, y)$를 다시 변수 x에 대해 편미분한 것을 의미한다.

한편, $f(x, y)$와 f_x, f_y, 그리고 f_{xy}, f_{yx}가 점 (a, b)를 포함하는 열린 원판에서 정의되고 (a, b)에서 연속이면, $f_{xy}(a, b) = f_{yx}(a, b)$가 성립한다.

예제 2-24

이변수함수 $f(x, y) = \dfrac{xy}{x^2 + y^2}$의 편도함수를 구하라.

풀이

x 편도함수 : 변수 y를 상수로 취급하고, 변수 x에 대한 도함수를 구한다.

$$f_x(x, y) = \frac{\partial}{\partial x}\left(\frac{xy}{x^2 + y^2}\right) = \frac{(x^2 + y^2)\frac{\partial}{\partial x}(xy) - (xy)\frac{\partial}{\partial x}(x^2 + y^2)}{(x^2 + y^2)^2}$$

$$= \frac{y(x^2 + y^2) - (xy)(2x)}{(x^2 + y^2)^2} = \frac{y(y^2 - x^2)}{(x^2 + y^2)^2}$$

y 편도함수 : 변수 x를 상수로 취급하고, 변수 y에 대한 도함수를 구한다.

$$f_y(x, y) = \frac{\partial}{\partial y}\left(\frac{xy}{x^2+y^2}\right) = \frac{(x^2+y^2)\frac{\partial}{\partial y}(xy) - (xy)\frac{\partial}{\partial y}(x^2+y^2)}{(x^2+y^2)^2}$$

$$= \frac{x(x^2+y^2)-(xy)(2y)}{(x^2+y^2)^2} = \frac{x(x^2-y^2)}{(x^2+y^2)^2}$$

I Can Do 2-24

이변수함수 $f(x, y) = x^3 + 2y^2 - 2x + 3y - 1$의 편도함수를 구하라.

합성함수 $y = f(g(x))$의 도함수를 구하기 위해 [정리 2-10]의 연쇄법칙을 이용한 것과 마찬가지로 이변수함수의 합성함수에 대해서도 편도함수를 구하기 위해 다음과 같이 연쇄법칙을 이용할 수 있다.

정리 2-18 편도함수의 연쇄법칙

(1) 함수 $y = f(x)$가 미분가능하고 $x = g(s, t)$가 편미분가능하면 다음이 성립한다.

$$\frac{\partial y}{\partial s} = \frac{dy}{dx}\frac{\partial x}{\partial s}, \quad \frac{\partial y}{\partial t} = \frac{dy}{dx}\frac{\partial x}{\partial t}$$

(2) 함수 $z = f(x, y)$가 편미분가능하고 $x = g(s, t)$와 $y = h(s, t)$가 편미분가능하면 다음이 성립한다.

$$\frac{\partial z}{\partial s} = \frac{\partial f}{\partial x}\frac{\partial x}{\partial s} + \frac{\partial f}{\partial y}\frac{\partial y}{\partial s}, \quad \frac{\partial z}{\partial t} = \frac{\partial f}{\partial x}\frac{\partial x}{\partial t} + \frac{\partial f}{\partial y}\frac{\partial y}{\partial t}$$

예제 2-25

다음 함수 f의 편도함수를 구하라.

(a) $f(x) = e^{2x^2}$, $x = s^2 - 2t$

(b) $f(x, y) = x^2 + y^2$, $x = e^{st}$, $y = s^2 + t^2$

풀이

(a) $y = f(x) = e^{2x^2}$, $u = 2x^2$이라고 하면, 연쇄법칙에 의해 다음을 얻는다.

$$\frac{dy}{dx} = \frac{dy}{du}\frac{du}{dx} = e^u(4x) = 4xe^{2x^2}$$

$x = s^2 - 2t$이므로 $\frac{\partial x}{\partial s} = 2s$, $\frac{\partial x}{\partial t} = -2$이다. 따라서 f의 편도함수는 다음과 같다.

$$\frac{\partial y}{\partial s} = \frac{dy}{dx}\frac{\partial x}{\partial s} = 4xe^{2x^2}(2s) = 8s(s^2 - 2t)e^{2(s^2-2t)^2}$$

$$\frac{\partial y}{\partial t} = \frac{dy}{dx}\frac{\partial x}{\partial t} = 4xe^{2x^2}(-2) = -8(s^2 - 2t)e^{2(s^2-2t)^2}$$

(b) $f(x, y) = x^2 + y^2$, $x = e^{st}$, $y = s^2 + t^2$이라고 하면, 다음이 성립한다.

$$\frac{\partial f}{\partial x} = 2x, \quad \frac{\partial f}{\partial y} = 2y, \quad \frac{\partial x}{\partial s} = te^{st}, \quad \frac{\partial x}{\partial t} = se^{st}, \quad \frac{\partial y}{\partial s} = 2s, \quad \frac{\partial y}{\partial t} = 2t$$

따라서 연쇄법칙에 의해 f의 편도함수는 다음과 같다.

$$\frac{\partial f}{\partial s} = (2x)(te^{st}) + (2y)(2s) = 2te^{2st} + 4s(s^2 + t^2)$$

$$\frac{\partial f}{\partial t} = (2x)(se^{st}) + (2y)(2t) = 2se^{2st} + 4t(s^2 + t^2)$$

I Can Do 2-25

다음 함수 f의 편도함수를 구하라.

(a) $f(x) = e^x$, $x = s^2 + t^2$

(b) $f(x, y) = x^2y^2$, $x = 2s - 3t$, $y = s^2 + t^2$

Section

2.5 이중적분

'이중적분'을 왜 배워야 하는가?

결합확률분포에 대한 확률을 구하기 위해 필수로 사용되는 수학적 도구가 바로 이중적분이다. 이 절에서는 이중적분의 개념과 성질을 살펴보고, 이중적분의 계산 방법을 알아본 후 정규분포의 확률밀도함수를 직접 구해본다.

이중적분

닫힌 구간 $[a, b]$에서 연속이고 음이 아닌 일변수함수 $f(x)$에 대해, 닫힌 구간 $[a, b]$를 n등분한 각 소구간에서 곡선에 의해 만들어지는 직사각형의 넓이의 합 $S_n = \sum_{k=1}^{n} f(x_k)\Delta x$에 대한 극한을 정적분이라 하고 다음과 같이 표현하였다.

$$\lim_{n \to \infty} S_n = \lim_{n \to \infty} \sum_{k=1}^{n} f(x_k)\Delta x = \int_a^b f(x)\,dx$$

이러한 정적분의 개념을 이변수함수로 확장한 이중적분을 정의하기 위해, 이변수함수 $z = f(x, y)$가 닫힌 직사각형 영역 $D = \{(x, y) \mid a \le x \le b,\ c \le y \le d\}$에서 연속이고 $f(x, y) \ge 0$이라고 하자. 그리고 영역 D에서 함수 $f(x, y)$와 xy평면으로 둘러싸인 입체의 부피 V를 구해보자. 이를 위해 [그림 2-13(a)]와 같이 닫힌 구간 $[a, b]$를 m등분, 닫힌 구간 $[c, d]$를 n등분하여 x축의 i번째 소구간과 y축의 j번째 소구간에 의해 만들어지는 작은 직사각형을 D_{ij}라고 하자. 이때 [그림 2-13(b)]와 같이 소영역 D_{ij} 안의 임의의 점 (x_i^*, y_j^*)에서 함숫값 $f(x_i^*, y_j^*)$를 높이로 갖는 직육면체의 부피를 ΔV_{ij}라고 하면 $\Delta V_{ij} = f(x_i^*, y_j^*)\Delta x\,\Delta y$이고, 이 직육면체들의 합은 다음과 같다. 여기서 $\Delta A_{ij} = \Delta x\,\Delta y$는 소영역 D_{ij}의 넓이이다.

$$\begin{aligned}\sum_{j=1}^{n}\sum_{i=1}^{m} \Delta V_{ij} &= \sum_{j=1}^{n}\sum_{i=1}^{m} f(x_i^*, y_j^*)\Delta A_{ij} \\ &= \sum_{j=1}^{n}\sum_{i=1}^{m} f(x_i^*, y_j^*)\Delta x\,\Delta y \\ &= \sum_{i=1}^{m}\sum_{j=1}^{n} f(x_i^*, y_j^*)\Delta y\,\Delta x\end{aligned}$$

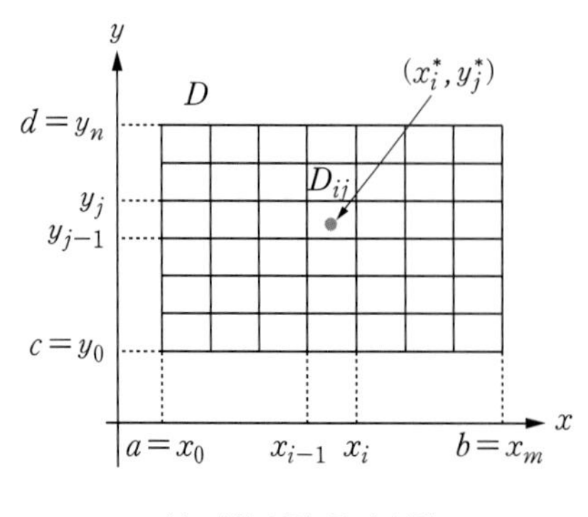

(a) 닫힌 영역 D의 분할

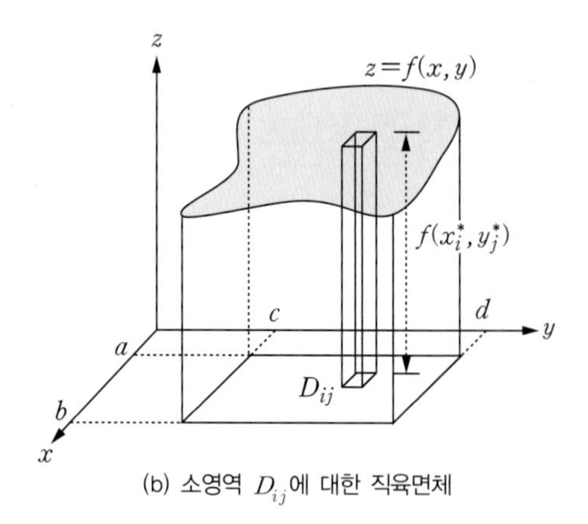

(b) 소영역 D_{ij}에 대한 직육면체

[그림 2-13] 닫힌 영역 D의 분할과 소영역 D_{ij}에서의 부피

이제 소영역을 미세하게 분할할 때, 즉 $m \to \infty$, $n \to \infty$일 때 다음 극한이 존재한다고 하자.

$$V = \lim_{n \to \infty} \lim_{m \to \infty} \sum_{j=1}^{n} \sum_{i=1}^{m} \Delta V_{ij} = \lim_{n \to \infty} \lim_{m \to \infty} \sum_{j=1}^{n} \sum_{i=1}^{m} f(x_i^*, y_j^*)\Delta x \Delta y$$

그러면 극한값 V는 직사각형 영역 D에서 함수 $f(x, y)$의 **이중적분**double integral이라 하고 다음과 같이 나타낸다.

$$\lim_{n \to \infty} \lim_{m \to \infty} \sum_{j=1}^{n} \sum_{i=1}^{m} \Delta V_{ij} = \iint_D dV$$

또는

$$\lim_{n \to \infty} \lim_{m \to \infty} \sum_{j=1}^{n} \sum_{i=1}^{m} f(x_i^*, y_j^*)\Delta A_{ij} = \iint_D f(x, y)\,dA$$

이때 각 소영역에 대한 직육면체의 부피를 더하는 방법에 따라 이중적분을 다음과 같이 달리 표현할 수 있다.

(1) x, y 순서로 적분하는 경우

닫힌 구간 $[c, d]$의 j번째 소구간은 고정하고 [그림 2-14(a)]와 같이 x축 방향의 부피를 먼저 구한다. 그 결과는 닫힌 구간 $[a, b]$에서의 x에 대한 일변수함수의 정적분으로 생각할 수 있으며 다음과 같이 표현할 수 있다.

$$g(y_j^*) = \lim_{m \to \infty} \sum_{i=1}^{m} f(x_i^*, y_j^*)\Delta x = \int_a^b f(x, y_j^*)\,dx$$

그러면 이 결과는 [그림 2-14(b)]와 같이 닫힌 구간 $[c, d]$의 j번째 소구간에서 y에 대한 일변수함수 $g(y) = \int_a^b f(x, y)\,dx$의 함숫값이며, $[c, d]$에서 $g(y)$의 정적분은 다음과 같이 정의된다.

$$\lim_{n \to \infty} \sum_{j=1}^{n} g(y_j^*)\, \Delta y = \int_c^d g(y)\, dy$$

즉 다음이 성립한다.

$$\lim_{n \to \infty} \lim_{m \to \infty} \sum_{j=1}^{n} \left[\sum_{i=1}^{m} f(x_i^*, y_j^*)\, \Delta x \right] \Delta y = \int_c^d g(y)\, dy = \int_c^d \left[\int_a^b f(x, y)\, dx \right] dy$$

따라서 닫힌영역 D 에서 함수 $f(x, y)$ 의 이중적분은 다음과 같이 정의된다.

$$\iint_D f(x, y)\, dA = \int_c^d \left[\int_a^b f(x, y)\, dx \right] dy = \int_c^d \int_a^b f(x, y)\, dx\, dy$$

안쪽 적분 $\int_a^b f(x, y)\, dx$ 를 구할 때, 적분변수는 x 이고 변수 y 는 상수로 취급한다.

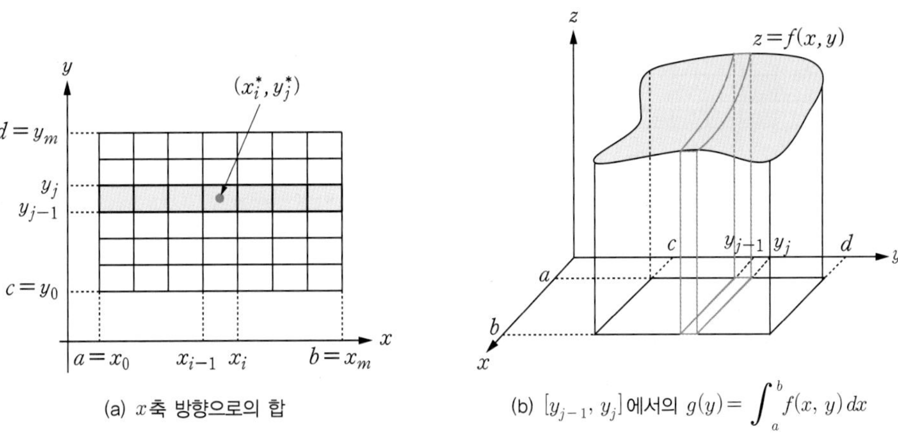

(a) x축 방향으로의 합

(b) $[y_{j-1}, y_j]$ 에서의 $g(y) = \int_a^b f(x, y)\, dx$

[그림 2-14] x, y 순서의 이중적분

(2) y, x 순서로 적분하는 경우

닫힌 구간 $[a, b]$ 의 i 번째 소구간은 고정하고 [그림 2-15(a)]와 같이 y축 방향의 부피를 먼저 구한다. 그 결과는 닫힌 구간 $[c, d]$ 에서 y에 대한 일변수함수의 정적분으로 생각할 수 있으며 다음과 같이 표현할 수 있다.

$$h(x_i^*) = \lim_{n \to \infty} \sum_{j=1}^{n} f(x_i^*, y_j^*)\, \Delta y = \int_c^d f(x_i^*, y)\, dy$$

그러면 이 결과는 [그림 2-15(b)]와 같이 닫힌 구간 $[a, b]$ 의 i 번째 소구간에서 x 에 대한 일변수함수 $h(x) = \int_c^d f(x, y)\, dy$ 의 함숫값이며, $[a, b]$ 에서 $h(x)$ 의 정적분은 다음과 같이 정의된다.

$$\lim_{m \to \infty} \sum_{i=1}^{m} h(x_i^*)\, \Delta x = \int_a^b h(x)\, dx$$

즉 다음이 성립한다.

$$\lim_{m \to \infty} \lim_{n \to \infty} \sum_{i=1}^{m} \left[\sum_{j=1}^{n} f(x_i^*, y_j^*) \Delta y \right] \Delta x = \int_a^b h(x)\,dx = \int_a^b \left[\int_c^d f(x, y)\,dy \right] dx$$

따라서 닫힌영역 D에서 함수 $f(x, y)$의 이중적분은 다음과 같이 정의된다.

$$\iint_D f(x, y)\,dA = \int_a^b \left[\int_c^d f(x, y)\,dy \right] dx = \int_a^b \int_c^d f(x, y)\,dy\,dx$$

안쪽 적분 $\int_c^d f(x, y)\,dy$를 구할 때, 적분변수는 y이고 변수 x는 상수로 취급한다.

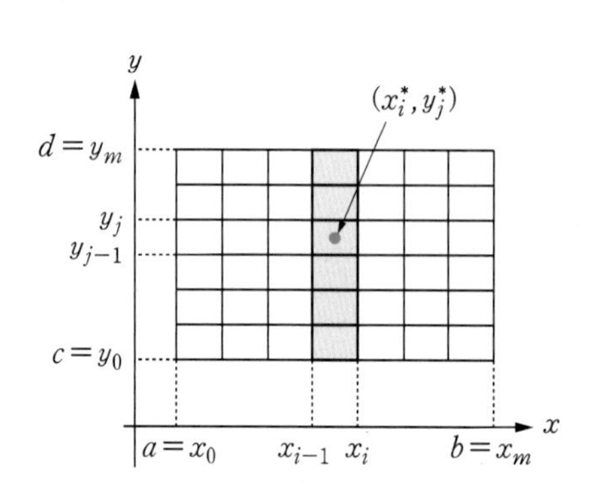

(a) y축 방향으로의 합

(b) $[x_{i-1}, x_i]$에서의 $h(x) = \int_c^d f(x, y)\,dy$

[그림 2-15] y, x 순서의 이중적분

예제 2-26

영역 $D = \{(x, y) \mid 1 \le x \le 2,\ 0 \le y \le 2\}$에서 함수 $f(x, y) = x^2 + y^2$의 이중적분을 다음과 같은 순서로 구하라.

(a) x, y 순서

(b) y, x 순서

풀이

(a) 변수 x에 대해 적분할 때 변수 y는 상수 취급한다.

$$\begin{aligned}
\iint_D (x^2 + y^2)\,dA &= \int_0^2 \int_1^2 (x^2 + y^2)\,dx\,dy \\
&= \int_0^2 \left[\frac{1}{3}x^3 + y^2 x \right]_{x=1}^{x=2} dy \\
&= \int_0^2 \left[\left(\frac{8}{3} + 2y^2 \right) - \left(\frac{1}{3} + y^2 \right) \right] dy \\
&= \int_0^2 \left(\frac{7}{3} + y^2 \right) dy = \left[\frac{7}{3}y + \frac{1}{3}y^3 \right]_0^2 = \frac{22}{3}
\end{aligned}$$

(b) 변수 y에 대해 적분할 때 변수 x는 상수 취급한다.

$$\iint_D (x^2 + y^2)\,dA = \int_1^2 \int_0^2 (x^2 + y^2)\,dy\,dx$$
$$= \int_1^2 \left[x^2 y + \frac{1}{3} y^3 \right]_{y=0}^{y=2} dx$$
$$= \int_1^2 \left(2x^2 + \frac{8}{3} \right) dx = \left[\frac{2}{3}x^3 + \frac{8}{3}x \right]_1^2 = \frac{22}{3}$$

I Can Do 2-26

영역 $D = \{(x, y) \mid 0 \le x \le 1,\ 0 \le y \le 1\}$에서 함수 $f(x, y) = xy^2$의 이중적분을 다음과 같은 순서로 구하라.

(a) x, y 순서

(b) y, x 순서

■ 일반적인 적분 영역에서의 이중적분

임의의 닫힌 영역 D에서도 이중적분을 정의할 수 있으며, D의 유형에 따라 다음과 같이 이중적분을 구한다.

(1) $D = \{(x, y) \mid a \le x \le b,\ g_1(x) \le y \le g_2(x)\}$인 경우

이 경우에 적분 영역은 [그림 2-16(a)]와 같으며, 변수 x를 고정하고 변수 y에 대해 먼저 적분한다. 그러면 [그림 2-16(b)]와 같이 고정된 x에 대해 함수 $f(x, y)$ 아래에 놓이는 평면 $A(x)$를 얻는다. 이제 평면 $A(x)$를 $a \le x \le b$에서 적분하면 다음을 얻는다.

$$\iint_D f(x, y)\,dA = \int_a^b \int_{g_1(x)}^{g_2(x)} f(x, y)\,dy\,dx$$

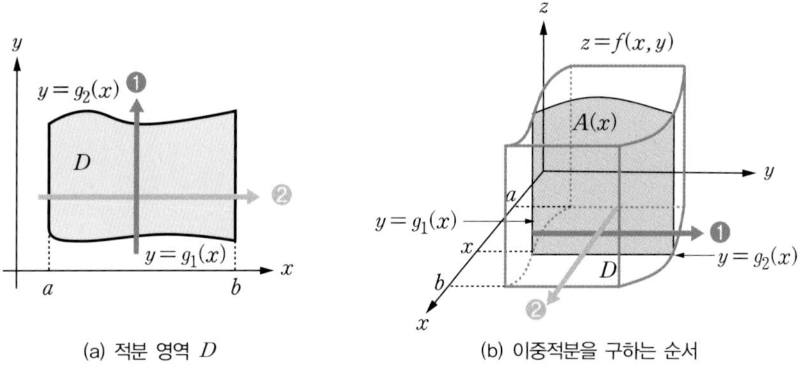

(a) 적분 영역 D　　(b) 이중적분을 구하는 순서

[그림 2-16] 영역 $D = \{(x, y) \mid a \le x \le b,\ g_1(x) \le y \le g_2(x)\}$에서의 이중적분

(2) $D=\{(x, y) \mid c \le y \le d,\ h_1(y) \le x \le h_2(y)\}$인 경우

이 경우에 적분 영역은 [그림 2-17(a)]와 같으며, 변수 y를 고정하고 변수 x에 대해 먼저 적분한다. 그러면 [그림 2-17(b)]와 같이 고정된 y에 대해 함수 $f(x, y)$ 아래에 놓이는 평면 $A(y)$를 얻는다. 이제 평면 $A(y)$를 $c \le y \le d$에서 적분하면 다음을 얻는다.

$$\iint_D f(x, y)\,dA = \int_c^d \int_{h_1(y)}^{h_2(y)} f(x, y)\,dx\,dy$$

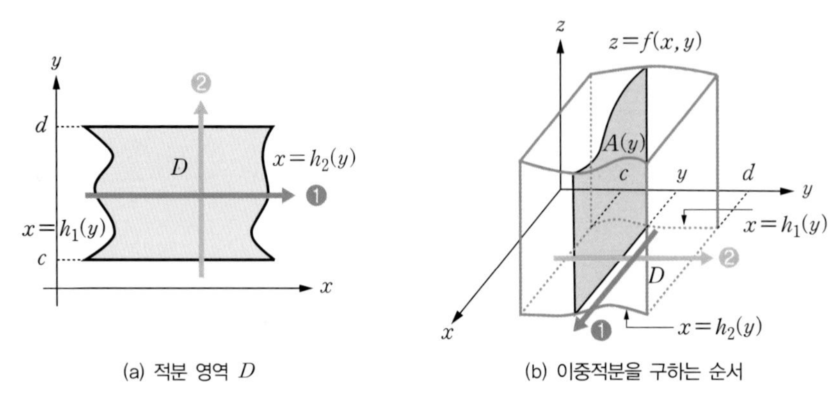

(a) 적분 영역 D　　(b) 이중적분을 구하는 순서

[그림 2-17] 영역 $D=\{(x, y) \mid c \le y \le d,\ h_1(y) \le x \le h_2(y)\}$에서의 이중적분

예제 2-27

영역 $D=\{(x, y) \mid 0 \le y \le x \le 1\}$에서 함수 $f(x, y)=2(x+y)$의 이중적분을 다음과 같은 순서로 구하라.

(a) x, y 순서　　(b) y, x 순서

풀이

(a) [그림 (a)]와 같이 $x=y$에서 $x=1$까지 x에 관해 적분한 다음, $y=0$에서 $y=1$까지 y에 관해 적분하면 다음을 얻는다.

$$\begin{aligned}\iint_D 2(x+y)\,dA &= \int_0^1 \int_y^1 2(x+y)\,dx\,dy \\ &= \int_0^1 \left[x^2+2xy\right]_{x=y}^{x=1} dy \\ &= \int_0^1 \left[(1+2y)-(y^2+2y^2)\right] dy \\ &= \int_0^1 (1+2y-3y^2)\,dy \\ &= \left[y+y^2-y^3\right]_0^1 = 1\end{aligned}$$

(b) [그림 (b)]와 같이 $y=0$에서 $y=x$까지 y에 관해 적분한 다음, $x=0$에서 $x=1$까지 x에 관해 적분하면 다음을 얻는다.

$$\begin{aligned}\iint_D 2(x+y)\,dA &= \int_0^1\int_0^x 2(x+y)\,dy\,dx \\ &= \int_0^1 \left[2xy+y^2\right]_{y=0}^{y=x} dx \\ &= \int_0^1 3x^2\,dx = \left[x^3\right]_0^1 = 1\end{aligned}$$

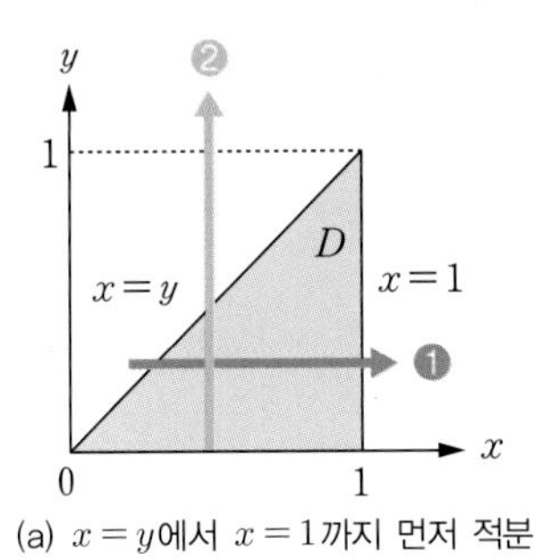

(a) $x=y$에서 $x=1$까지 먼저 적분

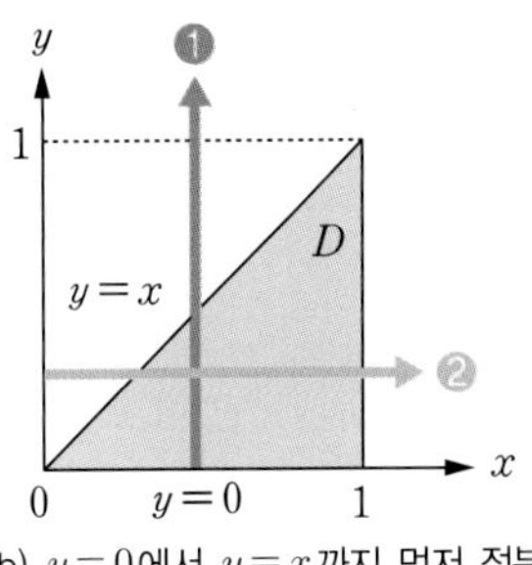

(b) $y=0$에서 $y=x$까지 먼저 적분

I Can Do 2-27

영역 $D=\{(x,\ y)\ |\ x^2 \le y \le x\}$에서 함수 $f(x,\ y)=15y$의 이중적분을 다음과 같은 순서로 구하라.

(a) x, y 순서

(b) y, x 순서

끝으로 정규분포에 대한 확률밀도함수를 알아보기 위해 다음 적분을 살펴보자.

$$I = \int_0^\infty e^{-x^2}\,dx$$

이 이상적분의 피적분함수는 적분가능한 함수가 아니므로 적분값을 구할 수 없으나, 이중적분을 이용하면 적분값을 구할 수 있다. 이 적분값을 계산하기 위해 다음과 같이 I^2을 구한다.

$$I^2 = \left(\int_0^\infty e^{-x^2}dx\right)\left(\int_0^\infty e^{-x^2}dx\right) = \left(\int_0^\infty e^{-x^2}dx\right)\left(\int_0^\infty e^{-y^2}dy\right)$$

두 번째 적분에서 단순히 변수 x를 변수 y로 바꾸었다. 변수 y에 대한 적분은 변수 x에 대해 적분할 때 상수로 취급하므로 다음 이중적분을 얻는다.

$$I^2 = \int_0^\infty\int_0^\infty e^{-(x^2+y^2)}\,dx\,dy$$

따라서 이 이중적분의 적분 영역은 [그림 2-18(a)]와 같이 제1사분면 전체이다. 이때 정적분을 쉽게 계산하기 위해 치환적분법을 사용했듯이 변수를 다음과 같이 치환한다.

$$x = r\cos\theta,\ y = r\sin\theta$$

그러면 극좌표계[1]의 r과 θ에 대한 적분 영역은 [그림 2-18(b)]와 같이 $0 \le r < \infty,\ 0 \le \theta \le \frac{\pi}{2}$이고 다음을 얻는다.

$$x^2 + y^2 = r^2, \quad dx\,dy = r\,dr\,d\theta$$

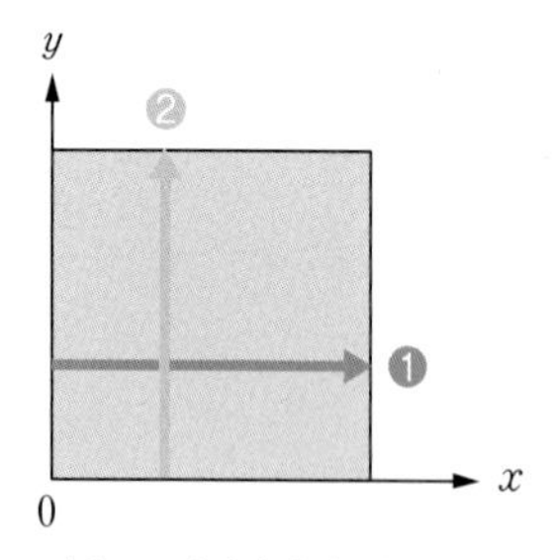

(a) xy평면에서의 적분 영역

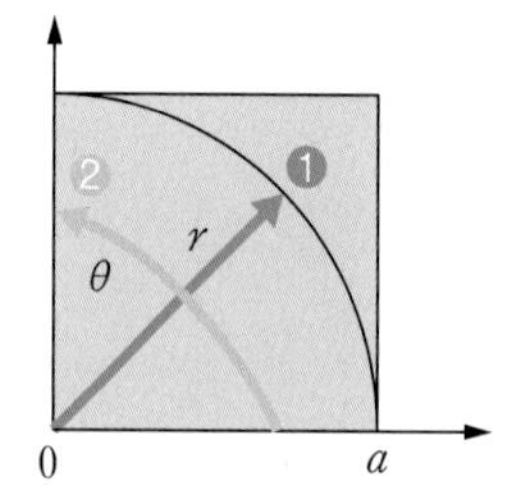

(b) 극좌표에서의 적분 영역

[그림 2-18] 적분 영역의 변환

여기서 $dx\,dy = r\,dr\,d\theta$에 대한 증명은 생략한다. 그러면 이중적분 I^2은 다음과 같이 변형된다.

$$\begin{aligned} I^2 &= \int_0^{\frac{\pi}{2}}\int_0^{\infty} re^{-r^2}dr\,d\theta = \int_0^{\frac{\pi}{2}}d\theta \int_0^{\infty} re^{-r^2}dr \\ &= \frac{\pi}{2}\int_0^{\infty} re^{-r^2}dr = \frac{\pi}{2}\lim_{a\to\infty}\int_0^{a} re^{-r^2}dr \\ &= \frac{\pi}{2}\lim_{a\to\infty}\left[-\frac{1}{2}e^{-r^2}\right]_0^a = \frac{\pi}{4}\lim_{a\to\infty}\left(1-e^{-a^2}\right) \\ &= \frac{\pi}{4} \end{aligned}$$

따라서 구하고자 하는 이상적분 I는 다음과 같다.

$$I = \int_0^{\infty} e^{-x^2}dx = \frac{\sqrt{\pi}}{2}$$

특히 이 적분에서 피적분함수가 우함수이므로 다음을 얻는다.

$$\int_{-\infty}^{\infty} e^{-x^2}dx = \sqrt{\pi}$$

1 극좌표계는 벗어나는 내용이므로 가볍게 이해하고 넘어간다.

이제 임의의 $\sigma > 0$과 $-\infty < \mu < \infty$에 대해 $x = \dfrac{t-\mu}{\sqrt{2}\,\sigma}$라 하면 $dx = \dfrac{1}{\sqrt{2}\,\sigma}dt$이고 다음이 성립한다.

$$\int_{-\infty}^{\infty} \frac{1}{\sqrt{2}\,\sigma} e^{-\frac{(t-\mu)^2}{2\sigma^2}} dt = \sqrt{\pi}$$

이제 양변을 $\sqrt{\pi}$로 나누면 다음 적분 결과를 얻는다. 이때의 피적분함수가 정규분포의 확률밀도함수이다.

$$\int_{-\infty}^{\infty} \frac{1}{\sqrt{2\pi}\,\sigma} e^{-\frac{(t-\mu)^2}{2\sigma^2}} dt = 1$$

즉 정규분포의 확률밀도함수는 다음과 같다. 정규분포에 대해서는 8.2절에서 자세히 다룬다.

$$f(x) = \frac{1}{\sqrt{2\pi}\,\sigma} e^{-\frac{(x-\mu)^2}{2\sigma^2}}, \quad -\infty < x < \infty$$

한편, 적분 영역 D에서 음이 아니고 연속인 이변수함수 $f(x, y)$가 다음 조건을 만족하면, 이 함수 $f(x, y)$를 **결합확률밀도함수** joint probability density function라고 한다. 결합밀도함수에 대해서는 7.1절에서 자세히 살펴본다.

$$\iint_D f(x, y)\,dx\,dy = 1$$

Chapter 02 연습문제

기초문제

1. 다음 중 옳은 것을 고르라.

① 함수의 극한은 반드시 존재한다.

② $x=a$에서 함수의 극한은 함숫값과 일치한다.

③ 함수의 극한과 함숫값이 같을 때 연속이라 한다.

④ $x \to \infty$이면 함수도 $f(x) \to \infty$이다.

⑤ 극한이 존재하지 않은 경우에도 함수는 연속일 수 있다.

2. 다음 중 옳은 것을 고르라.

① $x=a$에서 함수가 미분가능하면 그 점에서 연속이다.

② $x=a$에서 함수가 연속이면 그 점에서 미분가능하다.

③ $x=0$에서 함수 $f(x)=|x|$의 미분계수가 존재한다.

④ 함수 $f(x)$가 미분가능하면 반드시 2계도함수를 갖는다.

⑤ 열린 구간 (a, b)에서 연속인 함수 $f(x)$는 이 구간에서 반드시 최댓값과 최솟값을 갖는다.

3. 함수 $f(x)=\dfrac{x-1}{x^2-4}$에 대한 다음 설명 중 옳은 것을 모두 고르라.

① 함수 $f(x)$는 $x=2$에서 극한을 갖는다.

② 함수 $f(x)$는 양의 무한대에서 수렴한다.

③ 함수 $f(x)$는 음의 무한대에서 발산한다.

④ 함수 $f(x)$는 $x=2$에서 연속이지만 $x=-2$에서 불연속이다.

⑤ 함수 $f(x)$는 $x=1$에서 연속이다.

4. 다음 함수의 극한 중 옳은 것을 고르라.

① $\displaystyle\lim_{x \to \infty} \frac{x}{x-1}=0$

② $\displaystyle\lim_{x \to -\infty} \frac{x}{x-1}=0$

③ $\displaystyle\lim_{x \to 0^-} \frac{x}{x-1}=\infty$

④ $\displaystyle\lim_{x \to 0^+} \frac{x}{x-1}=0$

⑤ $\displaystyle\lim_{x \to 1} \frac{x}{x-1}=\infty$

5. $\displaystyle\lim_{x \to 0} f(x)=2$, $\displaystyle\lim_{x \to 0} g(x)=-1$일 때 다음 함수의 극한 중 틀린 것을 고르라.

① $\displaystyle\lim_{x \to 0}[f(x)+g(x)]=1$

② $\displaystyle\lim_{x \to 0}[f(x)-g(x)]=3$

③ $\displaystyle\lim_{x \to 0}[2g(x)]=2$

④ $\displaystyle\lim_{x \to 0}[f(x)g(x)]=-2$

⑤ $\displaystyle\lim_{x \to 0} \frac{g(x)}{f(x)}=-\frac{1}{2}$

6. 다음 도함수 중 옳은 것을 고르라.

① $(x^4)'=4x^4$

② $(x^{1.5})'=\dfrac{1.5}{\sqrt{x}}$

③ $\left(\dfrac{1}{x^3}\right)'=\dfrac{3}{x^4}$

④ $(e^{2x})'=2e^x$

⑤ $(xe^x)'=e^x(x+1)$

7. $x=1$에 대한 미분계수의 설명 중 옳은 것을 고르라.

① $f(x)=3x^2$의 미분계수는 3이다.

② $f(x)=e^{x-1}$의 미분계수는 e이다.

③ $f(x)=\dfrac{1}{x-1}$의 미분계수는 존재하지 않는다.

④ $f(x)=\dfrac{1}{x^2+1}$의 미분계수는 존재하지 않는다.

⑤ $f(x)=xe^x$의 미분계수는 0이다.

8. 다음 부정적분 중 옳은 것을 고르라.

① $\int x^3\,dx=4x^4+C$

② $\int e^{2x}\,dx=2e^{2x}+C$

③ $\int e^{3x}\,dx=3e^{3x+1}+C$

④ $\int xe^x\,dx=e^x(x-1)+C$

⑤ $\int xe^{x^2}\,dx=e^{x^2}+C$

9. 다음 정적분 중 옳은 것을 고르라.

① $\int_0^1 x\,dx=1$

② $\int_0^1 e^{-x}x\,dx=1+e$

③ $\int_{-1}^1 (x^3-x)\,dx=2$

④ $\int_{-1}^1 x^2\,dx=1$

⑤ $\int_{-1}^1 e^x\,dx=e-\dfrac{1}{e}$

10. 다음 이상적분 중 옳은 것을 고르라.

① $\int_0^\infty e^{-x}\,dx=1$

② $\int_{-\infty}^\infty e^{-x}\,dx=2$

③ $\int_0^\infty e^x\,dx=1$

④ $\int_{-\infty}^\infty x\,dx=0$

⑤ $\int_{-\infty}^\infty x^2\,dx=0$

11. 다음 편도함수 중 옳은 것을 고르라.

① $\dfrac{\partial}{\partial x}(x^3y)=3x^2$

② $\dfrac{\partial}{\partial y}(x^3+y^2)=2y$

③ $\dfrac{\partial}{\partial x}(x^3y^2)=3x^2+2y$

④ $\dfrac{\partial}{\partial x}e^{xy}=xe^{xy}$

⑤ $\dfrac{\partial}{\partial x}e^{x+y}=ye^{x+y}$

12. 다음 이중적분 중 옳은 것을 고르라.

① $\int_0^1\int_0^1 (x+y)\,dx\,dy=\dfrac{1}{2}$

② $\int_0^1\int_0^1 xy\,dx\,dy=\dfrac{1}{2}$

③ $\int_0^1\int_0^1 (x^2-y^2)\,dx\,dy=\dfrac{1}{3}$

④ $\int_0^1\int_0^1 xye^{x^2}\,dx\,dy=\dfrac{1}{4}(e-1)$

⑤ $\int_0^1\int_0^1 xye^{x^2+y^2}\,dx\,dy=\dfrac{1}{4}$

응용문제

13. 다음 극한값을 구하라.

(a) $\lim_{x \to 1}(3x^2+x-2)$

(b) $\lim_{x \to -1}(3x^2+x-2)$

14. 다음 극한값을 구하라.

(a) $\lim_{x \to -1}\frac{x^3+1}{x+1}$

(b) $\lim_{x \to 2}\frac{x-2}{x^2-4}$

15. 다음 극한값을 구하라.

(a) $\lim_{x \to 2}\frac{x-2}{\sqrt{x}-\sqrt{2}}$

(b) $\lim_{x \to 0}\frac{x}{\sqrt{x^2+1}-x-1}$

16. 다음 극한값을 구하라.

(a) $\lim_{x \to 0}\frac{1}{x}\left(\frac{1}{\sqrt{x+2}}-\frac{1}{\sqrt{2}}\right)$

(b) $\lim_{x \to \infty}\left(\sqrt{x^2-x}-x\right)$

17. 다음을 만족하는 상수 a와 b를 구하라.

$$\lim_{x \to 1}\frac{x^2-ax+b}{x-1}=2$$

18. 함수 $f(x)=\frac{1}{x^2-4}$이 불연속인 점을 구하라.

19. 도함수의 정의를 이용하여 $f(x)=x^2-2x$의 도함수를 구하고, $f'(1)$을 구하라.

20. $f'(1)=1$일 때, 다음 극한을 구하라.

$$\lim_{h \to 0}\frac{f(1-2h)-f(1)}{h}$$

21. 곡선 $y=\frac{1}{x}+1$ 위의 점 $(1, 2)$에서 접선의 방정식을 구하라.

22. 다음 함수가 $x=1$에서 연속일 때, 상수 a와 b를 구하라.

$$f(x)=\begin{cases} x+a & , x<1 \\ 2 & , x=1 \\ \frac{x+b}{x+1} & , x>1 \end{cases}$$

23. 다음 함수가 $x=1$에서 미분가능할 때, 상수 a와 b를 구하라.

$$f(x)=\begin{cases} x+a & , x \le 1 \\ \frac{x+b}{x+1} & , x>1 \end{cases}$$

24. 함수 $f(x)=xe^x$에 대해 다음 극한값을 구하라.

$$\lim_{h \to 0}\frac{f(2h)-f(h)}{h}$$

25. 함수 $f(x)=x^2-x$에 대해 다음 등식을 만족하는 실수 c를 구하라.

$$\frac{f(1)-f(-1)}{2}=f'(c)$$

26. 다음 부정적분을 구하라.

(a) $\int\left(x^2-\frac{1}{x^2}\right)^2dx$

(b) $\int(e^{2x}-e^{-2x})^2dx$

27. 다음 부정적분을 구하라.

(a) $\int \frac{(1-\sqrt{x})^2}{x^3}\,dx$

(b) $\int \frac{(1+\sqrt{x})^2}{\sqrt[3]{x}}\,dx$

28. 다음 부정적분을 구하라.

(a) $\int (2x-1)^6\,dx$

(b) $\int \frac{1}{(3x+4)^5}\,dx$

29. 다음 부정적분을 구하라.

(a) $\int e^{3x}\,dx$

(b) $\int \frac{e^{2x}}{(e^{2x}+1)^2}\,dx$

30. 다음 부정적분을 구하라.

(a) $\int xe^{3x}\,dx$

(b) $\int (x-1)e^{-x}\,dx$

31. 다음 정적분을 구하라.

(a) $\int_0^1 x(x^2-1)^3\,dx$

(b) $\int_0^1 \frac{x}{(x^2+1)^2}\,dx$

32. 다음 함수와 $x=0$, $x=1$, 그리고 x축으로 둘러싸인 부분의 넓이를 구하라.

(a) $f(x)=x^3$

(b) $f(x)=e^{2x}$

33. 이변수함수 $f(x, y)=x^2-y^2+2xy+1$에 대해 $(x, y)=(1, 1)$에서 다음을 구하라.

(a) x편미분계수

(b) y편미분계수

(c) 접평면의 방정식

34. 다음 함수의 편도함수를 구하라.

(a) $f(x, y)=ye^x+xe^y$

(b) $f(x, y)=xye^{xy}$

35. 다음 함수에 대해 $\frac{\partial f}{\partial s}$, $\frac{\partial f}{\partial t}$를 구하라.

(a) $f(x)=x^3$, $x=e^s+e^t$

(b) $f(x, y)=\frac{1}{x+y}$, $x=s+t$, $y=st$

36. 영역 $D=\{(x, y)\,|\,0\le x\le 2,\ 0\le y\le 2\}$에서 함수 $f(x, y)=x^2y^2$의 이중적분을 다음과 같은 순서로 구하라.

(a) x, y 순서

(b) y, x 순서

37. 영역 $D=\{(x, y)\,|\,0\le x\le 1,\ 0\le y\le 2\}$에서 함수 $f(x, y)=\frac{1}{4}(2x+2-y)$의 이중적분을 구하라.

38. 영역 $D=\{(x, y)\,|\,0\le x\le 1,\ x^3\le y\le x^2\}$에서 함수 $f(x, y)=xy$의 이중적분을 구하라.

39. 영역 $D=\{(x, y)\,|\,x\ge 0,\ y\ge 0,\ x+y<1\}$에서 함수 $f(x, y)=6(1-x-y)$의 이중적분을 구하라.

40. 영역 $D=\{(x, y)\,|\,x^2\le y\le 1\}$에서 함수 $f(x, y)=kx^2y$의 이중적분이 1이 되는 상수 k를 구하라.

심화문제

41. 실수 전체의 집합에서 정의되는 다음 함수 $f(x)$에 대해 $\lim_{x \to 0} f(x)$를 구하라.

(a) $f(x) = \begin{cases} 1, & x\text{는 유리수} \\ 0, & x\text{는 무리수} \end{cases}$

(b) $f(x) = \begin{cases} x, & x\text{는 유리수} \\ 0, & x\text{는 무리수} \end{cases}$

42. $[x]$는 실수 x를 넘지 않는 최대 정수라고 할 때, 함수 $f(x) = [2 - |x|]$에 대해 다음 극한을 구하라.

(a) $\lim_{x \to 0} f(x)$

(b) $\lim_{x \to 2} f(x)$

43. 어떤 물체가 시각 t에서 속도 $v(t) = t^2 + t - 6\,(\mathrm{m/s})$의 속도로 수평선 위를 움직인다고 하자. 다음 물음에 답하라.

(a) $1 \le t \le 3$일 때, 이 물체가 움직인 변위를 구하라.

(b) $1 \le t \le 3$일 때, 이 물체가 움직인 거리를 구하라.

44. 함수 $f(x)$가 다음과 같이 정의된다고 하자.

$$f(x) = \begin{cases} 2e^{-2x}, & x \ge 0 \\ 0, & x < 0 \end{cases}$$

(a) $\int_0^\infty f(x)\,dx$를 구하라.

(b) $\int_0^\infty x f(x)\,dx$를 구하라.

45. 함수 $f(x, y)$가 다음과 같이 정의된다고 하자.

$$f(x, y) = \begin{cases} 6e^{-2x-3y}, & x \ge 0,\, y \ge 0 \\ 0, & \text{다른 곳에서} \end{cases}$$

(a) $\int_0^\infty f(x, y)\,dx\,dy$를 구하라.

(b) $\int_0^\infty xy f(x, y)\,dx\,dy$를 구하라.

PART 02

기술통계학

||| 목차 |||

PART 02에서는 무엇을 배울까?

Part 02에서는 수집한 자료를 정리하고, 그 자료가 내포하는 여러 가지 특성을 구하는 방법에 대해 살펴본다.

먼저 3장에서는 질적자료와 양적자료의 의미와 차이를 살펴보고, 이러한 자료를 표와 그림으로 기술하는 방법에 대해 살펴본다.

그리고 4장에서는 양적자료에 대한 중심위치를 나타내는 대푯값과 흩어진 정도를 나타내는 산포도의 종류와 그 특성을 살펴본다. 또한 두 자료집단의 자료값을 상대적으로 분석하는 방법과 특이값을 판정하는 상자그림에 대해 살펴본다.

I Can Do 문제 해답

Chapter 03

자료의 정리

||| 목차 |||

||| 학습목표 |||

- 통계자료의 의미를 이해하고, 모집단과 표본을 구별할 수 있다.
- 질적자료의 의미를 이해하고, 이를 표 또는 그림으로 정리할 수 있다.
- 양적자료의 의미를 이해하고, 이를 표 또는 그림으로 정리할 수 있다.

Section

3.1 자료의 종류

'자료의 종류'를 왜 배워야 하는가?

숫자는 우리의 일상생활에서 봇물처럼 쏟아진다. 따라서 숫자와 떨어져 산다는 것은 아마 불가능할 것이다. 예를 들어 코스닥 또는 코스피에 등록된 주식의 주가 변동은 우리 경제에서 매우 중요한 지표로 설정된다. 또한 국가를 형성하는 데 가장 기본이 되는 요소는 국민의 수이며, 신생아 수의 감소는 국가의 존립에 위협을 가하는 요인이 된다. 이러한 이유로 국가는 주가 변동에 많은 관심을 가지며, 신생아 수의 증대를 위한 여러 가지 정책을 입안하곤 한다. 이와 같은 숫자는 숫자 그 자체로는 의미가 없으나, 숫자의 변화에 의미를 부여함으로써 미래를 예측하는 도구로 활용되기도 한다. 이때 어떤 통계적인 목적에 맞춰서 수집된 대상을 **자료**data라 하며, 이러한 자료를 수집하여 분석하거나, 이를 표 또는 그림으로 표현하여 수집한 자료로부터 의미 있는 정보를 얻어내는 일련의 과정을 **통계**statistic라 한다. 이 절에서는 자료의 의미와 그 종류에 대해 살펴본다.

자료의 종류

학생들의 혈액형과 키의 관계를 살펴보기 위해 통계학과 교수가 20명의 학생을 대상으로 혈액형과 키를 조사한다면, 서로 다른 형태인 두 종류의 자료를 얻는다. 먼저 혈액형을 나타내는 자료는 A형, B형, AB형, O형이라는 범주로 구분될 뿐 숫자로 표현할 수 없다. 그러나 키를 나타내는 자료는 숫자로 표현되며 키가 가장 작은 학생부터 키가 가장 큰 학생까지 나열할 수 있다. 이와 같이 숫자가 아닌 범주로 표현되는 경우와 숫자로 표현되는 경우의 두 가지 형태를 생각할 수 있으며, 이러한 자료를 각각 다음과 같이 정의한다.

정의 3-1 질적자료와 양적자료

- **질적자료**qualitative data : 숫자로 표현되지 않는 자료
- **양적자료**quantitative data : 숫자로 표현되고, 그 숫자에 의미가 부여되는 자료

특히 숫자로 표현되는 양적자료는 하루 동안 스마트폰에 수신된 스팸 문자 수처럼 셀 수 있는 자료와 키처럼 어떤 구간 안에서 측정되는 자료로 구분할 수 있으며, 각 자료를 다음과 같이 정의한다.

정의 3-2 이산자료와 연속자료

- **이산자료** discrete data : 셀 수 있는 양적자료
- **연속자료** continuous data : 어떤 구간 안에서 측정되는 양적자료

질적자료와 양적자료의 예를 살펴보면 [그림 3-1]과 같다.

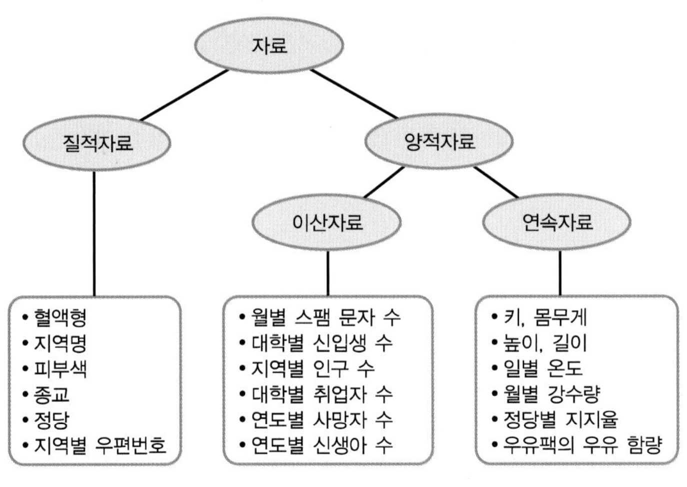

[그림 3-1] 자료의 종류

예제 3-1

다음 표는 통계학 수업을 수강하는 학생의 성씨를 나타낸다. 이 표가 나타내는 자료의 종류를 말하라.

성씨	김	이	박	임	최
학생 수	7	5	3	2	3

풀이

각 성씨는 숫자로 표현되지 않는 범주형 자료이므로 질적자료이다.

I Can Do 3-1

다음은 지난 일주일 동안 스마트폰에 수신된 스팸 문자 수를 나타낸다. 이 자료의 종류를 말하라.

$$[2,\ 3,\ 0,\ 1,\ 5,\ 2,\ 2]$$

한편, 만족도 조사 등에서는 5점 척도인 다음과 같은 문항을 많이 사용한다.

[① 매우 만족　② 만족　③ 보통　④ 불만족　⑤ 매우 불만족]

이때 숫자 1, 2, 3, 4, 5는 다섯 가지 범주를 나타낼 뿐이며, 숫자로서의 의미인 대소관계는 없다. 이와 같이 각 범주를 단순히 숫자로 나타낸 자료를 **명목자료**nominal data라 한다. 특히 명목자료의 예로, 다음과 같이 초등학교부터 대학교까지의 각 범주를 숫자 1, 2, 3, 4로 나타낸다고 하자.

[① 초등학교　② 중학교　③ 고등학교　④ 대학교]

그러면 명목자료 1, 2, 3, 4에는 '초등학교 → 중학교 → 고등학교 → 대학교'라는 순서의 개념이 포함된다. 이와 같이 순서의 개념을 갖는 질적자료를 **순서자료**ordinal data라 한다. 또한 양적자료인 통계학 점수를 90점 이상은 A, 80～89점은 B, 70～79점은 C, 60～69점은 D, 59점 이하는 F라는 범주로 묶어서 나타낼 수 있으며, 이처럼 양적자료를 구간별로 구분한 자료를 **집단화 자료**grouped data라 한다.

모집단과 표본

선거 당일에는 공중파 방송국에서 출구조사를 실시하며, 선거 종료와 함께 출구조사 결과를 발표한다. 출구조사는 투표를 마친 유권자 중 일부를 대상으로 지지한 후보자를 조사하는 것으로, 많은 경우에 출구조사와 동일한 결과를 보이지만 그렇지 않은 경우도 빈번히 발생한다. 이때 모든 유권자를 대상으로 얻은 자료집단을 모집단이라 하고, 출구조사와 같이 일부 유권자를 대상으로 얻은 자료집단을 표본이라 한다.

정의 3-3　**모집단과 표본**

- **모집단**population : 통계 목적에 부합하는 모든 자료집단
- **표본**sample : 모집단의 일부인 자료집단

이때 모집단을 구성하는 자료의 개수를 **모집단 크기**population size라 하고, 표본을 구성하는 자료의 개수를 **표본 크기**sample size라 한다.

예제 3-2

신입생이 1,350명인 어느 대학에서 전체 신입생을 대상으로 실시되는 공학인증 교과목인 확률과 통계의 평균 수준이 어느 정도인지 알기 위해 대상자를 다음과 같이 무작위로 선정하였다. 이때 모집단 크기와 표본 크기를 구하라.

학과	A학과	B학과	C학과	D학과	E학과	합계
인원	26	20	16	22	16	90

풀이

모집단 크기는 전체 신입생 수이므로 1,350이고, 조사를 위해 선정된 학생 수가 90명이므로 표본 크기는 90이다.

I Can Do 3-2

어느 리서치 회사에서 대통령 선거 후보자의 지지도를 조사하기 위해, 총 유권자 44,194,692명 중에서 연령별로 다음과 같이 선정하여 지지율을 조사하였다. 이때 모집단 크기와 표본 크기를 구하라.

연령	20대 이하	30대	40대	50대	60대	70대 이상
인원	100	127	170	201	179	125

Section
3.2 질적자료의 정리

'질적자료의 정리'를 왜 배워야 하는가?

설문조사의 대부분은 다섯 가지 범주 척도, 즉 [① 매우 만족한다 ② 만족한다 ③ 보통이다 ④ 만족하지 않는다 ⑤ 매우 만족하지 않는다] 중 어느 하나를 선택하도록 한다. 그리고 설문조사 결과에 따라 여론을 형성하거나 정책을 수정하기도 한다. 또한 연령대(10대, 20대, 30대, 40대, 50대, 60대 이상)별로 여러 종류의 질병에 의한 사망률을 살펴보면, 연령대라는 범주와 여러 종류의 질병이라는 범주로 구분된다. 따라서 연령대별로 어떤 질병에 특히 주의해야 하는지에 대한 경각심을 심어주기도 한다. 이 절에서는 범주형으로 표현되는 질적자료를 수집하여, 자료를 쉽게 이해할 수 있도록 그림으로 나타내는 방법에 대해 살펴본다.

[예제 3-1]의 성씨별 수강학생 수를 나타내는 [표 3-1]을 이용하자.

[표 3-1] 성씨별 수강학생 수

(단위 : 명)

성씨	김	이	박	임	최
학생 수	7	5	3	2	3

점도표

[표 3-1]과 같이 성씨별 수강학생 수를 나타내면 시각적으로 쉽게 이해하기는 힘들다. 이때 동일한 간격으로 점을 찍어서 표현하는 점도표를 이용하면 보다 쉽게 자료를 이해할 수 있다.

정의 3-4 점도표

수집한 범주형 자료에 대해 수평축에 각 범주를 작성하고 수직방향으로 각 범주의 측정값에 해당하는 수만큼 점으로 나타낸 그림을 **점도표**dot plot라 한다.

[표 3-1]의 성씨에 대한 점도표는 [그림 3-2]와 같으며, 학생의 성씨 구성을 이해하는 데 [표 3-1]보다는 [그림 3-2]가 시각적으로 쉽다. 그러나 점도표는 각 범주의 관찰도수만큼 점으로 표현해야 하므로 관찰한 도수의 수가 많으면 불편하다.

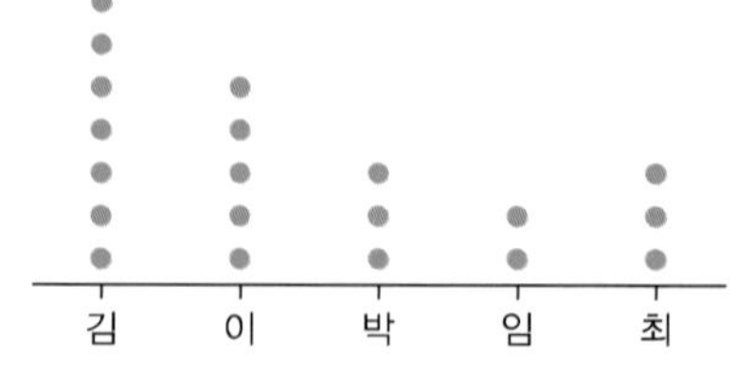

[그림 3-2] 성씨에 대한 점도표

예제 3-3

어느 동아리에서 혈액형별로 회원 수를 조사한 결과가 다음과 같았다. 혈액형별로 동아리 회원 수에 대한 점도표를 그려라.

학년	A	B	AB	O
인원	6	5	4	5

풀이

수평축에 범주인 A, B, AB, O를 기입하고, 수직방향으로 동일한 간격으로 혈액형별 인원 수에 해당하는 점을 찍어서 점도표를 그리면 다음과 같다.

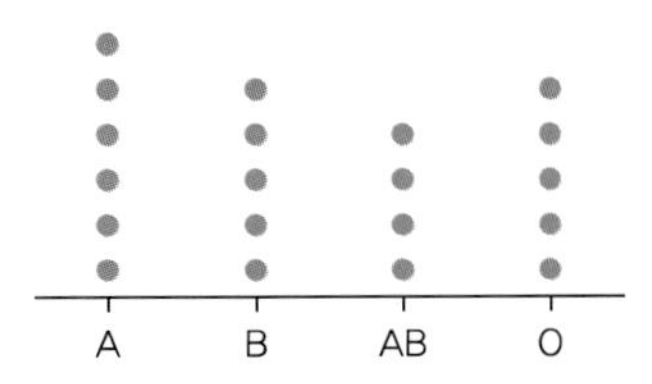

I Can Do 3-3

다음 표는 어느 대형마트에서 고객 만족도를 조사한 결과이다. 고객 만족도에 대한 점도표를 그려라.

만족도	매우 만족	만족	보통	불만족	매우 불만족
인원	3	5	7	4	1

도수표

절대수치로 표현된 [표 3-1]에서 성씨별 수강학생 수를 알 수는 있지만, 성씨별 상대적인 비율을 알 수 없다. 이때 각 범주에 대한 도수와 상대도수 또는 백분율을 기입하면, 절대수치에 의한 비교뿐만 아니라 상대적인 비교도 가능하다. 즉 각 범주의 도수와 상대도수 또는 백분율을 기입한 도수표를 작성하면 각 범주를 상대적으로 비교할 수 있다.

정의 3-5 도수표

각 범주의 도수와 상대도수 또는 범주의 백분율을 기입한 표를 **도수표**frequency table라 한다.

이제 도수, 상대도수, 범주의 백분율을 알아보자.

- **도수**frequency : 각 범주에 대해 관찰된 자료 수
- **상대도수**relative frequency : 각 범주의 도수를 전체 자료 수로 나눈 값

$$상대도수 = \frac{범주의\ 도수}{전체\ 도수}$$

- **백분율**percentage : 상대도수에 100을 곱한 값(단위는 %)

[표 3-1]에서 성씨별 수강학생 수의 도수를 전체 도수 20으로 나누면 성씨별 수강학생 수에 대한 상대도수를 얻고, 이 상대도수에 100을 곱하면 백분율을 얻는다. 따라서 [표 3-1]에 대한 도수표를 작성하면 [표 3-2]와 같다.

[표 3-2] 성씨별 수강학생 수에 대한 도수표

구분	도수	상대도수	백분율(%)
김	7	0.35	35
이	5	0.25	25
박	3	0.15	15
임	2	0.10	10
최	3	0.15	15

예제 3-4

[예제 3-3]의 혈액형별 동아리 회원 수에 대한 도수표를 작성하라.

풀이

전체 동아리 회원은 20명이므로 혈액형별로 동아리 회원 수에 대한 상대도수를 구하면 다음과 같다.

$$\text{A형} : \frac{6}{20} = 0.3, \quad \text{B형} : \frac{5}{20} = 0.25, \quad \text{AB형} : \frac{4}{20} = 0.20, \quad \text{O형} : \frac{5}{20} = 0.25$$

따라서 혈액형별로 동아리 회원 수에 대한 도수표를 작성하면 다음과 같다.

구분	도수	상대도수	백분율(%)
A	6	0.30	30
B	5	0.25	25
AB	4	0.20	20
O	5	0.25	25

I Can Do 3-4

[I Can Do 3-3]의 고객 만족도에 대한 도수표를 작성하라.

막대그래프

도수표는 상대적인 크기를 보여주지만 그림에 비해 이해력이 떨어진다. 따라서 도수표를 시각적으로 쉽게 이해할 수 있도록 동일한 폭을 갖는 막대모양의 직사각형을 이용하여 그림으로 나타낼 수 있다.

정의 3-6 막대그래프

각 범주의 도수에 해당하는 높이를 갖는 막대모양의 직사각형으로 나타낸 그림을 **막대그래프**bar chart라 한다.

[표 3-1]의 성씨별 수강학생 수에 대한 막대그래프를 그리면 [그림 3-3(a)]와 같다. 이때 막대그래프는 수평축에 각 범주를 나타내고, 그 범주에 대응하는 도수 또는 상대도수, 백분율 등을 같은 폭의 수직막대로 나타낸다. 막대그래프는 월별 판매량과 같이 각 범주의 도수를 비교할 때 많이 사용한다. 특히 [그림 3-3(b)]와 같이 범주의 도수 또는 백분율이 감소하는 형태가 되도록 범주를 재배열한 그림을 **파레토 그래프**Pareto chart라 한다. 파레토 그래프는 어떤 제품의 생산라인에서 불량품이 만들어지는 주된 원인을 찾거나, 사고의 주된 원인과 같은 어떤 현상에 대한 원인의 중요도에 따라 나타낼 때 많이 사용한다.

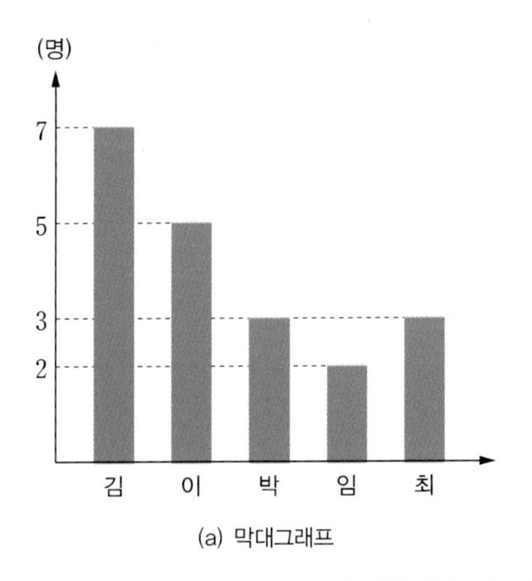

(a) 막대그래프

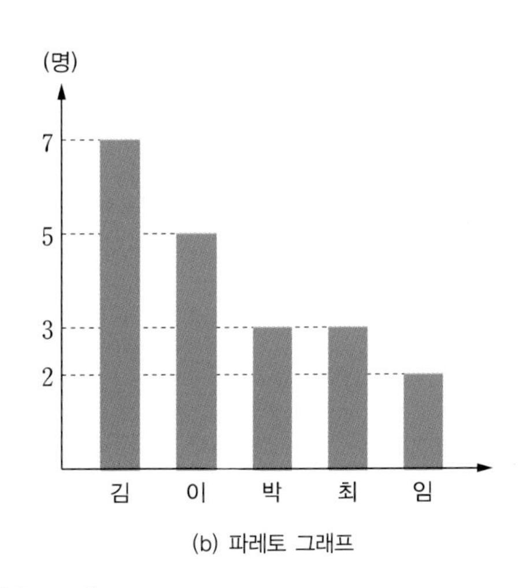

(b) 파레토 그래프

[그림 3-3] 성씨별 수강학생 수에 대한 막대그래프와 파레토 그래프

예제 3-5

[예제 3-3]의 혈액형별 동아리 회원 수의 상대도수에 의한 막대그래프를 그려라.

풀이

[예제 3-4]의 도수표로부터 각 혈액형별 동아리 회원 수의 상대도수는 다음과 같다.

A형 : 0.3, B형 : 0.25, AB형 : 0.2, O형 : 0.25

따라서 상대도수에 대한 막대그래프를 그리면 다음과 같다.

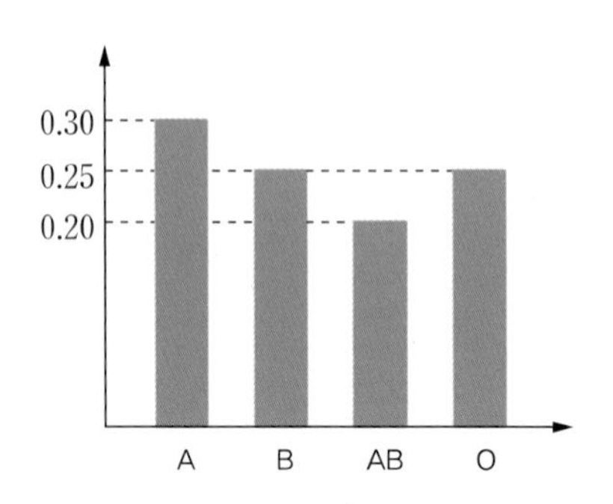

I Can Do 3-5

[I Can Do 3-3]의 고객 만족도의 백분율에 대한 파레토 그래프를 그려라.

꺾은선그래프

[표 3-1]의 성씨별 수강학생 수에 대한 도수 막대그래프인 [그림 3-3(a)]에서 각 막대의 상단 중심부에 점을 찍고 선분으로 이으면 [그림 3-4]를 얻는다. 이와 같이 각 범주를 선분으로 이은 그림을 꺾은선그래프라 한다.

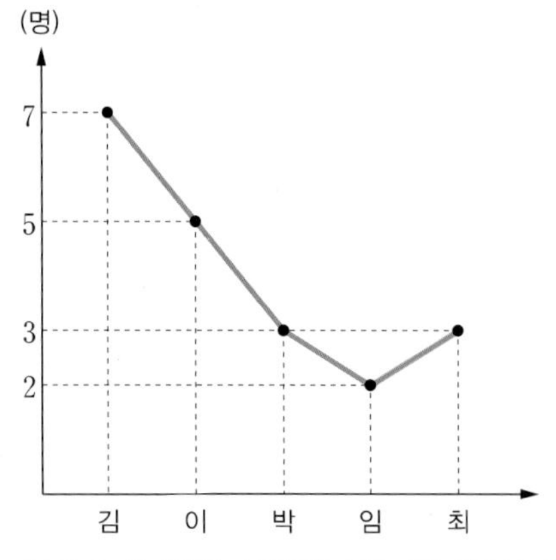

[그림 3-4] 성씨별 수강학생 수에 대한 꺾은선그래프

정의 3-7 꺾은선그래프

막대그래프의 상단 중심부에 점을 찍고 선분으로 연결해 각 범주를 비교하는 그림을 **꺾은선그래프** graph of broken line라 한다.

꺾은선그래프는 월별 강수량, 시간대별 주가 변동 등과 같이 시간의 흐름에 따른 변화추이를 나타내는 경우에 많이 사용한다. 특히 월별 수입량과 수출량 또는 월별 신생아 수와 사망자 수 등과 같이 동일한 범주에 대한 두 자료집단을 비교하는 경우에 꺾은선그래프를 이용하면 두 자료의 변화 추이를 쉽게 분석할 수 있다. 예를 들어 어느 대형마트를 이용하는 고객의 성별에 따른 만족도를 조사하여 다음 [표 3-3]을 얻었다고 하자.

[표 3-3] 성별에 따른 고객 만족도

(단위 : 명)

만족도		매우 만족	만족	보통	불만족	매우 불만족
인원	남자	3	7	10	4	2
	여자	2	4	11	5	2

이때 남자 그룹과 여자 그룹의 만족도를 비교하기 위해 막대그래프를 이용하면 [그림 3-5(a)]와 같이 비교할 수 있다. 또한 각 범주별로 남자와 여자의 만족도를 비교하기 위해 [그림 3-5(b)]와 같이 비교할 수도 있다.

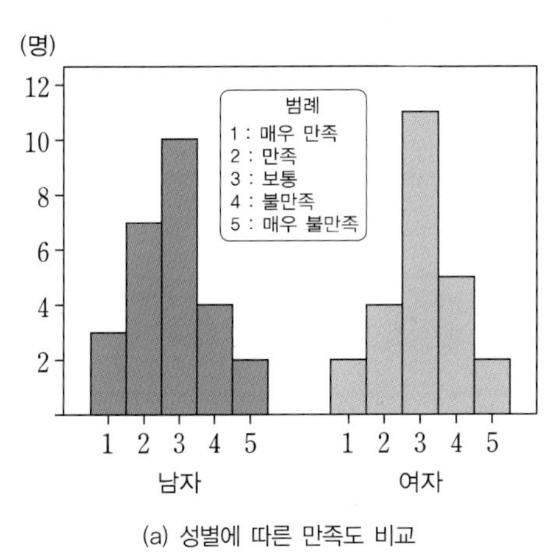

(a) 성별에 따른 만족도 비교

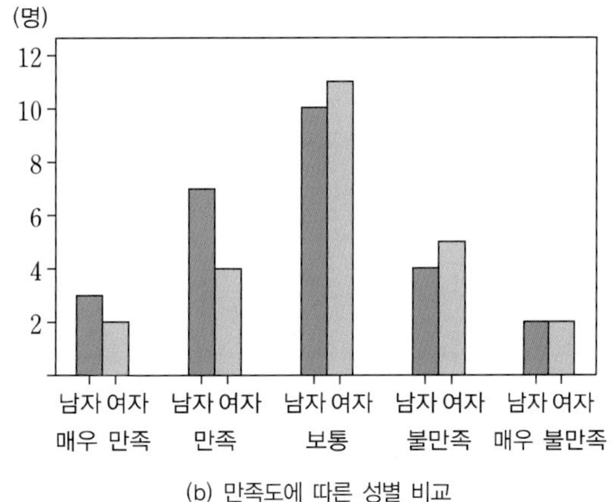

(b) 만족도에 따른 성별 비교

[그림 3-5] 두 그룹의 만족도에 대한 막대그래프

그러나 자료집단이 세 개 이상인 경우에는 막대의 개수가 늘어나므로 막대그래프가 복잡해진다. 이런 경우에는 막대그래프 대신에 [그림 3-6]과 같이 꺾은선그래프를 이용하면 남자와 여자의 고객 만족도를 보다 더 쉽게 비교할 수 있다.

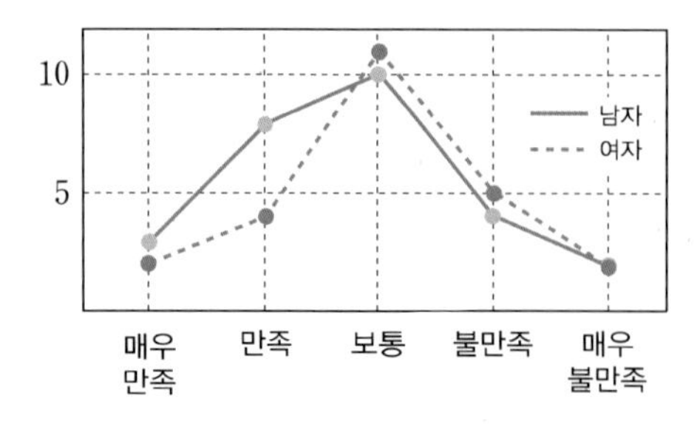

[그림 3-6] 성별 만족도에 대한 꺾은선그래프

예제 3-6

[예제 3-3]의 자료에 대한 도수 꺾은선그래프와 백분율 꺾은선그래프를 그려라.

풀이

먼저 각 혈액형의 도수와 백분율을 나타내는 막대그래프를 작성하고, 각 막대의 상단 중심부를 선분으로 연결하면 다음과 같은 꺾은선그래프를 얻는다.

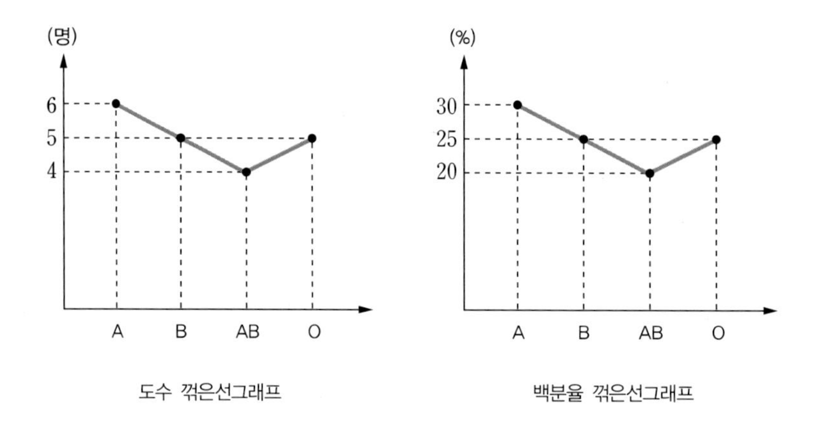

I Can Do 3-6

[I Can Do 3-3]의 고객의 만족도에 대한 백분율 꺾은선그래프를 그려라.

비율그래프

단순히 각 범주의 크기만을 상대적으로 비교하기 위해 띠 또는 원을 이용하여 범주의 크기를 비교할 수 있다.

정의 3-8 비율그래프

각 범주의 크기를 비율로 나타낸 그림을 **비율그래프**percentage graph라 한다.

각 범주의 크기에 해당하는 비율을 막대로 된 띠에 의해 표현한 그림을 **띠그래프**band graph라 하며, 다음 순서에 따라 띠그래프를 그린다.

❶ 각 범주의 백분율을 구한다.
❷ 각 범주별 백분율의 크기만큼 선을 그어 띠를 나눈다.
❸ 각 범주별 띠 위에 범주의 이름과 백분율을 기입한다.

[표 3-2]의 도수표에 있는 백분율을 이용하여 성씨별 수강학생 수에 대한 자료의 띠그래프를 그리면 [그림 3-7]과 같다.

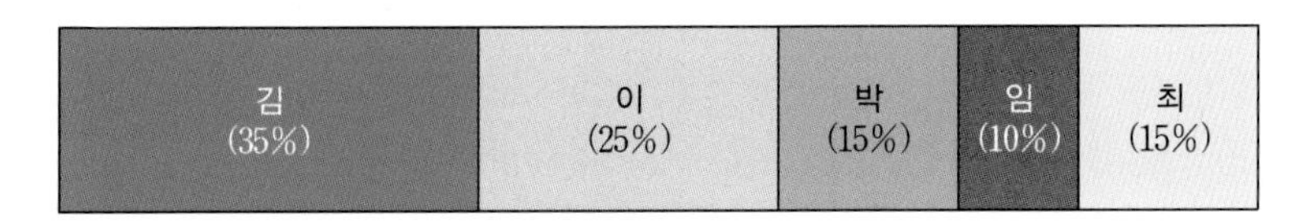

[그림 3-7] 성씨별 수강학생 수에 대한 띠그래프

한편 각 범주의 크기를 원으로 작성한 그림을 **원그래프**pie chart라 하며, 다음 순서에 따라 원그래프를 그린다.

❶ 수집한 자료의 범주에 대한 백분율을 구한다.
❷ 각 범주별 상대도수에 해당하는 중심각을 구한다.
❸ 각 범주의 중심각에 해당하는 파이조각 위에 범주의 이름과 도수 및 백분율을 기입한다.

[표 3-2]의 도수표의 상대도수에 대한 중심각을 구하면 다음과 같다.

김 : $0.35 \times 360° = 126°$ 이 : $0.25 \times 360° = 90°$
박 : $0.15 \times 360° = 54°$ 임 : $0.10 \times 360° = 36°$
최 : $0.15 \times 360° = 54°$

이제 각 범주에 대응하는 중심각을 갖는 원그래프를 그리고, 범주의 이름과 도수 및 백분율을 기입하면 [그림 3-8]과 같다. 이때 [그림 3-8]의 오른쪽 그림과 같이 각 범주를 별도로 표시할 수 있다.

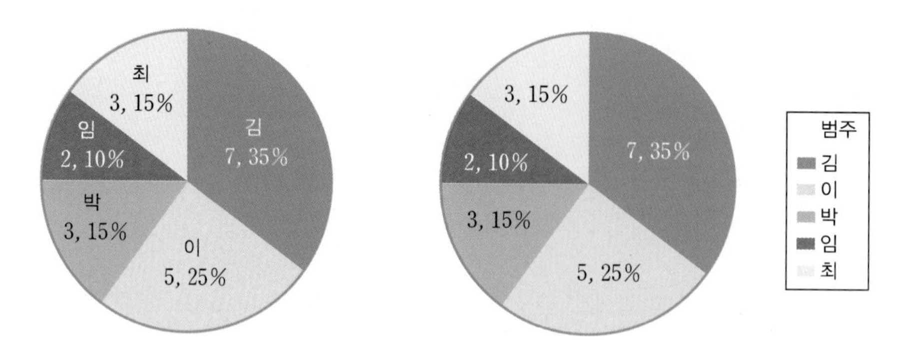

[그림 3-8] 성씨별 수강학생 수에 대한 원그래프

예제 3-7

[예제 3-3]의 자료에 대한 띠그래프와 원그래프를 그려라.

풀이

[예제 3-4]에서 구한 상대도수에 대하여 각 범주별로 중심각을 구하면 다음과 같다.

A형 : $0.3 \times 360° = 108°$　　B형 : $0.25 \times 360° = 90°$

AB형 : $0.20 \times 360° = 72°$　　O형 : $0.25 \times 360° = 90°$

따라서 각 혈액형에 대응하는 중심각을 갖는 띠그래프와 원그래프는 각각 다음과 같다.

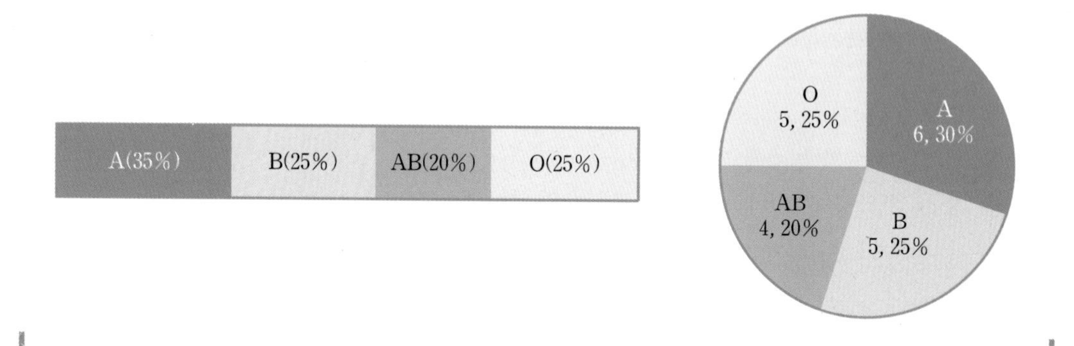

I Can Do 3-7

[I Can Do 3-3]의 고객 만족도에 대한 띠그래프와 원그래프를 그려라.

Section

3.3 양적자료의 정리

'양적자료의 정리'를 왜 배워야 하는가?

최근 우리의 건강을 위협하는 미세먼지 문제가 심각해짐에 따라, 일상생활에서도 미세먼지 농도 수치를 자주 검색하곤 한다. 전국의 미세먼지 농도를 측정한 수치, 즉 미세먼지 농도에 대한 자료집단이 있다고 하자. 미세먼지 농도를 나타내는 수치만으로는 미세먼지 농도에 대한 특성을 알 수 없다. 미세먼지 농도의 수치와 같은 양적자료의 특성을 알기 쉽게 정리하기 위해, 개개의 자료값을 이용하거나 적당한 구간으로 집단화하여 표 또는 그림으로 표현할 수 있다. 이 절에서는 양적자료를 표 또는 그림으로 표현하는 방법에 대해 살펴본다.

50명의 청소년이 일주일 동안 스마트폰을 사용한 시간을 조사하여 [표 3-4]를 얻었다고 하자.

[표 3-4] 청소년의 스마트폰 사용시간

(단위 : 시간)

10	37	22	32	18	15	15	18	22	15
20	25	38	28	25	30	20	22	18	22
22	12	22	26	22	32	22	23	20	23
23	20	25	51	20	25	26	22	26	28
28	20	23	30	12	22	35	11	20	25

점도표

질적자료에서 사용한 점도표는 양적자료에도 사용할 수 있다. [표 3-4]의 스마트폰 사용시간에 대해 측정된 자료값을 수평축에 기입하고, 각 자료값의 도수에 해당하는 개수의 점을 수직방향으로 찍으면 [그림 3-9]와 같다.

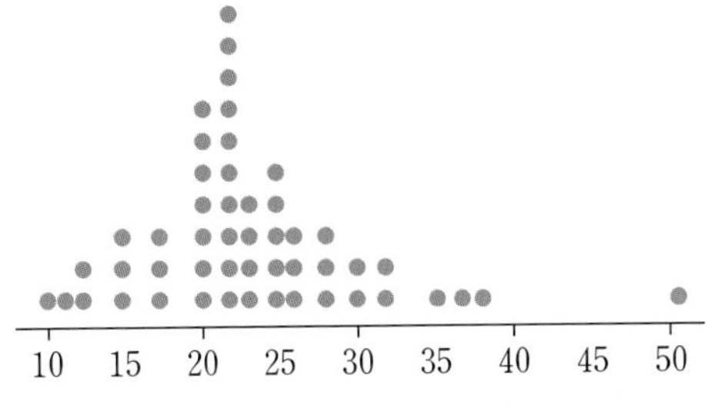

[그림 3-9] 스마트폰 사용시간에 대한 점도표

점도표는 다음과 같은 특성을 갖는다.

(1) 각 자료의 정확한 자료값을 알 수 있다.
(2) 전체 자료에 대한 대략적인 중심의 위치를 알 수 있다.
(3) 전체 자료의 흩어진 분포 모양을 알 수 있다.
(4) 관찰된 자료값의 수만큼 점을 찍어서 나타내므로 자료의 수가 많으면 부적절하다.

예제 3-8

확률과 통계 강의에서 취득한 학점을 나타내는 다음 자료에 대한 점도표를 그려라.

2.1	3.2	3.8	3.5	3.9	4.5	3.2	3.7	3.9	4.3
3.3	3.5	3.5	4.0	4.2	3.8	3.6	4.0	3.1	3.0

풀이

수평축에 각 자료값을 기입하고 수직방향으로 관찰된 자료값의 도수만큼 점을 찍어서 점도표를 그리면 다음과 같다.

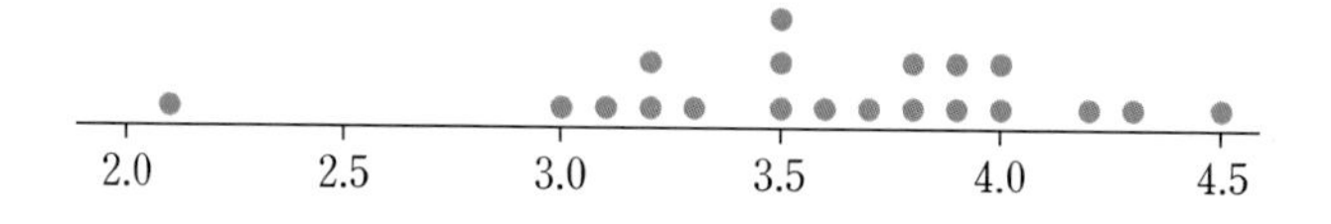

I Can Do 3-8

다음 자료에 대한 점도표를 그려라.

33	34	21	33	30	33	35	30	33	32
37	33	32	33	37	38	38	31	33	30

도수분포표

이제 양적자료를 몇 개의 범주로 묶어서 집단화하는 방법에 대해 살펴본다. 이때 양적자료에 대한 각 자료값을 일정한 간격으로 묶어서 집단화한 도수표를 도수분포표라 한다.

정의 3-9 도수분포표

양적자료를 적당한 간격으로 집단화하여 계급, 도수, 상대도수, 누적도수, 누적상대도수, 계급값 등을 기입한 표를 **도수분포표**frequency distribution table라 한다.

양적자료를 집단화하여 도수분포표를 작성하면, 다음과 같이 전체 자료가 갖는 특성을 좀 더 쉽게 이해할 수 있다.

(1) 전체 자료에 대한 대략적인 중심의 위치를 알 수 있다.
(2) 전체 자료의 흩어진 분포 모양을 대략적으로 알 수 있다.
(3) 극단적으로 관찰된 자료값을 대략적으로 알 수 있다.
(4) 각 계급 안에 들어 있는 정확한 자료값을 알 수 없다.

전체 자료값 중에서 매우 이례적으로 크거나 작은 자료값을 **특이값**outlier이라 한다. 특이값은 매우 특별한 경우에 관찰되는 자료값이거나, 기입에 오류를 범한 자료값으로 생각할 수 있다. 도수분포표에 기입하는 사항들을 정리하면 다음과 같다.

- **계급**class : 양적자료를 일정한 간격으로 나눈 구간
- **계급간격**class width : 각 계급의 너비
- **누적도수**cumulative frequency : 이전 계급까지의 모든 도수를 합한 도수
- **누적상대도수**cumulative relative frequency : 이전 계급까지의 모든 상대도수를 합한 상대도수
- **계급값**class mark : 각 계급의 중앙값, 즉 다음과 같이 결정되는 수치

$$\text{계급값} = \frac{\text{각 계급의 양 끝값의 합}}{2}$$

도수분포표를 작성할 때 이웃하는 계급들의 양 끝값이 중복되지 않도록 중학교 수학에서는 '30이상 ~ 40미만'과 같은 표현을 사용했다. 그러나 '29.5 ~ 39.5'와 같이 계급의 양 끝값인 30과 40보다 0.5만큼 작게 계급을 정하면, 이 계급은 30 이상부터 40 미만까지의 자료값을 나타낸다. 따라서 도수분포표를 작성할 때, 이상과 미만을 사용하기보다는 양 끝값보다 0.5만큼 작은 수를 사용하는 것이 좋다.

도수분포표는 다음 순서에 따라 작성한다.

❶ 계급의 수 k를 적당히 정한다.
❷ 전체 자료값 중에서 가장 큰 값과 가장 작은 값 사이의 크기를 구한다. 이 수치를 전체 자료에 대한 범위(R)라 하며 'R=(최대 자료값)−(최소 자료값)'이다.

❸ 계급의 간격을 결정한다. 이때 계급간격은 R을 계급의 수 k로 나눈 값보다 큰 가장 작은 정수로 택한다.

$$w \approx \frac{R}{k}$$

❹ 제1계급에서 왼쪽 끝값을 최소 자료값보다 0.5만큼 작은 수로 정하여 간격이 w인 계급을 작성한다.

❺ 도수분포표 안에 각 계급의 도수, 상대도수, 누적도수, 누적상대도수, 계급값 등을 기입한다.

예를 들어 [표 3-4]의 스마트폰 사용시간에 대하여 계급의 수가 5인 도수분포표를 만들어보자.

❶ 계급의 수가 5인 도수분포표이므로 $k=5$이다.

❷ 최대 자료값이 51이고 최소 자료값이 10이므로 $R=51-10=41$이다.

❸ $\frac{41}{5}=8.2$이므로 계급간격은 $w=9$를 택한다.

❹ 최소 자료값이 10이므로 제1계급에서 왼쪽 끝값을 9.5로 정하고 계급간격이 9인 계급을 작성한다.

❺ 도수분포표 안에 각 계급에 해당하는 도수, 상대도수, 누적도수, 누적상대도수, 계급값 등을 기입한다.

그러면 [표 3-5]의 도수분포표를 얻는다.

[표 3-5] 청소년의 스마트폰 사용시간에 대한 도수분포표

계급간격	도수	상대도수	누적도수	누적상대도수	계급값
9.5 ~ 18.5	10	0.20	10	0.20	14
18.5 ~ 27.5	29	0.58	39	0.78	23
27.5 ~ 36.5	8	0.16	47	0.94	32
36.5 ~ 45.5	2	0.04	49	0.98	41
45.5 ~ 54.5	1	0.02	50	1.00	50
합계	50	1.00			

예제 3-9

다음 자료에 대해 계급의 수가 5인 도수분포표를 작성하라.

36	41	38	48	31	35	11	36	45	59
41	34	36	34	43	52	37	44	41	48
29	39	55	48	49	54	51	43	39	38
52	54	45	54	39	60	49	58	47	36
41	32	35	32	58	42	35	51	48	44

풀이

❶ 계급의 수가 5인 도수분포표이므로 $k=5$이다.

❷ 최대 자료값이 60이고 최소 자료값이 11이므로 $R=60-11=49$이다.

❸ $\frac{49}{5}\approx 10$이므로 계급간격은 $w=10$을 택한다.

❹ 최소 자료값이 11이므로 제1계급에서 왼쪽 끝값을 10.5로 정하고 간격이 10인 도수분포표를 작성한다.

❺ 도수분포표 안에 각 계급의 도수, 상대도수, 누적도수, 누적상대도수, 계급값 등을 기입한다.

계급간격	도수	상대도수	누적도수	누적상대도수	계급값
10.5 ~ 20.5	1	0.02	1	0.02	15.5
20.5 ~ 30.5	1	0.02	2	0.04	25.5
30.5 ~ 40.5	18	0.36	20	0.40	35.5
40.5 ~ 50.5	18	0.36	38	0.76	45.5
50.5 ~ 60.5	12	0.24	50	1.00	55.5
합계	50	1.00			

I Can Do 3-9

확률과 통계 강의 수강학생 50명의 취득 학점에 대한 다음 자료에 대해 계급의 수가 5인 도수분포표를 작성하라.

3.9	3.3	4.0	3.5	3.7	4.0	3.2	4.3	3.4	3.8
3.2	3.5	4.3	3.9	3.6	4.0	3.5	3.9	3.5	4.1
4.3	3.5	2.8	3.2	3.3	3.8	3.9	4.2	4.5	4.0
3.6	2.6	4.3	4.2	3.5	3.7	2.1	3.5	3.8	3.2
3.7	3.5	3.6	3.8	3.1	3.5	3.3	3.1	4.2	3.0

히스토그램

질적자료의 각 범주에 대해 자료의 특성을 쉽게 이해할 수 있도록 여러 가지 그림으로 표현했듯이, 양적자료의 특성을 시각적으로 쉽게 이해할 수 있도록 그림을 그릴 수 있다. 질적자료의 막대그래프와 유사하게, 양적자료를 시각적으로 이해하기 쉽게 나타낸 그림을 **히스토그램**histogram이라 한다.

정의 3-10 도수히스토그램

수평축에 도수분포표의 계급간격을 나타내고 수직방향으로 각 계급에 대응하는 도수를 높이로 갖는 사각형으로 나타낸 그림을 **도수히스토그램**frequency histogram이라 한다.

예를 들어 [표 3-5]의 도수분포표에 대한 도수히스토그램을 그리면 [그림 3-10]과 같다.

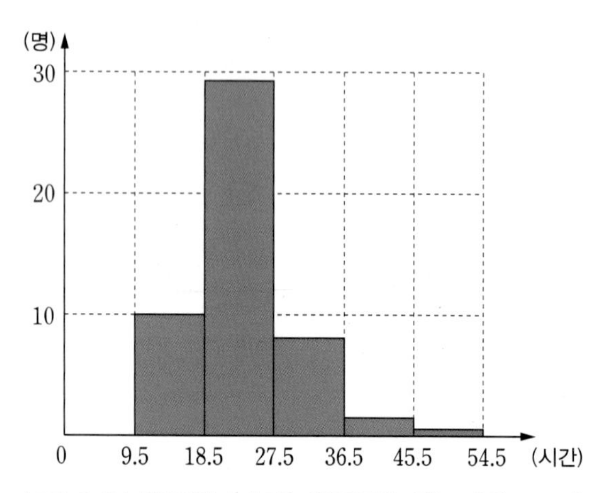

[그림 3-10] 청소년의 스마트폰 사용시간에 대한 도수히스토그램

이와 같은 도수히스토그램을 그리면 청소년 50명의 스마트폰 사용시간에 대한 분포 모양을 쉽게 확인할 수 있다. 즉 청소년이 스마트폰을 가장 많이 사용하는 시간은 제2계급인 19시간 이상 27시간 이하이며, 50명의 청소년이 스마트폰을 사용하는 시간을 하나의 수치로 대표하여 말한다면 제2계급의 계급값인 23시간이라 할 수 있다. 또한 대부분은 36시간 이하로 스마트폰을 사용하며 37시간 이상 사용하는 청소년은 극히 드물다는 것을 알 수 있다. 이러한 사실로부터 도수히스토그램은 도수분포표와 더불어 다음과 같은 특성을 갖는다.

(1) 대략적인 중심의 위치를 알 수 있다.
(2) [그림 3-10]과 같이 자료집단의 흩어진 모양을 쉽게 알 수 있다.
(3) 정확한 자료값을 알 수 없다는 단점이 있다.

한편, 수직축에 상대도수 또는 누적도수와 누적상대도수를 기입할 수 있으며, 이러한 히스토그램을 각각 상대도수히스토그램, 누적도수히스토그램, 누적상대도수히스토그램이라 한다.

예제 3-10

[예제 3-9]의 자료에 대해 계급의 수가 5인 도수히스토그램을 그려라.

풀이

밑변의 길이가 10이고 각 계급에 대응하는 도수를 높이로 갖는 직사각형을 그리면 다음 도수히스토그램을 얻는다.

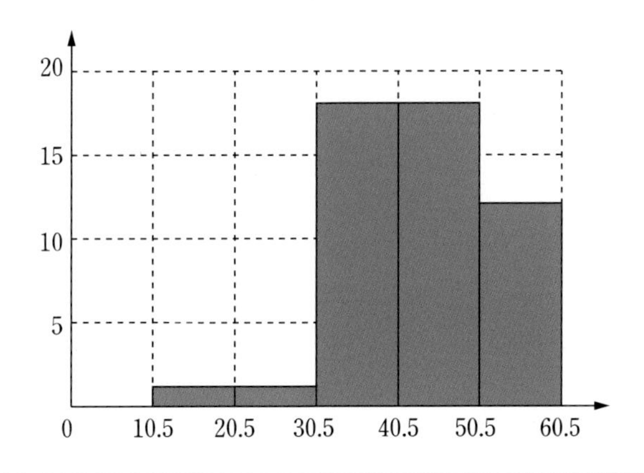

I Can Do 3-10

[I Can Do 3-9]의 자료에 대해 계급의 수가 5인 도수히스토그램을 그려라.

도수다각형

두 개 이상의 자료집단으로 주어진 질적자료를 비교하기 위해 꺾은선그래프를 이용한 것과 동일하게, 두 개 이상의 자료집단으로 주어진 양적자료를 비교하기 위한 방법으로 도수다각형이 있다.

정의 3-11 도수다각형

히스토그램에서 연속적인 막대의 상단 중심부를 선분으로 연결하여 다각형으로 표현한 그림을 **도수다각형**frequency polygon이라 한다.

도수다각형을 그릴 때 수평축에는 계급간격 대신에 각 계급의 계급값을 작성한다. 이때 첫 번째 계급 이전에 도수가 0인 계급이 있다고 가정하고, 마지막 계급 다음에도 역시 도수가 0인 계급이 있다고 가정한다. 그리고 각 막대의 상단 중심부를 선분으로 연결하면 수평축에서 시작하여 수평축에서 끝나는 도수다각형을 얻는다. 예를 들어 스마트폰 사용시간에 대한 계급의 수가 5인 도수다각형은 [그림

3-11]과 같다. 이때 수직축에 도수, 상대도수 또는 누적도수와 누적상대도수를 기입할 수 있으며, 이러한 다각형을 각각 도수다각형, 상대도수다각형, 누적도수다각형, 누적상대도수다각형이라 한다. 한편, 도수다각형은 두 개 이상의 자료집단에 대한 분포 모양을 비교하는 데 널리 사용된다.

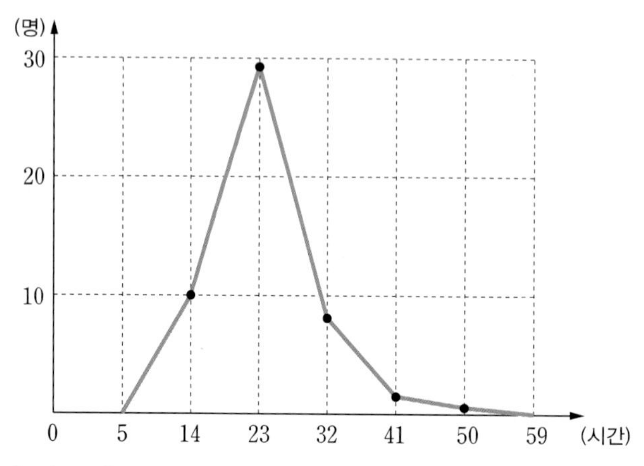

[그림 3-11] 청소년의 스마트폰 사용시간에 도수다각형

예제 3-11

[예제 3-10]의 도수히스토그램에 대한 도수다각형을 그려라.

풀이

첫 번째와 마지막 계급의 양옆에 도수 0이고 계급값이 5.5, 65.5인 계급이 있다고 가정하고, 각 계급의 상단 중심부를 선분으로 연결한다. 이때 수평축의 척도는 각 계급의 계급값을 이용한다.

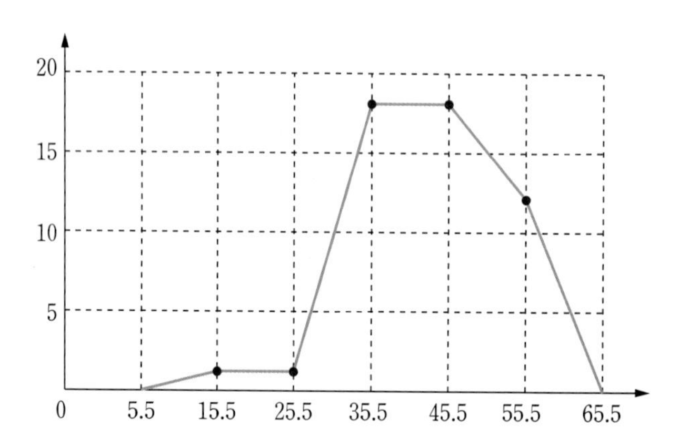

I Can Do 3-11

[I Can Do 3-10]의 도수히스토그램에 대한 도수다각형을 그려라.

줄기-잎 그림

도수분포표나 히스토그램은 수집한 자료의 분포 모양을 제공하지만, 개개의 자료값에 대한 정보를 제공하지 못한다는 단점이 있다. 이러한 단점을 극복하면서 도수분포표와 같은 성질을 갖는 그림으로 줄기-잎 그림이 있다.

정의 3-12 줄기-잎 그림

실제 자료값을 이용하여 변동이 적은 부분은 줄기로 나타내고, 변동이 많은 부분은 잎으로 나타낸 그림을 **줄기-잎 그림**stem-leaf display이라 한다.

도수분포표 또는 히스토그램의 단점을 보완하는 줄기-잎 그림은 다음과 같은 특징을 갖는다.

(1) 도수분포표나 히스토그램이 갖는 특성을 그대로 보존한다.
(2) 각 계급 안에 들어있는 개개의 자료값을 제공한다.
(3) 자료를 크기 순서로 나열하므로 중심의 위치를 알 수 있다.
(4) 자료의 분포 모양을 쉽게 알 수 있다.
(5) 자료의 수가 많은 경우에는 사용하기 불편하다.
(6) 줄기(계급)의 수를 적당히 조절하기 어렵다.

줄기-잎 그림은 다음 순서에 따라 그린다.

❶ 줄기와 잎을 구분한다. 이때 변동이 적은 부분을 줄기, 변동이 많은 부분을 잎으로 정한다.
❷ 수직방향으로 줄기부분을 작은 수부터 순차적으로 나열하고, 양쪽에 수직선을 긋는다.
❸ 각 줄기부분에 해당하는 잎부분을 원자료의 관찰 순서대로 나열한다.
❹ 잎부분의 자료값을 크기순으로 재배열한다.
❺ 전체 자료를 크기순으로 나열하여 중앙에 놓이는 자료값이 있는 행의 왼쪽에 괄호 ( )를 만들고, 괄호 안에 그 행에 해당하는 잎의 개수를 기입한다.
❻ 괄호가 있는 행을 중심으로 괄호와 동일한 열에 누적도수를 위와 아래방향에 각각 기입하고, 최소단위와 전체 자료의 개수를 기입한다.

예를 들어 [표 3-4]의 자료에 대한 줄기-잎 그림을 그려보자.

❶ 줄기와 잎을 구분한다. 두 자릿수 중에서 변동이 적은 십의 자릿수를 줄기, 일의 자릿수를 잎으로 정한다.

❷ 수직방향으로 줄기부분을 작은 수부터 순차적으로 나열하고, 양쪽에 수직선을 긋는다.

1	
2	
3	
4	
5	

❸ 각 줄기부분에 해당하는 잎부분을 원자료의 관찰 순서대로 나열한다.

1	0855858221
2	22058502222622303305056268803205
3	7280205
4	
5	1

❹ 잎부분의 자료값을 크기순으로 재배열한다.

1	0122555888
2	00000002222222222333355555666888
3	0022578
4	
5	1

❺ 50개의 자료를 크기순으로 나열할 때 중앙에 놓이는 자료값은 25번째와 26번째이므로 제2행 안에 놓인다. 따라서 제2행의 왼쪽에 괄호를 만들고, 괄호 안에 그 행에 해당하는 잎의 개수인 32를 기입한다.

	1	0122555888
(32)	2	00000002222222222333355555666888
	3	0022578
	4	
	5	1

❻ 괄호가 있는 행을 중심으로 괄호와 동일한 열에 누적도수를 위와 아래방향에 각각 기입하고, 최소단위와 전체 자료의 개수를 기입한다.

10	1	0122555888
(32)	2	00000002222222222333355555666888
8	3	0022578
1	4	
1	5	1

자료 수 50
최소단위 1

이제 간격이 10인 줄기-잎 그림이 완성되며, 줄기-잎 그림을 왼쪽으로 90° 회전하면 [그림 3-12]를 얻는다. 회전한 그림은 계급간격이 10인 도수히스토그램을 나타내며, 각 계급 안에 들어있는 정확한 자료값을 보여준다. 한편, 잎부분을 0～4와 5～9로 세분하여 [그림 3-13]과 같이 계급간격이 5인 줄기-잎 그림을 작성할 수 있다.

0122555888	00000002222222222333355555666888	0022578		1
1	2	3	4	5
10	(32)	8	1	1

[그림 3-12] 줄기-잎 그림을 왼쪽으로 90° 회전한 그림

4	1o	0122
10	1*	555888
(21)	2o	000000022222222223333
19	2*	55555666888
8	3o	0022
4	3*	578
1	4o	
1	4*	
1	5o	1
1	5*	

자료 수 50
최소단위 1

[그림 3-13] 세분화된 줄기-잎 그림

예제 3-12

[예제 3-9]의 자료에 대해 계급간격이 5인 줄기-잎 그림을 그려라.

풀이

십의 자릿수 1, 2, 3, 4, 5를 줄기로 정하고, 잎부분을 0~4와 5~9로 세분하여 줄기-잎 그림을 그리면 다음과 같다.

1	1o	1
1	1*	
1	2o	
2	2*	9
7	3o	12244
20	3*	5556666788999
(9)	4o	111123344
21	4*	557888899
12	5o	1122444
5	5*	5889
1	6o	0

자료 수 50
최소단위 1

I Can Do 3-12

[I Can Do 3-9]의 자료에 대해 계급간격이 5인 줄기-잎 그림을 그려라.

Chapter 03 연습문제

기초문제

1. 다음 중 옳은 것을 고르라.
   ① 국가명은 양적자료이다.
   ② 명목자료는 순서의 개념을 갖는다.
   ③ 도수표는 각 범주를 상대적으로 비교할 수 있다.
   ④ 파레토 그래프는 백분율이 증가하도록 범주를 재배열한 막대그래프이다.
   ⑤ 꺾은선그래프는 막대의 상단 왼쪽을 연결한 그래프이다.

2. 양적자료에 대한 다음 설명 중 옳은 것을 고르라.
   ① 점도표는 정확한 자료값을 알 수 없다.
   ② 도수분포표는 정확한 자료값을 알 수 없다.
   ③ 히스토그램은 중심의 위치를 알 수 없다.
   ④ 줄기-잎 그림은 누적도수를 알 수 없다.
   ⑤ 계급값은 각 계급의 최댓값을 의미한다.

3. 다음 자료에 대한 점도표를 그려라.

B	O	AB	O	AB	A	O	A	O	AB
B	B	A	O	AB	B	A	B	A	A

4. 다음은 2022년도 기준으로 우리나라에서 판매된 브랜드별 자동차 판매량을 나타낸다. 이 자료에 대한 막대그래프를 그려라.

(단위 : 10,000 대)

브랜드	판매량	브랜드	판매량
현대	55.4	BMW	7.9
기아	54.1	쌍용	6.9
제네시스	13.5	르노	5.3
벤츠	8.1	한국지엠	3.7

5. 어느 대학에서는 클린 캠퍼스를 만들기 위해 학생회에서 임의로 선정한 50명의 학생을 대상으로 학내 음주에 대한 찬반 투표를 실시하여 다음 결과를 얻었다.

찬성	찬성	찬성	무응답	찬성
찬성	반대	무응답	찬성	반대
무응답	찬성	찬성	반대	찬성
찬성	찬성	무응답	찬성	무응답
찬성	찬성	찬성	반대	반대
무응답	찬성	반대	무응답	찬성
찬성	반대	찬성	찬성	무응답
찬성	찬성	찬성	무응답	반대
찬성	찬성	찬성	반대	반대
찬성	찬성	찬성	반대	반대

(a) 이 자료에 대한 도수표를 작성하라.
(b) 이 자료에 대한 도수 막대그래프를 그려라.
(c) 이 자료에 대한 백분율 막대그래프를 그려라.
(d) 이 자료에 대한 원그래프와 띠그래프를 그려라.

6. 다음은 2022년도 상반기 주요 국가에 대한 무역량을 나타낸다.

(단위 : 10,000 건)

국가명	수출건수	수입건수
중국	118	591
미국	199	1696
베트남	53	77
일본	251	228
홍콩	24	47

(a) 이 자료에 대한 도수표를 작성하라.
(b) 이 자료에 대한 도수 막대그래프를 그려라.
(c) 이 자료에 대한 상대도수 막대그래프를 그려라.

(d) 이 자료에 대한 도수 꺾은선그래프를 그려라.

7. 하루 동안 어느 자판기를 이용한 사람의 수를 30일 동안 측정하여 다음 결과를 얻었다.

21	29	20	26	30	22	32	20	33	26
22	30	31	24	28	26	48	28	33	33
21	25	34	35	31	35	27	35	34	25

(a) 이 자료에 대한 점도표를 그려라.
(b) 이 자료에 대해 계급의 수가 5인 도수분포표를 작성하라. 단, 상대도수는 소수점 아래 둘째 자리까지 구한다.
(c) 이 자료에 대한 도수히스토그램을 그려라.
(d) 이 자료에 대한 도수다각형을 그려라.

힌트 최대 자료값이 48, 최소 자료값이 20, 계급의 수가 5이므로 계급간격은 다음과 같다.

$$\frac{48-20}{5}=5.6\approx 6$$

제1계급의 하한값은 $20-0.5=19.5$이다.

8. 어느 전자제품 50개의 특정 부품에서 전기저항을 측정하여 다음 결과를 얻었다.

40.4	45.5	49.9	51.2	49.2
48.7	49.6	48.2	48.7	51.1
50.1	47.7	51.4	50.1	51.5
49.6	51.4	49.8	49.8	49.2
48.2	50.2	49.5	50.7	50.7
49.8	49.6	49.3	51.5	50.6
52.3	50.3	50.4	49.6	50.9
58.2	51.7	49.5	51.0	50.3
49.6	49.6	51.1	50.9	59.5
48.7	48.8	49.3	48.1	49.3

(a) 이 자료에 대한 점도표를 그려라.
(b) 이 자료에 대해 계급의 수가 5인 도수분포표를 작성하라.
(c) 이 자료에 대한 도수히스토그램을 그려라.
(d) 이 자료에 대한 도수다각형을 그려라.

힌트 최대 자료값이 59.5, 최소 자료값이 40.4, 계급의 수가 5이므로 계급간격은 다음과 같다.

$$\frac{59.5-40.4}{5}=3.82\approx 3.9$$

제1계급의 하한값은 $40.4-0.05=40.35$이다.

9. 다음은 확률과 통계 교과목에 대한 두 그룹의 점수이다.

A	87	78	56	55	61	79	93	74
	65	86	60	56	94	59	98	72
	55	89	93	83				
B	58	86	70	86	86	91	91	94
	91	65	74	54	50	67	90	92
	60	62	73	81				

(a) 두 그룹에 대한 점도표를 그려라.
(b) 두 그룹에 대해 계급의 수가 5인 도수분포표를 작성하라. 단, 동일한 계급간격을 사용한다.
(c) 두 그룹에 대한 도수히스토그램을 그려라.
(d) 두 그룹을 비교하는 도수다각형을 그려라.

힌트 두 그룹의 최대 자료값과 최소 자료값을 이용한 계급간격을 구한다. 두 그룹을 통합하여 최대 자료값이 98, 최소 자료값이 50, 계급의 수가 5이므로 계급간격은 다음과 같다.

$$\frac{98-50}{5}=9.6\approx 10$$

제1계급의 하한값은 $50-0.5=49.5$이다.

10. [연습문제 7]의 자료에 대하여 계급간격이 5인 줄기-잎 그림을 그려라.

11. [연습문제 8]의 자료에 대하여 계급간격이 1인 줄기-잎 그림을 그려라.

12. [연습문제 9]의 자료를 비교하는 간격이 10인 줄기-잎 그림을 그려라.

힌트 줄기부분을 기준으로 왼쪽에 A그룹, 오른쪽에 B그룹의 잎을 기입한다. 이때 누적도수는 줄기부분과 잎부분의 사이에 작성하고, 중앙에 놓이는 자료값이 있는 행에는 (도수)를 기입한다.

응용문제

13. 다음 표는 2022년 11월 어느 도시에서 코로나 19 예방접종 대상인 411,182명 중 예방접종을 실시한 인원을 나타낸다.

접종	1차	2차	3차	4차
인원	342,000	338,176	237,461	33,884

(a) 소수점 아래 둘째 자리에서 반올림하여 접종률을 구하라.
(b) 접종률에 대한 막대그래프를 그려라.

14. 다음 자료는 어느 주식에 대한 2주 동안의 고가와 저가를 나타낸다. 일별 고가와 저가를 나타내는 막대그래프와 꺾은선그래프를 그려라.

(단위 : 1,000원)

일자	11.14	11.15	11.26	11.17	11.18
고가	62.9	62.5	62.7	62.0	62.4
저가	61.7	61.6	61.7	61.3	61.4
일자	11.21	11.22	11.23	11.24	11.25
고가	61.8	61.2	61.3	61.7	61.7
저가	60.8	60.3	61.7	60.9	60.8

15. 다음 표는 통계청에서 제공하는 음주 사고의 연도별 발생 건수와 사망자 및 부상자 수를 나타낸다.

연도	발생 건수	사망자 수	부상자 수
2010	226,878	5,503	352,458
2011	221,711	5,229	341,391
2012	223,656	5,392	344,565
2013	215,354	5,092	328,711
2014	223,552	4,762	337,497
2015	232,035	4,621	350,400
2016	220,917	4,292	331,720
2017	216,335	4,185	322,829
2018	217,148	3,781	323,037

(a) 연도별 부상률과 사망률을 구하라.
(b) 발생 건수와 부상자 수를 비교하는 막대그래프를 그려라.
(c) 부상률과 사망률에 대한 꺾은선그래프를 그려라. 단, 사망률은 소수점 아래 넷째 자리에서 반올림한다.

16. 다음 표는 어느 산업도시에서 하루에 사용하는 용도별 전력사용량을 나타낸다.

가정용	공공용	서비스업	산업용
478	126	926	9,225

(a) 이 자료에 대한 도수표를 작성하라.
(b) 이 자료에 대한 백분율 막대그래프를 그려라.
(c) 이 자료에 대한 띠그래프와 원그래프를 그려라.

17. 다음은 2022년에 어느 지역의 105명을 대상으로 자녀의 교육환경에 대한 만족도를 조사한 결과의 도수표이다.

구분	도수	상대도수	백분율(%)
만족			62.9
보통			
불만족			5.7
합계			

(a) 소수점 아래 첫째 자리에서 반올림하여 도수표를 완성하라.
(b) 도수 막대그래프를 그려라.

18. 다음 자료집단을 살펴보자.

52	43	68	38	38	37	39	41	43	42
53	49	52	46	55	45	47	37	53	12
61	58	43	57	44	53	46	53	38	43
38	52	47	54	55	63	57	53	47	55
61	51	43	58	62	57	52	48	47	55

(a) 이 자료에 대한 점도표를 그려라.

(b) 계급의 수가 5인 도수분포표를 작성하라.

(c) 이 자료집단의 50% 위치에 있는 자료를 구하라. 단, 50% 위치의 자료는 크기순으로 나열했을 때 (25번째 자료+26번째 자료)÷2이다.

(d) 도수분포표의 계급값을 이용하여 50% 위치에 있는 자료를 대략적으로 구하라.

19. [연습문제 18]의 도수분포표를 이용하여 다음을 그려라.

(a) 도수히스토그램

(b) 백분율히스토그램

(c) 누적도수히스토그램

(d) 누적백분율히스토그램

20. [연습문제 19]의 히스토그램을 이용하여 다음을 그려라.

(a) 도수다각형

(b) 누적도수다각형

21. 다음 표는 2020년부터 2022년 사이에 주요 도시에서 측정된 미세먼지의 농도를 나타낸다.

(단위 : $\mu g/m^3$)

46	55	54	49	47	41	45	46	45
48	51	49	49	47	43	49	48	46
44	57	48	51	47	42	45	45	46
43	57	84	55	55	47	49	49	53
49	50	46	45	43	38	42	41	43
40	45	43	44	44	39	42	41	46
44	54	49	48	49	46	47	46	46

(a) 줄기-잎 그림을 그려라.

(b) 이 자료에서 특이값으로 생각되는 자료값을 구하라.

22. 다음은 자료의 개수 35이고 최소단위가 1인 줄기-잎 그림이다.

1	2	1
1	3	
15	4	33445677889999
(14)	5	00222355578889
6	6	001233

(a) 최초의 자료집단을 구하라.

(b) 이 자료의 가장 가운데 숫자를 구하라.

(c) 계급간격이 5인 도수히스토그램을 그려라.

23. 동급인 두 종류의 자동차에 대한 1리터당 주행거리(km)를 조사한 결과 다음을 얻었다.

A	13	15	18	13	12	10	16	14	15	15
	12	12	11	17	17	18	12	13	14	10
	15	14	13	10	7	13	12	13	16	17
	19	12	11	15	13	16	10	12	13	12
	13	11	16	16	18	13	16	19	13	16
B	15	14	18	14	12	16	18	19	12	14
	10	17	11	16	13	12	17	16	14	17
	14	16	17	13	18	14	17	14	15	13
	15	12	10	14	17	12	15	18	13	15
	14	17	13	18	14	16	18	14	15	16

(a) 계급간격이 동일하고 계급의 수가 5인 도수분포표를 각각 그려라.

(b) 두 자료에 대한 도수히스토그램을 그려라.

심화문제

24. 다음은 어느 공장에서 1시간 동안 생산한 제품에 대한 불량품의 수를 나타내는 도수히스토그램이다. 실수로 이 그림의 일부가 찢어져 보이지 않는다. 계급값이 27.5분인 계급의 도수는 20분 이상인 도수의 $\frac{1}{5}$이다. 이때 계급값이 27.5인 계급의 도수를 구하라.

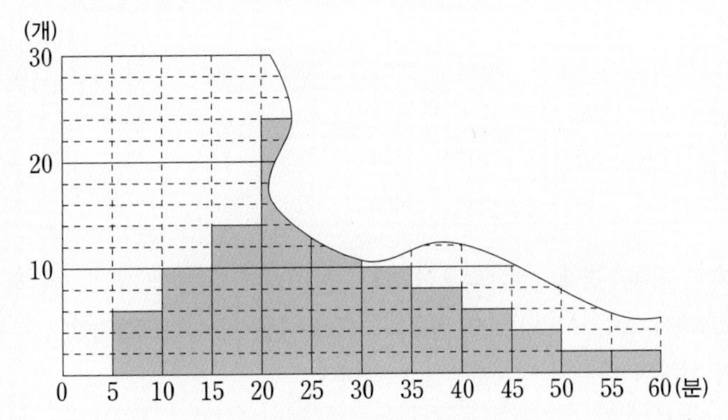

25. 다음 자료는 2023년부터 10년간 교육부에서 추산한 고등학교를 졸업한 학생 수를 나타낸다. 지난 10년 동안 조사한 조사에 따르면 고등학교를 졸업한 학생의 84.55%가 대학에 진학하는 것으로 나타난다.

(단위 : 10,000명)

연도	2023	2024	2025	2026	2027
졸업생 수	45.1	45.6	45.2	45.1	45.8
진학희망자 수					
연도	2028	2029	2030	2031	2032
졸업생 수	46.5	45.0	44.0	42.9	41.2
진학희망자 수					

(a) 연도별 진학희망자 수를 구하라. 단, 소수점 아래 둘째 자리에서 반올림한다.
(b) 졸업생 수와 진학희망자 수에 대한 도수 막대그래프를 그려라.
(c) 졸업생 수와 진학희망자 수에 대한 꺾은선그래프를 그려라.

26. 500개의 자료값을 조사한 결과에 대한 도수분포표를 만들었으나, 실수로 인해 다음과 같이 일부 자료만 기록되었다.

계급간격	도수	상대도수	누적도수	누적상대도수	계급값
0.5 ~ 4.5		0.05			
4.5 ~ 8.5		0.11			
8.5 ~ 12.5		0.12			
12.5 ~ 16.5				0.46	
16.5 ~ 20.5	115				
20.5 ~ 24.5			430		
24.5 ~ 28.5		0.10			
28.5 ~ 32.5		0.04			
합계	500	1.00			

(a) 도수분포표를 완성하라.

(b) 도수히스토그램과 누적상대도수히스토그램을 그려라.

(c) 누적상대도수다각형을 그려라.

27. 다음 자료는 통계청에서 제공한 연도별 우리나라 남자와 여자의 기대수명이다.

(단위 : 년)

연도	2012	2013	2014	2015	2016	2017	2018	2019	2020	2021
전체 기대수명	80.9	81.4	81.8	82.1	82.4	82.7	82.7	83.3	83.5	83.6
남자	77.6	78.1	78.6	79.0	79.3	79.7	79.7	80.3	80.5	80.6
여자	84.2	84.6	85.0	85.2	85.4	85.7	85.7	86.3	86.5	86.6

(a) 남자와 여자의 기대수명에 대한 꺾은선그래프를 그리고, 수명에 대해 간단히 분석하라.

(b) 꺾은선그래프에서 2012년도와 2021년도의 기대수명을 직선으로 연결하는 일차방정식을 구하고, 2030년도의 남자와 여자의 기대수명을 예측하라.

28. 다음 자료는 2022년도에 질병관리청에서 제공한 연도별 말라리아 발생현황을 나타낸다.

(단위 : 명)

연도	2010	2011	2012	2013	2014	2015	2016	2017	2018	2019	2020
민간인	996	323	330	227	402	361	307	280	401	364	272
군인	725	439	159	158	156	267	295	156	100	121	84
해외유입	51	64	53	60	80	71	71	79	75	74	29

(a) 민간인, 군인, 해외유입의 말라리아 유입인원에 대한 꺾은선그래프를 그리고, 연도별 인원에 대해 간단히 분석하라.

(b) 꺾은선그래프에서 2011년도와 2020년도의 유입인원을 직선으로 연결하는 일차방정식을 구하고, 2025년도에 말라리아를 유입한 민간인의 기대인원을 예측하라.

Chapter 04

자료의 수치적 특성

||| 목차 |||

||| 학습목표 |||

- 중심위치를 나타내는 척도인 대푯값을 구하고, 그 특성을 이해할 수 있다.
- 산포도를 이해하고, 분산과 표준편차를 구할 수 있다.
- 두 자료집단을 상대적으로 비교할 수 있다.
- 위치척도인 백분위수와 사분위수를 구할 수 있다.
- 상자그림을 그리고, 특이값의 유무를 판정할 수 있다.
- 도수분포표로부터 대략적인 평균과 분산을 구할 수 있다.

Section

4.1 대푯값

'대푯값'을 왜 배워야 하는가?

지금까지 수집한 양적자료의 특성을 쉽게 이해하는 방법으로 여러 가지 표와 그림을 이용하였다. 특히 수집한 양적자료에 대한 도수히스토그램 또는 도수다각형을 그리면 자료의 흩어진 모양 등을 쉽게 알 수 있다. 이때 자료집단의 자료값을 대표하는 수치 또는 도수히스토그램의 중심위치를 나타내는 수치를 중심위치의 **척도**measure of centrality 또는 **대푯값**representative value이라 한다. 대푯값이란 [표 4-1]과 같이 수집한 자료집단의 수치들이 갖는 특성을 대표하는 척도이다. 대푯값으로 쉽게 이해할 수 있는 수의 예로 평균 연봉, 연평균 물가상승률, 월평균 출생자 수 등이 있다.

청소년들이 스마트폰을 얼마나 많이 사용하는지 알기 위해 임의로 선정한 50명을 조사하여 [표 4-1]을 얻었다고 하자.

[표 4-1] 청소년의 스마트폰 사용시간

(단위 : 시간)

10	37	22	32	18	15	15	18	22	15
20	25	38	28	25	30	20	22	18	22
22	12	22	26	22	32	22	23	20	23
23	20	25	51	20	25	26	22	26	28
28	20	23	30	12	22	35	11	20	25

이때 50개의 자료값이 갖는 특성을 대표로 나타내는 하나의 수치가 대푯값이다. 대푯값은 [그림 4-1]과 같이 자료집단에 대한 도수히스토그램의 넓이를 이등분하는 수치이다.

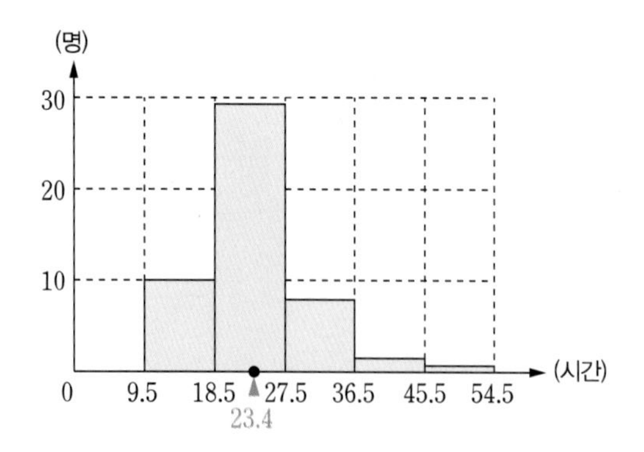

[그림 4-1] 스마트폰 사용시간에 대한 대푯값

이 절에서는 대푯값을 나타내는 여러 가지 척도와 각 척도의 특성을 살펴본다.

평균

가장 널리 사용하는 대푯값은 평균이며, 모집단과 표본의 평균을 각각 다음과 같이 정의한다.

정의 4-1 평균

- **모평균**population mean : N개로 구성된 모집단의 각 자료값을 모두 더하여 N으로 나눈 수치
- **표본평균**sample mean : n개로 구성된 표본의 각 자료값을 모두 더하여 n으로 나눈 수치

즉 모평균과 표본평균은 각각 다음과 같다.

$$\text{모평균 : } \mu = \frac{1}{N}\sum_{i=1}^{N} x_i$$

$$\text{표본평균 : } \overline{x} = \frac{1}{n}\sum_{i=1}^{n} x_i$$

예를 들어 표본 A [1, 2, 3, 4, 5, 6, 7, 8, 9, 10]과 표본 B [1, 2, 3, 4, 5, 6, 7, 8, 9, 100]의 평균을 각각 $\overline{x}_A$와 $\overline{x}_B$라 하면 다음을 얻는다.

$$\overline{x}_A = \frac{1}{10}(1+2+\cdots+9+10) = 5.5$$

$$\overline{x}_B = \frac{1}{10}(1+2+\cdots+9+100) = 14.5$$

이때 [그림 4-2]와 같이 두 표본에 대한 점도표를 그리고 그 위에 평균의 위치를 표현하면, 표본 A와 표본 B의 중심위치가 크게 차이남을 알 수 있다. 즉 표본 A의 평균은 자료값들 사이에 있으나, 표본 B의 평균은 자료값 100에 의해 대부분의 자료값보다 큰 위치에 놓인다.

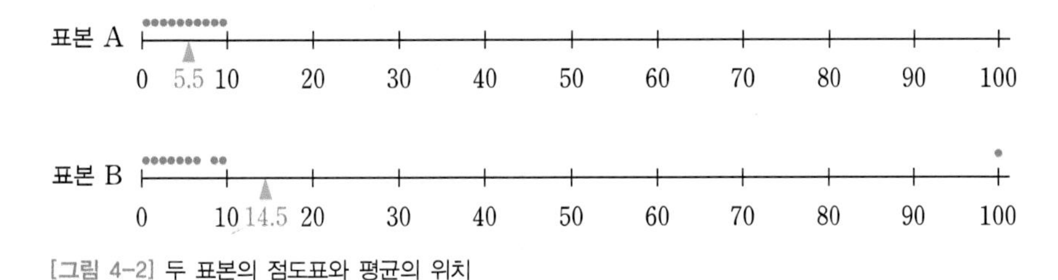

[그림 4-2] 두 표본의 점도표와 평균의 위치

이와 같이 평균은 자료 안에 포함된 특이값의 유무에 따라 큰 차이를 보인다. 그러나 평균은 다음과 같은 장점을 갖는다.

(1) 평균은 유일하다.
(2) 평균은 계산하기 편리하다.
(3) 평균은 모든 측정값을 반영한다.

예제 4-1

[표 4-1]의 스마트폰 사용시간에 대한 평균을 구하라. 단, 소수점 아래 둘째 자리에서 반올림한다.

10	37	22	32	18	15	15	18	22	15
20	25	38	28	25	30	20	22	18	22
22	12	22	26	22	32	22	23	20	23
23	20	25	51	20	25	26	22	26	28
28	20	23	30	12	22	35	11	20	25

풀이

50개의 자료값을 모두 더한 후 $n=50$으로 나누면 평균 사용시간은 다음과 같다.

$$\bar{x} = \frac{1}{50}\sum_{i=1}^{50} x_i = \frac{1}{50}(10+37+22+\cdots+20+25) = 23.36 \approx 23.4$$

I Can Do 4-1

다음 두 자료의 평균을 구하고 두 평균을 비교하라.

자료 A [121, 125, 120, 119, 123, 122, 121, 124, 122, 252]
자료 B [121, 125, 120, 119, 123, 122, 121, 124, 122]

[I Can Do 4-1]에서 구한 것과 같이 자료 A와 자료 B의 평균은 252라는 특이값의 유무에 따라 차이가 크게 나타남을 알 수 있다. 따라서 특이값이 있는 자료집단의 경우에는 특이값의 영향을 받지 않는 수치를 대푯값으로 이용하는 게 바람직하다. 이러한 대푯값으로 중앙값, 최빈값, 절사평균 등이 있다.

중앙값

특이값의 영향을 받지 않는 대표적인 대푯값으로 중앙값(또는 중위수)을 생각할 수 있다. 중앙값을 살펴보기 위해 자료의 개수가 홀수인 표본 A [1, 50, 4, 3, 2]와 자료의 개수가 짝수인 표본 B [5, 4, 1, 60, 3, 2]를 생각하자. 이때 각 표본을 크기순으로 다시 배열하면, [그림 4-3]과 같이 표본 A는 측정값 3을 중심으로 왼쪽과 오른쪽에 각각 3개씩 자료가 나타난다. 그리고 표본 B는 가운데 있는 두 측정값 3과 4에 의해 왼쪽과 오른쪽에 각각 3개씩 자료가 나타난다.

표본 A : 1 2 ③ 4 50
3개 3개

표본 B : 1 2 3 | 4 5 60
3개 3개

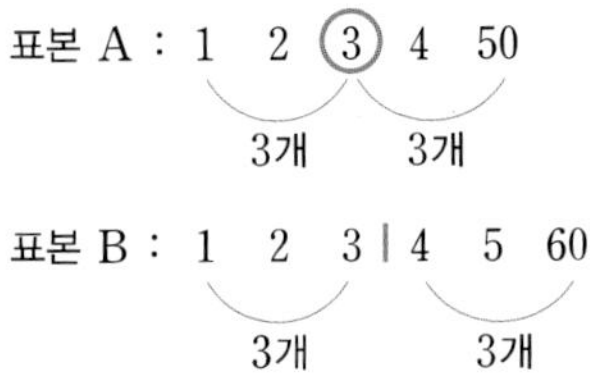

[그림 4-3] 중앙값의 의미

이와 같이 표본 A를 이등분하는 경계가 되는 측정값 3을 대푯값으로 선정하면 가장 큰 측정값이 50이든 5이든 상관없이 대푯값이 동일하다. 그리고 표본 B를 이등분하는 두 측정값 3과 4의 평균 3.5를 대푯값으로 선정하는 경우에도 특이값의 영향을 전혀 받지 않는다. 측정값을 크기순으로 나열할 때 k번째 위치의 측정값을 $x_{(k)}$로 나타낸다.

정의 4-2 중앙값

자료를 작은 수부터 크기순으로 나열할 때 가장 가운데 놓이는 수를 **중앙값**median이라 하며, M_e로 나타낸다.

$$M_e = \begin{cases} x_{\left(\frac{n+1}{2}\right)} & , \ n\text{이 홀수인 경우} \\ \dfrac{1}{2}\left(x_{\left(\frac{n}{2}\right)} + x_{\left(\frac{n}{2}+1\right)}\right) & , \ n\text{이 짝수인 경우} \end{cases}$$

따라서 자료값을 크기순으로 나열할 때, 중앙값은 자료의 개수가 홀수이면 가장 가운데에 놓이는 자료값이고, 자료의 개수가 짝수이면 가장 가운데에 놓이는 두 자료값의 평균이다. 중앙값은 자료집단의 분포 모양이 어느 한쪽 방향으로 치우치고 다른 쪽 방향으로 긴 꼬리 모양을 갖는 경우에 대푯값으로 많이 사용한다. 중앙값은 특이값의 영향을 전혀 받지 않는다는 장점이 있으나, 다음과 같은 단점을 갖는다.

(1) 자료의 개수가 많으면 부적절하다.
(2) 수리적으로 다루기 매우 힘들다.

예제 4-2

[예제 4-1]의 자료에 대한 중앙값을 구하라.

풀이

50개의 자료값을 크기순으로 재배열하여 25번째 자료값과 26번째 자료값을 구하면 $x_{(25)} = 22$, $x_{(26)} = 22$이다. 따라서 중앙값은 두 수 22, 22의 평균인 22이다.

I Can Do 4-2

[I Can Do 4-1]의 두 자료에 대한 중앙값을 구하고, 두 중앙값을 비교하라.

최빈값

특이값의 영향을 받지 않는 또 다른 대푯값으로 최빈값을 생각할 수 있다.

정의 4-3 최빈값

두 번 이상 발생하는 자료값 중에서 가장 많은 도수를 갖는 자료값을 **최빈값**mode이라 하며, M_o로 나타낸다.

최빈값은 의류의 표준 치수(S, L, XL, XXL) 등에 많이 사용하며, 다음과 같은 특성을 갖는다.

(1) 특이값의 영향을 전혀 받지 않는다.
(2) 존재하지 않거나 여러 개 존재할 수 있다.
(3) 자료의 개수가 많은 경우에 부적절하다.
(4) 수리적으로 다루기 매우 힘들다.

[그림 4-4]는 최빈값이 없는 경우와 한 개 이상인 경우에 대한 자료의 점도표를 나타낸다.

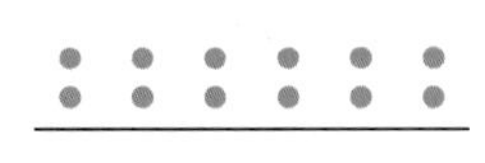

(a) 최빈값이 없는 경우

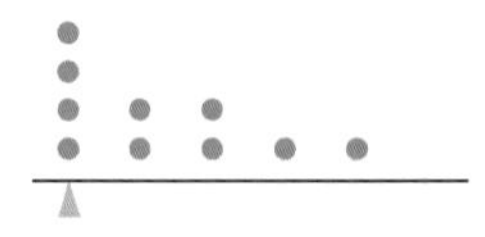

(b) 최빈값이 한 개인 경우

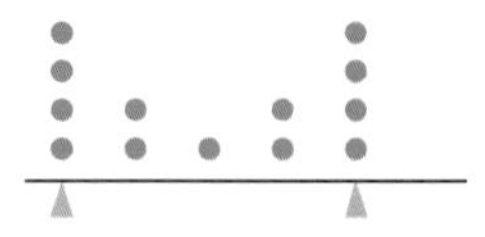

(c) 최빈값이 두 개인 경우

[그림 4-4] 최빈값

예제 4-3

[예제 4-1]의 자료에 대한 최빈값을 구하라.

풀이

가장 많은 빈도수(10개)를 갖는 자료값은 22이므로 최빈값은 $M_o = 22$이다.

I Can Do 4-3

[I Can Do 4-1]의 두 자료에 대한 최빈값을 구하라.

평균, 중앙값, 최빈값은 자료집단의 분포 모양에 따라 [그림 4-5]와 같이 나타난다. [그림 4-5(a)]와 같이 자료의 분포 모양이 대칭인 경우에는 평균, 중앙값, 최빈값이 대체로 같은 값을 갖는다. 그러나 [그림 4-5(b)] 또는 [그림 4-5(c)]와 같이 어느 한쪽으로 치우치고 다른 쪽으로 긴 꼬리 모양을 갖는 경우, 즉 특이값을 갖는 경우에는 중앙값이 평균과 최빈값 사이에 놓이며 이러한 분포 모양에 대한 대푯값으로 중앙값을 많이 사용한다.

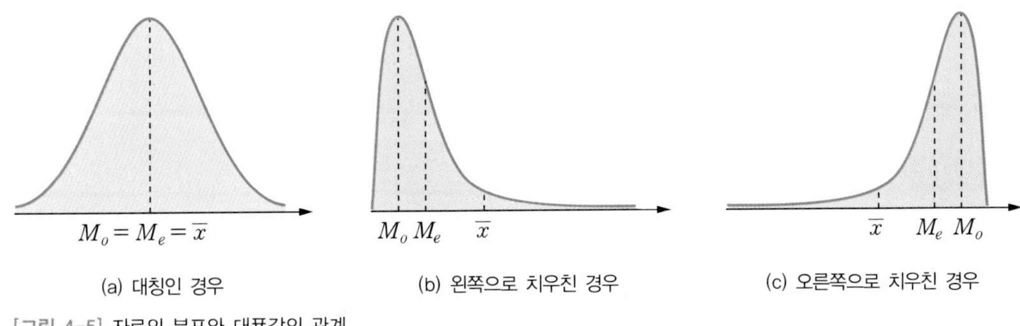

[그림 4-5] 자료의 분포와 대푯값의 관계

절사평균

평균은 특이값을 갖는 자료집단에 대한 대푯값으로 부적절하므로, 특이값의 영향을 받지 않도록 전체 자료에서 특이값을 제외한 나머지 자료의 평균을 생각할 수 있다.

정의 4-4 절사평균

특이값을 갖는 자료집단에서 가장 큰 자료값과 가장 작은 자료값으로부터 일정한 비율만큼 제거한 나머지 자료값의 평균을 **절사평균**trimmed mean이라 하며, T_m으로 나타낸다.

절사평균은 보편적으로 전체 자료 중에서 5% 또는 10%에 대한 절사평균을 많이 사용한다. 예를 들어 전체 자료의 개수가 20개인 경우에 10% 절사평균은 상위 10%(2개)와 하위 10%(2개)에 해당하는 자료값을 제외한 나머지 16개 자료값의 평균을 의미한다.

예제 4-4

다음 자료에 대한 평균과 5% 절사평균을 구하라.

23	22	15	20	19	15	15	16	65	17
18	17	20	22	23	19	17	17	20	20

풀이

평균은 다음과 같다.

$$\overline{x} = \frac{1}{20}\sum_{i=1}^{20} x_i = \frac{420}{20} = 21$$

전체 자료의 개수가 20개이므로 5%에 해당하는 자료의 개수(1개)만큼 가장 큰 65와 가장 작은 15를 제거한 나머지 18개 자료값의 평균을 구한다. 따라서 5% 절사평균은 다음과 같다.

$$T_m = \frac{1}{18}(23 + 22 + \cdots + 20 + 20) = \frac{340}{18} \approx 18.89$$

I Can Do 4-4

[I Can Do 4-1]의 자료 A에 대한 10% 절사평균을 구하고 자료 B의 평균과 비교하라.

Section
4.2 산포도

'산포도'를 왜 배워야 하는가?

수집한 자료집단의 대푯값이 동일할 때 두 집단의 특성이 동일하다고 할 수 있을까? 한 가지 일화를 소개하면 강 포구에 도달한 병사 100명의 평균 키가 180cm이고, 강의 평균 깊이가 150cm라는 보고를 받은 장군이 도강을 명령했는데, 강 언저리를 지나면서 대부분의 병사들이 강물에 빠져 죽었다고 한다. 왜냐하면 이 강의 최대 수심이 200cm였고 병사들 중 키가 200cm 이상인 사람은 30명이 채 안 됐기 때문이다. 따라서 강의 평균 깊이인 150cm뿐만 아니라 평균을 중심으로 강의 깊이가 어느 정도로 분포하는지를 알아야 한다. 이 절에서는 이러한 분포를 나타내는 척도인 산포도에 대해 살펴본다.

4.1절에서 학습한 대푯값만으로는 자료의 특성을 완전히 설명할 수 없다. 예를 들어 두 자료집단의 대푯값인 평균이 동일하더라도, 두 자료집단의 특성이 동일한 것은 아니다. 이를 알아보기 위해 다음 두 자료집단을 살펴보자.

자료집단 A [1, 2, 3, 4, 5, 5, 5, 6, 7, 8, 8, 9, 9, 9, 9]
자료집단 B [4, 5, 5, 5, 6, 6, 6, 6, 6, 6, 6, 7, 7, 7, 8]

두 자료집단의 평균은 동일하게 6이지만 [그림 4-6]과 같이 점도표를 그리면, 분포 모양이 명확하게 다르다는 사실을 알 수 있다. 자료집단 A는 오른쪽으로 치우치고 왼쪽으로 길게 퍼지는 형태이지만, 자료집단 B는 평균 6을 중심으로 대칭인 형태이다.

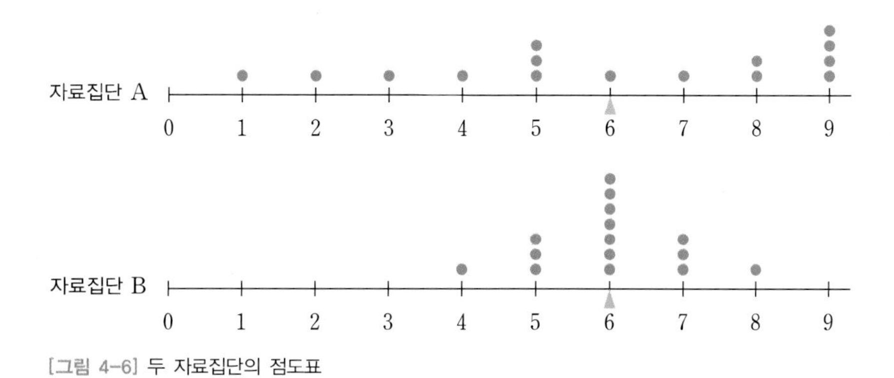

[그림 4-6] 두 자료집단의 점도표

따라서 수집한 자료집단의 분포를 충분히 설명하기 위해 대푯값 이외에 자료가 흩어진 정도에 대한 척도가 필요하다. 이와 같이 흩어진 정도를 나타내는 척도를 **산포도**measure of dispersion라 하며, 이 절에서는 여러 가지 산포도에 대해 살펴본다.

범위

범위는 자료값의 흩어진 모양이 평균을 중심으로 어느 정도 대칭성이 있는 경우에 많이 사용하며, 가장 간단한 형태의 산포도이다. 이제 수집한 자료를 크기순으로 재배열하여 $x_{(1)}, x_{(2)}, \cdots, x_{(n)}$이라 하자.

정의 4-5 범위

수집한 자료의 가장 큰 자료값과 가장 작은 자료값의 차이 $R = x_{(n)} - x_{(1)}$을 **범위**range라 한다.

예를 들어 자료 A [1, 2, 3, 4, 5]와 자료 B [1, 2, 3, 4, 50]의 범위는 각각 $R_A = 4$, $R_B = 49$이다. 따라서 최댓값이 5인 경우와 50인 경우에 대해 범위는 크게 차이가 난다. 이와 같은 범위는 계산하기 쉽다는 장점이 있지만, 다음과 같은 단점이 있다.

(1) 특이값의 유무에 따라 크게 영향을 받는다.
(2) 최대 자료값과 최소 자료값만 이용하므로 모든 자료의 정보를 반영하지 않는다.
(3) 자료의 개수가 많은 경우에 부적절하다.

또한 [그림 4-7]과 같이 범위가 동일하더라도 자료집단의 분포 모양이 다를 수 있다.

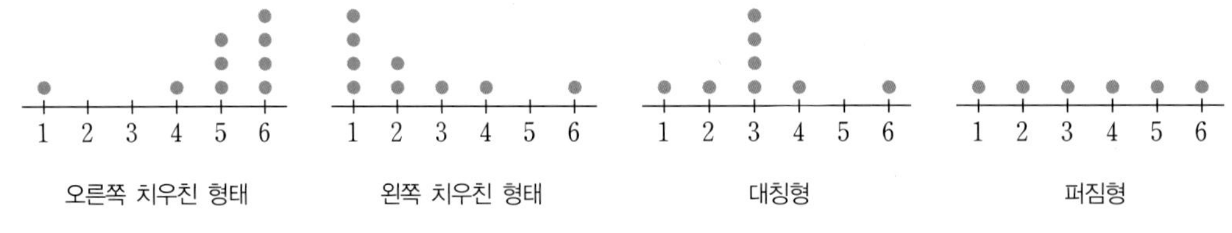

[그림 4-7] 동일한 범위를 갖는 자료집단의 점도표

예제 4-5

다음 두 표본의 평균과 범위를 구하고 두 표본의 특성을 비교하라.

표본 A [2, 2, 2, 2, 2, 8]
표본 B [2, 2, 3, 4, 5, 8]

풀이

표본 A의 평균 : $\bar{x}_A = \frac{1}{6}(2+2+2+2+2+8) = \frac{18}{6} = 3$

표본 A의 범위 : 최대 자료값이 8이고 최소 자료값이 2이므로 범위는 $R = 8 - 2 = 6$이다.

표본 B의 평균 : $\overline{x}_B = \frac{1}{6}(2+2+3+4+5+8) = \frac{24}{6} = 4$

표본 B의 범위 : 최대 자료값이 8이고 최소 자료값이 2이므로 범위는 $R = 8-2 = 6$이다.

두 표본의 범위는 동일하다. 그러나 표본 A는 자료값 2에 집중하고 오른쪽으로 긴 꼬리를 갖지만, 표본 B는 비교적 퍼진 형태이다.

I Can Do 4-5

표본 [11, 9, 8, 3, 7, 7]의 범위를 구하라.

평균편차

범위에 비해 개개의 자료값에 대한 정보를 반영하고 특이값에 대한 영향을 범위보다 덜 받는 산포도로 다음과 같이 정의되는 평균편차가 있다.

정의 4-6 평균편차

각 자료값 x_i와 평균 $\overline{x}$의 편차에 대한 절댓값들의 평균을 **평균편차**mean deviation라 한다.

$$M.D = \frac{1}{n}\sum_{i=1}^{n} |x_i - \overline{x}|$$

평균편차는 절댓값을 사용하므로 수리적으로 다루기가 불편하다.

예제 4-6

[예제 4-5]의 두 표본에 대한 평균편차를 구하라.

풀이

[예제 4-5]에서 두 표본의 평균이 각각 $\overline{x}_A = 3$, $\overline{x}_B = 4$임을 구하였다. 표본 A에 대한 각 자료값과 평균의 편차와 그 절댓값을 구하면 다음과 같다.

x_i	2	2	2	2	2	8
$x_i - \overline{x}$	−1	−1	−1	−1	−1	5
$\vert x_i - \overline{x} \vert$	1	1	1	1	1	5

표본 B에 대한 각 자료값과 평균의 편차와 그 절댓값을 구하면 다음과 같다.

x_i	2	2	3	4	5	8
$x_i - \overline{x}$	-2	-2	-1	0	1	4
$\lvert x_i - \overline{x} \rvert$	2	2	1	0	1	4

따라서 두 표본의 평균편차는 각각 다음과 같다.

$$M.D_A = \frac{1}{6}(1+1+1+1+1+5) \approx 1.67$$

$$M.D_B = \frac{1}{6}(2+2+1+0+1+4) \approx 1.67$$

I Can Do 4-6

[I Can Do 4-5]의 표본에 대한 평균편차를 구하라.

분산

분산은 평균을 대푯값으로 사용하는 경우에 가장 많이 사용하는 산포도이며, 모집단과 표본의 분산을 각각 다음과 같이 정의한다.

정의 4-7 분산

- **모분산** population variance : 자료의 개수가 N개인 모집단을 구성하는 모든 자료값 x_i와 모평균 μ의 평균편차에 대한 제곱에 대한 평균
- **표본분산** sample variance : 자료의 개수가 n개인 표본을 구성하는 모든 자료값 x_i와 표본평균 $\overline{x}$의 평균편차에 대한 제곱합을 $n-1$로 나눈 수치

즉 크기가 N인 모분산과 크기가 n인 표본분산은 각각 다음과 같다.

$$\text{모분산} : \sigma^2 = \frac{1}{N}\sum_{i=1}^{N}(x_i - \mu)^2$$

$$\text{표본분산} : s^2 = \frac{1}{n-1}\sum_{i=1}^{n}(x_i - \overline{x})^2$$

분산은 다음과 같은 특성을 갖는다.

(1) 모든 자료값의 정보를 반영한다.
(2) 수리적으로 다루기 쉽다.
(3) 특이값에 대한 영향이 매우 크다.
(4) 분산이 클수록 평균으로부터 폭넓게 분포한다.
(5) 미지의 모분산을 추론하기 위해 표본분산을 이용한다.

예제 4-7

[예제 4-5]의 두 표본에 대한 분산을 구하고 두 표본을 분석하라.

풀이

[예제 4-6]의 자료값과 평균의 편차를 이용하면 표본 A와 B에 대한 평균편차 제곱은 다음과 같다.

표본 A	x_i	2	2	2	2	2	8	합계
	$x_i - \bar{x}$	−1	−1	−1	−1	−1	5	0
	$(x_i - \bar{x})^2$	1	1	1	1	1	25	30
표본 B	x_i	2	2	3	4	5	8	합계
	$x_i - \bar{x}$	−2	−2	−1	0	1	4	0
	$(x_i - \bar{x})^2$	4	4	1	0	1	16	26

따라서 두 표본의 분산은 각각 다음과 같으며, 표본 B의 자료가 표본 A의 자료보다 평균에 더 가깝게 밀집함을 알 수 있다.

$$s_A^2 = \frac{30}{5} = 6, \quad s_B^2 = \frac{26}{5} = 5.2$$

I Can Do 4-7

[I Can Do 4-5]의 표본에 대한 분산을 구하라.

표준편차

분산은 개개의 자료값에 대한 평균편차의 제곱에 의해 정의된다. 그러므로 분산의 단위는 자료값의 단위를 제곱한 단위이다. 예를 들어 키의 단위로 cm를 사용하면 분산의 단위는 cm^2이고, 이 단위는 통상적으로 넓이를 나타내므로 자료의 특성을 분석할 때 혼란이 생기게 된다. 따라서 자료값의 단위와 동일한 척도를 이용하기 위해 분산의 양의 제곱근을 택한다.

정의 4-8 표준편차

- **모표준편차** population standard deviation : 모분산의 양의 제곱근
- **표본표준편차** sample standard deviation : 표본분산의 양의 제곱근

따라서 표준편차는 분산과 같은 성질을 가지며 다음과 같다.

$$\text{모표준편차 : } \sigma = \sqrt{\frac{1}{N}\sum_{i=1}^{N}(x_i - \mu)^2}$$

$$\text{표본표준편차 : } s = \sqrt{\frac{1}{n-1}\sum_{i=1}^{n}(x_i - \bar{x})^2}$$

예제 4-8

[예제 4-5]의 두 표본에 대한 표준편차를 구하라. 단, 소수점 아래 둘째 자리까지 구한다.

풀이

[예제 4-7]에서 $s_A^2 = 6$, $s_B^2 = 5.2$를 구하였다. 따라서 두 표본의 표준편차는 각각 다음과 같다.

$$s_A = \sqrt{6} \approx 2.45, \quad s_B = \sqrt{5.2} \approx 2.28$$

I Can Do 4-8

[I Can Do 4-5]의 표본에 대한 표준편차를 구하라. 단, 소수점 아래 둘째 자리까지 구한다.

변동계수

표준편차는 평균을 중심으로 자료가 밀집되거나 흩어진 정도를 절대적인 수치로 나타낸 산포도이다. 그러나 측정 단위가 서로 다른 몸무게와 키에 대한 산포를 비교하거나, 상위 10%에 해당하는 사람의 연봉과 하위 10%에 해당하는 사람의 연봉과 같이 측정 단위가 동일하더라도 평균의 차이가 극심한 경우에는 산포도를 절대적인 수치로 비교하기 어렵다. 따라서 두 자료집단의 산포도를 상대적으로 비

교하는 산포도가 필요하며, 이러한 산포도로 변동계수를 이용한다.

정의 4-9 변동계수

표준편차를 평균으로 나눈 백분율을 **변동계수**coefficient of variation라 한다.

따라서 모집단과 표본의 변동계수는 각각 다음과 같다.

$$\text{모집단의 변동계수}: C.V_p = \frac{\sigma}{\mu} \times 100(\%)$$

$$\text{표본의 변동계수}: C.V_s = \frac{s}{\overline{x}} \times 100(\%)$$

이때 변동계수가 클수록 자료의 분포 모양은 상대적으로 폭넓게 나타난다.

예제 4-9

[예제 4-5]의 두 표본에 대한 변동계수를 구하고, 어느 표본이 평균으로부터 상대적으로 더 넓게 분포하는지 결정하라.

풀이

두 표본 A와 B의 평균과 표준편차는 각각 다음과 같다.

$$\overline{x}_A = 3,\ s_A = 2.45,\ \overline{x}_B = 4,\ s_B = 2.28$$

그러면 두 표본의 변동계수는 각각 다음과 같다.

$$C.V_A = \frac{2.45}{3} \times 100 \approx 82(\%)$$

$$C.V_B = \frac{2.28}{4} \times 100 \approx 57(\%)$$

그러므로 표본 A의 표준편차와 변동계수가 표본 B의 표준편차와 변동계수보다 크다. 따라서 표본 A의 분포가 표본 B에 비해 절대적으로, 상대적으로 폭넓게 나타난다.

I Can Do 4-9

다음 두 표본에 대해 어느 표본이 평균으로부터 상대적으로 더 넓게 분포하는지 결정하라.

표본 A [2, 3, 3, 3, 4, 6]
표본 B [134, 156, 154, 147, 155, 136]

Section 4.3

위치척도와 상자그림

'위치척도와 상자그림'을 왜 배워야 하는가?

절대적인 수치인 산포도를 이용하여 연소득 상위 1%인 그룹과 하위 1%인 그룹의 한 달 생활비 편차를 비교하기는 어렵다. 따라서 이러한 경우에는 자료집단의 수치를 상대적인 위치로 변환하여 비교하는 게 바람직하다. 예를 들어 국가장학금에 의한 학자금은 연소득을 10구간으로 나누어 차등적으로 지원하는데, 이때 연소득을 구분하기 위해 사용되는 도구가 바로 위치척도이다. 또한 지금까지 자료집단의 중심위치와 산포도에서 특이값의 영향에 대해 언급했는데, 실제로 특이값이 존재하는지 명확하게 알기 위한 도구가 상자그림이다. 따라서 위치척도와 표준점수, 그리고 상자그림의 개념은 중요하다.

두 집단의 평균의 차이가 극심한 경우에는 표준편차보다 상대적인 척도인 변동계수를 사용한다. 그러나 두 집단의 평균을 0으로 일치시키고 절대적인 수치로 주어진 자료값을 0을 중심으로 상대적인 위치로 변환할 수 있다. 또한 중앙값은 가장 중앙에 놓이는 자료값이므로, 자료값을 크기순으로 나열할 때, 50% 위치에 놓인다. 수집한 자료를 크기순으로 나열하여 100등분하는 위치 또는 4등분하는 위치를 나타내는 백분위수와 사분위수를 구할 수 있다. 특히 사분위수를 이용하면 특이값의 존재 여부를 명확하게 알 수 있다. 이 절에서는 자료값을 상대적으로 비교하고 특이값을 찾는 방법에 대해 살펴본다.

표준점수

수학능력시험에 응시한 수험생들은 본인의 점수를 원점수와 백분위점수 그리고 표준점수로 받는다. 여기서 원점수는 본인이 받은 실제 점수를 의미하며, 백분위점수는 모든 수험생의 과목별 원점수를 100등분한 위치로 환산한 점수이고, 표준점수는 과목별 평균점수를 중심으로 원점수를 상대적인 위치로 나타낸 점수를 의미한다.

정의 4-10 표준점수($z-$점수)

각 자료값과 평균의 편차를 표준편차로 나눈 수치를 **표준점수**[standard score] 또는 $z-$ **점수**[z-score]라 한다.

즉 각 자료값에 대한 표준점수는 다음과 같이 정의한다.

$$\text{모집단의 표준점수 : } z_i = \frac{x_i - \mu}{\sigma}$$

$$\text{표본의 표준점수 : } z_i = \frac{x_i - \overline{x}}{s}$$

이러한 표준점수는 자료집단의 평균을 0으로 변환하고, 평균을 중심으로 각 자료값의 절대위치를 상대적인 위치로 변환한 값을 나타낸다. 예를 들어 표본 A [4, 9, 3, 5, 7]과 표본 B [400, 900, 300, 500, 700]의 평균을 구하면 $\overline{x}_A = 5.6$이고 $\overline{x}_B = 560$이므로 두 표본을 동일한 점도표로 나타내면 비교가 되지 않는다. 그러나 표준점수를 이용하여 각 자료값을 상대적인 위치로 변환하면 [그림 4-8]과 같이 동일함을 알 수 있다.

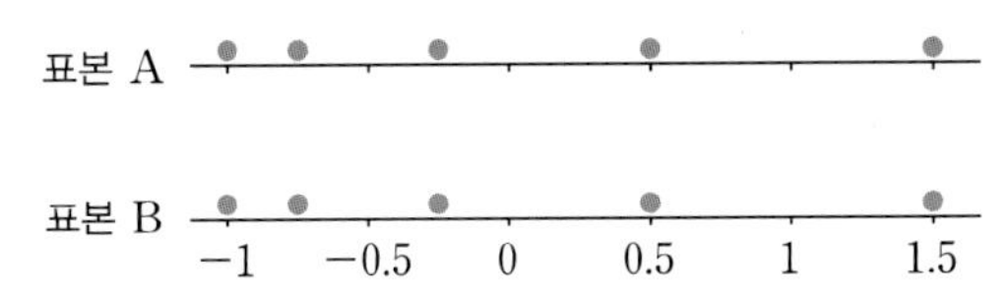

[그림 4-8] 표준점수에 의한 자료집단의 비교

예제 4-10

주어진 자료에 대하여 다음 물음에 답하라.

자료 A	자료 B
1, 3, 4, 5, 5, 9	21, 25, 23, 22, 26, 27

(a) 두 자료의 범위를 각각 구하라.

(b) 두 자료에 대한 점도표를 동일한 수평축 위에 그려라.

(c) 두 자료의 표준점수를 구하라.

(d) 두 자료의 표준점수에 대한 점도표를 동일한 수평축 위에 그려서 두 자료를 비교하라.

풀이

(a) 자료 A의 범위 : $R = 9 - 1 = 8$, 자료 B의 범위 : $R = 27 - 21 = 6$

(b) 두 자료의 점도표는 다음과 같다.

자료 A　자료 B

1　3　4　5　9　21　22　23　25　26　27

(c) 두 자료의 평균과 분산, 표준편차는 각각 다음과 같다.

$$\bar{x} = \frac{27}{6} = 4.5, \quad s_A^2 = \frac{1}{5}\sum_{i=1}^{6}(x_i - 4.5)^2 = \frac{35.5}{5} = 7.1, \quad s_A = \sqrt{7.1} \approx 2.66$$

$$\bar{y} = \frac{144}{6} = 24, \quad s_B^2 = \frac{1}{5}\sum_{i=1}^{6}(y_i - 24)^2 = \frac{28}{5} = 5.6, \quad s_B = \sqrt{5.6} \approx 2.37$$

자료 A의 각 자료값에 대해 $z_i = \dfrac{x_i - 4.5}{2.66}$ 를 계산하면 다음을 얻는다.

자료값	1	3	4	5	5	9
표준점수	−1.316	−0.564	−0.188	0.188	0.188	1.692

자료 B의 각 자료값에 대해 $z_i = \dfrac{y_i - 24}{2.37}$ 를 계산하면 다음을 얻는다.

자료값	21	25	23	22	26	27
표준점수	−1.266	0.422	−0.422	−0.844	0.844	1.266

(d) 두 표본의 표준점수에 대한 점도표를 그리면 다음과 같다.

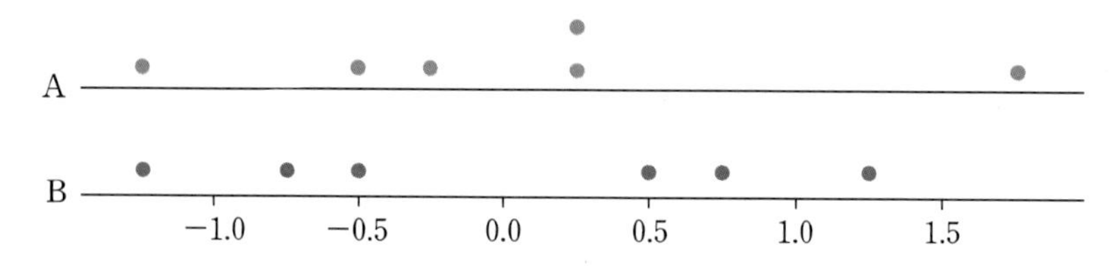

변동계수에 의한 결과와 동일하게, 표본 B가 표본 A에 비해 상대적으로 폭넓게 분포한다.

I Can Do 4-10

[I Can Do 4-9]의 두 표본에 대하여 다음을 구하라.

(a) 표본 A와 표본 B의 표준점수

(b) 표준점수에 대한 점도표

백분위수와 사분위수

수집한 자료를 크기순으로 나열하여 100등분하는 위치를 나타내는 척도와 4등분하는 위치를 나타내는 척도에 대해 살펴본다.

정의 4-11 백분위수와 사분위수

- **백분위수** percentile : 전체 자료를 크기순으로 나열할 때, 1%씩 등간격으로 구분하는 척도 $P_1, P_2, \cdots, P_{99}$
- **사분위수** quartiles : 전체 자료를 크기순으로 나열하여 4등분하는 척도 Q_1, Q_2, Q_3

사분위수는 전체 자료를 4등분하는 척도이므로 제1사분위수 Q_1은 제25백분위수 P_{25}와 같다. 제2사분위수 Q_2는 제50백분위수 P_{50}이고 가장 중앙에 놓이는 수치이므로 중앙값 M_e와 같다. 또한 제3사분위수 Q_3는 제75백분위수 P_{75}와 같다.

따라서 n개의 자료로 구성된 자료집단의 제k백분위수 P_k는 다음과 같은 순서로 구한다.

❶ 자료값을 가장 작은 수부터 크기순으로 재배열한다.

❷ $m = \frac{kn}{100}$을 계산한다.

❸ 이때 m이 정수인지 아닌지에 따라 P_k를 다음과 같이 구한다.

- m이 정수이면, P_k는 다음과 같이 m번째와 $m+1$번째에 위치하는 자료값의 평균이다.

$$P_k = \frac{x_{(m)} + x_{(m+1)}}{2}$$

- m이 정수가 아니면, P_k는 m보다 큰 정수 중에서 가장 작은 정수에 해당하는 위치의 자료값이다.

예제 4-11

다음 표본에 대한 사분위수와 제60백분위수를 구하라.

25	32	26	37	43	28	27	30	48	53	55	55	52	52	31	42	43	58	49	60
29	22	26	41	53	53	23	26	25	45	58	58	55	38	22	58	46	60	33	33
40	30	20	55	97	32	33	21	26	47										

풀이

표본을 다음과 같이 크기순으로 재배열한다.

20	21	22	22	23	25	25	26	26	26	26	27	28	29	30	30	31	32	32	33
33	33	37	38	40	41	42	43	43	45	46	47	48	49	52	52	53	53	53	55
55	55	55	58	58	58	58	60	60	97										

$n=50$이고 사분위수의 위치는 각각 $k=25,\ 50,\ 75$이므로 사분위수와 제60 백분위수를 구하면 각각 다음과 같다.

제1 사분위수 : $m=\dfrac{25\times 50}{100}=12.5 \quad\Rightarrow\quad Q_1=P_{25}=x_{(13)}=28$

제2 사분위수 : $m=\dfrac{50\times 50}{100}=25 \quad\Rightarrow\quad Q_2=P_{50}=\dfrac{x_{(25)}+x_{(26)}}{2}=\dfrac{40+41}{2}=40.5$

제3 사분위수 : $m=\dfrac{75\times 50}{100}=37.5 \quad\Rightarrow\quad Q_3=P_{75}=x_{(38)}=53$

제60 백분위수 : $m=\dfrac{60\times 50}{100}=30 \quad\Rightarrow\quad P_{60}=\dfrac{x_{(30)}+x_{(31)}}{2}=\dfrac{45+46}{2}=45.5$

I Can Do 4-11

다음 표본에 대한 사분위수와 제70 백분위수를 구하라.

48	33	55	33	34	32	55	52	32	59	38	38	41	22	41	58	28	41	55	41
21	33	33	45	23	32	53	25	49	33	45	34	53	37	24	58	51	30	28	23
29	51	23	22	20	99	49	45	24	59										

상자그림

대푯값으로 중앙값을 사용하는 경우에 특이값의 영향을 받지 않는 범위로 사분위수범위를 많이 사용한다.

정의 4-12 **사분위수범위**

- **사분위수범위**(IQR)interquartile range : 수집한 자료의 제1사분위수와 제3사분위수인 Q_1과 Q_3 사이의 범위

$$\mathrm{IQR}=Q_3-Q_1$$

사분위수범위는 자료집단의 중심부분에 대한 산포도를 나타내며, 아래쪽과 위쪽으로부터 각각 25%의 자료를 제거한 범위이므로 특이값의 영향을 전혀 받지 않는다.

예제 4-12

[예제 4-11]의 자료에 대한 사분위수범위를 구하라.

풀이

[예제 4-11]에서 $Q_1 = 28$, $Q_3 = 53$이므로 사분위수범위는 $\mathrm{IQR} = 53 - 28 = 25$이다.

I Can Do 4-12

[I can Do 4-11]의 자료에 대한 사분위수범위를 구하라.

사분위수를 이용하면 수집한 자료 집단의 중심부 50% 안에 놓이는 자료의 분포 모양과 꼬리부분의 상태를 비롯하여 특이값을 나타내는 상자그림을 그릴 수 있다.

정의 4-13 상자그림

- **상자그림**box plot : 사분위수를 이용하여 자료집단에 포함된 특이값을 알려주는 그림

상자그림은 주요 척도인 최솟값, 사분위수, 최댓값을 이용하여 나타낸 그림이며, 대푯값으로 중앙값을 사용한다. 상자그림은 다음과 같은 특성을 갖는다.

(1) 특이값에 대한 정보를 제공한다.
(2) 자료의 중심위치와 흩어진 모양, 그리고 분포의 꼬리부분을 쉽게 파악 수 있다.
(3) 상자그림은 두 개 이상의 자료집단을 비교할 때 매우 유용하다.

상자그림을 그릴 때 사용하는 용어를 먼저 살펴보자.

- **안울타리**inner fence : 사분위수 Q_1과 Q_3에서 각각 $1.5 \times \mathrm{IQR}$만큼 떨어져 있는 값

아래쪽 안울타리lower inner fence : $f_l = Q_1 - 1.5 \times \mathrm{IQR}$

위쪽 안울타리upper inner fence : $f_u = Q_3 + 1.5 \times \mathrm{IQR}$

- **바깥울타리**outer fence : 사분위수 Q_1과 Q_3에서 각각 $3 \times \text{IQR}$만큼 떨어져 있는 값

아래쪽 바깥울타리lower outer fence : $f_L = Q_1 - 3 \times \text{IQR}$
위쪽 바깥울타리upper outer fence : $f_U = Q_3 + 3 \times \text{IQR}$

- **인접값**adjacent value : 안울타리 안에 놓이는 가장 극단적인 자료값, 즉 아래쪽 안울타리보다 큰 자료값 중에서 가장 작은 자료값과 위쪽 안울타리보다 작은 자료값 중에서 가장 큰 자료값
- **보통 특이값**mild outlier : 안울타리와 바깥울타리 사이에 놓이는 자료값
- **극단 특이값**extreme outlier : 바깥울타리 외부에 놓이는 자료값

상자그림은 다음 순서에 따라 그린다.

❶ 자료를 크기순으로 나열하여 사분위수 Q_1, Q_2, Q_3를 구한다.

❷ 사분위수범위 $\text{IQR} = Q_3 - Q_1$을 구한다.

❸ Q_1에서 Q_3까지 직사각형 모양의 상자를 그리고, 중앙값 Q_2의 위치인 상자 안에 수직선을 긋는다.

❹ 안울타리를 구하고 인접값에 기호 '|'로 표시한 후, 각각 Q_1과 Q_3로부터 인접값까지를 선분으로 연결하여 상자그림의 날개부분을 작성한다.

❺ 바깥울타리를 구하여 관측 가능한 보통 특이값의 위치에 '○'로 표시하고, 극단 특이값의 위치에 '×'로 표시한다.

이러한 순서에 따라 상자그림을 그리면 [그림 4-9]를 얻는다.

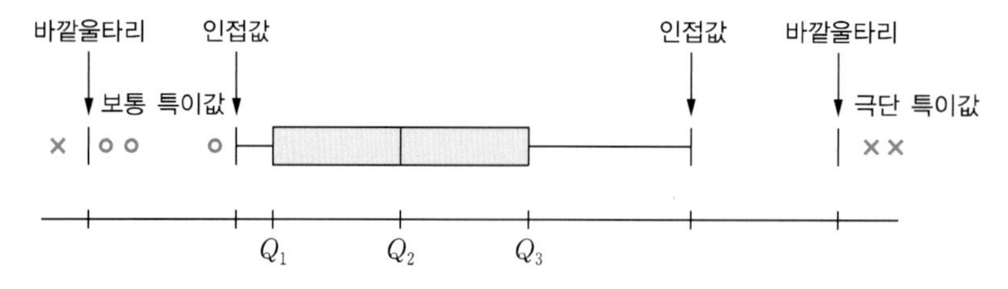

[그림 4-9] 상자그림

[그림 4-9]로부터 다음 사실을 쉽게 알 수 있다.

(1) 중앙값을 중심으로 중심부 50% 자료는 대칭성을 갖는다.
(2) 아래쪽 날개부분이 위쪽보다 짧다. 즉 자료의 분포에서 아래쪽 꼬리부분보다 위쪽 꼬리부분이 길게 분포한다.
(3) 측정 가능한 보통 특이값이 3개이고, 극단 특이값이 3개이다.

예제 4-13

[예제 4-11]의 자료에 대한 상자그림을 그려서 이 자료를 분석하라.

풀이

[예제 4-11]과 [예제 4-12]에서 $Q_1 = 28$, $Q_2 = 40.5$, $Q_3 = 53$, $\mathrm{IQR} = 25$를 구하였다.

$$\text{아래쪽 안울타리} : f_l = 28 - 1.5 \times 25 = -9.5$$
$$\text{위쪽 안울타리} : f_u = 53 + 1.5 \times 25 = 90.5$$
$$\text{아래쪽 바깥울타리} : f_L = 28 - 3 \times 25 = -47$$
$$\text{위쪽 바깥울타리} : f_U = 53 + 3 \times 25 = 128$$

인접값은 아래쪽 안울타리보다 큰 값 중에서 가장 작은 값인 20과, 위쪽 안울타리보다 작은 값 중에서 가장 큰 값인 60이다. 그리고 최솟값이 20이므로 아래쪽 바깥울타리인 -47보다 작은 자료값이 없다. 또한 최댓값 97이므로 위쪽 바깥울타리인 128보다 큰 자료값이 없으므로 극단 특이값은 없다. 안울타리와 바깥울타리 사이에 놓인 자료값은 97뿐이므로 보통 특이값은 97이다. 따라서 상자그림은 다음과 같다.

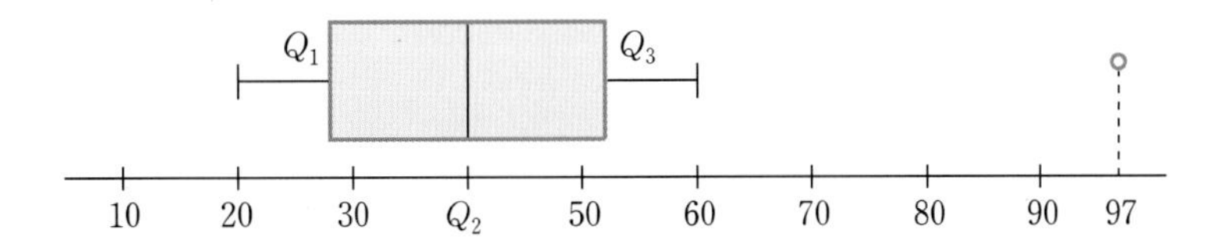

자료의 분포 모양은 중앙값 40.5를 중심으로 두 사각형의 크기가 비슷하고 날개부분의 길이도 비슷하므로, 전체 자료는 중앙값을 중심으로 대칭형을 이룬다.

I Can Do 4-13

[I can Do 4-11]의 자료에 대한 상자그림을 그려서 이 자료를 분석하라.

Section
4.4 도수분포표에서의 평균과 분산

'도수분포표에서의 평균과 분산'을 왜 배워야 하는가?

자료가 도수분포표로만 주어진다면 각 계급 안에 들어 있는 자료의 개수는 알 수 있지만 정확한 자료값은 알 수 없으므로, 대푯값, 중심위치와 산포도를 구할 수 없다. 이를 구하기 위해서는 도수분포표로 주어진 자료의 평균과 분산을 계산하는 방법을 알아야 한다.

도수분포표로 주어진 자료의 경우에는 정확한 자료값을 알지 못하므로, 각 계급의 계급값을 그 계급의 자료값으로 대표하여 이용한다. 예를 들어 계급간격이 $9.5 \sim 18.5$인 계급의 도수가 5이면, 이 계급 안의 자료값을 [14, 14, 14, 14, 14]로 생각한다.

도수분포표에서의 평균

원자료의 평균과 도수분포표로 주어진 자료의 평균을 비교하기 위해 다음 자료를 살펴보자.

[표 4-2] 실리콘 웨이퍼의 두께

(단위 : Å)

54	42	40	46	39	37	40	56	38	29
26	36	30	48	39	49	25	56	26	54
53	48	31	37	46	35	51	23	44	35
42	60	24	32	43	42	56	43	23	56
22	64	25	33	44	26	48	32	27	45

이 자료에 대한 평균은 다음과 같이 40이다.

$$\bar{x} = \frac{1}{50}\sum_{i=1}^{50} x_i = \frac{2000}{50} = 40$$

이 자료에 대해 계급의 수가 5인 도수분포표를 구하면 [표 4-3]과 같다.

[표 4-3] 실리콘 웨이퍼의 두께에 대한 도수분포표

계급간격	도수(f_i)	상대도수	계급값(x_i)
21.5 ~ 30.5	12	0.24	26
30.5 ~ 39.5	12	0.24	35
39.5 ~ 48.5	15	0.30	44
48.5 ~ 57.5	9	0.18	53
57.5 ~ 66.5	2	0.04	62
합계	50	1.00	

이때 이 도수분포표에서 각 계급 안에 들어있는 자료의 수는 알 수 있지만, 정확한 자료값은 알 수 없다. 따라서 각 계급의 자료값을 계급값으로 대체하여 다음과 같은 자료집단을 생각할 수 있다.

[표 4-4] 계급값으로 대체한 자료값

26	26	26	26	26	26	26	26	26	26
26	26	35	35	35	35	35	35	35	35
35	35	35	35	44	44	44	44	44	44
44	44	44	44	44	44	44	44	44	53
53	53	53	53	53	53	53	53	62	62

그리고 이 자료에 대한 평균을 구하면 다음과 같다.

$$\bar{x}_1 = \frac{1}{50}\sum_{i=1}^{50} x_i = \frac{1993}{50} = 39.86$$

그러면 원자료의 평균과 도수분포표로 주어진 자료의 평균의 차이가 크지 않음을 알 수 있다. 도수분포표로 주어진 자료의 평균은 다음과 같이 각 계급의 도수(f_i)와 계급값(x_i)의 곱의 합을 전체 도수(n)로 나눈 값이다.

$$\bar{x} = \frac{1}{n}\sum_{i=1}^{k} x_i f_i$$

이때 $\frac{f_i}{n}$는 i번째 계급의 상대도수이므로 도수분포표로 주어진 자료의 평균을 다음과 같이 각 계급의 계급값과 상대도수를 이용하여 구할 수도 있다.

$$\bar{x} = \sum_{i=1}^{k} x_i \frac{f_i}{n}$$

즉 다음과 같이 각 계급의 계급값과 상대도수의 곱을 합한 것으로 생각할 수도 있다.

$$\bar{x} = 26\times(0.24) + 35\times(0.24) + 44\times(0.30) + 53\times(0.18) + 62\times(0.04) = 39.86$$

예제 4-14

다음 도수분포표를 작성하고, 도수분포표로 주어진 자료의 평균을 구하라.

계급간격	도수	상대도수	계급값
39.5 ~ 49.5	14		
49.5 ~ 59.5	17		
59.5 ~ 69.5	10		
69.5 ~ 79.5	9		
합계	50		

풀이

도수분포표를 작성하면 다음과 같다.

계급간격	도수	상대도수	계급값
39.5 ~ 49.5	14	0.28	44.5
49.5 ~ 59.5	17	0.34	54.5
59.5 ~ 69.5	10	0.20	64.5
69.5 ~ 79.5	9	0.18	74.5
합계	50	1.00	

따라서 도수분포표로 주어진 자료의 평균은 다음과 같다.

$$\bar{x} = 44.5 \times 0.28 + 54.5 \times 0.34 + 64.5 \times 0.20 + 74.5 \times 0.18 = 57.3$$

I Can Do 4-14

다음 도수분포표를 작성하고, 도수분포표로 주어진 자료의 평균을 구하라.

계급간격	도수	상대도수	계급값
99.5 ~ 108.5	5		
108.5 ~ 117.5	15		
117.5 ~ 126.5	17		
126.5 ~ 135.5	9		
135.5 ~ 144.5	4		
합계	50		

도수분포표에서의 분산과 표준편차

이제 도수분포표로 주어진 자료의 평균을 구한 방법과 동일하게 도수분포표로 주어진 자료의 분산을 구해보자. 분산은 다음과 같은 순서로 구한다.

❶ 도수분포표로 주어진 자료의 평균 $\bar{x}$를 구한다.

❷ 각 계급의 계급값과 평균의 편차의 제곱 $(x_i - \bar{x})^2$을 구한다.

❸ 편차의 제곱과 도수의 곱 $(x_i - \bar{x})^2 f_i$를 구한다.

❹ $(x_i - \bar{x})^2 f_i$의 합 A를 구한다.

❺ A를 $n-1$로 나눈다.

이 방법에 따라 [표 4-3]의 도수분포표로 주어진 자료의 분산을 구하면 [표 4-5]를 얻는다.

[표 4-5] 도수분포표로 주어진 자료의 분산을 구하는 방법

계급간격	도수(f_i)	계급값(x_i)	$x_i - \bar{x}$	$(x_i - \bar{x})^2$	$(x_i - \bar{x})^2 f_i$
21.5 ~ 30.5	12	26	−13.86	192.0996	2305.195
30.5 ~ 39.5	12	35	−4.86	23.6196	283.4352
39.5 ~ 48.5	15	44	4.14	17.1396	257.094
48.5 ~ 57.5	9	53	13.14	172.6596	1553.936
57.5 ~ 66.5	2	62	22.14	490.1796	980.3592
합계	50				5380.02

따라서 구하고자 하는 분산과 표준편차는 각각 다음과 같다.

$$s^2 = \frac{1}{49}\sum_{i=1}^{5}(x_i - 39.86)^2 f_i = \frac{5380.02}{49} \approx 109.7963$$

$$s = \sqrt{109.7963} \approx 10.48$$

이와 같이 각 계급값의 계급값이 $x_1, x_2, \cdots, x_k$이고 도수가 $f_1, f_2, \cdots, f_k$인 도수분포표로 주어진 자료의 분산과 표준편차는 각각 다음과 같다.

$$s^2 = \frac{1}{n-1}\sum_{i=1}^{k}(x_i - \bar{x})^2 f_i$$

$$s = \sqrt{\frac{1}{n-1}\sum_{i=1}^{k}(x_i - \bar{x})^2 f_i}$$

예제 4-15

[예제 4-14]의 도수분포표로 주어진 자료의 분산과 표준편차를 구하라.

풀이

각 계급에 대한 $x_i - \overline{x}$, $(x_i - \overline{x})^2$, $(x_i - \overline{x})^2 f_i$를 구하면 다음과 같다.

계급간격	도수	계급값	$x_i - \overline{x}$	$(x_i - \overline{x})^2$	$(x_i - \overline{x})^2 f_i$
39.5 ~ 49.5	14	44.5	−12.8	163.84	2293.76
49.5 ~ 59.5	17	54.5	−2.8	7.84	133.28
59.5 ~ 69.5	10	64.5	7.2	51.84	518.40
69.5 ~ 79.5	9	74.5	17.2	295.84	2662.56
합계	50				5608.00

따라서 구하고자 하는 분산과 표준편차는 각각 다음과 같다.

$$s^2 = \frac{5608}{49} \approx 114.449, \quad s = \sqrt{114.449} \approx 10.7$$

I Can Do 4-15

[I Can Do 4-14]의 도수분포표로 주어진 자료의 분산과 표준편차를 구하라.

Chapter 04 연습문제

기초문제

1. 다음 중 옳은 것을 고르라.

① 평균은 특이값의 유무에 영향을 받는다.
② 중앙값은 특이값의 유무에 영향을 받는다.
③ 최빈값은 특이값의 유무에 영향을 받는다.
④ 중앙값은 여러 개 존재할 수 있다.
⑤ 최빈값은 오로지 하나뿐이다.

2. 분산에 대한 다음 설명 중 옳지 않은 것을 모두 고르라.

① 분산이 클수록 자료 분포는 밀집한다.
② 수리적으로 다루기 쉽다.
③ 특이값에 대한 영향이 매우 크다.
④ 모든 자료값의 정보를 반영한다.
⑤ 분산은 자료값과 동일한 단위를 갖는다.

3. 다음 자료의 평균을 각각 구하라.

자료 A	4, 5, 5, 6, 7, 9
자료 B	4, 5, 5, 6, 7, 90

① A : 6, B : 19.5
② A : 5, B : 19.5
③ A : 6, B : 9.5
④ A : 5, B : 6
⑤ A : 6, B : 5

4. 다음 줄기-잎 그림으로 주어진 자료에 대해 옳은 것을 고르라.

줄기	잎
1	2 3 4 5
2	4 8 8
3	3 3 7 9
4	0 2 4 5

① 평균은 28이다.
② 최빈값은 28이다.
③ 중앙값은 28이다.
④ 평균은 29.8이다.
⑤ 최빈값은 없다.

5. 다음과 같이 도수표로 주어진 자료의 평균을 구하라.

계급간격	도수
4.5 ~ 9.5	2
9.5 ~ 14.5	7
14.5 ~ 19.5	24
19.5 ~ 24.5	12
24.5 ~ 29.5	5

① 25 ② 24.5 ③ 18.1 ④ 19.2 ⑤ 90.5

6. 다음 표본의 중앙값을 구하라.

6, 5, 3, 5, 4, 8, 6, 3, 3, 7, 4, 50

① 3 ② 4 ③ 5 ④ 5.5 ⑤ 6

7. [연습문제 6]에 주어진 자료의 최빈값을 구하라.

① 3 ② 4 ③ 5 ④ 5.5 ⑤ 6

8. 다음 표본에 대해 옳은 것을 고르라.

3, 2, 4, 5, 3, 7, 3, 4, 6, 5

① 최빈값은 5이다. ② 중앙값은 5이다.
③ 평균은 4이다. ④ 분산은 2.4이다.
⑤ 표준편차는 2이다.

9. [연습문제 5]의 도수표로 주어진 자료의 분산을 구하라. 단, 소수점 아래 셋째 자리에서 반올림한다.

① 22.74 ② 22.29 ③ 5.22
④ 5.12 ⑤ 1114.5

10. 다음 표본의 표준편차를 구하라. 단, 소수점 아래 둘째 자리에서 반올림한다.

5, 3, 3, 3, 4, 5, 3, 6, 5, 4, 3

① 1.3 ② 1.2 ③ 0.9 ④ 1.1 ⑤ 1.0

응용문제

11. 다음 자료에 대한 평균과 20% 절사평균을 구하라.

12 13 14 15 24 28 28 33
33 37 39 40 42 74 93

12. 어느 부서에 근무하는 근로자 10명의 평균 나이가 32세라고 한다. 근로자 10명의 나이가 다음과 같을 때 x를 구하라.

28, 36, 32, x, 24, 31, 29, 34, 43, 31

13. 대형서점에서 판매되는 베스트셀러 소설책의 가격을 조사하였더니 다음과 같았다. 이 자료에 대한 평균, 중앙값, 최빈값을 구하라.

(단위 : 10,000원)

2.2 2.6 2.8 3.3 4.2 3.1 3.2 3.6 2.6
2.6 3.7 2.9 2.1 3.4 2.2 2.7 3.2 3.3
4.5 3.3 2.7 3.9 3.4 2.6 3.4 4.2 3.8
3.4 3.5 3.6

14. 다음 표본의 평균과 최빈값이 같을 때, 평균을 구하라.

35, 34, 36, 33, x, 35, 38, 36, 39, 38

15. 크기순으로 나열된 다음 표본의 평균과 중앙값이 같을 때, x를 구하라.

41, 43, 43, 44, 45, 46, x, 48, 49, 49

16. 다음 줄기-잎 그림에 대해 주어진 물음에 답하라.

줄기	잎
1	2 4 4 7 7 8
2	1 1 4 7 8 8
3	0 2 6 8
4	0 3 7
5	0 1 5 6 6 6 7 9
6	0 3 4 5 7 9
7	1 1 1 3 5 7 8 9
8	0 0 0 1 3 3 6 8 9

(a) 이 자료의 평균과 중앙값을 구하라.
(b) 이 자료의 평균이 53이 되도록 자료값 하나를 추가하여 줄기-잎 그림을 새로 작성하라.

17. 다음 두 자료집단의 평균을 구하고, 두 자료의 특성이 동일한지 설명하라.

자료집단	측정값
A	76, 72, 73, 77, 78, 77, 79
B	81, 71, 74, 70, 76, 78, 82

18. 주어진 도수표에 대해 다음을 구하라.

계급간격	도수
0.5 ~ 4.5	4
4.5 ~ 8.5	5
8.5 ~ 12.5	7
12.5 ~ 16.5	10
16.5 ~ 20.5	14

(a) 평균과 분산

(b) 계급값을 이용한 사분위수와 사분위수범위

19. 주어진 표본에 대해 다음을 구하라.

3, 5, 4, 2, 4, 6, 3, 4, 7, 2, 4

(a) 분산과 표준편차

(b) 변동계수

20. 다음 자료집단의 변동계수를 구하여 두 자료를 비교하라.

자료집단	측정값
A	2, 4, 5, 6, 5
B	179, 184, 182, 182, 184

21. 다음 표본의 표준점수를 구하라. 단, 소수점 아래 셋째 자리에서 반올림한다.

11, 24, 17, 26, 22

22. 주어진 자료집단에 대해 다음을 구하라.

15	13	13	13	15	19	22	19	14	25
13	11	18	15	15	20	26	14	23	15
25	21	22	29	59	23	22	14	27	16
30	22	22	22	23	24	26	20	28	27

(a) 제20백분위수

(b) 사분위수

(c) 사분위수범위

(d) 상자그림

23. 미국의 전국대학고용주협회(NACE)에서 마케팅 전공과 회계학 전공 졸업자의 연봉 초임을 표본 조사한 결과 다음을 얻었다.

(단위 : 1,000$)

마케팅 전공	34.2 45.0 39.5 28.4 37.7 35.8 30.6 35.2 34.2 42.4
회계학 전공	33.5 57.1 49.7 40.2 44.2 45.2 47.8 38.0 53.9 41.1 41.7 40.8 55.5 43.5 49.1 49.9

(a) 두 전공의 평균과 중앙값을 구하라.

(b) 두 전공의 제1사분위수와 제3사분위수를 구하라.

(c) 이 표본으로부터 두 전공 졸업자의 연봉 초임에 대해 어떤 사실을 알 수 있는가?

심화문제

24. 후쿠시마 원전 사고 이후에 한국원자력안전기술원은 12개 지방 측정소에서 대기 부유진 방사능을 측정하고 있다. 경상남도 남해군 갯벌에서 채취한 토양에 포함된 방사성 세슘(^{137}Cs)을 측정하여 다음 자료를 얻었다. 주어진 자료에 대해 다음을 구하라.

(단위 : Bq/kg－dry)

0.96	0.96	1.03	1.01	1.01	0.85	0.99	0.92	1.11	1.02
0.93	0.92	1.05	1.01	0.92	0.94	0.99	0.95	0.88	0.95

(a) 평균　(b) 10% 절사평균　(c) 중앙값　(d) 제20백분위수

(e) 사분위수　(f) 분산　(g) 변동계수

25. 어느 광역시의 인구 증가요인을 분석한 결과 다음과 같았다.

(단위 : 명)

연도	2019	2020	2021	2022	2023
전입	3,971	4,263	4,933	4,798	4,321
전출	5,102	5,046	5,361	5,718	4,890

(a) 지난 5년간 전입과 전출의 평균을 구하라.

(b) 이 도시에서 외지로 전출한 인구와 외지에서 이 도시로 전입한 인구의 차를 순이동이라 한다. 전입을 기준으로 순이동에 대한 평균을 구하고, 이 도시의 인구 이동을 설명하라.

(c) 전입과 전출에 대한 표준편차를 구하라.

(d) 전입과 전출에 대한 변동계수를 구하라.

26. 두 집단 A와 B의 하루 일당에 대한 표준편차와 변동계수를 구하고, 상대적으로 두 자료집단의 흩어진 정도를 분석하라.

(단위 : 1,000 원)

A	10, 12, 11, 10, 15, 14
B	171, 164, 167, 156, 159, 164

27. 두 회사 A, B에서 제작한 베어링의 지름을 측정하여 아래의 자료를 얻었다. 다음을 구하라.

(단위 : cm)

회사 A	9.4	10.3	12.1	11.8	10.7	11.5	10.9	11.3	10.6	9.2
	10.2	9.4	10.4	10.1	9.8	10.7	10.5	9.6	10.8	10.7
회사 B	7.5	6.5	6.2	8.2	7.6	7.3	8.6	7.5	8.6	8.6
	7.6	6.4	6.9	8.3	7.1	8.7	7.8	6.8	8.4	7.4

(a) 평균　　(b) 표준편차　　(c) 변동계수

(d) 상자그림　　(e) 상대적인 분포 모양

PART 03

확률과 확률분포

||| 목차 |||

PART 03에서는 무엇을 배울까?

Part 03에서는 확률 계산과 확률변수의 개념을 정리하고, 결합확률분포와 대표적인 이산확률분포와 연속확률분포에 대해 살펴본다.

5장에서는 확률의 개념과 여러 가지 확률의 성질을 이해하고, 확률을 계산하는 방법에 대해 살펴본다. 6장에서는 특정한 성질을 갖는 사건을 수치로 표현하는 확률변수의 개념을 이해하고, 확률변수를 이용하여 확률을 구하는 방법을 살펴본다.

7장에서는 두 확률변수의 결합분포에 대한 의미를 이해하고, 두 확률변수의 독립성과 종속성에 대해 살펴본다. 8장에서는 이산확률분포와 연속확률분포를 이해하고, 이항분포와 정규분포의 특성과 확률을 계산하는 방법을 살펴본다.

I Can Do 문제 해답

Chapter 05

확률

||| 목차 |||

||| 학습목표 |||

- 사건의 개념을 이해하고, 경우의 수를 구할 수 있다.
- 순열과 조합의 의미를 이해하고, 순열의 수와 조합의 수를 계산할 수 있다.
- 확률의 의미를 이해하고, 주어진 사건의 확률을 계산할 수 있다.
- 확률의 여러 가지 성질을 이용하여 확률을 계산할 수 있다.
- 조건부 확률을 이해하고, 사건의 독립성을 이해할 수 있다.
- 전확률 공식을 이해하고, 베이즈 정리를 적용하여 확률을 계산할 수 있다.

Section

5.1 사건과 경우의 수

'사건과 경우의 수'를 왜 배워야 하는가?

2022년 카타르 월드컵이 열렸을 때 우리나라가 16강에 진출하기 위한 다양한 가능성에 많은 관심이 쏠렸다. 예를 들어 "어느 나라와 같은 조가 되어야 유리한가?" 또는 "어느 나라를 만나지 않아야 하는가?" 등의 경우의 수를 시작으로, 경기가 진행되는 중간에도 "어느 나라에게는 지거나 비기고 어느 나라는 반드시 이겨야 한다." 또는 1승 1무 1패일 때 "다른 조의 어떤 팀이 어떤 팀을 이겨야 한다." 등의 다양한 경우의 수를 따지며, 우리나라가 16강에 진출할 확률을 계산하였다. 이렇듯 확률 계산에서 가장 기본적인 사항은 어떤 사건의 발생과 이 사건이 발생하는 모든 경우의 수를 산출하는 것이다. 이 절에서는 사건의 개념과 경우의 수를 구하는 방법에 대해 살펴본다.

사건

동전을 던져서 앞면(그림)이 나오면 H, 뒷면(숫자)이 나오면 T라 하자. 이때 동일한 동전을 세 번 던진다면 나올 수 있는 모든 경우는 [그림 5-1]과 같다.

[그림 5-1] 동전을 세 번 던질 때 나오는 모든 경우

동전을 세 번 던져서 나올 수 있는 모든 경우를 H와 T를 이용하여 집합으로 나타내면 다음과 같다.

$$S = \{\text{HHH, HHT, HTH, THH, HTT, THT, TTH, TTT}\}$$

이때 적어도 두 번 이상 앞면이 나오는 경우에 관심을 갖는다면, 관심의 대상인 경우를 다음과 같이 집합으로 나타낼 수 있다.

$$A = \{\text{HHH, HHT, HTH, THH}\}$$

이와 같이 어떤 통계실험에서 나타날 수 있는 모든 대상들의 집합을 표본공간이라 하고, 관심을 갖는 대상 또는 특정한 성질을 만족하는 대상들의 집합을 사건이라 한다. 그리고 표본공간을 이루는 개개의 대상을 원소 또는 표본점이라 한다.

정의 5-1 표본공간, 사건, 원소

- **표본공간** sample space : 어떤 통계실험의 결과로 기록되거나 관찰될 수 있는 모든 결과들의 집합
- **사건** event : 표본공간의 부분집합
- **원소** element 또는 **표본점** sample point : 시행에서 나타날 수 있는 개개의 실험 결과

그러면 1.1절에서 살펴본 바와 같이 표본공간은 전체집합이고 사건은 일반적인 집합의 개념과 일치함을 알 수 있다.

예제 5-1

마술사가 52장의 카드 중에서 임의로 한 장을 뽑는다고 할 때 나올 수 있는 모든 경우를 구하여 집합으로 나타내고, 숫자 5 카드가 나오는 사건을 구하라.

풀이

아래 그림과 같이 52장의 카드는 다이아몬드, 하트, 클로버, 스페이드의 4종류이고 각각 2~10, A, J, Q, K로 이루어져 있다.

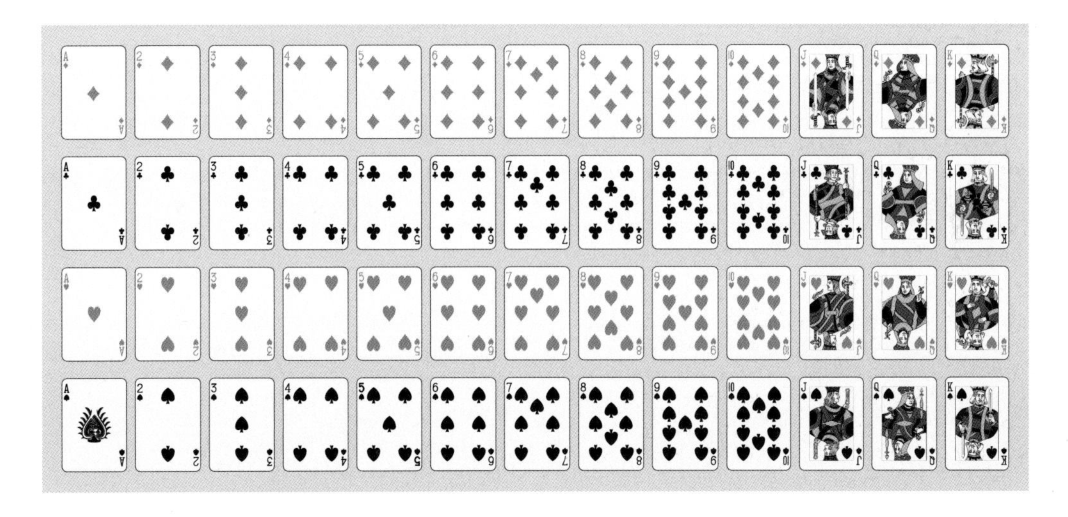

다이아몬드, 하트, 클로버, 스페이드를 각각 D, H, C, S라 하면, 카드를 하나 뽑을 때 나올 수 있는 모든 경우, 즉 표본공간은 다음과 같다.

$$S = \begin{Bmatrix} \mathrm{DA, D2, D3, D4, D5, D6, D7, D8, D9, D10, DJ, DQ, DK} \\ \mathrm{HA, H2, H3, H4, H5, H6, H7, H8, H9, H10, HJ, HQ, HK} \\ \mathrm{CA, C2, C3, C4, C5, C6, C7, C8, C9, C10, CJ, CQ, CK} \\ \mathrm{SA, S2, S3, S4, S5, S6, S7, S8, S9, S10, SJ, SQ, SK} \end{Bmatrix}$$

그리고 숫자 5 카드가 나오는 사건은 $A = \{\mathrm{D5, H5, C5, S5}\}$이다.

I Can Do 5-1

1의 눈이 나올 때까지 주사위를 던진 횟수에 대한 표본공간과 짝수 번째에 던져야 비로소 1의 눈이 처음 나오는 사건을 구하라.

앞에서 통계실험에서 특정한 성질을 만족하는 대상들의 집합을 사건이라고 하였다. 그러므로 여러 가지 형태의 집합을 사건 개념에 적용하면 여러 가지 형태의 사건을 정의할 수 있다. 이제 여러 가지 사건에 대해 살펴보자.

원소가 하나도 없는 집합을 공집합이라고 하듯이 관찰된 결과가 하나도 없는 사건을 생각할 수 있다. 또한 단 하나의 관찰값으로 이루어진 사건을 생각할 수 있다. 이와 같은 사건을 다음과 같이 정의한다.

정의 5-2 근원사건과 공사건

- **근원사건**elementary event : 단 하나의 원소로 구성된 사건
- **공사건**empty event($\varnothing$) : 원소가 하나도 들어있지 않은 사건

이제 집합의 개념을 이용하여 여러 가지 형태의 사건을 다음과 같이 정의해보자.

■ 합사건

어떤 통계실험에서 일어날 수 있는 두 사건 A와 B에 대해 A 또는 B가 발생하는 사건을 **합사건** union of events이라 하며, 이 사건은 다음과 같이 사건 A, B의 합집합이다.

$$A \cup B = \{\omega \mid \omega \in A \text{ 또는 } \omega \in B\}$$

■ 곱사건

사건 A와 B에 대해 두 사건 A와 B가 동시에 발생하는 사건을 **곱사건**intersection of events이라 하며, 이 사건은 다음과 같이 사건 A, B의 교집합이다.

$$A \cap B = \{\omega \mid \omega \in A \text{ 그리고 } \omega \in B\}$$

■ 배반사건

두 사건 A와 B가 공통인 원소를 갖지 않는 경우, 즉 두 사건 A와 B가 동시에 발생하지 않는 경우에 이 두 사건을 **배반사건** mutually exclusive events이라 한다. 따라서 두 사건 A와 B가 배반사건이면 다음과 같이 서로소인 집합을 나타낸다.

$$A \cap B = \varnothing$$

그리고 n개의 사건 $A_1, A_2, \cdots, A_n$ 중에서 다음과 같이 임의의 두 사건을 선정할 때, 이 두 사건이 배반사건인 경우에 사건 $A_1, A_2, \cdots, A_n$을 **쌍마다 배반사건** pairwisely mutually exclusive events이라 한다.

$$A_i \cap A_j = \varnothing, \ i \neq j, \ i, j = 1, 2, 3, \cdots, n$$

특히 사건 $A_1, A_2, \cdots, A_n$이 쌍마다 배반사건이고 이 사건들의 합사건이 표본공간 S와 같을 때, 이 사건들을 표본공간 S의 **분할** partition이라 한다.

■ 차사건

다음과 같이 사건 A 안에 포함되지만 사건 B 안에 포함되지 않는 원소로 구성된 사건을 **차사건** difference of events이라 한다.

$$A - B = \{\omega \mid \omega \in A \text{ 그리고 } \omega \notin B\}$$

■ 여사건

표본공간 S에 대하여 사건 A 안에 포함되지 않는 원소로 구성된 사건을 A의 **여사건** complementary event 이라 하며, 이 사건은 다음과 같이 사건 A의 여집합이다.

$$A^c = \{\omega \mid \omega \in S \text{ 그리고 } \omega \notin A\}$$

이와 같은 사건을 벤 다이어그램으로 나타내면 [그림 5-2]와 같다.

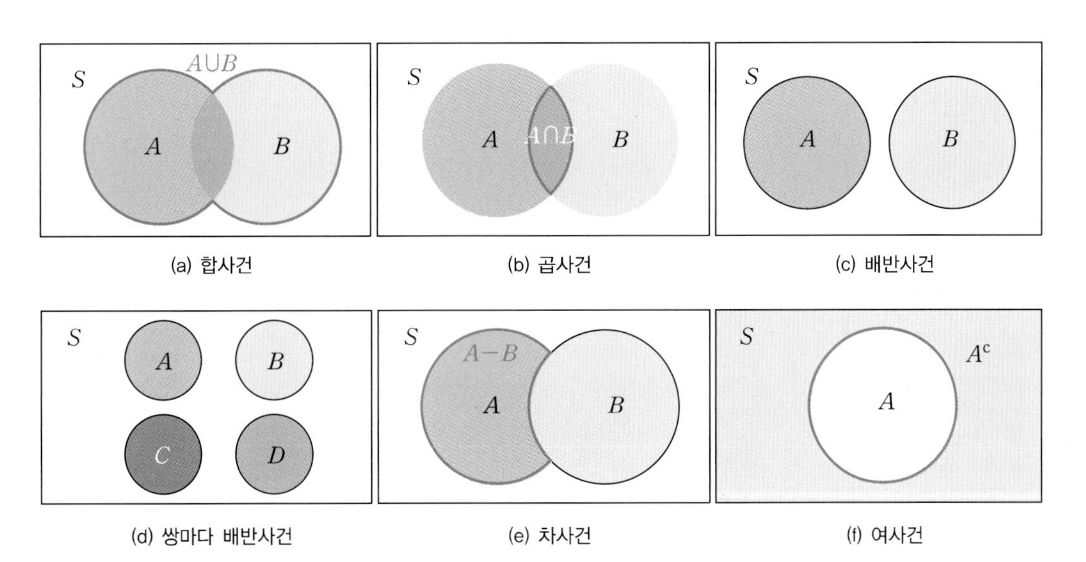

[그림 5-2] 여러 가지 사건의 벤 다이어그램

예제 5-2

10 이하의 자연수 중에서 임의로 하나를 선택하는 실험을 한다. 짝수가 나오는 사건을 A, 3의 배수가 나오는 사건을 B, 소수가 나오는 사건을 C라 할 때 다음을 구하라.

(a) $A \cap B$ (b) $A \cup C$ (c) A^c (d) $B - C$

풀이

표본공간과 세 사건 A, B, C를 집합으로 나타내면 다음과 같다.

$$S = \{1, 2, 3, 4, 5, 6, 7, 8, 9, 10\}$$
$$A = \{2, 4, 6, 8, 10\}, \ B = \{3, 6, 9\}, \ C = \{2, 3, 5, 7\}$$

(a) A와 B의 공통 원소로 구성된 사건이므로, $A \cap B = \{6\}$이다.

(b) A 또는 C의 원소로 구성된 사건이므로, $A \cup C = \{2, 3, 4, 5, 6, 7, 8, 10\}$이다.

(c) 표본공간 안에 있으면서 A 안에 없는 원소들의 사건이므로, $A^c = \{1, 3, 5, 7, 9\}$이다.

(d) 사건 B의 원소 중에서 사건 C와 공통인 원소를 제거한 나머지 원소로 구성된 사건이므로, $B - C = \{6, 9\}$이다.

I Can Do 5-2

주사위를 두 번 던지는 실험에서 첫 번째 나온 눈의 수가 짝수인 사건을 A, 두 번째 나온 눈의 수가 짝수인 사건을 B, 두 눈의 합이 7인 사건을 C라 할 때 다음을 구하라.

(a) $A \cap B$ (b) $B \cup C$ (c) B^c (d) $B - C$

사건의 연산

임의의 두 사건 A와 B의 합사건, 곱사건, 여사건에 대해 다음 성질이 성립한다.

정리 5-1 합사건의 성질

(1) $A \cup A = A$

(2) $A \cup B = B \cup A$ (교환법칙)

(3) $A \cup \varnothing = A$

(4) $A \cup A^c = S$

(5) $A \cup S = S$

(6) $(A \cup B) \cup C = A \cup (B \cup C)$ (결합법칙)

정리 5-2 곱사건의 성질

(1) $A \cap A = A$

(2) $A \cap B = B \cap A$ (교환법칙)

(3) $A \cap \varnothing = \varnothing$

(4) $A \cap A^{c} = \varnothing$

(5) $A \cap S = A$

(6) $(A \cap B) \cap C = A \cap (B \cap C)$ (결합법칙)

정리 5-3 여사건의 성질

$(A^{c})^{c} = A$

세 사건 A, B, C에 대해 다음 성질이 성립하며, 이를 분배법칙이라고 한다.

정리 5-4 분배법칙

(1) $(A \cup B) \cap C = (A \cap C) \cup (B \cap C)$

(2) $(A \cap B) \cup C = (A \cup C) \cap (B \cup C)$

또한 다음과 같이 두 사건의 합사건 또는 곱사건의 여사건을 각각의 여사건을 이용하여 나타낼 수 있다.

정리 5-5 드 모르간의 법칙 De Morgan's law

(1) $(A \cup B)^{c} = A^{c} \cap B^{c}$

(2) $(A \cap B)^{c} = A^{c} \cup B^{c}$

특히 두 사건 A와 B에 대해 $A \subset B$이면, [그림 5-3]과 같이 나타난다. 이 경우에 A와 B의 합사건과 곱사건은 각각 다음과 같다.

$$A \subset B \Rightarrow A \cup B = B,\ A \cap B = A$$

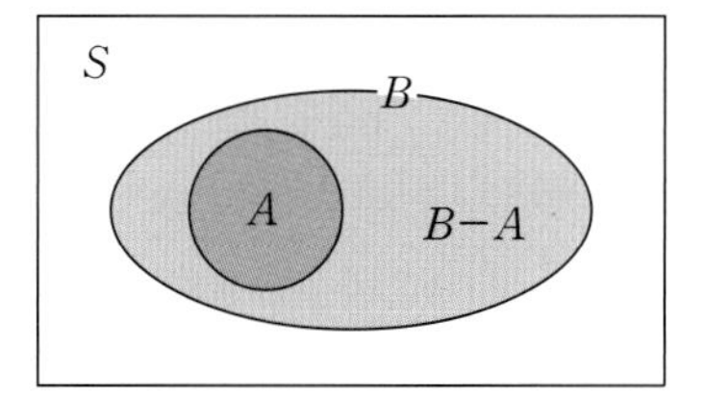

[그림 5-3] $A \subset B$인 두 사건

또한 $A \subset B$인 사건 B를 두 배반사건 A와 $B-A$의 합사건으로 다음과 같이 표현할 수 있다.

$$A \subset B \quad \Rightarrow \quad B = A \cup (B-A)$$

예제 5-3

동전을 세 번 던지는 게임에서 적어도 두 번 이상 앞면이 나오는 사건을 A, 뒷면이 한 번 또는 두 번 나오는 사건을 B, 세 번 모두 같은 면이 나오는 사건을 C라 할 때 다음을 구하라.

(a) $(A \cap B)^c$ (b) $(A \cup B)^c$ (c) $(A \cap C)^c$ (d) $(A \cup C)^c$

풀이

표본공간과 세 사건을 집합으로 나타내면 다음과 같다.

$$S = \{\text{HHH, HHT, HTH, THH, HTT, THT, TTH, TTT}\}$$
$$A = \{\text{HHH, HHT, HTH, THH}\}$$
$$B = \{\text{HHT, HTH, THH, HTT, THT, TTH}\}$$
$$C = \{\text{HHH, TTT}\}$$

(a) $A \cap B = \{\text{HHT, HTH, THH}\}$이므로,
$(A \cap B)^c = \{\text{HHH, HTT, THT, TTH, TTT}\}$이다.

(b) $A \cup B = \{\text{HHH, HHT, HTH, THH, HTT, THT, TTH}\}$이므로,
$(A \cup B)^c = \{\text{TTT}\}$이다.

(c) $A \cap C = \{\text{HHH}\}$이므로,
$(A \cap C)^c = \{\text{HHT, HTH, THH, HTT, THT, TTH, TTT}\}$이다.

(d) $A \cup C = \{\text{HHH, HHT, HTH, THH, TTT}\}$이므로,
$(A \cup C)^c = \{\text{HTT, THT, TTH}\}$이다.

I Can Do 5-3

10 이하의 자연수 중에서 임의로 하나를 선택하는 실험을 한다. 짝수가 나오는 사건을 A, 3의 배수가 나오는 사건을 B, 소수가 나오는 사건을 C라 할 때 다음을 구하라.

(a) $(A \cap B)^c$ (b) $(A \cup B)^c$ (c) $(A \cap C)^c$ (d) $(A \cup C)^c$

시행

동전을 던져서 앞면(사람)이 나오면 H, 뒷면(숫자)이 나오면 T라 하자. 이때 동전을 두 번 반복하여 던진다면 나올 수 있는 모든 경우는 HH, HT, TH, TT뿐이다. 그리고 주사위를 한 번 던진다면 나올 수 있는 모든 경우는 1, 2, 3, 4, 5, 6뿐이다. 이와 같이 동일한 조건 아래에서 동전이나 주사위를 몇 번이고 반복하여 던질 수 있으며, 매번 나오는 결과는 달라질 수 있다.

정의 5-3 **시행**

- **시행**trial : 동일한 조건 아래서 반복할 수 있으며, 그 결과가 우연에 의해 달라질 수 있는 실험 또는 관찰

한편, 동일한 동전을 반복하여 던지는 경우 처음에는 앞면 또는 뒷면이 나온다. 그리고 두 번째 던질 때는 처음 결과와 관계없이 앞면 또는 뒷면 중 어느 하나가 나온다. 처음에 앞면이 나왔다고 해서 두 번째 결과가 반드시 앞면이거나 반드시 뒷면이어야 하는 것은 아니다. 이와 같이 동전을 반복하여 던지는 시행을 독립시행이라 하고, 독립시행이 아닌 경우를 종속시행이라고 한다.

정의 5-4 **독립시행**

- **독립시행**independent trial : 동일한 조건에서 어떤 시행을 반복할 때, 각 시행의 결과가 이전 시행의 결과에 영향을 받지 않는 시행

예를 들어 흰색 바둑돌 3개와 검은색 바둑돌 2개가 들어있는 주머니에서 반복하여 바둑돌을 꺼낸다고 하자. 이때 [그림 5-4(a)]와 같이 처음에 꺼낸 흰색 바둑돌을 확인한 후에 다시 주머니에 넣는다면, 주머니 안의 바둑돌은 변화가 없다. 따라서 두 번째 바둑돌을 꺼낼 때, 주머니 안에는 흰색 3개와 검은색 2개가 들어 있으므로, 처음에 흰색이 나오더라도 두 번째 시행에서 흰색이 나올 가능성은 처음에 흰색이 나올 가능성과 동일하다. 이와 같이 꺼낸 바둑돌을 주머니 안에 다시 넣고 새로 바둑돌을 꺼내는 시행은 이전의 시행 결과가 이후에 아무런 영향을 미치지 않으므로 독립시행이다. 이러한 방법으로 주머니에서 바둑돌을 꺼내 추출하는 것을 **복원추출**replacement이라 한다.

이번에는 [그림 5-4(b)]와 같이 첫 번째로 꺼낸 바둑돌이 흰색이고 이 바둑돌을 주머니 안에 다시 넣지 않은 채, 주머니에서 두 번째 바둑돌을 꺼낸다고 하자. 그러면 주머니 안에는 흰색 2개와 검은색 2개가 들어있으므로, 두 번째로 꺼낸 바둑돌이 흰색일 가능성은 첫 번째로 꺼낸 바둑돌이 흰색일 가능성과 다르다. 따라서 이와 같은 시행은 첫 번째로 꺼낸 바둑돌이 흰색이라는 결과가 두 번째로 흰색이 나오는 결과에 영향을 미친다. 그러므로 처음에 꺼낸 바둑돌을 주머니에 다시 넣지 않고 다음 바둑돌을 꺼내는 시행은 독립시행이 아니다. 이러한 방법으로 주머니에서 바둑돌을 꺼내 추출하는 것을 **비복원추출**without replacement이라 한다.

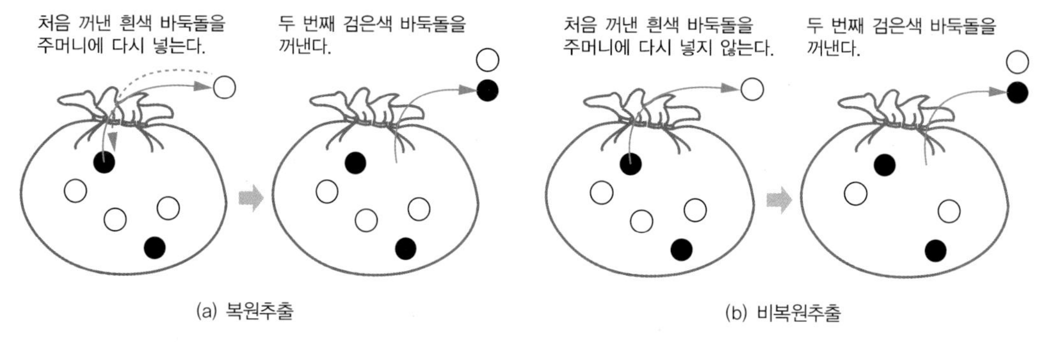

[그림 5-4] 복원추출과 비복원추출

예제 5-4

1, 2, 3의 번호가 적힌 공 세 개가 들어있는 주머니에서 다음 방법에 따라 공 두 개를 꺼낼 때 나올 수 있는 모든 경우를 구하라.

(a) 복원추출 (b) 비복원추출

풀이

(a) 처음 꺼낸 공을 주머니 안에 다시 넣으므로, 주머니 안에 들어있는 공의 개수는 변화가 없다. 따라서 나올 수 있는 모든 경우는 다음과 같다.

$$S = \{(1,1), (1,2), (1,3), (2,1), (2,2), (2,3), (3,1), (3,2), (3,3)\}$$

(b) 처음 꺼낸 공을 주머니 안에 다시 넣지 않으므로, 처음 나온 번호는 두 번째에 나올 수 없다. 따라서 나올 수 있는 모든 경우는 다음과 같다.

$$S = \{(1,2), (1,3), (2,1), (2,3), (3,1), (3,2)\}$$

I Can Do 5-4

1, 2, 3, 4의 번호가 적힌 공 네 개가 들어있는 주머니에서 다음 방법에 따라 공 두 개를 꺼낼 때 나올 수 있는 모든 경우를 구하라.

(a) 복원추출 (b) 비복원추출

경우의 수

두 사건 A와 B 중에서 어느 하나가 일어나는 경우의 수와 두 사건 A, B가 동시에 일어나는 경우의 수를 구해보자.

■ **합의 법칙**

두 사건 A와 B의 원소의 개수를 각각 $n(A)$와 $n(B)$라고 하자. 이때 두 사건이 서로 배반이면 공통원소가 없으므로 합집합 $A \cup B$의 원소의 개수는 $n(A \cup B) = n(A) + n(B)$이다. 이와 비슷한 논의로 서로 배반인, 즉 동시에 나타나지 않는 두 사건 A와 B가 일어나는 경우의 수를 각각 a와 b라 하자. 그러면 사건 A 또는 사건 B가 일어나는 경우의 수는 $a+b$이다.

예를 들어 책상 위에 서로 다른 연필 5자루와 서로 다른 볼펜 4자루가 있다고 하자. 이들 중에서 연필 한 자루를 선택하는 사건을 A, 볼펜 한 자루를 선택하는 사건을 B라 하면 $n(A) = 5$이고 $n(B) = 4$이다. 이때 연필과 볼펜 중에서 어느 하나를 선택하는 경우의 수는 $5 + 4 = 9$이다.

또 다른 예로 주사위를 한 번 던져서 나온 눈의 수가 짝수인 사건을 A, 3의 배수인 사건을 B라 하면 두 사건은 각각 $A = \{2, 4, 6\}$과 $B = \{3, 6\}$이므로, $n(A) = 3$이고 $n(B) = 2$이다. 이때 주사위를 던져서 짝수의 눈이 나오거나 3의 배수인 눈이 나오는 경우의 수를 $3 + 2 = 5$로 생각할 수 있지만, 사실 두 사건은 공통원소 6을 가지므로 A 또는 B가 나타날 경우의 수는 $3 + 2 - 1 = 4$이다. 이와 같이 두 사건 A와 B 중에서 어느 하나가 나타날 경우의 수는 다음과 같이 구분할 수 있으며, 이를 **합의 법칙**rule of addition이라 한다.

❶ $A \cap B = \varnothing$이고 $n(A) = a$, $n(B) = b$이면 $n(A \cup B) = a + b$이다.
❷ $A \cap B \neq \varnothing$이고 $n(A) = a$, $n(B) = b$, $n(A \cap B) = c$이면 $n(A \cup B) = a + b - c$이다.

예제 5-5

1~20까지의 자연수가 적힌 카드 중에서 한 장의 카드를 뽑는다고 할 때 다음을 구하라.

(a) 뽑은 카드가 3 또는 5의 배수인 경우의 수
(b) 뽑은 카드가 4의 배수 또는 소수인 경우의 수

풀이

(a) 3의 배수인 카드가 나오는 사건을 A, 5의 배수인 카드가 나오는 사건을 B라 하면 두 사건은 각각 다음과 같다.

$$A = \{3, 6, 9, 12, 15, 18\}, \quad B = \{5, 10, 15, 20\}$$

그러면 $A \cap B = \{15\}$이고 $n(A) = 6$, $n(B) = 4$, $n(A \cap B) = 1$이므로 구하고자 하는 경우의 수는 $6 + 4 - 1 = 9$가지이다.

(b) 4의 배수인 카드가 나오는 사건을 A, 소수인 카드가 나오는 사건을 B라 하면 두 사건은 각각 다음과 같다.

$$A = \{4, 8, 12, 16, 20\}, \quad B = \{2, 3, 5, 7, 11, 13, 17, 19\}$$

그러면 $A \cap B = \varnothing$이고 $n(A) = 5$, $n(B) = 8$이므로 구하고자 하는 경우의 수는 $5 + 8 = 13$가지이다.

I Can Do 5-5

주사위를 두 번 던져서 처음에 나온 눈의 수가 짝수이거나 나중에 나온 눈의 수가 짝수인 경우의 수를 구하라.

■ 곱의 법칙

사건 A가 일어나는 모든 경우의 수는 m이고, 사건 A가 일어나는 각각의 경우에 대해 사건 B가 일어나는 경우의 수는 n이라 하자. 그러면 두 사건 A와 B가 동시에 일어나는 경우의 수는 $m \times n$(가지)이고, 이를 **곱의 법칙**rule of multiplication이라 한다.

예를 들어 동전을 두 번 던져서 나올 수 있는 모든 경우의 수를 구해보자. 그러면 첫 번째에 앞면 또는 뒷면이 나오는 각각의 경우에 대해 두 번째에 앞면 또는 뒷면이 나오는 경우가 있으며, 이를 [그림 5-5]와 같이 생각할 수 있다.

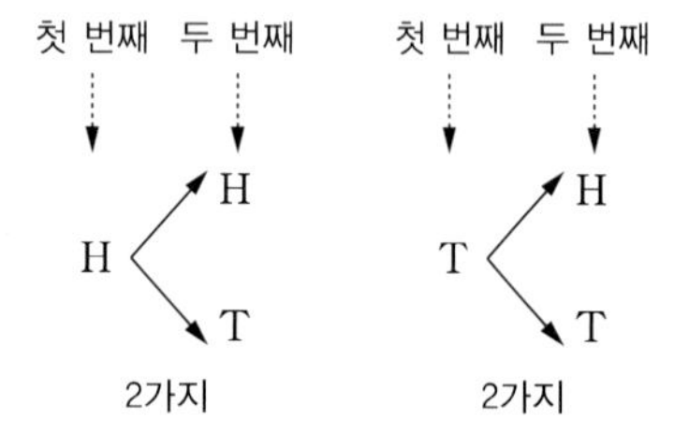

[그림 5-5] 동전을 두 번 던지는 경우의 수

따라서 첫 번째에 나올 수 있는 경우의 수는 H와 T로 2가지이고, H와 T 각각에 대해 두 번째에 나올 수 있는 경우의 수가 2가지 있다. 그러므로 동전을 두 번 던질 때 나올 수 있는 모든 경우의 수는 곱의 법칙에 의해 $2 \times 2 = 4$가지이다. 일반적으로 동전을 n번 던져서 나올 수 있는 모든 경우의 수는 다음과 같다.

$$\underbrace{2 \times \cdots \times 2}_{n\text{개}} = 2^n$$

예제 5-6

자음 b, c, d와 모음 a, e, i, o u 중에서 자음 하나와 모음 하나를 선택하여 글자를 만들 수 있는 경우의 수를 구하라.

풀이

자음 b에 대해 5개의 모음을 합치면 ba, be, bi, bo bu와 같이 5개의 글자를 만들 수 있으며, c와 d에 대해서도 동일하게 각각 5개의 글자를 만들 수 있으므로 총 15개의 글자를 만들 수 있다. 즉 자음 3개 중에서 하나를 택하고 모음 5개 중에서 하나를 택하는 경우의 수는 $3 \times 5 = 15$ 가지이다.

I Can Do 5-6

숫자 1, 2, 3을 십의 자릿수, 숫자 4, 5, 6, 7을 일의 자릿수로 선택하여 두 자릿수를 만들 수 있는 모든 경우의 수를 구하라.

Section 5.2

순열과 조합

'순열과 조합'을 왜 배워야 하는가?

확률 문제를 해결하는 데 가장 중요한 것은 모든 경우의 수와 어느 특정한 사건이 일어날 경우의 수를 구하는 것이다. 이때 특수한 두 가지 경우의 수를 생각할 수 있는데, 하나는 서로 다른 대상을 순서를 고려하여 나열하는 경우의 수이고, 다른 하나는 순서를 무시하고 나열하는 경우의 수이다. 한편, 사건을 구성하는 원소들이 어떤 순서로 나타나는지 혹은 순서와 관계없이 나타나는지에 따라 확률이 달라진다. 따라서 주어진 사건이 발생할 확률을 계산하려면, 특정한 사건이 순서를 가지고 발생하는 경우(순열)의 수와 순서와 관계없이 발생하는 경우(조합)의 수를 구하는 방법을 정확히 알아야 한다.

서로 다른 대상을 순서대로 나열하는 경우의 수와 순서를 무시하고 나열하는 경우의 수를 생각해보자. 이때 서로 다른 대상을 순서대로 나열하는 것을 순열이라 하며, 순서를 무시하고 나열하는 것을 조합이라 한다. 특히 조합의 수는 8.1절의 이항분포와 초기하분포 등의 기초가 되는 필수 개념이다.

순열

4개의 카드 A, B, C, D를 $ABCD$ 또는 $BADC$ 등과 같이 서로 다르게 나열하는 방법을 생각해보자. [표 5-1]에서 볼 수 있듯이 4개의 카드를 이용하여 나열할 수 있는 모든 경우의 수는 24가지이다.

[표 5-1] 카드 A, B, C, D의 나열 방법

$ABCD$	$ABDC$	$ACBD$	$ACDB$	$ADBC$	$ADCB$
$BACD$	$BADC$	$BCAD$	$BCDA$	$BDAC$	$BDCA$
$CABD$	$CADB$	$CBAD$	$CBDA$	$CDAB$	$CDBA$
$DABC$	$DACB$	$DBAC$	$DBCA$	$DCAB$	$DCBA$

4개의 카드 A, B, C, D를 이용하여 나열할 수 있는 경우의 수에만 관심을 갖는다면, [표 5-1]과 같이 문자를 일일이 나열하지 않아도 된다. 카드를 나열하는 경우의 수를 구하는 방법을 알아보자. [그림 5-6]과 같이 첫 번째 상자에는 A, B, C, D 중 어느 것이든 넣을 수 있으므로 첫 번째 상자에 카드를 넣는 방법은 4가지이다. 만일 첫 번째 상자에 카드 A를 넣었다면, 두 번째 상자에는 A를 제외한 B, C, D 중 어느 하나를 넣을 수 있으므로 3가지 방법이 있다. 또한 두 번째 상자에 카드 B를 넣었다면, 세 번째 상자에는 C 또는 D 중 어느 하나를 넣을 수 있으므로 2가지 방법이 있으

며, 마지막 상자에는 세 번째 상자에 넣지 않은 카드 하나를 넣을 수 있으므로 자동적으로 1가지 방법뿐이다. 따라서 카드 A, B, C, D를 서로 다르게 나열할 수 있는 경우의 수는 곱의 법칙에 의해 $4\times3\times2\times1=24$가지이다.

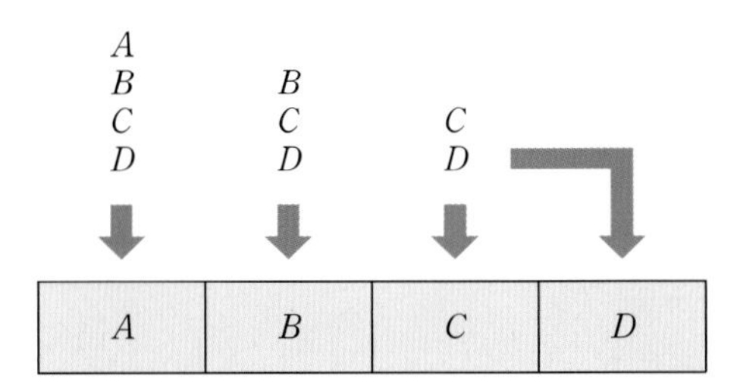

[그림 5-6] 상자에 카드 A, B, C, D를 넣는 방법

이때 $4\times3\times2\times1=24$와 같은 연속인 자연수의 곱은 간단히 나타낼 수 있다. 다음과 같이 1부터 n까지 연속인 자연수들의 곱을 **n계승**$^{n\text{-factorial}}$이라 한다. 단, $0!=1$로 약속한다.

$$n!=1\times2\times\cdots\times(n-1)\times n$$

따라서 $4\times3\times2\times1=24$는 $4!=24$로 간단히 나타낼 수 있다.

이제 4개의 카드 A, B, C, D 중에서 서로 다른 카드 2개를 선택하여 AB, BA 등과 같이 순서대로 나열하는 방법의 수를 생각하자. 이 방법의 수는 [그림 5-7]과 같이 두 상자에 카드 2개를 순서대로 넣는 경우와 동일하다. 첫 번째 상자에 넣을 수 있는 카드는 A, B, C, D 중 어느 하나이므로 4가지 방법이 있다. 만일 카드 A를 첫 번째 상자에 넣었다면, 두 번째 상자에는 A를 제외한 나머지 카드 B, C, D 중 어느 하나를 넣을 수 있으므로 3가지 방법이 있다. 따라서 카드 4개 중에서 서로 다른 카드 2개를 선택하여 순서대로 나열할 수 있는 경우의 수는 $4\times3=12$가지이다.

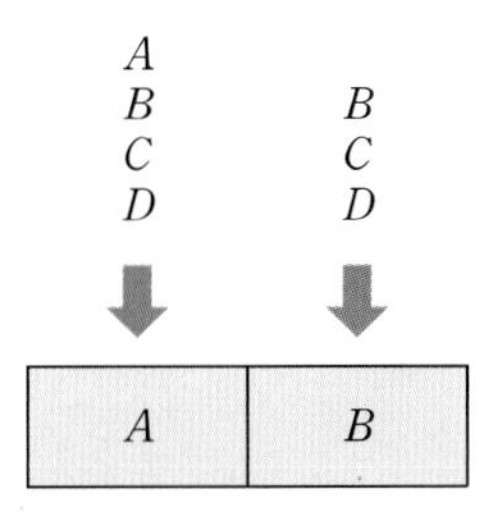

[그림 5-7] 상자에 카드 A, B, C, D 중 2개를 순서대로 넣는 방법

이와 같이 서로 다른 n개에서 r개를 선택하여 순서대로 나열하는 것을 n개 중에서 r개를 선택하는 **순열**^{permutation}이라 하고, 순열의 수를 ${}_n\mathrm{P}_r$로 나타낸다. 예를 들어 서로 다른 4개 중에서 2개를 선택하여 순서대로 나열하는 순열의 수는 ${}_4\mathrm{P}_2$이다.

이제 서로 다른 n개에서 r개를 선택하는 순열의 수 ${}_{n}\mathrm{P}_{r}$을 구하기 위해 [그림 5-8]과 같이 상자 r개를 생각해보자. 첫 번째 상자에 넣을 수 있는 카드의 경우의 수는 n가지이고, 이 중 어느 하나를 넣었다면 두 번째 상자에 넣을 수 있는 카드의 경우의 수는 $(n-1)$가지이다. 그리고 세 번째 상자에 넣을 수 있는 카드의 경우의 수는 처음 두 상자에 넣은 카드를 제외한 $(n-2)$가지이다. 이와 같이 반복하면 마지막 r번째 상자에 넣을 수 있는 경우의 수는 $(n-r+1)$가지이다.

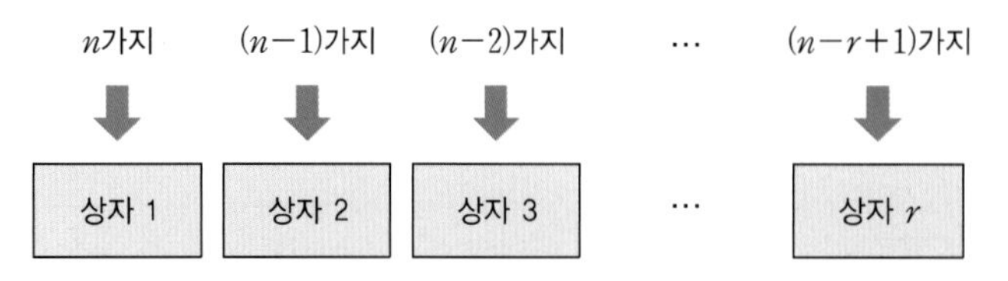

[그림 5-8] n개 카드를 r개 상자에 순서대로 넣는 방법

따라서 서로 다른 n개 중에서 r개를 선택하는 순열의 수 ${}_{n}\mathrm{P}_{r}$은 곱의 법칙에 의해 다음과 같다.

$$ {}_{n}\mathrm{P}_{r} = n(n-1)(n-2)\cdots(n-r+1) $$

한편, 순열의 수는 계승을 이용하여 다음과 같이 나타낼 수 있다.

$$ \begin{aligned} {}_{n}\mathrm{P}_{r} &= n(n-1)(n-2)\cdots(n-r+1) \\ &= \frac{n(n-1)\cdots(n-r+1)(n-r)(n-r-1)\cdots 2\times 1}{(n-r)(n-r-1)\cdots 2\times 1} \\ &= \frac{n!}{(n-r)!} \end{aligned} $$

또한 $0!=1$로 약속했으므로, 이 식에서 $r=0$이라 하면 ${}_{n}\mathrm{P}_{0}=1$이다. 그러므로 순열의 수는 다음과 같이 간단히 나타낼 수 있다.

$$ {}_{n}\mathrm{P}_{r} = \frac{n!}{(n-r)!}, \quad r=0, 1, \cdots, n $$

순열의 수는 다음의 성질을 갖는다.

정리 5-6 ${}_{n}\mathrm{P}_{r}$의 성질

$r=1, 2, \cdots, n$에 대해 다음이 성립한다.

(1) ${}_{n}\mathrm{P}_{n}=n!$

(2) $n\times {}_{n-1}\mathrm{P}_{r-1} = {}_{n}\mathrm{P}_{r}$

(3) ${}_{n-1}\mathrm{P}_{r} + r\times {}_{n-1}\mathrm{P}_{r-1} = {}_{n}\mathrm{P}_{r}$

예제 5-7

숫자 0, 1, 2, 3, 4, 5에서 서로 다른 숫자 3개를 선택하여 세 자릿수를 만든다고 할 때, 다음을 구하라.

(a) 일의 자리가 0인 수의 개수
(b) 일의 자리가 2인 수의 개수
(c) 일의 자리가 4인 수의 개수

풀이

(a) 일의 자리가 0으로 고정되어 있으므로 나머지 5개의 숫자 중에서 백의 자리와 십의 자리에 들어갈 서로 다른 2개를 선택하면 된다. 따라서 일의 자리가 0인 수의 개수는 ${}_5\mathrm{P}_2 = 5\times 4 = 20$개이다.

(b) 일의 자리가 2로 고정되어 있으므로 세 자릿수를 만들기 위해 백의 자리에 올 수 있는 숫자는 0을 제외한 1, 3, 4, 5 중 하나이므로 4개가 있다. 그리고 십의 자리에 올 수 있는 숫자는 백의 자리에 온 숫자와 2를 제외한 4개의 숫자 중 하나이다. 따라서 일의 자리가 2인 수의 개수는 $4\times 4 = 16$개이다.

(c) (b)에서 2를 4로 바꾼 경우이므로, 일의 자리가 4인 수의 개수는 16개이다.

I Can Do 5-7

10명 중에서 3명을 선정하여 일렬로 세우는 경우의 수를 구하라.

조합

4개의 카드 A, B, C, D 중에서 순서를 생각하지 않고 서로 다른 카드 2개를 선택한다면, AB와 BA는 순서를 생각하지 않으므로 동일한 경우가 된다. 따라서 4개의 카드 중에서 순서 없이 서로 다른 두 카드를 선정한 모든 경우는 AB, AC, AD, BC, BD, CD뿐이고, 이 경우의 수는 6가지이다. 즉 서로 다른 4개의 카드 중에서 2개를 순서대로 선택하는 경우의 수는 12가지이고, 여기서 순서를 무시하면 동일한 카드의 배열이 2개씩 있음을 알 수 있다. 따라서 4개의 카드 중에서 순서 없이 서로 다른 두 카드를 선정한 모든 경우의 수는 $\frac{{}_4\mathrm{P}_2}{2} = \frac{12}{2} = 6$가지이다. 이와 같이 서로 다른 n개 중에서 순서를 생각하지 않고 r개를 선택하는 방법을 **조합**combination이라 하고, 조합의 수를 ${}_n\mathrm{C}_r$ 또는 $\binom{n}{r}$로 나타낸다. 이때 [그림 5-9]와 같이 n개 중에서 순서를 생각하지 않고 r개를 선택한 각각의 조합을 순서대로 배열하면, 결과적으로 n개 중에서 r개를 선택하여 순서대로 나열하는 순열이 된다.

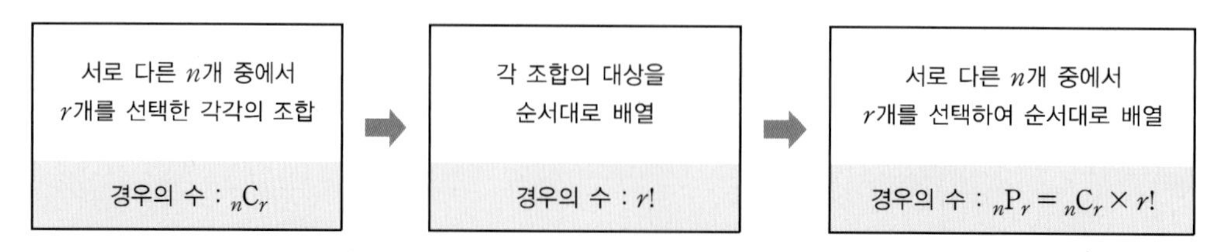

[그림 5-9] 순열의 수와 조합의 수의 관계

따라서 곱의 법칙에 의해 ${}_n\mathrm{C}_r \times r! = {}_n\mathrm{P}_r$이 성립한다. 그러므로 서로 다른 n개 중에서 순서 없이 r개를 선택하는 조합의 수는 다음과 같다. 이때 ${}_n\mathrm{C}_0 = 1$로 정의한다.

$${}_n\mathrm{C}_r = \frac{{}_n\mathrm{P}_r}{r!} = \frac{n!}{r!\,(n-r)!}$$

조합의 수는 다음의 성질을 갖는다.

정리 5-7 ${}_n\mathrm{C}_r$의 성질

(1) $r = 0, 1, \cdots, n$에 대해 ${}_n\mathrm{C}_r = {}_n\mathrm{C}_{n-r}$이다.

(2) $r = 1, 2, \cdots, n-1$에 대해 ${}_{n-1}\mathrm{C}_r + {}_{n-1}\mathrm{C}_{r-1} = {}_n\mathrm{C}_r$이다.

조합의 수를 이용하면 [표 5-2]와 같이 $(a+b)^n$의 전개식을 쉽게 얻을 수 있다.

[표 5-2] $(a+b)^n$의 전개식의 예

$(a+b)^n$	전개식	이항정리
$(a+b)^1$	$= a+b$	$= {}_1\mathrm{C}_0\, a + {}_1\mathrm{C}_1\, b$
$(a+b)^2$	$= a^2+2ab+b^2$	$= {}_2\mathrm{C}_0\, a^2 + {}_2\mathrm{C}_1\, ab + {}_2\mathrm{C}_2\, b^2$
$(a+b)^3$	$= a^3+3a^2b+3ab^2+b^3$	$= {}_3\mathrm{C}_0\, a^3 + {}_3\mathrm{C}_1\, a^2b + {}_3\mathrm{C}_2\, ab^2 + {}_3\mathrm{C}_3\, b^3$
$(a+b)^4$	$= a^4+4a^3b+6a^2b^2+4ab^3+b^4$	$= {}_4\mathrm{C}_0\, a^4 + {}_4\mathrm{C}_1\, a^3b + {}_4\mathrm{C}_2\, a^2b^2 + {}_4\mathrm{C}_3\, ab^3 + {}_4\mathrm{C}_4\, b^4$

일반적으로 조합의 수를 이용하여 $(a+b)^n$의 전개식을 구하면 다음과 같고, 이를 **이항정리** binomial theorem 라고 한다.

정리 5-8 이항정리

자연수 n에 대해 다음이 성립한다.

$$(a+b)^n = {}_nC_0 a^n b^0 + {}_nC_1 a^{n-1} b + {}_nC_2 a^{n-2} b^2 + \cdots + {}_nC_{n-1} a b^{n-1} + {}_nC_n a^0 b^n$$
$$= {}_nC_n a^n b^0 + {}_nC_{n-1} a^{n-1} b + {}_nC_{n-2} a^{n-2} b^2 + \cdots + {}_nC_1 a b^{n-1} + {}_nC_0 a^0 b^n$$

예제 5-8

수평선 4개와 수직선 5개가 오른쪽 그림과 같이 교차할 때, 만들 수 있는 직사각형의 개수를 구하라.

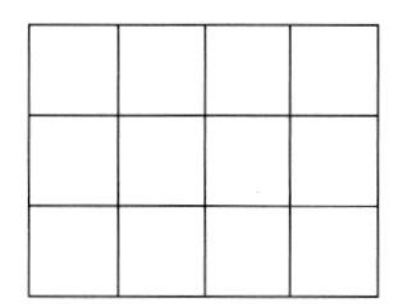

풀이

직사각형은 수평선과 수직선이 만나는 점 4개에 의해 만들어지므로 수평선 4개 중에서 2개, 수직선 5개 중에서 2개를 선택하면 직사각형을 만들 수 있다. 그러므로 전체 직사각형의 개수는

${}_4C_2 \times {}_5C_2 = \frac{4!}{2! \times 2!} \times \frac{5!}{2! \times 3!} = 6 \times 10 = 60$개이다.

I Can Do 5-8

$(a+b)^{20}$을 전개했을 때 $a^{15}b^5$의 계수를 구하라.

$(a+b)^n$의 전개식에서 각 항의 계수를 **이항계수**binomial coefficient라고 한다. 이항계수를 쉽게 구할 수 있는 방법이 다음과 같은 **파스칼의 삼각형**Pascal's triangle이다. [그림 5-10]의 파스칼의 삼각형에서 위쪽 행에 있는 연속인 두 수를 더하면 바로 아래 행의 수가 만들어지는데, 이러한 방식으로 각 자연수 n에 대해 $(a+b)^n$의 전개식의 각 항의 계수를 얻을 수 있다.

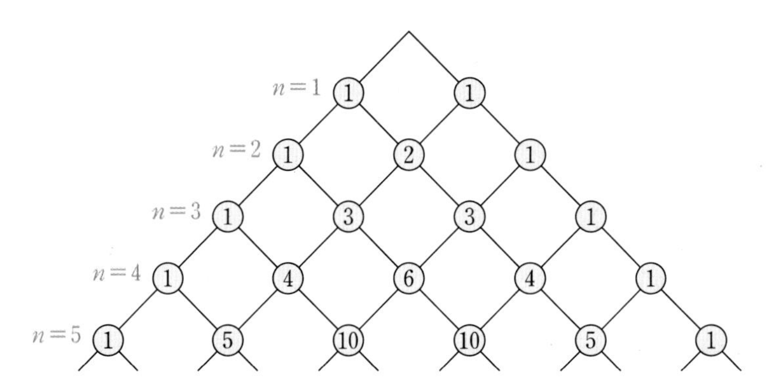

[그림 5-10] 파스칼의 삼각형

Section

5.3 확률

'확률'을 왜 배워야 하는가?

"동전 하나를 던질 때 앞면이 나올 확률이 얼마인가?"라는 질문에 우리는 쉽게 50%라고 대답한다. 동전을 던지면 앞면과 뒷면 둘 중 하나가 나오기 때문이다. 이때 동전은 찌그러지지 않아서 앞면 또는 뒷면만 나오는 '공정한 동전'이라고 무의식적으로 생각한다. 한편, 공정한 동전을 던져서 앞면이 나올 확률이 50%라고 하더라도 동전을 10번 던졌을 때 앞면이 꼭 5번 나오는 것은 아니다. 그러면 동전의 앞면이 나올 확률은 어떻게 구할 수 있을까? 이 절에서는 가능성을 나타내는 확률의 의미를 정확히 이해하고 직접 계산해본다.

확률의 의미

이제 다시 동전 하나를 던질 때 앞면이 나올 가능성을 알아보자. 동전을 던져서 나올 수 있는 모든 경우는 앞면(H)과 뒷면(T)뿐이다. 따라서 동전을 던지는 실험에서 표본공간은 $S=\{\mathrm{H}, \mathrm{T}\}$이고, 앞면이 나오는 사건은 $A=\{\mathrm{H}\}$로 나타낼 수 있다. 이때 H와 T가 모두 같은 정도로 나온다고 가정하면 사건 A가 일어날 가능성은 $\frac{1}{2}$이라고 추측할 수 있다. 그리고 이러한 추측에는 동전이 공정하다는 전제조건, 다시 말해 앞면과 뒷면이 나올 가능성이 동등하다는 전제조건이 필요하다. 그러면 사건 A가 일어날 가능성인 숫자 $\frac{1}{2}$에 대해, 분모의 숫자 2는 표본공간 안의 원소의 개수이고 분자의 숫자 1은 사건 A 안에 있는 원소의 개수와 일치함을 알 수 있다. 즉 다음과 같이 표본공간 $S=\{\mathrm{H}, \mathrm{T}\}$에 대해 사건 $A=\{\mathrm{H}\}$의 원소의 비율로 생각할 수 있다.

$$P(A)=\frac{\text{사건 } A \text{ 안의 원소의 개수}}{\text{표본공간 } S \text{ 안의 원소의 개수}}=\frac{1}{2}$$

일반적으로 우연히 발생하는 어떤 사건 A가 일어날 가능성은 0과 1 사이의 수, 즉 0%와 100% 사이의 값이며 기호 $P(A)$로 나타낸다. 이때 표본공간 S와 사건 A 안에 들어있는 원소의 개수는 각각 $n(S)$, $n(A)$로 나타낸다.

정의 5-5 수학적 확률

어떤 시행에서 표본공간 S 안의 모든 원소가 일어날 가능성이 동등하다고 할 때, 사건 A가 일어날 확률은 다음과 같이 정의하며, 이를 **수학적 확률** mathematical probability이라 한다.

$$P(A)=\frac{n(A)}{n(S)}$$

예제 5-9

10 이하의 자연수 중에서 임의로 어느 하나를 선택하는 실험을 한다. 짝수가 나오는 사건을 A, 3의 배수가 나오는 사건을 B, 소수가 나오는 사건을 C라 할 때, 각 사건이 일어날 확률을 구하라.

풀이

표본공간과 세 사건을 집합으로 나타내면 다음과 같다.

$$S = \{1, 2, 3, 4, 5, 6, 7, 8, 9, 10\}$$
$$A = \{2, 4, 6, 8, 10\}, \quad B = \{3, 6, 9\}, \quad C = \{2, 3, 5, 7\}$$

따라서 구하고자 하는 확률은 각각 다음과 같다.

$$P(A) = \frac{5}{10} = \frac{1}{2}, \quad P(B) = \frac{3}{10}, \quad P(C) = \frac{4}{10} = \frac{2}{5}$$

I Can Do 5-9

주사위를 두 번 던지는 실험에서 첫 번째 나온 눈의 수가 짝수인 사건을 A, 두 번째 나온 눈의 수가 짝수인 사건을 B, 두 눈의 합이 7인 사건을 C라 할 때, 각 사건이 일어날 확률을 구하라.

한편, 동전을 던져서 앞면이 나올 확률이 50%이더라도 동전을 10번 던질 때 앞면이 반드시 5번 나오는 것은 아님을 앞에서 언급했다. 이를 알아보기 위해 컴퓨터를 이용하여 동전 던지기 모의실험을 실시하여 [표 5-3]을 얻었다. 이때 동전을 던진 시행 횟수는 n, 앞면이 나온 횟수는 r_n, 그리고 앞면이 나온 상대도수는 $p_n = \frac{r_n}{n}$이라 한다.

[표 5-3] 동전 던지기 모의실험 결과

시행 횟수(n)	50	500	5000	10000	25000	50000	75000
앞면의 수(r_n)	27	247	2451	5025	12621	24922	37666
앞면의 상대도수(p_n)	0.54	0.494	0.4902	0.5025	0.5048	0.4984	0.5022

그러면 [그림 5-11]과 같이 시행 횟수 n이 커질수록 앞면이 나온 상대도수 p_n은 0.5에 가까워진다.

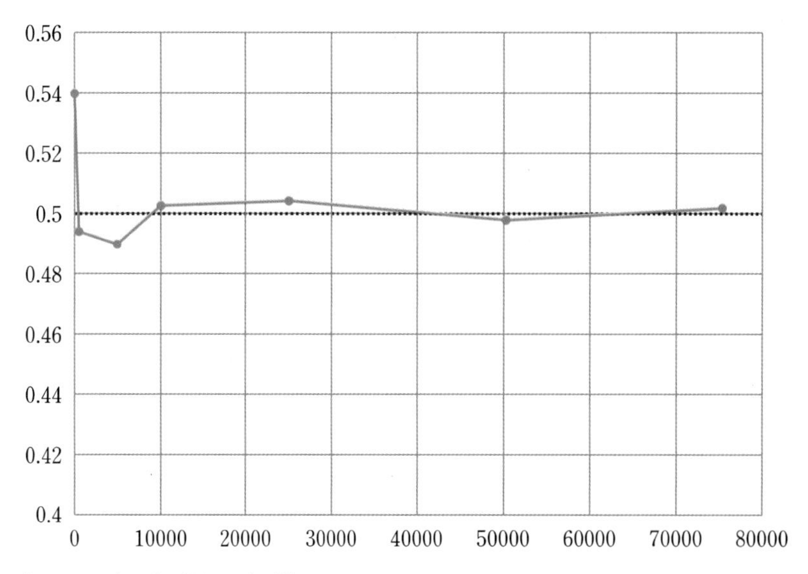

[그림 5-11] n에 따른 p_n의 자취

일반적으로 동일한 조건 아래서 동전 던지기와 같은 동일한 시행을 반복할수록 어떤 사건의 상대도수 p_n은 일정한 수 p에 가까워진다. 이때 어떤 사건이 일어날 통계적 확률은 시행을 반복할수록 수학적 확률에 가까워짐을 알 수 있으며, 이를 **대수법칙** law of large numbers 이라 한다.

정의 5-6 통계적 확률

어떤 통계실험을 독립적으로 n번 반복했을 때 사건 A가 일어난 횟수를 r_n이라 하면, n이 충분히 커짐에 따라 상대도수 $p_n = \dfrac{r_n}{n}$은 일정한 값 p에 가까워진다. 이때 p를 사건 A의 **통계적 확률** statistical probability 이라 하고, $P(A) = p$로 나타낸다.

예제 5-10

확률과 통계 강의를 수강하는 학생 50명의 학점에 대한 도수표는 다음과 같다.

학점	1.95 ~ 2.45	2.45 ~ 2.95	2.95 ~ 3.45	3.45 ~ 3.95	3.95 ~ 4.45
인원	1	6	16	18	9

이 강의를 수강한 학생 1명을 임의로 선정할 때 다음을 구하라.

(a) 학점이 3.0 미만인 학생이 선정될 확률

(b) 학점이 4.0 이상인 학생이 선정될 확률

(c) 학점이 3.0 이상, 4.0 미만인 학생이 선정될 확률

풀이

확률과 통계 강의를 수강하는 학생의 학점에 대한 도수분포표를 작성하면 다음과 같다.

계급간격	도수	상대도수	누적도수	누적상대도수
1.95 ~ 2.45	1	0.02	1	0.02
2.45 ~ 2.95	6	0.12	7	0.14
2.95 ~ 3.45	16	0.32	23	0.46
3.45 ~ 3.95	18	0.36	41	0.82
3.95 ~ 4.45	9	0.18	50	1.00
합계	50	1.00		

(a) 학점이 3.0 미만인 학생의 누적상대도수가 0.14이므로 확률은 0.14이다.

(b) 학점이 4.0 이상인 학생의 상대도수가 0.18이므로 확률은 0.18이다.

(c) 학점이 3.0 이상, 4.0 미만인 학생의 상대도수가 0.68이므로 확률은 0.68이다.

I Can Do 5-10

어느 대학교에서 매년 신입생의 혈액형을 조사하여 다음과 같은 비율로 혈액형이 나타남을 알았다. 이번 년도에 입학한 신입생 1,500명에 대해 각 혈액형에 해당하는 인원을 추측하라.

혈액형	A	B	AB	O
백분율	30%	25%	20%	25%

사람이 번개에 맞아 사망할 확률은 $\frac{1}{2,000,000}$, 비행기 사고로 사망할 확률은 $\frac{1}{11,000,000}$, 그리고 백인 부부 사이에서 흑인과 백인인 쌍둥이가 태어날 확률은 $\frac{1}{1,000,000}$ 등의 사실을 여러 매체를 통해 접할 수 있다. 또한 반은 빨간색이고 나머지 반은 연두색인 사과가 나올 확률이 $\frac{1}{1,000,000}$, 황금색 청개구리가 나타날 확률이 $\frac{1}{30,000}$ 등과 같이 놀라운 사건이 발생할 확률에 대한 기사도 찾아볼 수 있다. 이와 같은 확률은 모두 경험에 의한 것으로, 경험적 확률은 관찰될 수 있는 총 도수에 대해 특별한 사건이 관찰되는 도수의 상대적인 비율로 정의된다.

정의 5-7 경험적 확률

어떤 사건 A가 발생할 확률은 경험에 의해 다음과 같이 정의하며, 이를 **경험적 확률** empirical probability 이라 한다.

$$P(A) = \frac{\text{사건 } A\text{의 도수}}{\text{총 관찰도수}}$$

그러나 지금까지 정의한 확률의 개념은 표본공간 안에 들어있는 원소의 개수가 유한개이고, 각 근원 사건이 일어날 확률이 동일한 경우에만 적용된다.

이제 표본공간 안의 원소가 무수히 많은 경우의 확률을 정의하기 위해 다트게임을 생각해보자. 이때 표본공간은 다트가 다트판에 꽂힐 수 있는 모든 점이므로, 표본공간은 다트판 안에 있는 무수히 많은 점으로 구성된다. 만약 다트판의 중앙에 있는 작은 원 안에 다트를 맞출 확률을 구한다면, 이 작은 원 안에도 무수히 많은 점이 있으므로 표본공간과 사건은 유한개의 원소로 구성되지 않는다. 따라서 이와 같이 표본공간 안의 원소 개수가 유한하지 않은 경우에는 지금까지 정의한 확률을 적용할 수 없으며, 이러한 문제를 해소하기 위해 다음과 같은 공리적 확률이 필요하다.

정의 5-8 공리적 확률

다음 세 가지 공리를 만족하는 표본공간 S에서 실수로 대응하는 함수 $P(A)$를 사건 A의 **공리적 확률** axiomatic probability 이라 한다.

[공리 1] $P(S) = 1$
[공리 2] $A \subset S$이면 $0 \le P(A) \le 1$이다.
[공리 3] 쌍마다 배반인 사건 A_n $(n = 1, 2, 3, \cdots)$에 대해 다음이 성립한다.

$$P(A_1 \cup A_2 \cup \cdots) = P(A_1) + P(A_2) + \cdots$$

공리적 확률은 다음과 같은 기하학적 의미를 갖는다. 이때 영역의 크기라 함은 표본공간이 직선인 경우에는 길이를 나타내고, 평면 또는 공간인 경우에는 각각 넓이와 부피를 의미한다.

$$P(A) = \frac{\text{사건 } A\text{에 대한 영역의 크기}}{\text{표본공간 전체 영역의 크기}}$$

예제 5-11

반지름의 길이가 20cm 인 원 모양의 다트판 중심에 반지름의 길이가 5cm 인 원이 있다. 이때 다트를 던져서 중심부에 있는 원 안에 맞출 확률을 구하라.

풀이

표본공간 전체의 넓이는 $20^2\pi = 400\pi(\text{cm}^2)$이고 중심부에 있는 원의 넓이는 $5^2\pi = 25\pi(\text{cm}^2)$이므로 중심부에 있는 원 안에 다트를 맞출 확률은 다음과 같다.

$$P(A) = \frac{\text{사건 } A \text{의 넓이}}{\text{표본공간 전체의 넓이}} = \frac{25\pi}{400\pi} = \frac{1}{16}$$

I Can Do 5-11

오른쪽 그림과 같이 폭이 80cm 이고 너비가 50cm 인 큰 직사각형 안에 한 변의 길이가 50cm 인 정사각형, 밑변이 50cm 이고 높이가 20cm 인 이등변삼각형, 반지름의 길이가 10cm 인 원을 그려서 오징어 모양 안에 돌을 던지는 오징어 게임을 한다고 할 때, 다음 확률을 구하라.

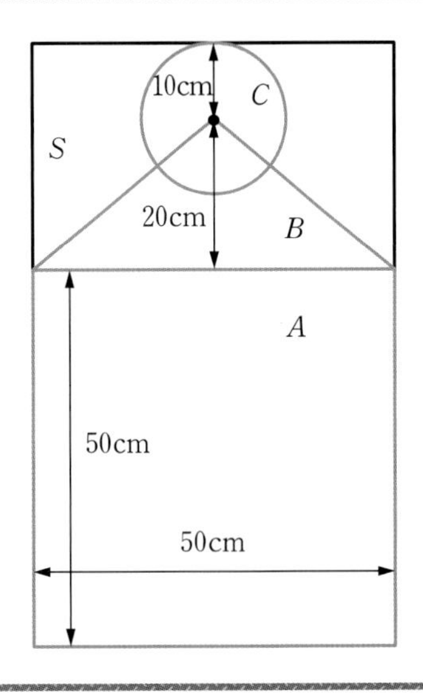

(a) 돌이 정사각형 안에 들어갈 확률

(b) 돌이 이등변삼각형 안에 들어갈 확률

(c) 돌이 원 안에 들어갈 확률

(d) 돌이 오징어 모양 안에 들어가지 않을 확률

확률의 성질

두 개 이상의 사건에 대한 합사건의 확률과 여사건의 확률을 구하는 방법에 대해 살펴보자.

■ 기본 성질

공사건의 경우에 원소가 하나도 없으므로 수학적 확률의 정의에 의하여 다음이 성립한다.

$$P(\varnothing) = \frac{n(\varnothing)}{n(S)} = \frac{0}{n(S)} = 0$$

그리고 표본공간 S에 대해 전체의 확률은 $P(S)=\dfrac{n(S)}{n(S)}=1$이다. 따라서 표본공간과 공사건에 대해 다음 성질을 얻는다.

$$P(S)=1,\quad P(\varnothing)=0$$

■ 확률의 덧셈법칙

수학적 확률의 정의는 사건을 이루는 원소의 개수와 밀접한 관계가 있다. 이제 [그림 5-12(a)]와 같이 서로 배반인 두 사건 A와 B를 생각해보자. 그러면 사건 A와 B의 합사건 $A\cup B$의 원소의 개수는 다음과 같다.

$$n(A\cup B)=n(A)+n(B)$$

그러므로 표본공간 S 안에 들어있는 원소의 개수 $n(S)$로 양변을 나누면 다음을 얻는다.

$$\frac{n(A\cup B)}{n(S)}=\frac{n(A)+n(B)}{n(S)}=\frac{n(A)}{n(S)}+\frac{n(B)}{n(S)}$$

이때 좌변의 식은 합사건 $A\cup B$의 확률이고 우변의 식은 두 사건 A와 B의 확률 $P(A)$와 $P(B)$의 합이다. 따라서 서로 배반인 두 사건 A와 B의 합사건 $A\cup B$의 확률은 다음과 같다.

$$P(A\cup B)=P(A)+P(B)$$

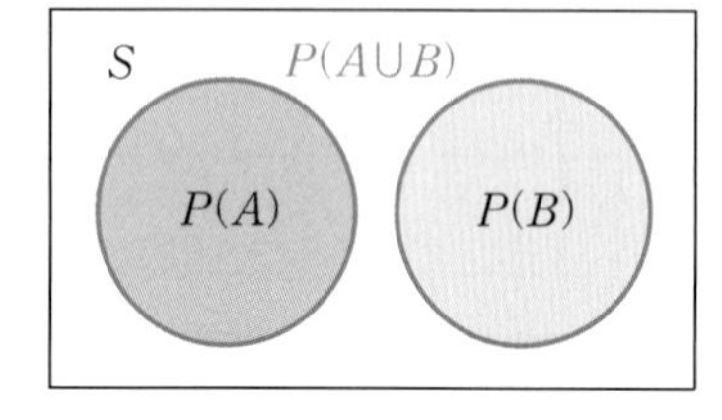

(a) 두 사건이 배반인 경우

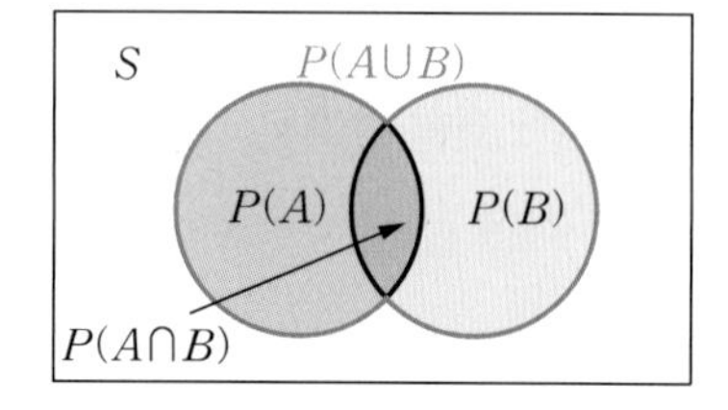

(b) 두 사건이 배반이 아닌 경우

[그림 5-12] 합사건의 확률

한편, [그림 5-12(b)]와 같이 두 사건 A와 B가 배반이 아니면 두 사건은 적어도 하나의 공통원소를 갖는다. 이때 합사건 $A\cup B$의 원소의 개수는 다음과 같다.

$$n(A\cup B)=n(A)+n(B)-n(A\cap B)$$

그러므로 표본공간 S 안에 들어있는 원소의 개수 $n(S)$로 양변을 나누면 다음을 얻는다.

$$\frac{n(A\cup B)}{n(S)}=\frac{n(A)+n(B)-n(A\cap B)}{n(S)}=\frac{n(A)}{n(S)}+\frac{n(B)}{n(S)}-\frac{n(A\cap B)}{n(S)}$$

따라서 서로 배반이 아닌 두 사건 A와 B의 합사건 $A \cup B$의 확률은 다음과 같다.

$$P(A \cup B) = P(A) + P(B) - P(A \cap B)$$

그러면 두 사건 A와 B에 대해 합사건 $A \cup B$의 확률은 다음과 같으며, 이를 확률의 **덧셈법칙**addition rule이라 한다.

정리 5-9 확률의 덧셈법칙

(1) 임의의 두 사건 A와 B가 배반이면, $P(A \cup B) = P(A) + P(B)$이다.

(2) 임의의 두 사건 A와 B가 배반이 아니면, $P(A \cup B) = P(A) + P(B) - P(A \cap B)$이다.

확률의 덧셈법칙에 따라 임의의 세 사건 A, B, C의 합사건의 확률은 다음과 같다.

$$\begin{aligned} P(A \cup B \cup C) = & P(A) + P(B) + P(C) \\ & - P(A \cap B) - P(A \cap C) - P(B \cap C) + P(A \cap B \cap C) \end{aligned}$$

예제 5-12

1에서 10까지 숫자가 적힌 카드 10장이 들어있는 주머니가 있다고 할 때, 다음을 구하라.

(a) 임의로 카드 1장을 꺼낼 때, 카드의 숫자가 2의 배수 또는 3의 배수일 확률

(b) 임의로 카드 3장을 꺼낼 때, 반드시 3의 배수인 카드가 1장 포함될 확률

풀이

(a) 임의로 카드 1장을 꺼낼 때, 꺼낸 카드가 2의 배수인 사건을 A, 3의 배수인 사건을 B라 하면, 꺼낸 카드가 2의 배수 또는 3의 배수인 사건은 $A \cup B$이다. 이때 $A = \{2, 4, 6, 8, 10\}$, $B = \{3, 6, 9\}$, $A \cap B = \{6\}$이므로 각각의 사건에 대한 확률은 다음과 같다.

$$P(A) = \frac{5}{10} = \frac{1}{2}, \quad P(B) = \frac{3}{10}, \quad P(A \cap B) = \frac{1}{10}$$

따라서 구하고자 하는 확률은 다음과 같다.

$$P(A \cup B) = P(A) + P(B) - P(A \cap B) = \frac{5}{10} + \frac{3}{10} - \frac{1}{10} = \frac{7}{10}$$

(b) 10장의 카드 중에서 임의로 3장을 꺼내는 모든 경우의 수는 ${}_{10}C_3 = \frac{10!}{3! \times 7!} = 120$이다. 반드시 3의 배수가 1장 포함되어야 하므로 3의 배수인 카드 3장 중에서 1장이 나오고, 나머지

카드 7장 중에서 2장이 나와야 한다. 이 사건에 대한 경우의 수는 곱의 법칙에 의해 다음과 같다.

$$_3C_1 \times {}_7C_2 = 3 \times \frac{7!}{2! \times 5!} = 63$$

따라서 구하고자 하는 확률은 $\frac{63}{120} = \frac{21}{40}$ 이다.

I Can Do 5-12

주사위를 두 번 던졌을 때 처음 나온 눈의 수가 3의 배수이거나 두 번째 나온 눈의 수가 3의 배수일 확률을 구하라.

■ 여사건의 확률

표본공간 S에 대해 임의의 사건 A와 여사건 A^c은 서로 배반이고 $A \cup A^c = S$이다. 따라서 사건 A와 A^c의 원소의 개수에 대해 다음이 성립한다.

$$n(S) = n(A \cup A^c) = n(A) + n(A^c)$$

그러므로 표본공간 S의 원소의 개수 $n(S)$로 양변을 나누면 다음을 얻는다.

$$\frac{n(A)}{n(S)} + \frac{n(A^c)}{n(S)} = 1$$

따라서 임의의 사건 A와 여사건 A^c 사이에 다음 관계가 성립한다.

정리 5-10 여사건의 확률

임의의 사건 A와 여사건 A^c에 대해, $P(A^c) = 1 - P(A)$가 성립한다.

이와 같은 여사건의 확률 공식은 직접 확률을 구하기 어려우나, 여사건의 확률을 쉽게 구할 수 있는 경우 또는 '적어도'라는 조건이 있는 확률 문제를 다룰 때 매우 편리하다.

예제 5-13

남학생 24명과 여학생 26명 중에서 3명의 대표를 뽑을 때, 적어도 1명의 여학생이 선출될 확률을 구하라.

풀이

적어도 1명의 여학생이 선출되는 사건을 A라 하자. 그러면 A^c은 여학생이 선출되지 않는 사건, 즉 여학생이 0명이고 남학생이 3명인 사건이며 경우의 수는 다음과 같다.

$$ {}_{26}C_0 \times {}_{24}C_3 = 1 \times \frac{24!}{3! \times 21!} = 2024 $$

그리고 전체 50명 중에서 3명을 선출하는 경우의 수는 ${}_{50}C_3 = \dfrac{50!}{3! \times 47!} = 19600$이므로 구하고자 하는 확률은 다음과 같다.

$$ P(A) = 1 - P(A^c) = 1 - \frac{2024}{19600} = \frac{2197}{2450} $$

I Can Do 5-13

주사위를 두 번 던질 때, 두 눈이 서로 다를 확률을 구하라.

■ 부분사건의 확률

두 사건 A와 B 사이에 $A \subset B$인 관계가 있는 경우에 [그림 5-13]와 같이 사건 B는 서로 배반인 두 사건 A와 $B-A$의 합사건 $B = A \cup (B-A)$로 표현할 수 있다.

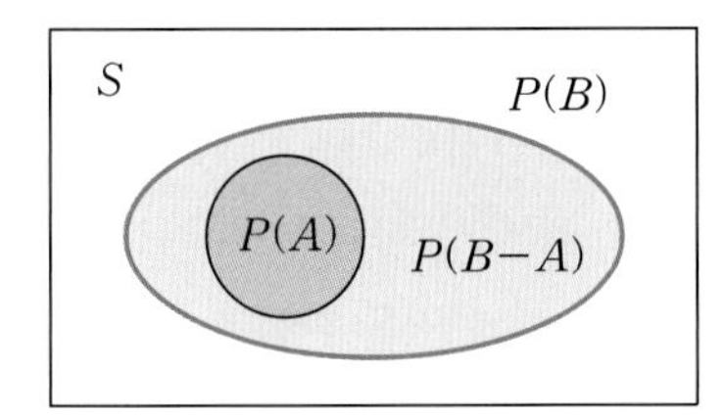

[그림 5-13] 부분사건의 확률

따라서 확률의 덧셈법칙에 의해 다음이 성립한다.

정리 5-11 부분사건의 확률

$A \subset B$인 임의의 두 사건 A와 B에 대해 다음이 성립한다.

(1) $P(B-A) = P(B) - P(A)$

(2) $P(A) \le P(B)$

예제 5-14

어느 학생이 미분적분학 과목에서 A 학점을 받을 가능성이 65%, 통계학 과목에서 A 학점을 받을 가능성이 80%, 그리고 미분적분학 또는 통계학 과목에서 A 학점을 받을 가능성이 92%라고 할 때 다음을 구하라.

(a) 두 과목 모두 A 학점을 받을 확률
(b) 미분적분학 과목에서만 A 학점을 받을 확률

풀이

미분적분학 과목에서 A 학점을 받을 사건을 A, 통계학 과목에서 A 학점을 받을 사건을 B라 하자. 그러면 $P(A) = 0.65$, $P(B) = 0.8$이고 $P(A \cup B) = 0.92$이다.

(a) 두 과목에서 모두 A 학점을 받는 사건은 $A \cap B$이므로 구하고자 하는 확률은 다음과 같다.

$$P(A \cap B) = P(A) + P(B) - P(A \cup B) = 0.65 + 0.8 - 0.92 = 0.53$$

(b) 미분적분학 과목에서 A 학점을 받지만 통계학 과목에서 A 학점을 받지 못할 사건은 $A \cap B^c$이고, $A \cap B^c = A - (A \cap B)$이므로 구하고자 하는 확률은 다음과 같다.

$$P(A \cap B^c) = P(A) - P(A \cap B) = 0.65 - 0.53 = 0.12$$

I Can Do 5-14

2020년 기준으로 통계청 자료에 따르면 주택 소유율은 86.2%이고, 행정안전부 자료에 따르면 자동차 소유율은 45.7%였다. 이 시기에 주택과 자동차를 모두 소유하고 있는 사람의 비율이 31.2%라 할 때, 임의로 선정한 사람이 주택이나 자동차 중 어느 하나만 소유하고 있을 확률을 구하라.

Section
5.4 조건부 확률

'조건부 확률'을 왜 배워야 하는가?

지금까지는 아무런 조건이 주어지지 않은 확률을 계산하는 방법에 대해 살펴보았다. 그러나 어떤 제한된 조건 아래서 확률을 계산해야 할 경우가 있다. 예를 들어 내일 비가 오든지 그렇지 않든지 관계없이 모레 비가 올 확률을 구하는 경우와, 내일 비가 온다는 전제조건 아래서 모레 비가 올 확률은 다르게 나타난다. 이 절에서는 이와 같이 어떤 전제조건이 주어질 때, 이 조건 아래서 특정한 사건이 발생할 확률을 구하는 방법에 대해 살펴본다.

조건부 확률의 정의

통계학 강의를 수강하는 50명의 학생이 [표 5-4]와 같이 구성되었을 때, 이 중 임의로 선정한 학생이 2학년 남학생일 확률을 구한다고 하자. 이때 선정된 학생이 남학생인 사건을 A, 선정된 학생이 2학년인 사건을 B라 하면, 남학생이 선정될 확률은 $P(A)=\frac{32}{50}$이고, 2학년 남학생이 선정될 확률은 $P(A\cap B)=\frac{6}{50}$이다.

[표 5-4] 통계학 강의 수강생의 구성

구분	1학년	2학년	3학년	합계
남학생	22	6	3	32
여학생	13	4	2	18
합계	35	10	5	50

이제 선정한 학생이 남학생이라는 조건 아래서 그 학생이 2학년일 확률을 구한다고 하자. 그러면 구하고자 하는 확률은 전제조건인 32명의 남학생 중에서 2학년 학생이 선정될 확률을 의미한다. 따라서 구하고자 하는 확률을 $P(B\mid A)$라 하면, 32명의 남학생 중에서 6명이 2학년 학생이므로 $P(B\mid A)=\frac{6}{32}$이다. 이때 확률 $P(B\mid A)$의 구조를 살펴보기 위해 확률 $P(B\mid A)$의 분모와 분자를 각각 50으로 나누면 다음과 같다.

$$P(B\mid A)=\frac{6}{32}=\frac{6/50}{32/50}=\frac{P(A\cap B)}{P(A)}$$

따라서 확률 $P(B\mid A)$는 남학생이 선정될 확률 $P(A)$에 대한 2학년 남학생이 선정될 확률 $P(A\cap B)$의 비율임을 알 수 있다. 이와 같이 특정한 조건이 주어졌을 때, 그 조건 아래서 어떤 사건이 발생할 확률을 생각할 수 있다.

정의 5-9 조건부 확률

$P(A)>0$ 인 어떤 사건 A가 주어졌다고 할 때, 사건 B가 발생할 확률을 **조건부 확률** conditional probability이라 하며, $P(B \mid A)$로 나타내고 다음과 같이 정의한다.

$$P(B \mid A)=\frac{P(A \cap B)}{P(A)}$$

따라서 조건부 확률에서는 [그림 5-14]와 같이 표본공간 S를 주어진 사건 A로 제한한 사건 B, 즉 $A \cap B$에 대해 생각해볼 수 있다.

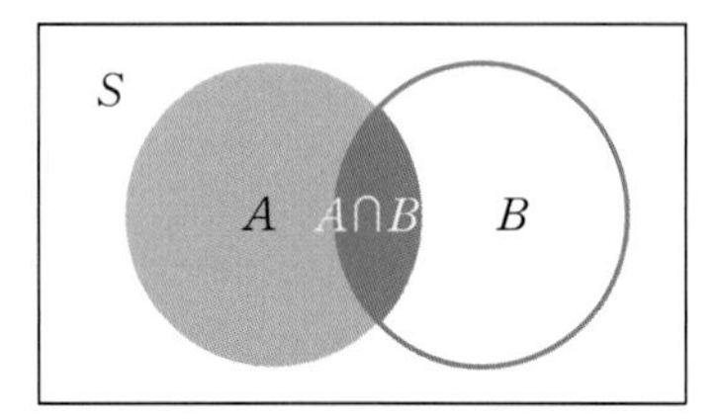

[그림 5-14] 조건부 확률의 의미

예제 5-15

주사위를 두 번 던지는 게임에서 처음에 3의 배수가 나왔다는 조건 아래서 두 눈의 합이 5일 확률을 구하라.

풀이

주사위를 두 번 던져서 처음에 3의 배수가 나오는 사건을 A, 두 눈의 합이 5인 사건을 B라 하면 다음을 얻는다.

$$A=\left\{\begin{matrix}(3,1),(3,2),(3,3),(3,4),(3,5),(3,6)\\(6,1),(6,2),(6,3),(6,4),(6,5),(6,6)\end{matrix}\right\}$$

$$B=\{(1,4),(2,3),(3,2),(4,1)\}$$

$$A \cap B=\{(3,2)\}$$

따라서 $P(A)=\frac{1}{3}$, $P(A \cap B)=\frac{1}{36}$ 이고, 구하고자 하는 확률은 다음과 같다.

$$P(B \mid A)=\frac{P(A \cap B)}{P(A)}=\frac{1/36}{1/3}=\frac{1}{12}$$

I Can Do 5-15

1에서 50까지의 숫자가 적힌 카드 중에서 임의로 어느 하나를 선택하는 실험을 한다. 이때 짝수가 나왔다는 조건 아래서 그 수가 3의 배수일 확률을 구하라.

확률의 곱셈법칙

조건부 확률의 정의로부터 $P(A) > 0$, $P(B) > 0$이면 다음이 성립한다.

$$P(B \mid A) = \frac{P(A \cap B)}{P(A)}, \quad P(A \mid B) = \frac{P(A \cap B)}{P(B)}$$

따라서 두 사건 A와 B의 곱사건 $A \cap B$의 확률 $P(A \cap B)$는 다음과 같이 조건부 확률을 이용하여 표현할 수 있으며, 이를 **곱셈법칙**multiplication law이라 한다.

$$\begin{aligned} P(A \cap B) &= P(A)P(B \mid A), \quad P(A) > 0 \\ &= P(B)P(A \mid B), \quad P(B) > 0 \end{aligned}$$

곱셈법칙은 세 개 이상의 사건에 적용할 수 있으며, 특히 사건 A, B, C에 적용하면 다음과 같다.

$$P(A \cap B \cap C) = P(A)P(B \mid A)P(C \mid A \cap B), \quad P(A \cap B) > 0$$

예를 들어 흰색 공 3개와 검은색 공 4개가 들어있는 주머니에서 비복원추출로 공 3개를 차례대로 꺼낸다고 하자. 이때 흰색, 검은색, 흰색의 순서로 나올 확률을 구하기 위해, 첫 번째로 꺼낸 공이 흰색인 사건을 A, 두 번째로 꺼낸 공이 검은색인 사건을 B, 세 번째로 꺼낸 공이 흰색인 사건을 C라 하자.

그러면 첫 번째 공을 꺼낼 때 [그림 5-15(a)]와 같이 주머니 안에 흰색 공 3개와 검은색 공 4개가 들어있으므로 $P(A) = \frac{3}{7}$이다. 비복원추출에 의해 첫 번째 흰색 공이 나왔으므로 주머니 안에는 [그림 5-15(b)]와 같이 흰색 공 2개와 검은색 공 4개가 들어있다. 이 조건 아래서 주머니에서 꺼낸 공이 검은색일 확률은 $P(B \mid A) = \frac{4}{6}$이다.

두 번째 시행까지 흰색과 검은색을 각각 하나씩 꺼냈으므로, 이 조건 아래서 세 번째 공을 꺼낼 주머니에는 [그림 5-15(c)]와 같이 흰색 2개, 검은색 3개가 들어있다. 따라서 세 번째 꺼낸 공이 흰색일 확률은 $P(C \mid A \cap B) = \frac{2}{5}$이다. 그러면 비복원추출로 주머니에서 흰색, 검은색, 흰색의 순서로 공이 나올 확률은 곱셈법칙에 의해 다음과 같다.

$$\begin{aligned} P(A \cap B \cap C) &= P(A)P(B \mid A)P(C \mid A \cap B) \\ &= \frac{3}{7} \times \frac{4}{6} \times \frac{2}{5} = \frac{4}{35} \end{aligned}$$

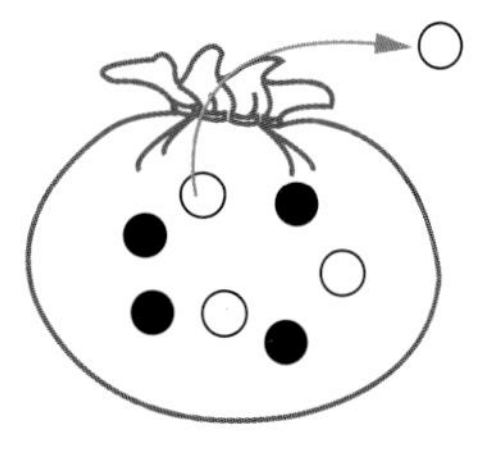

(a) 흰색 3개, 검은색 4개

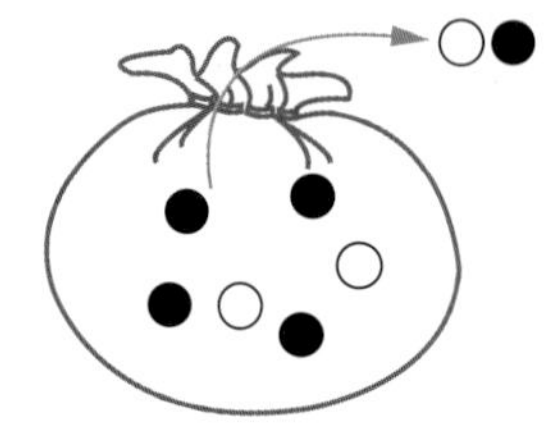

(b) 흰색 2개, 검은색 4개

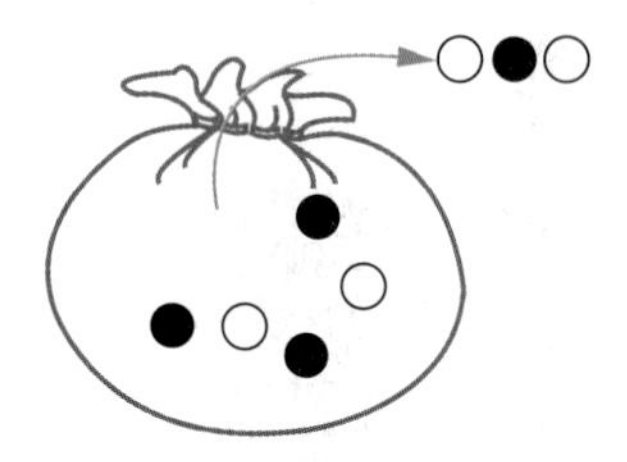

(c) 흰색 2개, 검은색 3개

[그림 5-15] 비복원추출에 의한 공 꺼내기

예제 5-16

흰색 공 3개와 검은색 공 4개가 들어있는 주머니에서 복원추출로 공 3개를 차례대로 꺼낸다고 하자. 이때 흰색, 검은색, 흰색의 순서로 나올 확률을 구하라.

풀이

첫 번째로 꺼낸 공이 흰색인 사건을 A, 두 번째로 꺼낸 공이 검은색인 사건을 B, 세 번째로 꺼낸 공이 흰색인 사건을 C라 하자. 그러면 주머니 안에 흰색 공 3개와 검은색 공 4개가 들어있으므로 $P(A)=\frac{3}{7}$이다. 이 공을 다시 주머니 안에 넣으므로 주머니 안의 공은 변화가 없으며, 두 번째로 꺼낸 공이 검은색일 확률은 $P(B|A)=\frac{4}{7}$이다. 꺼낸 공을 다시 주머니 안에 넣으면 세 번째로 꺼낸 공이 흰색일 확률은 $P(C|A\cap B)=\frac{3}{7}$이다. 그러면 복원추출로 주머니에서 흰색, 검은색, 흰색의 순서로 공이 나올 확률은 곱셈법칙에 의해 다음과 같다.

$$\begin{aligned} P(A\cap B\cap C) &= P(A)P(B|A)P(C|A\cap B) \\ &= \frac{3}{7}\times\frac{4}{7}\times\frac{3}{7}=\frac{36}{343} \end{aligned}$$

I Can Do 5-16

1번 카드 3장, 2번 카드 2장, 3번 카드 2장이 들어있는 서랍에서 다음과 같은 방법으로 카드 3장을 차례로 꺼낸다고 한다. 이때 차례대로 1번 카드, 2번 카드, 3번 카드가 나올 확률을 구하라.

(a) 비복원추출

(b) 복원추출

(c) 뽑은 카드의 숫자와 동일한 카드를 하나 더 추가로 주머니에 넣는 방법

한편, 곱셈법칙으로 확률을 계산할 때 [그림 5-16]과 같은 확률 수형도를 그리면 확률을 쉽게 구할 수 있다.

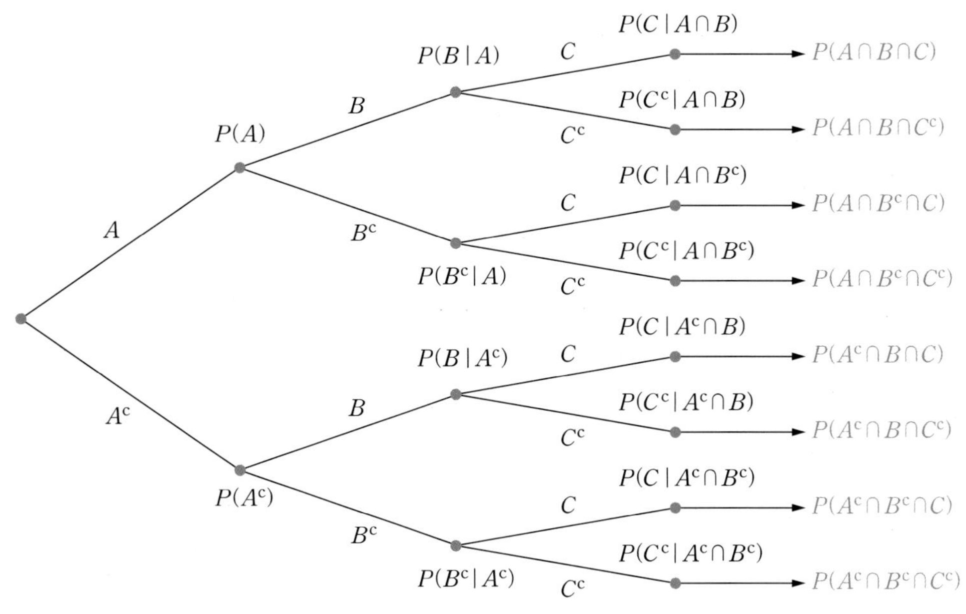

[그림 5-16] 확률 수형도

독립사건

비복원추출로 공을 꺼내는 경우에 첫 번째에 어떤 공이 나왔는가에 따라 두 번째에 특정한 공이 나올 확률이 달라진다. 그러나 [예제 5-16]과 같이 복원추출로 공을 꺼내는 경우에는 첫 번째에 흰색 공이 나오더라도 두 번째에 검은색 공이 나올 확률에 아무런 영향을 미치지 않는다. 즉 처음에 검은색 공이 나올 확률과 처음에 흰색 공이 나왔다는 조건 아래서 두 번째 검은색 공일 나올 확률은 다음과 같이 동일하다.

$$P(B) = \frac{4}{7}, \quad P(B|A) = \frac{4}{7}$$

이와 같이 어떤 사건의 발생이 다른 사건의 발생에 영향을 미치는 경우와 그렇지 않은 경우에 대해 다음과 같이 정의한다.

정의 5-10 사건의 종속과 독립

- **독립사건** independent events : $P(A) > 0$에 대해 $P(B|A) = P(B)$인 두 사건 A와 B, 즉 어느 한 사건의 발생 여부가 다른 사건이 일어날 확률에 영향을 주지 않는 두 사건 A와 B
- **종속사건** dependent events : 독립이 아닌 두 사건 A와 B

한편, 두 사건 A와 B가 독립이면 정의에 의해 $P(B|A) = P(B)$이므로 두 사건에 대한 곱셈법칙을 이용하면 다음 정리를 얻는다.

정리 5-12 독립성

$P(A) > 0$, $P(B) > 0$인 두 사건 A와 B가 독립일 필요충분조건은 다음과 같다.

(1) $P(A \cap B) = P(A)P(B)$

(2) $P(A^c \cap B) = P(A^c)P(B)$

(3) $P(A \cap B^c) = P(A)P(B^c)$

(4) $P(A^c \cap B^c) = P(A^c)P(B^c)$

두 사건의 독립성에 관한 [정리 5-12]는 다음과 같이 세 개 이상의 사건으로 확장할 수 있다.

$$A,\ B,\ C\text{가 독립} \Leftrightarrow P(A \cap B \cap C) = P(A)P(B)P(C)$$

예제 5-17

어떤 주식의 주가 변동을 관찰한 결과, 주가가 하루에 1,000원 오를 확률은 54%이고 1,000원 내릴 확률은 46%인 것으로 나타났다. 주식시장의 마감 무렵에 이 주식을 매입하였으며, 그날그날의 주가 변동은 독립이라고 가정할 때 다음을 구하라.

(a) 2일 후에 주가가 처음과 동일할 확률

(b) 3일 후에 주가가 1,000원 오를 확률

풀이

(a) 첫 날 주가가 오르는 사건을 A, 둘째 날에 주가가 오르는 사건을 B라 하자. 주가의 변동은 독립이므로 다음 확률을 얻는다.

$$P(A) = 0.54,\ P(A^c) = 0.46$$
$$P(B^c|A) = P(B^c) = 0.46$$
$$P(B|A^c) = P(B) = 0.54$$

2일 후에 주가 변동이 없는 경우는 첫 날에 오르고 둘째 날에 내리는 경우와, 첫 날에 내리고 둘째 날에 오르는 경우가 있다. 따라서 2일 후에 주가 변동 없이 처음과 주가가 동일한 사건을 C라 하면 확률 수형도는 다음 그림과 같다.

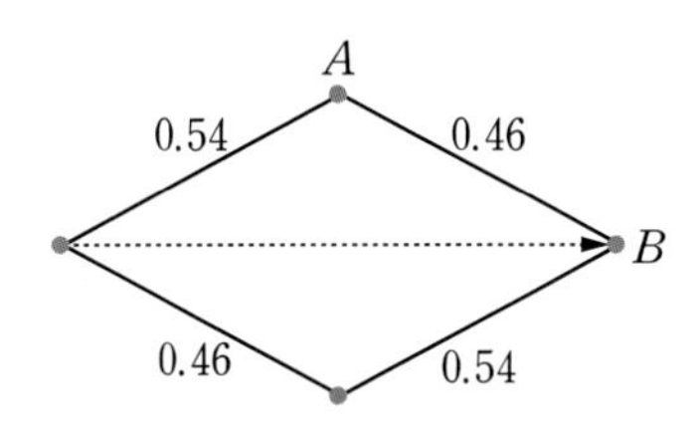

따라서 구하고자 하는 확률은 다음과 같다.

$$\begin{aligned} P(C) &= P(A \cap B^c) + P(A^c \cap B) \\ &= P(A)P(B^c) + P(A^c)P(B) \\ &= 0.54 \times 0.46 + 0.46 \times 0.54 \\ &= 0.4964 \end{aligned}$$

(b) 첫 날 주가가 오르는 사건을 A, 둘째 날에 주가가 오르는 사건을 B, 셋째 날에 주가가 오르는 사건을 C라 하자. 이때 셋째 날에 주가가 1,000원 오르는 사건을 D라 하면, 확률 수형도는 다음 그림과 같다.

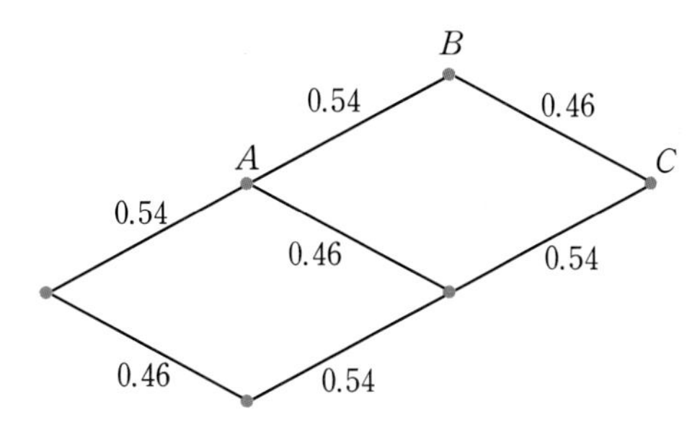

즉 이틀 연속 오르다가 셋째 날에 내리는 경우, 첫 날에 오르지만 둘째 날에 내리고 셋째 날에 다시 오르는 경우, 그리고 첫 날에 내리지만 이틀 연속으로 오르는 경우가 있다. 따라서 구하고자 하는 확률은 다음과 같다.

$$\begin{aligned} P(D) &= P(A \cap B \cap C^c) + P(A \cap B^c \cap C) + P(A^c \cap B \cap C) \\ &= P(A)P(B)P(C^c) + P(A)P(B^c)P(C) + P(A^c)P(B)P(C) \\ &= 0.54 \times 0.54 \times 0.46 + 0.54 \times 0.46 \times 0.54 + 0.46 \times 0.54 \times 0.54 \\ &\approx 0.402 \end{aligned}$$

I Can Do 5-17

공정한 주사위를 독립적으로 반복해서 던지는 실험에서 2 또는 3의 눈이 나오면 주사위 던지기를 멈춘다고 할 때, 다음을 구하라.

(a) 한 번 던진 후에 멈출 확률

(b) 5번 던진 후에 멈출 확률

(c) n번 던진 후에 멈출 확률

Section

5.5 베이즈 정리

'베이즈 정리'를 왜 배워야 하는가?

일반적으로 어떤 사건은 한 가지 요인보다는 여러 가지 요인에 의해 발생한다. 예를 들어 공정라인에서 만들어진 완제품이 불량이라고 하면, 불량품이 생산되는 요인은 기계의 결함, 기술자의 숙련도, 작업환경 등과 같이 여러 가지가 있다. 이때 불량품이 생산되었다는 조건 하에서 불량품 생산의 주요 요인이 무엇인지 규명하기 위해서는 각 요인의 확률을 구해야 하는데 이때 필요한 방법이 바로 베이즈 정리이다. 베이즈 정리는 사회과학뿐만 아니라 자연과학, 공학에서도 매우 많이 응용되므로 자세히 이해해야 한다.

확률이 0이 아닌 사건 $A_1, A_2, \cdots, A_n$이 어떤 사건 B의 발생에 대한 원인이 된다고 하자. 이때 주어진 사건 $A_i(i=1, 2, \cdots, n)$의 조건부 확률을 이용하여 사건 B가 발생할 확률을 구할 수 있다. 또한 사건 B가 발생했을 때, 사건 B의 발생 요인 중에서 어느 특정한 요인이 작용할 확률을 구하는 방법을 살펴본다.

전확률 공식

확률이 0이 아닌 사건 $A_1, A_2, \cdots, A_n$이 표본공간 S의 분할이라 하면, 이 사건들은 다음을 만족한다.

❶ $A_i \cap A_j = \varnothing,\ i \neq j,\ i, j = 1, 2, \cdots, n$
❷ $S = A_1 \cup A_2 \cup \cdots \cup A_n$

이때 임의의 사건을 B라 하면, [그림 5-17]과 같이 사건 B를 쌍마다 배반인 사건 $B \cap A_1$, $B \cap A_2, \cdots, B \cap A_n$으로 분할할 수 있다.

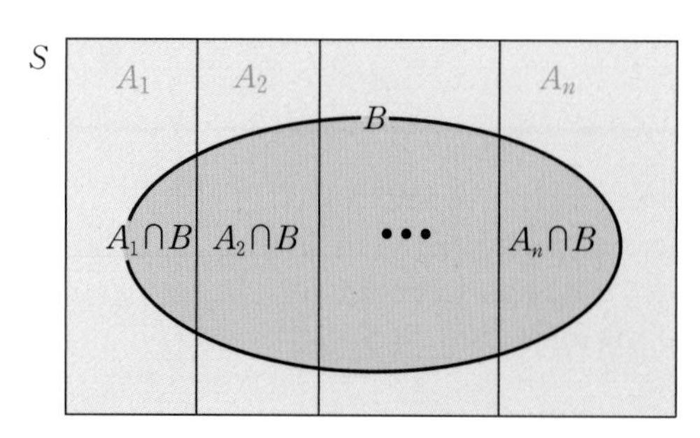

[그림 5-17] 분할 사건과 임의의 사건 B

따라서 사건 B의 확률은 다음과 같이 분할된 사건의 확률을 합한 것과 같다.

$$P(B) = P(B \cap A_1) + P(B \cap A_2) + \cdots + P(B \cap A_n)$$

한편, 곱셈법칙을 이용하여 분할 사건 $B \cap A_i (i = 1, 2, \cdots, n)$의 확률을 구하면 다음과 같다.

$$P(B \cap A_i) = P(A_i)P(B \mid A_i)$$

그러면 사건 B의 확률을 [정리 5-13]과 같이 구할 수 있다.

정리 5-13 전확률 공식 formula of total probability

확률이 0이 아닌 사건 $A_1, A_2, \cdots, A_n$을 표본공간 S의 분할이라 하면, 임의의 사건 B의 확률은 다음과 같다.

$$P(B) = \sum_{i=1}^{n} P(A_i)P(B \mid A_i)$$

예제 5-18

다음 그림과 같은 세 개의 상자 A, B, C에 각각 흰 공과 검은 공이 들어있다. 이때 다음과 같은 방법으로 세 상자 중 어느 하나를 선택하여 임의로 공을 꺼냈을 때, 그 공이 흰색일 확률을 구하라.

(a) 각 상자를 선택할 기회가 동등한 경우

(b) 동전을 세 번 던졌을 때 동일한 면이 나오면 A, 앞면이 두 번 나오면 B, 앞면이 한 번 나오면 C를 선택하는 경우

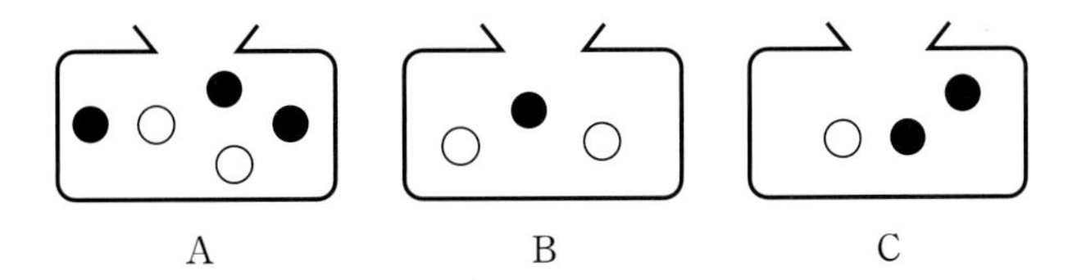

풀이

(a) 세 개의 상자를 선택할 기회가 동등하므로 각각의 상자를 선택할 확률은 동일하게 $\frac{1}{3}$이다. 각각의 상자를 선택하는 사건을 A, B, C, 흰 공을 꺼내는 사건을 D라 하면, 구하고자 하는 확률은 전확률 공식에 의해 다음과 같다.

$$\begin{aligned} P(D) &= P(A)P(D \mid A) + P(B)P(D \mid B) + P(C)P(D \mid C) \\ &= \frac{1}{3} \cdot \frac{2}{5} + \frac{1}{3} \cdot \frac{2}{3} + \frac{1}{3} \cdot \frac{1}{3} = \frac{7}{15} \end{aligned}$$

(b) 동전을 세 번 던졌을 때 모두 H가 나오거나 모두 T가 나오는 경우는 2가지이고, H가 두 번 나오는 경우는 3가지, 그리고 H가 한 번 나오는 경우도 3가지이므로 각각의 상자를 선택할 확률은 다음과 같다.

$$P(A) = \frac{2}{8}, \quad P(B) = \frac{3}{8}, \quad P(C) = \frac{3}{8}$$

따라서 흰 공을 꺼낼 확률은 다음과 같다.

$$\begin{aligned} P(D) &= P(A)P(D \mid A) + P(B)P(D \mid B) + P(C)P(D \mid C) \\ &= \frac{2}{8} \cdot \frac{2}{5} + \frac{3}{8} \cdot \frac{2}{3} + \frac{3}{8} \cdot \frac{1}{3} = \frac{19}{40} \end{aligned}$$

I Can Do 5-18

신혼부부가 결혼한 이후 40년 동안 생존할 확률이 남자는 56.8%이고 여자는 62.9%라 한다. 남편과 아내의 생존 여부는 독립이라 할 때, 다음을 구하라.

(a) 두 사람 모두 40년 동안 생존할 확률
(b) 두 사람 중 어느 한 사람만 40년 동안 생존할 확률

베이즈정리

확률이 0이 아닌 사건 $A_1, A_2, \cdots, A_n$을 표본공간 S의 분할이라 하고 $P(B) > 0$인 사건 B를 생각하자. 이때 사건 B가 주어졌다는 조건 아래서 사건 A_i의 조건부 확률 $P(A_i \mid B)$는 다음과 같다.

$$P(A_i \mid B) = \frac{P(A_i \cap B)}{P(B)}$$

곱셈법칙과 전확률 공식을 이용하면 다음을 얻는다.

$$P(A_i \cap B) = P(A_i)P(B \mid A_i), \quad P(B) = \sum_{j=1}^{n} P(A_j)P(B \mid A_j)$$

따라서 사건 B가 주어졌다고 할 때, 조건부 확률 $P(A_i \mid B)$는 다음과 같이 구할 수 있다.

정리 5-14 베이즈 정리 Bayes' theorem

사건 $A_1, A_2, \cdots, A_n$이 표본공간 S의 분할이라 하고 $P(B) > 0$인 어떤 사건 B가 발생했을 때, 사건 A_i의 조건부 확률은 다음과 같다.

$$P(A_i \mid B) = \frac{P(A_i)\,P(B \mid A_i)}{\sum_{j=1}^{n} P(A_j)\,P(B \mid A_j)}$$

이때 사건 B의 발생 원인을 제공하는 확률 $P(A_i)$를 **사전확률** prior probability이라 하고, 사건 B가 발생한 이후의 확률 $P(A_i \mid B)$를 **사후확률** posterior probability이라 한다.

예제 5-19

[예제 5-18]의 각 보기에 대해 임의로 꺼낸 공이 흰 공이었을 때, 이 공이 주머니 A에 나왔을 확률을 구하라.

풀이

꺼낸 흰 공이 주머니 A에 나왔을 확률은 각각 다음과 같다.

(a) $P(A \mid D) = \dfrac{P(A)\,P(D \mid A)}{P(D)} = \dfrac{\frac{1}{3} \times \frac{2}{5}}{\frac{7}{15}} = \dfrac{2}{7}$

(b) $P(A \mid D) = \dfrac{P(A)\,P(D \mid A)}{P(D)} = \dfrac{\frac{2}{8} \times \frac{2}{5}}{\frac{19}{40}} = \dfrac{4}{19}$

I Can Do 5-19

세 개의 생산라인 A, B, C에서 각각 30%, 30%, 40%의 비율로 전기청소기를 생산하며, 각 생산라인의 불량률은 각각 0.4%, 1%, 0.6%라고 한다. 세 개의 생산라인에서 생산된 전기청소기 하나를 임의로 선정했을 때 다음 확률을 구하라.

(a) 이 청소기가 불량품일 확률

(b) 선정된 제품이 불량품이고, 이 불량품이 생산라인 A에서 생산되었을 확률

Chapter 05 연습문제

기초문제

1. 각각 네 종류가 있는 그림 카드 J, Q, K 중 3장을 뽑아서 순서대로 나열할 수 있는 경우의 수를 구하라.

① 132 ② 150 ③ 220 ④ 1320 ⑤ 1500

2. [연습문제 1]에서 3장을 뽑아 순서 없이 나열할 수 있는 경우의 수를 구하라.

① 132 ② 150 ③ 220 ④ 1320 ⑤ 1500

3. 세 집합 $A=\{0, 1, 2\}$, $B=\{1, 2, 3\}$, $C=\{1, 2, 3, 4\}$에 대해 집합 A에서 원소 하나를 선택하여 백의 자릿수, 집합 B에서 원소 하나를 선택하여 십의 자릿수, 집합 C에서 원소 하나를 선택하여 일의 자릿수를 만든다고 할 때, 만들 수 있는 세 자릿수의 개수를 구하라.

① 4 ② 8 ③ 12 ④ 24 ⑤ 32

4. [연습문제 3]에서 동일하지 않은 숫자로 구성된 세 자릿수의 개수를 구하라.

① 4 ② 8 ③ 12 ④ 24 ⑤ 32

5. 3456의 약수의 개수를 구하라.

① 8 ② 16 ③ 21 ④ 24 ⑤ 32

6. $(a+b)(l+n+m)(p+q+r)$을 전개할 때 항의 개수를 구하라.

① 18 ② 12 ③ 8 ④ 24 ⑤ 32

7. 남학생 4명과 여학생 2명을 일렬로 세울 때, 여학생 2명을 이웃하게 세울 수 있는 방법의 수를 구하라.

① 360 ② 240 ③ 160 ④ 80 ⑤ 10

8. 8개의 점이 있는 원에서 점 3개를 선택하여 삼각형을 만들고 점 4개를 선택하여 사각형을 만들 때, 삼각형의 개수를 a, 사각형의 개수를 b라 한다. (a, b)의 쌍을 구하라.

① (336, 1680) ② (1680, 336) ③ (56, 70)
④ (70, 56) ⑤ (336, 70)

9. 미팅에 참여한 남자 5명과 여자 5명 중 두 쌍이 선정될 경우의 수를 구하라.

① 2 ② 5 ③ 10 ④ 50 ⑤ 100

10. $\left(\frac{a}{2}+\frac{b}{3}\right)^{10}$을 전개할 때, a^8b^2의 계수를 구하라.

① $\frac{45}{2304}$ ② $\frac{360}{2304}$ ③ $\frac{720}{2304}$
④ $\frac{1440}{2304}$ ⑤ $\frac{2880}{2304}$

11. 주사위를 두 번 던질 때, 두 눈의 합이 6일 확률을 구하라.

① $\frac{3}{36}$ ② $\frac{4}{36}$ ③ $\frac{5}{36}$

④ $\frac{6}{36}$ ⑤ $\frac{7}{36}$

12. 남학생 10명과 여학생 5명으로 구성된 동아리에서 2명의 대표를 선출할 때, 남학생이 1명, 여학생이 1명 선출될 확률을 구하라.

① $\frac{2}{105}$ ② $\frac{17}{105}$ ③ $\frac{1}{7}$

④ $\frac{10}{21}$ ⑤ $\frac{6}{21}$

13. 주사위를 두 번 던질 때, 두 눈의 합이 7이거나 적어도 한 번 6이 나올 확률을 구하라.

① $\frac{6}{36}$ ② $\frac{10}{36}$ ③ $\frac{15}{36}$

④ $\frac{17}{36}$ ⑤ $\frac{19}{36}$

14. 흰색 공 4개와 검은색 공 5개가 들어있는 주머니에서 공 3개를 꺼낼 때, 흰색 공이 2개 포함될 확률을 구하라.

① $\frac{5}{14}$ ② $\frac{6}{14}$ ③ $\frac{11}{14}$

④ $\frac{1}{105}$ ⑤ $\frac{11}{105}$

15. 1학년 학생 4명과 2학년 학생 5명이 있는 스터디룸에서 비복원추출로 3명의 학생을 호출할 때, 1학년, 2학년, 1학년의 순서로 학생이 나올 확률을 구하라.

① $\frac{5}{14}$ ② $\frac{5}{42}$ ③ $\frac{10}{63}$

④ $\frac{25}{126}$ ⑤ $\frac{80}{729}$

16. 카페 안에 남자 4명과 여자 5명이 있다. 이들 중에서 3명이 밖으로 나갈 때, 남자 2명이 포함될 확률을 구하라.

① $\frac{5}{14}$ ② $\frac{5}{42}$ ③ $\frac{10}{63}$

④ $\frac{25}{126}$ ⑤ $\frac{80}{729}$

17. 주사위를 두 번 던질 때, 처음에 3의 배수인 눈이 나왔다는 조건 아래서 두 번째 나온 눈의 수가 짝수일 확률을 구하라.

① $\frac{1}{6}$ ② $\frac{1}{3}$ ③ $\frac{1}{2}$

④ $\frac{2}{3}$ ⑤ $\frac{1}{18}$

18. 흰색 공 4개와 검은색 공 5개가 들어있는 주머니에서 복원추출로 공 3개를 꺼낼 때, 흰색, 검은색, 흰색의 순서로 공이 나올 확률을 구하라.

① $\frac{5}{14}$ ② $\frac{5}{42}$ ③ $\frac{10}{63}$

④ $\frac{25}{126}$ ⑤ $\frac{80}{729}$

19. 앞면이 나올 확률이 $\frac{3}{4}$인 찌그러진 동전을 독립적으로 세 번 던질 때, 앞면이 두 번 나올 확률을 구하라.

① $\frac{7}{16}$ ② $\frac{9}{16}$ ③ $\frac{9}{64}$

④ $\frac{15}{64}$ ⑤ $\frac{27}{64}$

응용문제

20. 청소년들의 일주일간 웹 게임 사용 시간을 알아보기 위해 50명을 표본조사하여 다음 결과를 얻었다.

(단위 : 1시간)

이용시간	인원	이용시간	인원
9.5 ~ 19.5	5	39.5 ~ 49.5	18
19.5 ~ 29.5	7	49.5 ~ 59.5	3
29.5 ~ 39.5	16	59.5 ~ 69.5	1

청소년 중 임의로 한 명을 선택했을 때, 이 사람에 대해 다음 확률을 구하라.

(a) 게임을 30시간 미만으로 할 확률

(b) 게임을 적어도 20시간 이상으로 할 확률

(c) 게임을 30시간 이상으로 할 확률

21. 주사위를 두 번 던지는 게임에서 두 번째 나온 눈의 수가 2인 사건을 A, 두 번째 나온 눈의 수가 4인 사건을 B, 그리고 두 눈의 합이 8인 사건을 C라 할 때, 다음 확률을 구하라.

(a) $P(A \cup B)$

(b) $P(A \cup B \cup C)$

22. 어느 학생이 수학에서 A 학점을 받을 가능성이 60%, 통계학에서 A 학점을 받을 가능성이 75%, 그리고 수학이나 통계학에서 A 학점을 받을 가능성이 90%라 할 때, 다음을 구하라.

(a) 두 과목에서 모두 A 학점을 받을 확률

(b) 통계학에서만 A 학점을 받을 확률

23. 다음 조건을 만족할 때, 확률 $P(A \cap B)$를 구하라.

$$P(A) = \frac{1}{3},\ P(B) = \frac{1}{4},\ P(A \cup B) = \frac{1}{2}$$

24. 다음 조건을 만족할 때, 확률 $P(A \cap B)$를 구하라.

$$P(A) = \frac{1}{3},\ P(B) = \frac{1}{4},$$

$$P(B|A) + P(A|B) = \frac{1}{2}$$

25. 정답이 하나뿐인 5지선다형 문제가 3개 있다. 각 문제별 다섯 가지 선택지 중에서 하나를 선택할 때, 다음 확률을 구하라.

(a) 문제 3개 중에서 어느 하나를 맞힐 확률

(b) 처음 2개의 문제를 맞힐 확률

(c) 모든 문제를 틀릴 확률

(d) 적어도 하나를 맞힐 확률

26. 52장의 카드에서 다음과 같은 방법으로 차례로 카드 4장을 꺼낸다고 하자. 이때 4장의 카드가 순서대로 5, 6, 7, 8일 확률을 구하라.

(a) 비복원추출로 카드를 뽑는 경우

(b) 복원추출로 카드를 뽑는 경우

27. 어떤 교차로에서는 우회전하는 차량에 비해 직진하는 차량이 3배 정도 많다. 그리고 좌회전하는 차량은 우회전하는 차량의 $\frac{2}{3}$이다. 다음 물음에 답하라.

(a) 교차로에 접근하는 어떤 차량이 직진, 좌회전, 그리고 우회전할 확률을 각각 구하라.

(b) 교차로에 접근하는 어떤 차량이 회전한다고 할 때, 이 차량이 좌회전할 확률을 구하라.

28. 근로자가 설명서에 따라 어떤 기계를 사용할 때 오작동이 발생할 확률은 1%이고, 설명서를 읽지 않았을 때 오작동이 발생할 확률은 4%이다. 시간이 부족한 관계로 근로자가 설명서를 80%밖에 숙지하지 못한 채로 기계를 사용할 때, 이 기계에 오작동이 발생할 확률을 구하라.

29. 주사위를 두 번 반복하여 던지는 실험에서 첫 번째 나온 눈의 수가 2인 사건을 A, 두 번째 나온 눈의 수가 2인 사건을 B라 할 때, A와 B가 독립인지 종속인지 결정하라.

30. 공정한 동전을 네 번 던지는 게임에서 처음에 앞면이 나오는 사건을 A, 세 번째에 뒷면이 나오는 사건을 B, 앞면이 한 번 나오는 사건을 C라 할 때, 다음 물음에 답하라.

(a) 세 사건 중에서 독립인 사건을 구하라.

(b) 세 사건이 독립인지 종속인지 결정하라.

31. 두 발전소 A와 B에서 어느 도시에 전력을 공급한다. 각 발전소는 이 도시에서 요구되는 평균 전력량을 충분히 공급하고 있다. 하루 중에서 전력피크 시간대에 적어도 한 발전소의 전력공급이 중단되면 도시 전체가 정전된다. 발전소 A와 B의 전력공급이 중단될 확률은 각각 0.02와 0.005이고, 두 발전소의 전력공급이 모두 중단될 확률은 0.0007이다. 다음 확률을 구하라.

(a) 두 발전소 중 어느 하나의 전력공급이 중단되었다고 할 때, 다른 발전소의 전력공급이 중단될 확률

(b) 도시 전체가 정전될 확률

(c) 도시 전체가 정전되었다고 할 때, 발전소 A만 전력공급이 중단될 확률

심화문제

32. 어떤 사건 A에 대해 $P(A) > 0$, $P(A^c) > 0$이라 한다. 이때 임의의 사건 B에 대해 $P(B|A) = P(B|A) = P(B|A^c)$이면 A와 B는 독립임을 설명하라.

33. 주머니 안에 흰 바둑돌과 검은 바둑돌이 합하여 10개 들어있다. 동전을 3번 던져서 앞면이 나온 개수만큼 주머니에서 바둑돌을 꺼내는 게임에서 검은 바둑돌이 3개 나올 확률이 $\frac{1}{48}$이라 할 때, 다음을 구하라.

(a) 주머니 안에 들어있는 검은 바둑돌의 개수

(b) 꺼낸 바둑돌 중에 검은 바둑돌이 꼭 1개일 확률

34. 어떤 제품을 생산하는 생산라인 A, B, C의 생산량은 각각 50%, 20%, 30%이고, 각 생산라인의 불량률은 각각 5%, 6%, 2%이다. 이 회사에서 생산된 제품 하나를 임의로 선정했을 때, 이 제품이 불량품이라는 조건 아래서 생산라인 A에서 생산될 확률이 $\frac{n}{m}$이다. $n+m$을 구하라. 단, n, m은 서로소인 자연수이다.

35. 방 안에 있는 5명 중에서 생일이 같은 사람이 2명 이상일 확률을 구하라.

36. 그림과 같이 두 고속도로 A와 B가 고속도로 C로 합류된다. A와 B는 동일한 교통량을 가지나, 혼잡한 시간대에 고속도로 A와 B가 혼잡할 확률은 각각 0.2와 0.4이다. 그리고 고속도로 A가 혼잡할 때 고속도로 B가 혼잡할 확률은 0.8이고, 고속도로 B가 혼잡할 때 고속도로 A가 혼잡할 확률은 0.4이다. 또한 A와 B가 모두 혼잡하지 않을 때, 고속도로 C가 혼잡할 확률은 0.3이다. 이때 고속도로 C가 혼잡할 확률을 구하라.

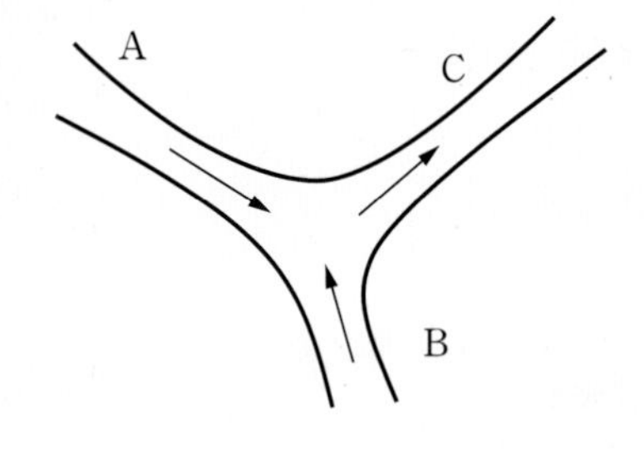

Chapter 06

확률변수

||| 목차 |||

||| 학습목표 |||

- 확률변수와 확률분포의 의미를 이해할 수 있다.
- 이산확률변수와 연속확률변수의 의미를 이해할 수 있다.
- 확률질량함수와 확률밀도함수를 이해하고, 이를 통해 확률을 구할 수 있다.
- 확률변수의 기댓값(평균)과 분산을 구할 수 있다.
- 확률변수의 중앙값과 최빈값을 구할 수 있다.

Section 6.1

이산확률변수

'이산확률변수'를 왜 배워야 하는가?

지금까지 어떤 통계적인 현상에 대해 표본공간을 구하고, 주어진 사건에 대한 확률을 구하는 방법을 살펴보았다. 이때 표본공간을 이루는 원소들의 특성에 따라 구분되는 사건의 확률을 생각할 수 있다. 예를 들어 앞면이 나올 때까지 동전을 반복해서 던지는 게임을 한다면, 표본공간은 무수히 많은 원소로 구성된다. 이때 동전을 던진 횟수에 관심을 갖는다면 $\{H\}$는 처음 동전을 던져서 앞면이 나온 사건이므로 동전을 던진 횟수는 1이고, $\{TH\}$는 동전을 던져서 처음에 뒷면이 나오고 두 번째에 앞면이 나온 사건이므로 동전을 던진 횟수는 2이다. 이와 같이 표본공간을 이루는 원소들을 특성에 따라 숫자로 나타낼 수 있다. 이 절에서는 특성에 따라 분류된 원소들을 숫자로 표현하는 이산확률변수의 개념과 이산확률변수를 이용하여 각 경우에 대한 사건의 확률을 구하는 방법을 살펴본다.

이산확률변수의 의미

동전을 두 번 던지는 게임에서 세 사건 $\{HH\}$, $\{HT, TH\}$, $\{TT\}$를 생각해보자. 그러면 세 사건은 각각 동전을 두 번 던졌을 때 앞면이 2회, 1회, 0회 나온 사건이다. 그러므로 앞면이 나온 횟수를 X라 하면, 각각의 사건은 다음과 같이 숫자를 이용하여 간단히 표현할 수 있다.

$$\{HH\} \Leftrightarrow X = 2$$
$$\{HT, TH\} \Leftrightarrow X = 1$$
$$\{TT\} \Leftrightarrow X = 0$$

앞면이 나온 횟수인 X는 [그림 6-1]과 같이 표본공간 S에서 실수 전체의 집합 $\mathbb{R}$로의 함수로 생각할 수 있으며, 앞면이 나온 횟수인 X를 확률변수라 한다.

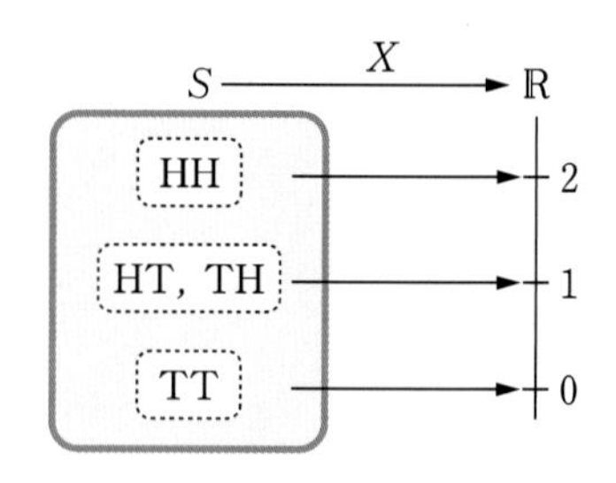

[그림 6-1] 확률변수의 의미

정의 6-1 확률변수

표본공간 S 안의 원소에 실수를 대응시키는 규칙을 **확률변수**random variable라 하며, 보통 X와 같이 대문자로 나타낸다.

표본공간 안의 원소를 확률변수로 나타내면 표본공간을 간단히 표현할 수 있다. 예를 들어 앞의 확률변수 X가 취할 수 있는 모든 값은 $\{0, 1, 2\}$뿐이다. 이때 확률변수 X가 취할 수 있는 모든 가능한 숫자들의 집합을 **상태공간**state space이라 하고 S_X로 나타낸다. 동전 두 번 던지기와 같은 경우에는 X의 상태공간을 구성하는 숫자가 3개뿐이다. 그러나 1의 눈이 나올 때까지 주사위를 던진 횟수를 확률변수 X라 하면, X가 취할 수 있는 모든 가능한 수는 무수히 많다. 즉 이 경우에 확률변수 X의 상태공간은 $S_X = \{1, 2, 3, \cdots\}$이고, 이 상태공간을 이루는 숫자는 무수히 많으나 그 숫자들을 셈할 수 있다. 이와 같은 확률변수 X를 이산확률변수라 한다.

정의 6-2 이산확률변수

확률변수 X에 대한 상태공간을 구성하는 원소의 수가 유한개이거나 무수히 많더라도 셀 수 있는 경우에 X를 **이산확률변수**discrete random variable라 한다.

예제 6-1

동전을 네 번 던져서 앞면이 나온 횟수를 확률변수 X라 할 때, X의 상태공간과 확률변수가 취하는 값에 대한 사건을 구하라.

풀이

동전을 네 번 던져서 나올 수 있는 모든 경우는 다음과 같다.

$$S = \begin{Bmatrix} \text{HHHH, HHHT, HHTH, HTHH, HHTT, HTHT, HTTH, HTTT} \\ \text{THHH, THHT, THTH, TTHH, THTT, TTHT, TTTH, TTTT} \end{Bmatrix}$$

그러므로 앞면이 나온 횟수인 확률변수 X의 상태공간은 $S_X = \{0, 1, 2, 3, 4\}$이고, 확률변수 X가 취하는 값에 대한 사건은 각각 다음과 같다.

$$\begin{aligned} X = 0 &\Leftrightarrow \{\text{TTTT}\} \\ X = 1 &\Leftrightarrow \{\text{HTTT, THTT, TTHT, TTTH}\} \\ X = 2 &\Leftrightarrow \{\text{HHTT, HTHT, HTTH, THHT, THTH, TTHH}\} \\ X = 3 &\Leftrightarrow \{\text{HHHT, HHTH, HTHH, THHH}\} \\ X = 4 &\Leftrightarrow \{\text{HHHH}\} \end{aligned}$$

I Can Do 6-1

장난감 4개에 들어있는 불량품의 수를 X라 할 때, X의 상태공간을 구하라.

확률질량함수

앞서 언급한 바와 같이 동전을 두 번 던지는 경우에 앞면이 나온 횟수를 확률변수 X라 하면, X의 상태공간은 $S_X = \{0, 1, 2\}$이고 앞면이 나온 횟수에 대한 사건과 확률변수는 다음과 같다.

$$\{\mathrm{HH}\} \Leftrightarrow X=2, \quad \{\mathrm{HT}, \mathrm{TH}\} \Leftrightarrow X=1, \quad \{\mathrm{TT}\} \Leftrightarrow X=0$$

그리고 각 사건에 대한 확률은 다음과 같다.

$$P(\{\mathrm{HH}\}) = \frac{1}{4}, \quad P(\{\mathrm{HT}, \mathrm{TH}\}) = \frac{1}{2}, \quad P(\{\mathrm{TT}\}) = \frac{1}{4}$$

따라서 [그림 6-2]와 같이 확률변수 X가 취하는 각 경우에 대한 확률을 다음과 같이 정의할 수 있다.

$$P(X=0) = \frac{1}{4}, \quad P(X=1) = \frac{1}{2}, \quad P(X=2) = \frac{1}{4}$$

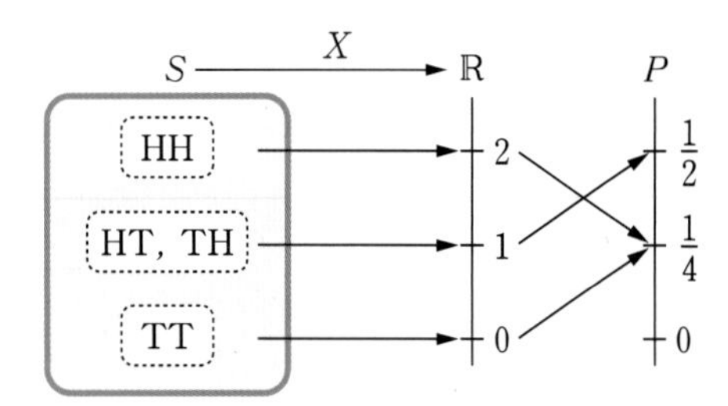

[그림 6-2] 확률변수와 확률

이와 같이 표본공간 안의 사건을 원소의 특성에 따라 확률변수로 변환하면 확률변수에 대한 확률을 구할 수 있다. 이때 확률변수 X의 상태공간 안에 있는 값 x에 따라 확률이 변하므로 확률변수 X에 대한 확률을 나타내는 함수를 다음과 같이 정의한다.

정의 6-3 확률질량함수

X의 상태공간 S_X 안에 있는 각각의 x에 대해 $f(x) = P(X=x)$이고, S_X 안에 있지 않은 모든 x에 대하여 $f(x)=0$인 함수 $f(x)$, 즉 다음과 같이 정의되는 함수 $f(x)$를 X의 **확률질량함수**probability mass function라 한다.

$$f(x) = \begin{cases} P(X=x), & x \in S_X \\ 0 & , x \notin S_X \end{cases}$$

그러면 확률질량함수 $f(x)$는 다음 성질을 갖는다.

(1) 임의의 실수 x에 대해 $0 \le f(x) \le 1$이다.

(2) $\sum_{\text{모든 } x} f(x) = 1$이다.

예를 들어 동전을 두 번 던질 때 앞면이 나온 횟수 X의 확률질량함수는 다음과 같다.

$$f(x) = \begin{cases} \frac{1}{4}, & x = 0, 2 \\ \frac{1}{2}, & x = 1 \\ 0, & x \ne 0, 1, 2 \end{cases}$$

또는 [표 6-1]과 같이 확률변수 X가 취하는 각각에 대한 확률값을 표로 나타낼 수 있으며, 이러한 표를 **확률표** probability table 라 한다.

[표 6-1] 앞면이 나온 횟수에 대한 확률표

X	0	1	2	합계
$f(x)$	$\frac{1}{4}$	$\frac{1}{2}$	$\frac{1}{4}$	1

일반적으로 확률변수 X가 취하는 값이 유한개의 $x_i (i = 1, 2, 3, \cdots, n)$이고 $p_i = P(X = x_i)$이면 [표 6-2]의 확률표를 얻는다.

[표 6-2] 이산확률변수에 대한 확률표

X	x_1	x_2	x_3	$\cdots$	x_n	합계
$f(x)$	p_1	p_2	p_3	$\cdots$	p_n	1

한편, 동전을 두 번 던질 때 앞면이 나온 횟수 X의 확률질량함수를 [그림 6-3]과 같이 0, 1, 2를 중심으로 밑변의 길이가 1이고 높이가 각 경우에 대한 확률인 직사각형으로 나타낼 수 있으며, 이를 **확률히스토그램** probability histogram 이라 한다.

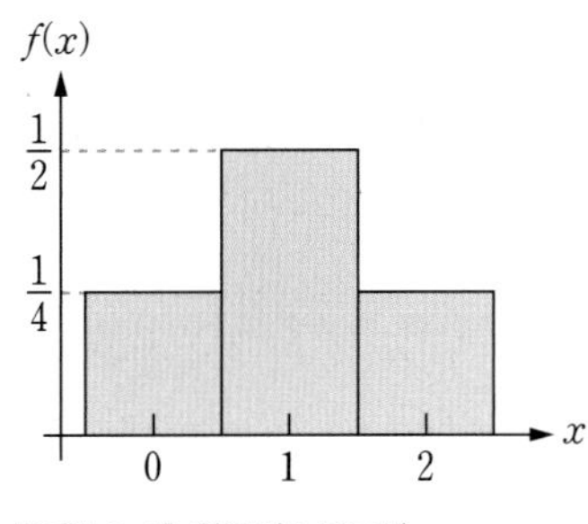

[그림 6-3] 확률히스토그램

확률변수 X가 취할 수 있는 개개의 값에 대한 확률은 확률질량함수, 확률표 또는 확률히스토그램으로 표현할 수 있으며, 확률변수 X가 취할 수 있는 개개의 값에 확률을 대응시킨 것을 확률변수 X의 **확률분포**probability distribution라 한다. 이때 임의의 두 실수 a와 b에 대해 X가 구간 $[a, b]$ 안에 들어갈 확률을 $P(a \le X \le b)$로 표현하며, 이 확률은 [그림 6-4]와 같이 a와 b 사이에 놓이는 확률을 모두 더한 것을 의미한다.

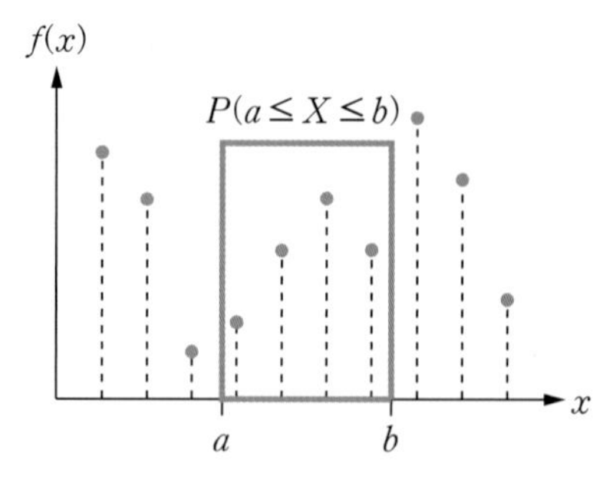

[그림 6-4] **확률** $P(a \le X \le b)$

따라서 다음과 같이 확률질량함수 $f(x)$를 이용하여 확률 $P(a \le X \le b)$를 구할 수 있다.

$$P(a \le X \le b) = \sum_{a \le x \le b} f(x)$$

특히 여사건의 확률을 이용하면 확률변수 X의 상태공간 안에 있는 어떤 수 a에 대해 다음을 얻는다.

$$P(X > a) = 1 - P(X \le a)$$
$$P(X \ge a) = 1 - P(X < a)$$

예제 6-2

[예제 6-1]의 확률변수 X에 대해 다음을 구하라.

(a) 확률변수 X의 확률질량함수

(b) 앞면이 두 번 나올 확률

(c) 앞면이 두 번 또는 세 번 나올 확률

(d) 적어도 한 번 이상 앞면이 나올 확률

풀이

(a) 확률변수 X가 취하는 각각의 경우에 대한 확률을 구하면 다음과 같다.

$$P(X=0) = \frac{1}{16}, \quad P(X=1) = \frac{4}{16} = \frac{1}{4}, \quad P(X=2) = \frac{6}{16} = \frac{3}{8},$$
$$P(X=3) = \frac{4}{16} = \frac{1}{4}, \quad P(X=4) = \frac{1}{16}$$

따라서 X의 확률질량함수는 다음과 같다.

$$f(x) = \begin{cases} \frac{1}{16}, & x = 0,\ 4 \\ \frac{1}{4}, & x = 1,\ 3 \\ \frac{3}{8}, & x = 2 \\ 0, & \text{다른 곳에서} \end{cases}$$

(b) 앞면이 두 번 나올 확률은 $P(X=2)=f(2)=\frac{3}{8}$ 이다.

(c) 앞면이 두 번 또는 세 번 나올 확률은 $P(2 \le X \le 3)=f(2)+f(3)=\frac{3}{8}+\frac{1}{4}=\frac{5}{8}$ 이다.

(d) 적어도 한 번 이상 앞면이 나올 확률은 다음과 같다.

$$P(X \ge 1)=1-P(X<1)=1-f(0)=1-\frac{1}{16}=\frac{15}{16}$$

I Can Do 6-2

동전을 세 번 반복하여 던지는 시행에서 앞면이 나온 횟수를 확률변수 X라 할 때, 다음을 구하라.

(a) 확률변수 X의 확률질량함수

(b) 앞면이 두 번 나올 확률

(c) 앞면이 두 번 이상 나올 확률

(d) 앞면이 두 번 이하 나올 확률

이산확률변수의 분포함수

동전을 두 번 던져서 나온 앞면의 횟수 X에 대해 확률 $P(X \le x)=\sum_{u \le x} f(u)$를 구해보자. 이를 위해 X가 취하는 값 $\{0, 1, 2\}$에 따른 확률질량함수 $f(x)$를 [그림 6-5]와 같이 표현할 수 있다. 그러면 [그림 6-5]에서 보는 바와 같이 $P(X \le x)$의 값은 $x<0$, $0 \le x<1$, $1 \le x<2$, $x \ge 2$에 따라 0이 아닌 $f(x)$를 합한 확률이다.

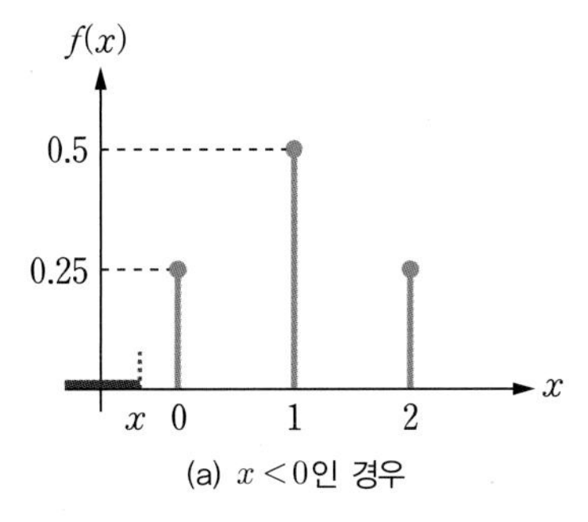

(a) $x<0$인 경우

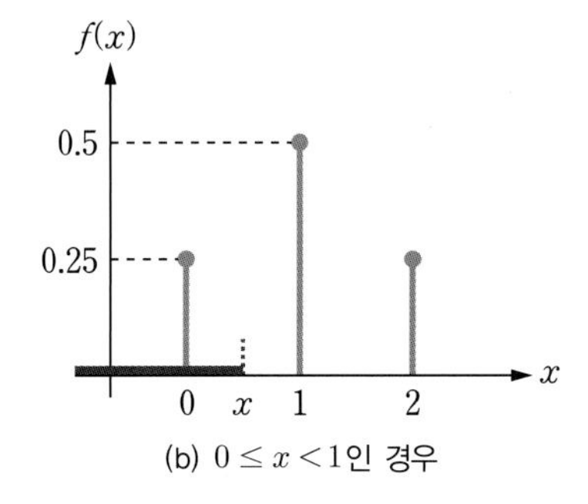

(b) $0 \le x<1$인 경우

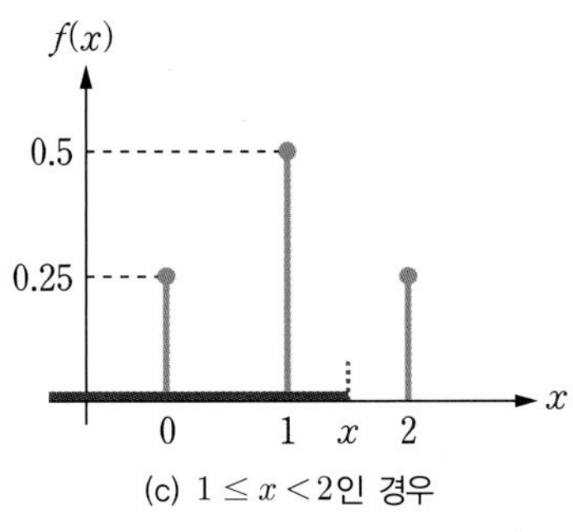

(c) $1 \le x<2$인 경우

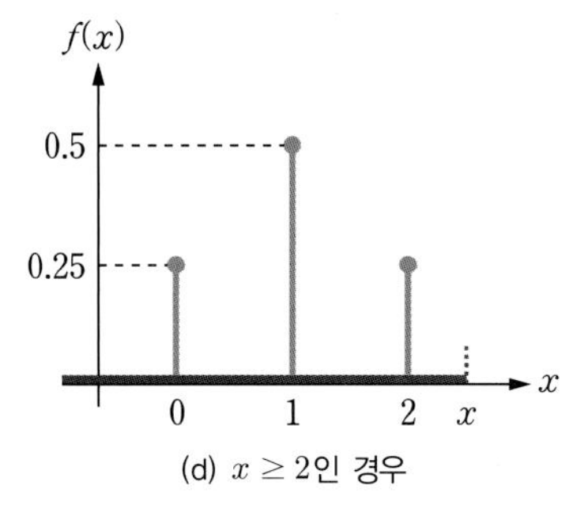

(d) $x \ge 2$인 경우

[그림 6-5] 임의의 x에 따른 확률 $P(X \le x)$

따라서 임의의 실수 x에 대해 확률 $P(X \le x)$는 다음과 같이 정의된다.

$$P(X \le x) = \begin{cases} 0, & x < 0 \\ \frac{1}{4}, & 0 \le x < 1 \\ \frac{3}{4}, & 1 \le x < 2 \\ 1, & x \ge 2 \end{cases}$$

이와 같이 임의의 실수 x에 대한 누적확률 $P(X \le x)$를 다음과 같이 정의한다.

정의 6-4 이산확률변수의 분포함수

임의의 실수 x에 대해 다음과 같이 정의되는 함수 $F(x)$를 이산확률변수 X의 **분포함수**distribution function라 한다.

$$F(x) = P(X \le x) = \sum_{u \le x} f(u)$$

이산확률변수 X가 취하는 값이 자연수라 할 때, 임의의 두 수 a, $b(a < b)$에 대해 다음과 같은 분포함수의 성질을 이용하여 확률을 구할 수 있다.

(1) $P(a < X \le b) = P(X \le b) - P(X \le a) = F(b) - F(a)$

(2) $P(a \le X \le b) = P(X \le b) - P(X \le a) + P(X = a) = F(b) - F(a) + P(X = a)$

(3) $P(X > a) = 1 - P(X \le a) = 1 - F(a)$

(4) $P(X \ge a) = P(X > a) + P(X = a) = 1 - F(a) + P(X = a)$

(5) $P(X = a) = P(X \le a) - P(X \le a-1) = F(a) - F(a-1)$

예제 6-3

[예제 6-2]에 대해 다음을 구하라.

(a) 확률변수 X의 분포함수

(b) $P(X = 3)$

(c) $P(1 < X \le 3)$

(d) $P(X \ge 2)$

풀이

(a) 확률변수 X가 취하는 값 0, 1, 2, 3, 4를 경계로 0이 아닌 $f(x)$를 더하면 다음을 얻는다.

$$F(x) = \begin{cases} 0, & x < 0 & \frac{1}{16}, & 0 \le x < 1 \\ \frac{5}{16}, & 1 \le x < 2 & \frac{11}{16}, & 2 \le x < 3 \\ \frac{15}{16}, & 3 \le x < 4 & 1, & x \ge 4 \end{cases}$$

(b) $P(X=3) = F(3) - F(2) = \frac{15}{16} - \frac{11}{16} = \frac{4}{16} = \frac{1}{4}$

(c) $P(1 < X \le 3) = F(3) - F(1) = \frac{15}{16} - \frac{5}{16} = \frac{10}{16} = \frac{5}{8}$

(d) $P(X \ge 2) = 1 - P(X \le 1) = 1 - F(1) = 1 - \frac{5}{16} = \frac{11}{16}$

I Can Do 6-3

[I Can Do 6-2]에 대해 다음을 구하라.

(a) 확률변수 X의 분포함수

(b) $P(X=2)$

(c) $P(X \ge 2)$

(d) $P(X \le 2)$

한편, 동전을 두 번 던져서 나온 앞면의 횟수 X에 대한 분포함수 $F(x)$의 그래프는 [그림 6-6]과 같다.

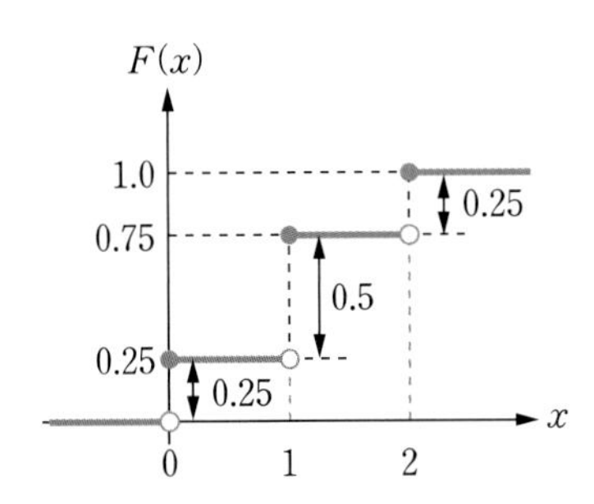

[그림 6-6] 분포함수 $F(x)$의 그래프

이때 분포함수 $F(x)$는 이산확률변수 X가 취하는 값 0, 1, 2에서 불연속이다. 그리고 $F(x)$가 불연속인 각 점에서 함수의 차이가 각각 0.25, 0.5, 0.25이며, 이는 X가 취하는 값 0, 1, 2에 대한 확률임을 알 수 있다. 즉 분포함수의 성질 (5)에 의해 다음 확률을 얻는다.

$$P(X=0) = F(0) = 0.25$$
$$P(X=1) = F(1) - F(0) = 0.5$$
$$P(X=2) = F(2) - F(1) = 0.25$$

그러므로 이산확률변수 X의 확률질량함수 $f(x)$는 다음과 같다.

$$f(x) = \begin{cases} 0.25, & x = 0, 2 \\ 0.5, & x = 1 \\ 0, & \text{다른 곳에서} \end{cases}$$

이와 같이 이산확률변수 X의 분포함수 $F(x)$를 알고 있다면, 확률질량함수 $f(x)$를 구할 수 있다.

예제 6-4

이산확률변수 X의 분포함수가 다음과 같을 때, X의 확률질량함수를 구하라.

$$F(x) = \begin{cases} 0, & x < 1 \\ \frac{1}{3}, & 1 \le x < 2 \\ \frac{2}{3}, & 2 \le x < 3 \\ 1, & x \ge 3 \end{cases}$$

풀이

분포함수 $F(x)$가 $x = 1, 2, 3$에서 불연속이고, 각 점에서 함수의 차이는 $\frac{1}{3}$, $\frac{2}{3} - \frac{1}{3} = \frac{1}{3}$, $1 - \frac{2}{3} = \frac{1}{3}$이므로 X의 확률질량함수는 다음과 같다.

$$f(x) = \begin{cases} \frac{1}{3}, & x = 1, 2, 3 \\ 0, & \text{다른 곳에서} \end{cases}$$

I Can Do 6-4

이산확률변수 X의 분포함수가 다음과 같을 때, X의 확률질량함수를 구하라.

$$F(x) = \begin{cases} 0, & x < 1 \\ \frac{1}{4}, & 1 \le x < 3 \\ \frac{3}{4}, & 3 \le x < 5 \\ 1, & x \ge 5 \end{cases}$$

Section

6.2 연속확률변수

'연속확률변수'를 왜 배워야 하는가?

이산확률변수는 확률변수 X가 취할 수 있는 개개의 값이 구분되며, 그 값이 유한개이거나 셀 수 있는 값이다. 그러나 하루 동안 최저 온도 -10℃에서 최고 온도 5℃까지 수은주의 높이를 확률변수 X라 하면, X가 취할 수 있는 값은 구간 $[-10, 5]$ 안의 모든 실수로 나타난다. 이 절에서는 이와 같이 확률변수 X의 상태공간이 구간으로 나타나는 경우에 대한 확률함수와 분포함수 및 확률을 계산하는 방법에 대해 살펴본다.

연속확률변수의 의미

온도계 수은주의 높이, 새로 교체한 전구의 수명 등과 같이 확률변수가 취하는 값이 어떤 구간인 경우를 생각할 수 있다. 이때 온도계 수은주의 높이는 유한구간이고, 전구의 수명은 무한구간이다.

정의 6-5 **연속확률변수**

확률변수 X의 상태공간이 유한구간 $[a, b]$, (a, b) 또는 무한구간 $[0, \infty)$, $(-\infty, \infty)$인 확률변수를 **연속확률변수** continuous random variable 라 한다.

예제 6-5

다음을 나타내는 확률변수가 연속확률변수인지 아닌지 판단하라.

(a) 어느 하루에 택시 정류장에서 택시를 기다리는 시간

(b) 한 달 동안 외판원이 체결한 계약 건수

풀이

(a) 정류장에 도착하는 순간에 바로 택시를 타는 경우부터 하루 종일 택시가 오지 않는 경우를 생각할 수 있다. 따라서 상태공간은 $S_X = [0, 24]$이므로, 택시를 기다리는 시간은 연속확률변수이다.

(b) 외판원이 한 달 동안 계약을 체결하지 못하는 경우부터 시작하여 얼마나 많은 계약을 체결할 수 있을지 모른다. 따라서 상태공간은 $S_X = \{0, 1, 2, \cdots\}$이므로 체결한 계약 건수는 이산확률변수이다.

I Can Do 6-5

다음을 나타내는 확률변수가 연속확률변수인지 아닌지 판단하라.

(a) 하루 동안 들어온 보이스피싱 건수

(b) 마트를 이용한 고객의 서비스 만족도 비율

확률밀도함수

성인 남자의 키와 같이 구간으로 나타나는 자료에 대한 상대도수히스토그램을 그려보자. 이때 조사한 성인 남자의 수를 늘리면 히스토그램은 [그림 6-7]과 같이 계급간격은 줄어들고 계급의 수는 늘어난다. 그리고 직사각형의 넓이는 각 계급의 상대도수에 의한 확률을 나타내므로 모든 직사각형의 넓이의 합은 전체 확률의 합인 1이다. 특히 조사한 남자들 중에서 임의로 선정한 사람의 키가 168cm 이상 170cm 이하일 확률을 구하면, 이 확률은 [그림 6-7]의 색칠한 부분의 넓이이다.

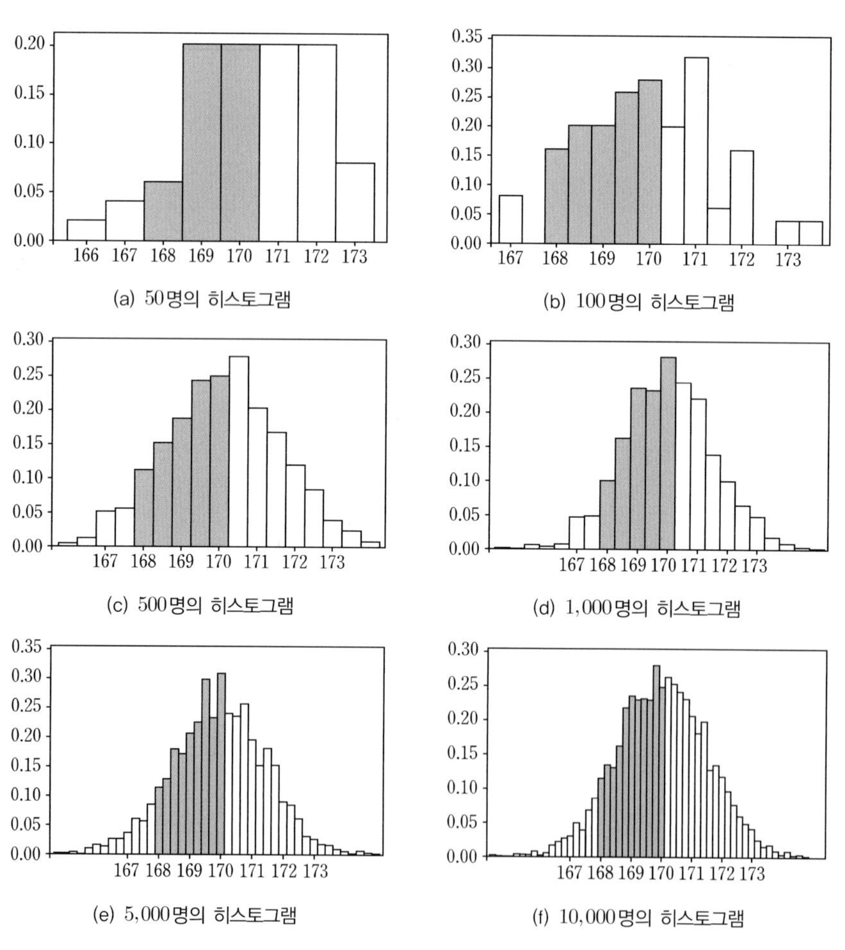

[그림 6-7] 표본의 크기에 따른 모의실험의 상대도수히스토그램

이와 같이 어떤 구간으로 주어지는 측정값의 개수를 늘릴수록 계급간격은 조밀해지고 상대도수히스토그램은 [그림 6-8]과 같은 어떤 형태의 곡선에 가까워진다. 그리고 구하고자 하는 확률은 이 곡선의 색칠한 부분의 넓이와 같아진다.

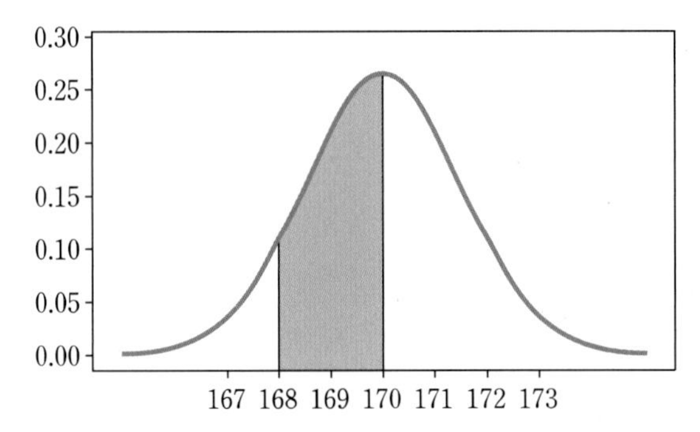

[그림 6-8] 자료의 수에 따른 상대도수히스토그램

[그림 6-8]의 곡선을 나타내는 함수를 $f(x)$라 하면, 이 함수의 그래프는 항상 x축 위에 있다. 또한 모든 상대도수의 합이 1이므로 함수 $f(x)$와 x축으로 둘러싸인 부분의 넓이는 1이다. 이와 같이 모든 실수 범위에서 $f(x) \geq 0$이고 함수 $f(x)$와 x축으로 둘러싸인 부분의 넓이가 1인 함수, 즉 [정의 6-6]을 만족하는 함수를 연속확률변수 X의 확률밀도함수라 한다.

정의 6-6 확률밀도함수

연속확률변수 X의 상태공간 S_X에 대하여 다음의 조건을 만족하는 음이 아닌 함수 $f(x)$를 X의 **확률밀도함수**probability density function라 한다.

$$\int_{S_X} f(x)\,dx = 1$$

[그림 6-8]에서 보는 바와 같이 임의의 실수 $a, b\,(a < b)$에 대해, 확률 $P(a \leq X \leq b)$는 $x = a$와 $x = b$, 그리고 x축과 $f(x)$로 둘러싸인 부분의 넓이이고, 이를 식으로 나타내면 다음과 같다.

$$P(a \leq X \leq b) = \int_a^b f(x)\,dx$$

특히 연속확률변수 X가 특정한 값 a를 취할 확률은 a가 상태공간 안에 있더라도 다음과 같다.

$$P(X = a) = 0$$

따라서 연속확률변수 X가 취하는 구간의 경곗값은 확률 계산에 아무런 영향을 미치지 않으며, 연속확률변수 X에 대해 다음 성질이 성립한다.

(1) $P(X \geq a) = P(X > a)$
(2) $P(X \leq a) = P(X < a)$
(3) $P(a \leq X \leq b) = P(a < X \leq b) = P(a \leq X < b) = P(a < X < b)$
(4) $P(a \leq X \leq b) = P(X \leq b) - P(X \leq a)$

예제 6-6

어떤 상수 k에 대해 함수 $f(x)$가 연속확률변수 X의 확률밀도함수라 할 때, 다음을 구하라.

$$f(x) = \begin{cases} kx^2, & 0 \leq x \leq 3 \\ 0, & \text{다른 곳에서} \end{cases}$$

(a) 상수 k

(b) $P(0 < X \leq 1)$

풀이

(a) $f(x)$가 확률밀도함수이므로 다음이 성립한다.

$$\int_{S_X} f(x)\,dx = \int_0^3 f(x)\,dx = \int_0^3 kx^2\,dx = \left[\frac{k}{3}x^3\right]_0^3 = 9k = 1$$

따라서 구하고자 하는 상수는 $k = \frac{1}{9}$ 이다.

(b) $P(0 < X \leq 1) = \frac{1}{9}\int_0^1 x^2\,dx = \left[\frac{1}{27}x^3\right]_0^1 = \frac{1}{27}$

I Can Do 6-6

어떤 상수 k에 대해 함수 $f(x)$가 연속확률변수 X의 확률밀도함수라 할 때, 다음을 구하라.

$$f(x) = \begin{cases} k, & 1 \leq x \leq 5 \\ 0, & \text{다른 곳에서} \end{cases}$$

(a) 상수 k

(b) $P(2 < X \leq 3)$

연속확률변수의 분포함수

이산확률변수 X에 대해 분포함수 $F(x)$를 정의한 것과 마찬가지로, 연속확률변수의 분포함수를 다음과 같이 정의할 수 있다.

정의 6-7 연속확률변수의 분포함수

연속확률변수 X에 대한 분포함수를 다음과 같이 정의한다.

$$F(x) = P(X \le x) = \int_{-\infty}^{x} f(u)\,du$$

[정의 6-7]과 같이 연속확률변수 X에 대한 분포함수 $F(x)$는 무한구간 $(-\infty, x]$에서 확률밀도함수 $f(x)$를 적분한 결과이다. 따라서 연속확률변수 X의 분포함수는 [그림 6-9(a)]와 같이 임의의 실수 x보다 작거나 같은 영역에서 함수 $f(x)$로 둘러싸인 부분의 넓이이다. 그리고 [그림 6-9(b)]와 같이 분포함수 $F(x)$는 모든 점에서 연속이고 보편적으로 S 모양을 이룬다.

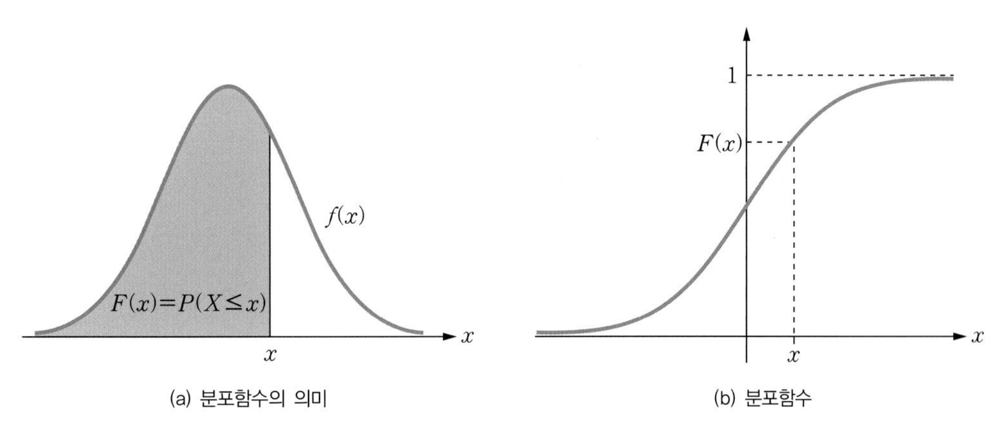

[그림 6-9] 연속확률변수의 분포함수와 의미

임의의 두 실수 $a, b\,(a < b)$에 대해 분포함수를 이용하여 다음과 같이 확률을 구할 수 있다.

(1) $P(X \ge a) = 1 - P(X < a) = 1 - F(a)$

(2) $P(a \le X \le b) = P(a < X \le b) = P(a \le X < b) = P(a < X < b) = F(b) - F(a)$

특히 연속확률변수 X의 확률밀도함수 $f(x)$와 분포함수 $F(x)$ 사이에 다음 관계가 성립한다.

$$f(x) = \frac{d}{dx}F(x)$$

예제 6-7

연속확률변수 X의 분포함수가 $F(x) = 1 - e^{-x/3}\ (x > 0)$일 때, 다음을 구하라.

(a) 확률밀도함수 $f(x)$ (b) $P(X > 2)$ (c) $P(1 < X \le 2)$

풀이

(a) X의 확률밀도함수 $f(x)$는 다음과 같이 분포함수 $F(x)$를 미분하여 얻는다.

$$f(x) = \frac{d}{dx}\left(1 - e^{-x/3}\right) = \frac{1}{3}e^{-x/3}, \quad x > 0$$

(b) $P(X > 2) = 1 - P(X \le 2) = 1 - F(2) = 1 - \left(1 - e^{-2/3}\right) = e^{-2/3} \approx 0.5134$

(c) $P(1 < X \le 2) = F(2) - F(1) = \left(1 - e^{-2/3}\right) - \left(1 - e^{-1/3}\right) = e^{-1/3} - e^{-2/3} \approx 0.2031$

I Can Do 6-7

[I Can Do 6-6]의 확률변수 X에 대해 다음을 구하라.

(a) 분포함수 $F(x)$ (b) $P(X > 2)$ (c) $P(2 < X \le 4)$

Section 6.3

확률변수의 기댓값

'확률변수의 기댓값'을 왜 배워야 하는가?

4장에서 수집한 양적자료에 대해 대푯값인 평균과 산포도인 분산을 살펴보았다. 이때 평균은 도수히스토그램의 중심위치를 나타내고 분산은 평균을 중심으로 흩어진 정도를 나타낸다. 이와 마찬가지로 확률변수 X의 분포에 대한 중심위치인 평균과 이 값을 중심으로 흩어진 정도인 분산을 정의할 수 있다. 이 절에서는 확률변수의 중심위치와 산포도를 나타내는 척도를 정의하고, 그 특성을 살펴본다.

확률변수의 기댓값

6개의 숫자 1, 2, 3, 4, 5, 6의 산술평균 $\overline{x}$는 다음과 같다.

$$\overline{x} = \frac{1}{6}(1+2+3+4+5+6) = \frac{7}{2} = 3.5$$

그러면 $\overline{x}$는 다음과 같이 생각할 수 있다.

$$\begin{aligned}\overline{x} &= \frac{1}{6}(1+2+3+4+5+6) \\ &= 1\times\frac{1}{6} + 2\times\frac{1}{6} + 3\times\frac{1}{6} + 4\times\frac{1}{6} + 5\times\frac{1}{6} + 6\times\frac{1}{6} \\ &= \frac{7}{2} \\ &= 3.5\end{aligned}$$

이때 공정한 주사위를 던지는 게임에서 나온 눈의 수를 확률변수 X라 하면 다음 확률표를 얻는다. 이 확률표로부터 산술평균 $\overline{x}$는 확률변수 X가 취하는 각각의 값 x와 그 경우에 대한 확률 $P(X=x)$의 곱을 모두 더한 것과 같음을 알 수 있다.

[표 6-3] 공정한 주사위에 대한 확률표

X	1	2	3	4	5	6
$f(x)$	$\frac{1}{6}$	$\frac{1}{6}$	$\frac{1}{6}$	$\frac{1}{6}$	$\frac{1}{6}$	$\frac{1}{6}$

한편, 6개의 숫자 1, 2, 3, 3, 5, 5의 산술평균 $\overline{y}$는 다음과 같다.

$$\begin{aligned}\overline{y} &= \frac{1}{6}(1+2+3+3+5+5) \\ &= 1\times\frac{1}{6}+2\times\frac{1}{6}+3\times\frac{2}{6}+5\times\frac{2}{6} \\ &= \frac{19}{6}\end{aligned}$$

이 결과를 통해 4와 6의 눈이 각각 3과 5의 눈으로 잘못 만들어진 불공정한 주사위를 던지는 경우에 각각의 눈이 나올 확률을 나타내는 다음 확률표를 생각할 수 있다. 그러면 산술평균 $\overline{y}$도 역시 확률변수 Y가 취하는 각각의 값과 그 경우에 대한 확률의 곱을 모두 더한 것과 같음을 알 수 있다.

[표 6-4] 불공정한 주사위에 대한 확률표

Y	1	2	3	5
$f(y)$	$\frac{1}{6}$	$\frac{1}{6}$	$\frac{2}{6}$	$\frac{2}{6}$

이 경우 산술평균 $\overline{x}=3.5$와 $\overline{y}\approx 3.17$은 [그림 6-10]과 같이 이산확률변수 X의 분포를 나타내는 확률히스토그램의 중심위치를 나타낸다.

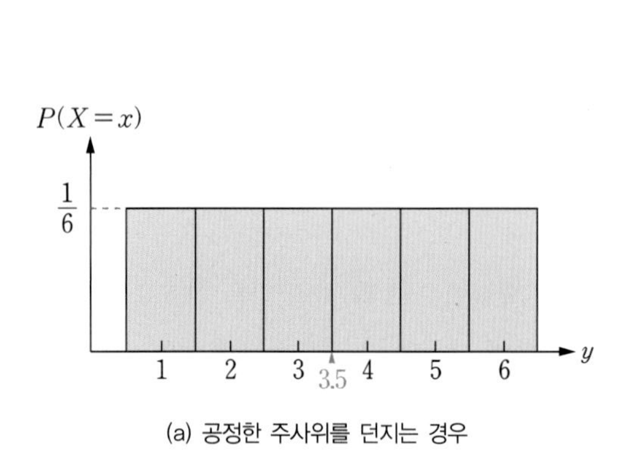

(a) 공정한 주사위를 던지는 경우

P(Y=y)
2/6
1/6
1
2
3
3.17
4
5
6
y

(b) 불공정한 주사위를 던지는 경우

[그림 6-10] 확률변수의 평균의 의미

이와 같이 이산확률변수 X의 확률분포가 [표 6-5]와 같을 때, X의 평균은 다음과 같다.

$$\overline{x}=x_1p_1+x_2p_2+x_3p_3+\cdots+x_np_n=\sum_{i=1}^{n}x_ip_i$$

[표 6-5] 이산확률변수 X에 대한 확률표

X	x_1	x_2	x_3	$\cdots$	x_n	합계
$f(x)$	p_1	p_2	p_3	$\cdots$	p_n	1

즉 이산확률변수 X의 평균은 이 확률변수가 취할 수 있는 모든 값과 그에 대응하는 확률의 곱을 더하여 얻는다. 이와 마찬가지로 연속확률변수 X의 평균은 이 확률변수가 취할 수 있는 모든 값과 그에 대응하는 확률밀도함수의 곱을 적분하여 얻는다. 이때 확률변수의 평균을 기댓값이라 한다.

정의 6-8 기댓값

확률변수 X에 대해 다음과 같이 정의되는 수치 $\mu = E(X)$를 X의 **기댓값**expected value 또는 **평균**mean이라 한다.

$$\mu = E(X) = \begin{cases} \displaystyle\sum_{\text{모든 } x} x f(x) & , X\text{가 이산확률변수인 경우} \\ \displaystyle\int_{S_X} x f(x)\, dx & , X\text{가 연속확률변수인 경우} \end{cases}$$

예제 6-8

확률변수 X의 확률분포가 다음과 같을 때, X의 기댓값 $E(X)$를 구하라.

X	1	2	3	4	합계
$f(x)$	$\frac{1}{3}$	$\frac{1}{3}$	$\frac{1}{12}$	$\frac{1}{4}$	1

풀이

$$E(X) = 1 \times \frac{1}{3} + 2 \times \frac{1}{3} + 3 \times \frac{1}{12} + 4 \times \frac{1}{4} = \frac{9}{4}$$

I Can Do 6-8

동전을 세 번 던져서 앞면이 나온 횟수를 확률변수 X라 할 때, X의 기댓값 $E(X)$를 구하라.

특히 이산확률변수 X의 확률질량함수를 $f(x)$라 하면, $Y=aX+b(a \neq 0)$의 기댓값은 다음과 같다.

$$\begin{aligned} E(aX+b) &= \sum_{\text{모든 } x} (ax+b)f(x) \\ &= \sum_{\text{모든 } x} [ax f(x)+b f(x)] \\ &= a \sum_{\text{모든 } x} x f(x)+b \sum_{\text{모든 } x} f(x) \\ &= aE(X)+b \end{aligned}$$

이러한 성질은 연속확률변수에 대해서도 동일하게 성립하며, 일반적으로 확률변수 X에 대해 다음과 같은 기댓값의 성질을 얻는다. 단, a, $b(a \neq 0)$는 상수이다.

(1) $E(a)=a$
(2) $E(aX)=aE(X)$
(3) $E(aX+b)=aE(X)+b$

그리고 확률변수 X의 함수인 $Y=g(X)$의 기댓값은 다음과 같다.

$$E[g(X)]=\begin{cases} \displaystyle\sum_{\text{모든 } x} g(x)f(x) & , X\text{가 이산확률변수인 경우} \\ \displaystyle\int_{S_X} g(x)f(x)\,dx & , X\text{가 연속확률변수인 경우} \end{cases}$$

그러면 확률변수 X에 대한 두 함수 $g(X)$, $h(X)$에 대해 다음 성질을 얻는다.

(4) $E[g(X)+h(X)]=E[g(X)]+E[h(X)]$

예제 6-9

연속확률변수 X의 확률밀도함수가 다음과 같을 때, 주어진 물음에 답하라.

$$f(x)=\begin{cases} \dfrac{1}{9}x^2, & 0 \le x \le 3 \\ 0 & , \text{다른 곳에서} \end{cases}$$

(a) X의 기댓값을 구하라.
(b) $2X+1$의 기댓값을 구하라.
(c) X^2의 기댓값을 구하라.

풀이

(a) $E(X)=\int_{S_X} x\,f(x)\,dx=\frac{1}{9}\int_0^3 x^3\,dx=\frac{1}{9}\left[\frac{1}{4}x^4\right]_0^3=\frac{9}{4}$

(b) $E(2X+1)=2E(X)+1=2\times\frac{9}{4}+1=\frac{11}{2}$

(c) $E(X^2)=\int_{S_X} x^2 f(x)\,dx=\frac{1}{9}\int_0^3 x^4\,dx=\frac{1}{9}\left[\frac{1}{5}x^5\right]_0^3=\frac{27}{5}$

I Can Do 6-9

연속확률변수 X의 확률밀도함수가 다음과 같을 때, 주어진 물음에 답하라.

$$f(x)=\begin{cases}\frac{1}{4}, & 1\le x\le 5\\ 0, & \text{다른 곳에서}\end{cases}$$

(a) X의 기댓값을 구하라.
(b) $3X+1$의 기댓값을 구하라.
(c) X^2+X의 기댓값을 구하라.

확률변수의 분산

[그림 6-11]의 두 확률분포는, 중심위치인 평균은 동일하지만 평균을 중심으로 밀집하는 정도가 다르다. 따라서 확률분포의 특징을 결정짓는 중요한 척도로, 밀집 정도를 나타내는 산포의 척도인 분산을 생각할 수 있다.

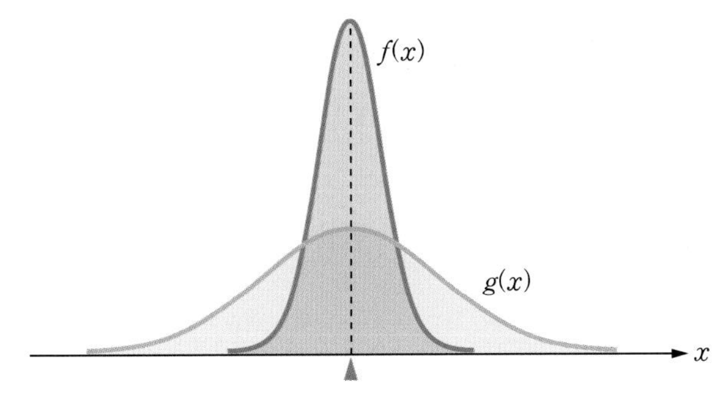

[그림 6-11] 분산에 따른 확률분포

이때 확률변수의 X의 분산과 표준편차를 다음과 같이 정의하며, 분산 또는 표준편차가 작을수록 분포 모양은 평균에 집중한다.

정의 6-9 확률변수의 분산과 표준편차

- **분산** variance : 확률변수 X의 평균 $\mu = E(X)$에 대해 평균편차의 제곱 $(X-\mu)^2$에 대한 기댓값으로 다음과 같다.

$$\sigma^2 = Var(X) = E[(X-\mu)^2]$$

- **표준편차** standard deviation : 분산의 양의 제곱근으로 다음과 같다.

$$SD(X) = \sqrt{Var(X)} = \sigma$$

예를 들어 [표 6-5]에 주어진 확률표에 대한 X의 평균을 $\mu = E(X)$라 하자. 그러면 확률변수가 취하는 각각의 값에 대한 평균편차의 제곱을 [표 6-6]과 같이 구할 수 있다.

[표 6-6] 확률변수 X의 평균편차의 제곱과 확률

X	x_1	x_2	x_3	$\cdots$	x_n
$(X-\mu)^2$	$(x_1-\mu)^2$	$(x_2-\mu)^2$	$(x_3-\mu)^2$	$\cdots$	$(x_n-\mu)^2$
$f(x)$	p_1	p_2	p_3	$\cdots$	p_n

그러면 X의 분산은 확률변수 X와 평균 μ의 편차의 제곱 $(X-\mu)^2$의 기댓값이므로 다음을 얻는다.

$$\begin{aligned} Var(X) &= E[(X-\mu)^2] \\ &= \sum_{i=1}^{n}(x_i-\mu)^2 p_i \\ &= \sum_{i=1}^{n}(x_i^2 p_i - 2\mu x_i p_i + \mu^2 p_i) \\ &= \sum_{i=1}^{n} x_i^2 p_i - 2\mu \sum_{i=1}^{n} x_i p_i + \mu^2 \sum_{i=1}^{n} p_i \end{aligned}$$

이때 μ는 이산확률변수 X의 평균이고, $p_i(i=1, 2, \cdots, n)$는 X가 취할 수 있는 각 경우의 확률이므로 다음을 얻는다.

$$E(X^2) = \sum_{i=1}^{n} x_i^2 p_i, \quad \mu = \sum_{i=1}^{n} x_i p_i, \quad \sum_{i=1}^{n} p_i = 1$$

따라서 이산확률변수 X의 분산은 $Var(X) = E(X^2) - \mu^2$이다. 이는 연속확률변수에 대해서도 동일하게 적용된다. 그러므로 다음과 같이 분산을 쉽게 구할 수 있다.

$$Var(X) = E(X^2) - \mu^2$$

그러면 기댓값의 성질과 분산의 정의로부터 다음의 성질을 쉽게 얻을 수 있다. 단, $a, b(a \neq 0)$는 상수이다.

(1) $Var(a) = 0$

(2) $Var(aX) = a^2 Var(X)$

(3) $Var(aX + b) = a^2 Var(X)$

특히 확률변수 X의 평균 μ와 표준편차 σ에 대해 확률변수 $Z = \dfrac{X - \mu}{\sigma}$를 X의 **표준화 확률변수** standardized random variable라 한다. 그러면 표준화 확률변수의 평균과 분산은 각각 다음과 같다.

$$E(Z) = 0, \quad Var(Z) = 1$$

예제 6-10

[예제 6-9]에 주어진 확률변수 X의 분산과 표준편차를 구하라.

풀이

[예제 6-9]에 의해 $\mu = \dfrac{9}{4}$, $E(X^2) = \dfrac{27}{5}$이므로, 확률변수 X의 분산 σ^2과 표준편차 σ를 구하면 각각 다음과 같다.

$$\sigma^2 = E(X^2) - \mu^2 = \frac{27}{5} - \left(\frac{9}{4}\right)^2 = \frac{27}{80}, \quad \sigma = \sqrt{\frac{27}{80}} \approx 0.581$$

I Can Do 6-10

[I Can Do 6-9]에 주어진 확률변수 X의 분산과 표준편차를 구하라.

확률변수의 중앙값과 최빈값

4장에서 수집한 자료집단의 중앙값과 최빈값을 정의하였다. 이와 마찬가지로 확률변수의 중앙값과 최빈값을 다음과 같이 정의한다.

정의 6-10 확률변수의 중앙값과 최빈값

- **중앙값**median : 확률변수 X에 대하여 $P(X \le m) \ge 0.5$와 $P(X \ge m) \ge 0.5$를 만족하는 상수 m
- **최빈값**mode : 확률질량함수 또는 확률밀도함수 $f(x)$가 최대가 될 때의 $x = m$
  즉 $f(m) = \max\{f(x) \mid x \in S_X\}$를 만족하는 상수 m

예를 들어 확률질량함수가 다음과 같은 이산확률변수 X의 확률분포를 생각하자.

$$f(x) = \begin{cases} 0.1, & x = 0, 3 \\ 0.2, & x = 4 \\ 0.3, & x = 1, 2 \\ 0, & \text{다른 곳에서} \end{cases}$$

그러면 [그림 6-12(a)]와 같이 $x = 1$과 $x = 2$에서 $f(x)$가 가장 큰 값 0.3을 가지므로 최빈값은 $x = 1$과 $x = 2$이다. 또한 $P(X \le 2) = 0.7 \ge 0.5$, $P(X \ge 2) = 0.6 \ge 0.5$이므로 중앙값은 $x = 2$이다. 이제 확률변수 X의 확률질량함수가 다음과 같다고 하자.

$$f(x) = \begin{cases} 0.1, & x = 0, 1, 4 \\ 0.3, & x = 2 \\ 0.4, & x = 3 \\ 0, & \text{다른 곳에서} \end{cases}$$

그러면 [그림 6-12(b)]와 같이 $x = 3$에서 $f(x)$가 가장 큰 값 0.4를 가지므로 최빈값은 $x = 3$이다. 또한 $P(X \le 2) = 0.5 \ge 0.5$, $P(X \ge 3) = 0.5 \ge 0.5$이므로, 2와 3 사이의 임의의 수 m에 대해 $P(X \le m) = 0.5$, $P(X \ge m) = 0.5$이다. 그러므로 $2 \le x \le 3$인 모든 실수 x가 중앙값이다. 이와 같이 확률분포에 대해 중앙값과 최빈값이 두 개 이상 존재할 수 있다. 특히 연속확률변수의 경우에는 $P(X \le m) = 0.5$를 만족하는 $x = m$이 중앙값이다.

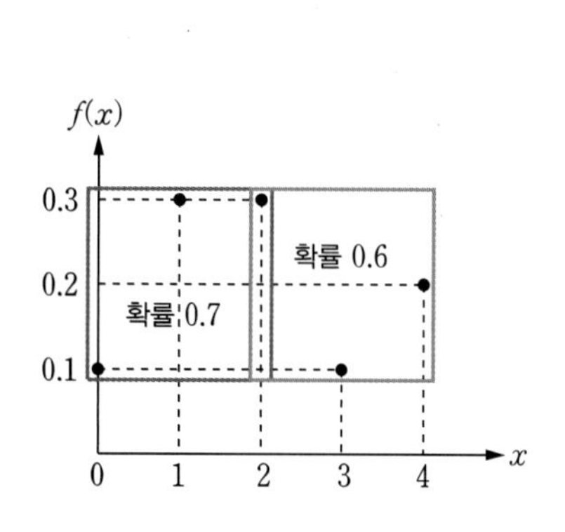

최빈값 : 1과 2, 중앙값 : 2
(a) 최빈값이 여러 개인 경우

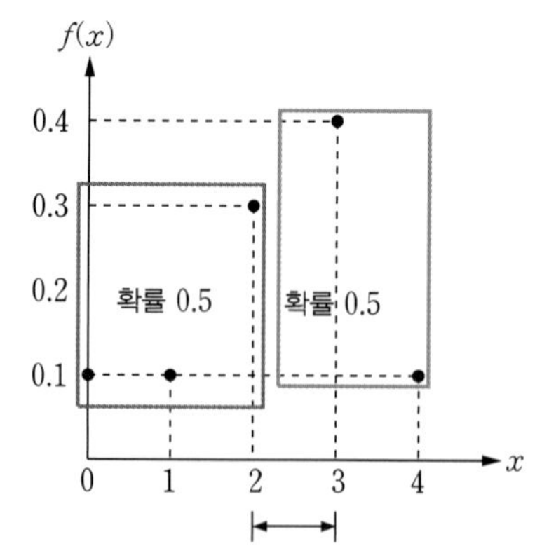

최빈값 : 3, 중앙값 : 2와 3 사이의 모든 수
(b) 중앙값이 여러 개인 경우

[그림 6-12] 확률변수의 중앙값과 최빈값

한편, 이산확률변수 X의 확률질량함수가 $f(x)=\frac{1}{4}\,(x=1,2,3,4)$이라 하면, 가장 큰 확률값이 존재하지 않으므로 최빈값이 존재하지 않는다.

예제 6-11

연속확률변수 X의 확률밀도함수가 다음과 같을 때, X의 최빈값과 중앙값을 구하라.

$$f(x)=\begin{cases}\frac{2}{9}(2-x), & -1 \le x \le 2 \\ 0 & , \text{다른 곳에서}\end{cases}$$

풀이

$-1 \le x \le 2$에서 $f(x)$가 감소함수이므로 X의 최빈값은 $x=-1$이다.

이때 $P(X \le m)=\frac{2}{9}\int_{-1}^{m}(2-x)\,dx=\frac{2}{9}\left[2x-\frac{1}{2}x^2\right]_{-1}^{m}=\frac{1}{9}(5+4m-m^2)$이므로 $\frac{1}{9}(5+4m-m^2)=\frac{1}{2}$, 즉 $-m^2+4m+\frac{1}{2}=0$을 만족하는 m을 구하면 $m=\frac{4\pm 3\sqrt{2}}{2}$이고, $-1 \le x \le 2$ 안의 m을 구하면 중앙값은 $m=\frac{4-3\sqrt{2}}{2}$이다.

I Can Do 6-11

[I Can Do 6-9]에 주어진 다음의 연속확률변수 X의 최빈값과 중앙값을 구하라.

$$f(x)=\begin{cases}\frac{1}{4}, & 1 \le x \le 5 \\ 0, & \text{다른 곳에서}\end{cases}$$

Chapter 06 연습문제

기초문제

1. 다음 확률변수가 이산확률변수인지 아니면 연속확률변수인지 판단하라.

(a) 어느 커플이 오후 1시부터 2시 사이 중 만난 시간

(b) 대형 서점의 판매대에 놓여있는 통계학 책의 수

(c) 서로 다른 주사위 네 개를 던져서 나온 최대 눈의 수

(d) 통계학 책의 어떤 한 페이지에 써 있는 숫자 1의 수

2. 다음을 나타내는 확률변수 X의 상태공간을 구하라.

(a) 10명의 학생 중 안경을 낀 학생 수

(b) 새로 구입한 스마트폰의 수명

(c) 처음으로 1의 눈이 나올 때까지 주사위를 던진 횟수

(d) 30cm 막대 자를 손으로 잡았을 때의 위치

3. 이산확률변수 X의 확률분포가 다음과 같을 때, 상수 a의 값을 구하라.

X	1	2	3	4
$f(x)$	$\frac{1}{4}$	$\frac{1}{8}$	a	$\frac{3}{8}$

① $\frac{1}{3}$ ② $\frac{2}{3}$ ③ $\frac{1}{4}$ ④ $\frac{3}{4}$ ⑤ $\frac{2}{5}$

4. 연속확률변수 X의 확률밀도함수가 다음과 같을 때, 상수 a의 값을 구하라.

$$f(x) = \begin{cases} ax\,, & a \le x \le 1 \\ 0 & , \text{다른 곳에서} \end{cases}$$

① $\frac{1}{2}$ ② 1 ③ $\frac{3}{2}$ ④ 2 ⑤ $\frac{5}{2}$

5. 주머니 안에 흰색 공 2개, 빨간색 공 2개, 그리고 파란색 공 3개가 들어있다. 동시에 공 2개를 꺼낼 때, 이 중에 포함된 흰색 공의 개수에 대한 평균을 구하라.

① $\frac{1}{7}$ ② $\frac{3}{7}$ ③ $\frac{4}{7}$ ④ $\frac{5}{7}$ ⑤ $\frac{8}{7}$

6. 주사위를 다섯 번 던졌을 때 1 또는 2의 눈이 세 번 나올 확률을 구하라.

① $\frac{2}{5}$ ② $\frac{3}{10}$ ③ $\frac{21}{125}$ ④ $\frac{40}{243}$ ⑤ $\frac{21}{250}$

7. 연속확률변수 X의 확률밀도함수가 다음과 같을 때, $P\left(\frac{1}{2} \le X \le 1\right)$을 구하라.

$$f(x) = \begin{cases} \frac{3}{8}x^2\,, & 0 \le x \le 2 \\ 0 & , \text{다른 곳에서} \end{cases}$$

① $\frac{1}{2}$ ② $\frac{3}{8}$ ③ $\frac{7}{32}$ ④ $\frac{7}{64}$ ⑤ $\frac{7}{124}$

8. 연속확률변수 X의 확률밀도함수가 다음 그림과 같을 때, 직선의 방정식 $y = ax + b$를 구하라.

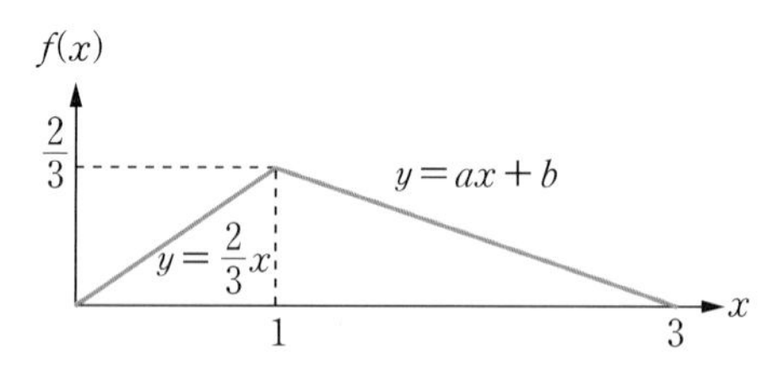

① $y = -3x + 1$ ② $y = -\frac{1}{3}x + 1$

③ $y = -2x + 1$ ④ $y = -\frac{1}{2}x + 1$

⑤ $y = -\frac{1}{3}x + 2$

9. [연습문제 8]에서 $P(X \geq k) = P(X \leq k)$를 만족하는 상수 k를 구하라.

① $3-\sqrt{3}$ ② $3+\sqrt{3}$ ③ $1+\sqrt{3}$
④ $1-\sqrt{3}$ ⑤ $\frac{1}{2}$

10. 확률변수 X의 확률분포가 다음과 같을 때, X의 기댓값 $E(X)$를 구하라.

X	1	2	3	4
$f(x)$	$\frac{1}{3}$	$\frac{1}{6}$	$\frac{1}{6}$	$\frac{1}{3}$

① 1 ② $\frac{2}{3}$ ③ $\frac{7}{3}$ ④ $\frac{7}{2}$ ⑤ $\frac{5}{2}$

11. 연속확률변수 X의 확률밀도함수가 다음과 같을 때, X의 평균을 구하라.

$$f(x) = \begin{cases} \frac{x}{4}, & 1 \leq x \leq 3 \\ 0, & \text{다른 곳에서} \end{cases}$$

① $\frac{13}{6}$ ② $\frac{26}{6}$ ③ $\frac{26}{3}$ ④ $\frac{13}{3}$ ⑤ $\frac{8}{3}$

12. 연속확률변수 X의 확률밀도함수가 다음과 같을 때, X의 평균을 구하라.

$$f(x) = \begin{cases} a(x+2), & 0 \leq x \leq 2 \\ 0, & \text{다른 곳에서} \end{cases}$$

① $\frac{1}{6}$ ② $\frac{1}{8}$ ③ $\frac{1}{9}$ ④ $\frac{5}{9}$ ⑤ $\frac{10}{9}$

13. [연습문제 10]에서 확률변수 X의 분산을 구하라.

① $\frac{19}{12}$ ② $\frac{47}{6}$ ③ $\frac{7}{3}$ ④ $\frac{5}{2}$ ⑤ 2

14. 확률변수 X의 확률질량함수가 다음과 같을 때, X의 중앙값을 구하라.

$$f(x) = \begin{cases} \frac{1}{5}, & x = 1, 2, 3, 4, 5 \\ 0, & \text{다른 곳에서} \end{cases}$$

① 1 ② 2.5 ③ 3 ④ 3.5 ⑤ 4

15. [연습문제 11]에서 확률변수 X의 분산을 구하라.

① 5 ② $\frac{13}{6}$ ③ $\frac{11}{36}$ ④ $\frac{169}{36}$ ⑤ $\frac{349}{36}$

16. 확률변수 X의 확률밀도함수가 다음과 같을 때, X의 중앙값을 구하라.

$$f(x) = \begin{cases} \frac{1}{5}, & 1 \leq x \leq 4 \\ 0, & \text{다른 곳에서} \end{cases}$$

① $\frac{1}{2}$ ② $\frac{5}{2}$ ③ $\frac{7}{2}$ ④ $\frac{9}{2}$ ⑤ $\frac{11}{2}$

응용문제

17. 주사위를 두 번 던져서 나온 두 눈의 합을 4로 나눌 때의 나머지를 확률변수 X라 할 때, 다음을 구하라.

(a) X의 확률질량함수
(b) $1 \leq X \leq 2$일 확률
(c) 두 눈의 합이 4의 배수가 아닐 확률

18. 흰색 바둑돌 4개와 검은색 바둑돌 6개가 들어있는 주머니에서 5개를 임의로 꺼낼 때, 포함된 흰색 바둑돌의 개수를 확률변수 X라 한다. 다음을 구하라.

(a) X의 확률질량함수
(b) 흰색 바둑돌이 한 개 이상 나올 확률

19. 이산확률변수 X의 확률질량함수가 다음과 같을 때, 주어진 물음에 답하라.

$$f(x) = \frac{2x+k}{60}, \quad x = 0, 1, 2, 3, 4$$

(a) 상수 k를 구하라.

(b) X가 3 이하일 확률을 구하라.

20. 자연수 a와 b에 대해 $a = 3b$이고, 이산확률변수 X의 확률표는 다음과 같을 때, 주어진 물음에 답하라.

X	1	2	3	4	5
$f(x)$	$\frac{1}{8}$	$\frac{1}{4}$	a	b	$\frac{1}{8}$

(a) a와 b를 구하라.

(b) X가 4 이상일 확률을 구하라.

21. 확률변수 X가 취하는 값이 1, 2, 3, 4, 5이고, $P(X<2) = 0.3$, $P(X>2) = 0.4$일 때, 다음 확률을 구하라.

(a) $P(X=2)$

(b) $P(X<3)$

22. 연속확률변수 X의 확률밀도함수가 다음과 같을 때, 주어진 물음에 답하라.

$$f(x) = \begin{cases} k, & 0 \le x \le 10 \\ 0, & \text{다른 곳에서} \end{cases}$$

(a) 상수 k를 구하라.

(b) 확률 $P(3 \le X \le 7)$을 구하라.

23. 연속확률변수 X의 확률밀도함수가 다음과 같을 때, 주어진 물음에 답하라.

$$f(x) = \begin{cases} kx + \frac{1}{2}, & 0 \le x \le 4 \\ 0, & \text{다른 곳에서} \end{cases}$$

(a) 상수 k를 구하라.

(b) 확률 $P(2 \le X \le 4)$를 구하라.

24. 어떤 기계 부품의 수명 X의 확률밀도함수가 다음과 같을 때, 주어진 물음에 답하라.

$$f(x) = \begin{cases} 3e^{-3x}, & x > 0 \\ 0, & \text{다른 곳에서} \end{cases}$$

(a) 확률 $P(X \ge 1)$을 구하라.

(b) 확률 $P(1 \le X \le 2)$을 구하라.

25. 연속확률변수 X의 확률밀도함수가 다음과 같을 때, $P(X \le a) = \frac{1}{8}$인 상수 a를 구하라.

$$f(x) = \begin{cases} 3x^2, & 0 < x < 1 \\ 0, & \text{다른 곳에서} \end{cases}$$

26. 이산확률변수 X의 확률질량함수가 다음과 같을 때, X의 분포함수 $F(x)$를 구하라.

$$f(x) = \begin{cases} 0.2, & x = 1, 4 \\ 0.3, & x = 2, 3 \\ 0, & \text{다른 곳에서} \end{cases}$$

27. 이산확률변수 X의 분포함수가 다음과 같을 때, 주어진 물음에 답하라.

$$F(x) = \begin{cases} 0, & x < 0 \\ 0.15, & 0 \le x < 1 \\ 0.3, & 1 \le x < 2 \\ 0.55, & 2 \le x < 3 \\ 0.85, & 3 \le x < 4 \\ 1, & x \ge 4 \end{cases}$$

(a) X의 확률질량함수를 구하라.

(b) $P(1.5 < X \le 3.5)$를 구하라.

(c) $P(X \ge 2.5)$를 구하라.

28. 연속확률변수 X의 확률밀도함수가 다음과 같을 때, X의 분포함수 $F(x)$를 구하라.

$$f(x) = \begin{cases} \frac{3}{125}x^2, & 0 < x < 5 \\ 0, & \text{다른 곳에서} \end{cases}$$

29. 연속확률변수 X의 분포함수가 다음과 같을 때, 주어진 물음에 답하라.

$$F(x)=\begin{cases} 0 & , x<0 \\ \dfrac{x^3}{8} & , 0 \le x < 2 \\ 1 & , x \ge 2 \end{cases}$$

(a) X의 확률밀도함수 $f(x)$를 구하라.

(b) $P(0.5 < X \le 1.5)$를 구하라.

30. 주머니 안에 파란 공 5개, 빨간 공 3개, 흰 공 2개가 들어있다. 이 주머니에서 공 4개를 동시에 꺼낼 때, 흰 공의 개수를 확률변수 X라 한다. 다음을 구하라.

(a) X의 확률질량함수

(b) X의 평균과 분산

31. 주머니 안에 파란 공 5개, 빨간 공 3개, 흰 공 2개가 들어있다. 이 주머니에서 꺼낸 공이 파란 공이면 0원, 빨간 공이면 100원, 흰 공이면 500원을 상금으로 준다고 한다. 이 주머니에서 공 2개를 동시에 꺼낼 때, 받는 상금을 X라 한다. 다음을 구하라.

(a) X의 확률표

(b) 받을 수 있는 평균 상금

32. 다음 표는 이산확률변수 X의 확률분포를 나타낸다. X의 평균이 4일 때, a와 b를 구하라.

X	1	2	3	4	5
$f(x)$	$\frac{1}{15}$	a	$\frac{2}{15}$	b	$\frac{3}{5}$

33. [연습문제 32]에 대해 다음을 구하라.

(a) X의 평균과 분산

(b) $Y=2X-1$의 평균과 분산

(c) $P(\mu-\sigma \le X \le \mu+\sigma)$

34. 주어진 이산확률변수 X의 확률표에 대해 다음을 구하라.

X	1	2	3	4
$f(x)$	$\frac{1}{3}$	$\frac{1}{6}$	$\frac{1}{4}$	$\frac{1}{4}$

(a) X의 평균과 분산

(b) X의 최빈값

(c) X의 중앙값

35. 주어진 연속확률변수 X의 확률밀도함수에 대해 다음을 구하라.

$$f(x)=\begin{cases} \dfrac{1}{2}(1+x), & -1 \le x \le 1 \\ 0 & , \text{다른 곳에서} \end{cases}$$

(a) X의 평균과 분산

(b) X의 최빈값

(c) X의 중앙값

36. 주어진 연속확률변수 X의 확률밀도함수에 대해 다음을 구하라.

$$f(x)=\begin{cases} k(x^2+1), & -1 \le x \le 1 \\ 0 & , \text{다른 곳에서} \end{cases}$$

(a) 상수 k

(b) X의 평균과 분산

(c) X의 최빈값

(d) X의 중앙값

심화문제

37. 양의 정수만을 취하는 확률변수 X의 확률질량함수 $f(x)$에 대해, $f(x)$가 다음과 같이 정의되는 어떤 양의 상수 k가 존재하는가? 존재하지 않으면 그 이유를 설명하라.

(a) $f(x)=\dfrac{k}{x}$

(b) $f(x)=\dfrac{k}{x^2}$

38. 연속확률변수 X의 확률밀도함수가 $f(x)=2x\ (0<x<1)$일 때, 다음을 구하라.

(a) X의 분산

(b) $Y=2X+4$의 분산

(c) $P(\mu-\sigma<X<\mu+\sigma)$

39. 어느 축구선수가 게임에 참가한 시간을 분석한 결과, 다음 그림과 같은 확률밀도함수를 갖는다고 한다. 주어진 물음에 답하라.

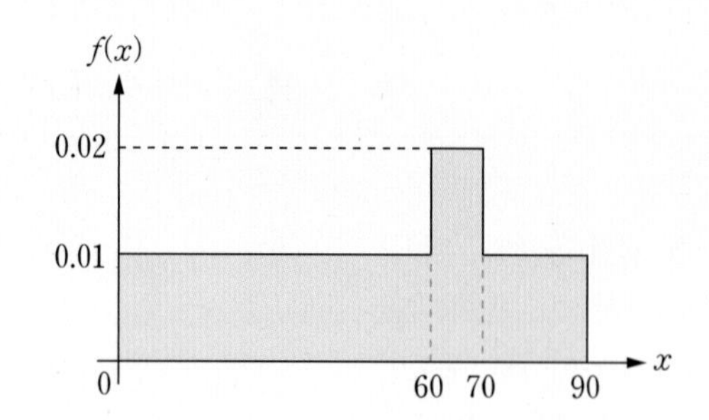

(a) 확률밀도함수 $f(x)$를 구하라.

(b) 이 선수가 축구 게임에 15분 이상 참가할 확률을 구하라.

(c) 이 선수가 축구 게임에 50분 이상 65분 이하로 참가할 확률을 구하라.

40. 어느 강물의 오염실태를 표본조사하기 위해 20곳의 물을 채취하여 병에 담았다. 수질을 조사한 결과, 오염이 매우 심각한 지역은 10곳, 약간 오염된 지역은 6곳, 청정한 지역은 4곳이었다. 채취한 강물을 담은 병들이 섞인 실험대에서 임의로 병 5개를 선정하였다고 할 때, 다음 물음에 답하라.

(a) 심각하게 오염된 물병, 약간 오염된 물병, 그리고 청정한 물병의 개수를 각각 확률변수 X, Y, Z라 할 때, X, Y, Z가 결합된 확률질량함수를 구하라.

(b) 선정된 병 5개 중에서 매우 심각하게 오염된 물병이 2개, 약간 오염된 물병이 2개, 청정한 물병이 1개일 확률을 구하라.

(c) 병 5개 중에서 4개 이상이 매우 심각하게 오염되었을 확률을 구하라.

Chapter 07

결합확률분포

||| 목차 |||

||| 학습목표 |||

- 두 확률변수에 대한 결합확률분포의 의미를 이해하고 결합확률을 구할 수 있다.
- 주변확률질량함수와 주변확률밀도함수의 의미를 이해하고 확률을 구할 수 있다.
- 조건부 확률분포를 이해하고 조건부 평균과 조건부 분산을 구할 수 있다.
- 두 확률변수의 독립성을 이해하고 확률을 간편히 구할 수 있다.
- 결합확률분포의 기댓값의 의미를 이해하고 확률변수의 평균과 분산을 구할 수 있다.
- 두 확률변수 사이의 공분산과 상관계수를 구할 수 있다.

Section
7.1 결합확률분포

'결합확률분포'를 왜 배워야 하는가?

통계모형에서 통상적으로 나타나는 확률분포는 두 개 이상의 확률변수를 필요로 하는 경우가 많다. 예를 들어 자동차의 주된 고장 요인인 기계적 결함, 전기적 결함, 프로그램에 의한 결함 등과 같이 어떤 실험 결과에 영향을 미치는 요인이 둘 이상인 경우를 생각할 수 있다. 또한 어떤 상품의 광고비용에 따른 매출액, 화학반응에서 온도에 따른 반응속도 등과 같이 어떤 요인에 의해 다른 요인이 변화하는 경우를 생각할 수 있다. 이와 같은 현상들을 설명하기 위해서는 두 개 이상의 확률변수를 이용해야 한다. 이 절에서는 두 개 이상의 확률변수가 결합되는 확률분포인 결합확률분포에 대해 살펴본다.

결합이산확률분포

동전을 네 번 던져서 앞면이 나온 횟수를 확률변수 X, 뒷면이 나온 횟수를 확률변수 Y라 하자. 그러면 [표 7-1]과 같이 나타날 수 있는 각각의 경우에 대해 확률변수 X와 Y의 값을 얻는다.

[표 7-1] 앞면과 뒷면의 횟수와 확률표

표본점	HHHH	HHHT	HHTH	HTHH	HHTT	HTHT	HTTH	HTTT
X의 값	4	3	3	3	2	2	2	1
Y의 값	0	1	1	1	2	2	2	3
확률	$\frac{1}{16}$	$\frac{1}{16}$	$\frac{1}{16}$	$\frac{1}{16}$	$\frac{1}{16}$	$\frac{1}{16}$	$\frac{1}{16}$	$\frac{1}{16}$
표본점	THHH	THHT	THTH	TTHH	THTT	TTHT	TTTH	TTTT
X의 값	3	2	2	2	1	1	1	0
Y의 값	1	2	2	2	3	3	3	4
확률	$\frac{1}{16}$	$\frac{1}{16}$	$\frac{1}{16}$	$\frac{1}{16}$	$\frac{1}{16}$	$\frac{1}{16}$	$\frac{1}{16}$	$\frac{1}{16}$

이때 확률변수 X와 Y의 상태공간은 각각 다음과 같다.

$$S_X = \{0, 1, 2, 3, 4\}, \ S_Y = \{0, 1, 2, 3, 4\}$$

그리고 사건 $\{\text{HHHH}\}$는 $X = 4$이면서 동시에 $Y = 0$인 사건을 나타내며, 같은 방법으로 다음과 같이 다른 사건들도 두 확률변수 X와 Y를 이용하여 나타낼 수 있다.

$$\{\text{HHHH}\} \Leftrightarrow \{X=4,\ Y=0\}$$
$$\{\text{HHHT, HHTH, HTHH, THHH}\} \Leftrightarrow \{X=3,\ Y=1\}$$
$$\{\text{HHTT, HTHT, HTTH, THHT, THTH, TTHH}\} \Leftrightarrow \{X=2,\ Y=2\}$$
$$\{\text{HTTT, THTT, TTHT, TTTH}\} \Leftrightarrow \{X=1,\ Y=3\}$$
$$\{\text{TTTT}\} \Leftrightarrow \{X=0,\ Y=4\}$$

또한 각 경우에 대한 확률은 두 확률변수를 이용하여 다음과 같이 나타낼 수 있다.

$$P(\{\text{HHHH}\}) = P(X=4,\ Y=0) = \frac{1}{16}$$
$$P(\{\text{HHHT, HHTH, HTHH, THHH}\}) = P(X=3,\ Y=1) = \frac{4}{16}$$
$$P(\{\text{HHTT, HTHT, HTTH, THHT, THTH, TTHH}\}) = P(X=2,\ Y=2) = \frac{6}{16}$$
$$P(\{\text{HTTT, THTT, TTHT, TTTH}\}) = P(X=1,\ Y=3) = \frac{4}{16}$$
$$P(\{\text{TTTT}\}) = P(X=0,\ Y=4) = \frac{1}{16}$$

따라서 확률변수 X와 Y에 대한 결합확률은 [표 7-2]와 같이 나타낼 수 있다.

[표 7-2] 확률변수 X와 Y에 대한 결합확률표

Y \ X	0	1	2	3	4
0	0	0	0	0	$\frac{1}{16}$
1	0	0	0	$\frac{4}{16}$	0
2	0	0	$\frac{6}{16}$	0	0
3	0	$\frac{4}{16}$	0	0	0
4	$\frac{1}{16}$	0	0	0	0

확률변수 X와 Y에 대한 결합확률은 [그림 7-1]과 같이 그림으로 나타낼 수도 있다.

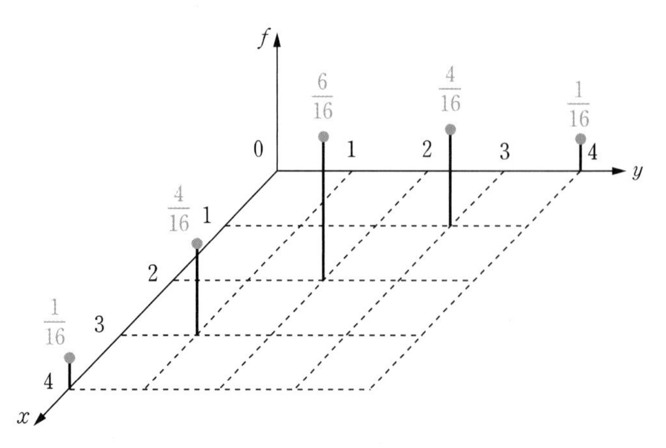

[그림 7-1] 확률변수 X와 Y에 대한 결합확률

또한 다음과 같이 함수를 이용하여 나타낼 수도 있다.

$$f(x, y) = \begin{cases} \dfrac{1}{16}, & (x, y) = (0, 4), (4, 0) \\ \dfrac{4}{16}, & (x, y) = (1, 3), (3, 1) \\ \dfrac{6}{16}, & (x, y) = (2, 2) \\ 0, & \text{다른 곳에서} \end{cases}$$

이와 같이 두 개 이상의 확률변수가 취할 수 있는 개개의 값에 대한 확률은 함수 또는 결합확률표 등으로 표현할 수 있으며, 두 개 이상의 확률변수가 취할 수 있는 개개의 값에 확률을 대응시킨 것을 **결합확률분포** joint probability distribution라 한다. 특히 두 개 이상의 이산확률변수가 결합되는 사건에 대한 확률을 나타내는 함수를 다음과 같이 정의할 수 있다.

정의 7-1 결합확률질량함수

이산확률변수 X와 Y의 상태공간 S_X, S_Y에 대해 확률 $P(X=x, Y=y)$를 대응하는 다음 함수를 두 확률변수 X와 Y의 **결합확률질량함수** joint probability mass function라 한다.

$$f(x, y) = \begin{cases} P(X=x, Y=y), & x \in S_X, y \in S_Y \\ 0, & \text{다른 곳에서} \end{cases}$$

결합확률질량함수 $f(x, y)$는 확률질량함수와 동일하게 다음 성질을 갖는다.

(1) 모든 x와 y에 대하여 $0 \le f(x, y) \le 1$이다.

(2) $\displaystyle\sum_{x \in S_X} \sum_{y \in S_Y} f(x, y) = 1$

그리고 임의의 실수 $a, b, c, d\ (a \le b, c \le d)$에 대해 $\{a < X \le b\}$이면서 동시에 $\{c < Y \le d\}$일 확률은 다음과 같다.

$$(3)\quad P(a < X \le b,\ c < Y \le d) = \sum_{a < x \le b}\ \sum_{c < y \le d} f(x, y)$$

예제 7-1

이산확률변수 X와 Y의 결합확률질량함수가 다음과 같다.

$$f(x, y) = \begin{cases} \dfrac{x+y}{90}, & x = 0, 1, 2, 3,\ \ y = 1, 2, 3, 4, 5 \\ 0, & \text{다른 곳에서} \end{cases}$$

(a) $P(X=2,\ Y=3)$을 구하라.

(b) $P(2 \le X \le 3,\ 2 \le Y \le 3)$을 구하라.

풀이

(a) $P(X=2,\ Y=3) = f(2, 3) = \dfrac{2+3}{90} = \dfrac{1}{18}$

(b)
$$\begin{aligned} P(2 \le X \le 3,\ 2 \le Y \le 3) &= \sum_{2 \le x \le 3}\ \sum_{2 \le y \le 3} f(x, y) \\ &= f(2, 2) + f(2, 3) + f(3, 2) + f(3, 3) \\ &= \frac{2+2}{90} + \frac{2+3}{90} + \frac{3+2}{90} + \frac{3+3}{90} = \frac{2}{9} \end{aligned}$$

I Can Do 7-1

이산확률변수 X와 Y의 결합확률질량함수가 다음과 같다.

$$f(x, y) = \begin{cases} \dfrac{2x+y}{42}, & x = 0, 1, 2,\ \ y = 0, 1, 2, 3 \\ 0, & \text{다른 곳에서} \end{cases}$$

(a) $P(X=1,\ Y=2)$를 구하라.

(b) $P(X \le 1,\ Y \ge 1)$을 구하라.

한편 [표 7-2]에 주어진 X와 Y의 결합확률표에서 사건 $\{Y=0\}$에 해당하는 가로 방향의 각 확률을 모두 합하면 $\frac{1}{16}$이고, 이 확률은 $P(Y=0)$을 나타낸다. 즉 다음과 같다.

$$P(Y=0)=\sum_{x=0}^{4} f(x, 0)=f(0, 0)+f(1, 0)+f(2, 0)+f(3, 0)+f(4, 0)=\frac{1}{16}$$

같은 방법으로 사건 $\{Y=1\}$, $\{Y=2\}$, $\{Y=3\}$, $\{Y=4\}$에 해당하는 확률은 각각 다음과 같고, 이는 동전을 네 번 던져서 뒷면이 나온 횟수 Y의 확률분포를 나타낸다.

$$P(Y=1)=\sum_{x=0}^{4} f(x, 1)=\frac{4}{16}, \quad P(Y=2)=\sum_{x=0}^{4} f(x, 2)=\frac{6}{16}$$
$$P(Y=3)=\sum_{x=0}^{4} f(x, 3)=\frac{4}{16}, \quad P(Y=4)=\sum_{x=0}^{4} f(x, 4)=\frac{1}{16}$$

마찬가지로 사건 $\{X=x\}$ $(x=0, 1, 2, 3, 4)$에 대해 세로 방향의 각 확률을 모두 합하면, 동전을 네 번 던져서 앞면이 나온 횟수 X의 확률분포를 나타낸다. 즉 [표 7-3]과 같이 각 방향으로 확률을 더하면 두 확률변수 X와 Y의 확률질량함수를 얻을 수 있다.

[표 7-3] 확률변수 X와 Y에 대한 결합확률표

Y \ X	0	1	2	3	4	합계
0	0	0	0	0	$\frac{1}{16}$	$\frac{1}{16}$
1	0	0	0	$\frac{4}{16}$	0	$\frac{4}{16}$
2	0	0	$\frac{6}{16}$	0	0	$\frac{6}{16}$
3	0	$\frac{4}{16}$	0	0	0	$\frac{4}{16}$
4	$\frac{1}{16}$	0	0	0	0	$\frac{1}{16}$
합계	$\frac{1}{16}$	$\frac{4}{16}$	$\frac{6}{16}$	$\frac{4}{16}$	$\frac{1}{16}$	1

이와 같이 두 확률변수가 결합된 결합확률분포로부터 각 확률변수의 확률분포를 얻을 수 있으며, 이러한 확률분포를 **주변확률분포** marginal probability distribution라 한다. 이때 결합확률분포로부터 얻은 X와 Y의 확률질량함수를 다음과 같이 정의한다.

정의 7-2 **주변확률질량함수**

이산확률변수 X와 Y의 결합확률질량함수 $f(x, y)$에 대하여, 다음과 같이 정의되는 함수 $f_X(x)$와 $f_Y(y)$를 각각 X와 Y의 **주변확률질량함수** marginal probability mass function 라 한다.

$$f_X(x) = P(X = x) = \sum_{\text{모든 } y} f(x, y), \quad x \in S_X$$

$$f_Y(y) = P(Y = y) = \sum_{\text{모든 } x} f(x, y), \quad y \in S_Y$$

예제 7-2

[예제 7-1]의 결합확률분포에 대하여 이산확률변수 X와 Y의 확률표를 구하라.

풀이

결합확률질량함수가 $f(x, y) = \dfrac{x+y}{90}$ $(x = 0, 1, 2, 3, \ y = 1, 2, 3, 4, 5)$이므로, 결합확률표는 다음과 같다.

Y \ X	0	1	2	3	합계
1	$\frac{1}{90}$	$\frac{1}{45}$	$\frac{1}{30}$	$\frac{2}{45}$	$\frac{1}{9}$
2	$\frac{1}{45}$	$\frac{1}{30}$	$\frac{2}{45}$	$\frac{1}{18}$	$\frac{7}{45}$
3	$\frac{1}{30}$	$\frac{2}{45}$	$\frac{1}{18}$	$\frac{1}{15}$	$\frac{1}{5}$
4	$\frac{2}{45}$	$\frac{1}{18}$	$\frac{1}{15}$	$\frac{7}{90}$	$\frac{11}{45}$
5	$\frac{1}{18}$	$\frac{1}{15}$	$\frac{7}{90}$	$\frac{4}{45}$	$\frac{13}{45}$
합계	$\frac{1}{6}$	$\frac{2}{9}$	$\frac{5}{18}$	$\frac{1}{3}$	1

따라서 X와 Y의 확률표는 각각 다음과 같다.

X	0	1	2	3
$P(X=x)$	$\frac{1}{6}$	$\frac{2}{9}$	$\frac{5}{18}$	$\frac{1}{3}$

Y	1	2	3	4	5
$P(Y=y)$	$\frac{1}{9}$	$\frac{7}{45}$	$\frac{1}{5}$	$\frac{11}{45}$	$\frac{13}{45}$

I Can Do 7-2

[I Can Do 7-1]의 결합확률분포에 대하여 이산확률변수 X와 Y의 확률표를 구하라.

결합연속확률분포

이산확률변수 X와 Y의 결합확률질량함수는 다음을 만족하는 음이 아닌 함수 $f(x, y)$이다.

$$\sum_{x \in S_X} \sum_{y \in S_Y} f(x, y) = 1$$

이와 마찬가지로 연속확률변수 X와 Y의 상태공간 S_X, S_Y에 대하여 결합확률밀도함수를 다음과 같이 정의한다.

정의 7-3 결합확률밀도함수

연속확률변수 X와 Y의 상태공간 S_X, S_Y에 대해 다음을 만족하는 음이 아닌 함수 $f(x, y)$를 확률변수 X와 Y의 **결합확률밀도함수**joint probability density function라 한다.

$$\int_{S_X} \int_{S_Y} f(x, y)\, dx\, dy = 1$$

일반적으로 두 연속확률변수 X와 Y의 결합확률밀도함수 $f(x, y)$는 [그림 7-2]와 같은 곡면을 이룬다.

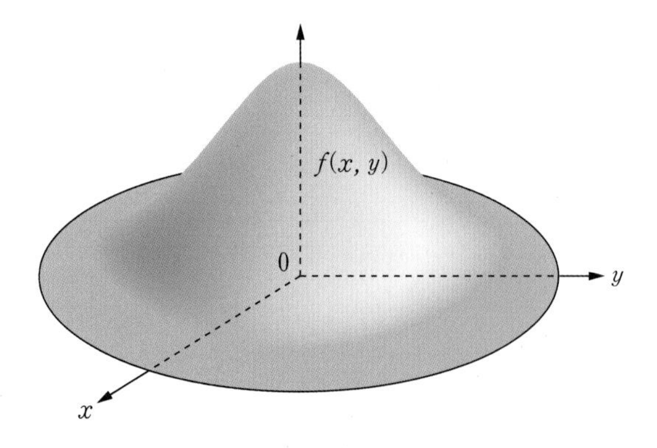

[그림 7-2] 결합확률밀도함수 $f(x, y)$의 기하학적 표현

이때 연속확률변수 X와 Y에 대해 $a \le X \le b$이고 $c \le Y \le d$일 확률, 즉 확률변수 X와 Y가 영역 $A = \{(x, y) \mid a \le x \le b,\ c \le y \le d\}$ 안에 속할 확률은 다음과 같다.

$$P[(X, Y) \in A] = \int_a^b \int_c^d f(x, y)\, dy\, dx$$

그리고 확률 $P[(X, Y) \in A]$는 [그림 7-3]과 같이 xy 평면의 영역 A와 함수 $f(x, y)$에 의하여 둘러싸인 입체의 부피를 의미한다.

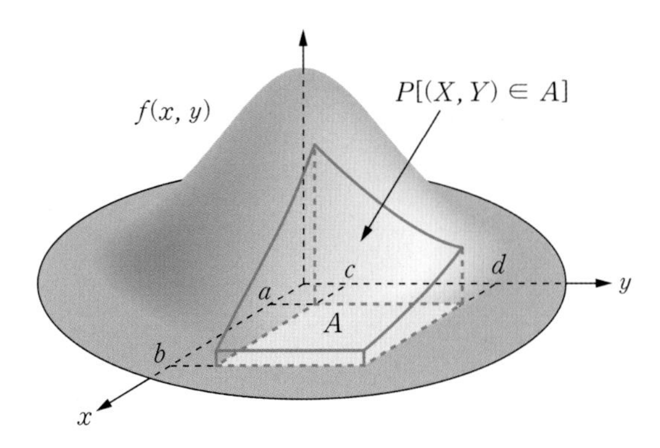

[그림 7-3] 확률 $P[(X, Y) \in A]$의 기하학적 표현

예제 7-3

연속확률변수 X와 Y의 결합확률밀도함수가 다음과 같을 때, 주어진 물음에 답하라.

$$f(x, y) = \begin{cases} k(x+y), & 0 \le x \le 2,\ 0 \le y \le 2 \\ 0 & ,\ \text{다른 곳에서} \end{cases}$$

(a) 상수 k를 구하라.

(b) $P(0 \le X \le 1,\ 1 \le Y \le 2)$를 구하라.

풀이

(a) $$\int_0^2 \int_0^2 f(x, y)\, dx\, dy = k \int_0^2 \int_0^2 (x+y)\, dx\, dy$$

$$= k \int_0^2 \left[\frac{x^2}{2} + xy \right]_{x=0}^{x=2} dy$$

$$= 2k \int_0^2 (y+1)\, dy = 2k \left[\frac{y^2}{2} + y \right]_0^2 = 8k = 1$$

따라서 $k = \frac{1}{8}$이다.

(b) $P(0 \le X \le 1, 1 \le Y \le 2) = \frac{1}{8}\int_1^2 \int_0^1 (x+y)\,dx\,dy$

$$= \frac{1}{8}\int_1^2 \left[\frac{x^2}{2} + xy\right]_{x=0}^{x=1} dy$$

$$= \frac{1}{8}\int_1^2 \left(y + \frac{1}{2}\right) dy = \frac{1}{8}\left[\frac{y^2}{2} + \frac{y}{2}\right]_1^2 = \frac{1}{8}(2) = \frac{1}{4}$$

I Can Do 7-3

연속확률변수 X와 Y의 결합확률밀도함수가 다음과 같을 때, 주어진 물음에 답하라.

$$f(x, y) = \begin{cases} k(2x+y), & 0 \le x \le 2,\ 1 \le y \le 3 \\ 0 & ,\ \text{다른 곳에서} \end{cases}$$

(a) 상수 k를 구하라.

(b) $P(X \le 1, 2 \le Y)$를 구하라.

한편 결합이산확률분포의 경우와 동일하게 두 확률변수의 결합확률밀도함수를 알 때, 두 확률변수 각각의 확률밀도함수를 다음과 같이 정의한다.

정의 7-4 주변확률밀도함수

연속확률변수 X와 Y의 결합확률밀도함수 $f(x, y)$에 대하여, 다음과 같이 정의되는 함수 $f_X(x)$, $f_Y(y)$를 각각 X와 Y의 **주변확률밀도함수** marginal probability density function라 한다.

$$f_X(x) = \int_{S_Y} f(x, y)\,dy, \quad f_Y(x) = \int_{S_X} f(x, y)\,dx$$

예제 7-4

[예제 7-3]의 결합확률분포에 대하여 연속확률변수 X와 Y의 주변확률밀도함수를 구하라.

풀이

$$f_X(x) = \int_0^2 f(x, y)\,dy = \frac{1}{8}\int_0^2 (x+y)\,dy = \frac{1}{8}\left[xy + \frac{y^2}{2}\right]_{y=0}^{y=2}$$

$$= \frac{1}{4}(x+1),\ 0 \le x \le 2$$

$$f_Y(y) = \int_0^2 f(x, y)\,dx = \frac{1}{8}\int_0^2 (x+y)\,dx = \frac{1}{8}\left[\frac{x^2}{2} + xy\right]_{x=0}^{x=2}$$

$$= \frac{1}{4}(y+1), \ 0 \le y \le 2$$

I Can Do 7-4

[I Can Do 7-3]의 결합확률분포에 대하여 연속확률변수 X와 Y의 주변확률밀도함수를 구하라.

결합분포함수

단일 확률변수의 확률질량함수 또는 확률밀도함수를 알고 있으면 분포함수를 구할 수 있다. 이와 마찬가지로 두 확률변수 X와 Y의 결합분포함수를 생각할 수 있다.

정의 7-5 결합분포함수

임의의 실수 x와 y에 대하여 이변수함수 $F(x, y) = P(X \le x, \ Y \le y)$를 X와 Y의 **결합분포함수** joint distribution function라 한다. 따라서 결합분포함수는 다음과 같이 정의한다.

❶ X와 Y가 이산확률변수인 경우, 결합확률질량함수 $f(x, y)$에 대하여 다음과 같다.

$$F(x, y) = \sum_{u \le x} \sum_{v \le y} f(u, v)$$

❷ X와 Y가 연속확률변수인 경우, 결합확률밀도함수 $f(x, y)$에 대하여 다음과 같다.

$$F(x, y) = \int_{-\infty}^{x} \int_{-\infty}^{y} f(u, v)\,dv\,du$$

또한 결합분포함수 $F(x, y)$로부터 X와 Y 각각의 분포함수를 구할 수 있으며, 이런 분포함수를 다음과 같이 정의한다.

정의 7-6 주변분포함수

임의의 실수 x와 y에 대하여 $F_X(x) = P(X \le x)$, $F_Y(y) = P(Y \le y)$를 각각 X와 Y의 **주변분포함수** marginal distribution function라 한다. 따라서 X와 Y의 주변분포함수는 다음과 같이 정의한다.

❶ X와 Y가 이산확률변수인 경우, 결합확률질량함수 $f(x, y)$에 대하여 다음과 같다.

$$F_X(x) = \sum_{u \le x} f_X(u) = \sum_{u \le x} \sum_{\text{모든 } y} f(u, y)$$

❷ X와 Y가 연속확률변수인 경우, 결합확률밀도함수 $f(x, y)$에 대하여 다음과 같다.

$$F_X(x) = \int_{-\infty}^{x} f_X(u)\,du = \int_{-\infty}^{x} \int_{S_Y} f(u, y)\,dy\,du$$

이때 결합분포함수 $F(x, y)$에 대해 X의 주변분포함수 $F_X(x)$를 다음과 같이 간단히 구할 수 있다.

$$F_X(x) = \lim_{y \to \infty} F(x, y)$$

여기서 $y \to \infty$는 확률변수 Y가 취할 수 있는 최댓값을 의미한다. 한편, 임의의 실수 $a < b$와 $c < d$에 대하여 결합분포함수를 이용해 다음과 같이 확률 $P(a < X \le b,\ c < Y \le d)$를 구할 수 있다.

$$P(a < X \le b,\ c < Y \le d) = F(b, d) - F(b, c) - F(a, d) + F(a, c)$$

특히 연속확률변수 X와 Y에 대하여 결합확률밀도함수 $f(x, y)$와 결합분포함수 $F(x, y)$ 사이에 다음 관계가 성립한다.

$$f(x, y) = \frac{\partial^2}{\partial x\, \partial y} F(x, y)$$

예제 7-5

연속확률변수 X와 Y의 결합분포함수가 다음과 같을 때, 주어진 물음에 답하라.

$$F(x, y) = (1 - e^{-x})(1 - e^{-2y}), \quad x > 0,\ y > 0$$

(a) X와 Y의 결합확률밀도함수를 구하라.

(b) X의 주변분포함수와 주변확률밀도함수를 구하라.

(c) 확률 $P(0 < X \le 1,\ 0 < Y \le 1)$을 구하라.

풀이

(a) X와 Y의 결합확률밀도함수는 다음과 같다.

$$\begin{aligned} f(x, y) &= \frac{\partial^2}{\partial x\, \partial y} F(x, y) \\ &= \frac{\partial^2}{\partial x\, \partial y}(1-e^{-x})(1-e^{-2y}) \\ &= \frac{\partial}{\partial x}(1-e^{-x})\frac{\partial}{\partial y}(1-e^{-2y}) \\ &= \left(e^{-x}\right)\left(2e^{-2y}\right) \\ &= 2e^{-(x+2y)}, \quad x>0, \quad y>0 \end{aligned}$$

(b) X의 주변분포함수는 다음과 같다.

$$F_X(x) = \lim_{y \to \infty} F(x, y) = \lim_{y \to \infty}(1-e^{-x})(1-e^{-2y}) = 1-e^{-x}$$

따라서 X의 주변확률밀도함수는 다음과 같다.

$$f_X(x) = \frac{d}{dx}F_X(x) = \frac{d}{dx}(1-e^{-x}) = e^{-x}, \quad x>0$$

(c)
$$\begin{aligned} P(0<X \le 1, 0<Y \le 1) &= F(1, 1) - F(0, 1) - F(1, 0) + F(0, 0) \\ &= (1-e^{-1})(1-e^{-2}) - (1-e^{0})(1-e^{-2}) \\ &\quad - (1-e^{-1})(1-e^{0}) + (1-e^{0})(1-e^{0}) \\ &= (1-e^{-1})(1-e^{-2}) \\ &\approx 0.5466 \end{aligned}$$

I Can Do 7-5

확률변수 X와 Y의 결합분포함수가 다음과 같을 때, 주어진 물음에 답하라.

$$F(x, y) = x^2y^3, \quad 0 \le x \le 1, \quad 0 \le y \le 1$$

(a) X와 Y의 결합확률밀도함수를 구하라.

(b) X와 Y의 주변확률밀도함수를 구하라.

(c) 확률 $P\left(0<X \le \frac{1}{2}, \frac{1}{2}<Y \le 1\right)$을 구하라.

Section 7.2

조건부 확률분포

'조건부 확률분포'를 왜 배워야 하는가?

5.4절에서 어떤 사건이 주어졌다는 조건 아래서 정의되는 조건부 확률과 두 사건의 독립성에 대해 살펴보았다. 이와 동일한 방법으로, 주사위를 세 번 반복하여 던지는 게임에서 처음에 나온 눈의 수가 홀수라는 조건 아래서 두 번째와 세 번째에 나온 눈의 수의 합에 대한 확률분포를 생각할 수 있다. 이 절에서는 두 확률변수 X와 Y의 결합확률분포에서 확률변수 X가 특정한 값을 취한다는 조건 아래서 확률변수 Y의 확률분포를 알아보고, 두 확률변수가 서로 독립이라는 개념에 대해 살펴본다.

조건부 확률분포

5.4절에서 사건 A가 주어졌을 때 사건 B의 조건부 확률을 다음과 같이 정의하였다.

$$P(B|A) = \frac{P(A \cap B)}{P(A)}, \quad P(A) > 0$$

조건부 확률의 개념을 확률변수에 적용하기 위해, 두 확률변수 X와 Y에 대해 $A = \{X = x\}$, $B = \{Y = y\}$라 하면 $A \cap B = \{X = x,\ Y = y\}$이다. 조건부 확률의 정의로부터 $P(X = x) > 0$일 때, 사건 $\{X = x\}$가 주어졌다는 조건 아래서 $\{Y = y\}$일 조건부 확률은 다음과 같다.

$$P(Y = y \mid X = x) = \frac{P(X = x,\ Y = y)}{P(X = x)}$$

그리고 이산확률변수 X와 Y에 대해 결합확률질량함수 $f(x, y)$와 주변확률질량함수 $f_X(x)$를 이용하면 조건부 확률은 다음과 같이 나타낼 수 있다.

$$P(Y = y \mid X = x) = \frac{f(x, y)}{f_X(x)}$$

이와 같이 $f_X(x) > 0$을 만족하는 이산확률변수 X와 Y에 대해 $X = x$가 주어질 때 Y의 확률분포를 **조건부 확률분포** conditional probability distribution라 하며, 이 조건부 확률분포에 대응하는 함수를 조건부 확률질량함수라 한다.

정의 7-7 조건부 확률질량함수

이산확률변수 X와 Y에 대해 $f_X(x) > 0$일 때, $X = x$가 주어졌다는 조건 아래서 다음과 같이 정의되는 함수 $f(y \mid x)$를 $X = x$일 때 Y의 **조건부 확률질량함수** conditional probability mass function라 한다.

$$f(y \mid x) = \begin{cases} \dfrac{f(x, y)}{f_X(x)}, & y \in S_Y \\ 0, & \text{다른 곳에서} \end{cases}$$

그러면 이산확률변수 X와 Y에 대해 $f_X(x) = P(X = x) = \sum_{\text{모든 } y} f(x, y)$이므로, $X = x$일 때 Y의 조건부 확률질량함수는 다음과 같다.

$$f(y \mid x) = \frac{f(x, y)}{\sum_{\text{모든 } y} f(x, y)}$$

같은 방법으로 $f_Y(y) > 0$일 때 $Y = y$가 주어졌다는 조건 아래서 X의 조건부 확률질량함수를 다음과 같이 정의한다.

$$f(x \mid y) = \frac{f(x, y)}{f_Y(y)}, \quad x \in S_X$$

$X = x$가 주어졌다는 조건 아래서 Y의 조건부 확률질량함수는 다음 조건을 만족한다.

(1) 모든 실수 y에 대해 $f(y \mid x) \geq 0$이다.

(2) $\sum_{\text{모든 } y} f(y \mid x) = 1$

(3) $P(c \leq Y \leq d \mid X = x) = \sum_{c \leq y \leq d} f(y \mid x)$

예를 들어 X와 Y의 결합확률질량함수가 다음과 같다고 하자.

$$f(x, y) = \frac{x + y}{45}, \quad x = 0, 1, 2, 3, 4, \quad y = 0, 1, 2$$

그러면 [표 7-4]의 결합확률표를 얻는다.

[표 7-4] 이산확률변수 X와 Y에 대한 결합확률표

Y \ X	0	1	2	3	4	$f_Y(y)$
0	0	$\frac{1}{45}$	$\frac{2}{45}$	$\frac{3}{45}$	$\frac{4}{45}$	$\frac{10}{45}$
1	$\frac{1}{45}$	$\frac{2}{45}$	$\frac{3}{45}$	$\frac{4}{45}$	$\frac{5}{45}$	$\frac{15}{45}$
2	$\frac{2}{45}$	$\frac{3}{45}$	$\frac{4}{45}$	$\frac{5}{45}$	$\frac{6}{45}$	$\frac{20}{45}$
$f_X(x)$	$\frac{3}{45}$	$\frac{6}{45}$	$\frac{9}{45}$	$\frac{12}{45}$	$\frac{15}{45}$	1

이때 $f_Y(1) = P(Y=1) = \frac{15}{45}$이고, $Y=1$이 주어졌다는 조건 아래서 X의 조건부 확률 $f(x \mid y=1)(x=0, 1, 2, 3, 4)$은 각각 다음과 같이 $f_Y(1)$에 대한 $f(x, 1)$의 비율이다.

- $x=0$인 경우 : $f(0 \mid y=1) = \dfrac{f(0, 1)}{f_Y(1)} = \dfrac{1/45}{15/45} = \dfrac{1}{15}$
- $x=1$인 경우 : $f(1 \mid y=1) = \dfrac{f(1, 1)}{f_Y(1)} = \dfrac{2/45}{15/45} = \dfrac{2}{15}$
- $x=2$인 경우 : $f(2 \mid y=1) = \dfrac{f(2, 1)}{f_Y(1)} = \dfrac{3/45}{15/45} = \dfrac{3}{15}$
- $x=3$인 경우 : $f(3 \mid y=1) = \dfrac{f(3, 1)}{f_Y(1)} = \dfrac{4/45}{15/45} = \dfrac{4}{15}$
- $x=4$인 경우 : $f(4 \mid y=1) = \dfrac{f(4, 1)}{f_Y(1)} = \dfrac{5/45}{15/45} = \dfrac{5}{15}$

따라서 $Y=1$이 주어졌다는 조건 아래서 X의 조건부 확률은 [표 7-5]와 같다.

[표 7-5] $Y=1$일 때, X의 조건부 확률표

X	0	1	2	3	4
$f(x \mid y=1)$	$\frac{1}{15}$	$\frac{2}{15}$	$\frac{3}{15}$	$\frac{4}{15}$	$\frac{5}{15}$

예제 7-6

이산확률변수 X와 Y의 결합확률질량함수가 다음과 같을 때, 주어진 물음에 답하라.

$$f(x, y) = \frac{2x+y}{42},\ x = 0, 1, 2,\ y = 0, 1, 2, 3$$

(a) $X=1$일 때 Y의 조건부 확률질량함수를 구하라.

(b) 확률 $P(2 \le Y \le 3 \mid X=1)$을 구하라.

풀이

(a) X와 Y의 결합확률표를 작성하면 다음과 같다.

Y \ X	0	1	2	3	$f_X(x)$
0	0	$\frac{1}{42}$	$\frac{2}{42}$	$\frac{3}{42}$	$\frac{6}{42}$
1	$\frac{2}{42}$	$\frac{3}{42}$	$\frac{4}{42}$	$\frac{5}{42}$	$\frac{14}{42}$
2	$\frac{4}{42}$	$\frac{5}{42}$	$\frac{6}{42}$	$\frac{7}{42}$	$\frac{22}{42}$
$f_Y(y)$	$\frac{6}{42}$	$\frac{9}{42}$	$\frac{12}{42}$	$\frac{15}{42}$	1

따라서 $X=1$일 때 Y의 조건부 확률표는 다음과 같다.

Y	0	1	2	3
$f(y \mid x=1)$	$\frac{2}{14}$	$\frac{3}{14}$	$\frac{4}{14}$	$\frac{5}{14}$

그리고 $X=1$일 때 Y의 조건부 확률질량함수는 다음과 같다.

$$f(y \mid x=1) = \begin{cases} \frac{1}{7}, & y=0 \\ \frac{3}{14}, & y=1 \\ \frac{2}{7}, & y=2 \\ \frac{5}{14}, & y=3 \\ 0, & \text{다른 곳에서} \end{cases}$$

(b) $P(2 \le Y \le 3 \mid X=1) = f(2 \mid x=1) + f(3 \mid x=1) = \frac{4}{14} + \frac{5}{14} = \frac{9}{14}$

I Can Do 7-6

이산확률변수 X와 Y의 결합확률질량함수가 다음과 같을 때, 주어진 물음에 답하라.

$$f(x, y) = \frac{x+2y}{27}, \quad x = 0, 1, 2, \quad y = 0, 1, 2$$

(a) $X = 1$일 때 Y의 조건부 확률질량함수를 구하라.

(b) 확률 $P(0 \le Y \le 1.5 \mid X = 1)$을 구하라.

한편, 연속확률변수에 대해서도 이산확률변수와 동일한 방법으로 조건부 확률분포에 대응하는 함수를 정의할 수 있다.

정의 7-8 조건부 확률밀도함수

연속확률변수 X와 Y에 대해 $f_X(x) > 0$이고 $X = x$가 주어질 때, 다음과 같이 정의되는 함수 $f(y \mid x)$를 $X = x$일 때 Y의 **조건부 확률밀도함수** conditional probability density function라 한다.

$$f(y \mid x) = \begin{cases} \dfrac{f(x, y)}{f_X(x)}, & y \in S_Y \\ 0, & \text{다른 곳에서} \end{cases}$$

그러면 연속확률변수 X와 Y에 대하여 $f_X(x) = \int_{-\infty}^{\infty} f(x, y)\,dy$이므로, $X = x$가 주어졌을 때 Y의 조건부 확률밀도함수는 다음과 같다.

$$f(y \mid x) = \frac{f(x, y)}{\int_{-\infty}^{\infty} f(x, y)\,dy}$$

같은 방법으로 $f_Y(y) > 0$일 때 $Y = y$가 주어졌다는 조건 아래서 X의 조건부 확률밀도함수를 다음과 같이 정의한다.

$$f(x \mid y) = \frac{f(x, y)}{f_Y(y)}, \quad x \in S_X$$

$X = x$가 주어졌다는 조건 아래서 Y의 조건부 확률밀도함수는 다음 조건을 만족한다.

(1) 모든 실수 y에 대해 $f(y \mid x) \geq 0$이다.

(2) $\int_{S_Y} f(y \mid x)\, dy = 1$

(3) $P(c \leq Y \leq d \mid X = x) = \int_c^d f(y \mid x)\, dy$

예제 7-7

연속확률변수 X와 Y의 결합확률밀도함수가 다음과 같을 때, 주어진 물음에 답하라.

$$f(x, y) = \frac{x+y}{15}, \quad 0 < x < 2, \quad 0 < y < 3$$

(a) $X = 1$일 때 Y의 조건부 확률밀도함수를 구하라.

(b) 확률 $P(1 \leq Y \leq 2 \mid X = 1)$을 구하라.

(c) 임의의 실수 y에 대해 $P(Y \leq y \mid X = 1)$을 구하라.

풀이

(a) X의 주변확률밀도함수는 다음과 같다.

$$f_X(x) = \int_0^3 f(x, y)\, dy = \int_0^3 \frac{x+y}{15}\, dy = \frac{1}{15}\left[xy + \frac{y^2}{2}\right]_0^3 = \frac{1}{10}(2x+3)$$

따라서 $f_X(1) = \frac{1}{2}$이고, $X = 1$일 때 Y의 조건부 확률밀도함수는 다음과 같다.

$$f(y \mid x = 1) = \frac{f(1, y)}{f_X(1)} = \frac{(1+y)/15}{1/2} = \frac{2}{15}(1+y), \quad 0 < y < 3$$

(b) $$P(1 \leq Y \leq 2 \mid X = 1) = \int_1^2 f(y \mid x = 1)\, dy = \int_1^2 \frac{2}{15}(1+y)\, dy$$

$$= \frac{2}{15}\left[y + \frac{y^2}{2}\right]_1^2 = \frac{2}{15} \times \frac{5}{2} = \frac{1}{3}$$

(c) Y의 조건부 확률밀도함수가 $f(y \mid x = 1) = \frac{2}{15}(1+y)\ (0 < y < 3)$이다. 따라서 $X = 1$일 때 Y의 조건부 확률 $P(Y \leq y \mid X = 1)$은 다음과 같이 $y < 0$, $0 \leq y < 3$, $y \geq 3$인 경우에 따라 다르다.

(i) $y < 0$인 경우

$$P(Y \leq y \mid X = 1) = \int_{-\infty}^{y} f(u \mid x = 1)\, du = \int_{-\infty}^{y} 0\, du = 0$$

(ii) $0 \leq y < 3$인 경우

$$P(Y \leq y \mid X = 1) = \int_0^y f(u \mid x = 1)\, du = \int_0^y \frac{2}{15}(1+u)\, du = \frac{1}{15}(y^2 + 2y)$$

(iii) $y \geq 3$인 경우

$$P(Y \leq y \mid X=1) = \int_0^3 f(u \mid x=1)\,du = \int_0^3 \frac{2}{15}(1+u)\,du$$
$$= \frac{1}{15}\left[u^2+2u\right]_0^3 = 1$$

따라서 구하고자 하는 확률은 다음과 같다.

$$P(Y \leq y \mid X=1) = \begin{cases} 0 & , \ y<0 \\ \frac{1}{15}(y^2+2y), & 0 \leq y < 3 \\ 1 & , \ y \geq 3 \end{cases}$$

I Can Do 7-7

연속확률변수 X와 Y의 결합확률밀도함수가 다음과 같을 때, 주어진 물음에 답하라.

$$f(x, y) = \frac{3}{32}(x^2+y^2), \ 0<x<2, \ 0<y<2$$

(a) $Y=1$일 때 X의 조건부 확률밀도함수를 구하라.

(b) $Y=1$일 때 확률 $P(1 \leq X \leq 2 \mid Y=1)$을 구하라.

(c) 임의의 실수 x에 대해 $P(X \leq x \mid Y=1)$을 구하라.

[예제 7-7(c)]에서 임의의 실수 y에 대해 $P(Y \leq y \mid X=1)$을 구하였다. 이와 같이 특정한 x에 대해 $X=x$가 주어질 때 확률변수 Y의 조건부 확률 $P(Y \leq y \mid X=x)$를 다음과 같이 정의한다.

정의 7-9 조건부 분포함수

$X=x$일 때 임의의 실수 y에 대하여 Y의 조건부 확률 $P(Y \leq y \mid X=x)$를 Y의 **조건부 분포함수** conditional distribution function라 하고, $F(y \mid x)$로 나타낸다. 따라서 $X=x$일 때 Y의 조건부 분포함수는 다음과 같이 정의한다.

❶ X와 Y가 이산확률변수인 경우, 조건부 확률질량함수 $f(y \mid x)$에 대하여 다음과 같다.

$$F(y \mid x) = P(Y \leq y \mid X=x) = \sum_{u \leq y} f(u \mid x)$$
$$= \sum_{u \leq y} \frac{f(x, u)}{f_X(x)} = \sum_{u \leq y} \frac{P(X=x, Y=u)}{P(X=x)}$$

❷ X와 Y가 연속확률변수인 경우, 조건부 확률밀도함수 $f(y \mid x)$에 대하여 다음과 같다.

$$F(y \mid x) = P(Y \leq y \mid X=x) = \int_{-\infty}^{y} f(u \mid x)\,du = \int_{-\infty}^{y} \frac{f(x, u)}{f_X(x)}\,du$$

그러면 조건부 분포함수를 이용하여 다음과 같이 조건부 확률을 구할 수 있다.

$$P(a < Y \le b \mid X = x) = F(b \mid X = x) - F(a \mid X = x)$$

예제 7-8

이산확률변수 X와 Y의 결합확률질량함수가 다음과 같을 때, 주어진 물음에 답하라.

$$f(x, y) = \frac{2x + y}{42}, \quad x = 0, 1, 2, \quad y = 0, 1, 2, 3$$

(a) $X = 1$일 때 Y의 조건부 분포함수를 구하라.

(b) 조건부 분포함수를 이용하여 확률 $P(2 \le Y \le 3 \mid X = 1)$을 구하라.

풀이

(a) [예제 7-6]에서 $X = 1$일 때, 다음과 같이 Y의 조건부 확률표를 구하였다.

Y	0	1	2	3
$f(y \mid x = 1)$	$\frac{2}{14}$	$\frac{3}{14}$	$\frac{4}{14}$	$\frac{5}{14}$

따라서 Y의 조건부 분포함수는 다음과 같다.

$$F(y \mid x = 1) = \begin{cases} 0 &, \ y < 0 \\ \frac{1}{7} &, \ 0 \le y < 1 \\ \frac{5}{14} &, \ 1 \le y < 2 \\ \frac{9}{14} &, \ 2 \le y < 3 \\ 1 &, \ y \ge 3 \end{cases}$$

(b) $P(2 \le Y \le 3 \mid X = 1) = F(3 \mid x = 1) - F(2 \mid x = 1) = 1 - \frac{5}{14} = \frac{9}{14}$

I Can Do 7-8

연속확률변수 X와 Y의 결합확률밀도함수가 다음과 같을 때, 주어진 물음에 답하라.

$$f(x, y) = \frac{x + 2y}{12}, \quad 0 \le x \le 2, \quad 0 \le y \le 2$$

(a) $X = 1$일 때 Y의 조건부 분포함수를 구하라.

(b) 확률 $P(0 \le Y \le 1 \mid X = 1)$을 구하라.

조건부 기댓값

[표 7-4]의 결합확률분포로부터 $Y=1$일 때 X의 조건부 확률질량함수 $f(x \mid y=1)$을 나타내는 [표 7-5]를 얻었다. 이때 $f(x \mid y=1)$은 $Y=1$이라는 조건 아래서 X의 확률분포이며, 이때 X의 평균은 다음과 같다.

$$\sum_{\text{모든 } x} x f(x \mid y=1) = 0 \times \frac{1}{15} + 1 \times \frac{2}{15} + 2 \times \frac{3}{15} + 3 \times \frac{4}{15} + 4 \times \frac{5}{15} = \frac{8}{3}$$

그러므로 이산확률변수 X와 Y에 대하여 $Y=a$가 주어졌을 때, 확률변수 X의 평균을 $\mu_{X \mid Y=a}$라 하면 다음과 같이 구할 수 있다.

$$\mu_{X \mid Y=a} = \sum_{\text{모든 } x} x f(x \mid y=a)$$

동일한 방법으로 연속확률변수 X와 Y에 대해 $Y=a$가 주어졌을 때, 확률변수 X의 평균을 다음과 같이 구할 수 있다.

$$\mu_{X \mid Y=a} = \int_{S_X} x f(x \mid y=a)\, dx$$

이와 같이 특정한 a에 대해 $Y=a$라는 조건이 주어졌을 때, 확률변수 X의 평균을 다음과 같이 정의한다.

정의 7-10 조건부 기댓값

특정한 a에 대해 $Y=a$라는 조건이 주어졌을 때, 확률변수 X의 평균을 **조건부 기댓값** conditional expectation 또는 **조건부 평균** conditional mean이라 하며 다음과 같이 정의한다.

❶ X와 Y가 이산확률변수인 경우

$$\mu_{X \mid Y=a} = E(X \mid Y=a) = \sum_{\text{모든 } x} x f(x \mid y=a) = \sum_{\text{모든 } x} \frac{x f(x, a)}{f_Y(a)}$$

❷ X와 Y가 연속확률변수인 경우

$$\mu_{X \mid Y=a} = E(X \mid Y=a) = \int_{S_X} x f(x \mid y=a)\, dx = \int_{S_X} \frac{x f(x, a)}{f_Y(a)}\, dx$$

또한 확률변수 $Y=a$가 주어졌을 때, 확률변수 X에 대한 함수 $g(X)$의 조건부 기댓값도 동일한 방법으로 다음과 같이 구할 수 있다.

❶ X와 Y가 이산확률변수인 경우

$$E[g(X) \mid Y=a] = \sum_{\text{모든 } x} g(x) f(x \mid y=a) = \sum_{\text{모든 } x} \frac{g(x) f(x, y)}{f_Y(a)}$$

❷ X와 Y가 연속확률변수인 경우

$$E[g(X) \mid Y=a] = \int_{S_X} g(x) f(x \mid y=a)\, dx = \int_{S_X} \frac{g(x) f(x, y)}{f_Y(a)}\, dx$$

특히 확률변수 X에 대한 함수가 $g(X) = (X - \mu_{X \mid Y=a})^2$인 경우 $g(X)$의 조건부 기댓값을 다음과 같이 조건부 분산으로 정의한다.

정의 7-11 조건부 분산

확률변수 X와 조건부 평균 $\mu_{X \mid Y=a}$의 편차 제곱에 대한 기댓값을 **조건부 분산** conditional variance이라 하고 $Var(X \mid Y=a)$ 또는 $\sigma^2_{X \mid Y=a}$로 나타낸다. 다시 말해서 $Y=a$가 주어졌을 때, 확률변수 X의 조건부 분산은 다음과 같이 정의한다.

❶ X와 Y가 이산확률변수인 경우

$$\sigma^2_{X \mid Y=a} = E[(X - \mu_{X \mid Y=a})^2 \mid Y=a] = \sum_{\text{모든 } x} (X - \mu_{X \mid Y=a})^2 f(x \mid y=a)$$

❷ X와 Y가 연속확률변수인 경우

$$\sigma^2_{X \mid Y=a} = E[(X - \mu_{X \mid Y=a})^2 \mid Y=a] = \int_{S_X} (X - \mu_{X \mid Y=a})^2 f(x \mid y=a)\, dx$$

조건부 분산은 X^2의 조건부 기댓값을 이용하면 다음과 같이 간편하게 구할 수 있다.

$$\boxed{\sigma^2_{X \mid Y=a} = E(X^2 \mid Y=a) - \mu^2_{X \mid Y=a}}$$

예제 7-9

[예제 7-6]에 주어진 이산확률변수 X와 Y에 대하여, $X=1$일 때 Y의 조건부 평균과 조건부 분산을 구하라.

풀이

[예제 7-6]에서 $X=1$일 때 Y의 조건부 확률분포를 다음과 같이 구하였다.

Y	0	1	2	3
$f(y\|x=1)$	$\frac{2}{14}$	$\frac{3}{14}$	$\frac{4}{14}$	$\frac{5}{14}$

$X=1$일 때 Y의 조건부 평균은 다음과 같다.

$$\mu_{Y|X=1}=0\times\frac{2}{14}+1\times\frac{3}{14}+2\times\frac{4}{14}+3\times\frac{5}{14}=\frac{13}{7}$$

또한 $X=1$일 때 Y^2의 조건부 기댓값은 다음과 같다.

$$E(Y^2|X=1)=0^2\times\frac{2}{14}+1^2\times\frac{3}{14}+2^2\times\frac{4}{14}+3^2\times\frac{5}{14}=\frac{32}{7}$$

따라서 $X=1$일 때 Y의 조건부 분산은 다음과 같다.

$$\sigma^2_{Y|X=1}=E(Y^2|X=1)-\mu^2_{Y|X=1}=\frac{32}{7}-\left(\frac{13}{7}\right)^2=\frac{55}{49}\approx 1.122$$

I Can Do 7-9

[I Can do 7-6]에 주어진 이산확률변수 X와 Y에 대하여, $X=1$일 때 Y의 조건부 평균과 조건부 분산을 구하라.

예제 7-10

[예제 7-7]에 주어진 연속확률변수 X와 Y에 대하여, $X=1$일 때 Y의 조건부 평균과 조건부 분산을 구하라.

풀이

[예제 7-7]에서 $X=1$일 때 Y의 조건부 확률밀도함수를 다음과 같이 구하였다.

$$f(y|x=1)=\frac{2}{15}(1+y),\ \ 0<y<3$$

따라서 $X=1$일 때 Y의 조건부 평균은 다음과 같다.

$$\mu_{Y|X=1}=\int_0^3 y f(y|x=1)\,dy=\int_0^3\frac{2}{15}y(1+y)\,dy=\frac{2}{15}\left[\frac{y^2}{2}+\frac{y^3}{3}\right]_0^3=\frac{9}{5}$$

또한 $X=1$일 때 Y^2의 조건부 기댓값은 다음과 같다.

$$E(Y^2 \mid X=1) = \int_0^3 y^2 f(y \mid x=1)\,dy$$
$$= \int_0^3 \frac{2}{15} y^2 (1+y)\,dy = \frac{2}{15}\left[\frac{y^3}{3} + \frac{y^4}{4}\right]_0^3 = \frac{39}{10}$$

따라서 $X=1$일 때 Y의 조건부 분산은 다음과 같다.

$$\sigma^2_{Y \mid X=1} = E(Y^2 \mid X=1) - \mu^2_{Y \mid X=1} = \frac{39}{10} - \left(\frac{9}{5}\right)^2 = \frac{33}{50} = 0.66$$

I Can Do 7-10

[I Can do 7-7]에 주어진 연속확률변수 X와 Y에 대하여, $Y=1$일 때 X의 조건부 평균과 조건부 분산을 구하라.

확률변수의 독립성

5.4절에서 $P(A)>0$인 사건 A에 대하여 $P(B \mid A) = P(B)$를 만족할 경우, 두 사건 A와 B는 독립이라 정의하였다. 이와 같은 두 사건의 독립성에 대한 개념을 확률변수에 적용하기 위하여 $A = \{X=x\}$, $B = \{Y=y\}$라 하자. 이때 $P(B \mid A) = P(B)$라 하면 다음과 같이 나타낼 수 있다.

$$P(Y=y \mid X=x) = P(Y=y)$$

X와 Y가 이산확률변수라 하면, 위 식은 다음과 같이 $X=x$일 때 Y의 조건부 확률질량함수와 Y의 주변확률질량함수가 동일함을 나타낸다.

$$f(y \mid x) = f_Y(y)$$

이러한 개념을 연속확률변수 X와 Y에도 동일하게 적용할 수 있으며, 두 확률변수의 독립성을 다음과 같이 정의한다.

정의 7-12 두 확률변수의 독립성

$f_X(x)>0$, $f_Y(y)>0$을 만족하는 확률변수 X와 Y에 대해 다음이 성립하면, 두 확률변수 X와 Y는 **독립** independent 이라 한다.

$$f(y \mid x) = f_Y(y) \quad \text{또는} \quad f(x \mid y) = f_X(x)$$

조건부 확률질량함수[확률밀도함수]를 이용하면 독립인 두 확률변수 X와 Y에 대해 다음 관계를 얻는다.

$$f(y \mid x) = \frac{f(x, y)}{f_X(x)} = f_Y(y) \quad \Rightarrow \quad f(x, y) = f_X(x) f_Y(y)$$

따라서 두 확률변수 X와 Y가 독립이기 위한 필요충분조건은 모든 실수 x와 y에 대해 다음이 성립하는 것이다.

$$\boxed{f(x, y) = f_X(x) f_Y(y)}$$

예를 들어 이산확률변수 X와 Y의 결합확률질량함수가 다음과 같다고 하자.

$$f(x, y) = \frac{x+y}{45}, \quad x = 0, 1, 2, 3, 4, \quad y = 0, 1, 2$$

그러면 [표 7-4]의 결합확률표로부터 다음 관계를 얻는다.

$$f(0, 0) = 0, \quad f_X(0) = \frac{3}{45}, \quad f_Y(0) = \frac{10}{45}$$

따라서 $f(0, 0) \neq f_X(0) f_Y(0)$ 이므로 두 확률변수 X와 Y는 독립이 아니다.

이번에는 연속확률변수 X와 Y의 결합확률밀도함수가 다음과 같다고 하자.

$$f(x, y) = 6e^{-(2x+3y)}, \quad x > 0, \quad y > 0$$

그러면 $x > 0$에 대해 X의 주변확률밀도함수는 다음과 같이 구할 수 있다.

$$\begin{aligned} f_X(x) &= \int_0^\infty 6e^{-(2x+3y)} dy \\ &= 6e^{-2x} \int_0^\infty e^{-3y} dy \\ &= 6e^{-2x} \lim_{a \to \infty} \int_0^a e^{-3y} dy \\ &= 6e^{-2x} \lim_{a \to \infty} \left[-\frac{1}{3} e^{-3y} \right]_0^a \\ &= 6e^{-2x} \lim_{a \to \infty} \left[\frac{1}{3} (1 - e^{-3a}) \right] = 2e^{-2x} \end{aligned}$$

동일한 방법으로 Y의 주변확률밀도함수는 $f_Y(y) = 3e^{-3y}\ (y > 0)$임을 알 수 있다. 그러므로 $x > 0$, $y > 0$에 대해 $f(x, y) = 6e^{-(2x+3y)} = f_X(x) f_Y(y)$가 성립하고, 두 확률변수 X와 Y는 독립이다.

한편, 두 확률변수 X와 Y가 독립이면 다음 성질이 성립한다. 또한 그 역도 성립한다.

(1) 임의의 실수 x와 y에 대해 $F(x, y) = F_X(x)F_Y(y)$이다.

(2) 임의의 실수 a, b, c, d $(a < b,\ c < d)$에 대해 다음이 성립한다.

$$P(a < X \le b, c < Y \le d) = P(a < X \le b)P(c < Y \le d)$$

예제 7-11

연속확률변수 X와 Y의 결합확률밀도함수가 다음과 같을 때, 주어진 물음에 답하라.

$$f(x, y) = 6xe^{-3y},\ 0 < x < 1,\ y > 0$$

(a) X와 Y의 주변확률밀도함수를 구하라.

(b) X와 Y가 독립임을 보여라.

(c) 확률 $P\left(0 < X \le \frac{1}{2}, 0 < Y \le 1\right)$을 구하라.

풀이

(a) X와 Y의 주변확률밀도함수는 각각 다음과 같다.

$$f_X(x) = \int_{-\infty}^{\infty} f(x, y)\,dy = \int_0^{\infty} 6xe^{-3y}\,dy = 2x\left[-e^{-3y}\right]_0^{\infty} = 2x,\ 0 < x < 1$$

$$f_Y(y) = \int_{-\infty}^{\infty} f(x, y)\,dx = \int_0^1 6xe^{-3y}\,dx = 3e^{-3y}\left[x^2\right]_0^1 = 3e^{-3y},\ y > 0$$

(b) $0 < x < 1,\ y > 0$에 대해 $f(x, y) = 6xe^{-3y} = f_X(x)f_Y(y)$이므로 X와 Y는 독립이다.

(c) X와 Y가 독립이므로 다음이 성립한다.

$$P\left(0 < X \le \frac{1}{2}\right) = \int_0^{\frac{1}{2}} 2x\,dx = \left[x^2\right]_0^{\frac{1}{2}} = \frac{1}{4}$$

$$P(0 < Y \le 1) = \int_0^1 3e^{-3y}\,dy = \left[-e^{-3y}\right]_0^1 = 1 - e^{-3}$$

$$P\left(0 < X \le \frac{1}{2}, 0 < Y \le 1\right) = P\left(0 < X \le \frac{1}{2}\right)P(0 < Y \le 1) = \frac{1 - e^{-3}}{4}$$

I Can Do 7-11

연속확률변수 X와 Y의 결합확률밀도함수가 다음과 같을 때, X와 Y가 독립이 아님을 보여라.

$$f(x, y) = \frac{x + 2y}{12},\ 0 \le x \le 2,\ 0 \le y \le 2$$

Section

7.3 결합확률분포의 기댓값

'결합확률분포의 기댓값'을 왜 배워야 하는가?

7.2절에서 두 확률변수 X와 Y의 독립성, 즉 한 확률변수가 다른 확률변수에 영향을 미치지 않는 성질에 대해 살펴보았다. 만약 두 확률변수가 독립이 아니면, 한 확률변수가 변함에 따라 다른 확률변수가 변하게 된다. 이때 두 확률변수 X와 Y의 종속적인 관계를 나타내는 함수식을 구한다면, 확률변수 X가 특정한 값을 가질 때 확률변수 Y가 어떤 값을 갖는지 예측할 수 있다. 따라서 두 확률변수의 종속적인 관계를 나타내는 척도는 매우 중요하다. 이 절에서는 두 확률변수의 종속적인 관계를 나타내는 척도인 공분산과 상관계수에 대해 살펴본다.

결합확률분포의 기댓값

6.3절에서 정의한 확률변수의 기댓값과 분산의 개념을 두 확률변수에 대한 결합확률분포로 확장할 수 있다. 두 확률변수 X와 Y의 결합확률질량함수[결합확률밀도함수]를 $f(x,\ y)$라 하자. 이때 X와 Y에 대한 함수 $u(X,\ Y)$의 기댓값이 존재한다면 함수 $u(X,\ Y)$의 기댓값을 $E[u(X,\ Y)]$로 나타내며, 다음과 같이 정의한다.

$$E[u(X,\ Y)] = \begin{cases} \displaystyle\sum_{\text{모든 } x}\sum_{\text{모든 } y} u(x,\ y)f(x,\ y) &, \quad X,\ Y\text{가 이산확률변수인 경우} \\ \displaystyle\int_{S_X}\int_{S_Y} u(x,\ y)f(x,\ y)\,dy\,dx &, \quad X,\ Y\text{가 연속확률변수인 경우} \end{cases}$$

그러면 결합확률분포를 이용하여 다음과 같이 확률변수 X와 Y의 평균과 분산을 구할 수 있다.

❶ X와 Y가 이산확률변수인 경우, 결합확률질량함수 $f(x,\ y)$에 대해 다음과 같다.

- **평균** : $E(X) = \displaystyle\sum_{\text{모든 } x}\sum_{\text{모든 } y} x f(x,\ y)$

  $E(Y) = \displaystyle\sum_{\text{모든 } x}\sum_{\text{모든 } y} y f(x,\ y)$

- **분산** : $\sigma_X^2 = E[(X-\mu_X)^2] = \displaystyle\sum_{\text{모든 } x}\sum_{\text{모든 } y} (x-\mu_X)^2 f(x,\ y)$

  $\sigma_Y^2 = E[(Y-\mu_Y)^2] = \displaystyle\sum_{\text{모든 } x}\sum_{\text{모든 } y} (y-\mu_Y)^2 f(x,\ y)$

❷ X와 Y가 연속확률변수인 경우, 결합확률밀도함수 $f(x, y)$에 대해 다음과 같다.

- **평균** : $E(X) = \int_{S_X}\int_{S_Y} x f(x, y)\,dy\,dx$

  $E(Y) = \int_{S_X}\int_{S_Y} y f(x, y)\,dy\,dx$

- **분산** : $\sigma_X^2 = E[(X-\mu_X)^2] = \int_{S_X}\int_{S_Y} (x-\mu_X)^2 f(x, y)\,dy\,dx$

  $\sigma_Y^2 = E[(Y-\mu_Y)^2] = \int_{S_X}\int_{S_Y} (y-\mu_Y)^2 f(x, y)\,dy\,dx$

확률변수 X, Y의 결합확률분포의 기댓값에 대해 다음과 같은 성질이 성립한다(a, b는 실수).

(1) $E(aX+bY) = E(aX)+E(bY) = aE(X)+bE(Y)$

(2) $E[au(X, Y)+bv(X, Y)] = aE[u(X, Y)]+bE[v(X, Y)]$ (선형적 성질)

예제 7-12

이산확률변수 X와 Y의 결합확률질량함수가 $f(x, y) = \dfrac{3x+y}{15}$ $(x=0, 1,\ y=0, 1, 2)$일 때, 다음을 구하라.

(a) $E(X)$, $E(Y)$ (b) $E(X+Y)$ (c) $E(XY)$ (d) σ_X^2

풀이

(a) X와 Y의 결합확률표를 작성하면 다음과 같다.

X \ Y	0	1	2
0	0	$\frac{1}{15}$	$\frac{2}{15}$
1	$\frac{3}{15}$	$\frac{4}{15}$	$\frac{5}{15}$

따라서 $E(X)$와 $E(Y)$는 다음과 같다.

$$E(X) = \sum_{\text{모든 } x}\sum_{\text{모든 } y} x f(x, y)$$
$$= 0\times 0 + 0\times\frac{1}{15} + 0\times\frac{2}{15} + 1\times\frac{3}{15} + 1\times\frac{4}{15} + 1\times\frac{5}{15} = \frac{4}{5}$$

$$E(Y) = \sum_{\text{모든 } x}\sum_{\text{모든 } y} y f(x, y)$$
$$= 0\times 0 + 0\times\frac{3}{15} + 1\times\frac{1}{15} + 1\times\frac{4}{15} + 2\times\frac{2}{15} + 2\times\frac{5}{15} = \frac{19}{15}$$

(b) $E(X+Y) = E(X) + E(Y) = \frac{4}{5} + \frac{19}{15} = \frac{31}{15}$

(c) $E(XY) = \sum_{\text{모든 } x} \sum_{\text{모든 } y} xyf(x, y)$

$$= (0)(0)(0) + (0)(1)\frac{1}{15} + (0)(2)\frac{2}{15} + (1)(0)\frac{3}{15} + (1)(1)\frac{4}{15} + (1)(2)\frac{5}{15} = \frac{14}{15}$$

(d) $E(X^2) = \sum_{\text{모든 } x} \sum_{\text{모든 } y} x^2 f(x, y)$

$$= (0)^2(0) + (0)^2\frac{1}{15} + (0)^2\frac{2}{15} + (1)^2\frac{3}{15} + (1)^2\frac{4}{15} + (1)^2\frac{5}{15} = \frac{4}{5}$$

이고 $\sigma_X^2 = E(X^2) - \mu^2$이므로, $\sigma_X^2 = \frac{4}{5} - \left(\frac{4}{5}\right)^2 = \frac{4}{25}$이다.

I Can Do 7-12

이산확률변수 X와 Y의 결합확률질량함수가 $f(x, y) = \frac{x+y}{18}$ $(x = 0, 1, 2,\ y = 0, 1, 2)$일 때, 다음을 구하라.

(a) $E(X)$, $E(Y)$　　(b) $E(X+Y)$　　(c) $E(XY)$　　(d) σ_X^2

예제 7-13

연속확률변수 X와 Y의 결합확률밀도함수가 $f(x, y) = xy$ $(0 \le x \le 1,\ 0 \le y \le 2)$일 때, 다음을 구하라.

(a) $E(X)$, $E(Y)$　　(b) $E(X+Y)$　　(c) $E(XY)$　　(d) σ_X^2

풀이

(a) $E(X) = \int_{S_X}\int_{S_Y} x f(x, y)\,dy\,dx = \int_0^1\int_0^2 x^2 y\,dy\,dx$

$$= \int_0^1 \left[\frac{x^2y^2}{2}\right]_{y=0}^{y=2} dx = \int_0^1 2x^2\,dx = \left[\frac{2x^3}{3}\right]_0^1 = \frac{2}{3}$$

$E(Y) = \int_{S_X}\int_{S_Y} y f(x, y)\,dy\,dx = \int_0^1\int_0^2 xy^2\,dy\,dx$

$$= \int_0^1 \left[\frac{xy^3}{3}\right]_{y=0}^{y=2} dx = \int_0^1 \frac{8x}{3}\,dx = \left[\frac{4x^2}{3}\right]_0^1 = \frac{4}{3}$$

(b) $E(X+Y) = E(X) + E(Y) = \frac{2}{3} + \frac{4}{3} = 2$

(c) $$E(XY) = \int_{S_X}\int_{S_Y} xy f(x, y)\, dy\, dx = \int_0^1 \int_0^2 x^2 y^2\, dy\, dx$$
$$= \int_0^1 \left[\frac{x^2 y^3}{3}\right]_{y=0}^{y=2} dx = \int_0^1 \frac{8x^2}{3}\, dx = \left[\frac{8x^3}{9}\right]_0^1 = \frac{8}{9}$$

(d) $$E(X^2) = \int_{S_X}\int_{S_Y} x^2 f(x, y)\, dy\, dx = \int_0^1 \int_0^2 x^3 y\, dy\, dx$$
$$= \int_0^1 \left[\frac{x^3 y^2}{2}\right]_{y=0}^{y=2} dx = \int_0^1 2x^3\, dx = \left[\frac{x^4}{2}\right]_0^1 = \frac{1}{2}$$

이고 $\sigma_X^2 = E(X^2) - \mu^2$이므로, $\sigma_X^2 = \frac{1}{2} - \left(\frac{2}{3}\right)^2 = \frac{1}{18}$이다.

I Can Do 7-13

연속확률변수 X와 Y의 결합확률밀도함수가 $f(x, y) = \frac{x+y}{3}$ $(0 \le x \le 1,\ 0 \le y \le 2)$일 때, 다음을 구하라.

(a) $E(X)$, $E(Y)$ (b) $E(X+Y)$ (c) $E(XY)$ (d) σ_X^2

한편 이산확률변수 X와 Y가 독립이면, 모든 실수 x와 y에 대해 $f(x, y) = f_X(x) f_Y(y)$이므로 다음이 성립한다.

$$E(XY) = \sum_{\text{모든 } x}\sum_{\text{모든 } y} xy f(x, y) = \sum_{\text{모든 } x}\sum_{\text{모든 } y} xy f_X(x) f_Y(y)$$
$$= \left[\sum_{\text{모든 } x} x f_X(x)\right]\left[\sum_{\text{모든 } y} y f_Y(y)\right] = E(X)E(Y)$$

또한 기호 $\sum$를 기호 $\int$로 바꾸면, 이 관계는 독립인 연속확률변수 X와 Y에 대해서도 성립한다. 따라서 확률변수 X와 Y가 독립일 때 다음 성질이 성립한다.

$$E(XY) = E(X)E(Y)$$

그러나 이 등식이 성립하지만 독립이 아닌 결합확률분포가 존재한다. 이와 관련한 예는 [I can Do 7-14]에서 확인해보자.

예제 7-14

[예제 7-11]의 결합확률분포에 대해 $E(XY)$를 구하라.

풀이

[예제 7-11]에서 X와 Y는 독립이며, 주변확률밀도함수는 각각 다음과 같음을 확인하였다.

$$f_X(x) = 2x,\ 0 < x < 1, \qquad f_Y(y) = 3e^{-3y},\ y > 0$$

따라서 X와 Y의 기댓값과 $E(XY)$는 각각 다음과 같다.

$$E(X) = \int_0^1 2x^2\,dx = \left[\frac{2x^3}{3}\right]_0^1 = \frac{2}{3}$$

$$E(Y) = \int_0^\infty 3ye^{-3y}\,dy = \left[-\frac{1}{3}(3y+1)e^{-3y}\right]_0^\infty = \frac{1}{3}$$

$$E(XY) = E(X)E(Y) = \left(\frac{2}{3}\right)\left(\frac{1}{3}\right) = \frac{2}{9}$$

I Can Do 7-14

이산확률변수 X와 Y의 결합확률질량함수가 다음과 같을 때, X와 Y는 독립이 아니지만 $E(XY) = E(X)E(Y)$임을 보여라.

$$f(x, y) = \frac{1}{4},\ (x, y) = (1, 0), (0, 1), (-1, 0), (0, -1)$$

공분산과 상관계수

지금까지 독립인 두 확률변수 X와 Y의 특성에 대해 살펴보았다. 이제 두 확률변수가 종속관계를 나타내는 척도인 공분산과 상관계수에 대해 알아본다. 우선 두 확률변수 X와 Y의 **공분산** covariance 은 다음과 같이 정의한다.

$$Cov(X, Y) = E[(X - \mu_X)(Y - \mu_Y)]$$

기댓값의 선형적 성질을 이용하면 다음과 같이 공분산을 간단히 구할 수 있다.

$$\begin{aligned} Cov(X, Y) &= E[(X-\mu_X)(Y-\mu_Y)] \\ &= E(XY - \mu_X Y - \mu_Y X + \mu_X \mu_Y) \\ &= E(XY) - \mu_X E(Y) - \mu_Y E(X) + \mu_X \mu_Y \\ &= E(XY) - \mu_X \mu_Y \\ &= E(XY) - E(X)E(Y) \end{aligned}$$

한편 X와 Y가 독립이면 $E(XY) = E(X)E(Y)$이므로 $Cov(X, Y) = 0$이고, 특히 $X = Y$이면 $Cov(X, Y) = E[(X-\mu_X)^2]$이므로 $Cov(X, X) = Var(X)$이다. 따라서 공분산에 대해 다음 성질이 성립한다.

(1) $Cov(X, Y) = E(XY) - E(X)E(Y)$
(2) X와 Y가 독립이면, $Cov(X, Y) = 0$이다.
(3) $Cov(X, X) = Var(X)$
(4) 실수 a, b, c, d에 대해 $Cov(aX+b, cY+d) = ac\,Cov(X, Y)$

한편, 기댓값의 선형적 성질에 의해 $E(X \pm Y) = \mu_X \pm \mu_Y$이므로 두 확률변수의 합과 차에 대한 분산은 다음과 같다.

$$\begin{aligned} Var(X \pm Y) &= E\left[\{(X \pm Y) - (\mu_X \pm \mu_Y)\}^2\right] \\ &= E\left[\{(X-\mu_X) \pm (Y-\mu_Y)\}^2\right] \\ &= E\left\{(X-\mu_X)^2 + (Y-\mu_Y)^2 \pm 2(X-\mu_X)(Y-\mu_Y)\right\} \\ &= Var(X) + Var(Y) \pm 2\,Cov(X, Y) \end{aligned}$$

X와 Y가 독립이면 $Cov(X, Y) = 0$이므로, $Var(X+Y) = Var(X) + Var(Y)$가 성립한다. 그리고 6.3절에서 살펴본 분산의 성질 $Var(aX) = a^2 Var(X)$를 이용하면 다음이 성립한다.

$$\begin{aligned} Var(aX \pm bY) &= Var(aX) + Var(bY) \pm 2\,Cov(aX, bY) \\ &= a^2 Var(X) + b^2 Var(Y) \pm 2ab\,Cov(X, Y) \end{aligned}$$

따라서 두 확률변수의 합 또는 차의 분산에 대해 다음 성질이 성립한다.

(1) $Var(X \pm Y) = Var(X) + Var(Y) \pm 2\,Cov(X, Y)$
(2) $Var(aX \pm bY) = a^2 Var(X) + b^2 Var(Y) \pm 2ab\,Cov(X, Y)$
(3) X와 Y가 독립이면, $Var(X+Y) = Var(X) + Var(Y)$이다.
(4) X와 Y가 독립이면, $Var(aX \pm bY) = a^2 Var(X) + b^2 Var(Y)$이다.

예제 7-15

연속확률변수 X와 Y의 결합확률밀도함수가 다음과 같을 때, 주어진 물음에 답하라.

$$f(x,\ y) = 6xy^2,\ 0 \le x \le 1,\ 0 \le y \le 1$$

(a) X와 Y가 독립임을 보여라.

(b) 공분산 $Cov(X,\ Y)$를 구하라.

(c) $Var(X+Y)$를 구하라.

풀이

(a) X와 Y의 주변확률밀도함수는 다음과 같다.

$$f_X(x) = \int_0^1 6xy^2\,dy = \left[2xy^3\right]_0^1 = 2x,\ 0 \le x \le 1$$

$$f_Y(y) = \int_0^1 6xy^2\,dx = \left[3x^2y^2\right]_0^1 = 3y^2,\ 0 \le y \le 1$$

따라서 모든 $0 \le x \le 1,\ 0 \le y \le 1$에 대하여 $f(x,\ y) = f_X(x)f_Y(y)$이므로, X와 Y는 독립이다.

(b) X와 Y의 기댓값과 $E(XY)$는 각각 다음과 같다.

$$E(X) = \int_0^1 2x^2\,dx = \left[\frac{2}{3}x^3\right]_0^1 = \frac{2}{3}$$

$$E(Y) = \int_0^1 3y^3\,dy = \left[\frac{3}{4}y^4\right]_0^1 = \frac{3}{4}$$

$$E(XY) = \int_0^1\int_0^1 (xy)(6xy^2)\,dx\,dy = \int_0^1 \left[2x^3y^3\right]_{x=0}^{x=1} dy$$

$$= \int_0^1 2y^3\,dy = \left[\frac{y^4}{2}\right]_0^1 = \frac{1}{2}$$

따라서 공분산은 $Cov(X,\ Y) = \frac{1}{2} - \left(\frac{2}{3}\right)\left(\frac{3}{4}\right) = 0$이다.

(c) X^2과 Y^2의 기댓값은 각각 다음과 같다.

$$E(X^2) = \int_0^1 2x^3\,dx = \left[\frac{x^4}{2}\right]_0^1 = \frac{1}{2}$$

$$E(Y^2) = \int_0^1 3y^4\,dy = \left[\frac{3}{5}y^5\right]_0^1 = \frac{3}{5}$$

따라서 X와 Y의 분산은 각각 다음과 같다.

$$\sigma_X^2 = E(X^2) - \mu_X^2 = \frac{1}{2} - \left(\frac{2}{3}\right)^2 = \frac{1}{18}$$

$$\sigma_Y^2 = E(Y^2) - \mu_Y^2 = \frac{3}{5} - \left(\frac{3}{4}\right)^2 = \frac{3}{80}$$

또한 X와 Y가 독립이므로 $X+Y$의 분산은 다음과 같다.

$$Var(X+Y) = Var(X) + Var(Y) = \frac{1}{18} + \frac{3}{80} = \frac{67}{720}$$

I Can Do 7-15

연속확률변수 X와 Y의 결합확률밀도함수가 다음과 같을 때, 주어진 물음에 답하라.

$$f(x, y) = \frac{3}{2}(x^2 + y^2),\ 0 \le x \le 1,\ 0 \le y \le 1$$

(a) X와 Y가 독립이 아님을 보여라.
(b) 공분산 $Cov(X, Y)$를 구하라.

만일 두 확률변수 X와 Y가 키와 몸무게를 나타낸다면 단위는 각각 cm와 kg이다. 공분산의 단위는 두 확률변수의 단위를 곱한 것으로, 이 경우 공분산의 단위는 cm · kg으로 모호하다. 따라서 이러한 단위의 모호함을 없애기 위해 두 확률변수 X와 Y의 종속관계를 나타내는 또 다른 척도를 생각해야 하는데, 이를 X와 Y의 **상관계수** correlation coefficient라 하고 다음과 같이 정의한다.

$$\rho = Corr(X, Y) = \frac{Cov(X, Y)}{\sigma_X \sigma_Y}$$

이때 상관계수의 부호에 따라 두 확률변수 X와 Y는 다음과 같은 상관관계가 있다고 한다.

❶ $\rho > 0$이면, X와 Y는 **양의 상관관계** positive correlation가 있다.
❷ $\rho < 0$이면, X와 Y는 **음의 상관관계** negative correlation가 있다.
❸ $\rho = 0$이면, X와 Y는 **무상관관계** no correlation이다.

만일 X와 Y가 양의 상관관계가 있으면, [그림 7-4(a)]와 같이 X가 증가하면 Y도 증가한다. 그리고 X와 Y가 음의 상관관계가 있으면, [그림 7-4(b)]와 같이 X가 증가하면 Y는 감소한다. 특히 X와 Y가 독립이면 $Cov(X, Y) = 0$이므로 $\rho = 0$이고, 이 경우에 X와 Y는 무상관관계이다.

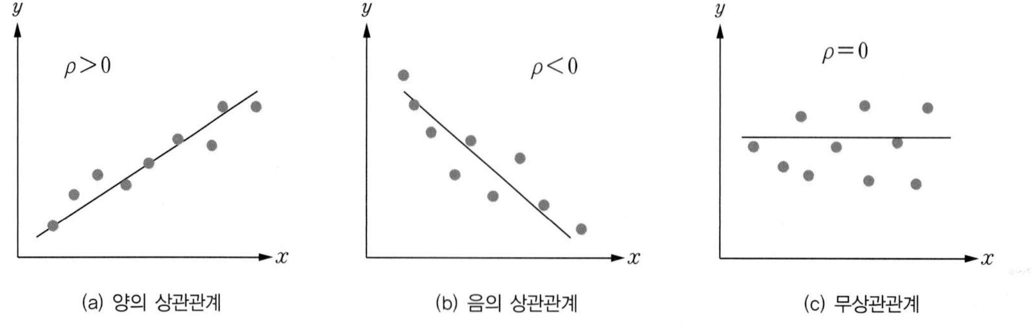

[그림 7-4] 상관관계

특히 $\rho = 1$이면 두 확률변수 X와 Y는 **완전 양의 상관관계** perfect positive correlation가 있다고 하고, 이 경우에 [그림 7-5(a)]와 같이 기울기가 양수인 직선을 따라 분포하는 선형적 관계가 성립한다. 그리고 $\rho = -1$이면 두 확률변수 X와 Y는 **완전 음의 상관관계** perfect negative correlation가 있다고 하고, [그림 7-5(b)]와 같이 기울기가 음수인 직선을 따라 분포하는 선형적 관계가 성립한다.

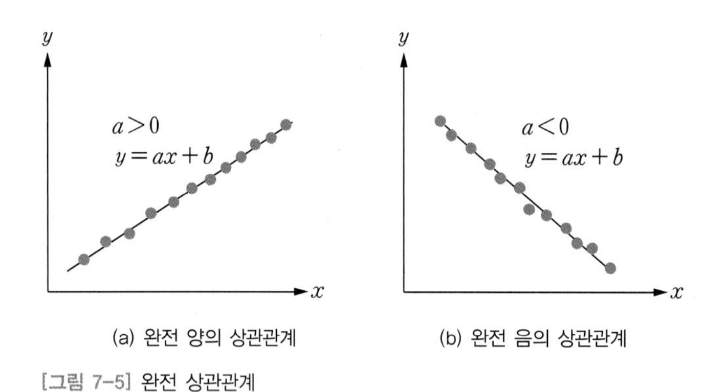

[그림 7-5] 완전 상관관계

따라서 두 확률변수 X와 Y가 양 또는 음의 상관관계가 있다면, Y가 X에 종속적인 관계가 성립한다고 한다.

예제 7-16

[예제 7-15]의 두 확률변수 X와 Y의 상관계수를 구하라.

풀이

[예제 7-15]에서 $Cov(X, Y) = 0$과 $\sigma_X^2 = \frac{1}{18}$, $\sigma_Y^2 = \frac{3}{80}$을 구하였다. 따라서 X와 Y의 상관계수는 $\rho = 0$이다.

I Can Do 7-16

[I Can Do 7-15]의 두 확률변수 X와 Y의 상관계수를 구하라.

Chapter 07 연습문제

기초문제

1. 다음 중에서 옳은 것을 고르라.

① 확률변수 X와 Y가 독립이면, $f(x, y) = f_X(x) + f_Y(y)$이다.

② 확률변수 X와 Y가 독립이면, $E(XY) = E(X)E(Y)$이다.

③ $E(XY) = E(X)E(Y)$이면, X와 Y가 독립이다.

④ $Cov(X, Y) = 0$이면, X와 Y가 독립이다.

⑤ $\rho = 1$ 또는 $\rho = -1$인 경우는 발생하지 않는다.

2. 서로 독립인 확률변수 X와 Y의 분산이 각각 $Var(X) = 1$, $Var(Y) = 1$일 때, $X - Y + 2$의 분산을 구하라.

① 0 ② 1 ③ 2 ④ 3 ⑤ 4

3. 확률변수 X와 Y의 분산과 공분산이 각각 다음과 같을 때, $X - 2Y + 1$의 분산을 구하라.

$$Var(X) = 1,\ Var(Y) = 1,\ Cov(X, Y) = 1$$

① 0 ② 1 ③ 2 ④ 3 ⑤ 4

4. [연습문제 3]에 주어진 확률변수 X와 Y에 대해 상관계수를 구하라.

① 0 ② 1 ③ 2 ④ 3 ⑤ 4

5. 이산확률변수 X와 Y의 결합확률질량함수가 다음과 같을 때, 확률 $P(X \le 2, Y < 4)$를 구하라.

$$f(x, y) = \frac{2x + y}{35},$$

$$(x, y) = (0, 1), (1, 2), (2, 3), (3, 4), (4, 5)$$

① $\frac{5}{35}$ ② $\frac{10}{35}$ ③ $\frac{12}{35}$ ④ $\frac{15}{35}$ ⑤ $\frac{22}{35}$

6. 이산확률변수 X와 Y의 결합확률질량함수가 다음과 같을 때, 확률 $P(X = 1 \mid Y = 2)$를 구하라.

$$f(x, y) = \frac{x^2 + y^2}{57},\ x = 0, 1, 2,\ y = 1, 2, 3$$

① $\frac{17}{57}$ ② $\frac{8}{26}$ ③ $\frac{4}{14}$ ④ $\frac{8}{17}$ ⑤ $\frac{5}{17}$

7. 연속확률변수 X와 Y의 결합확률밀도함수가 다음과 같을 때, 공분산 $Cov(X, Y)$를 구하라.

$$f(x, y) = 2x,\ 0 \le x \le 1,\ 0 \le y \le 1$$

① $-\frac{3}{2}$ ② -1 ③ 0 ④ 1 ⑤ $\frac{3}{2}$

8. 연속확률변수 X와 Y의 결합확률밀도함수가 다음과 같을 때, 상수 k를 구하라.

$$f(x, y) = kx^2y,\ x^2 \le y \le 1$$

① $\frac{5}{14}$ ② $\frac{1}{14}$ ③ $\frac{21}{2}$ ④ $\frac{21}{4}$ ⑤ $\frac{7}{2}$

9. 52장의 카드가 들어있는 주머니에서 비복원추출로 카드 2장을 꺼낸다. 하트 카드의 개수를 X, 스페이드 카드의 개수를 Y라 할 때, 다음을 구하라.

(a) X와 Y의 결합확률분포

(b) X와 Y의 주변확률분포

(c) X의 평균과 분산

응용문제

10. 이산확률변수 X와 Y의 결합확률질량함수가 다음과 같을 때, 주어진 물음에 답하라.

$$f(x, y) = \frac{|x-y|}{6},$$
$$(x, y) = (0,1), (1,2), (1,3), (2,1), (2,3)$$

(a) $P(X=2,\ Y=1)$과 $P(X \le 1,\ Y \le 2)$를 구하라.

(b) X와 Y의 주변확률분포를 구하라.

(c) $P(X \le 1)$을 구하라.

(d) $P(Y=y \mid X=1)$을 구하라.

11. 주어진 X와 Y의 결합확률질량함수에 대해 다음 확률을 구하라.

$$f(x, y) = \frac{x+y}{150},\quad x, y = 1, 2, 3, 4, 5$$

(a) $P(X < Y)$　　(b) $P(Y = 2X)$

(c) $P(X + Y = 5)$　　(d) $P(3 \le X + Y \le 4)$

12. [연습문제 11]의 결합확률분포에 대해 다음을 구하라.

(a) X와 Y의 주변확률분포

(b) $E(X)$, $E(Y)$

(c) $X=2$일 때 Y의 조건부 확률분포

(d) $X=2$일 때 Y의 조건부 평균

(e) $X=2$일 때 Y의 조건부 분산

13. 주어진 X와 Y의 결합확률질량함수에 대해 다음을 구하라.

$$f(x, y) = k\left(\frac{1}{2}\right)^{x}\left(\frac{1}{3}\right)^{y-1},\quad x, y = 1, 2, 3, \cdots$$

(a) 상수 k

(b) X와 Y의 주변확률질량함수

(c) $P(X + Y = 4)$

14. 주어진 X와 Y의 결합확률밀도함수에 대해 다음을 구하라.

$$f(x, y) = kx^3y^2,\quad 0 < x < 1,\ 0 < y < 1$$

(a) 상수 k

(b) X와 Y의 주변확률밀도함수

(c) X와 Y의 독립성

(d) $P\left(X \le \frac{1}{2}\right)$

(e) $P\left(Y \ge \frac{1}{2}\right)$

(f) $P\left(X \le \frac{1}{2},\ Y \ge \frac{1}{2}\right)$

15. 주어진 X와 Y의 결합확률밀도함수에 대해 다음을 구하라.

$$f(x, y) = kx^3y^2,\quad 0 < x < y < 1$$

(a) 상수 k

(b) X와 Y의 주변확률밀도함수

(c) X와 Y의 독립성

(d) $P\left(X \le \frac{1}{2}\right)$

(e) $P\left(Y \ge \frac{1}{2}\right)$

(f) $P\left(X \le \frac{1}{2},\ Y \ge \frac{1}{2}\right)$

16. 주어진 X와 Y의 결합확률밀도함수에 대해 다음을 구하라.

$$f(x, y) = \frac{3}{32}(x^2 + y^2),$$
$$0 < x < 2,\ 0 < y < 2$$

(a) X와 Y의 결합분포함수

(b) X와 Y의 주변분포함수

(c) X와 Y의 독립성

(d) 확률 $P(X \le 1,\ Y \le 1)$

17. 주어진 X와 Y의 결합확률밀도함수에 대해 다음을 구하라.

$$f(x, y) = 4e^{-2(x+y)}, \quad x > 0, \ y > 0$$

(a) X와 Y의 결합분포함수
(b) X와 Y의 주변분포함수
(c) X와 Y의 독립성
(d) 확률 $P(X \le 1, Y \le 1)$

18. 주어진 연속확률변수 X와 Y의 결합분포함수에 대해 다음을 구하라.

$$F(x, y) = \frac{1}{16}xy(x+y),$$
$$0 < x < 2, \ 0 < y < 2$$

(a) X와 Y의 결합확률밀도함수
(b) X와 Y의 주변확률밀도함수
(c) X와 Y의 독립성
(d) 확률 $P(X \le 1, Y \le 1)$
(e) $E(X)$와 $E(XY)$

19. 주어진 연속확률변수 X와 Y의 결합분포함수에 대해 다음을 구하라.

$$F(x, y) = (1-e^{-2x})(1-e^{-3y}),$$
$$x > 0, \ y > 0$$

(a) X와 Y의 결합확률밀도함수
(b) X와 Y의 주변확률밀도함수
(c) X와 Y의 독립성
(d) $X=2$일 때 Y의 조건부 확률밀도함수
(e) $X=2$일 때 Y의 조건부 평균
(f) $X=2$일 때 Y의 조건부 분산
(g) $E(XY)$

20. 주어진 X와 Y의 결합확률밀도함수에 대해 다음을 구하라.

$$f(x, y) = ke^{-(2x+y)}, \quad x > 0, \ y > 0$$

(a) 상수 k
(b) X와 Y의 주변확률밀도함수
(c) X와 Y의 독립성
(d) $X=2$일 때 Y의 조건부 확률밀도함수
(e) $X=2$일 때 Y의 조건부 평균
(f) $X=2$일 때 Y의 조건부 분산

21. [연습문제 20]의 결합확률분포에 대해 다음 확률을 구하라.

(a) $P(X \ge 2)$
(b) $P(Y \le 3)$
(c) $P(X \ge 2, Y \le 3)$
(d) $P(X = 2, Y = 3)$

22. 주어진 X와 Y의 결합확률밀도함수에 대해 다음 확률을 구하라.

$$f(x, y) = \frac{1}{20}(2x+3y),$$
$$0 < x < 2, \ 0 < y < 2$$

(a) $P(X \le Y)$ (b) $P(2X \ge Y)$
(c) $P\left(\frac{X}{2} \le Y \le X\right)$ (d) $P\left(\frac{Y}{2} \le X \le Y\right)$

23. $0 < x < 1$에서 $y = x$, $y = x^2$으로 둘러싸인 영역에서 X와 Y의 결합확률밀도함수가 $f(x, y) = 24xy$일 때, 다음을 구하라.

(a) X의 확률밀도함수
(b) Y의 확률밀도함수
(c) X의 평균과 분산
(d) Y의 평균과 분산
(e) X와 Y의 공분산
(f) X와 Y의 상관계수

24. 연속확률변수 X와 Y의 결합확률밀도함수가 다음과 같을 때, 주어진 물음에 답하라.

$$f(x, y) = \frac{1}{12}, \quad x^3 \le y \le 8, \ 0 \le x \le 2$$

(a) X와 Y의 평균과 표준편차를 각각 구하라.
(b) X와 Y의 공분산을 구하라.
(c) X와 Y의 상관계수를 구하라.

심화문제

25. 1학년, 2학년, 3학년, 4학년 학생이 각각 13명씩 강의실에 있다. 통계학 교과목 교수가 이 학생들 중에서 2명의 학생을 비복원추출로 선택한다고 할 때, 1학년 학생의 수 X와 3학년 학생의 수 Y에 대해 다음을 구하라.

(a) X와 Y의 결합확률분포

(b) X와 Y의 주변확률분포

(c) X의 평균과 분산

26. [연습문제 25]와 같은 상황에서 복원추출로 학생을 선택한다고 할 때, 다음을 구하라.

(a) X와 Y의 결합확률분포

(b) X와 Y의 주변확률분포

(c) X의 평균과 분산

27. 어느 두 도시 A와 B에서 교통사고가 발생할 때까지 걸리는 기간(단위 : 개월)은 다음과 같은 결합확률밀도함수를 따른다고 한다. 두 도시에서 교통사고가 발생할 때까지 걸리는 기간을 각각 X와 Y(단위 : 개월)라 할 때, A 도시는 1개월이 지나고 B 도시는 2개월이 지나야 교통사고가 발생할 확률을 구하라.

$$f(x, y) = \begin{cases} 2e^{-x-2y}, & x > 0,\ y > 0 \\ 0, & \text{다른 곳에서} \end{cases}$$

28. 표본공간 $S = \{(x, y) \mid 0 < x < y < 2\}$에서 두 확률변수 X와 Y의 결합확률밀도함수가 $f(x, y) = k$일 때, 다음을 구하라.

(a) 상수 k

(b) X와 Y의 주변확률밀도함수

(c) $P(2X > Y)$

(d) $P(2X < Y < 4X)$

29. 꼭짓점이 $(0, 1), (1, 0), (0, -1), (-1, 0)$인 영역 D에서 연속확률변수 X와 Y의 결합확률밀도함수가 $f(x, y) = k$일 때, 다음을 구하라.

(a) 상수 k

(b) X와 Y의 주변확률밀도함수

(c) X와 Y의 평균과 분산

Chapter 08

여러 가지 확률분포

||| 목차 |||

||| 학습목표 |||

- 이산확률분포의 의미를 이해할 수 있다.
- 여러 가지 이산확률분포를 이해하고, 이를 통해 확률을 구할 수 있다.
- 연속확률분포의 의미를 이해할 수 있다.
- 여러 가지 연속확률분포를 이해하고, 이를 통해 확률을 구할 수 있다.

Section
8.1 이산확률분포

'이산확률분포'를 왜 배워야 하는가?

일반적으로 통계모형에서 사용되는 확률분포는 확률함수에 의해 결정되는데, 이때 확률질량함수는 모수라고 하는 특정한 숫자에 의해 동일한 유형으로 나타난다. 특히 어떤 특정한 현상을 확률적으로 설명하기 위해서는 각각의 현상에 적합한 확률모형을 설정해야 한다. 예를 들어 흰색 바둑돌과 검은색 바둑돌이 들어있는 주머니에서 바둑돌을 꺼낼 때, 복원추출을 하는지 아니면 비복원추출을 하는지에 따라 확률모형이 달라진다. 따라서 각각의 현상에 적합한 확률분포를 선택하는 것은 매우 중요하다. 이 절에서는 대표적인 이산확률분포의 특성과 확률 계산에 대해 살펴본다.

이산균등분포

공정한 주사위를 던져서 나온 눈의 수를 확률변수 X라 하자. 그러면 확률변수 X가 취할 수 있는 값은 $1, 2, 3, 4, 5, 6$이며, 각 경우의 확률은 $\frac{1}{6}$이다. 따라서 확률변수 X가 취하는 각각의 값에 대해 다음 확률을 얻는다.

$$P(X=x)=\frac{1}{6}, \quad x=1, 2, 3, 4, 5, 6$$

이와 같이 확률변수 X가 취하는 값이 유한개이고, 각 경우의 확률이 동일한 이산확률분포를 다음과 같이 정의한다.

정의 8-1 이산균등분포

확률변수 X가 취할 수 있는 값 $1, 2, \cdots, n$에 대하여, 각 경우의 확률이 동일하게 $\frac{1}{n}$인 이산확률분포를 모수가 n인 **이산균등분포** discrete uniform distribution라 하며 $X \sim DU(n)$으로 나타낸다.

그러면 모수가 n인 이산균등분포의 확률질량함수는 다음과 같다.

$$f(x)=\begin{cases} \frac{1}{n}, & x=1, 2, \cdots, n \\ 0, & \text{다른 곳에서} \end{cases}$$

이때 확률변수 X와 X^2의 기댓값은 다음과 같다.

$$E(X) = \sum_{x=1}^{n} x f(x) = \sum_{x=1}^{n} x \left(\frac{1}{n}\right) = \frac{1}{n} \cdot \frac{n(n+1)}{2} = \frac{n+1}{2}$$

$$E(X^2) = \sum_{x=1}^{n} x^2 f(x) = \sum_{x=1}^{n} x^2 \left(\frac{1}{n}\right) = \frac{1}{n} \cdot \frac{n(n+1)(2n+1)}{6} = \frac{(n+1)(2n+1)}{6}$$

따라서 X의 분산은 다음과 같다.

$$Var(X) = E(X^2) - [E(X)]^2 = \frac{(n+1)(2n+1)}{6} - \left(\frac{n+1}{2}\right)^2 = \frac{n^2-1}{12}$$

즉 모수가 n인 이산균등분포의 평균과 분산은 각각 다음과 같다.

❶ X의 평균 : $\mu = \dfrac{n+1}{2}$

❷ X의 분산 : $\sigma^2 = \dfrac{n^2-1}{12}$

예제 8-1

1에서 20까지의 숫자가 적혀있는 카드가 들어있는 주머니에서 임의로 카드 한 장을 꺼낼 때, 카드의 번호를 확률변수 X라 한다. 다음 물음에 답하라.

(a) X의 확률질량함수 $f(x)$를 구하라.
(b) X의 평균과 분산을 구하라.
(c) 꺼낸 카드의 숫자가 3의 배수일 확률을 구하라.

풀이

(a) 20장의 카드가 나올 확률은 각각 동등하게 $\frac{1}{20}$이므로 X의 확률질량함수는 다음과 같다.

$$f(x) = \begin{cases} \dfrac{1}{20}, & x = 1, 2, \cdots, 20 \\ 0, & \text{다른 곳에서} \end{cases}$$

(b) X는 모수가 $n = 20$인 이산균등분포를 따르므로 평균과 분산은 각각 다음과 같다.

$$\mu = \frac{20+1}{2} = 10.5, \quad \sigma^2 = \frac{20^2-1}{12} = \frac{133}{4}$$

(c) 1~20 중에 3의 배수가 6개이므로, 꺼낸 카드의 숫자가 3의 배수일 확률은 $\frac{6}{20} = \frac{3}{10}$이다.

I Can Do 8-1

1에서 4까지의 숫자가 적혀있는 사면체를 던져서 바닥에 놓인 면의 숫자를 확률변수 X라 할 때, 다음을 구하라.

(a) X의 확률질량함수 $f(x)$
(b) X의 평균과 분산

베르누이 분포

동전 던지기의 앞면과 뒷면, 생산한 제품의 양품과 불량품, 그리고 설문조사의 YES와 NO 등과 같이 서로 상반되는 두 가지 결과만 갖는 통계실험을 **베르누이 실험** Bernoulli experiment이라 한다. 이때 관심의 대상이 되는 실험 결과를 성공(S), 그렇지 않은 결과를 실패(F)라 하고, 성공의 확률 p를 **성공률** rate of success이라 한다. 그리고 베르누이 실험을 독립적으로 반복하여 시행하는 것을 **베르누이 시행** Bernoulli trial이라 한다. 즉 베르누이 시행은 다음과 같은 조건을 만족하는 확률실험이다.

(1) 각 시행의 결과는 두 가지 중 어느 하나이다.
(2) 매 시행에서 성공률은 p이다.
(3) 매 시행은 독립적이다. 즉 이전 시행의 결과가 다음 시행에 영향을 미치지 않는다.

예를 들어 주사위를 던져서 1의 눈이 나오는 게임을 한다면, 관심의 대상은 1의 눈이고 성공률은 $\frac{1}{6}$이다. 이때 주사위를 던져서 1의 눈이 나오면(성공) 확률변수가 $X=1$이고, 다른 눈이 나오면(실패) 확률변수가 $X=0$이라 하자. 그러면 확률변수 X의 확률질량함수는 다음과 같다.

$$f(x)=\begin{cases} \frac{5}{6}, & x=0 \\ \frac{1}{6}, & x=1 \\ 0, & \text{다른 곳에서} \end{cases}$$

이와 같이 확률변수가 X가 취하는 값이 0과 1뿐인 이산확률분포를 생각할 수 있다.

정의 8-2 베르누이 분포

성공률이 p인 베르누이 실험에서 성공이면 $X=1$, 실패이면 $X=0$으로 정의한 확률변수 X의 확률분포를 모수가 p인 **베르누이 분포** Bernoulli distribution라 하며, $X \sim B(1, p)$로 나타낸다.

이때 X의 확률질량함수는 다음과 같다.

$$f(x)=\begin{cases}1-p, & x=0\\ p, & x=1\\ 0, & \text{다른 곳에서}\end{cases}$$

또는 확률질량함수를 다음과 같이 나타낼 수 있다.

$$f(x)=p^x(1-p)^{1-x},\ x=0,1$$

그러면 X와 X^2의 기댓값은 각각 다음과 같다.

$$E(X)=(1-p)\times 0+p\times 1=p$$
$$E(X^2)=(1-p)\times 0^2+p\times 1^2=p$$

따라서 X의 분산은 $\sigma^2=E(X^2)-[E(X)]^2=p-p^2=p(1-p)$이다. 즉 모수가 p인 베르누이 분포의 평균과 분산은 각각 다음과 같다.

❶ X의 평균 : $\mu=p$
❷ X의 분산 : $\sigma^2=p(1-p)$

예제 8-2

주사위를 던져서 홀수인 눈이 나오면 $X=1$, 짝수인 눈이 나오면 $X=0$이라 할 때, 다음을 구하라.

(a) X의 확률질량함수 $f(x)$
(b) X의 평균과 분산

풀이

(a) 주사위를 던져서 홀수인 눈이 나올 확률은 $p=\frac{1}{2}$이고, 짝수인 눈이 나올 확률은 $1-p=\frac{1}{2}$이므로, $P(X=0)=\frac{1}{2}$, $P(X=1)=\frac{1}{2}$이다. 따라서 X의 확률질량함수는 다음과 같다.

$$f(x)=\begin{cases}\frac{1}{2}, & x=0,1\\ 0, & \text{다른 곳에서}\end{cases}$$

(b) X의 평균은 $\mu=\frac{1}{2}$이고, 분산은 $\sigma^2=\frac{1}{2}\times\frac{1}{2}=\frac{1}{4}$이다.

I Can Do 8-2

1에서 4까지의 숫자가 적혀있는 사면체를 던져서 바닥에 놓인 면의 숫자가 1이면 $X=1$, 다른 숫자가 나오면 $X=0$이라 할 때, 다음을 구하라.

(a) X의 확률질량함수 $f(x)$

(b) X의 평균과 분산

이항분포

이제 주사위를 네 번 던지는 게임에서 1의 눈이 나온 횟수를 생각해보자. 매 시행에서 1의 눈이 나오면 S, 다른 눈이 나오면 F라 할 때 표본공간은 다음과 같다.

$$S=\begin{Bmatrix} \text{SSSS, SSSF, SSFS, SFSS, SSFF, SFSF, SFFS, SFFF} \\ \text{FSSS, FSSF, FSFS, FFSS, FSFF, FFSF, FFFS, FFFF} \end{Bmatrix}$$

주사위를 던지는 게임은 독립시행이므로 매 시행에서 성공률은 $P(\text{S})=\dfrac{1}{6}$, 실패율은 $P(\text{F})=\dfrac{5}{6}$이다. 이때 꼭 한 번만 성공하는 사건은 $A=\{\text{SFFF, FSFF, FFSF, FFFS}\}$이고, 각 표본점에 대응하는 확률은 $\dfrac{1}{6}\left(\dfrac{5}{6}\right)^3$이다. 그러므로 주사위를 네 번 던지는 게임에서 확률변수 X를 성공 횟수라 하면, $X=1$일 확률은 다음과 같다.

$$P(X=1)=4\times\frac{1}{6}\left(\frac{5}{6}\right)^3={}_4\mathrm{C}_1\frac{1}{6}\left(\frac{5}{6}\right)^3$$

그리고 $P(X=1)$은 [그림 8-1]과 같은 구조를 갖는다.

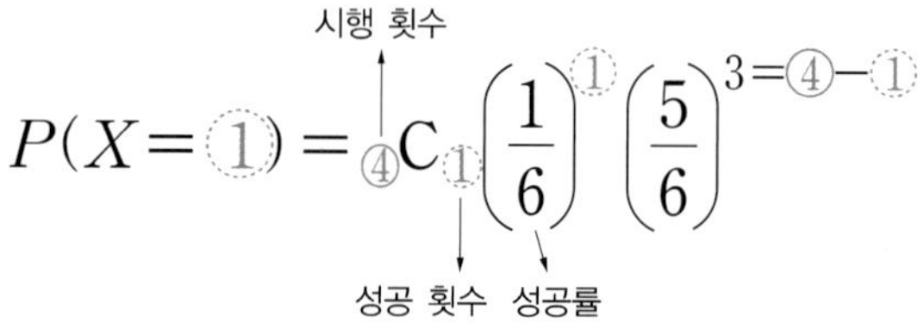

$$P(X=1)={}_4\mathrm{C}_1\left(\frac{1}{6}\right)^1\left(\frac{5}{6}\right)^{3=4-1}$$

[그림 8-1] 확률의 구조

따라서 네 번의 시행 중에서 성공 횟수를 나타내는 확률변수 X가 취할 수 있는 값은 0, 1, 2, 3, 4이고, 다음과 같은 확률의 구조를 얻는다.

$$P(X=x)={}_4\mathrm{C}_x\left(\frac{1}{6}\right)^x\left(\frac{5}{6}\right)^{4-x},\quad x=0,\,1,\,2,\,3,\,4$$

일반적으로 매회 성공률이 p인 베르누이 시행을 n번 반복하여 성공한 횟수를 확률변수 X라 하자. 이때 n번의 시행 중에서 x번 성공하는 경우의 수는 ${}_n\mathrm{C}_x = \dfrac{n!}{x!(n-x)!}$이고, 독립시행이므로 x번 성공하는 각 경우의 확률은 $p^x(1-p)^{n-x}$이다. 따라서 매회 성공률이 p인 베르누이 시행을 n번 반복하여 성공한 횟수에 대한 확률은 다음과 같다.

$$P(X=x) = {}_n\mathrm{C}_x\, p^x(1-p)^{n-x},\ \ x=0,\,1,\,2,\cdots,\,n$$

정의 8-3 **이항분포**

매회 성공률이 p인 베르누이 시행을 n번 반복할 때, 성공 횟수(X)의 확률분포를 모수가 n과 p인 **이항분포** binomial distribution라 하고 $X \sim B(n,\,p)$로 나타낸다.

그리고 모수가 n과 p인 이항분포의 확률질량함수는 다음과 같다.

$$f(x) = \begin{cases} {}_n\mathrm{C}_x\, p^x q^{n-x}, & x=0,\,1,\,2,\cdots,\,n,\ q=1-p \\ 0 & ,\ \text{다른 곳에서} \end{cases}$$

이항분포 $B(n,\,p)$의 그래프는 [그림 8-2]와 같다. [그림 8-2(a)]와 같이 p가 일정하고 n이 커지면 이항분포는 종 모양의 좌우 대칭형에 가까워진다. 또한 [그림 8-2(b)]와 같이 $p < 0.5$이면 이항분포는 왼쪽으로 치우치고 오른쪽으로 긴 꼬리 모양을 가지는 양의 비대칭인 분포를 이룬다. 반면에 $p > 0.5$이면 오른쪽으로 치우치고 왼쪽으로 긴 꼬리 모양을 가지는 음의 비대칭인 분포를 이룬다. 그리고 $p=0.5$이면 n에 관계없이 $\mu = \dfrac{n}{2}$을 중심으로 좌우 대칭이다.

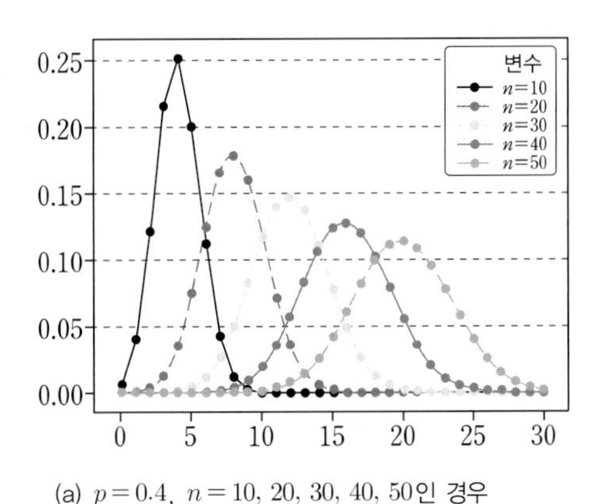

(a) $p=0.4,\ n=10,\,20,\,30,\,40,\,50$인 경우

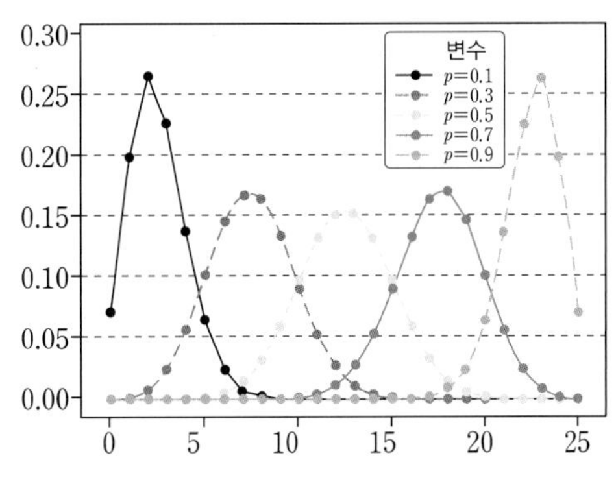

(b) $n=25,\ p=0.1,\,0.3,\,0.5,\,0.7,\,0.9$인 경우

[그림 8-2] n과 p에 따른 이항분포의 그래프

한편 매회 성공률이 p인 베르누이 시행을 n번 반복하여, i번째 시행에서 성공이면 $X_i = 1$, 실패이면 $X_i = 0$이라 하자. 그러면 $E(X_i) = p$, $Var(X_i) = p(1-p)\ (i=1,\,2,\cdots,\,n)$이다. 이때 각 확

률변수 X_i가 취하는 값은 0과 1뿐이므로 $X = X_1 + X_2 + \cdots + X_n$이 취할 수 있는 값은 0, 1, 2, ⋯ , n이다. 그리고 확률변수 X는 n번 반복시행한 베르누이 시행에서 성공한 횟수를 나타낸다. 즉 모수가 n과 p인 이항분포의 확률변수 X는 독립인 베르누이 확률변수들 $X_i\,(i=1, 2, \cdots, n)$의 합과 같다. 따라서 이항분포를 따르는 확률변수 X의 평균과 분산은 다음과 같다.

$$\begin{aligned}\mu &= E(X_1 + X_2 + \cdots + X_n) \\ &= E(X_1) + E(X_2) + \cdots + E(X_n) \\ &= p + p + \cdots + p = np\end{aligned}$$

$$\begin{aligned}\sigma^2 &= Var(X_1 + X_2 + \cdots + X_n) \\ &= Var(X_1) + Var(X_2) + \cdots + Var(X_n) \\ &= p(1-p) + p(1-p) + \cdots + p(1-p) = np(1-p)\end{aligned}$$

즉 $X \sim B(n, p)$의 평균과 분산은 각각 다음과 같다.

❶ X의 평균 : $\mu = np$

❷ X의 분산 : $\sigma^2 = npq,\ q = 1-p$

그러면 모수가 $n=1$과 p인 이항분포는 모수가 p인 베르누이 분포와 일치한다. 그리고 $X \sim B(n, p)$일 때, $a = 0, 1, \cdots, n$에 대해 다음과 같이 확률을 계산할 수 있다.

(1) $P(X=a) = P(X \le a) - P(X \le a-1)$

(2) $P(a < X \le b) = P(X \le b) - P(X \le a)$

(3) $P(X > a) = 1 - P(X \le a)$

예제 8-3

주사위를 5번 반복하여 던져서 3의 배수인 눈이 나온 횟수를 X라 할 때, 다음을 구하라.

(a) X의 확률질량함수 $f(x)$

(b) X의 평균과 분산

(c) $P(X=2)$

(d) $P(X \ge 1)$

풀이

(a) 주사위를 던져서 3의 배수인 눈이 나올 확률은 $\frac{1}{3}$이므로 $X \sim B\left(5, \frac{1}{3}\right)$이다. 따라서 X의 확률질량함수는 다음과 같다.

$$f(x) = \begin{cases} {}_5\mathrm{C}_x \left(\frac{1}{3}\right)^x \left(\frac{2}{3}\right)^{5-x}, & x = 0, 1, 2, 3, 4, 5 \\ 0, & \text{다른 곳에서} \end{cases}$$

(b) X의 평균과 분산은 각각 $\mu = 5 \times \frac{1}{3} = \frac{5}{3}$, $\sigma^2 = 5 \times \frac{1}{3} \times \frac{2}{3} = \frac{10}{9}$ 이다.

(c) $P(X=2) = f(2) = {}_5C_2 \left(\frac{1}{3}\right)^2 \left(\frac{2}{3}\right)^3 = \frac{80}{243}$

(d) $P(X \geq 1) = 1 - P(X=0) = 1 - {}_5C_0 \left(\frac{1}{3}\right)^0 \left(\frac{2}{3}\right)^5 = 1 - \left(\frac{2}{3}\right)^5 = \frac{211}{243}$

I Can Do 8-3

어느 기계장치의 고장은 10번 중 2번의 비율로 전기적 요인에 의해 발생한다. 이 기계가 5번 고장났을 경우 이 중 전기적 요인에 의한 고장 횟수를 X라 할 때, 다음을 구하라.

(a) X의 확률질량함수 $f(x)$

(b) X의 평균과 분산

(c) 2번 이상 전기적인 요인에 의해 고장날 확률

이와 같이 확률질량함수를 이용하여 이항분포의 확률을 구하기란 꽤 번거로움을 알 수 있다. 그러나 특별한 n과 p에 대해 〈부록 A.1〉에 제시한 이항분포의 누적확률을 나타내는 이항누적확률표를 이용하면 확률을 쉽게 구할 수 있다. 예를 들어 $X \sim B(8, 0.45)$일 때 $P(X \leq 4)$는 [그림 8-3]의 이항누적확률표를 이용하여 다음과 같이 구한다.

❶ 좌측 열에서 n이 8인 부분을 선정한다.
❷ 상단에서 p가 0.45인 열을 선택한다.
❸ 좌측열에서 x가 4인 행을 선택한다.
❹ x가 4인 행과 p가 0.45인 열이 만나는 위치의 수 0.7396을 선택한다.
❺ $P(X \leq 4) = 0.7396$이다.

		p								
n	x	0.30	0.35	0.40	0.45	0.50	0.55	0.60	0.65	0.75
8	0	0.0576	0.0319	0.0168	0.0084	0.0039	0.0017	0.0007	0.0002	0.0001
	1	0.2553	0.1691	0.1064	0.0632	0.0352	0.0181	0.0085	0.0036	0.0013
	2	0.5528	0.4278	0.3154	0.2201	0.1445	0.00885	0.0498	0.0253	0.0113
	3	0.8059	0.7064	0.5941	0.4770	0.3633	0.2604	0.1737	0.1061	0.0580
	4	0.9420	0.8939	0.8263	0.7396	0.6367	0.5230	0.4059	0.2936	0.1941
	5	0.9887	0.9747	0.9502	0.9115	0.8555	0.7799	0.6846	0.5722	0.4482
	6	0.9987	0.9964	0.9915	0.9819	0.9648	0.9368	0.8936	0.8309	0.7447
	7	0.9999	0.9998	0.9993	0.9983	0.9961	0.9961	0.9832	0.9681	0.9424

[그림 8-3] 이항누적확률표

예제 8-4

$X \sim B(5,\ 0.3)$ 인 이항분포에 대해 이항누적확률표를 이용하여 다음 확률을 구하라.

(a) $P(X \le 1)$ (b) $P(X = 2)$ (c) $P(X < 3)$ (d) $P(X > 3)$

풀이

오른쪽에 주어진 이항누적확률표로부터 다음과 같이 구한다.

n	x	p		
		⋯	0.3	⋯
5	0	⋯	0.1681	⋯
	1	⋯	0.5282	⋯
	2	⋯	0.8369	⋯
	3	⋯	0.9692	⋯
	4	⋯	0.9976	⋯

(a) $P(X \le 1) = 0.5282$

(b) $P(X = 2) = P(X \le 2) - P(X \le 1)$
$= 0.8369 - 0.5282 = 0.3087$

(c) $P(X < 3) = P(X \le 2) = 0.8369$

(d) $P(X > 3) = 1 - P(X \le 3) = 1 - 0.9692 = 0.0308$

I Can Do 8-4

$X \sim B(5,\ 0.75)$ 인 이항분포에 대해 이항누적확률표를 이용하여 다음 확률을 구하라.

(a) $P(X \le 1)$ (b) $P(X = 2)$ (c) $P(X < 3)$ (d) $P(X > 3)$

한편 X와 Y가 독립이고 $X \sim B(m,\ p)$, $Y \sim B(n,\ p)$라 하면, $X + Y \sim B(m+n,\ p)$가 성립한다. 일반적으로 독립인 이항분포를 따르는 확률변수 $X_i \sim B(n_i,\ p)$ $(i = 1,\ 2,\ \cdots,\ k)$에 대해 다음이 성립한다.

$$X \sim B(n,\ p),\ \text{단}\ X = \sum_{i=1}^{k} X_i,\ n = \sum_{i=1}^{k} n_i$$

예제 8-5

이항분포를 따르는 독립인 두 확률변수 $X \sim B(4,\ 0.2)$와 $Y \sim B(6,\ 0.2)$에 대해 이항누적확률표를 이용하여 다음 확률을 구하라.

(a) $P(X + Y \le 4)$ (b) $P(X + Y = 6)$ (c) $P(X + Y \ge 7)$

풀이

$X \sim B(4, 0.2)$, $Y \sim B(6, 0.2)$이고 X와 Y가 독립이므로 $X+Y \sim B(10, 0.2)$이다. 따라서 이항누적확률표로부터 다음과 같이 구한다.

(a) $P(X+Y \le 4) = 0.9672$

(b) $P(X+Y=6) = P(X+Y \le 6) - P(X+Y \le 5)$
$= 0.9991 - 0.9936 = 0.0055$

(c) $P(X+Y \ge 7) = 1 - P(X+Y \le 6)$
$= 1 - 0.9991 = 0.0009$

n	x	p		
		$\cdots$	0.2	$\cdots$
10	0	$\cdots$	0.1074	$\cdots$
	1	$\cdots$	0.3758	$\cdots$
	2	$\cdots$	0.6778	$\cdots$
	3	$\cdots$	0.8791	$\cdots$
	4	$\cdots$	0.9672	$\cdots$
	5	$\cdots$	0.9936	$\cdots$
	6	$\cdots$	0.9991	$\cdots$
	7	$\cdots$	0.9999	$\cdots$

I Can Do 8-5

이항분포를 따르는 독립인 두 확률변수 $X \sim B(7, 0.6)$과 $Y \sim B(13, 0.6)$에 대해 이항누적확률표를 이용하여 다음 확률을 구하라.

(a) $P(X+Y \le 5)$ (b) $P(X+Y=10)$ (c) $P(X+Y > 15)$

기하분포

이항분포는 매 시행에서 성공률이 p인 베르누이 시행을 유한번 반복했을 때 성공한 횟수에 관한 확률분포이다. 이번에는 처음 성공할 때까지 독립적으로 반복시행한 횟수에 관한 확률모형을 관찰해보자.

정의 8-4 기하분포

매회 성공률이 p인 베르누이 시행을 처음 성공할 때까지 독립적으로 반복시행한 횟수(X)의 확률분포를 모수가 p인 **기하분포** geometric distribution라 하고 $X \sim G(p)$로 나타낸다.

예를 들어 1의 눈이 처음 나올 때까지 주사위를 반복하여 던지는 실험을 해보자. 처음 던져서 1의 눈이 나오면 주사위를 던진 횟수는 1번이고, 이 경우의 확률은 $P(X=1) = \frac{1}{6}$이다. 그리고 처음에 1이 아닌 눈이 나오고 두 번째에 1의 눈이 나오면 주사위를 던진 횟수는 2번이고, 이 경우의 확률은 곱의 법칙에 의해 $P(X=2)=\left(\frac{5}{6}\right)\left(\frac{1}{6}\right)$이다. 또한 처음 두 번 연속하여 1이 아닌 눈이 나오고 세 번째에 1의 눈이 나오면 주사위를 던진 횟수는 3번이고, 이 경우의 확률은 $P(X=3)=\left(\frac{5}{6}\right)^2\left(\frac{1}{6}\right)$이다. 일반적으로 x번째 주사위를 던졌을 때 처음으로 1의 눈이 나온다면, 즉 처음 $x-1$번 연속하여 1이 아닌 눈이 나오고 x번째에 처음으로 1의 눈이 나온다면 이 경우의 확률은 $P(X=x)=\left(\frac{5}{6}\right)^{x-1}\left(\frac{1}{6}\right)$이다. 이와 같이 매회 성공률이 p인 베르누이 시행을 처음 성공할 때까지 독립적으로 반복시행한다면 [그림 8-4]와 같이 처음 성공할 때까지 반복시행한 횟수에 대한 확률을 얻을 수 있다. 이때 각 사건에서 O는 성공, X는 실패를 나타낸다.

X의 값($X=x$)	성공의 경우	확률 $P(X=x)$
$X=1$	O	p
$X=2$	X O	$p(1-p)$
$X=3$	X X O	$p(1-p)^2$
$X=4$	X X X O	$p(1-p)^3$
$X=5$	X X X X O	$p(1-p)^4$
	⋮	
$X=x$	$\underbrace{\text{X X X} \cdots \text{X}}_{(x-1)\text{개}}$ O	$p(1-p)^{x-1}$

[그림 8-4] 기하분포 $X \sim G(p)$에 대한 각 경우의 확률

따라서 모수가 p인 기하분포를 따르는 확률변수 $X \sim G(p)$의 확률질량함수는 다음과 같다.

$$f(x)=q^{x-1}p,\ \ x=1, 2, 3, \cdots,\ \ q=1-p$$

$X \sim G(p)$의 평균과 분산은 각각 다음과 같다. 이를 직접 계산하는 과정은 복잡하므로 여기서는 결과만 알아두자.

❶ X의 평균 : $\mu=\frac{1}{p}$

❷ X의 분산 : $\sigma^2=\frac{q}{p^2},\ q=1-p$

특히 무한등비급수의 합을 이용하면 임의의 양수 n에 대해 다음 확률을 얻는다.

$$\begin{aligned} P(X>n) &= P(X \geq n+1) \\ &= \sum_{x=n+1}^{\infty} f(x) = \sum_{x=n+1}^{\infty} pq^{x-1} \\ &= \frac{pq^{(n+1)-1}}{1-q} = q^n \end{aligned}$$

따라서 임의의 양의 정수 m과 n에 대해 다음과 같은 조건부 확률을 얻는다.

$$P(X>n+m \mid X>n)=\frac{P(X>n+m,\, X>n)}{P(X>n)}=\frac{P(X>n+m)}{P(X>n)}=\frac{q^{n+m}}{q^n}=q^m$$

그러므로 확률변수 $X \sim G(p)$는 임의의 양의 정수 m과 n에 대하여 다음이 성립하며, 이러한 성질을 **비기억성 성질** memorylessness property이라 한다.

$$\boxed{P(X>m+n \mid X>n)=P(X>m)}$$

이 성질은 반복하여 실패한 이후에 첫 번째로 성공할 때까지 반복시행한 횟수의 확률이 처음부터 첫 번째 성공이 있기까지 반복시행한 횟수의 확률과 동일함을 나타낸다.

예제 8-6

$X \sim G(0.25)$인 기하분포에 대해 다음을 구하라.

(a) 확률변수 X의 확률질량함수

(b) 확률변수 X의 평균과 분산

(c) $P(X=3)$

(d) $P(X>5 \mid X>3)$

풀이

(a) $X \sim G(0.25)$이므로 X의 확률질량함수는 다음과 같다.

$$f(x)=\frac{1}{4}\left(\frac{3}{4}\right)^{x-1},\quad x=1,\,2,\,3,\,\cdots$$

(b) X의 평균은 $\mu=\dfrac{1}{1/4}=4$이고, X의 분산은 $\sigma^2=\dfrac{3/4}{(1/4)^2}=12$이다.

(c) $P(X=3)=f(3)=\dfrac{1}{4}\left(\dfrac{3}{4}\right)^2=\dfrac{9}{64}$

(d) $P(X>5 \mid X>3)=P(X>2)=1-P(X\le 2)$

$$=1-[f(1)+f(2)]=1-\left(\frac{1}{4}+\frac{3}{16}\right)=\frac{9}{16}$$

I Can Do 8-6

어느 스마트폰에 하루 동안 수신되는 문자 중 스팸 문자의 비율이 0.2라고 한다. 스팸 문자가 처음으로 수신될 때까지 스마트폰에 수신된 문자의 개수를 확률변수 X라 할 때 다음을 구하라.

(a) 확률변수 X의 확률질량함수

(b) 확률변수 X의 평균과 분산

(c) 세 번째에 처음으로 스팸 문자가 수신될 확률

(d) $P(X > 4 \mid X > 1)$

초기하분포

이항분포와 기하분포는 매 시행에서 성공률 p가 동일하고 각 시행은 독립적으로 이루어진다는 조건 아래서 이루어지는 확률모형이다. 그러나 비복원추출을 하는 경우에는 매 시행에서 성공률이 달라지며 각 시행이 독립적으로 이루어지지 않는다. 이와 같이 각 시행이 독립적이지 않은 경우에 사용하는 확률분포인 초기하분포를 알아보자.

예를 들어 흰색 바둑돌 3개와 검은색 바둑돌 4개가 들어있는 주머니에서 3개의 바둑돌을 꺼낼 때, 꺼낸 바둑돌 3개 중에 검은색 바둑돌이 2개 포함될 확률을 구한다고 하자. 그러면 전체 7개의 바둑돌 중에서 3개를 선택하는 방법의 수는 ${}_7C_3$이고, 검은색 바둑돌 4개 중에서 2개, 흰색 바둑돌 3개 중에서 1개를 선택하는 방법의 수는 곱의 법칙에 의해 ${}_4C_2 \times {}_3C_1$이다. 따라서 꺼낸 바둑돌 3개 중에 검은색 바둑돌이 2개 포함될 확률은 다음과 같다.

$$\frac{{}_4C_2 \times {}_3C_1}{{}_7C_3} = \frac{18}{35}$$

[그림 8-5]와 같이 검은색 바둑돌 r개와 흰색 바둑돌 $N-r$개가 들어있는 주머니에서 n개의 바둑돌을 꺼낼 때, 꺼낸 바둑돌 중에 포함된 검은색 바둑돌의 개수(X)에 관한 확률모형을 생각하자. 그러면 이항분포는 복원추출인 반면에, 이 경우의 추출 방법은 비복원추출이다.

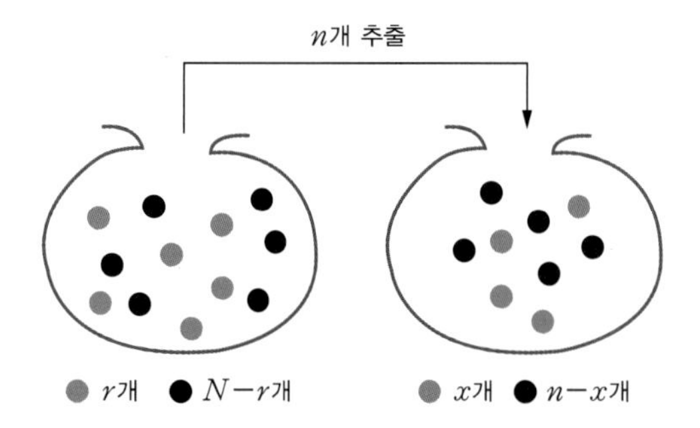

[그림 8-5] 바둑돌 n개를 추출하는 경우

정의 8-5 초기하분포

서로 다른 두 종류의 성분 N개 중에 특정한 성분이 r개 들어있는 주머니에서 n개의 성분을 꺼낸다고 할 때, 꺼낸 성분 중에 포함된 특정한 성분의 개수(X)에 관한 확률분포를 모수가 N, r, n인 **초기하분포** hypergeometric distribution 라 하고, $X \sim H(N, r, n)$으로 나타낸다.

그러면 검은색 바둑돌 r개를 포함하여 전체 N개의 바둑돌이 들어있는 주머니에서 n개의 바둑돌을 꺼낼 때, n개 중에 포함된 검은색 바둑돌이 x개일 확률에 대한 확률질량함수는 다음과 같다.

$$f(x) = \frac{{}_r\mathrm{C}_x \, {}_{N-r}\mathrm{C}_{n-x}}{{}_N\mathrm{C}_n}$$

이때 보편적으로 검은색 바둑돌의 개수 r이 꺼낸 바둑돌의 개수 n보다 큰 경우를 많이 생각한다. $X \sim H(N, r, n)$의 평균과 분산은 각각 다음과 같다. 이를 직접 계산하는 과정은 복잡하므로 여기서는 결과만 알아두자.

❶ X의 평균 : $\mu = n\dfrac{r}{N}$

❷ X의 분산 : $\sigma^2 = n\dfrac{r}{N}\left(1-\dfrac{r}{N}\right)\left(\dfrac{N-n}{N-1}\right)$

예제 8-7

남자 3명과 여자 3명으로 구성된 동아리에서 대표 2명을 선출하고자 한다. 선출된 2명 중에 포함된 남자의 수를 X라 할 때 다음을 구하라.

(a) X의 확률질량함수

(b) 선출된 대표 중에 남자와 여자가 섞여 있을 확률

(c) 선출된 대표 2명이 동성일 확률

(d) X의 평균과 분산

풀이

(a) 6명 중에서 2명을 선출하는 경우의 수는 ${}_6\mathrm{C}_2 = \dfrac{6!}{2! \cdot 4!} = 15$이므로, X의 확률질량함수는 다음과 같다.

$$f(x) = \frac{{}_3\mathrm{C}_x \, {}_3\mathrm{C}_{2-x}}{{}_6\mathrm{C}_2} = \frac{{}_3\mathrm{C}_x \, {}_3\mathrm{C}_{2-x}}{15}, \quad x = 0, 1, 2$$

(b) 선출된 대표 중에 남자와 여자가 섞여 있는 경우는 $X=1$인 경우이므로, 구하고자 하는 확률은 다음과 같다.

$$P(X=1)=f(1)=\frac{{}_3C_1\,{}_3C_1}{15}=\frac{9}{15}=\frac{3}{5}$$

(c) 선출된 대표 2명이 동성인 경우는 2명 모두 여자이거나 2명 모두 남자인 경우이므로, 구하고자 하는 확률은 다음과 같다.

$$P(X=0 \text{ 또는 } X=2)=f(0)+f(2)=\frac{{}_3C_0\,{}_3C_2}{15}+\frac{{}_3C_2\,{}_3C_0}{15}=\frac{3}{15}+\frac{3}{15}=\frac{2}{5}$$

(d) X의 평균과 분산은 각각 다음과 같다.

$$\mu=2\times\frac{3}{6}=1,\quad \sigma^2=2\times\frac{3}{6}\times\frac{3}{6}\times\frac{6-2}{6-1}=\frac{2}{5}$$

I Can Do 8-7

불량품 4개와 양품 6개가 들어있는 상자에서 제품 4개를 임의로 추출할 때 포함된 불량품의 개수를 X라 한다. 다음을 구하라.

(a) X의 확률질량함수

(b) 불량품이 많아야 1개 포함될 확률

(c) 불량품이 3개 이상 포함될 확률

(d) X의 평균과 분산

푸아송분포

일정한 단위 시간이나 단위 면적 또는 단위 공간에서 특정한 사건이 발생하는 횟수에 관한 확률모형을 다룰 때는 푸아송분포를 사용한다. 예를 들어 하루 동안 수신된 스팸 문자의 수, 연간 특정 지역의 교통사고 건수, 상수도 100m당 발생한 균열의 수 등의 확률모형에 푸아송분포를 사용한다.

정의 8-6 푸아송분포

어떤 양수 m에 대해 확률변수 X의 확률질량함수가 다음과 같은 확률분포를 모수가 m인 **푸아송 분포** Poisson distribution라 하고, $X \sim P(m)$으로 나타낸다.

$$f(x)=\frac{m^x}{x!}e^{-m},\quad x=0,1,2,\cdots$$

$X \sim P(m)$의 평균과 분산은 각각 다음과 같다.

❶ X의 평균 : $\mu = m$

❷ X의 분산 : $\sigma^2 = m$

예제 8-8

한 달에 평균 1.5개의 불량품이 발생하는 생산라인에서 한 달 동안 생산된 불량품의 수를 X라 한다. 이때 불량품의 수는 푸아송분포를 따르며, $e^{-1.5} \approx 0.2232$, $e^{-3} \approx 0.0498$이다. 다음을 구하라.

(a) X의 확률질량함수

(b) 한 달 동안 생산된 불량품의 수가 1개 이하일 확률

(c) 한 달 동안 2개 이상의 불량품이 발생할 확률

(d) 연속적인 두 달 동안 불량품이 생산되지 않을 확률

풀이

(a) 한 달 동안 생산된 불량품의 수를 X라 하면, 확률질량함수는 다음과 같다.

$$f(x) = \frac{1.5^x}{x!} e^{-1.5}, \quad x = 0, 1, 2, \cdots$$

(b) $P(X \leq 1) = f(0) + f(1) = \left(\frac{1.5^0}{0!} + \frac{1.5^1}{1!} \right) e^{-1.5} \approx 0.558$

(c) $P(X \geq 2) = 1 - P(X \leq 1) = 1 - 0.558 = 0.442$

(d) 한 달 평균 1.5개의 불량품이 생산되므로 두 달 동안 평균 3개의 불량품이 생산된다. 이 두 달 동안 생산된 불량품의 수를 Y라 하면, Y의 확률질량함수는 다음과 같다.

$$g(y) = \frac{3^y}{y!} e^{-3}, \quad y = 0, 1, 2, \cdots$$

따라서 두 달 동안 불량품이 생산되지 않을 확률은 다음과 같다.

$$P(Y = 0) = g(0) = \frac{3^0}{0!} e^{-3} \approx 0.0498$$

I Can Do 8-8

시간당 평균 4명의 손님이 방문하는 어느 편의점에 방문한 손님의 수는 푸아송분포를 따른다고 한다. $e^{-2} \approx 0.1353$, $e^{-4} \approx 0.0183$일 때, 다음을 구하라.

(a) 정오부터 오후 1시까지 손님이 방문하지 않을 확률

(b) 오후 1시부터 30분 동안에 손님이 3명 이상 방문할 확률

한편 이항분포의 확률을 구하기 위해 이항누적확률표를 이용했듯이, 평균이 μ인 푸아송분포에 대한 확률을 구하기 위해 〈부록 A.2〉에 주어진 푸아송누적확률표를 이용할 수 있다. 예를 들어 평균이 $\mu = 1.5$인 푸아송분포에서 확률 $P(X \le 4)$는 [그림 8-6]의 푸아송누적확률표를 이용하여 다음과 같이 구한다.

❶ 좌측 열에서 x가 4인 부분을 선정한다.

❷ 상단에서 μ가 1.5인 열을 선택한다.

❸ x가 4인 행과 μ가 1.5인 열이 만나는 위치의 수 0.981을 선택한다.

❹ $P(X \le 4) = 0.981$이다.

발생 횟수 / 평균 / $P(X \le 4) = 0.981$

x	μ									
	1.10	1.20	1.30	1.40	1.50	1.60	1.70	1.80	1.90	2.00
0	0.333	0.301	0.273	0.247	0.223	0.202	0.183	0.165	0.150	0.135
1	0.699	0.663	0.627	0.592	0.558	0.525	0.493	0.463	0.434	0.406
2	0.900	0.879	0.857	0.833	0.809	0.783	0.757	0.731	0.704	0.677
3	0.974	0.966	0.957	0.946	0.934	0.921	0.907	0.891	0.875	0.857
4	0.995	0.992	0.989	0.986	0.981	0.976	0.970	0.964	0.954	0.956
5	0.999	0.998	0.998	0.997	0.996	0.994	0.992	0.990	0.987	0.983
6	1.000	1.000	1.000	0.999	0.999	0.999	0.998	0.997	0.997	0.995

[그림 8-6] 푸아송누적확률표

그러면 다음 확률을 얻는다.

$$P(X = 2) = P(X \le 2) - P(X \le 1) = 0.809 - 0.558 = 0.251$$

$$P(X \ge 3) = 1 - P(X \le 2) = 1 - 0.809 = 0.191$$

예제 8-9

푸아송누적확률표를 이용하여 [예제 8-8]에서 한 달 동안 2개 이상의 불량품이 생산될 확률을 구하라.

풀이

$P(X \geq 2) = 1 - P(X \leq 1) = 1 - 0.558 \approx 0.442$

I Can Do 8-9

푸아송누적확률표를 이용하여 [I Can Do 8-8]의 확률을 모두 구하라.

〈부록 A.1〉에서 제시한 이항분포에 대한 이항누적확률표는 시행 횟수가 최대 20인 경우까지만 나타낸다. 따라서 시행 횟수가 $n \geq 21$인 이항분포에 대한 여러 가지 확률을 구하기 위해서는 확률질량함수를 이용해야 하는 번거로움이 있다. 이를 극복하는 방법으로, n이 충분히 큰 이항분포의 경우에 푸아송분포를 이용하여 근사적으로 확률을 구할 수 있다. 예를 들어 $n = 8$, $p = 0.25$인 이항분포와 평균이 $\mu = 2$인 푸아송분포의 확률을 비교하면, [그림 8-7(a)]와 같이 두 분포의 확률에는 큰 차이가 있다. 그러나 [그림 8-7(b)]와 [그림 8-7(c)]를 보면 평균이 $\mu = np = 2$로 일정하고 n이 커질수록(즉 p가 작아질수록) 두 분포의 확률은 거의 일치함을 확인할 수 있다.

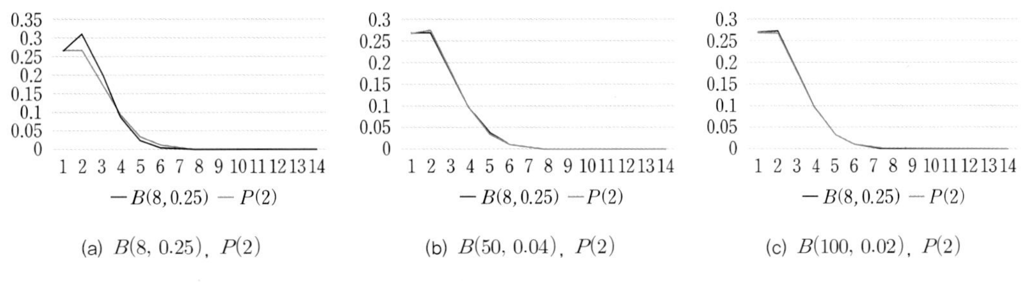

(a) $B(8,\ 0.25)$, $P(2)$ (b) $B(50,\ 0.04)$, $P(2)$ (c) $B(100,\ 0.02)$, $P(2)$

[그림 8-7] 이항분포와 푸아송분포의 확률 비교

이러한 사실로부터 이항분포와 푸아송분포 사이에 다음 관계가 성립한다.

정리 8-1 이항분포와 푸아송분포의 관계

확률변수 X가 이항분포 $B(n,\ p)$를 따르고 $np = \mu$가 일정할 때, n이 충분히 크면 X는 푸아송분포 $P(\mu)$에 근사한다.

예제 8-10

$n=30$, $p=0.12$인 이항분포를 따르는 확률변수 X에 대해 $P(X \geq 5)$를 근사적으로 구하라.

풀이

확률변수 X는 평균 $\mu=(30)(0.12)=3.6$인 푸아송분포에 근사하므로, 구하고자 하는 확률은 근사적으로 다음과 같다.

$$P(X \geq 5)=1-P(X \leq 4) \approx 1-0.706=0.294$$

I Can Do 8-10

$n=300$, $p=0.012$인 이항분포를 따르는 확률변수 X에 대해 $P(X \geq 5)$를 근사적으로 구하라.

실제로 $n=30$, $p=0.12$인 이항분포에 대해 $P(X \leq 4)=0.7118$이며, 이 확률은 평균이 $\mu=3.6$인 푸아송분포에 대한 근사확률 $P(X \leq 4) \approx 0.7064$와 0.0054 정도의 차이가 있다.

Section
8.2 연속확률분포

'연속확률분포'를 왜 배워야 하는가?

자연현상이나 사회현상에서 얻는 대부분의 이산자료에 대한 히스토그램은 자료의 수가 클수록 히스토그램의 계급간격이 좁아지며, 히스토그램의 막대들이 연속인 곡선 모양에 근사한다. 예를 들어 이 절에서 공부하겠지만, 이항분포의 확률 히스토그램은 시행횟수 n이 충분히 크면 연속확률분포인 정규분포에 가까워진다. 따라서 n이 충분히 큰 경우에는 이항분포에 대한 확률을 정규분포를 이용하여 근사적으로 구할 수 있다. 이 절에서는 확률함수가 연속인 곡선으로 나타나는 연속확률분포 중에서 기본적인 균등분포, 지수분포, 그리고 정규분포의 특성에 대해 살펴본다.

균등분포

이산균등분포는 1과 n 사이의 정수에서 확률함수가 일정한 $\frac{1}{n}$로 나타나는 확률분포였다. 이와 유사하게 두 수 a와 $b\,(a<b)$ 사이에서 확률함수가 일정한 선분으로 나타나는 연속확률분포가 있다. [그림 8-8]과 같이 두 수 a와 $b\,(a<b)$ 사이에서 확률밀도함수가 일정한 선분 $f(x)=k$인 연속확률분포를 **균등분포** uniform distribution라 하고, $X \sim U(a,\,b)$로 나타낸다.

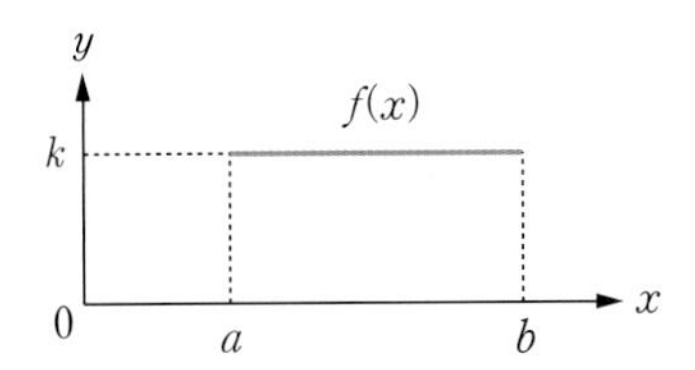

[그림 8-8] 균등분포의 확률밀도함수

그러면 균등분포는 닫힌 구간 $[a,\,b]$에서 확률밀도함수 $f(x)$가 일정한 상수이므로 확률밀도함수는 다음과 같다.

$$f(x)=\begin{cases}\dfrac{1}{b-a}, & a \le x \le b \\ 0, & \text{다른 곳에서}\end{cases}$$

이때 X와 X^2의 기댓값은 각각 다음과 같다.

$$E(X)=\int_a^b xf(x)\,dx=\int_a^b \frac{x}{b-a}\,dx=\left[\frac{1}{b-a}\left(\frac{x^2}{2}\right)\right]_a^b=\frac{a+b}{2}$$

$$E(X^2)=\int_a^b x^2 f(x)\,dx=\int_a^b \frac{x^2}{b-a}\,dx=\left[\frac{1}{b-a}\left(\frac{x^3}{3}\right)\right]_a^b=\frac{a^2+ab+b^2}{3}$$

따라서 분산은 $Var(X)=E(X^2)-[E(X)]^2=\dfrac{(b-a)^2}{12}$이다. 즉 $X \sim U(a,\, b)$인 균등분포의 평균과 분산은 각각 다음과 같다.

❶ X의 평균 : $\mu=\dfrac{a+b}{2}$

❷ X의 분산 : $\sigma^2=\dfrac{(b-a)^2}{12}$

한편 $a \le x \le b$에 대하여 다음을 얻는다.

$$\int_a^x \frac{1}{b-a}\,dt=\frac{x-a}{b-a}$$

따라서 확률변수 $X \sim U(a,\, b)$에 대한 분포함수는 다음과 같다.

$$F(x)=\begin{cases} 0 & ,\ x<a \\ \dfrac{x-a}{b-a} & ,\ a \le x < b \\ 1 & ,\ x \ge b \end{cases}$$

예제 8-11

$X \sim U(0,\, 6)$인 연속균등분포에 대하여 다음을 구하라.

(a) 확률밀도함수와 분포함수

(b) 평균과 분산

(c) $P(\mu-\sigma < X < \mu+\sigma)$

풀이

(a) $X \sim U(0,\, 6)$이므로 X의 확률밀도함수는 다음과 같다.

$$f(x)=\begin{cases} \dfrac{1}{6}, & 0 \le x \le 6 \\ 0\ , & \text{다른 곳에서} \end{cases}$$

또한 $0 \le x < 6$에 대해 $\int_0^x \frac{1}{6}\,dt = \frac{x}{6}$이고, $x \ge 6$에 대해 다음을 얻는다.

$$\int_0^x \frac{1}{6}\,dt = \int_0^6 \frac{1}{6}\,dt + \int_6^x 0\,dt = 1$$

그러므로 분포함수는 다음과 같다.

$$F(x) = \begin{cases} 0 \ , & x < 0 \\ \frac{x}{6} \ , & 0 \le x < 6 \\ 1 \ , & x \ge 6 \end{cases}$$

(b) 평균과 분산은 각각 다음과 같다.

$$\mu = \frac{0+6}{2} = 3, \quad \sigma^2 = \frac{(6-0)^2}{12} = 3$$

(c) $\sigma^2 = 3$이므로 $\sigma = \sqrt{3} \approx 1.732$이다. 따라서 $(\mu - \sigma, \mu + \sigma) = (1.268, 4.732)$이므로, 구하고자 하는 확률은 다음과 같다.

$$P(\mu - \sigma < X < \mu + \sigma) = \frac{1}{6}(4.732 - 1.268) \approx 0.577$$

I Can Do 8-11

$X \sim U(0, 3)$인 연속균등분포에 대하여 다음을 구하라.

(a) 확률밀도함수와 분포함수
(b) 평균과 분산
(c) $P(\mu - \sigma < X < \mu + \sigma)$

지수분포

기하분포가 처음 성공할 때까지 반복시행한 횟수에 관한 확률모형을 설명하는 것처럼 처음 성공할 때까지 걸리는 시간에 관한 연속확률분포가 있다. 예를 들어 1시간 동안 평균적으로 5명의 손님이 방문하는 어느 편의점에 방문한 손님의 수가 푸아송분포를 따른다고 하자. 이때 편의점에 손님이 방문한 이후로 다음 손님이 방문할 때까지 걸리는 시간을 T라고 하자. 그러면 시간당 평균적으로 5명의 손님이 방문하므로 $[0, t]$의 시간 동안 편의점을 방문한 손님의 수는 평균이 $5t$인 푸아송분포를 따른다. 그러므로 $[0, t]$의 시간 동안 편의점을 방문한 손님의 수를 X라고 하면 다음과 같은 푸아송분포를 얻는다.

$$X \sim P(5t)$$

이때 사건 $\{T > t\}$는 [그림 8-9]와 같이 손님이 방문한 이후로 t시간이 지난 이후에 새로운 손님이 방문하는 것을 의미한다. 따라서 사건 $\{T > t\}$는 $[0, t]$의 시간 동안 편의점을 방문한 손님이 전혀 없음을 의미하며, 두 사건 $\{T > t\}$와 $\{X = 0\}$은 동치이다.

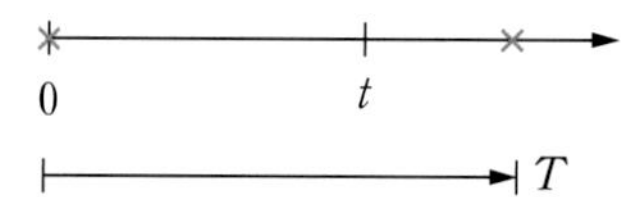

[그림 8-9] 손님의 방문 시간(× 표시는 손님의 방문 시점을 의미)

그러므로 다음 확률을 얻는다.

$$P(T > t) = P(X = 0) = e^{-5t}$$

따라서 편의점에 손님이 방문한 이후로 다음 손님이 방문할 때까지 걸리는 시간 T의 분포함수는 다음과 같다.

$$F(t) = P(T \le t) = 1 - P(T > t) = 1 - e^{-5t}, \ t > 0$$

그리고 T의 확률밀도함수는 다음과 같다.

$$f(t) = \frac{d}{dt} F(t) = 5e^{-5t}, \ t > 0$$

이와 같이 어떤 사건이 발생한 이후로 다음 사건이 발생할 때까지 걸리는 시간에 대한 확률분포를 지수분포라 하고 다음과 같이 정의한다.

정의 8-7 지수분포

임의의 양수 λ에 대해 다음과 같은 확률밀도함수 $f(x)$를 갖는 확률분포를 모수가 λ인 **지수분포** exponential distribution라 하고 $X \sim \text{Exp}(\lambda)$로 나타낸다.

$$f(x) = \lambda e^{-\lambda x}, \ x > 0$$

그러면 모수 λ에 따른 지수분포의 확률밀도함수는 [그림 8-10]과 같다.

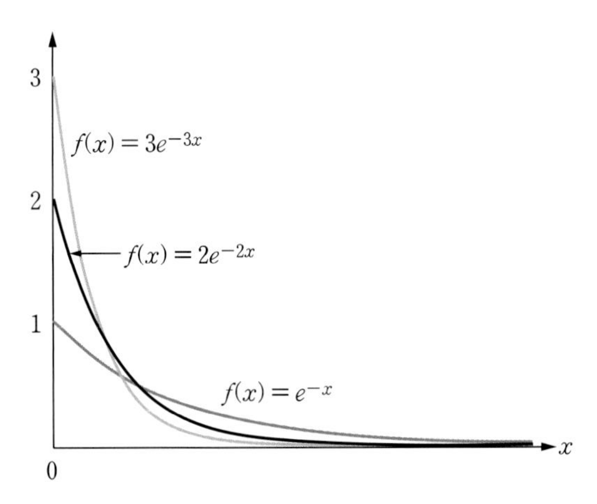

[그림 8-10] 모수에 따른 지수분포의 확률밀도함수

이때 $X \sim \text{Exp}(\lambda)$에 대해 X와 X^2의 기댓값은 각각 다음과 같다.

$$E(X)=\int_0^{\infty} x\,\lambda e^{-\lambda x}\,dx=\lim_{u\to\infty}\left[-\frac{\lambda x+1}{\lambda}e^{-\lambda x}\right]_0^u=\frac{1}{\lambda}$$

$$E(X^2)=\int_0^{\infty} x^2\,\lambda e^{-\lambda x}\,dx=\lim_{u\to\infty}\left[-\frac{\lambda^2x^2+2\lambda x+2}{\lambda^2}e^{-\lambda x}\right]_0^u=\frac{2}{\lambda^2}$$

따라서 X의 분산은 $Var(X)=E(X^2)-[E(X)]^2=\dfrac{1}{\lambda^2}$이다. 즉 $X \sim \text{Exp}(\lambda)$에 대한 평균과 분산은 각각 다음과 같다.

❶ X의 평균 : $\mu=\dfrac{1}{\lambda}$

❷ X의 분산 : $\sigma^2=\dfrac{1}{\lambda^2}$

특히 모수가 λ인 지수분포를 따르는 확률변수 X의 분포함수는 다음과 같다.

$$F(x)=\int_0^x \lambda e^{-\lambda u}\,du=\left[-e^{-\lambda u}\right]_0^x=1-e^{-\lambda x},\ \ x>0$$

예제 8-12

어떤 질병에 감염되어 증세가 나타날 때까지 걸리는 기간은 평균 3일이고, 감염 기간은 지수분포를 따른다고 할 때, 다음을 구하라.

(a) 질병의 증세가 나타날 때까지 걸리는 기간 X의 확률밀도함수
(b) 질병에 감염된 환자가 1일 안에 증세를 보일 확률
(c) 적어도 5일 동안 질병의 증세가 나타나지 않을 확률

풀이

(a) 질병의 증세가 나타날 때까지 걸리는 기간 X는 평균이 3인 지수분포를 따르므로, 확률밀도함수는 다음과 같다.

$$f(x) = \frac{1}{3}e^{-x/3}, \quad x > 0$$

(b) $P(X < 1) = F(1) = 1 - e^{-1/3} \approx 0.2835$

(c) 5일 안에 증세가 나타날 확률은 다음과 같다.

$$P(X < 5) = F(5) = 1 - e^{-5/3} \approx 0.8111$$

따라서 적어도 5일 동안 질병의 증세가 나타나지 않을 확률은 다음과 같다.

$$P(X \ge 5) = 1 - P(X < 5) = 1 - 0.8111 = 0.1889$$

I Can Do 8-12

어떤 암 말기 환자는 의사로부터 평균 100일 정도 살 수 있다는 통보를 받았다. 이 환자가 사망할 때까지 걸리는 기간은 지수분포를 따른다고 할 때, 다음을 구하라.

(a) 이 환자가 50일 이전에 사망할 확률
(b) 이 환자가 150일 이상 생존할 확률

한편 기하분포의 특성인 비기억성 성질이 지수분포에도 그대로 적용된다. 즉 모수가 λ인 지수분포에 대해 다음 성질이 성립한다.

정리 8-2 지수분포의 비기억성 성질

임의의 양의 정수 m과 n에 대해 $X \sim \text{Exp}(\lambda)$는 다음 성질을 만족한다.

$$P(X > n + m \mid X > n) = P(X > m)$$

예제 8-13

[예제 8-12]에서 적어도 5일 동안 이 질병의 증세가 나타나지 않았다고 할 때, 앞으로 1일 동안 증세가 나타나지 않을 확률을 구하라.

풀이

구하고자 하는 확률은 다음과 같다.

$$P(X > 6 \mid X > 5) = P(X > 1) = 1 - F(1) = 1 - 0.2835 = 0.7165$$

I Can Do 8-13

[I can Do 8-12]에서 환자가 150일 이상 생존했다고 할 때, 앞으로 50일 이상 더 생존할 확률을 구하라.

정규분포

자연현상이나 사회현상에서 얻는 대부분의 자료에 대한 히스토그램은 자료의 수가 클수록 계급간격이 좁아지고, 좌우 대칭인 종 모양의 곡선에 가까워지는 것으로 알려져 있다. 이와 같은 종 모양의 연속 확률분포를 정규분포라 하고, 정규분포는 통계적 추론에서 매우 중요한 역할을 담당한다.

정의 8-8 정규분포

평균 μ와 분산 σ^2에 대해 다음과 같은 확률밀도함수 $f(x)$를 갖는 확률분포를 모수가 μ, σ^2인 **정규분포** normal distribution 라 하고 $X \sim N(\mu, \sigma^2)$으로 나타낸다.

$$f(x) = \frac{1}{\sqrt{2\pi}\,\sigma} e^{-(x-\mu)^2/(2\sigma^2)}, \quad -\infty < x < \infty$$

그러면 정규분포의 확률밀도함수 $f(x)$는 다음 성질을 갖는다.

(1) $x = \mu$에 대해 좌우 대칭이고, X의 중앙값은 $M_e = \mu$이다.

(2) $x = \mu$에서 최댓값을 가지며, X의 최빈값은 $M_o = \mu$이다.

(3) $x = \mu \pm \sigma$에서 곡선의 모양이 위로 볼록하다가 아래로 볼록하게 바뀐다.

(4) $x = \mu \pm 3\sigma$에서 x축에 거의 접하는 모양을 가지고, $x \to \pm\infty$이면 $f(x) \to 0$이다.

이러한 성질을 종합하면 함수 $f(x)$의 그래프는 [그림 8-11]과 같이 $x = \mu$를 중심으로 좌우 대칭인 종 모양이다.

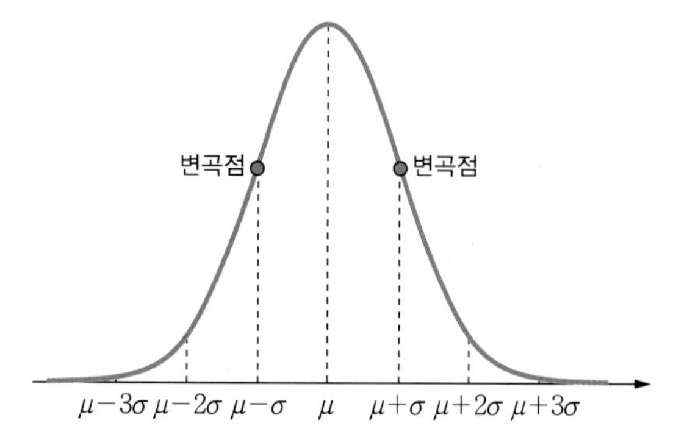

[그림 8-11] 정규분포 곡선

정규분포는 [그림 8-12(a)]와 같이 평균이 다르고 분산이 동일하면 중심 위치만 다르고 동일한 모양을 이룬다. 그리고 [그림 8-12(b)]와 같이 평균이 동일하면 분산이 클수록 평균을 중심으로 폭넓게 분포한다.

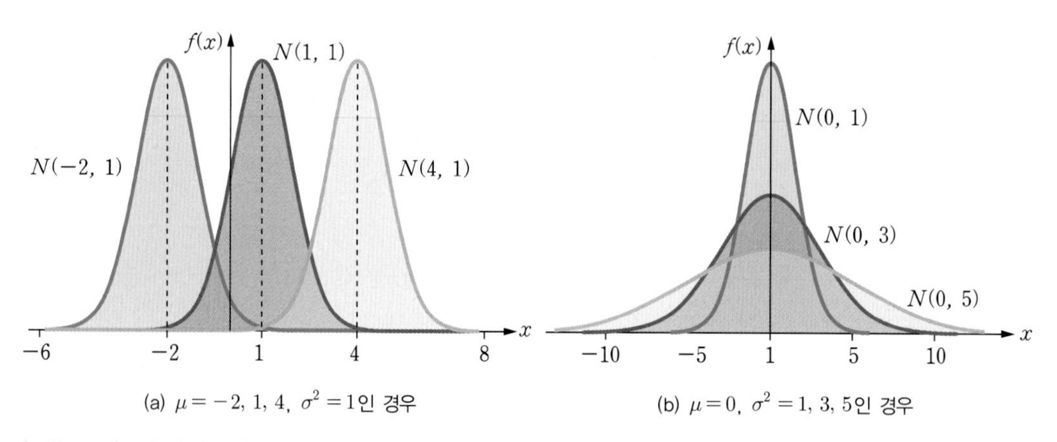

[그림 8-12] 모수에 따른 정규분포

표준정규분포

특히 평균이 $\mu=0$이고 분산이 $\sigma^2=1$인 정규분포를 다음과 같이 정의한다.

정의 8-9 표준정규분포

평균이 $\mu=0$, 분산이 $\sigma^2=1$인 정규분포를 **표준정규분포** standard normal distribution라고 하고, $Z \sim N(0, 1)$로 나타낸다.

이때 표준정규분포를 따르는 확률변수 Z의 확률밀도함수 $\phi(z)$는 다음과 같다.

$$\phi(z) = \frac{1}{\sqrt{2\pi}} e^{-z^2/2}, \quad -\infty < z < \infty$$

따라서 표준정규분포의 확률밀도함수 $\phi(z)$는 다음 성질을 갖는다.

(1) $z = 0$에 대해 좌우 대칭이고, Z의 중앙값은 $M_e = 0$이다.

(2) $z = 0$에서 최댓값을 가지며, Z의 최빈값은 $M_o = 0$이다.

(3) $z = \pm 1$에서 $\phi(z)$는 변곡점을 갖는다.

(4) $z = \pm 3$에서 z축에 거의 접하는 모양을 가지고, $z \to \pm\infty$이면 $\phi(z) \to 0$이다.

표준정규분포의 대칭성을 이용하면, [그림 8-13]과 같이 양수 z에 대해 다음 성질이 성립한다.

(1) $P(Z \le 0) = P(Z \ge 0) = 0.5$ ([그림 8-13(a)])

(2) $P(Z \le -z) = P(Z \ge z)$ ([그림 8-13(b)])

(3) $P(0 \le Z \le z) = P(Z \le z) - 0.5$ ([그림 8-13(c)])

(4) $P(Z \ge z) = 0.5 - P(0 \le Z \le z)$ ([그림 8-13(d)])

(5) $P(-z \le Z \le 0) = P(0 \le Z \le z)$ ([그림 8-13(e)])

(6) $P(-z \le Z \le z) = 2P(0 \le Z \le z) = 2P(Z \le z) - 1$ ([그림 8-13(f)])

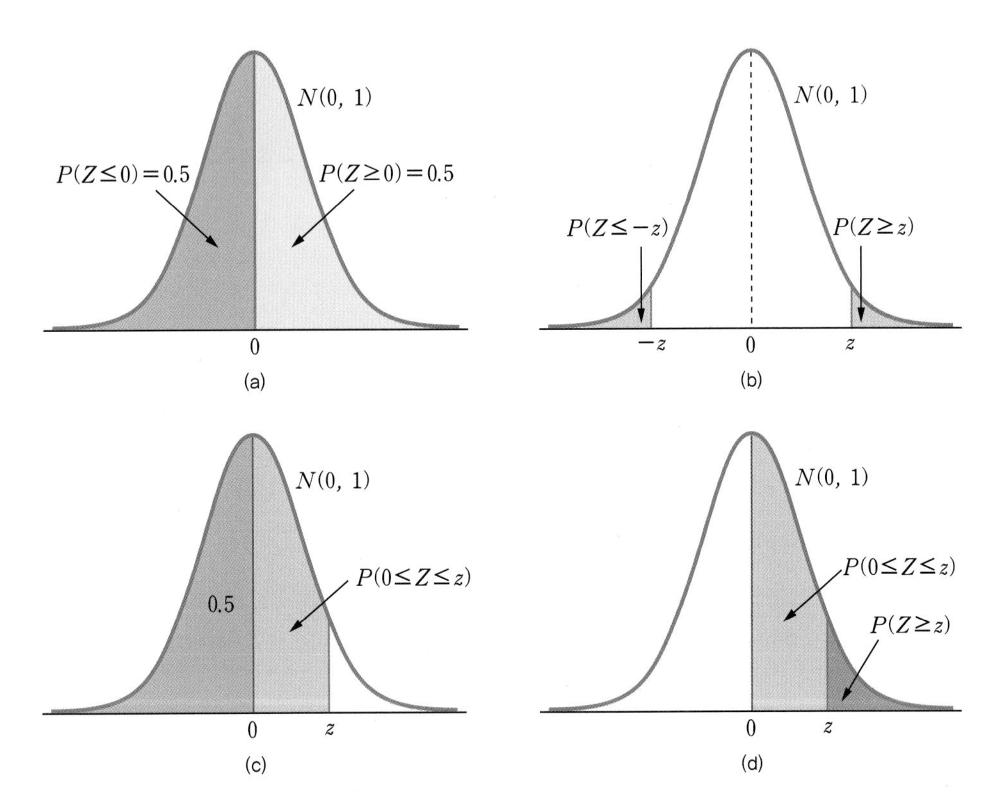

[그림 8-13] 표준정규분포의 성질 (계속)

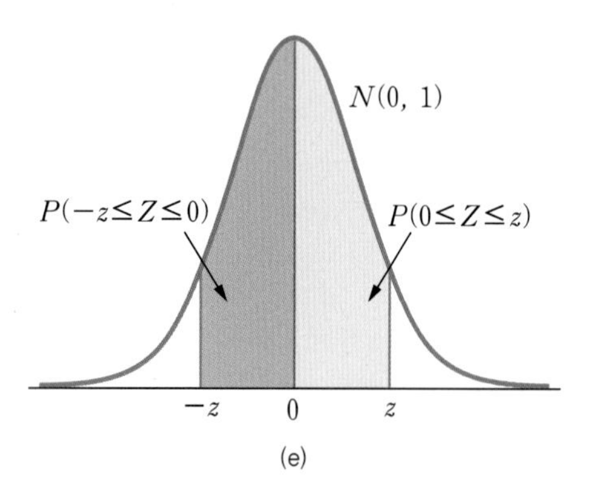

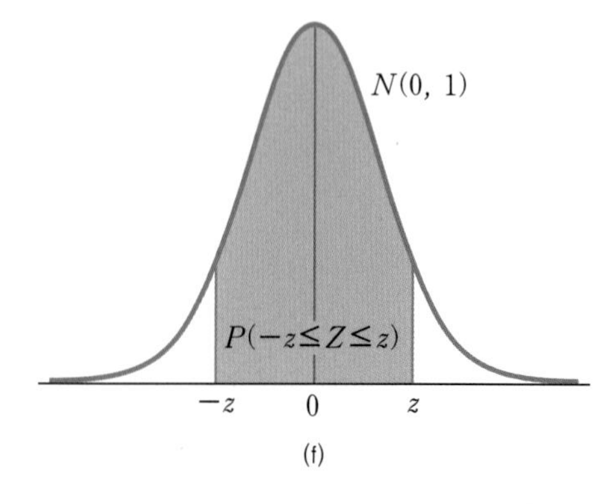

[그림 8-13] 표준정규분포의 성질

한편 $z > 0$에 대해 확률 $P(Z \le -z)$와 $P(Z \ge z)$를 **꼬리확률** tail probability이라 하며, [그림 8-14]와 같이 오른쪽 꼬리확률이 α인 $100(1-\alpha)\%$ 백분위수를 z_α로 표시한다.

$$P(Z \le z_\alpha) = 1 - \alpha, \quad P(Z \ge z_\alpha) = \alpha$$

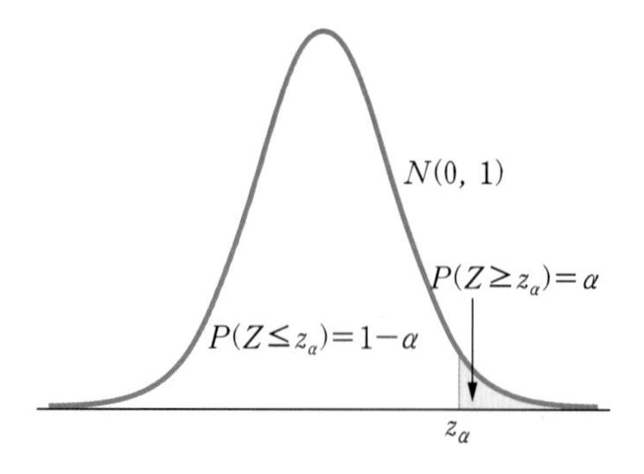

[그림 8-14] 표준정규분포의 백분위수

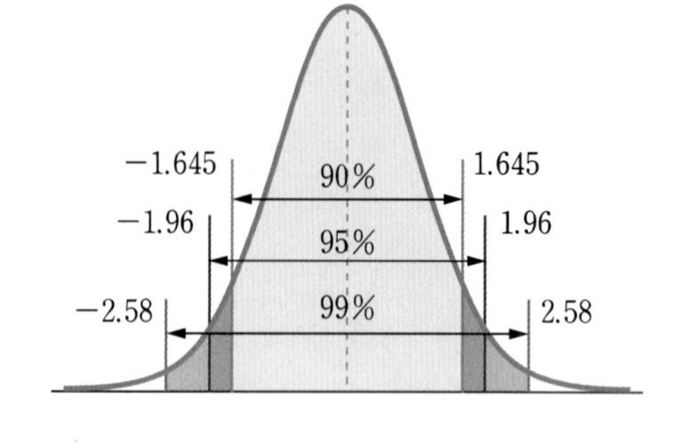

[그림 8-15] 표준정규분포의 중심확률

특히 오른쪽 꼬리확률이 $\alpha = 0.05,\ 0.025,\ 0.005$인 백분위수 z_α는 각각 다음과 같다.

$$P(Z > 1.645) = 0.05, \quad P(Z > 1.96) = 0.025, \quad P(Z > 2.58) = 0.005$$

즉 $z_{0.05} = 1.645$, $z_{0.025} = 1.96$, $z_{0.005} = 2.58$이다. 그리고 [그림 8-15]와 같이 양쪽 꼬리확률이 각각 $\frac{\alpha}{2} = 0.05,\ 0.025,\ 0.005$인 α에 대한 중심확률 $P(|Z| < z_{\alpha/2})$는 각각 다음과 같다.

$$P(|Z| < 1.645) = 0.9, \quad P(|Z| < 1.96) = 0.95, \quad P(|Z| < 2.58) = 0.99$$

일반적으로 표준정규분포의 확률밀도함수 $\phi(z)$를 구간 $[a,\ b]$에서 적분하는 것은 불가능하다. 그러나 이항분포와 같이 〈부록 A.3〉에서 제시한 표준정규분포표를 이용하여 확률 $P(Z \le a)$를 구할 수 있다. 예를 들어 $P(Z \leq 1.04)$는 [그림 8-16]의 표준정규분포표를 이용하여 다음과 같이 구한다.

❶ z 열에서 소수점 아래 첫째 자리 숫자 1.0을 선택한다.
❷ z 행에서 소수점 아래 둘째 자리 숫자 0.04를 선택한다.
❸ z 열이 1.0인 행과 z 행이 0.04인 열이 만나는 위치의 수 0.8508을 선택한다.
❹ $P(Z \leq 1.04) = 0.8508$이다.

z	0.00	0.01	0.02	0.03	0.04	0.05	0.06	0.07	0.08	0.09
0.6	0.7257	0.7291	0.7324	0.7357	0.7389	0.7422	0.7454	0.7486	0.7517	0.7549
0.7	0.7580	0.7611	0.7642	0.7673	0.7704	0.7734	0.7764	0.7794	0.7823	0.7852
0.8	0.7881	0.7910	0.9739	0.7967	0.7995	0.8023	0.8051	0.8078	0.8106	0.8133
0.9	0.8159	0.8186	0.8212	0.8238	0.8264	0.8289	0.8315	0.9340	0.8365	0.8389
1.0	0.8413	0.8438	0.8461	0.8485	0.8508	0.8531	0.8554	0.8577	0.8599	0.8621
1.1	0.8643	0.8665	0.8686	0.8708	0.8729	0.8749	0.8770	0.8790	0.8810	0.8830
1.2	0.8949	0.8869	0.8888	0.8907	0.8925	0.8944	0.8962	0.8980	0.8997	0.9015
1.3	0.9032	0.9049	0.9066	0.9182	0.9099	0.9115	0.9131	0.9147	0.9162	0.9177
1.4	0.9192	0.9207	0.9222	0.9236	0.9251	0.9265	0.9279	0.9292	0.9306	0.9319

[그림 8-16] **표준정규분포표**

또한 확률변수 Z가 표준정규분포를 따를 때, $P(a \leq Z \leq b)$는 다음과 같이 구할 수 있다.

$$P(a \leq Z \leq b) = P(Z \leq b) - P(Z \leq a)$$

예를 들어 $P(0.95 \leq Z \leq 1.43)$을 구하기 위해 〈부록 A.3〉의 표준정규분포표를 이용하여 다음 두 확률을 구한다.

$$P(Z \leq 1.43) = 0.9236, \quad P(Z \leq 0.95) = 0.8289$$

그러면 구하고자 하는 확률은 다음과 같다.

$$P(0.95 \leq Z \leq 1.43) = P(Z \leq 1.43) - P(Z \leq 0.95) = 0.9236 - 0.8289 = 0.0947$$

예제 8-14

확률변수 Z가 표준정규분포를 따를 때, 다음 확률을 구하라.

(a) $P(Z \leq -1.64)$
(b) $P(0 \leq Z \leq 1.96)$
(c) $P(Z \geq 2.58)$
(d) $P(-1.21 \leq Z \leq 0)$
(e) $P(|Z| \leq 1.82)$
(f) $P(|Z| \geq 2.22)$

풀이

(a) $P(Z \leq -1.64) = P(Z \geq 1.64) = 1 - P(Z \leq 1.64) = 1 - 0.9495 = 0.0505$

(b) $P(0 \leq Z \leq 1.96) = P(Z \leq 1.96) - 0.5 = 0.9750 - 0.5 = 0.4750$

(c) $P(Z \geq 2.58) = 1 - P(Z \leq 2.58) = 1 - 0.9951 = 0.0049$

(d) $P(-1.21 \leq Z \leq 0) = P(0 \leq Z \leq 1.21) = P(Z \leq 1.21) - 0.5$
$= 0.8869 - 0.5 = 0.3869$

(e) $P(|Z| \leq 1.82) = 2P(Z \leq 1.82) - 1 = 2 \times 0.9656 - 1 = 0.9312$

(f) $P(|Z| \geq 2.22) = P(Z \leq -2.22) + P(Z \geq 2.22) = 2P(Z \geq 2.22)$
$= 2(1 - P(Z \leq 2.22)) = 2(1 - 0.9868) = 0.0264$

I Can Do 8-14

확률변수 Z가 표준정규분포를 따를 때, 다음 확률을 구하라.

(a) $P(Z \leq -1.96)$

(b) $P(0 \leq Z \leq 1.58)$

(c) $P(Z \geq 1.65)$

(d) $P(-2.58 \leq Z \leq 0)$

(e) $P(|Z| \leq 2.01)$

(f) $P(|Z| \geq 1.96)$

예제 8-15

확률변수 Z가 표준정규분포를 따를 때, 표준정규분포표를 이용하여 $P(Z \geq z) = 0.0049$를 만족하는 z를 구하라.

풀이

$P(Z \geq z) = 0.0049$이므로 $P(Z \leq z) = 0.9951$이다. 표준정규분포표에서 다음 그림과 같이 0.9951을 찾으면 $z = 2.58$이다.

z	0.00	0.01	0.02	0.03	0.04	0.05	0.06	0.07	0.08	0.09
2.5	0.9938	0.9940	0.9941	0.9943	0.9945	0.9946	0.9948	0.9949	0.9951	0.9952

I Can Do 8-15

확률변수 Z가 표준정규분포를 따를 때, 표준정규분포표를 이용하여 $P(Z \leq z) = 0.9726$을 만족하는 z를 구하라.

한편, 6.3절에서 평균이 μ이고 표준편차가 σ인 임의의 확률변수 X를 $Z = \dfrac{X-\mu}{\sigma}$로 표준화하면 $E(Z)=0$, $Var(Z)=1$임을 살펴보았다. 특히 정규분포 $N(\mu, \sigma^2)$을 따르는 확률변수 X를 표준화한 확률변수를 Z라 하면 Z는 표준정규분포를 따른다. 즉 정규분포 $X \sim N(\mu, \sigma^2)$과 표준정규분포 $Z \sim N(0, 1)$ 사이에 다음 관계가 성립한다.

$$X \sim N(\mu, \sigma^2) \iff Z = \frac{X-\mu}{\sigma} \sim N(0, 1)$$

따라서 일반적인 정규분포의 확률은 다음과 같이 표준정규분포를 이용하여 구할 수 있다.

$$P(a \le X \le b) = P\left(\frac{a-\mu}{\sigma} \le Z \le \frac{b-\mu}{\sigma}\right)$$

예를 들어 정규분포 $N(30, 16)$을 따르는 확률변수 X에 대해 $P(27 \le X \le 35)$를 구한다면, $\mu=30$, $\sigma=4$이므로 X를 다음과 같이 표준화한다.

$$\frac{27-30}{4} \le \frac{X-30}{4} \le \frac{35-30}{4} \quad \Rightarrow \quad -0.75 \le Z \le 1.25$$

그러면 확률 $P(27 \le X \le 35)$는 다음과 같다.

$$\begin{aligned} P(27 \le X \le 35) &= P(-0.75 \le Z \le 1.25) \\ &= P(Z \le 1.25) - P(Z \le -0.75) \\ &= P(Z \le 1.25) - P(Z \ge 0.75) \\ &= P(Z \le 1.25) - [1 - P(Z \le 0.75)] \\ &= 0.8944 - (1 - 0.7734) \\ &= 0.6678 \end{aligned}$$

예제 8-16

확률변수 X가 정규분포 $N(60, 16)$을 따를 때, 다음 확률을 구하라.

(a) $P(X \le 57)$ (b) $P(56 \le X \le 64)$ (c) $P(X \ge 65)$

풀이

X의 평균과 표준편차가 각각 $\mu=60$, $\sigma=4$이므로 X를 표준화하면 다음과 같다.

$$Z = \frac{X-60}{4} \sim N(0, 1)$$

(a) $X \le 57$을 표준화하면 다음을 얻는다.

$$\frac{X-60}{4} \le \frac{57-60}{4} \quad \Rightarrow \quad Z \le -0.75$$

따라서 구하고자 하는 확률은 다음과 같다.

$$\begin{aligned} P(X \le 57) &= P(Z \le -0.75) \\ &= P(Z \ge 0.75) = 1 - P(Z \le 0.75) \\ &= 1 - 0.7734 = 0.2266 \end{aligned}$$

(b) $56 \le X \le 64$를 표준화하면 다음을 얻는다.

$$\frac{56-60}{4} \le \frac{X-60}{4} \le \frac{64-60}{4} \quad \Rightarrow \quad -1 \le Z \le 1$$

따라서 구하고자 하는 확률은 다음과 같다.

$$\begin{aligned} P(56 \le X \le 64) &= P(-1 \le Z \le 1) = 2[P(Z \le 1) - 0.5)] \\ &= 2(0.8413 - 0.5) = 0.6826 \end{aligned}$$

(c) $X \ge 65$를 표준화하면 다음을 얻는다.

$$\frac{X-60}{4} \ge \frac{65-60}{4} \quad \Rightarrow \quad Z \ge 1.25$$

따라서 구하고자 하는 확률은 다음과 같다.

$$\begin{aligned} P(X \ge 65) &= P(Z \ge 1.25) = 1 - P(Z \le 1.25) \\ &= 1 - 0.8944 = 0.1056 \end{aligned}$$

I Can Do 8-16

확률변수 X가 정규분포 $N(20, 4)$를 따를 때, 다음 확률을 구하라.

(a) $P(X \ge 17)$ (b) $P(15 \le X \le 25)$ (c) $P(X \ge 27)$

또한 두 확률변수 X와 Y가 독립이고 $X \sim N(\mu_1, \sigma_1^2)$, $Y \sim N(\mu_2, \sigma_2^2)$일 때, 두 확률변수의 합 $X+Y$와 차 $X-Y$는 다음과 같은 정규분포를 따른다.

$$X+Y \sim N(\mu_1 + \mu_2, \sigma_1^2 + \sigma_2^2), \quad X-Y \sim N(\mu_1 - \mu_2, \sigma_1^2 + \sigma_2^2)$$

예제 8-17

독립인 두 확률변수 X와 Y가 각각 $N(35, 9)$와 $N(27, 16)$을 따를 때, 다음 확률을 구하라.

(a) $P(58 \le X+Y \le 68)$

(b) $P(2 \le X-Y \le 14)$

풀이

독립인 두 확률변수 X와 Y가 각각 $N(35, 9)$와 $N(27, 16)$을 따르므로, $X+Y \sim N(62, 25)$, $X-Y \sim N(8, 25)$이다.

(a) $U = X+Y$라 하면 구하고자 하는 확률은 다음과 같다.

$$\begin{aligned} P(58 \le X+Y \le 68) &= P\left(\frac{58-62}{5} \le \frac{U-62}{5} \le \frac{68-62}{5}\right) \\ &= P(-0.8 \le Z \le 1.2) \\ &= P(Z \le 1.2) - P(Z \le -0.8) \\ &= P(Z \le 1.2) - P(Z \ge 0.8) \\ &= P(Z \le 1.2) - [1 - P(Z \le 0.8)] \\ &= 0.8849 - (1 - 0.5319) = 0.4168 \end{aligned}$$

(b) $V = X-Y$라 하면 구하고자 하는 확률은 다음과 같다.

$$\begin{aligned} P(2 \le X-Y \le 14) &= P\left(\frac{2-8}{5} \le \frac{V-8}{5} \le \frac{14-8}{5}\right) \\ &= P(-1.2 \le Z \le 1.2) = 2[P(Z \le 1.2) - 0.5] \\ &= 2(0.8849 - 0.5) = 0.7698 \end{aligned}$$

I Can Do 8-17

독립인 두 확률변수 X와 Y가 각각 $N(35, 4)$와 $N(27, 5)$를 따를 때, 다음 확률을 구하라.

(a) $P(X+Y \le 69)$

(b) $P(54 \le X+Y \le 73)$

(c) $P(X-Y \ge 5)$

이항분포의 정규근사

[그림 8-7]에서 평균이 $\mu = np = 2$로 일정할 때 n이 커질수록(즉 p가 작아질수록) 이항분포는 평균이 2인 푸아송분포에 근사하는 것을 살펴보았다. 또한 [그림 8-2(a)]를 통해 이항분포 $B(n, p)$에서 p가 일정하고 n이 커지면 이항분포의 그래프는 종 모양에 가까워지는 것을 살펴보았다. 즉 이항분포 $B(n, p)$에서 p가 일정하고 n이 충분히 커지면 이항분포는 정규분포에 가까워짐을 알 수 있다.

정리 8-3 이항분포와 정규분포의 관계

확률변수 X가 이항분포 $B(n, p)$를 따를 때, n이 충분히 크면 X는 정규분포 $N(np, npq)$에 근사한다. 단, $q=1-p$이다.

일반적으로 $np \geq 5$, $nq \geq 5$일 때, [그림 8-17]과 같이 이항분포는 평균이 $\mu = np$이고 분산이 $\sigma^2 = npq$인 정규분포 $N(np, npq)$에 가까워지며, 이를 이항분포의 **정규근사** normal approximation 라 한다.

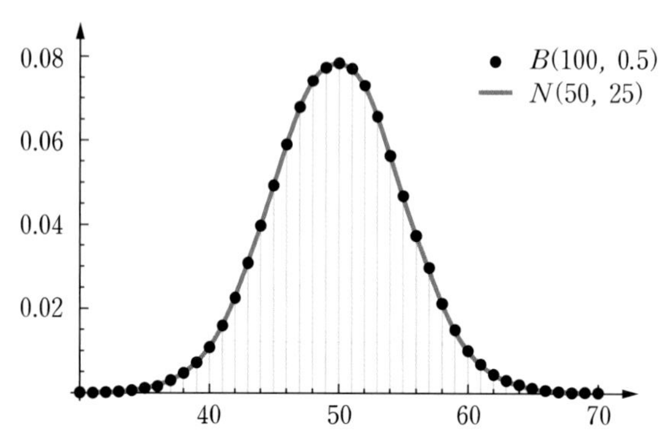

[그림 8-17] 이항분포 $B(100, 0.5)$와 정규분포 $N(50, 25)$의 비교

따라서 확률변수 X가 이항분포 $B(n, p)$를 따를 때, n이 충분히 크면 표준화 확률변수 Z는 표준정규분포에 가까워진다. 즉 다음이 성립한다.

$$X \sim B(n, p) \xrightarrow{n \to \infty} Z = \frac{X - np}{\sqrt{npq}} \approx N(0, 1)$$

예제 8-18

어떤 시험에서 4지선다형인 60문제 중 20문제 이상을 맞히면 합격한다고 한다. 이때 각 문제별로 4개의 지문 중 하나를 무작위로 선정하여 이 시험에서 합격할 근사확률을 구하라.

풀이

4지선다형인 60문제 중 무작위로 선정한 정답의 수를 확률변수 X라 하면, $X \sim B(60, 0.25)$이다. 따라서 X의 평균과 분산은 각각 다음과 같다.

$$\mu = (60)(0.25) = 15, \quad \sigma^2 = (60)(0.25)(0.75) = 11.25$$

따라서 확률변수 X는 근사적으로 정규분포 $N(15, 11.25)$를 따르고, 구하고자 하는 근사확률은 다음과 같다.

$$P(X \geq 20) = P\left(\frac{X-15}{\sqrt{11.25}} \geq \frac{20-15}{\sqrt{11.25}}\right) \approx P(Z \geq 1.49)$$
$$= 1 - P(Z \leq 1.49) = 1 - 0.9319$$
$$= 0.0681$$

I Can Do 8-18

$X \sim B(50,\ 0.3)$인 이항분포에 대해 다음 근사확률을 구하라.

(a) $P(X \leq 10)$ (b) $P(X \geq 21)$ (c) $P(11 \leq X \leq 23)$

[예제 8-18]에서 살펴본 바와 같이 $X \sim B(60,\ 0.25)$일 때, 이항분포의 정규근사에 의한 근사확률을 구하면 $P(X \geq 20) = 0.0681$이다. 그러나 컴퓨터를 이용하여 이 확률을 구하면 $P(X \geq 20) = 0.09248$이다. 따라서 0.02438의 오차가 발생한다. 그러나 다음과 같이 근사확률을 구하면 이항분포에 의한 확률과 비교했을 때 오차가 0.00238로 더욱 줄어든다.

$$P(X \geq 20) = P(X \geq 19.5)$$
$$= P\left(\frac{X-15}{\sqrt{11.25}} \geq \frac{19.5-15}{\sqrt{11.25}}\right) \approx P(Z \geq 1.34)$$
$$= 1 - P(Z \leq 1.34) = 1 - 0.9099 = 0.0901$$

이러한 사실은 이항분포에 대한 확률히스토그램을 그리면 명확해진다. [그림 8-18(a)]에 보인 이항분포 $B(60,\ 0.25)$의 확률히스토그램은 확률변수가 취하는 값 x를 중심으로 밑변의 길이가 1이고 높이가 확률 $P(X = x)$인 직사각형들로 이루어진다. 따라서 이항분포에서 확률 $P(X \geq 20)$은 $x \geq 19.5$ 범위에 있는 직사각형들의 넓이의 합이다. 즉 $P(X \geq 20) = P(X \geq 19.5)$이다. 그러나 이항분포의 정규근사에 의한 확률은 [그림 8-18(b)]와 같이 20보다 크거나 같은 범위에서 정규곡선으로 둘러싸인 부분의 넓이이다.

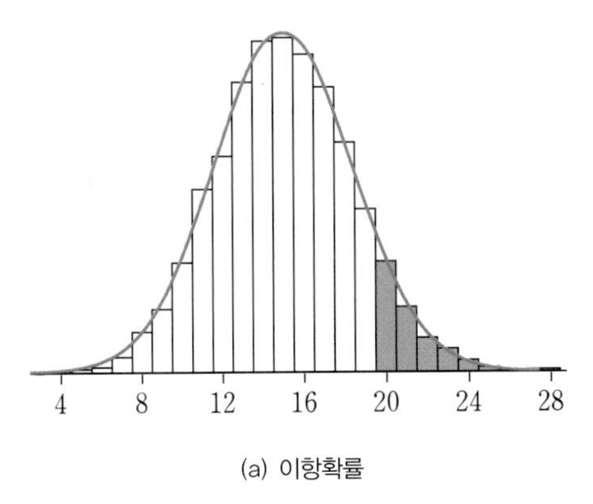

(a) 이항확률

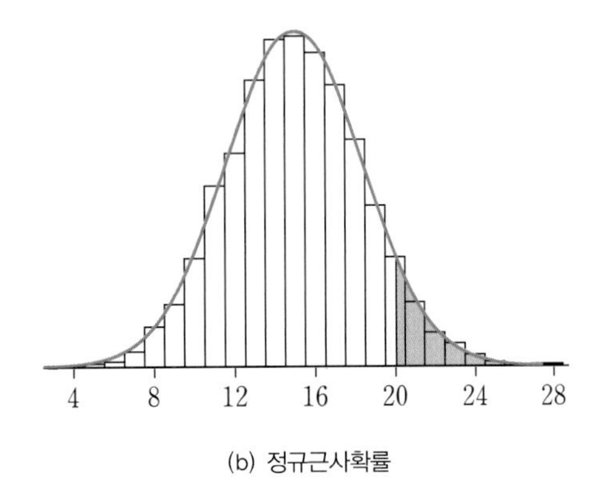

(b) 정규근사확률

[그림 8-18] 이항분포와 정규분포의 비교

그러므로 정규근사에 의해 근사확률을 구하는 경우에 [그림 8-19(a)]와 같이 $19.5 \le x \le 20$인 부분에 대한 직사각형의 넓이가 누락된다. 따라서 $x \ge 20$이 아니라 $x \ge 19.5$인 범위에서 정규곡선으로 둘러싸인 부분의 넓이인 확률 $P(X \ge 19.5)$를 구하면 이항분포에 의한 확률에 더욱 근사한 확률을 얻을 수 있다. 이와 같은 방법으로 구한 근사확률을 **연속성 수정 정규근사** normal approximation with continuity correction factor라 한다.

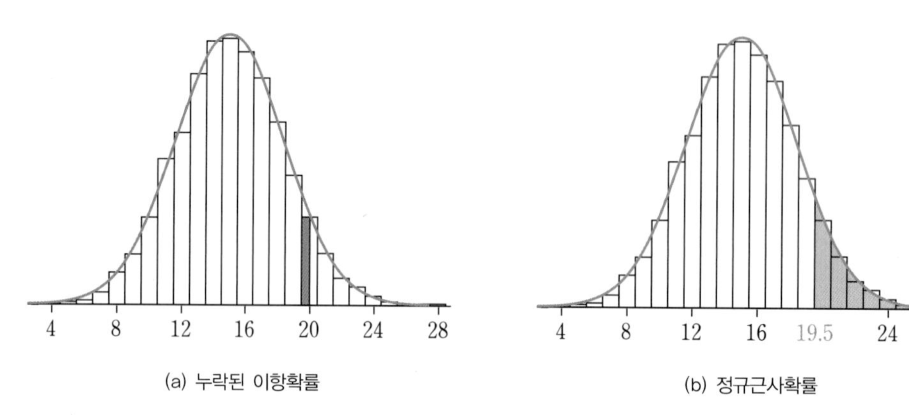

[그림 8-19] 연속성 수정 정규근사

따라서 시행 횟수 n이 충분히 큰 이항분포 $B(n, p)$에서 확률 $P(a \le X \le b)$를 구하기 위해 정규분포 $N(np, npq)$를 이용한다면, 다음과 같이 연속성 수정 정규근사에 의한 근사확률을 구할 수 있다. 이때 a와 b는 정수이다.

(1) $P(X \le b) \approx P\left(Z \le \dfrac{b+0.5-\mu}{\sigma}\right)$

(2) $P(a \le X) \approx 1 - P\left(Z \le \dfrac{a-0.5-\mu}{\sigma}\right)$

(3) $P(a \le X \le b) \approx P\left(Z \le \dfrac{b+0.5-\mu}{\sigma}\right) - P\left(Z \le \dfrac{a-0.5-\mu}{\sigma}\right)$

(4) $P(X = a) \approx P\left(Z \le \dfrac{a+0.5-\mu}{\sigma}\right) - P\left(Z \le \dfrac{a-0.5-\mu}{\sigma}\right)$

예제 8-19

확률변수 X가 $B(50, 0.4)$를 따를 때, 정규분포를 이용하여 연속성을 수정한 다음 근사확률을 구하라.

(a) $P(X \le 17)$

(b) $P(X \ge 26)$

(c) $P(X = 22)$

(d) $P(15 \le X \le 25)$

풀이

$X \sim B(50,\ 0.4)$이므로 X의 평균과 분산, 표준편차는 각각 다음과 같다.

$$\mu = (50)(0.4) = 20,\quad \sigma^2 = (50)(0.4)(0.6) = 12,\quad \sigma = \sqrt{12} \approx 3.4641$$

따라서 확률변수 X는 근사적으로 정규분포 $N(20,\ 3.4641^2)$을 따른다.

(a) $P(X \le 17) = P(X \le 17.5) \approx P\left(Z \le \dfrac{17.5-20}{3.4641}\right) \approx P(Z \le -0.72)$

$= 1 - P(Z \le 0.72) = 1 - 0.7642 = 0.2358$

(b) $P(X \ge 26) = P(X \ge 25.5) \approx P\left(Z \ge \dfrac{25.5-20}{3.4641}\right) \approx P(Z \ge 1.59)$

$= 1 - P(Z \le 1.59) = 1 - 0.9441 = 0.0559$

(c) $P(X = 22) = P(21.5 \le X \le 22.5) \approx P\left(\dfrac{21.5-20}{3.4641} \le Z \le \dfrac{22.5-20}{3.4641}\right)$

$\approx P(0.43 \le Z \le 0.72) = P(Z \le 0.72) - P(Z \le 0.43)$

$= 0.7642 - 0.6664 = 0.0978$

(d) $P(15 \le X \le 25) = P(14.5 \le X \le 25.5) \approx P\left(\dfrac{14.5-20}{3.4641} \le Z \le \dfrac{25.5-20}{3.4641}\right)$

$= P(-1.59 \le Z \le 1.59) = 2P(Z \le 1.59) - 1$

$= 2 \times 0.9441 - 1 = 0.8882$

I Can Do 8-19

[I can Do 8-18]의 확률에 대해 연속성을 수정한 근사확률을 구하라.

컴퓨터를 이용하여 [예제 8-19]의 이항확률을 구하면 각각 다음과 같다.

(a) $P(X \le 17) = 0.2369$

(b) $P(X \ge 26) = 0.0534$

(c) $P(X = 22) = 0.0959$

(d) $P(15 \le X \le 25) = 0.8887$

따라서 연속성을 수정한 정규근사에 의한 근사확률과 큰 차이가 없음을 알 수 있다.

Chapter 08 연습문제

기초문제

1. 1에서 45까지의 숫자가 적힌 공 45개 중에서 임의로 선택한 공의 숫자를 X라 할 때, X의 평균과 분산을 구하라.

① $\mu=22,\ \sigma^2=44.98$

② $\mu=22.5,\ \sigma^2=168.7$

③ $\mu=23,\ \sigma^2=168.7$

④ $\mu=23.5,\ \sigma^2=44.98$

⑤ $\mu=24,\ \sigma^2=168.7$

2. 검은 공 3개, 흰 공 3개, 파란 공 4개가 들어있는 주머니에서 5개의 공을 꺼낸다고 할 때, 꺼낸 공에 포함된 파란 공의 평균 개수를 구하라.

① 1 ② 2 ③ 2.5 ④ 3 ⑤ 5

3. 검은 공 3개, 흰 공 3개, 파란 공 4개가 들어있는 주머니에서 복원추출로 한 번에 한 개씩 5개의 공을 꺼낸다. 이때 각각의 공이 나온 평균 횟수를 모두 더한 값을 구하라.

① 1 ② 2 ③ 3 ④ 4 ⑤ 5

4. 확률변수 X가 평균이 6이고 분산이 3.6인 이항분포를 따를 때, $P(X=2)$를 구하라.

① 0.0271 ② 0.0630 ③ 0.0291

④ 0.0881 ⑤ 0.1168

5. $n=20$인 이항분포의 분산이 최대가 되는 확률 p와 평균을 구하라.

① $p=\frac{1}{2},\ \mu=10$ ② $p=\frac{1}{2},\ \mu=4$

③ $p=\frac{1}{4},\ \mu=10$ ④ $p=\frac{1}{4},\ \mu=4$

⑤ $p=\frac{1}{3},\ \mu=10$

6. 이항분포 $X\sim B(8,\ 0.2)$에 대해 $P(X\neq 2)$를 구하라.

① 0.2271 ② 0.2936 ③ 0.5114

④ 0.7064 ⑤ 0.7969

7. 매회 성공률이 0.4인 베르누이 시행을 10번 반복할 때, 성공한 횟수의 평균과 분산을 구하라.

① $\mu=4,\ \sigma^2=1.6$ ② $\mu=4,\ \sigma^2=2.4$

③ $\mu=6,\ \sigma^2=1.6$ ④ $\mu=6,\ \sigma^2=2.4$

⑤ $\mu=6,\ \sigma^2=3.6$

8. 앞면이 나올 가능성이 0.25인 동전을 반복하여 던지는 게임에서 처음으로 앞면이 나올 때까지 평균적으로 던져야 하는 횟수를 구하라.

① 3 ② 4 ③ 5 ④ 6 ⑤ 7

9. 푸아송분포 $X\sim P(2)$에 대해 다음 중 틀린 것을 모두 고르라.

① $\mu=2$이다.

② $\sigma^2=4$이다.

③ $P(X=2)=0.271$이다.

④ 확률질량함수는 $x=0,\ 1,\cdots$에 대하여 $f(x)=\frac{x^2}{x!}e^{-x}$이다.

⑤ 이항분포 $B(100,\ 0.02)$의 근사확률분포이다.

10. 모수가 μ인 푸아송분포에 대해 다음이 성립할 때, $P(X=1)$을 구하라.

$$P(X=2)=2P(X=3)$$

① 0.090 ② 0.271 ③ 0.303

④ 0.335 ⑤ 0.368

11. 이항분포 $X \sim B(100, 0.04)$에 대해 푸아송분포를 이용하여 $P(X \leq 3)$의 근사확률을 구하라.

① 0.271 ② 0.342 ③ 0.382
④ 0.537 ⑤ 0.433

12. 균등분포 $X \sim U(1, 5)$에 대한 평균과 분산을 구하라.

① $\mu = 4,\ \sigma^2 = 2.33$ ② $\mu = 4,\ \sigma^2 = 1.66$
③ $\mu = 3,\ \sigma^2 = 1.33$ ④ $\mu = 3,\ \sigma^2 = 1.66$
⑤ $\mu = 3,\ \sigma^2 = 2.33$

13. 지수분포 $X \sim \text{Exp}(5)$에 대한 설명 중 옳은 것을 고르라.

① 확률밀도함수는 $f(x) = \frac{1}{5}e^{-x/5}\ (x > 0)$ 이다.
② 분포함수는 $F(x) = 1 - e^{-5x}\ (x > 0)$이다.
③ 평균은 $\mu = 5$이다.
④ 분산은 $\sigma^2 = \frac{1}{5}$이다.
⑤ $P(X > 5 \mid X > 3) = P(X > 5)$

14. 다음은 평균이 각각 μ_1, μ_2, μ_3이고 분산이 각각 σ_1^2, σ_2^2, σ_3^2인 세 정규분포를 나타낸다. 다음 중 옳은 것을 고르라.

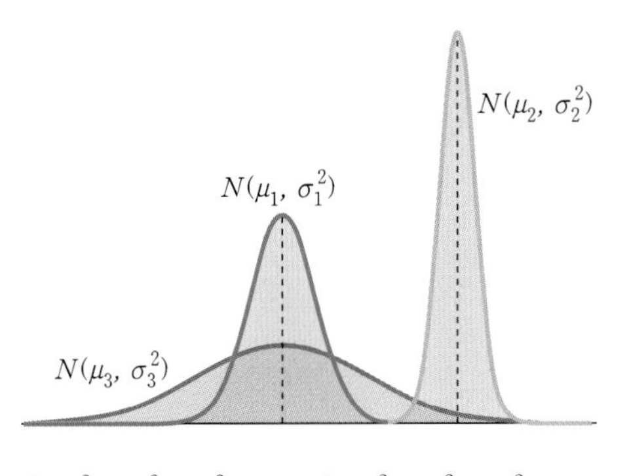

① $\sigma_2^2 < \sigma_1^2 = \sigma_3^2$ ② $\sigma_1^2 = \sigma_3^2 < \sigma_2^2$
③ $\sigma_2^2 < \sigma_3^2 < \sigma_1^2$ ④ $\sigma_2^2 < \sigma_1^2 < \sigma_3^2$
⑤ $\sigma_3^2 < \sigma_1^2 < \sigma_2^2$

15. 평균이 μ이고 분산이 σ^2인 정규분포에 대해 다음 중 옳은 것을 고르라.

① $P\left(\frac{|X - \mu|}{\sigma} < 1.645\right) = 0.9$
② $P(X \leq 0) = \frac{1}{2}$
③ $P(X > 2.58) = 0.005$
④ $P(\mu - a\sigma < X < \mu - b\sigma) = P(a < Z < b)$
⑤ $P(a < X < b) = P\left(\frac{a+\mu}{\sigma} < Z < \frac{b+\mu}{\sigma}\right)$

16. 확률변수 Z가 표준정규분포를 따른다고 할 때, $P(-1.54 < Z < 1.56)$을 구하라.

z	$P(Z \leq z)$
1.54	0.9382
1.55	0.9394
1.56	0.9406

① 0.0024 ② 0.8788 ③ 0.9394
④ 0.9400 ⑤ 0.9500

17. 확률변수 X가 정규분포 $N(20, 16)$을 따를 때, $P(15 \leq X \leq 24)$를 구하라.

① 0.8413 ② 0.7944 ③ 0.7357
④ 0.8944 ⑤ 0.9699

18. 확률변수 X와 Y가 각각 정규분포 $X \sim N(21, 4)$와 $Y \sim N(10, 4)$를 따른다고 할 때, 확률변수 $X - Y$의 분포에 대해 옳은 것을 모두 고르라. 단, X와 Y의 평균과 분산은 각각 μ_X, μ_Y, σ_X^2, σ_Y^2이고 $X - Y$의 평균과 분산은 μ_{X-Y}, σ_{X-Y}^2이다.

① $\mu_{X-Y} = 11$ ② $\mu_{X-Y} = 31$
③ $\sigma_{X-Y}^2 = 0$ ④ $\sigma_{X-Y}^2 = 8$
⑤ $\sigma_{X-Y}^2 = 4$

응용문제

19. 포털사이트의 통계자료에 따르면 올해 우리나라 인구의 약 35%가 해외로 출국하였다고 한다. 임의로 10명을 선정했을 때, 해외 출국 경험이 있는 사람이 4명 이상일 확률을 구하라.

20. 어느 도시의 시민들 중 특정한 질병에 걸린 사람의 비율이 5%라 한다. 이 도시에 거주하는 시민들 중 임의로 5명을 선정했을 때, 이 질병에 걸린 사람이 많아야 1명일 확률을 구하라.

21. 두 외판원 A와 B가 상품을 판매할 확률이 동일하게 25%라 한다. A가 만난 고객의 수가 7명이고, B가 만난 고객의 수가 8명일 때, 다음을 구하라.

(a) 두 외판원 A와 B에게 상품을 구매한 고객의 수 X에 대한 확률분포

(b) X의 평균과 표준편차

(c) 상품을 구매한 고객이 4명 이상일 확률

22. $n=50$, $p=0.08$인 이항분포를 따르는 확률변수 X에 대해 푸아송분포를 이용하여 $P(X \geq 5)$를 근사적으로 구하라.

23. 평균이 4이고 분산이 3.2인 이항분포를 따르는 확률변수 X에 대해 다음 확률을 구하라.

(a) $P(X=3)$ (b) $P(3 \leq X \leq 5)$

24. 20명의 환자가 있는 응급실에 교통사고 환자가 4명이 있다. 전체 환자 중 가장 위급한 환자 5명을 선정하여 우선적으로 수술한다고 할 때, 다음을 구하라.

(a) 5명 안에 교통사고 환자가 2명 포함될 확률

(b) 5명 안에 포함된 교통사고 환자 수의 평균

25. 장미 5송이와 튤립 5송이가 들어있는 바구니에서 5송이의 꽃을 임의로 선정하여 연인에게 주려고 할 때, 다음을 구하라.

(a) 임의로 선정한 꽃 중에 포함된 장미의 수에 대한 확률질량함수

(b) 장미가 3송이 이상 포함될 확률

(c) 선정된 장미의 평균과 분산

26. 평소에 세 번 전화를 걸어야 한 번 정도 전화를 받는 친구가 있다. 이 친구에게 두 번 전화했을 때 처음으로 통화할 확률을 구하라.

27. 5년 이상한 사용한 자동차의 운전석 문에 생긴 긁힌 자국의 개수는 평균 4개인 푸아송분포를 따른다고 한다. 다음을 구하라.

(a) 어느 자동차의 운전석 문에 긁힌 자국이 없을 확률

(b) 이 자동차의 운전석 문에 긁힌 자국이 적어도 3개 이상일 확률

28. 보도자료에 따르면 2011년 이후 최근 10년간 우리나라에서 발생한 규모 4.0 이상의 지진은 총 16회라고 한다. 연간 발생한 지진의 수가 푸아송분포를 따른다고 할 때, 다음을 구하라.

(a) 연간 발생한 지진의 수에 대한 확률질량함수

(b) 올해 규모 4.0 이상의 지진이 적어도 2회 이상 발생할 확률

(c) 지진이 발생한 이후로 다음 지진이 발생할 때까지 걸리는 평균 기간

(d) 앞으로 2년간 적어도 3회의 지진이 발생할 확률

29. 어느 건전지 제조회사에서 생산한 9V 건전지는 실제로 8.85V와 9.1V 사이에서 균등분포를 이룬다고 한다. 다음을 구하라.

(a) 이 회사의 건전지 중 임의로 하나를 선택할 때, 기대되는 전압과 표준편차

(b) 건전지의 전압이 9V를 초과할 확률

(c) 5개의 건전지를 구입했을 때, 전압이 9V를 초과한 건전지가 3개 이상일 확률

30. 영화관 앞에서 친구를 만나기로 약속하고 정시에 도착했는데 친구가 나타나지 않았다. 친구를 만나기 위해 기다리는 시간은 평균 3분인 지수분포를 따른다고 할 때, 다음을 구하라.

(a) 기다리는 시간에 대한 확률밀도함수와 분포함수

(b) 기다리는 시간이 2분 이내일 확률

(c) 5분 이상 기다릴 확률

(d) 5분 이상 기다렸다고 할 때, 앞으로 2분 이상 더 기다릴 확률

31. 확률변수 Z가 표준정규분포를 따를 때, 표준정규분포표를 이용하여 다음 확률을 구하라.

(a) $P(Z \le -1.34)$

(b) $P(Z \ge -1.28)$

(c) $P(|Z| \le 2.05)$

(d) $P(-1.22 \le Z \le 1.62)$

32. 확률변수 X가 정규분포 $N(25, 9)$를 따를 때, 확률 $P(16 \le X \le 31)$을 구하라.

33. 확률변수 Z가 표준정규분포를 따를 때, 아래 정규분포표를 이용하여 다음 확률을 구하라.

z	$P(0 \le Z \le z)$
1.28	0.3997
2.03	0.4788

(a) $P(Z \le 1.28)$

(b) $P(Z \ge 1.28)$

(c) $P(-2.03 \le Z \le 2.03)$

(d) $P(1.28 \le Z \le 2.03)$

(e) $P(Z \le -2.03)$

(f) $P(-2.03 \le Z \le -1.28)$

34. 확률변수 X가 평균이 43, 표준편차가 4인 정규분포를 따를 때, $P(26 \le X \le 55)$를 구하라.

35. 확률변수 X가 평균이 65, 표준편차가 1.6인 정규분포를 따를 때, 다음을 만족하는 상수 a를 구하라.

(a) $P(X \ge a) = 0.0038$

(b) $P(X \le a) = 0.0122$

(c) $P(0 \le X \le a) = 0.3686$

(d) $P(-a \le X \le a) = 0.9010$

36. 새로운 타이어의 주행거리는 평균이 60, 표준편차가 4인 정규분포를 따른다고 한다. 상위 5% 안에 들어가기 위한 최소 주행거리를 구하라(단, 단위는 1,000km이다).

37. $Z \sim N(0, 1)$에 대해 $P(Z \ge z_\alpha) = \alpha$라고 할 때, $X \sim N(\mu, \sigma^2)$에 대해 다음을 구하라.

(a) $P(X \le \mu - \sigma z_{\alpha/2})$

(b) $P(\mu - \sigma z_\alpha \le X \le \mu + \sigma z_\alpha)$

38. $X \sim N(\mu, \sigma^2)$에 대해 다음을 만족하는 상수 k를 구하라.

$$P(\mu - k\sigma \le X \le \mu + k\sigma) = 0.95$$

39. 확률변수 X가 평균이 55, 표준편차가 2인 정규분포를 따를 때, k에 대한 다음 확률을 구하라.

$$P(\mu - k\sigma \le X \le \mu + k\sigma),\ k = 1, 2, 3$$

40. 확률변수 X가 모수가 $n = 80$, $p = 0.4$인 이항분포를 따르면 다음이 성립한다고 할 때, 주어진 방법으로 $P(29 \le X \le 35)$를 구하라.

$$P(X \le 35) = 0.7885,\ P(X \le 28) = 0.2131$$

(a) 이항분포 이용

(b) 정규근사 이용

(c) 연속성을 수정한 정규근사 이용

41. 공정한 주사위 하나를 600번 던졌을 때 1 또는 2의 눈이 나온 횟수가 180번 이상일 확률을 근사적으로 구하라.

42. 서울에서 부산까지 가는 데 걸리는 시간은 KTX의 경우에 평균이 3, 표준편차가 0.2인 정규분포를 따르고, 고속버스의 경우에 평균이 5, 표준편차가 0.5인 정규분포를 따른다고 할 때, 다음을 구하라. 이때 단위는 시간이다.

(a) KTX를 타고 갈 때, 2.6시간 이내에 도착할 확률

(b) 두 교통수단의 소요 시간의 차이가 1시간 이내일 확률

심화문제

43. 주사위 하나를 72번 던질 때, $a\,(a=1, 2, \cdots, 6)$ 이상의 눈이 나온 횟수를 확률변수 X라 한다. 눈의 수 a와 확률변수 X의 평균을 구하라. 이때 X의 분산은 18이다.

44. 30석의 좌석을 가진 작은 비행기에 승객이 탑승하지 않을 확률은 0.1이며, 각각의 승객의 탑승 여부는 독립적이라 한다. 이 항공사가 32석의 티켓을 판매했다고 할 때, 비행기에 탑승하기 위해 나타난 승객이 가용할 수 있는 좌석보다 더 많을 확률을 구하라.

45. 10명의 보험가입자로 구성된 독립인 두 집단의 건강에 대해 1년 동안 관찰하는 연구를 진행하고 있다. 이 연구의 참가자 개개인이 연구가 끝나기 전에 그만 둘 확률이 독립적으로 각각 0.2라고 할 때, 두 집단 중 어느 꼭 한 집단에서 적어도 9명의 참가자가 연구가 끝날 때까지 참여할 확률을 구하라.

46. 11,359명을 모집하는 공무원 필기시험에 178,500명이 응시하였다. 필기시험의 점수는 평균이 74점, 표준편차가 12점인 정규분포를 따른다고 한다. 12,495명을 1차로 선발하여 면접을 진행한다고 할 때, 면접 대상자가 되기 위한 최저 점수를 구하라.

47. 각 기부자가 한 자선단체에 기부한 기부금이 독립이고, 평균이 3,125만 원, 표준편차가 250만 원인 동일한 분포를 따르며, 이 자선단체는 2,025명의 기부자를 확보했다고 한다. 이 자선단체에서 받은 전체 기부금에 대한 90% 백분위수의 근삿값을 구하라.

48. 공정한 동전을 반복하여 던지는 게임에서 처음 앞면이 나올 때까지 던진 횟수를 X라 할 때, x번째에 앞면이 나오면 보상금 $Y=2^x$을 받는다고 한다. 이 게임에서 얻게 될 기대 보상금을 구하라.

PART 04

추측통계학

||| 목차 |||

PART 04에서는 무엇을 배울까?

3장과 4장에서는 수집한 자료를 정리하고 요약 및 분석하여 자료가 가진 특성을 도출하는 과정인 기술통계학을 살펴보았다. 그리고 5장부터 8장까지는 확률의 개념과 다양한 형태의 확률분포에 대해 살펴보았다. 그러나 기술통계학의 개념을 이용하여 대단위로 이루어진 모집단 자료의 특성을 도출한다는 것은 불가능하다. 따라서 모집단의 일부 자료인 표본을 이용할 수밖에 없으나, 표본은 모집단의 일부이므로 표본으로부터 얻은 자료의 특성이 곧 모집단의 특성이라고 할 수는 없다. 또한 표본을 선정하는 방법과 얼마나 큰 표본을 선정하느냐에 따라 모수의 정확한 값의 추론이 달라질 수 있다. 따라서 과학적인 방법인 확률의 개념을 이용하여 모집단의 특성을 통계적으로 추론한다.

PART 04에서는 모집단의 분포와 표본분포의 개념을 이해하고, 모수에 대한 추정과 주장을 통계적으로 검정하는 방법에 대해 알아본다. 먼저 9장에서는 모집단분포와 표본분포를 이해하고 표본평균과 표본비율의 확률분포를 살펴본다. 그리고 10장에서는 점추정과 구간추정을 이해하고 표본평균과 표본비율에 대한 신뢰구간을 구하는 방법에 대해 살펴본다. 마지막으로 11장에서는 가설검정의 의미를 이해하고 표본평균과 표본비율에 대한 가설을 검정하는 방법을 살펴본다.

I Can Do 문제 해답

Chapter 09

표본분포

||| 목차 |||

||| 학습목표 |||

- 모집단분포와 표본분포를 이해한다.
- 표본평균에 관한 확률을 계산할 수 있다.
- 표본평균 차에 관한 확률을 계산할 수 있다.
- 표본의 크기가 큰 경우에 표본비율에 관한 확률을 계산할 수 있다.
- 표본의 크기가 큰 두 모집단의 표본비율 차에 관한 확률을 계산할 수 있다.

Section 9.1

모집단분포와 표본분포

'모집단분포와 표본분포'를 왜 배워야 하는가?

PART 02에서 모집단으로부터 수집한 자료를 정리하는 방법과 대푯값, 분산 등을 살펴보았다. 예를 들어 5년 주기로 실시하는 인구주택 총조사에서 모든 내국인과 외국인을 대상으로 가족 구성원의 연령을 비롯하여 가구 형태 등을 조사하는 경우를 생각해보자. 이처럼 모집단 전체를 대상으로 조사하는 것을 **전수조사** complete survey라 한다. 한편, 선거철이 되면 방송이나 신문을 통해 '신뢰도 95%와 표본오차 5%에서 A 후보의 지지율이 30%이다.'라는 내용을 자주 접한다. 이 경우는 모든 유권자(모집단) 중에서 일부(표본)만 대상으로 조사한 결과를 나타낸다. 이와 같이 표본을 대상으로 조사하는 것을 **표본조사** sampling survey라 한다. 이 절에서는 표본에 대한 특성을 나타내는 여러 가지 통계량의 성질에 대해 살펴본다.

모집단분포

모집단이 이루는 확률분포를 모집단분포라 하고, 평균과 같이 모집단의 특성을 나타내는 수치를 모수라 한다.

정의 9-1 모집단분포와 모수

- **모집단분포** population distribution : 어떤 통계적인 목적 아래 수집한 모든 자료가 갖는 확률분포
- **모수** parameter : 모집단의 특성을 나타내는 수치

모집단의 평균을 **모평균** population mean이라 하고, 모집단의 분산과 표준편차를 각각 **모분산** population variance과 **모표준편차** population standard deviation라 한다. 그리고 지지율과 같이 모집단에서 어떤 특정한 성질을 갖는 자료의 비율을 **모비율** population proportion이라 한다. 일반적으로 모평균은 μ, 모분산은 σ^2, 모비율은 p로 나타내며, 크기가 N인 모집단에 대해 다음과 같이 정의한다.

❶ 모평균 : $\mu = \dfrac{1}{N}\sum_{i=1}^{N} X_i$

❷ 모분산 : $\sigma^2 = \dfrac{1}{N}\sum_{i=1}^{N} (X_i - \mu)^2$

❸ 모표준편차 : $\sigma = \sqrt{\dfrac{1}{N}\sum_{i=1}^{N} (X_i - \mu)^2}$

④ 모비율 : $p = \frac{X}{N}$ (X는 특정한 성질을 갖는 자료의 수)

예제 9-1

1,500명의 입학생을 대상으로 조사한 자료에 따르면, 여가시간을 활용하여 아르바이트를 하는 학생이 505명이었다. 전체 입학생에 대해 아르바이트를 하는 학생의 비율을 구하라.

풀이

모비율은 전체 입학생 1,500명에 대해 아르바이트를 하는 학생의 비율이므로, $p = \frac{505}{1500} \approx 0.337$ 이다.

I Can Do 9-1

통계학 강의를 수강하는 전체 학생 30명의 시험 결과가 다음과 같을 때 모평균, 모분산, 모표준편차를 구하라.

60	91	56	46	67	95	82	60	59	75
69	98	78	97	93	72	67	80	95	76
97	49	52	54	93	84	59	68	97	81

표본분포

인구조사와 같이 모집단을 대상으로 전수조사를 실시한다는 것은 경제적, 공간적, 시간적인 제약이 따른다. 또한 스마트폰 생산라인을 멈추지 않는 한, 생산한 모든 스마트폰을 대상으로 조사한다는 것은 불가능하다. 따라서 모집단 중 일부만을 대상으로 하는 표본조사를 실시하여 이를 통해 얻은 결과로 모집단에 대한 결과를 추측한다. 이때 잘못된 표본을 선정하여 조사한다면, 모집단에 대한 왜곡된 정보를 얻는다. 따라서 이러한 오류를 방지하기 위해 모집단을 구성하는 각 대상이 선정될 확률이 동등하도록 추출하며, 이러한 추출 방법을 **임의추출**random sampling이라고 한다. 임의추출로 얻은 표본에 대한 평균을 **표본평균**sample mean이라고 하고, 표본의 분산과 표준편차를 각각 **표본분산**sample variance과 **표본표준편차**sample standard deviation라 하며, 표본의 비율을 **표본비율**sample proportion이라고 한다. 이와 같이 표본의 특성을 나타내는 통계적인 양을 통계량이라 한다. 통계량은 표본의 선정에 따라 다른 값을 갖는다. 따라서 통계량은 확률변수이며 통계량의 확률분포를 표본분포라 한다.

정의 9-2 표본분포와 통계량

- **표본분포** sampling distribution : 표본으로부터 얻은 통계량의 확률분포
- **통계량** statistics : 표본의 특성을 나타내는 통계적인 양

일반적으로 표본평균은 $\overline{X}$, 표본분산은 S^2, 그리고 표본비율은 $\hat{p}$으로 나타내며, 크기가 n인 표본에 대해 다음과 같이 정의한다.

❶ 표본평균 : $\overline{X} = \frac{1}{n}\sum_{i=1}^{n} X_i$

❷ 표본분산 : $S^2 = \frac{1}{n-1}\sum_{i=1}^{n}(X_i - \overline{x})^2$

❸ 표본표준편차 : $S = \sqrt{\frac{1}{n-1}\sum_{i=1}^{n}(X_i - \overline{x})^2}$

❹ 표본비율 : $\hat{p} = \frac{X}{n}$ (X는 표본에서 특정한 성질을 갖는 자료의 수)

예제 9-2

1,500명의 입학생 중에서 100명을 임의로 선정하여 조사하였더니, 여가시간에 아르바이트를 하는 학생이 32명이었다. 표본으로 선정한 입학생에 대해 아르바이트를 하는 학생의 비율을 구하라.

풀이

표본비율은 표본으로 선정된 입학생 100명에 대해 아르바이트를 하는 학생의 비율이므로,

$\hat{p} = \frac{32}{100} = 0.32$이다.

I Can Do 9-2

통계학 강의를 수강한 1,500명의 학생 중에서 30명을 임의로 선정하여 시험 결과를 확인하였더니 다음과 같았다. 표본평균, 표본분산, 표본표준편차를 구하라.

60	91	56	46	67	95	82	60	59	75
69	98	78	97	93	72	67	80	95	76
97	49	52	54	93	84	59	68	97	81

Section

9.2 표본평균의 분포

'표본평균의 분포'를 왜 배워야 하는가?

일반적으로 통계량은 표본의 선정에 따라 다른 값을 가지므로 통계량은 확률변수이다. 따라서 표본평균은 표본의 선정에 따라 다양한 값을 가질 수 있다. 특히 9장에서 모평균의 정확한 값을 추정할 때와, 10장에서 모평균에 대한 어떤 주장을 검정할 때 표본평균을 이용한다. 따라서 표본평균을 이해하는 것은 매우 중요하다. 이 절에서는 표본의 크기에 따른 표본평균의 변화와 표본평균과 모평균의 관계를 살펴본다.

모평균과 표본평균의 관계

표본의 크기에 따른 표본평균의 확률분포 살펴보기 위해 1, 2, 3, 4의 숫자가 적힌 카드가 들어있는 주머니에서 카드를 꺼낸다고 하자. 이때 꺼낸 카드의 숫자를 확률변수 X라고 하면, 모집단분포는 [표 9-1]과 같다. 그리고 확률변수 X의 평균은 $\mu = 2.5$이고 분산은 $\sigma^2 = \frac{5}{4}$이다.

[표 9-1] 모집단분포

X	1	2	3	4
$P(X=x)$	$\frac{1}{4}$	$\frac{1}{4}$	$\frac{1}{4}$	$\frac{1}{4}$

이제 복원추출로 주머니에서 2장의 카드를 차례대로 꺼낸다고 할 때, 첫 번째 카드의 숫자를 X_1, 두 번째 카드의 숫자를 X_2라 하자. 그러면 2장의 카드가 나올 수 있는 모든 경우는 다음과 같다.

$$\begin{Bmatrix} (1,1), (1,2), (1,3), (1,4), (2,1), (2,2), (2,3), (2,4) \\ (3,1), (3,2), (3,3), (3,4), (4,1), (4,2), (4,3), (4,4) \end{Bmatrix}$$

한편, 복원추출로 카드를 꺼내므로 확률변수 X_1과 X_2는 독립이고, 결합확률은 다음과 같다.

[표 9-2] X_1과 X_2의 결합확률

X_2 \ X_1	1	2	3	4	$f_1(x)$
1	$\frac{1}{16}$	$\frac{1}{16}$	$\frac{1}{16}$	$\frac{1}{16}$	$\frac{1}{4}$
2	$\frac{1}{16}$	$\frac{1}{16}$	$\frac{1}{16}$	$\frac{1}{16}$	$\frac{1}{4}$
3	$\frac{1}{16}$	$\frac{1}{16}$	$\frac{1}{16}$	$\frac{1}{16}$	$\frac{1}{4}$
4	$\frac{1}{16}$	$\frac{1}{16}$	$\frac{1}{16}$	$\frac{1}{16}$	$\frac{1}{4}$
$f_2(x)$	$\frac{1}{4}$	$\frac{1}{4}$	$\frac{1}{4}$	$\frac{1}{4}$	1

이때 X_1과 X_2의 표본평균은 $\overline{X} = \dfrac{X_1 + X_2}{2}$ 이고, $\overline{X}$가 취할 수 있는 값은 1, 1.5, 2, 2.5, 3, 3.5, 4뿐이다. 그리고 $\overline{X}$의 관찰값인 각각의 경우는 다음과 같다.

$$\bar{x} = 1 \Leftrightarrow \{(1, 1)\} \qquad \bar{x} = 1.5 \Leftrightarrow \{(1, 2), (2, 1)\}$$
$$\bar{x} = 2 \Leftrightarrow \{(1, 3), (2, 2), (3, 1)\} \qquad \bar{x} = 2.5 \Leftrightarrow \{(1, 4), (2, 3), (3, 2), (4, 1)\}$$
$$\bar{x} = 3 \Leftrightarrow \{(2, 4), (3, 3), (4, 2)\} \qquad \bar{x} = 3.5 \Leftrightarrow \{(3, 4), (4, 3)\}$$
$$\bar{x} = 4 \Leftrightarrow \{(4, 4)\}$$

따라서 $\overline{X}$의 확률분포는 [표 9-3]과 같다.

[표 9-3] 크기가 2인 표본평균의 확률분포

$\overline{X}$	1	1.5	2	2.5	3	3.5	4
$P(\overline{X} = \bar{x})$	$\frac{1}{16}$	$\frac{2}{16}$	$\frac{3}{16}$	$\frac{4}{16}$	$\frac{3}{16}$	$\frac{2}{16}$	$\frac{1}{16}$

그러므로 크기가 2인 표본평균 $\overline{X}$의 평균과 분산은 각각 다음과 같다.

$$\mu_{\overline{X}} = \sum \bar{x}\, P(\overline{X} = \bar{x}) = \frac{5}{2}, \quad \sigma^2_{\overline{X}} = \sum \bar{x}^2 P(\overline{X} = \bar{x}) - \left(\frac{5}{2}\right)^2 = \frac{5}{8}$$

그러면 크기가 2인 표본평균 $\overline{X}$의 평균 $\mu_{\overline{X}}$와 분산 $\sigma^2_{\overline{X}}$, 그리고 모평균 μ와 모분산 σ^2 사이에는 다음 관계가 성립한다.

$$\mu_{\overline{X}} = \mu = \frac{5}{2}, \quad \sigma^2_{\overline{X}} = \frac{\sigma^2}{2} = \frac{5}{8}$$

한편, 크기가 2인 표본의 경우와 동일한 방법으로 크기가 3인 표본 $\{X_1, X_2, X_3\}$를 추출할 경우 표본평균 $\overline{X} = \dfrac{X_1 + X_2 + X_3}{3}$ 의 확률분포는 [표 9-4]와 같다.

[표 9-4] 크기가 3인 표본평균의 확률분포

$\overline{X}$	1	$\frac{4}{3}$	$\frac{5}{3}$	2	$\frac{7}{3}$	$\frac{8}{3}$	3	$\frac{10}{3}$	$\frac{11}{3}$	4
$P(\overline{X} = \bar{x})$	$\frac{1}{64}$	$\frac{3}{64}$	$\frac{6}{64}$	$\frac{10}{64}$	$\frac{12}{64}$	$\frac{12}{64}$	$\frac{10}{64}$	$\frac{6}{64}$	$\frac{3}{64}$	$\frac{1}{64}$

그러면 크기가 3인 표본평균 $\overline{X}$의 평균과 분산은 각각 다음과 같다.

$$\mu_{\overline{X}} = \sum \bar{x}\, P(\overline{X} = \bar{x}) = \frac{5}{2}, \quad \sigma^2_{\overline{X}} = \sum \bar{x}^2 P(\overline{X} = \bar{x}) - \left(\frac{5}{2}\right)^2 = \frac{5}{12}$$

따라서 $\overline{X}$의 평균과 분산, 그리고 모평균과 모분산 사이에는 다음 관계가 성립한다.

$$\mu_{\overline{X}} = \mu = \frac{5}{2}, \quad \sigma_{\overline{X}}^2 = \frac{\sigma^2}{3} = \frac{5}{12}$$

이와 같은 방법으로 크기가 n인 표본을 선정하여 표본평균을 $\overline{X}$라 하면, 표본평균 $\overline{X}$의 평균 $\mu_{\overline{X}}$는 모평균 μ와 동일하고, 표본평균 $\overline{X}$의 분산 $\sigma_{\overline{X}}^2$은 모분산 σ^2을 표본의 크기 n으로 나눈 것과 같음을 알 수 있다. 일반적으로 모평균이 μ이고 모분산이 σ^2인 모집단에서 크기가 n인 표본을 선정할 때, 표본평균 $\overline{X}$의 평균과 분산에 대해 다음이 성립한다.

$$\mu_{\overline{X}} = \mu, \quad \sigma_{\overline{X}}^2 = \frac{\sigma^2}{n}$$

또한 모집단분포가 확률이 동일한 이산균등분포이더라도 표본평균의 분포는 [그림 9-1]과 같이 n이 커질수록 점점 종 모양으로 변함을 알 수 있다. 즉 n이 커질수록 표본평균 $\overline{X}$의 분포는 정규분포에 근사한다.

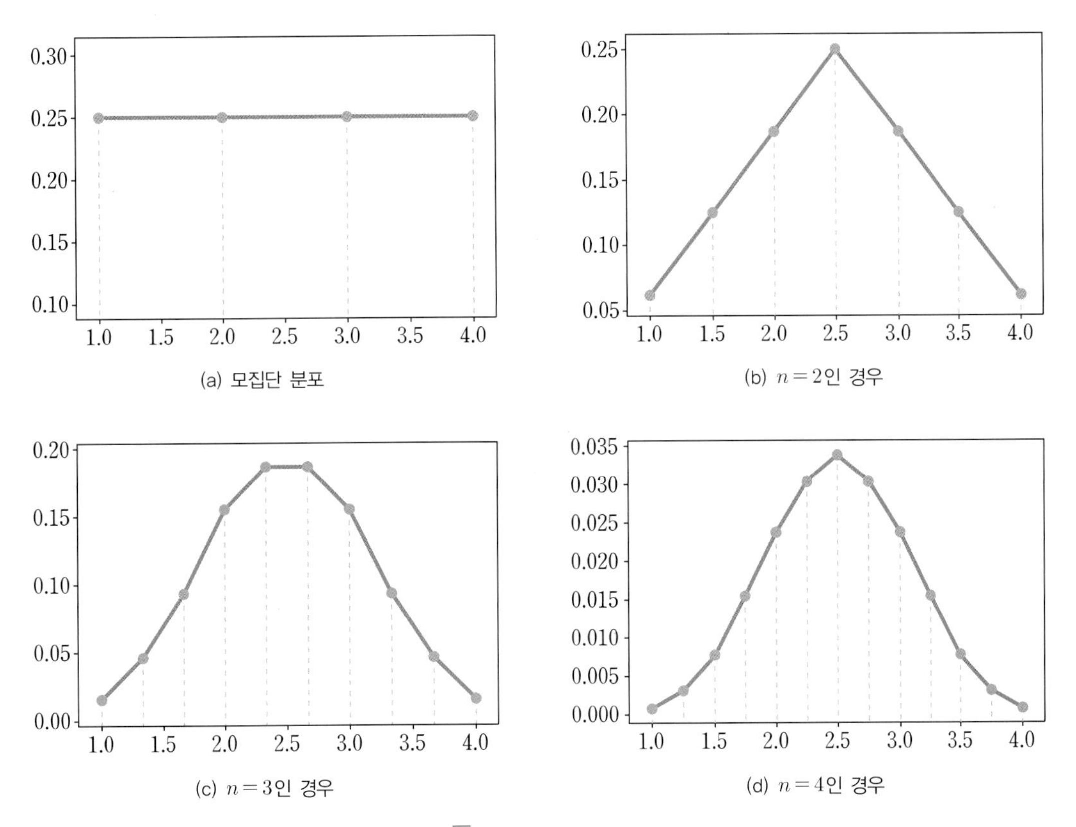

[그림 9-1] 모집단분포와 크기 n에 따른 표본평균 $\overline{X}$의 표본분포

모평균이 μ이고 모분산이 σ^2인 모집단에서 크기가 n인 표본을 선정할 때, 표본평균 $\overline{X}$의 표본분포에 대해 다음이 성립한다.

(1) 표본평균의 평균은 $\mu_{\overline{X}} = \mu$이고, 분산은 $\sigma_{\overline{X}}^2 = \dfrac{\sigma^2}{n}$이다.

(2) 모집단이 정규분포 $N(\mu, \sigma^2)$을 따르면, n의 크기와 관계없이 $\overline{X} \sim N\left(\mu, \dfrac{\sigma^2}{n}\right)$이다.

(3) 모집단분포가 정규분포가 아닌 경우에도 충분히 큰 n에 대해 근사적으로 $\overline{X} \approx N\left(\mu, \dfrac{\sigma^2}{n}\right)$이다.

예제 9-3

모집단의 확률변수 X의 확률분포가 다음과 같다.

X	-2	-1	1	2
$P(X=x)$	$\frac{1}{4}$	$\frac{1}{4}$	$\frac{1}{4}$	$\frac{1}{4}$

이 모집단에서 크기가 2인 표본을 복원추출할 때, 표본평균 $\overline{X}$에 대해 다음을 구하라.

(a) $\overline{X}$의 확률분포 (b) $\overline{X}$의 평균 (c) $\overline{X}$의 분산

풀이

(a) 크기가 2인 표본을 $\{X_1, X_2\}$라 하면, 복원추출이므로 다음이 성립한다.

$$P(X_1 = x_1, X_2 = x_2) = P(X_1 = x_1)P(X_2 = x_2), \quad x_1, x_2 = -2, -1, 1, 2$$

따라서 다음 확률표를 얻는다.

X_2 \ X_1	-2	-1	1	2
-2	$\frac{1}{16}$	$\frac{1}{16}$	$\frac{1}{16}$	$\frac{1}{16}$
-1	$\frac{1}{16}$	$\frac{1}{16}$	$\frac{1}{16}$	$\frac{1}{16}$
1	$\frac{1}{16}$	$\frac{1}{16}$	$\frac{1}{16}$	$\frac{1}{16}$
2	$\frac{1}{16}$	$\frac{1}{16}$	$\frac{1}{16}$	$\frac{1}{16}$

이때 표본평균 $\overline{X} = \dfrac{X_1 + X_2}{2}$가 취할 수 있는 값은 -2, -1.5, -1, -0.5, 0, 0.5, 1, 1.5, 2뿐이고, $\overline{X}$의 확률분포는 다음과 같다.

$\overline{X}$	-2	-1.5	-1	-0.5	0	0.5	1	1.5	2
$P(\overline{X}=\overline{x})$	$\frac{1}{16}$	$\frac{2}{16}$	$\frac{1}{16}$	$\frac{2}{16}$	$\frac{4}{16}$	$\frac{2}{16}$	$\frac{1}{16}$	$\frac{2}{16}$	$\frac{1}{16}$

(b) $\overline{X}$의 평균은 $\mu_{\overline{X}} = \sum_{\overline{x}} \overline{x}\, P(\overline{X} = \overline{x}) = 0$이다.

(c) $\overline{X}$의 분산은 $\sigma^2_{\overline{X}} = \sum_{\overline{x}} \overline{x}^2\, P(\overline{X} = \overline{x}) - 0^2 = 1.25$이다.

I Can Do 9-3

모집단의 확률변수 X의 확률분포가 다음과 같다.

X	-1	0	1
$P(X=x)$	$\frac{1}{3}$	$\frac{1}{3}$	$\frac{1}{3}$

이 모집단에서 크기가 2인 표본을 복원추출할 때, 표본평균 $\overline{X}$에 대해 다음을 구하라.

(a) $\overline{X}$의 확률분포 (b) $\overline{X}$의 평균 (c) $\overline{X}$의 분산

[예제 9-3]에서 모평균은 $\mu=0$, 모분산은 $\sigma^2=2.5$이고, 다음이 성립함을 알 수 있다.

$$\mu_{\overline{X}} = \mu = 0, \quad \sigma^2_{\overline{X}} = \frac{\sigma^2}{2} = 1.25$$

표본평균의 분포

정규모집단의 모분산이 알려진 경우와 그렇지 않은 경우에 따라 표본평균의 분포가 다르게 나타난다. 따라서 모분산이 알려졌는지의 여부에 따라 표본평균의 분포를 구분하여 살펴본다.

■ 모분산이 알려진 정규모집단인 경우

모평균 μ와 모분산 σ^2이 알려진 정규모집단에서 크기가 n인 표본을 선정하는 경우를 생각해보자. 그러면 표본에서 관찰될 수 있는 각 관찰값을 나타내는 확률변수 X_i $(i=1, 2, \cdots, n)$는 모집단으로부터 얻은 값이므로 서로 독립이고 $X_i \sim N(\mu, \sigma^2)$이다. 이때 8.2절에서 살펴본 것처럼 정규분포를 따르는 독립인 두 확률변수 $X \sim N(\mu_1, \sigma_1^2)$과 $Y \sim N(\mu_2, \sigma_2^2)$에 대해 다음이 성립한다.

$$X + Y \sim N(\mu_1 + \mu_2, \sigma_1^2 + \sigma_2^2)$$

또한 6.3절에서 다음과 같은 기댓값과 분산의 성질을 살펴보았다.

$$E(aX) = aE(X), \quad Var(aX) = a^2 Var(X)$$

따라서 표본평균 $\overline{X} = \frac{1}{n}\sum_{i=1}^{n} X_i$의 평균과 분산은 각각 다음과 같다.

$$\mu_{\overline{X}} = \frac{1}{n}\sum_{i=1}^{n} E(X_i) = \mu$$

$$\sigma_{\overline{X}}^2 = \frac{1}{n^2}\sum_{i=1}^{n} Var(X_i) = \frac{1}{n^2}\sum_{i=1}^{n} \sigma^2 = \frac{1}{n^2}(n\sigma^2) = \frac{\sigma^2}{n}$$

그리고 $\overline{X}$는 정규분포를 따른다. 즉 $\overline{X} \sim N\left(\mu, \frac{\sigma^2}{n}\right)$이다. 그러므로 $\overline{X}$를 표준화하면 다음과 같다.

$$Z = \frac{\overline{X} - \mu}{\sigma/\sqrt{n}} \sim N(0, 1)$$

즉 모분산이 알려진 정규모집단에서 크기가 n인 표본을 선정하는 경우, 표본평균 $\overline{X}$는 평균이 μ이고 분산이 $\frac{\sigma^2}{n}$인 정규분포를 따르며, $\overline{X}$의 표준화 확률변수는 표준정규분포를 따른다. 이처럼 모평균 μ와 모분산 σ^2이 알려진 정규모집단에서 크기가 n인 표본을 추출하는 과정은 [그림 9-2]와 같이 도식화할 수 있다.

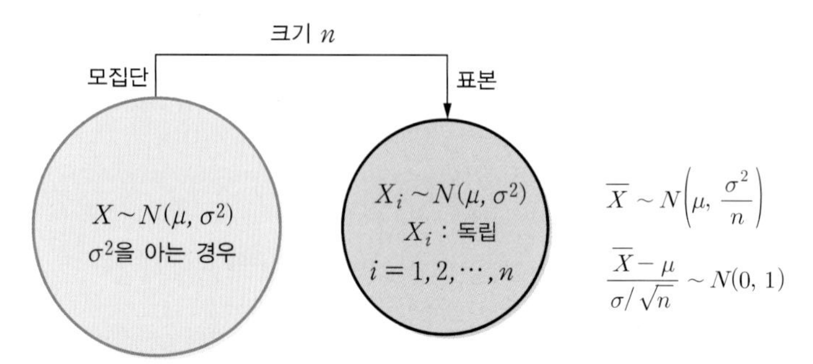

[그림 9-2] 정규모집단에서 추출한 크기가 n인 표본(모분산 σ^2이 알려진 경우)

예제 9-4

MZ 세대의 소비성향에 대한 자료를 살펴보면, '가치 소비'를 지향하며 중고거래에서 1인당 연평균 40만 원을 소비한다고 한다. 소비금액이 표준편차가 4만 원인 정규분포를 따른다고 할 때 다음을 구하라.

(a) 임의로 한 명을 선정했을 때, 이 사람의 소비금액이 45만 원 이상일 확률

(b) 임의로 선정한 4명의 평균 소비금액의 표본분포

(c) 임의로 선정한 4명의 평균 소비금액이 44.8만 원 이상일 확률

(d) 4명의 평균 소비금액이 38.1만 원과 46.8만 원 사이일 확률

풀이

(a) 임의로 선정한 사람의 소비금액을 X라 하면 $X \sim N(40,\ 4^2)$이므로 구하고자 하는 확률은 다음과 같다.

$$P(X \geq 45) = P\left(Z \geq \frac{45-40}{4}\right) = P(Z \geq 1.25)$$
$$= 1 - P(Z \leq 1.25) = 1 - 0.8944 = 0.1056$$

(b) 표본의 크기가 4이므로 표본평균 $\overline{X}$는 $\mu_{\overline{X}} = 40$이고 $\sigma^2_{\overline{X}} = \frac{16}{4} = 4$인 정규분포를 따른다.

(c) 4명의 평균 소비금액이 44.8만 원 이상일 확률은 다음과 같다.

$$P(\overline{X} \geq 44.8) = P\left(Z \geq \frac{44.8-40}{2}\right) = P(Z \geq 2.4)$$
$$= 1 - P(Z \leq 2.4) = 1 - 0.9918 = 0.0082$$

(d) 평균 소비금액이 38.1만 원과 46.8만 원 사이일 확률은 다음과 같다.

$$\begin{aligned} P(38.1 < \overline{X} < 46.8) &= P\left(\frac{38.1-40}{2} < Z < \frac{46.8-40}{2}\right) \\ &= P(-0.95 < Z < 3.4) \\ &= P(Z \leq 3.4) - P(Z < -0.95) \\ &= P(Z \leq 3.4) - [1 - P(Z < 0.95)] \\ &= 0.9997 - (1 - 0.8289) = 0.8286 \end{aligned}$$

I Can Do 9-4

정규분포 $N(100,\ 25)$를 따르는 모집단에서 크기가 20인 표본을 선정할 때, 표본평균 $\overline{X}$에 대해 다음을 구하라.

(a) $\overline{X}$의 분포　　　(b) $P(\overline{X} \leq 98)$　　　(c) $P(97 \leq \overline{X} \leq 103)$

■ 모분산이 알려지지 않은 정규모집단인 경우

모분산이 알려진 정규모집단에서 크기가 n인 표본평균은 평균이 μ이고 분산이 $\frac{\sigma^2}{n}$인 정규분포를 따르지만, 모분산 σ^2이 알려지지 않았다면 $\frac{\sigma^2}{n}$을 알 수 없으므로 정규분포를 사용할 수 없다. 따라서 이 경우에는 다음과 같이 정의되는 t-분포를 이용한다.

정의 9-3 t-분포

연속확률변수 T의 확률밀도함수 $f(t)$가 다음과 같을 때, 확률변수 T는 자유도[1] n인 **t-분포** t-distribution를 따른다고 하고 $T \sim t(n)$으로 나타낸다.

$$f(t) = \frac{\Gamma\left(\frac{n+1}{2}\right)}{\sqrt{n\pi}\,\Gamma\left(\frac{n}{2}\right)}\left(1+\frac{t^2}{n}\right)^{-(n+1)/2}, \quad -\infty < t < \infty$$

t-분포는 다음과 같은 성질을 갖는다.

(1) t-분포는 $t=0$에서 최댓값을 갖고 $t=0$에 대해 대칭이다.

(2) t-분포의 분포곡선은 표준정규분포와 동일하게 종 모양이다.

(3) 자유도 n이 증가하면 t-분포는 표준정규분포에 근접한다.

t-분포는 [그림 9-3]과 같이 자유도 n이 증가할수록 $t=0$에 집중하는 경향을 나타낸다.

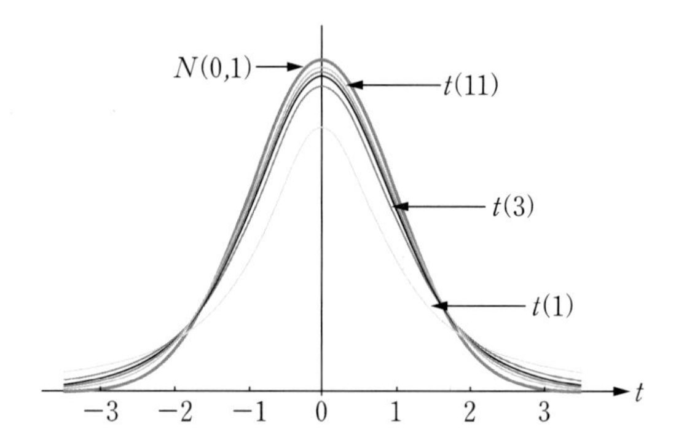

[그림 9-3] 자유도 n에 따른 t-분포

자유도가 n인 t-분포에 대해 오른쪽 꼬리확률이 $P(T>t_0)=\alpha$인 $100(1-\alpha)\%$ 백분위수를 $t_0 = t_\alpha(n)$으로 나타낸다. 이때 다음 성질이 성립한다.

$$P(T > t_\alpha(n)) = P(T < -t_\alpha(n)) = \alpha$$
$$P(|T| < t_{\alpha/2}(n)) = 1-\alpha$$

[그림 9-4]는 자유도가 n인 t-분포의 꼬리확률과 중심확률을 나타낸다.

1 자유도는 표본을 구성하는 개별 대상 중, 주어진 조건 아래서 통계적 제한을 받지 않고 자유롭게 변화할 수 있는 대상의 개수를 의미한다.

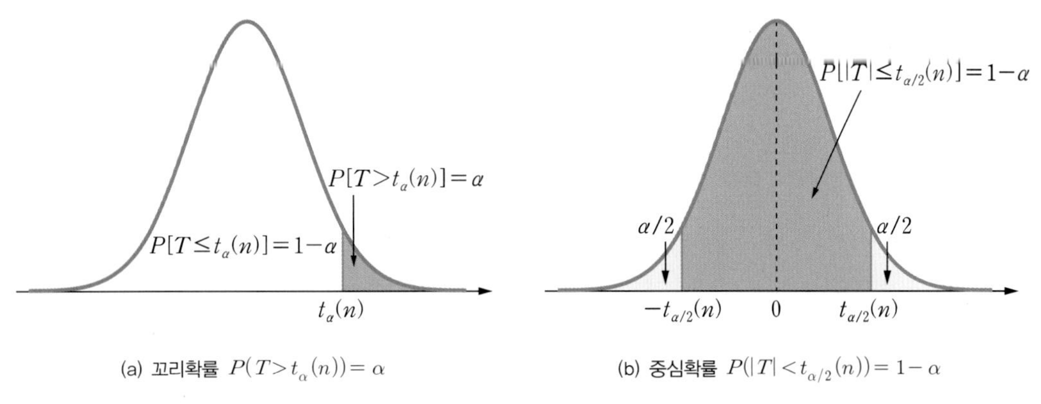

(a) 꼬리확률 $P(T > t_{\alpha}(n)) = \alpha$

(b) 중심확률 $P(|T| < t_{\alpha/2}(n)) = 1-\alpha$

[그림 9-4] $100(1-\alpha)\%$ 백분위수 $t_{\alpha}(n)$에 대한 꼬리확률과 중심확률

이제 자유도가 n인 $t-$분포에 대해 오른쪽 꼬리확률이 α인 백분위수 $t_{\alpha}(n)$을 구하는 방법을 살펴본다. 이를 위해 $t-$분포의 오른쪽 꼬리확률을 나타내는 [부록 A.4]의 $t-$분포표를 이용한다. 예를 들어 [그림 9-5]의 $t-$분포표를 이용하여 자유도가 5인 $t-$분포에 대해 $P(T > t_{0.025}(5)) = 0.025$를 만족하는 $t_{0.025}(5)$를 다음과 같이 구한다.

❶ 자유도를 나타내는 d.f열에서 5를 선택한다.
❷ 오른쪽 꼬리확률을 나타내는 α행에서 0.025를 선택한다.
❸ d.f가 5인 행과 α가 0.025인 열이 만나는 위치의 수 2.571을 선택한다.
❹ $t_{0.025}(5) = 2.571$이다. 즉 $P(X \le 2.571) = 0.975$ 또는 $P(X > 2.571) = 0.025$이다.

자유도　　꼬리확률　$t_{0.025}(5) = 2.571,\ P(T > 2.571) = 0.025$

d.f \ α	0.25	0.10	0.05	0.025	0.01	0.005
1	1.000	3.078	6.314	12.706	31.821	63.675
2	0.816	1.886	2.920	4.303	6.965	9.925
3	0.765	1.638	2.353	3.182	4.541	5.841
4	0.741	1.533	2.132	2.776	3.747	4.604
5	0.727	1.476	2.015	2.571	3.365	4.032
6	0.718	1.440	1.943	2.447	3.143	3.707

[그림 9-5] $t-$분포의 $100(1-\alpha)\%$ 백분위수 $t_{\alpha}(n)$

예제 9-5

t-분포표를 이용하여 두 백분위수 $t_{0.05}(10)$과 $t_{0.95}(10)$을 구하라.

풀이

$t_{0.05}(10)$은 자유도가 10인 t-분포에서 오른쪽 꼬리확률이 0.05이므로, t-분포표에서 d.f가 10인 행과 α가 0.05인 열이 만나는 위치의 수 1.812를 선택한다. 따라서 $t_{0.05}(10) = 1.812$이다. $t_{0.95}(10)$은 오른쪽 꼬리확률이 0.95이므로 왼쪽 꼬리확률이 0.05이다. t-분포는 $t=0$에 대하여 대칭이므로 $t_{0.95}(10) = -t_{0.05}(10) = -1.812$이다.

I Can Do 9-5

t-분포표를 이용하여 두 백분위수 $t_{0.005}(15)$와 $t_{0.90}(15)$를 구하라.

이제 모분산이 알려지지 않은 정규모집단에서 크기가 n인 표본평균 $\overline{X}$의 확률분포를 생각하자. 모분산을 모르므로 [그림 9-6]과 같이 $\overline{X}$의 표준화 확률변수에서 모표준편차 σ를 표본표준편차 s로 대체한다.

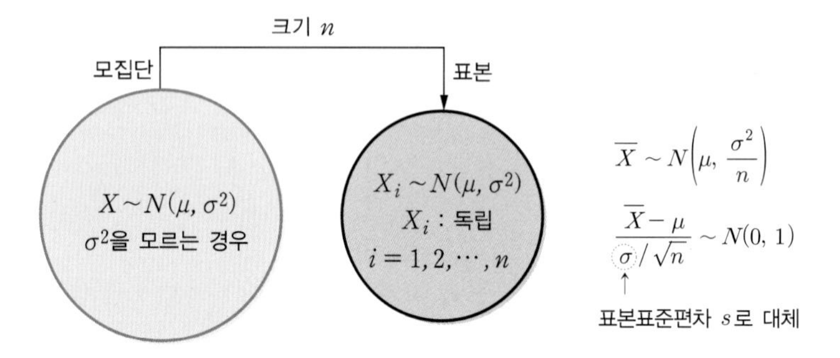

[그림 9-6] 정규모집단에서 추출한 크기가 n인 표본(모분산 σ^2을 모르는 경우)

그러면 다음과 같은 T-통계량을 얻는다. 확률변수 T는 표본의 크기 n에 대해 자유도가 $n-1$인 t-분포를 따르는 것으로 알려져 있다.

$$T = \frac{\overline{X} - \mu}{s / \sqrt{n}}$$

따라서 모분산을 모르는 정규모집단에 대해, 표본의 크기가 n인 표본평균 $\overline{X}$는 다음과 같이 자유도가 $n-1$인 t-분포를 따른다.

$$T = \frac{\overline{X} - \mu}{s/\sqrt{n}} \sim t(n-1)$$

예제 9-6

[예제 9-4]에서 소비금액의 분산을 모르지만 임의로 선정한 4명의 소비금액에 대한 표준편차가 3만 원이라 할 때, 다음을 구하라.

(a) 임의로 선정한 4명의 평균 소비금액이 44.8만 원 이상일 확률

(b) 4명의 평균 소비금액이 38.1만 원과 46.8만 원 사이일 확률

풀이

(a) 4명의 평균 소비금액 $\overline{X}$에 대해 다음 확률분포를 얻는다.

$$T = \frac{\overline{X} - 40}{3/\sqrt{4}} = \frac{\overline{X} - 40}{1.5} \sim t(3)$$

그러므로 4명의 평균 소비금액이 44.8만 원 이상일 확률은 다음과 같다.

$$\begin{aligned} P(\overline{X} \geq 44.8) &= P\left(T \geq \frac{44.8 - 40}{1.5}\right) = P(T \geq 3.2) \\ &\approx P(T \geq 3.182) = 0.025 \end{aligned}$$

(b) 평균 소비금액이 38.1만 원과 46.8만 원 사이일 확률은 다음과 같다.

$$\begin{aligned} P(38.1 < \overline{X} < 46.8) &= P\left(\frac{38.1 - 40}{1.5} < T < \frac{46.8 - 40}{1.5}\right) \\ &\approx P(-1.27 < T < 4.53) \\ &= P(T < 4.53) - P(T \leq -1.27) \\ &= P(T < 4.53) + P(T \leq 1.27) - 1 \end{aligned}$$

한편 자유도가 3인 t-분포표에서 다음 근사확률을 얻는다.

$$\begin{aligned} P(T < 4.53) &\approx P(T < 4.541) = 1 - 0.01 = 0.99 \\ P(T \leq 1.27) &\approx P(T < 1.25) = 1 - 0.15 = 0.85 \end{aligned}$$

따라서 구하고자 하는 확률은 다음과 같다.

$$P(38.1 < \overline{X} < 46.8) \approx 0.99 + 0.85 - 1 = 0.84$$

I Can Do 9-6

정규분포 $N(100, \sigma^2)$을 따르는 모집단에서 크기가 5인 표본을 선정하여 표본분산 9를 얻었다. 표본평균 $\overline{X}$에 대해 다음을 구하라.

(a) $\overline{X}$의 확률분포 (b) $P(\overline{X} \le 98.9)$ (c) $P(97 \le \overline{X} \le 103)$

두 표본평균의 차에 대한 분포

두 정규모집단에 대해 모분산이 알려진 경우, 알려지지 않았으나 두 모분산이 동일한 경우를 생각할 수 있다. 여기서는 두 경우에 대한 표본평균의 차에 대한 분포를 살펴본다.

■ 두 모분산이 알려진 정규모집단인 경우

두 모분산 σ_1^2, σ_2^2이 알려지고 독립인 두 정규모집단에서 각각 크기가 n과 m인 표본을 추출하여 두 표본평균을 $\overline{X}$와 $\overline{Y}$라 하면, 두 표본평균은 독립이고 다음과 같은 정규분포를 따른다.

$$\overline{X} \sim N\left(\mu_1, \frac{\sigma_1^2}{n}\right), \qquad \overline{Y} \sim N\left(\mu_2, \frac{\sigma_2^2}{m}\right)$$

또한 8.2절에서 살펴본 바와 같이 정규분포를 따르는 독립인 두 확률변수의 차 역시 정규분포를 따르므로, 두 표본평균의 차 $\overline{X} - \overline{Y}$는 다음과 같은 정규분포를 따른다.

$$\overline{X} - \overline{Y} \sim N\left(\mu_1 - \mu_2, \frac{\sigma_1^2}{n} + \frac{\sigma_2^2}{m}\right)$$

그리고 두 표본평균의 차 $\overline{X} - \overline{Y}$를 표준화하면 다음과 같다.

$$Z = \frac{(\overline{X} - \overline{Y}) - (\mu_1 - \mu_2)}{\sqrt{\frac{\sigma_1^2}{n} + \frac{\sigma_2^2}{m}}} \sim N(0, 1)$$

예제 9-7

모평균이 $\mu_1 = 5$, 모분산이 $\sigma_1^2 = 4$인 정규모집단에서 크기가 16인 표본평균을 $\overline{X}$라 하고, 모평균이 $\mu_2 = 3$, 모분산 $\sigma_2^2 = 18$인 정규모집단에서 크기가 9인 표본평균을 $\overline{Y}$라 할 때 다음 확률을 구하라.

(a) $P(\overline{X} - \overline{Y} < 0)$ (b) $P(\overline{X} - \overline{Y} > 4.5)$ (c) $P(-0.94 < \overline{X} - \overline{Y} < 4.94)$

풀이

$\frac{\sigma_1^2}{n} = \frac{4}{16} = 0.25$, $\frac{\sigma_2^2}{m} = \frac{18}{9} = 2$이므로 두 표본평균 $\overline{X}$와 $\overline{Y}$는 각각 다음과 같은 정규분포를 따른다.

$$\overline{X} \sim N(5,\ 0.25), \quad \overline{Y} \sim N(3,\ 2)$$

따라서 $\mu_{\overline{X}-\overline{Y}} = \mu_1 - \mu_2 = 2$, $\sigma^2_{\overline{X}-\overline{Y}} = \sigma_1^2 + \sigma_2^2 = 2.25 = 1.5^2$이므로 두 표본평균의 차는 $\overline{X} - \overline{Y} \sim N(2,\ 1.5^2)$이다.

(a) $$P(\overline{X} - \overline{Y} < 0) = P\left(Z < \frac{0-2}{1.5}\right) \approx P(Z < -1.33)$$
$$= 1 - P(Z \le 1.33) = 1 - 0.9082 = 0.0918$$

(b) $$P(\overline{X} - \overline{Y} > 4.5) = P\left(Z > \frac{4.5-2}{1.5}\right) \approx P(Z > 1.67)$$
$$= 1 - P(Z \le 1.67) = 1 - 0.9525 = 0.0475$$

(c) $$P(-0.94 < \overline{X} - \overline{Y} < 4.94) = P\left(\frac{-0.94-2}{1.5} < Z < \frac{4.94-2}{1.5}\right)$$
$$\approx P(-1.96 < Z < 1.96) = 2P(Z < 1.96) - 1$$
$$= (2)(0.975) - 1 = 0.95$$

I Can Do 9-7

모평균이 $\mu_1 = 10$, 모분산이 $\sigma_1^2 = 5$인 정규모집단에서 크기가 25인 표본평균을 $\overline{X}$라 하고, 모평균이 $\mu_2 = 5$, 모분산이 $\sigma_2^2 = 5$인 정규모집단에서 크기가 20인 표본평균을 $\overline{Y}$라 할 때, 다음 확률을 구하라.

(a) $P(\overline{X} - \overline{Y} < 3)$ (b) $P(\overline{X} - \overline{Y} > 5.4)$ (c) $P(5.8 < \overline{X} - \overline{Y} < 6.2)$

■ 두 모분산이 같고, 알려지지 않은 정규모집단인 경우

두 정규모집단의 모분산 σ_1^2, σ_2^2을 알고 있다면 두 표본평균의 차 $\overline{X}-\overline{Y}$는 다음과 같이 정규분포를 따른다는 것을 앞에서 확인하였다.

$$Z=\frac{(\overline{X}-\overline{Y})-(\mu_1-\mu_2)}{\sqrt{\dfrac{\sigma_1^2}{n}+\dfrac{\sigma_2^2}{m}}} \sim N(0,\ 1)$$

이때 두 모분산이 같다면, 즉 $\sigma_1^2=\sigma_2^2=\sigma^2$이면 $\overline{X}-\overline{Y}$는 다음과 같은 정규분포를 따른다.

$$Z=\frac{(\overline{X}-\overline{Y})-(\mu_1-\mu_2)}{\sigma\sqrt{\dfrac{1}{n}+\dfrac{1}{m}}} \sim N(0,\ 1) \qquad \cdots ❶$$

그러나 두 모분산 σ_1^2, σ_2^2이 알려지지 않으면, $\overline{X}-\overline{Y}$의 표준화 확률변수 Z는 위와 같이 표준정규분포를 따르지 않는다. 왜냐하면 모분산이 알려지지 않은 단일 모집단의 경우와 같이 $t-$분포를 따르기 때문이다. 이때 σ_1^2, σ_2^2을 모르지만 $\sigma_1^2=\sigma_2^2=\sigma^2$이라는 사실을 안다면, 모분산 σ^2을 다음과 같이 정의되는 **합동표본분산** pooled sample variance 으로 대체한다.

$$S_p^2=\frac{1}{n+m-2}\left[(n-1)S_1^2+(m-1)S_2^2\right]$$

여기서 S_1^2과 S_2^2은 각각 두 표본 $\overline{X}$와 $\overline{Y}$의 표본분산이며, 합동표본분산의 양의 제곱근 S_p를 **합동표본표준편차** pooled sample standard deviation 라 한다. 이때 $\overline{X}-\overline{Y}$의 표준화 확률변수인 식 ❶에서 모표준편차 σ를 합동표본표준편차 S_p로 대체한다. 그러면 σ_1^2, σ_2^2을 모를 때 $\sigma_1^2=\sigma_2^2=\sigma^2$인 두 정규모집단에서 추출한 두 표본평균의 차 $\overline{X}-\overline{Y}$는 다음과 같이 자유도가 $n+m-2$인 $t-$분포를 따른다.

$$T=\frac{(\overline{X}-\overline{Y})-(\mu_1-\mu_2)}{S_p\sqrt{\dfrac{1}{n}+\dfrac{1}{m}}} \sim t(n+m-2)$$

예제 9-8

독립인 두 정규모집단의 모평균은 각각 10, 6이고 모분산은 모르지만 동일하다고 하자. 이 정규모집단에서 임의로 표본을 추출하여 다음 결과를 얻었다.

구분	표본의 크기	표본분산
표본 1	10	4
표본 2	8	4

두 표본평균의 차에 대한 95% 백분위수를 구하라.

풀이

표본 1과 표본 2의 표본평균을 각각 $\overline{X}$, $\overline{Y}$라 하면 합동표본분산과 합동표본표준편차는 각각 다음과 같다.

$$s_p^2 = \frac{1}{10+8-2}[(9)(4)+(7)(4)] = 4, \quad s_p = \sqrt{4} = 2$$

한편, 표본의 크기가 각각 10과 8이므로 다음과 같다.

$$\sqrt{\frac{1}{10}+\frac{1}{8}} \approx 0.4743$$

따라서 $s_p\sqrt{\frac{1}{n}+\frac{1}{m}} \approx (2)(0.4743) = 0.9486$이고 $\mu_{\overline{X}-\overline{Y}} = 4$이므로, $\overline{X}-\overline{Y}$에 대해 다음 분포를 얻는다.

$$T = \frac{(\overline{X}-\overline{Y})-4}{0.9486} \sim t(16)$$

자유도가 16인 t-분포의 95% 백분위수를 구하면 $t_{0.05}(16) = 1.746$이다. 따라서 $\overline{X}-\overline{Y}$의 95% 백분위수를 a라 하면 다음과 같다.

$$\frac{a-4}{0.9486} = 1.746 \quad \Rightarrow \quad a = 4+(0.9486)(1.746) \approx 5.6563$$

I Can Do 9-8

독립인 두 정규모집단의 모평균은 각각 28, 16이고 모분산은 모르지만 동일하다고 하자. 이 정규모집단에서 임의로 표본을 추출하여 다음을 얻었다.

구분	표본의 크기	표본분산
표본 1	12	5
표본 2	10	3

두 표본평균의 차에 대한 90% 백분위수를 구하라.

Section

9.3 표본비율의 분포

'표본비율의 분포'를 왜 배워야 하는가?

우리나라의 20대 유권자의 특정 정당 지지율을 조사한다고 하자. 20대 전체 인구수 N에 대한 특정 정당 지지자 수를 X라 할 때 모비율은 $p=\frac{X}{N}$이다. 그리고 특정한 20대 유권자 n명에 대한 특정 정당 지지자 수를 X라 하면 표본비율은 $\hat{p}=\frac{X}{n}$이다. 이 절에서는 모비율이 p인 모집단으로부터 추출한 표본의 표본비율과, 독립인 두 모집단에서 추출한 두 표본비율의 차에 대한 표본분포에 대해 살펴본다.

단일 표본비율의 분포

모비율이 p인 모집단에서 크기가 n인 표본을 임의로 선정하여 표본을 $\{X_1, X_2, \cdots, X_n\}$이라 하자. 그러면 $X_i \sim B(1, p)\ (i=1, 2, \cdots, n)$이므로, [그림 9-7]에서 도식화한 것과 같이 $Y=X_1+X_2+\cdots+X_n$은 표본에서 성공한 횟수를 나타내고, 8.1절에서 $Y \sim B(n, p)$임을 살펴보았다. 이때 표본의 크기 n이 충분히 크면 8.2절에서 살펴본 이항분포의 정규근사에 의해 $X \approx N(np, npq)$이고, 표본비율 $\hat{p}=\frac{X}{n}$의 표본분포는 다음과 같다.

$$\hat{p} \approx N\left(p, \frac{pq}{n}\right)$$

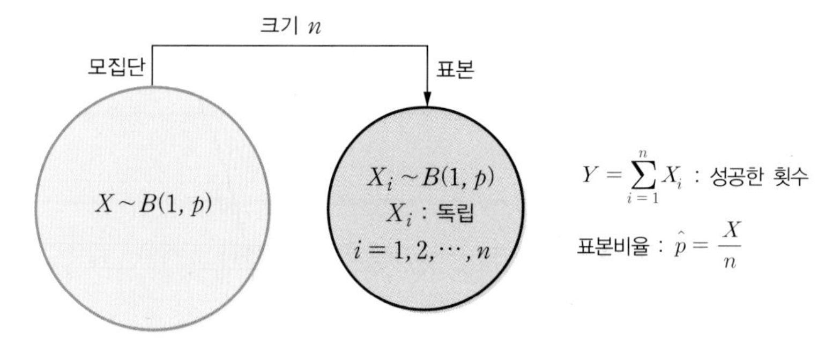

[그림 9-7] $B(1, p)$를 따르는 모집단에서 추출한 크기 n인 표본비율

그러므로 표본비율 $\hat{p}$을 표준화하면 다음과 같다.

$$\frac{\hat{p}-p}{\sqrt{\frac{pq}{n}}} \approx N(0, 1)$$

예제 9-9

모비율이 $p = 0.3$인 모집단에서 크기가 100인 표본을 추출할 때, 표본비율 $\hat{p}$에 대해 다음을 구하라.

(a) $\hat{p}$의 확률분포 (b) $P(\hat{p} \le 0.35)$ (c) $P(0.25 \le \hat{p} \le 0.39)$

풀이

(a) $p = 0.3$, $n = 100$이므로 $\mu_{\hat{p}} = p = 0.3$, $\sigma_{\hat{p}}^2 = \dfrac{pq}{n} = \dfrac{0.3 \times 0.7}{100} \approx 0.0021$이고,

따라서 $\hat{p} \approx N(0.3,\ 0.0021)$이다.

(b) $P(\hat{p} \le 0.35) = P\left(\dfrac{\hat{p} - 0.3}{\sqrt{0.0021}} \le \dfrac{0.35 - 0.3}{\sqrt{0.0021}}\right) \approx P(Z \le 1.09) = 0.8621$

(c)
$$
\begin{aligned}
P(0.25 \le \hat{p} \le 0.39) &= P\left(\frac{0.25 - 0.3}{\sqrt{0.021}} \le \frac{\hat{p} - 0.3}{\sqrt{0.021}} \le \frac{0.39 - 0.3}{\sqrt{0.021}}\right) \\
&\approx P(-1.09 \le Z \le 1.96) \\
&= P(Z \le 1.96) - P(Z \le -1.09) \\
&= P(Z \le 1.96) - [1 - P(Z \le 1.09)] \\
&= 0.9750 - (1 - 0.8621) = 0.8371
\end{aligned}
$$

I Can Do 9-9

모비율이 $p = 0.3$인 모집단에서 크기 200인 표본을 추출할 때, 표본비율 $\hat{p}$에 대해 다음을 구하라.

(a) $\hat{p}$의 확률분포 (b) $P(\hat{p} \le 0.35)$ (c) $P(0.25 \le \hat{p} \le 0.39)$

두 표본비율의 차에 대한 분포

모비율이 각각 p_1, p_2이고 독립인 두 모집단에서 각각 크기 n, m인 표본을 추출할 때 표본비율이 각각 $\hat{p}_1$과 $\hat{p}_2$이라 하자. 그러면 단일 표본비율의 분포와 마찬가지로 n, m이 충분히 크면 두 표본비율은 각각 다음과 같은 정규분포에 근사한다.

$$
\hat{p}_1 \approx N\left(p_1,\ \frac{p_1 q_1}{n}\right), \quad \hat{p}_2 \approx N\left(p_2,\ \frac{p_2 q_2}{m}\right), \quad q_1 = 1 - p_1,\ q_2 = 1 - p_2
$$

이때 두 모집단이 독립이므로 $\hat{p}_1$과 $\hat{p}_2$은 독립이고, 따라서 두 표본비율의 차 $\hat{p}_1 - \hat{p}_2$의 확률분포는 다음과 같은 정규분포를 따른다.

$$\hat{p}_1 - \hat{p}_2 \approx N\left(p_1 - p_2,\ \frac{p_1 q_1}{n} + \frac{p_2 q_2}{m}\right)$$

그러므로 두 표본비율의 차 $\hat{p}_1 - \hat{p}_2$을 표준화하면 다음과 같다.

$$\frac{(\hat{p}_1 - \hat{p}_2) - (p_1 - p_2)}{\sqrt{\dfrac{p_1 q_1}{n} + \dfrac{p_2 q_2}{m}}} \approx N(0, 1)$$

예제 9-10

모비율이 각각 $p_1 = 0.05$, $p_2 = 0.02$이고 독립인 두 모집단에서 각각 크기가 100인 표본을 추출할 때, 표본비율의 차 $\hat{p}_1 - \hat{p}_2$에 대해 다음을 구하라.

(a) $\hat{p}_1 - \hat{p}_2$의 표본분포 (b) $P(\hat{p}_1 - \hat{p}_2 > 0.025)$ (c) $P(0.025 < \hat{p}_1 - \hat{p}_2 < 0.035)$

풀이

(a) $p_1 = 0.05$, $p_2 = 0.02$, $n = m = 100$이므로, $\mu_{\hat{p}_1 - \hat{p}_2} = 0.03$이고 $\hat{p}_1 - \hat{p}_2$의 분산은 다음과 같다.

$$\sigma^2_{\hat{p}_1 - \hat{p}_2} = \frac{(0.05)(0.95)}{100} + \frac{(0.02)(0.98)}{100} = 0.000671 \approx 0.0259^2$$

따라서 $\hat{p}_1 - \hat{p}_2 \sim N(0.03, 0.0259^2)$이다.

(b) $$P(\hat{p}_1 - \hat{p}_2 > 0.025) = P\left(\frac{(\hat{p}_1 - \hat{p}_2) - 0.03}{0.0259} < \frac{0.025 - 0.03}{0.0259}\right) \approx P(Z < -0.19)$$
$$= P(Z > 0.19) = 1 - P(Z \le 0.19) = 1 - 0.9713 = 0.0287$$

(c) $$P(0.025 < \hat{p}_1 - \hat{p}_2 < 0.035) = P\left(\frac{0.025 - 0.03}{0.0259} \le \frac{(\hat{p}_1 - \hat{p}_2) - 0.03}{0.0259} \le \frac{0.035 - 0.03}{0.0259}\right)$$
$$\approx P(-0.19 \le Z \le 0.19) = 2P(Z < 0.19) - 1$$
$$= (2)(0.5723) - 1 = 0.1506$$

I Can Do 9-10

모비율이 각각 $p_1 = 0.08$, $p_2 = 0.05$이고 독립인 두 모집단에서 각각 크기 100, 200인 표본을 추출할 때, 표본비율의 차 $\hat{p}_1 - \hat{p}_2$에 대해 다음을 구하라.

(a) $\hat{p}_1 - \hat{p}_2$의 표본분포 (b) $P(\hat{p}_1 - \hat{p}_2 > 0.025)$ (c) $P(0.025 < \hat{p}_1 - \hat{p}_2 < 0.035)$

Chapter 09 연습문제

기초문제

1. 모평균이 μ이고 모분산이 σ^2인 모집단에서 추출한 크기가 n인 표본평균 $\overline{X}$에 대해 다음 중 옳은 것을 고르라.

① $\mu_{\overline{X}} = n\mu$ ② $\mu_{\overline{X}} = \dfrac{\mu}{n}$ ③ $\sigma^2_{\overline{X}} = \dfrac{\sigma^2}{n}$

④ $\sigma^2_{\overline{X}} = n\sigma^2$ ⑤ $\sigma^2_{\overline{X}} = \dfrac{\mu+\sigma^2}{n}$

2. 모평균이 μ, 모분산인 σ^2인 모집단에서 추출한 크기가 n인 표본평균 $\overline{X}$에 대해 다음 중 옳은 것을 고르라.

① 정규모집단이면 $\overline{X} \sim N\left(\dfrac{\mu}{n}, \dfrac{\sigma^2}{n}\right)$이다.

② 정규모집단이면 $\overline{X} \sim N(\mu, \sigma^2)$이다.

③ 정규모집단이면 $\overline{X} \sim N(n\mu, n\sigma^2)$이다.

④ 임의의 모집단에 대해 n이 충분히 크면, 근사적으로 $\overline{X} \approx N\left(\mu, \dfrac{\sigma^2}{n}\right)$이다.

⑤ 임의의 모집단에 대해 n이 충분히 크면, 근사적으로 $\overline{X} \approx N(\mu, \sigma^2)$이다.

3. 모분산 σ^2이 알려진 정규모집단의 표본평균과 관련한 확률분포를 구하라.

① 정규분포 ② t-분포 ③ 초기하분포

④ 기하분포 ⑤ 이항분포

4. 모분산 σ^2이 알려지지 않은 정규모집단의 표본평균과 관련한 확률분포를 구하라.

① 정규분포 ② t-분포 ③ 초기하분포

④ 푸아송분포 ⑤ 이항분포

5. 두 모분산 σ_1^2, σ_2^2이 알려지고 독립인 두 정규모집단의 표본평균 차와 관련한 확률분포를 구하라.

① 정규분포 ② t-분포 ③ 푸아송분포

④ 지수분포 ⑤ 이항분포

6. 모비율이 p인 모집단의 표본비율과 관련한 확률분포를 구하라.

① 정규분포 ② t-분포 ③ 푸아송분포

④ 지수분포 ⑤ 이항분포

7. 다음 표본분포 중 옳은 것을 고르라.

① 모분산을 모르면, $Z = \dfrac{\overline{X}-\mu}{\sigma/\sqrt{n}} \sim N(0, 1)$이다.

② 모분산을 모르면, $Z = \dfrac{\overline{X}-\mu}{\sigma/\sqrt{n}} \sim t(n)$이다.

③ 모분산을 알면, $Z = \dfrac{\overline{X}-\mu}{\sigma/\sqrt{n}} \sim N(0, 1)$이다.

④ 모분산을 알면, $Z = \dfrac{\overline{X}-\mu}{s/\sqrt{n}} \sim N(0, 1)$이다.

⑤ 모분산을 알면, $Z = \dfrac{\overline{X}-\mu}{s/\sqrt{n}} \sim t(n-1)$이다.

8. 다음 중 표본분포에 대해 <u>틀린</u> 것을 고르라.

① t-분포는 $t=0$에 대해 대칭이다.

② 자유도 n이 증가하면 t-분포는 표준정규분포에 근접한다.

③ t-분포는 표준정규분포와 동일하게 종 모양이다.

④ t-분포는 $t=0$에서 최댓값을 갖는다.

⑤ t-분포는 왼쪽과 오른쪽으로 치우친 분포를 이룬다.

9. 합동표본분산 S_p^2에 대해 옳은 것을 고르라.

① $S_p^2 = \frac{1}{n+m}\left[nS_1^2 + mS_2^2\right]$

② $S_p^2 = \frac{1}{n+m}\left[(n-1)S_1^2 + (m-1)S_2^2\right]$

③ $S_p^2 = \frac{1}{n+m-2}\left[(n-1)S_1^2 + (m-1)S_2^2\right]$

④ S_p^2과 관련한 확률분포는 t-분포이다.

⑤ S_p^2과 관련한 확률분포는 표준정규분포이다.

응용문제

10. 정규모집단 $N(20, 25)$에서 크기가 36인 표본을 추출할 때 다음을 구하라.

(a) 표본평균 $\overline{X}$의 표본분포

(b) $P(19 < \overline{X} < 20.5)$

(c) 표본평균과 모평균과의 차가 1보다 클 확률

11. 모평균이 45이고 모분산이 다음과 같은 정규모집단에 대하여 크기가 25일 때, 표본평균이 44.5와 45.5 사이일 확률을 구하라.

(a) $\sigma^2 = 4$ (b) $\sigma^2 = 9$ (c) $\sigma^2 = 16$

12. 모평균이 25, 모분산이 4인 정규모집단으로부터 다음과 같은 크기의 표본을 임의로 선정할 때, 표본평균이 24.5와 25.5 사이일 확률을 구하라.

(a) $n = 25$ (b) $n = 100$ (c) $n = 160$

13. 모평균이 20, 모표준편차가 5인 정규모집단에서 크기가 n인 표본평균의 분산이 0.5일 때, 표본의 크기 n을 구하라.

14. 우리나라 10대의 한 달 소비금액은 평균이 18만 원, 표준편차가 1.2만 원인 정규분포를 따른다고 할 때, 다음을 구하라.

(a) 임의로 한 명을 선정했을 때, 이 사람의 소비금액이 17만 원 이상일 확률

(b) 임의로 9명을 선정했을 때, 9명의 평균 소비금액의 표본분포

(c) 임의로 선정한 9명의 평균 소비금액이 17만 원 이상일 확률

(d) 9명의 평균 소비금액이 16.7만 원과 18.5만 원 사이일 확률

15. 모평균이 4, 모분산이 2.25인 정규모집단에서 크기가 50인 표본을 추출할 때, 다음을 구하라.

(a) 표본평균 $\overline{X}$의 표본분포

(b) 표본평균이 3.6 이하일 확률

(c) 표본평균이 4.6 이상일 확률

(d) 표본평균이 3.6과 4.6 사이일 확률

16. 모평균이 40이고 모분산이 16인 정규모집단에서 크기가 25인 표본을 임의로 추출할 때 다음을 구하라.

(a) $P(|\overline{X} - \mu| \geq 2)$

(b) $P(\overline{X} \geq x_0) = 0.05$를 만족하는 x_0

17. 어떤 모집단이 평균이 20, 표준편차가 2.5인 정규분포를 따른다고 한다. 이 모집단으로부터 크기가 25인 표본을 임의로 추출할 때, 다음을 구하라.

(a) 표본평균 $\overline{X}$의 표본분포

(b) 표본평균이 18.7 이상 21.3 이하일 확률

(c) 표본평균이 모평균보다 $1.5\sigma_{\overline{X}}$ 이상 더 클 확률

18. 평균이 3.4인 정규모집단에서 크기가 10인 표본을 조사한 결과, 표본평균이 3.5이고 표본표준편차가 0.4였다. 다음을 구하라.

(a) 표본평균 $\overline{X}$와 관련한 표본분포

(b) 표본평균이 3.225와 3.757 사이일 근사확률

(c) 표본평균이 하위 5%인 최댓값 $\overline{x}_0$

19. 평균이 158인 정규모집단에서 크기가 7인 표본을 선정하여 측정한 결과가 아래와 같을 때 다음을 구하라.

[161, 157, 158, 158, 152, 158, 162]

(a) 표본평균 $\overline{X}$와 관련한 표본분포

(b) 표본평균이 158.87과 160.97 사이일 근사확률

(c) 표본평균이 상위 5%인 최솟값 $\overline{x}_0$

20. 자동차의 연비는 평균이 20이고 모분산을 모르는 정규분포를 따른다고 한다. 생산한 자동차 중에서 임의로 선정한 자동차 5대의 연비를 측정하여 다음을 얻었을 때, 주어진 물음에 답하라.

[20, 21, 19, 18, 22]

(a) 표본평균과 표본표준편차를 구하라.

(b) 표본평균과 관련한 표본분포를 구하라.

(c) 이 표본을 이용하여 표본평균이 상위 10%인 최소 연비 $\overline{x}_0$를 구하라.

21. 모평균과 모표준편차가 다음과 같이 독립인 두 정규모집단에서 각각 표본을 임의로 추출하였다.

	모평균	모표준편차	표본의 크기
모집단 1	150	4	64
모집단 2	145	5	49

표본 1과 표본 2의 표본평균을 각각 $\overline{X}$, $\overline{Y}$라 할 때, 다음을 구하라.

(a) 표본평균의 차 $\overline{X}-\overline{Y}$의 표본분포

(b) 표본평균의 차가 6.3 이상일 확률

(c) 표본평균의 차가 4.8과 7.1 사이일 확률

(d) 두 모표준편차가 동일하게 5일 때 (c)의 확률

(e) 두 표본의 크기가 동일하게 64일 때 (c)의 확률

22. 어느 잡지사에 따르면 남자와 여자의 데이트 비용은 각각 평균이 4.7, 3.5이고 표준편차가 0.5, 0.8인 정규분포를 따른다고 한다. 이러한 주장이 사실인지 확인하기 위해 남자 15명과 여자 10명을 임의로 선정하였을 때, 다음 물음에 답하라. 단, 데이트 비용의 단위는 만 원이다.

(a) 임의로 선정한 남자의 데이트 비용이 5.5만 원 미만일 확률을 구하라.

(b) 임의로 선정한 여자의 데이트 비용이 5.5만 원 이상일 확률을 구하라.

(c) 임의로 선정한 남자와 여자의 데이트 비용이 상위 5%인 최소 금액을 각각 구하라.

(d) 표본으로 선정된 남자와 여자의 평균 데이트 비용의 차이가 2.1만 원 이상일 확률을 구하라.

(e) 평균 데이트 비용의 차이가 u_0보다 클 확률이 0.025인 u_0를 구하라.

23. 어느 신문기사에 따르면, 대기업에 다니는 남자와 여자의 근속연수는 각각 평균 11.7년과 7.8년이라 한다. 이때 남자와 여자의 근속연수에 대한 표준편차를 각각 5년과 3년이라 가정하고, 대기업에 다니는 남자와 여자를 각각 10명씩 임의로 선정할 경우 다음 물음에 답하라.

(a) 표본으로 선정된 남자와 여자의 평균 근속연수의 차이가 6.5년 이상일 확률을 구하라.

(b) 남자와 여자의 평균 근속연수의 차이에 대한 절댓값이 8.5년 이하일 확률을 구하라.

24. 독립인 두 정규모집단의 평균은 각각 $\mu_X = 65$, $\mu_Y = 62$이고 모분산은 동일하다. 두 모집단으로부터 표본을 추출하여 다음과 같은 결과를 얻을 때, 주어진 물음에 답하라.

	표본의 크기	표본평균	표본표준편차
표본 1	15	64	9
표본 2	12	62	4

(a) 두 표본에 대한 합동표본분산과 합동표본표준편차를 구하라.

(b) 두 표본평균의 차 $\overline{X} - \overline{Y}$와 관련한 표본분포를 구하라.

(c) 두 표본평균의 차에 대한 90% 백분위수 t_0를 구하라.

25. 독립인 두 정규모집단에서 표본을 선정하여 다음 결과를 얻었다고 할 때, 주어진 물음에 답하라.

	표본의 크기	표본평균	표본표준편차
표본 1	6	52	8
표본 2	8	43	9

(a) 두 표본에 대한 합동표본표준편차를 구하라.

(b) 두 모평균이 동일하다고 할 때, $P(\overline{X} - \overline{Y} > 10.12)$를 구하라.

26. 모비율이 0.27인 모집단에서 크기가 1,500인 표본을 조사했을 때 다음을 구하라.

(a) 표본비율의 표본분포

(b) 표본비율이 30%를 초과할 확률

(c) 표본비율이 25%와 29% 사이일 확률

27. 모비율이 각각 다음과 같은 모집단에서 크기가 $n = 100$인 표본을 임의로 선정한다. 이때 표본비율이 0.35보다 클 확률을 구하라.

(a) $p = 0.3$ (b) $p = 0.5$

28. 모비율이 $p = 0.25$인 모집단에서 크기가 각각 다음과 같은 표본을 임의로 선정한다. 이때 표본비율이 $p - 0.005$와 $p + 0.005$ 사이일 근사확률을 구하라.

(a) $n = 100$ (b) $n = 1000$

29. 모비율이 각각 $p_1 = 0.25$, $p_2 = 0.23$이고 독립인 두 모집단에서 동일하게 크기 100인 표본을 선정하였을 때, 다음 물음에 답하라.

(a) 표본비율의 차 $\hat{p}_1 - \hat{p}_2$과 관련한 표본분포를 구하라.

(b) 표본비율의 차가 8% 이상일 확률을 구하라.

(c) 표본 1과 표본 2에서 관찰된 표본비율이 각각 0.256과 0.232일 때, $\hat{p}_1 - \hat{p}_2$이 관찰된 표본비율의 차보다 클 근사확률을 구하라.

(d) $\hat{p}_1 - \hat{p}_2$이 p_0보다 클 확률이 0.025일 때의 p_0를 구하라.

30. 모비율이 동일하게 0.93이고 서로 독립인 두 모집단에서 임의로 표본을 선정하여 다음을 얻었을 때, 주어진 물음에 답하라.

	표본의 크기	표본비율
표본 1	150	0.94
표본 2	100	0.92

(a) 표본비율의 차 $\hat{p}_1 - \hat{p}_2$과 관련한 표본분포를 구하라.

(b) 표본비율의 차가 1%와 3% 사이일 근사확률을 구하라.

(c) $\hat{p}_1 - \hat{p}_2$이 관찰된 표본비율의 차보다 클 근사확률을 구하라.

(d) $\hat{p}_1 - \hat{p}_2$이 상위 5%인 최솟값 p_0를 구하라.

심화문제

31. 1, 2, 3, 4의 번호가 적힌 공을 주머니에 넣고 복원추출로 임의로 두 개를 추출하여 표본을 만든다고 한다. 각각의 공이 나올 확률은 동일하게 $\frac{1}{4}$이라 할 때, 다음을 구하라.

(a) 표본으로 나올 수 있는 모든 경우

(b) (a)에서 구한 각 표본의 평균

(c) 표본평균 $\overline{X}$의 확률분포

(d) 표본평균 $\overline{X}$의 평균과 분산

32. 모평균 100이고 모표준편차가 5인 정규모집단에서 크기가 16인 표본을 임의로 추출한다고 할 때, 다음 물음에 답하라.

(a) $P(|\overline{X} - \mu| \ge 3)$을 구하라.

(b) $P(\overline{X} \ge x_0) = 0.01$을 만족하는 x_0를 구하라. 단, $P(Z < 2.33) = 0.9901$과 $P(Z < 2.32) = 0.9898$에 대해 확률의 비례 관계를 이용하여 근삿값을 구한다.

33. 우리나라의 자동차 배출허용기준은 실제 도로 주행상태에서의 질소산화물(NOx) 배출량을 0.08g/km로 강화했다. 어떤 특정 모델인 국내산 자동차의 질소산화물 배출량을 독일에서 측정하였더니 우리나라 허용기준치의 4배가 넘는 0.329g/km였다고 한다. 이 자동차의 질소산화물 배출량은 표준편차가 0.1g/km인 정규분포를 따른다고 할 때, 다음을 구하라.

(a) 이 모델의 자동차 한 대를 무작위로 선정했을 때, 우리나라 허용기준에 포함될 확률

(b) 2대의 자동차를 무작위로 선정했을 때, 표본평균이 우리나라 허용기준에 포함될 확률

34. 대학교 졸업생의 구직기간은 평균 3.5인 정규분포를 따른다고 한다. 대학교 졸업생인 취업자들 중에서 임의로 11명을 선정하여 조사한 결과, 평균 구직기간이 3.9개월이고 표준편차가 0.5개월이었다. 다음을 구하라.

(a) 표본평균 $\overline{X}$와 관련한 표본분포

(b) 표본평균이 3.3과 3.7 사이일 근사확률

(c) 표본평균이 하위 5%인 백분위수

35. 스톡옵션의 가격이 하루 동안 1만 원이 오르거나 내릴 확률이 동일하다고 하자. 어느 날 500만 원을 투자했을 때 50일 후의 가격을 $X = 500 + \sum_{i=1}^{50} X_i$로 정의한다. 여기서 X_i는 i번째 날의 등락 금액이고 가격은 오르거나 내리기만 한다고 할 때, 다음을 구하라.

(a) 하루 동안 평균 등락 금액

(b) 하루 동안 평균 등락 금액의 분산

36. 20대 청년 중에서 8%가 왼손잡이라고 한다. 이를 실제로 확인하기 위해 1,200명의 20대 청년을 임의로 선정하여 왼손잡이를 관찰하였다고 할 때, 다음을 구하라.

(a) 표본비율의 표본분포

(b) 표본비율이 10%를 초과할 확률

(c) 표본비율이 6.6%와 9.8% 사이일 확률

(d) 1,200명 중에서 67명 이상이 왼손잡이일 확률

37. 색상이 조화롭게 보이는 비율은 70 : 25 : 5라고 한다. 이때 기본 색상이 70, 보조 색상이 25, 그리고 주제 색상이 5이다. 주제 색상을 5의 비율로 사용한 매장이 전국적으로 7%라 할 때, 2,000개의 매장을 임의로 선정하여 주제 색상을 5의 비율로 사용하는지 조사하였다. 다음을 구하라.

(a) 표본비율의 근사확률분포

(b) 표본비율이 $p \pm 0.01$ 사이일 확률

(c) 주제 색상을 5의 비율로 사용하는 매장이 100개 이상, 150개 이하일 확률

(d) 표본비율의 95% 백분위수

Chapter 10

추정

||| 목차 |||

||| 학습목표 |||

- 점추정과 구간추정의 의미를 이해할 수 있다.
- 모평균의 신뢰구간을 구할 수 있다.
- 두 모집단에 대한 모평균 차의 신뢰구간을 구할 수 있다.
- 표본의 크기가 큰 경우에 모비율의 신뢰구간을 구할 수 있다.
- 표본의 크기가 큰 두 모집단에 대한 모비율 차의 신뢰구간을 구할 수 있다.
- 모평균과 모비율을 추정하기 위한 표본의 크기를 결정할 수 있다.

Section
10.1 점추정과 구간추정

'점추정과 구간추정'을 왜 배워야 하는가?

대부분의 모집단은 분포를 비롯하여 모집단의 특성을 나타내는 모수가 알려져 있지 않다. 예를 들어 가마솥에 국을 끓이고 있을 때, 국물의 짠 정도를 알기 위해 가마솥 안의 국물을 모두 먹을 수는 없다. 이런 경우에 대부분 국자를 이용하여 국물의 맛을 본 후에 국물의 짠 정도를 가늠한다. 이와 같이 모집단의 특성을 알기 위해 모집단 전체를 조사하는 것은 불가능하므로 표본을 이용하여 모집단의 특성을 추정한다. 이 절에서는 9장에서 학습한 내용을 바탕으로, 모수에 대응하는 표본의 통계량을 이용하여 미지인 모수의 참값을 추측하기 위한 점추정과 구간추정에 대해 살펴본다.

점추정

일반적으로 특정 정당에 대한 국민의 지지율을 조사하기 위해 전수조사를 실시하는 것은 경제적, 시간적, 공간적으로 많은 제약이 있다. 따라서 여론조사기관은 유권자를 대상으로 표본조사를 실시하며, 이를 위해 [그림 10-1]과 같이 모집단으로부터 크기가 n인 표본을 선정하여 통계량인 표본비율 $\hat{p}$의 관찰값으로 모든 유권자의 지지율을 대변한다.

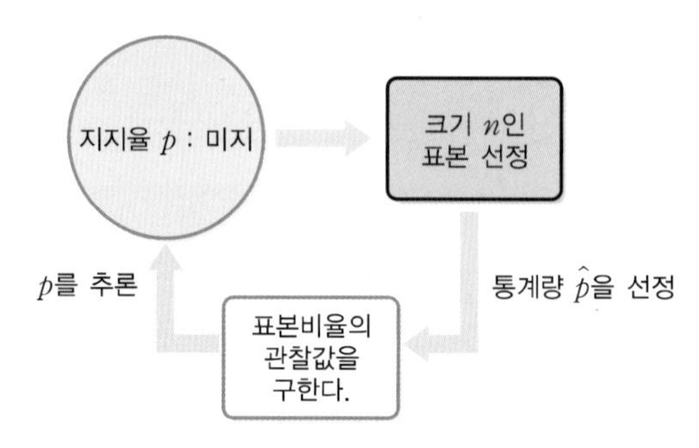

[그림 10-1] 모수의 추론 과정

이와 같이 모집단에서 선정한 표본으로부터 얻은 통계량을 이용하여 미지의 모수를 추측하는 과정을 **추정** estimate이라 한다. 이때 모평균, 모분산, 모비율과 같은 모수의 참값을 추정하기 위해, 각 모수에 대응하는 표본으로부터 얻은 통계량을 **점추정량** point estimator이라 한다. [그림 10-1]과 같이 임의로 선정한 크기 n인 표본의 관찰값 x_1, x_2, $\cdots$, x_n에 대한 추정량의 관찰값을 **점추정값** point estimate value이라 한다. 그리고 이러한 점추정값을 이용하여 미지의 모수를 추정하는 과정을 **점추정** point estimation이라 한다.

그러나 점추정값은 표본의 선정에 따라 가변적이므로 최적의 추정량을 설정하여 가장 바람직한 추정값을 얻으려고 노력한다. 최적의 점추정값을 얻기 위한 점추정량을 선택할 때 알아두어야 할 추정량의 성질 중 불편성과 유효성에 대해 알아보자.

■ 불편성

모수 θ에 대한 점추정량 $\hat{\Theta}$이 다음을 만족할 때, 점추정량 $\hat{\Theta}$을 모수 θ의 **불편추정량**unbiased estimator이라 한다. 그리고 불편추정량이 아닌 추정량을 **편의추정량**biased estimator이라 한다.

$$E(\hat{\Theta}) = \theta$$

다시 말해 [그림 10-2(a)]와 같이 점추정량 $\hat{\Theta}$의 기댓값이 모수 θ의 참값과 일치하면 불편추정량이고, [그림 10-2(b)]와 같이 $\hat{\Theta}$의 기댓값이 모수 θ의 참값과 차이가 있으면 편의추정량이다. 이때 편의추정량 $\hat{\Theta}$의 기댓값과 모수 θ의 참값 사이의 차이, 즉 $\text{bias} = E(\hat{\Theta}) - \theta$를 **편의**bias라 한다.

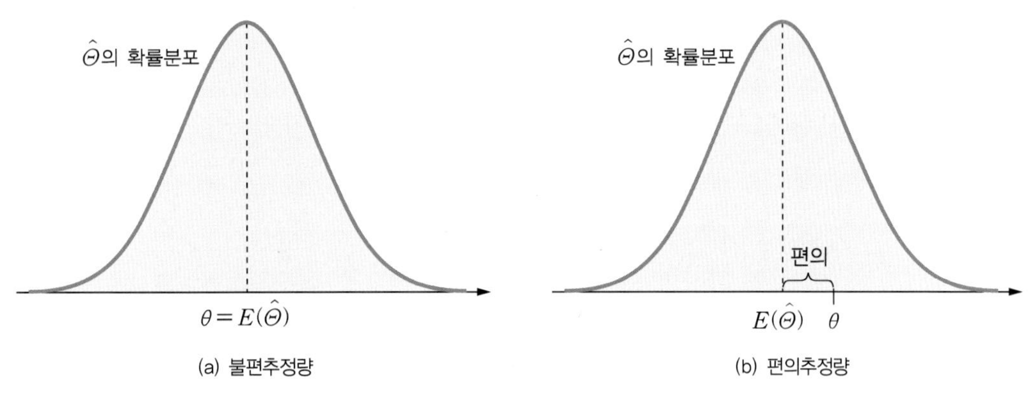

[그림 10-2] 불편추정량과 편의추정량

그러면 9.2절과 9.3절에서 살펴본 바와 같이 $E(\overline{X}) = \mu$, $E(\hat{p}) = p$이므로, 표본평균 $\overline{X}$는 모평균 μ에 대한 불편추정량이고, 표본비율 $\hat{p}$은 모비율 p에 대한 불편추정량이다. 한편, 표본분산을 모분산과 동일하게 $S^2 = \frac{1}{n}\sum\left(X_i - \overline{X}\right)^2$이라 하면 $E(S^2) = \left(\frac{n-1}{n}\right)\sigma^2$임을 쉽게 확인할 수 있다. 따라서 S^2은 σ^2에 대한 불편추정량이 아니다. 그러나 $S^2 = \frac{1}{n-1}\sum_{i=1}^{n}\left(X_i - \overline{X}\right)^2$이라 하면 $E(S^2) = \sigma^2$이므로 표본분산 S^2은 모분산 σ^2에 대한 불편추정량이다. 그러므로 4.2절에서 모분산과 표본분산을 다음과 같이 정의하였다.

$$\text{모분산} : \sigma^2 = \frac{1}{N}\sum_{i=1}^{N}(x_i - \mu)^2$$

$$\text{표본분산} : S^2 = \frac{1}{n-1}\sum_{i=1}^{n}(x_i - \overline{x})^2$$

따라서 표본평균, 표본비율, 표본분산에 대한 다음과 같은 불편성을 얻는다.

(1) 표본평균 $\overline{X} = \frac{1}{n}\sum_{i=1}^{n} X_i$는 모평균 μ에 대한 불편추정량이다.

(2) 표본비율 $\hat{p} = \frac{X}{n}$는 모비율 p에 대한 불편추정량이다.

(3) 표본분산 $S^2 = \frac{1}{n-1}\sum_{i=1}^{n}\left(X_i - \overline{X}\right)^2$은 모분산 σ^2에 대한 불편추정량이다.

예제 10-1

미지의 모평균 μ를 갖는 모집단으로부터 크기가 3인 확률표본 X_1, X_2, X_3를 추출하여 모평균에 대한 점추정량을 다음과 같이 정의하였다. μ에 대한 불편추정량과 편의추정량을 구하라.

$$\hat{\mu}_1 = \frac{1}{3}(X_1 + X_2 + X_3), \quad \hat{\mu}_2 = \frac{1}{4}(2X_1 + X_2 + X_3), \quad \hat{\mu}_3 = \frac{1}{3}(X_1 + 2X_2 + X_3)$$

풀이

$E(X_1) = E(X_2) = E(X_3)$이므로 기댓값의 성질을 이용하여 각 추정량의 기댓값을 구하면 각각 다음과 같다.

$$E\left(\hat{\mu}_1\right) = E\left[\frac{1}{3}(X_1 + X_2 + X_3)\right] = \frac{1}{3}E(X_1 + X_2 + X_3)$$

$$= \frac{1}{3}[E(X_1) + E(X_2) + E(X_3)] = \frac{1}{3}(\mu + \mu + \mu) = \mu$$

$$E\left(\hat{\mu}_2\right) = E\left[\frac{1}{4}(2X_1 + X_2 + X_3)\right] = \frac{1}{4}E(2X_1 + X_2 + X_3)$$

$$= \frac{1}{4}[2E(X_1) + E(X_2) + E(X_3)] = \frac{1}{4}(2\mu + \mu + \mu) = \mu$$

$$E\left(\hat{\mu}_3\right) = E\left[\frac{1}{3}(X_1 + 2X_2 + X_3)\right] = \frac{1}{3}E(X_1 + 2X_2 + X_3)$$

$$= \frac{1}{3}[E(X_1) + 2E(X_2) + E(X_3)] = \frac{1}{3}(\mu + 2\mu + \mu) = \frac{4}{3}\mu$$

따라서 $E\left(\hat{\mu}_1\right) = \mu$, $E\left(\hat{\mu}_2\right) = \mu$, $E\left(\hat{\mu}_3\right) = \frac{4}{3}\mu$이므로, $\hat{\mu}_1$과 $\hat{\mu}_2$은 불편추정량이고 $\hat{\mu}_3$은 편의추정량이다.

I Can Do 10-1

미지의 모평균 μ를 갖는 모집단으로부터 크기가 3인 확률표본 X_1, X_2, X_3, X_4를 추출하여 모평균에 대한 점추정량을 다음과 같이 정의하였다. μ에 대한 불편추정량과 편의추정량을 구하라.

$$\hat{\mu}_1 = \frac{1}{4}(X_1 + X_2 + X_3 + X_4), \quad \hat{\mu}_2 = \frac{1}{5}(X_1 + X_2 + 2X_3 + X_4),$$
$$\hat{\mu}_3 = \frac{1}{5}(2X_1 + X_2 + X_3 + 2X_4)$$

■ 유효성

[예제 10-1]에서 모평균 μ에 대한 불편추정량이 $\hat{\mu}_1$, $\hat{\mu}_2$인 것처럼, 모수 θ에 대한 불편추정량은 여러 개 존재할 수 있다. 각 추정량의 분포는 분산의 크기에 따라 모수 θ의 참값에 집중되기도 하고 넓게 퍼지기도 한다. [그림 10-3]을 보면 모수 θ에 대한 불편추정량 4개 중에서 추정량 $\hat{\Theta}_1$의 분산이 가장 작으며, 추정량의 분산이 작을수록 추정량의 분포는 모평균에 가깝게 밀집한다. 이와 같이 여러 개의 추정량 중에서 분산이 가장 작은 추정량을 **유효추정량** efficient estimator이라 하고, 유효성을 갖는 불편추정량을 **최소분산 불편추정량** minimum variance unbiased estimator이라 한다.

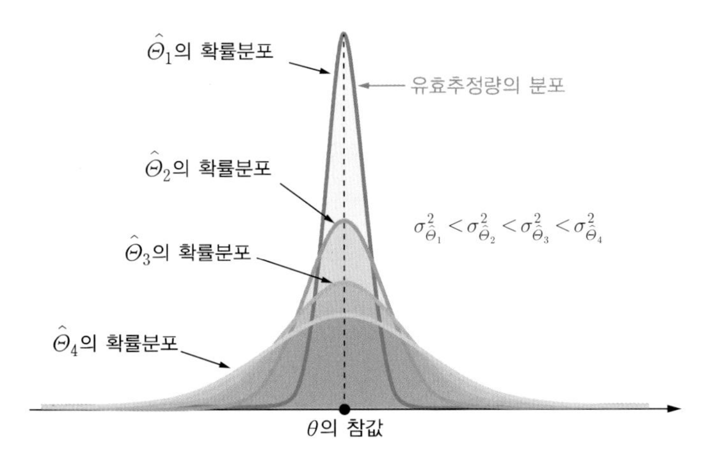

[그림 10-3] 유효추정량

예제 10-2

[예제 10-1]의 불편추정량 중에서 모평균 μ에 대한 최소분산 불편추정량을 구하라.

풀이

분산의 성질을 이용하여 불편추정량 $\hat{\mu}_1$과 $\hat{\mu}_2$에 대한 분산을 구하면 각각 다음과 같다.

$$Var(\hat{\mu}_1) = Var\left[\frac{1}{3}(X_1 + X_2 + X_3)\right] = \frac{1}{9}\, Var(X_1 + X_2 + X_3)$$
$$= \frac{1}{9}[\,Var(X_1) + Var(X_2) + Var(X_3)] = \frac{1}{9}(\sigma^2 + \sigma^2 + \sigma^2) = \frac{1}{3}\sigma^2$$

$$Var(\hat{\mu}_2) = Var\left[\frac{1}{4}(2X_1 + X_2 + X_3)\right] = \frac{1}{16}\, Var(2X_1 + X_2 + X_3)$$
$$= \frac{1}{16}[4\,Var(X_1) + Var(X_2) + Var(X_3)] = \frac{1}{16}(4\sigma^2 + \sigma^2 + \sigma^2) = \frac{3}{8}\sigma^2$$

따라서 $Var(\hat{\mu}_1) = \frac{1}{3}\sigma^2 < Var(\hat{\mu}_2) = \frac{3}{8}\sigma^2$이므로, 최소분산 불편추정량은 $\hat{\mu}_1$이다.

I Can Do 10-2

[I Can Do 10-1]의 불편추정량 중에서 모평균 μ에 대한 최소분산 불편추정량을 구하라.

[예제 10-2]와 [I Can Do 10-2]를 통해 표본평균 $\overline{X}$는 모평균 μ에 대한 최소분산 불편추정량임을 알 수 있다.

구간추정

모수의 점추정은 모집단으로부터 표본을 어떻게 선정하느냐에 따라 점추정값이 다르게 나타날 뿐만 아니라 모수의 참값을 왜곡하는 경우가 발생할 수도 있다. 이러한 오류를 방지하기 위해 모수의 참값이 포함될 것으로 믿어지는 구간을 추정하며, 이러한 구간을 추정하는 방법을 **구간추정**interval estimation이라 한다.

모수 θ에 대한 구간추정을 하기 위해서는 다음과 같이 θ의 참값이 포함될 확률이 $1-\alpha\ (0 < \alpha < 1)$가 되도록 하는 점추정량 $\hat{\Theta}_1$과 $\hat{\Theta}_2$을 구해야 한다.

$$P(\hat{\Theta}_1 \le \theta \le \hat{\Theta}_2) = 1 - \alpha$$

그러면 모수 θ의 참값을 포함하는 구간 $(\hat{\Theta}_1, \hat{\Theta}_2)$을 모수 θ에 대한 $100(1-\alpha)\%$의 **구간추정량**interval estimator이라 하고, 모수 θ의 참값이 이 구간에 포함될 것으로 믿어지는 확신의 정도인 $100(1-\alpha)\%$를 **신뢰도**degree of confidence라 한다. 이때 점추정량 $\hat{\Theta}_1$과 $\hat{\Theta}_2$의 관찰값 $\hat{\theta}_1$과 $\hat{\theta}_2$에 의한 구간 $(\hat{\theta}_1, \hat{\theta}_2)$을 모수 θ에 대한 신뢰도 $100(1-\alpha)\%$의 **신뢰구간**confidence interval이라 하고, $\hat{\theta}_1$과 $\hat{\theta}_2$을 각각 신뢰구간의 **하한**lower confidence limit과 **상한**upper confidence limit이라 한다.

특히 구간추정에서는 α가 각각 0.1, 0.05, 0.01인 경우에 해당하는 90%, 95%, 99%를 많이 사용한다. 예를 들어 95% 신뢰도는 [그림 10-4]와 같이 동일한 모집단으로부터 표본 20개를 임의로 추출하였을 때, 이 표본으로부터 얻은 신뢰구간들 중에서 95%에 해당하는 19개의 신뢰구간은 모수 θ의 참값을 포함하고, 최대 5%에 해당하는 1개의 구간은 모수 θ의 참값을 포함하지 않을 수 있음을 의미한다.

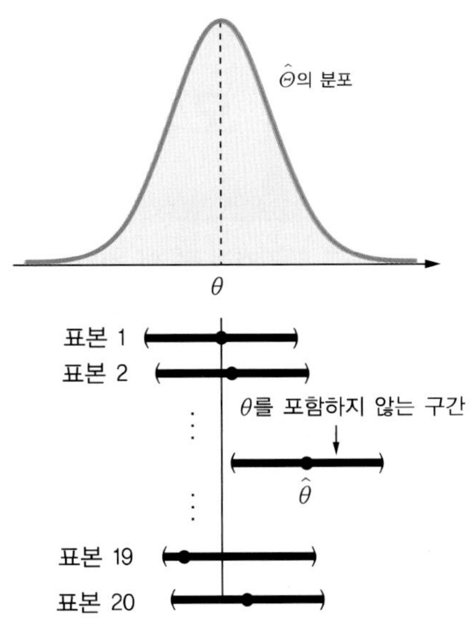

[그림 10-4] 신뢰도 95%의 의미

[그림 10-5]와 같이 신뢰도가 높을수록 모수 θ에 대한 신뢰구간의 길이는 커진다.

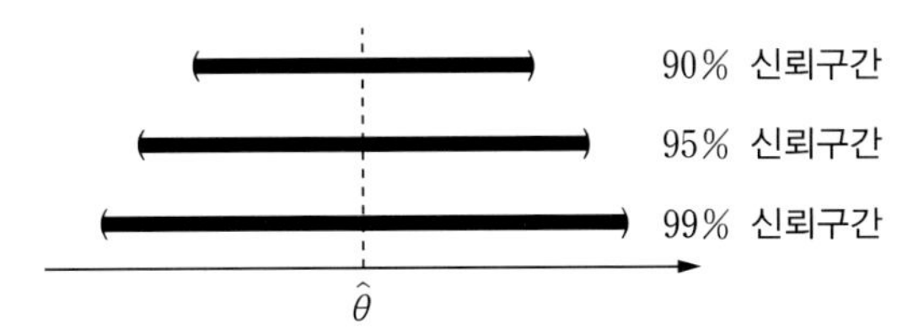

[그림 10-5] 신뢰도에 따른 신뢰구간의 비교

한편, 모수 θ에 대한 $100(1-\alpha)\%$ 신뢰구간은 [그림 10-6]과 같이 추정량 $\hat{\Theta}$의 확률분포에 대한 왼쪽과 오른쪽 꼬리확률이 각각 $\frac{\alpha}{2}$이며, 모수 θ에 대한 점추정값 $\hat{\theta}$을 중심으로 양쪽의 길이가 동일한 구간으로 선택한다.

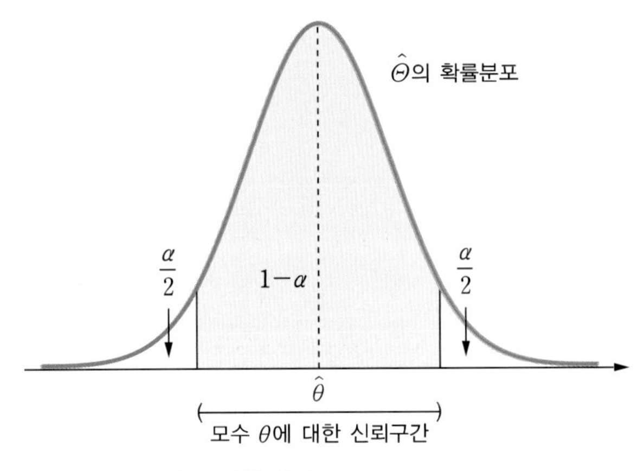

[그림 10-6] $100(1-\alpha)\%$ 신뢰구간

Section
10.2 모평균의 구간추정

'모평균의 구간추정'을 왜 배워야 하는가?

새로운 모델의 자동차에 대한 평균 연비를 알기 위해, 생산한 모든 자동차를 이용하여 연비를 측정할 수는 없다. 따라서 임의로 선정한 몇 대의 자동차를 이용하여 새로 개발한 자동차의 평균 연비가 얼마인지를 공식화한다. 또한 업종별로 시간당 아르바이트 평균 급여가 얼마인지 알기 위해 모든 업장을 방문하여 조사하기란 어렵기 때문에, 이런 경우에도 업종별로 몇몇 업장을 임의로 선정하여 급여를 조사한다. 이와 같이 모평균 μ의 참값을 추정하기 위해 표본평균 $\overline{X}$를 사용한다. 9.2절에서 모평균과 관련한 통계량은 표본평균이며, 모분산을 아는지 모르는지에 따라 $\overline{X}$는 정규분포 또는 t-분포와 관련됨을 살펴보았다. 이 절에서는 모분산이 알려진 경우와 그렇지 않은 경우에 대해 단일 모평균과 두 모평균의 차에 대한 신뢰구간을 구하는 방법을 알아본다.

모평균의 신뢰구간

모분산이 알려진 경우와 알려지지 않은 경우에 따라 모평균의 신뢰구간은 달라진다. 먼저 모분산이 알려진 정규모집단에 대해 모평균의 $100(1-\alpha)\%$ 신뢰구간을 구하는 방법을 살펴본다.

■ 모분산이 알려진 정규모집단인 경우

9.2절에 따르면 모평균 μ와 모분산 σ^2이 알려진 정규모집단에서 크기가 n인 표본을 선정할 때, 표본평균 $\overline{X}$는 다음 정규분포를 따른다.

$$\overline{X} \sim N\left(\mu,\ \frac{\sigma^2}{n}\right)$$

그리고 $\overline{X}$를 표준화한 확률변수 Z는 다음 표준정규분포를 따른다.

$$Z = \frac{\overline{X}-\mu}{\sigma/\sqrt{n}} \sim N(0,\ 1)$$

이때 표준정규분포에서 양쪽 꼬리확률이 각각 $\frac{\alpha}{2}$인 백분위수는 [그림 10-7]과 같이 각각 $-z_{\alpha/2}$와 $z_{\alpha/2}$이다.

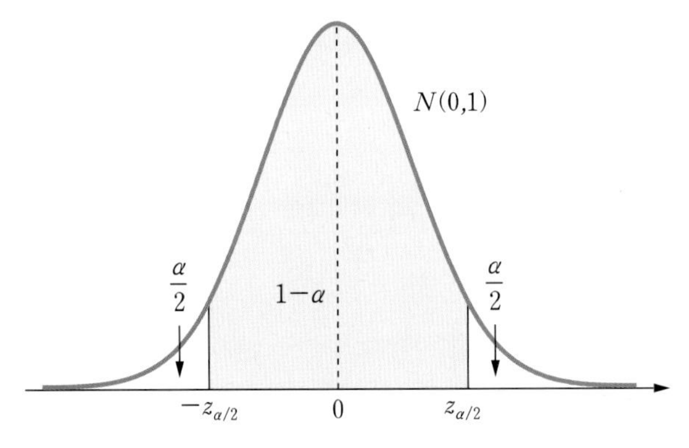

[그림 10-7] 표준정규분포에 대한 꼬리확률 $\frac{\alpha}{2}$와 백분위수

따라서 표준정규분포에서 양쪽 꼬리확률이 각각 $\frac{\alpha}{2}$인 백분위수에 대해 다음 확률을 얻는다.

$$P(|Z| < z_{\alpha/2}) = 1 - \alpha$$

즉 다음 관계를 얻는다.

$$P\left(\left|\frac{\overline{X} - \mu}{\sigma / \sqrt{n}}\right| < z_{\alpha/2}\right) = P\left(|\overline{X} - \mu| < z_{\alpha/2}\frac{\sigma}{\sqrt{n}}\right) = 1 - \alpha$$

$$\Leftrightarrow\ P\left(\overline{X} - z_{\alpha/2}\frac{\sigma}{\sqrt{n}} < \mu < \overline{X} + z_{\alpha/2}\frac{\sigma}{\sqrt{n}}\right) = 1 - \alpha$$

그러므로 모분산을 아는 정규모집단의 모평균 μ에 대한 $100(1-\alpha)\%$ 구간추정량은 다음과 같다.

$$\left(\overline{X} - z_{\alpha/2}\frac{\sigma}{\sqrt{n}},\ \overline{X} + z_{\alpha/2}\frac{\sigma}{\sqrt{n}}\right)$$

따라서 표본평균 $\overline{X}$의 관찰값 $\overline{x}$에 대해 모평균 μ에 대한 $100(1-\alpha)\%$ 신뢰구간은 다음과 같다.

$$\left(\overline{x} - z_{\alpha/2}\frac{\sigma}{\sqrt{n}},\ \overline{x} + z_{\alpha/2}\frac{\sigma}{\sqrt{n}}\right)$$

이때 모평균 μ를 추정하기 위한 점추정값 $\overline{x}$의 한계, 즉 $100(1-\alpha)\%$ 신뢰구간에서 $|\overline{x} - \mu|$의 오차한계 $e = z_{\alpha/2}\frac{\sigma}{\sqrt{n}}$를 **추정오차** error of estimation라 한다.

한편, 8.2절에서 표준정규분포의 양쪽 꼬리확률이 각각 $\frac{\alpha}{2} = 0.05,\ 0.025,\ 0.005$인 백분위수는 $z_{0.05} = 1.645,\ z_{0.025} = 1.96,\ z_{0.005} = 2.58$이고, 이에 대한 중심 부분의 확률 $P(|Z| < z_{\alpha/2})$는 각각 다음과 같음을 살펴보았다.

$$P(|Z| < 1.645) = 0.9,\quad P(|Z| < 1.96) = 0.95,\quad P(|Z| < 2.58) = 0.99$$

그러므로 모분산 σ^2을 아는 정규모집단의 모평균 μ에 대한 90%, 95%, 99% 신뢰구간은 각각 다음과 같다.

❶ 90% 신뢰구간 : $\left(\overline{x} - 1.645\frac{\sigma}{\sqrt{n}},\ \overline{x} + 1.645\frac{\sigma}{\sqrt{n}}\right)$

❷ 95% 신뢰구간 : $\left(\overline{x} - 1.96\frac{\sigma}{\sqrt{n}},\ \overline{x} + 1.96\frac{\sigma}{\sqrt{n}}\right)$

❸ 99% 신뢰구간 : $\left(\overline{x} - 2.58\frac{\sigma}{\sqrt{n}},\ \overline{x} + 2.58\frac{\sigma}{\sqrt{n}}\right)$

예제 10-3

모분산이 81인 정규모집단의 평균을 추정하기 위해 크기가 10인 표본을 선정하여 다음을 얻었다. 주어진 물음에 답하라.

$$[40, 35, 23, 32, 32, 40, 25, 46, 46, 21]$$

(a) 모평균 μ에 대한 점추정값을 구하라.

(b) 모평균 μ에 대한 90% 신뢰구간을 구하라.

(c) 모평균 μ에 대한 95% 신뢰구간을 구하라.

풀이

(a) 모평균 μ에 대한 점추정값 $\overline{x}$는 다음과 같다.

$$\overline{x} = \frac{1}{10}(40+35+23+32+32+40+25+46+46+21) = 34$$

(b) 90% 신뢰구간이므로 $z_{0.05} = 1.645$이고, $\overline{x} = 34$, $n = 10$, $\sigma = 9$이므로 신뢰구간의 하한과 상한은 각각 다음과 같다.

$$\overline{x} - 1.645\frac{\sigma}{\sqrt{n}} = 34 - 1.645\frac{9}{\sqrt{10}} \approx 29.32$$

$$\overline{x} + 1.645\frac{\sigma}{\sqrt{n}} = 34 + 1.645\frac{9}{\sqrt{10}} \approx 38.68$$

따라서 모평균 μ에 대한 90% 신뢰구간은 $(29.32, 38.68)$이다.

(c) 95% 신뢰구간이므로 $z_{0.025} = 1.96$이고, $\overline{x} = 34$, $n = 10$, $\sigma = 9$이므로 신뢰구간의 하한과 상한은 각각 다음과 같다.

$$\bar{x} - 1.96\frac{\sigma}{\sqrt{n}} = 34 - 1.96\frac{9}{\sqrt{10}} \approx 28.42$$

$$\bar{x} + 1.96\frac{\sigma}{\sqrt{n}} = 34 + 1.96\frac{9}{\sqrt{10}} \approx 39.58$$

따라서 모평균 μ에 대한 95% 신뢰구간은 $(28.42, 39.58)$이다.

I Can Do 10-3

모분산이 4인 정규모집단의 평균을 추정하기 위해 크기가 10인 표본을 선정하여 다음을 얻었다. 주어진 물음에 답하라.

$$[40, 28, 25, 28, 42, 33, 26, 43, 45, 40]$$

(a) 모평균 μ에 대한 점추정값을 구하라.

(b) 모평균 μ에 대한 90% 신뢰구간을 구하라.

(c) 모평균 μ에 대한 95% 신뢰구간을 구하라.

다음으로 모분산이 알려지지 않은 정규모집단에 대해 모평균의 $100(1-\alpha)\%$ 신뢰구간을 구하는 방법을 살펴본다.

■ 모분산이 알려지지 않은 정규모집단인 경우

9.2절에서 살펴봤듯이 모분산 σ^2을 모르는 정규모집단에서 크기가 n인 표본을 추출할 때, 통계량 T는 다음과 같이 자유도가 $n-1$인 t-분포를 따른다.

$$T = \frac{\bar{X} - \mu}{s/\sqrt{n}} \sim t(n-1)$$

또한 [그림 10-8]과 같이 자유도가 $n-1$인 t-분포에 대해 양쪽 꼬리확률이 $\frac{\alpha}{2}$인 두 백분위수는 $-t_{\alpha/2}(n-1)$와 $t_{\alpha/2}(n-1)$이고, 이에 대한 중심확률은 $1-\alpha$임을 알고 있다.

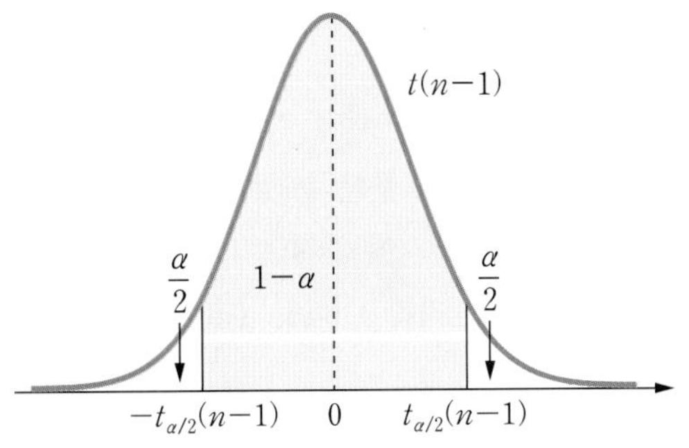

[그림 10-8] 자유도 $n-1$인 t-분포의 꼬리확률 $\frac{\alpha}{2}$와 백분위수

따라서 확률변수 T에 대해 다음 확률을 얻는다.

$$P(|T| < t_{\alpha/2}(n-1)) = 1-\alpha$$

즉 다음 관계를 얻는다.

$$P\left(\left|\frac{\overline{X}-\mu}{s/\sqrt{n}}\right| < t_{\alpha/2}(n-1)\right) = P\left(|\overline{X}-\mu| < t_{\alpha/2}(n-1)\frac{s}{\sqrt{n}}\right) = 1-\alpha$$

$$\Leftrightarrow P\left(\overline{X}-t_{\alpha/2}(n-1)\frac{s}{\sqrt{n}} < \mu < \overline{X}+t_{\alpha/2}(n-1)\frac{s}{\sqrt{n}}\right) = 1-\alpha$$

그러므로 모분산을 모르는 정규모집단의 모평균 μ에 대한 $100(1-\alpha)\%$ 구간추정량은 다음과 같다.

$$\left(\overline{X}-t_{\alpha/2}(n-1)\frac{s}{\sqrt{n}},\ \overline{X}+t_{\alpha/2}(n-1)\frac{s}{\sqrt{n}}\right)$$

이때 모평균 μ를 추정하기 위한 $|\overline{x}-\mu|$의 오차한계는 $e = t_{\alpha/2}(n-1)\frac{s}{\sqrt{n}}$이고 표본평균 $\overline{X}$의 관찰값 $\overline{x}$에 대해 모평균 μ에 대한 $100(1-\alpha)\%$ 신뢰구간은 다음과 같다.

$$\left(\overline{x}-t_{\alpha/2}(n-1)\frac{s}{\sqrt{n}},\ \overline{x}+t_{\alpha/2}(n-1)\frac{s}{\sqrt{n}}\right)$$

따라서 모분산 σ^2을 모르는 정규모집단의 모평균 μ에 대한 90%, 95%, 99% 신뢰구간은 각각 다음과 같다.

❶ 90% 신뢰구간 : $\left(\overline{x}-t_{0.05}(n-1)\frac{s}{\sqrt{n}},\ \overline{x}+t_{0.05}(n-1)\frac{s}{\sqrt{n}}\right)$

❷ 95% 신뢰구간 : $\left(\overline{x}-t_{0.025}(n-1)\frac{s}{\sqrt{n}},\ \overline{x}+t_{0.025}(n-1)\frac{s}{\sqrt{n}}\right)$

❸ 99% 신뢰구간 : $\left(\overline{x}-t_{0.005}(n-1)\frac{s}{\sqrt{n}},\ \overline{x}+t_{0.005}(n-1)\frac{s}{\sqrt{n}}\right)$

한편 표본의 크기 n이 충분히 크면, 즉 $n \geq 30$이면 표본분산 S^2은 모분산 σ^2에 근사한다. 따라서 $n \geq 30$일 때 표본분산 S^2의 관찰값 s^2을 이용하여 근사신뢰구간을 구할 수 있으며, 이 경우에 t-분포 대신에 표준정규분포를 사용한다. 따라서 $n \geq 30$이면 n의 크기에 관계없이 위와 같은 신뢰구간 ❶, ❷, ❸에서 $t_{0.05}(n-1)$, $t_{0.025}(n-1)$, $t_{0.005}(n-1)$을 각각 1.645, 1.96, 2.58로 대체하여 근사신뢰구간을 구할 수 있다([연습문제 10] 참고).

예제 10-4

모분산을 모르는 정규모집단의 평균을 추정하기 위해 크기가 10인 표본을 선정하여 다음을 얻었다. 주어진 물음에 답하라.

$$[40,\ 35,\ 23,\ 32,\ 32,\ 40,\ 25,\ 46,\ 46,\ 21]$$

(a) 모평균 μ에 대한 90% 신뢰구간을 구하라.

(b) 모평균 μ에 대한 95% 신뢰구간을 구하라.

풀이

(a) [예제 10-3]에서 모평균에 대한 점추정값 $\overline{x} = 34$를 얻었으며, 표본표준편차는 다음과 같다.

$$s^2 = \frac{1}{9}\sum_{i=1}^{10}(x_i - \overline{x})^2 \approx 82.2222 \quad \Rightarrow \quad s = \sqrt{82.2222} \approx 9.068$$

90% 신뢰구간이므로 $t_{0.05}(9) = 1.383$이고, $\overline{x} = 34$, $n = 10$, $s = 9.068$이므로 신뢰구간의 하한과 상한은 각각 다음과 같다.

$$\overline{x} - t_{0.05}(9)\frac{s}{\sqrt{n}} = 34 - 1.383\frac{9.068}{\sqrt{10}} \approx 30.03$$

$$\overline{x} + t_{0.05}(9)\frac{s}{\sqrt{n}} = 34 + 1.383\frac{9.068}{\sqrt{10}} \approx 37.97$$

따라서 모평균 μ에 대한 90% 신뢰구간은 $(30.03,\ 37.97)$이다.

(b) 95% 신뢰구간이므로 $t_{0.025}(9) = 2.262$이고, $\overline{x} = 34$, $n = 10$, $s = 9.068$이므로 신뢰구간의 하한과 상한은 각각 다음과 같다.

$$\overline{x} - t_{0.025}(9)\frac{s}{\sqrt{n}} = 34 - 2.262\frac{9.068}{\sqrt{10}} \approx 27.51$$

$$\overline{x} + t_{0.025}(9)\frac{s}{\sqrt{n}} = 34 + 2.262\frac{9.068}{\sqrt{10}} \approx 40.49$$

따라서 모평균 μ에 대한 95% 신뢰구간은 $(27.51,\ 40.49)$이다.

I Can Do 10-4

모분산을 모르는 정규모집단의 평균을 추정하기 위해 크기가 10인 표본을 선정하여 다음을 얻었다. 주어진 물음에 답하라.

$$[40,\ 28,\ 25,\ 28,\ 42,\ 33,\ 26,\ 43,\ 45,\ 40]$$

(a) 모평균 μ에 대한 90% 신뢰구간을 구하라.

(b) 모평균 μ에 대한 95% 신뢰구간을 구하라.

두 모평균 차의 신뢰구간

단일 모평균의 신뢰구간과 마찬가지로, 모분산이 알려진 경우와 알려지지 않은 경우에 따라 두 모평균의 차에 대한 신뢰구간도 달라진다. 먼저 모분산이 알려진 정규모집단에 대해 두 모평균 차의 $100(1-\alpha)\%$ 신뢰구간을 구하는 방법을 살펴본다.

■ 두 모분산이 알려진 정규모집단인 경우

모분산이 σ_1^2과 σ_2^2이고 독립인 두 정규모집단 $N(\mu_1, \sigma_1^2)$과 $N(\mu_2, \sigma_2^2)$에서 각각 크기가 n과 m인 표본을 추출하여 표본평균을 각각 $\overline{X}$, $\overline{Y}$라 하자. 이때 두 표본평균의 차 $\overline{X}-\overline{Y}$는 다음 정규분포를 따르는 것을 9.2절에서 살펴보았다.

$$\overline{X}-\overline{Y} \sim N\left(\mu_1-\mu_2, \frac{\sigma_1^2}{n}+\frac{\sigma_2^2}{m}\right)$$

그리고 $\overline{X}-\overline{Y}$의 표준화 확률변수 Z는 다음 표준정규분포를 따른다.

$$Z=\frac{(\overline{X}-\overline{Y})-(\mu_1-\mu_2)}{\sqrt{(\sigma_1^2/n)+(\sigma_2^2/m)}} \sim N(0, 1)$$

그러면 양쪽 꼬리확률이 각각 $\frac{\alpha}{2}$인 백분위수 $-z_{\alpha/2}$와 $z_{\alpha/2}$에 대해 다음을 얻는다.

$$P(|Z|<z_{\alpha/2})=1-\alpha$$

즉 다음 관계를 얻는다.

$$P\left(-z_{\alpha/2} \le \frac{(\overline{X}-\overline{Y})-(\mu_1-\mu_2)}{\sqrt{(\sigma_1^2/n)+(\sigma_2^2/m)}} \le z_{\alpha/2}\right)=1-\alpha$$

$$\Leftrightarrow P\left((\overline{X}-\overline{Y})-z_{\alpha/2}\sqrt{\frac{\sigma_1^2}{n}+\frac{\sigma_2^2}{m}} \le \mu_1-\mu_2 \le (\overline{X}-\overline{Y})+z_{\alpha/2}\sqrt{\frac{\sigma_1^2}{n}+\frac{\sigma_2^2}{m}}\right)=1-\alpha$$

그러므로 $\mu_1-\mu_2$에 대한 $100(1-\alpha)\%$ 구간추정량은 다음과 같다.

$$\left((\overline{X}-\overline{Y})-z_{\alpha/2}\sqrt{\frac{\sigma_1^2}{n}+\frac{\sigma_2^2}{m}}, \ (\overline{X}-\overline{Y})+z_{\alpha/2}\sqrt{\frac{\sigma_1^2}{n}+\frac{\sigma_2^2}{m}}\right)$$

따라서 두 모평균의 차 $\mu_1 - \mu_2$에 대한 90%, 95%, 99% 신뢰구간은 각각 다음과 같다.

❶ 90% 신뢰구간 : $\left((\overline{x}-\overline{y})-1.645\sqrt{\frac{\sigma_1^2}{n}+\frac{\sigma_2^2}{m}},\ (\overline{x}-\overline{y})+1.645\sqrt{\frac{\sigma_1^2}{n}+\frac{\sigma_2^2}{m}}\right)$

❷ 95% 신뢰구간 : $\left((\overline{x}-\overline{y})-1.96\sqrt{\frac{\sigma_1^2}{n}+\frac{\sigma_2^2}{m}},\ (\overline{x}-\overline{y})+1.96\sqrt{\frac{\sigma_1^2}{n}+\frac{\sigma_2^2}{m}}\right)$

❸ 99% 신뢰구간 : $\left((\overline{x}-\overline{y})-2.58\sqrt{\frac{\sigma_1^2}{n}+\frac{\sigma_2^2}{m}},\ (\overline{x}-\overline{y})+2.58\sqrt{\frac{\sigma_1^2}{n}+\frac{\sigma_2^2}{m}}\right)$

예제 10-5

모표준편차가 4인 정규모집단에서 크기가 25인 표본을 추출하여 평균 $\overline{x}=45$를 얻었다. 그리고 모표준편차가 5인 정규모집단에서 크기 16인 표본을 추출하여 표본평균 $\overline{y}=41$을 얻었다. 두 모집단이 독립이라 할 때, 다음을 구하라.

(a) $\mu_1 - \mu_2$에 대한 점추정값

(b) $\mu_1 - \mu_2$에 대한 90% 신뢰구간

풀이

(a) $\overline{x}=45$, $\overline{y}=41$이므로 $\mu_1 - \mu_2$에 대한 점추정값은 $\overline{x}-\overline{y}=45-41=4$이다.

(b) 90% 신뢰구간이므로 $z_{0.05}=1.645$이고, $\sigma_1^2=16$, $n=25$, $\sigma_2^2=25$, $m=16$이므로 신뢰구간의 하한과 상한은 각각 다음과 같다.

$$(\overline{x}-\overline{y})-1.645\sqrt{\frac{\sigma_1^2}{n}+\frac{\sigma_2^2}{m}}=4-1.645\sqrt{\frac{16}{25}+\frac{25}{16}}\approx 1.56$$

$$(\overline{x}-\overline{y})+1.645\sqrt{\frac{\sigma_1^2}{n}+\frac{\sigma_2^2}{m}}=4+1.645\sqrt{\frac{16}{25}+\frac{25}{16}}\approx 6.44$$

$\mu_1 - \mu_2$에 대한 90% 신뢰구간은 $(1.56, 6.44)$이다.

I Can Do 10-5

모분산이 각각 $\sigma_1^2=2.25$, $\sigma_2^2=4$이고 독립인 두 정규모집단으로부터 각각 크기가 15와 20인 표본을 추출하여 표본평균 $\overline{x}=27$, $\overline{y}=25$를 얻었다. 두 모평균의 차에 대한 95% 신뢰구간을 구하라.

다음으로 모분산이 알려지지 않은 정규모집단에 대해 두 모평균 차의 $100(1-\alpha)\%$ 신뢰구간을 구하는 방법을 살펴본다.

■ 두 모분산이 같고, 알려지지 않은 정규모집단인 경우

모분산을 모르지만 동일하며 독립인 두 정규모집단 $N(\mu_1, \sigma_1^2)$과 $N(\mu_2, \sigma_2^2)$에서 각각 크기가 n과 m인 표본을 추출하여 표본평균을 각각 $\overline{X}$, $\overline{Y}$라 하면, 합동표본표준편차 S_p에 대해 $\overline{X}-\overline{Y}$가 다음과 같이 t-분포를 따르는 것을 9.2절에서 살펴보았다.

$$T = \frac{(\overline{X}-\overline{Y})-(\mu_1-\mu_2)}{S_p\sqrt{\dfrac{1}{n}+\dfrac{1}{m}}} \sim t(n+m-2)$$

그러면 [그림 10-8]에서와 같이 $P(|T| < t_{\alpha/2}(n+m-2)) = 1-\alpha$를 만족하므로 다음을 얻는다.

$$P\left(\left|\frac{(\overline{X}-\overline{Y})-(\mu_1-\mu_2)}{S_p\sqrt{\dfrac{1}{n}+\dfrac{1}{m}}}\right| < t_{\alpha/2}(n+m-2)\right) = 1-\alpha$$

따라서 모분산을 모르고 독립인 두 정규모집단에 대해, 모평균의 차 $\mu_1-\mu_2$에 대한 $100(1-\alpha)\%$ 신뢰구간은 다음과 같다.

$$\left((\overline{x}-\overline{y})-t_{\alpha/2}(n+m-2)\,s_p\sqrt{\frac{1}{n}+\frac{1}{m}},\ (\overline{x}-\overline{y})+t_{\alpha/2}(n+m-2)\,s_p\sqrt{\frac{1}{n}+\frac{1}{m}}\right)$$

예제 10-6

모분산이 동일하고 독립인 두 정규모집단의 모평균의 차를 알아보기 위해 표본조사를 실시하여 다음 결과를 얻었다. 두 모평균의 차에 대한 95% 신뢰구간을 구하라.

구분	표본의 크기	표본평균	표본분산
표본 1	10	7.5	4
표본 2	12	5.4	3

풀이

$\overline{x}=7.5$, $\overline{y}=5.4$이므로 $\overline{x}-\overline{y}=7.5-5.4=2.1$이고, $s_1^2=4$, $s_2^2=3$, $n=10$, $m=12$이므로 합동표본표준편차는 다음과 같다.

$$s_p^2 = \frac{1}{20}[(9)(4)+(11)(3)] = 3.45 \quad \Rightarrow \quad s_p = \sqrt{3.45} \approx 1.8574$$

자유도가 20인 t-분포에서 $t_{0.025}(20) = 2.086$이므로 신뢰구간의 하한과 상한은 각각 다음과 같다.

$$(\overline{x} - \overline{y}) - t_{0.025}(20)\, s_p \sqrt{\frac{1}{n} + \frac{1}{m}} = 2.1 - (2.086)(1.8574)\sqrt{\frac{1}{10} + \frac{1}{12}} \approx 0.441$$

$$(\overline{x} - \overline{y}) + t_{0.025}(20)\, s_p \sqrt{\frac{1}{n} + \frac{1}{m}} = 2.1 + (2.086)(1.8574)\sqrt{\frac{1}{10} + \frac{1}{12}} \approx 3.759$$

따라서 $\mu_1 - \mu_2$에 대한 95% 신뢰구간은 $(0.441,\ 3.759)$이다.

I Can Do 10-6

모분산이 동일하고 독립인 두 정규모집단의 모평균의 차를 알아보기 위해 표본조사를 실시하여 다음 결과를 얻었다. 두 모평균의 차에 대한 90% 신뢰구간을 구하라.

구분	표본의 크기	표본평균	표본분산
표본 1	6	35	5
표본 2	8	24	4

Section

10.3 모비율의 구간추정

'모비율의 구간추정'을 왜 배워야 하는가?

매주 각종 언론사에서 국정운영에 대한 지지도 조사 결과를 발표하는데, 이 결과는 어떤 측면에서 국정운영을 잘했고 못했는지에 대한 국민의 의견을 반영한다. 이때 전 국민을 대상으로 국정운영에 대한 지지도를 조사할 수 없으므로, 임의로 선정한 유권자를 대상으로 지지도를 조사한다. 이와 같이 모집단을 구성하는 모든 대상에 대해 어떤 특별한 사항의 비율을 조사하기는 어렵기 때문에 표본을 선정하여 그 비율을 추정한다. 그러면 표본비율 $\hat{p}$은 모비율 p에 대한 불편추정량이며, 표본의 크기가 충분히 크면 $\hat{p} \approx p$이다. 따라서 표본비율의 성질을 이용하면 모비율을 추정할 수 있다. 이 절에서는 단일 모비율과 두 모비율의 차에 대한 신뢰구간을 구하는 방법을 살펴본다.

모비율의 신뢰구간

표본의 크기 n이 충분히 큰 경우, 즉 $np \geq 5$, $nq \geq 5$이면 모비율 p에 대한 점추정량인 표본비율 $\hat{p} = \dfrac{X}{n}$는 다음과 같은 정규분포를 따른다는 것을 9.4절에서 살펴보았다.

$$\hat{p} \sim N\left(p, \frac{pq}{n}\right) \quad \text{또는} \quad Z = \frac{\hat{p} - p}{\sqrt{pq/n}} \sim N(0, 1), \ \text{단 } q = 1 - p$$

그러면 표준정규분포에서 왼쪽과 오른쪽 꼬리확률이 각각 $\dfrac{\alpha}{2}$인 백분위수에 대해 다음 확률을 얻는다.

$$P(|Z| \leq z_{\alpha/2}) = 1 - \alpha$$

즉 다음 관계를 얻는다.

$$P\left(\left|\frac{\hat{p} - p}{\sqrt{pq/n}}\right| < z_{\alpha/2}\right) = P\left(|\hat{p} - p| < z_{\alpha/2}\sqrt{\frac{pq}{n}}\right) = 1 - \alpha$$

$$\Leftrightarrow \ P\left(\hat{p} - z_{\alpha/2}\sqrt{\frac{pq}{n}} < p < \hat{p} + z_{\alpha/2}\sqrt{\frac{pq}{n}}\right) = 1 - \alpha$$

따라서 모비율 p에 대한 $100(1-\alpha)\%$ 구간추정량은 다음과 같다.

$$\left(\hat{p} - z_{\alpha/2}\sqrt{\frac{pq}{n}}, \ \hat{p} + z_{\alpha/2}\sqrt{\frac{pq}{n}}\right)$$

여기서 모비율 p는 알려지지 않은 수치이므로 신뢰구간의 $\sqrt{\ }$ 값을 계산할 수 없다. 그러나 표본의 크기 n이 충분히 크면 $\hat{p} \approx p$이므로 모비율 p에 대한 $100(1-\alpha)\%$ 구간추정량은 $\sqrt{\ }$ 안의 p와

q를 각각 $\hat{p}$과 $\hat{q}=1-\hat{p}$으로 대체한다. 따라서 표본비율 $\hat{p}$의 관찰값에 대하여, 모비율 p에 대한 $100(1-\alpha)\%$ 신뢰구간은 다음과 같다.

$$\left(\hat{p}-z_{\alpha/2}\sqrt{\frac{\hat{p}\hat{q}}{n}},\ \hat{p}+z_{\alpha/2}\sqrt{\frac{\hat{p}\hat{q}}{n}}\right)$$

이때 모비율 p를 추정하기 위한 점추정값 $\hat{p}$의 한계, 즉 $100(1-\alpha)\%$ 신뢰구간에서 $|\hat{p}-p|$의 오차한계는 $e=z_{\alpha/2}\sqrt{\frac{\hat{p}\hat{q}}{n}}$ 이다.

한편, 표준정규분포의 양쪽 꼬리확률이 각각 $\frac{\alpha}{2}=0.05,\ 0.025,\ 0.005$인 백분위수가 $z_{0.05}=1.645,\ z_{0.025}=1.96,\ z_{0.005}=2.58$이므로 모비율 p에 대한 90%, 95%, 99% 신뢰구간은 각각 다음과 같다.

❶ 90% 신뢰구간 : $\left(\hat{p}-1.645\sqrt{\frac{\hat{p}\hat{q}}{n}},\ \hat{p}+1.645\sqrt{\frac{\hat{p}\hat{q}}{n}}\right)$

❷ 95% 신뢰구간 : $\left(\hat{p}-1.96\sqrt{\frac{\hat{p}\hat{q}}{n}},\ \hat{p}+1.96\sqrt{\frac{\hat{p}\hat{q}}{n}}\right)$

❸ 99% 신뢰구간 : $\left(\hat{p}-2.58\sqrt{\frac{\hat{p}\hat{q}}{n}},\ \hat{p}+2.58\sqrt{\frac{\hat{p}\hat{q}}{n}}\right)$

예제 10-7

모비율이 p인 모집단에서 크기가 1,000인 표본을 추출하여 표본비율 $\hat{p}=0.36$을 얻었을 때, 다음을 구하라.

(a) 모비율 p에 대한 90% 신뢰구간
(b) 모비율 p에 대한 95% 신뢰구간

풀이

(a) $z_{0.05}=1.645,\ n=1000,\ \hat{p}=0.36$이므로, 90% 신뢰구간의 하한과 상한은 다음과 같다.

$$\hat{p}-1.645\sqrt{\frac{\hat{p}\hat{q}}{n}}=0.36-1.645\sqrt{\frac{(0.36)(0.64)}{1000}}\approx 0.335$$

$$\hat{p}+1.645\sqrt{\frac{\hat{p}\hat{q}}{n}}=0.36+1.645\sqrt{\frac{(0.36)(0.64)}{1000}}\approx 0.385$$

따라서 모비율 p에 대한 90% 신뢰구간은 $(0.335,\ 0.385)$이다.

(b) $z_{0.025} = 1.96$, $n = 1000$, $\hat{p} = 0.36$이므로, 95% 신뢰구간의 하한과 상한은 다음과 같다.

$$\hat{p} - 1.96\sqrt{\frac{\hat{p}\hat{q}}{n}} = 0.36 - 1.96\sqrt{\frac{(0.36)(0.64)}{1000}} \approx 0.330$$

$$\hat{p} + 1.96\sqrt{\frac{\hat{p}\hat{q}}{n}} = 0.36 + 1.96\sqrt{\frac{(0.36)(0.64)}{1000}} \approx 0.390$$

따라서 모비율 p에 대한 95% 신뢰구간은 $(0.330, 0.390)$이다.

I Can Do 10-7

모비율이 p인 모집단에서 크기가 1,200인 표본을 추출하여 표본비율 $\hat{p} = 0.77$을 얻었을 때, 다음을 구하라.

(a) 모비율 p에 대한 95% 신뢰구간

(b) 모비율 p에 대한 99% 신뢰구간

두 모비율 차의 신뢰구간

모비율이 각각 p_1, p_2이고 독립인 두 모집단에서 각각 크기가 n, m인 표본을 추출하여 표본비율을 각각 $\hat{p}_1$, $\hat{p}_2$이라 하면, 두 모비율의 차 $p_1 - p_2$는 다음과 같은 정규분포를 따르는 것을 9.4절에서 살펴보았다.

$$\hat{p}_1 - \hat{p}_2 \sim N\left(p_1 - p_2, \frac{p_1 q_1}{n} + \frac{p_2 q_2}{m}\right)$$

그러므로 단일 모비율의 경우와 동일한 방법을 적용하면, $p_1 - p_2$에 대한 $100(1-\alpha)\%$ 구간추정량은 다음과 같다.

$$\left((\hat{p}_1 - \hat{p}_2) - z_{\alpha/2}\sqrt{\frac{p_1 q_1}{n} + \frac{p_2 q_2}{m}},\ (\hat{p}_1 - \hat{p}_2) + z_{\alpha/2}\sqrt{\frac{p_1 q_1}{n} + \frac{p_2 q_2}{m}}\right)$$

이 경우에도 표본의 크기 n과 m이 충분히 크면, 즉 $np \ge 5$, $nq \ge 5$, $mp \ge 5$, $mq \ge 5$이면 $\hat{p}_1 \approx p_1$, $\hat{p}_2 \approx p_2$이므로 $p_1 - p_2$에 대한 $100(1-\alpha)\%$ 구간추정량은 $\sqrt{\ }$ 안의 p_1, p_2, q_1, q_2를 각각 $\hat{p}_1$, $\hat{p}_2$, $\hat{q}_1$, $\hat{q}_2$으로 대체하여 구한다. 따라서 두 모비율의 차 $p_1 - p_2$에 대한 $100(1-\alpha)\%$ 신뢰구간은 다음과 같다.

$$\left((\hat{p}_1 - \hat{p}_2) - z_{\alpha/2}\sqrt{\frac{\hat{p}_1 \hat{q}_1}{n} + \frac{\hat{p}_2 \hat{q}_2}{m}},\ (\hat{p}_1 - \hat{p}_2) + z_{\alpha/2}\sqrt{\frac{\hat{p}_1 \hat{q}_1}{n} + \frac{\hat{p}_2 \hat{q}_2}{m}}\right)$$

그러면 두 모비율의 차 p_1-p_2에 대한 90%, 95%, 99% 신뢰구간은 각각 다음과 같다.

❶ 90% 신뢰구간 :

$$\left((\hat{p}_1-\hat{p}_2)-1.645\sqrt{\frac{\hat{p}_1\hat{q}_1}{n}+\frac{\hat{p}_2\hat{q}_2}{m}},\ (\hat{p}_1-\hat{p}_2)+1.645\sqrt{\frac{\hat{p}_1\hat{q}_1}{n}+\frac{\hat{p}_2\hat{q}_2}{m}}\right)$$

❷ 95% 신뢰구간 :

$$\left((\hat{p}_1-\hat{p}_2)-1.96\sqrt{\frac{\hat{p}_1\hat{q}_1}{n}+\frac{\hat{p}_2\hat{q}_2}{m}},\ (\hat{p}_1-\hat{p}_2)+1.96\sqrt{\frac{\hat{p}_1\hat{q}_1}{n}+\frac{\hat{p}_2\hat{q}_2}{m}}\right)$$

❸ 99% 신뢰구간 :

$$\left((\hat{p}_1-\hat{p}_2)-2.58\sqrt{\frac{\hat{p}_1\hat{q}_1}{n}+\frac{\hat{p}_2\hat{q}_2}{m}},\ (\hat{p}_1-\hat{p}_2)+2.58\sqrt{\frac{\hat{p}_1\hat{q}_1}{n}+\frac{\hat{p}_2\hat{q}_2}{m}}\right)$$

예제 10-8

모비율이 p_1, p_2이고 독립인 두 모집단에서 각각 크기가 500과 1,000인 표본을 추출하여 표본비율 $\hat{p}_1=0.54$와 $\hat{p}_2=0.46$을 얻었다. 두 모비율의 차 p_1-p_2에 대한 95% 신뢰구간을 구하라.

풀이

$z_{0.025}=1.96$, $n=500$, $m=1000$, $\hat{p}_1=0.54$, $\hat{p}_2=0.46$이므로 $\hat{p}_1-\hat{p}_2=0.54-0.46=0.08$이고, 95% 신뢰구간의 하한과 상한은 다음과 같다.

$$(\hat{p}_1-\hat{p}_2)-1.96\sqrt{\frac{\hat{p}_1\hat{q}_1}{n}+\frac{\hat{p}_2\hat{q}_2}{m}}=0.08-1.96\sqrt{\frac{(0.54)(0.46)}{500}+\frac{(0.46)(0.54)}{1000}}\approx 0.026$$

$$(\hat{p}_1-\hat{p}_2)+1.96\sqrt{\frac{\hat{p}_1\hat{q}_1}{n}+\frac{\hat{p}_2\hat{q}_2}{m}}=0.08+1.96\sqrt{\frac{(0.54)(0.46)}{500}+\frac{(0.46)(0.54)}{1000}}\approx 0.134$$

따라서 두 모비율의 차 p_1-p_2에 대한 95% 신뢰구간은 $(0.026, 0.134)$이다.

I Can Do 10-8

모비율이 p_1, p_2이고 독립인 두 모집단에서 각각 크기 1,500인 표본을 추출하여 표본비율 $\hat{p}_1=0.39$와 $\hat{p}_2=0.36$을 얻었다. 두 모비율의 차 p_1-p_2에 대한 95% 신뢰구간을 구하라.

Section
10.4 표본의 크기 결정

'표본의 크기 결정'을 왜 배워야 하는가?

지금까지 정해진 표본의 크기에 대해 여러 가지 모수를 추정하는 방법을 살펴보았다. 표본의 크기가 모집단의 크기에 가까울수록 모수의 추정값은 참값에 가까워지지만, 여러 가지 문제로 인해 매우 큰 표본을 조사한다는 것은 실효성이 떨어진다. 또한 표본의 크기가 매우 작으면 모수에 대해 왜곡된 정보를 얻을 수 있다는 문제가 발생한다. 따라서 이 절에서는 주어진 신뢰도와 오차한계에 대해 적당한 표본의 크기를 결정하는 방법을 살펴본다.

모평균의 추정을 위한 표본의 크기 결정

10.2절에서 모평균을 추정할 때, 모분산을 아는 경우와 모르는 경우에 서로 다른 분포를 이용하였다. 따라서 모평균을 추정하기 위한 표본의 크기를 결정할 때도 마찬가지로 모분산을 아는 경우와 모르는 경우로 나누어 살펴본다.

■ 모분산이 알려진 경우

모분산이 알려진 정규모집단에서 크기가 n인 표본을 추출할 때, 신뢰도가 $100(1-\alpha)\%$인 신뢰구간에서 표본평균 $\overline{X}$와 모평균 μ의 오차한계가 $e = z_{\alpha/2}\frac{\sigma}{\sqrt{n}}$ 임을 10.2절에서 살펴보았다. 이때 오차한계를 d 이하로 만들기 위한 n을 구하는 방법을 살펴본다. 그러면 $\overline{X}$와 μ 사이의 오차는 $|\overline{X}-\mu| < e$이고, 이 오차를 d 이하로 만들려면 $e = z_{\alpha/2}\frac{\sigma}{\sqrt{n}} \le d$이면 된다. 따라서 오차한계 e를 d 이하로 추정하기 위한, 즉 최대 오차한계가 d이기 위한 표본의 크기 n은 다음 부등식을 만족하는 가장 작은 정수로 선택한다.

$$n \ge \left(z_{\alpha/2}\frac{\sigma}{d}\right)^2$$

예를 들어 95% 신뢰도에서 오차한계를 d 이하로 하여 모평균을 추정할 때, 조사해야 할 표본의 크기는 $n \ge \left(1.96 \times \frac{\sigma}{d}\right)^2$ 을 만족한다.

■ 모분산이 알려지지 않은 경우

대부분의 모집단은 모분산이 알려져 있지 않으므로 표본의 크기를 결정하기 위해 σ 를 추측해야 하며, 보편적으로 다음 두 가지 방법을 많이 사용한다.

❶ 이전에 조사한 경험이 있는 자료에 대한 모표준편차를 사용한다.

❷ 이전 자료가 없는 경우에는 본조사를 실시하기 전에 예비조사로 얻은 표본표준편차를 모표준편차로 이용한다.

예를 들어 새로운 모델인 배터리의 평균수명에 대한 95% 신뢰구간을 구한다고 하자. 그러면 예비조사를 통해 크기가 10인 표본을 조사하여 표본표준편차 s_0를 구한다. 그리고 다음과 같이 예비조사에서 얻은 표본표준편차를 모표준편차로 이용하여 표본의 크기를 구한다.

$$n \geq \left(z_{\alpha/2} \frac{s_0}{d} \right)^2$$

예제 10-9

정규모집단의 모평균에 대한 95% 신뢰도와 최대 오차한계 0.6에서 신뢰구간을 구하고자 할 때, 다음 조건에서 표본의 크기를 구하라.

(a) 모분산이 4인 경우

(b) 크기가 20인 예비조사에서 표본분산이 3.6인 경우

풀이

(a) $z_{0.025} = 1.96$, $d = 0.6$, $\sigma = 2$이므로 표본의 크기는 다음과 같다.

$$n \geq \left(1.96 \times \frac{2}{0.6} \right)^2 \approx 42.68 \quad \Rightarrow \quad n = 43$$

(b) 예비조사에서 표본분산이 $s_0^2 = 3.6$이므로 표본의 크기는 다음과 같다.

$$n \geq \left(1.96 \times \frac{\sqrt{3.6}}{0.6} \right)^2 \approx 38.42 \quad \Rightarrow \quad n = 39$$

따라서 예비조사에서 20개를 조사하였으므로 추가로 19개를 더 조사하면 된다.

I Can Do 10-9

정규모집단의 모평균에 대한 99% 신뢰도와 최대 오차한계 0.5에서 신뢰구간을 구하고자 할 때, 다음 조건에서 표본의 크기를 구하라.

(a) 모분산이 3인 경우

(b) 크기가 15인 예비조사에서 표본분산이 3.4인 경우

모비율의 추정을 위한 표본의 크기

모비율 p를 추정하기 위해 표본의 크기를 결정하는 방법은 모평균과 비슷하다. 10.4절에서 살펴본 바와 같이 모비율 p에 대한 $100(1-\alpha)\%$ 오차한계는 $e = z_{\alpha/2}\sqrt{\frac{\hat{p}\hat{q}}{n}}$ 이다. 따라서 신뢰도 $100(1-\alpha)\%$에서 모비율 p에 대한 최대 오차한계를 d라 하면, 표본의 크기 n은 모평균의 경우와 마찬가지로 다음 부등식을 만족하는 가장 작은 정수로 선택한다.

$$n \geq \left(\frac{z_{\alpha/2}}{d}\right)^2 \hat{p}\hat{q}, \quad \hat{q} = 1-\hat{p}$$

이때 표본비율 $\hat{p}$은 표본의 크기가 결정된 이후에 표본으로부터 얻는 수치이므로 표본의 크기를 결정하는 단계에서 아직 알 수 없다. 그러므로 다음 두 가지 방법을 이용하여 표본의 크기를 결정한다.

❶ 과거의 경험 또는 예비조사에 의해 모비율에 대한 정보 p^*를 알고 있다면 $\hat{p}$을 p^*로 대체한다.

❷ 사전 정보가 없다면 대수적으로 $\hat{p}\hat{q} = \hat{p}(1-\hat{p}) = -\left(\hat{p}-\frac{1}{2}\right)^2 + \frac{1}{4} \leq \frac{1}{4}$이므로, $\hat{p}\hat{q}$을 $\frac{1}{4}$로 대체한다. 즉 $n \geq \frac{z_{\alpha/2}^2}{4d^2}$을 만족하는 n을 선택한다.

예제 10-10

특정 정당의 지지도를 신뢰도 95%, 최대 오차한계 3.1% 포인트에서 조사하고자 한다. 이때 다음 조건에서 조사해야 할 유권자의 수를 구하라.

(a) 지난 조사에서 지지도가 45%인 경우

(b) 사전 정보가 없는 경우

풀이

(a) $z_{0.025} = 1.96$, $d = 0.031$, $p^* = 0.45$이므로 표본의 크기는 다음과 같다.

$$n \geq \left(\frac{1.96}{0.031}\right)^2 (0.45)(0.55) \approx 989.38 \quad \Rightarrow \quad n = 990$$

(b) $z_{0.025} = 1.96$, $d = 0.031$ 이므로 표본의 크기는 다음과 같다.

$$n \geq \left(\frac{1.96}{(2)(0.031)}\right)^2 \approx 999.38 \quad \Rightarrow \quad n = 1000$$

I Can Do 10-10

청소년의 음주율을 신뢰도 95%, 최대 오차한계 2% 포인트에서 조사하고자 한다. 이때 다음 조건에서 조사해야 할 청소년의 수를 구하라.

(a) 이전에 조사한 결과에서 음주율이 10.7%인 경우

(b) 사전 정보가 없는 경우

Chapter 10 연습문제

기초문제

1. 다음 통계적 추론에 대한 설명 중 옳은 것을 고르라.

① 95% 신뢰도는 표본을 한 번 취해서 구한 신뢰구간에 모수가 포함될 확률을 의미한다.

② 표본의 크기가 클수록 신뢰구간의 길이가 커진다.

③ 신뢰도가 높을수록 신뢰구간의 길이는 작아진다.

④ 표본의 크기와 관계없이 모분산과 표본분산은 동일하다.

⑤ 모평균 μ에 대해 크기가 n인 표본평균은 $\overline{x} = \frac{\mu}{n}$이다.

2. 모평균이 μ인 모집단에서 크기가 2인 확률표본 $\{X_1, X_2\}$를 추출하여, 모평균에 대한 점추정량을 다음과 같이 정의하였다.

$$\hat{\mu}_1 = X_1, \quad \hat{\mu}_2 = \frac{1}{2}(X_1 + X_2),$$
$$\hat{\mu}_3 = \frac{1}{3}(X_1 + 2X_2), \quad \hat{\mu}_4 = \overline{X} + \frac{1}{2}$$

모평균 μ에 대한 불편추정량을 구하라.

① $\hat{\mu}_1$, $\hat{\mu}_2$, $\hat{\mu}_3$

② $\hat{\mu}_1$, $\hat{\mu}_2$, $\hat{\mu}_4$

③ $\hat{\mu}_1$, $\hat{\mu}_3$, $\hat{\mu}_4$

④ $\hat{\mu}_2$, $\hat{\mu}_3$, $\hat{\mu}_4$

⑤ $\hat{\mu}_2$, $\hat{\mu}_4$

3. [연습문제 2]에서 모평균 μ에 대한 유효추정량을 구하라.

① $\hat{\mu}_1$, $\hat{\mu}_2$ ② $\hat{\mu}_1$, $\hat{\mu}_3$ ③ $\hat{\mu}_1$, $\hat{\mu}_4$

④ $\hat{\mu}_2$, $\hat{\mu}_3$ ⑤ $\hat{\mu}_2$, $\hat{\mu}_4$

4. 모표준편차가 다음과 같은 정규모집단의 모평균에 대한 95% 신뢰구간을 구하기 위해 크기가 16인 표본을 선정하였다. 이때 가장 큰 신뢰구간을 갖는 모표준편차를 구하라.

$[\sigma = 1, \ \sigma = 2, \ \sigma = 3, \ \sigma = 4, \ \sigma = 5]$

① $\sigma = 1$ ② $\sigma = 2$ ③ $\sigma = 3$

④ $\sigma = 4$ ⑤ $\sigma = 5$

5. 모분산이 4인 정규모집단의 모평균에 대한 95% 신뢰구간을 구하기 위해 다음과 같은 크기의 표본을 선정하였다. 이때 가장 큰 신뢰구간을 갖는 표본의 크기를 구하라.

$[n = 10, \ n = 20, \ n = 30, \ n = 40, \ n = 50]$

① $n = 10$ ② $n = 20$ ③ $n = 30$

④ $n = 40$ ⑤ $n = 50$

6. 모분산이 4인 정규모집단의 모평균에 대한 신뢰구간을 구하기 위해 표본의 크기가 10인 표본을 선정하였다. 신뢰구간이 가장 큰 신뢰도를 구하라.

① 80% 신뢰도 ② 85% 신뢰도

③ 90% 신뢰도 ④ 95% 신뢰도

⑤ 99% 신뢰도

7. 정규분포 $N(\mu, 25)$를 따르는 모집단의 평균을 신뢰도 95%에서 추정하기 위해 크기가 36인 표본을 선정하였다. 모평균 μ에 대한 95% 신뢰구간을 구하라.

① $(\overline{x} - 1.37, \ \overline{x} + 1.37)$

② $(\overline{x} - 0.046, \ \overline{x} + 0.046)$

③ $(\overline{x} - 1.633, \ \overline{x} + 1.633)$

④ $(\overline{x}-1.361,\ \overline{x}+1.361)$

⑤ $(\overline{x}-2.15,\ \overline{x}+2.15)$

8. 정규분포 $N(\mu, \sigma^2)$을 따르는 모집단의 평균을 신뢰도 99%에서 추정하기 위해 크기가 16인 표본을 선정하였다. 모평균 μ에 대한 99% 신뢰구간을 구하라.

① $\left(\overline{x}-\frac{2.58\sigma}{16},\ \overline{x}+\frac{2.58\sigma}{16}\right)$

② $\left(\overline{x}-\frac{1.645s}{16},\ \overline{x}+\frac{1.645s}{16}\right)$

③ $\left(\overline{x}-\frac{2.58\sigma}{4},\ \overline{x}+\frac{2.58\sigma}{4}\right)$

④ $\left(\overline{x}-\frac{1.96s}{4},\ \overline{x}+\frac{1.96s}{4}\right)$

⑤ $\left(\overline{x}-\frac{1.645\sigma}{4},\ \overline{x}+\frac{1.645\sigma}{4}\right)$

9. 모분산이 $\sigma^2=16$인 정규모집단에서 크기가 36인 표본을 선정하여 표본평균 $\overline{x}=25$를 얻었다. 신뢰도 95%에서 모평균 μ의 신뢰구간을 구하라.

① (23.90, 26.10) ② (23.83, 26.17)
③ (23.69, 26.31) ④ (23.28, 26.72)
⑤ (23.17, 26.83)

10. 모분산을 모르는 정규모집단에서 크기가 100인 표본을 선정하여 표본평균 $\overline{x}=25$, 표본분산 $s^2=16$을 얻었다. 신뢰도 95%에서 모평균 μ의 근사신뢰구간을 구하라.

① (24.22, 25.78) ② (24.34, 25.66)
③ (23.97, 26.03) ④ (21.86, 28.14)
⑤ (22.37, 27.63)

11. 정규모집단의 모평균에 대한 95% 신뢰구간을 구하기 위해 크기가 16인 표본을 선정하여 표본평균 20, 표본표준편차 4를 얻었다. 신뢰도 95%에서 모평균 μ의 신뢰구간을 구하라.

① (19.201, 20.801) ② (17.881, 22.121)
③ (17.869, 22.131) ④ (19.467, 20.533)
⑤ (19.470, 20.530)

12. 정규모집단의 모평균을 추정하기 위해 크기가 25인 표본을 조사하여 표본평균 9와 표본표준편차 1.5를 얻었다. 신뢰도 90%에서 모평균 μ의 신뢰구간을 구하라.

① (8.488, 9.512) ② (8.477, 9.523)
③ (8.4769, 9.524) ④ (8.487, 9.513)
⑤ (8.382, 9.618)

13. 독립인 두 모집단이 각각 정규분포 $N(\mu_1, 5)$와 $N(\mu_2, 4)$를 따른다고 할 때, 크기가 각각 25인 표본을 추출하여 표본평균 $\overline{x}=14$와 $\overline{y}=11$을 얻었다. 두 모평균의 차에 대한 95% 신뢰구간을 구하라.

① (2.013, 3.987) ② (2.324, 3.676)
③ (1.940, 4.060) ④ (2.194, 3.806)
⑤ (1.824, 4.176)

14. 독립인 두 모집단이 각각 정규분포 $N(\mu_1, 25)$와 $N(\mu_2, 16)$을 따른다고 할 때, 크기가 각각 18과 24인 표본을 추출하여 표본평균 $\overline{x}=111$과 $\overline{y}=97$을 얻었다. 두 모평균의 차에 대한 95% 신뢰구간을 구하라.

① (11.64, 16.36) ② (11.19, 16.81)
③ (11.28, 16.72) ④ (10.30, 17.70)
⑤ (10.41, 17.58)

15. 독립인 두 정규모집단에서 다음과 같은 표본의 결과를 얻었다. 두 모평균의 차에 대한 90% 신뢰구간을 구하라.

구분	표본의 크기	표본평균	표본표준편차
표본 1	15	36	2.2
표본 2	11	29	2.4

① (5.487, 8.513) ② (5.1978, 8.803)
③ (5.448, 8.552) ④ (5.4532, 8.547)
⑤ (3.452, 10.547)

16. 독립인 두 정규모집단에서 다음과 같은 표본의 결과를 얻었다. 두 모평균의 차에 대한 95% 신뢰구간을 구하라.

구분	표본의 크기	표본평균	표본표준편차
표본 1	13	20.3	2.4
표본 2	11	15.6	2.0

① (0.786, 8.914) ② (0.837, 8.563)
③ (2.889, 6.511) ④ (2.808, 6.592)
⑤ (2.897, 6.503)

17. 어느 모집단의 모비율을 추정하기 위해 크기가 500인 표본을 조사한 결과, 표본비율이 0.08이었다. 모비율에 대한 90% 신뢰구간을 구하라.
① (0.058, 0.102) ② (0.060, 0.100)
③ (0.070, 0.091) ④ (0.079, 0.081)
⑤ (0.081, 0.091)

18. 어느 모집단의 모비율을 추정하기 위해 크기가 1,500인 표본을 조사한 결과, 표본비율이 0.23이었다. 모비율에 대한 95% 신뢰구간을 구하라.
① (0.212, 0.248) ② (0.202, 0.258)
③ (0.229, 0.231) ④ (0.209, 0.251)
⑤ (0.229, 0.231)

19. 모비율이 각각 p_1, p_2이고 독립인 두 모집단에서 크기가 각각 550, 700인 표본을 추출하여 표본비율 $\hat{p}_1 = 0.754$, $\hat{p}_2 = 0.736$을 얻었다. 두 모비율의 차에 대한 95% 신뢰구간을 구하라.
① (−0.023, 0.059) ② (−0.046, 0.082)
③ (−0.067, 0.031) ④ (−0.082, 0.046)
⑤ (−0.031, 0.067)

20. 모비율이 각각 p_1, p_2이고 독립인 두 모집단에서 크기가 각각 250, 260인 표본을 추출하여 표본비율 $\hat{p}_1 = 0.441$, $\hat{p}_2 = 0.411$을 얻었다. 두 모비율의 차에 대한 90% 신뢰구간을 구하라.
① (−0.056, 0.116) ② (−0.102, 0.042)
③ (−0.143, 0.083) ④ (−0.031, 0.102)
⑤ (−0.082, 0.143)

21. 모분산이 16인 정규모집단의 모평균에 대한 95% 신뢰구간을 구하기 위한 표본의 크기를 구하라. 이때 최대 오차한계는 1이다.
① 8 ② 16 ③ 62 ④ 124 ⑤ 983

22. 최대 오차한계 0.05에서 모비율에 대한 95% 신뢰구간을 구하기 위한 표본의 크기를 구하라.
① 17 ② 20 ③ 68 ④ 271 ⑤ 385

응용문제

23. $E(X_1) = \mu$, $Var(X_1) = 4$, $E(X_2) = \mu$, $Var(X_2) = 7$, $E(X_3) = \mu$, $Var(X_3) = 14$일 때, 모평균 μ의 주어진 추정량에 대해 다음을 구하라.

$$\hat{\mu}_1 = \frac{1}{3}(X_1 + X_2 + X_3)$$

$$\hat{\mu}_2 = \frac{1}{4}(X_1 + 2X_2 + X_3)$$

$$\hat{\mu}_3 = \frac{1}{3}(2X_1 + X_2 + 2X_3)$$

(a) 각 추정량에 대한 불편추정량
(b) 최소분산 불편추정량

24. 모집단으로부터 임의로 선정한 크기가 2인 표본을 $\{X_1, X_2\}$라 하자. 이때 양수 a와 b에 대하여 점추정량 $\hat{\mu} = \dfrac{aX_1 + bX_2}{a+b}$는 μ에 대한 불편추정량임을 보여라.

25. 어느 회사에서 생산하는 베어링의 직경은 모분산이 0.4cm 인 정규분포를 따른다고 한다. 베어링 30개를 임의로 추출하였더니 평균 직경이 25cm 였다. 이 회사에서 생산하는 베어링의 평균 직경에 대한 95% 신뢰구간을 구하라.

26. [연습문제 25]에서 모분산을 모르지만 표본분산이 0.44cm 라 할 때, 베어링의 평균 직경에 대한 95% 신뢰구간을 구하라.

27. 모분산이 1.5 인 정규모집단의 모평균 μ를 추정하기 위해 크기가 25 인 표본을 조사하여 $\overline{x}=12$를 얻었다. 모평균 μ에 대한 90% 신뢰구간을 구하라.

28. 정규모집단의 모평균을 추정하기 위해 크기가 31 인 표본을 조사하여 표본평균 28과 표본분산 2.25를 얻었다. 모평균에 대한 90% 신뢰구간을 구하라.

29. 모분산이 동일하게 9이고 독립인 두 정규모집단에서 각각 크기가 16과 36인 표본을 추출하여 표본평균 $\overline{x}=34.5$와 $\overline{y}=32.1$을 얻었다. 두 모평균의 차에 대한 95% 신뢰구간을 구하라.

30. 두 신용카드 소지자의 월평균 사용금액의 차이를 알기 위해 표본조사를 실시하여 다음 표를 얻었다. 신용카드의 월평균 사용금액의 차이에 대한 99% 신뢰구간을 구하라. 단, 두 카드의 사용금액은 분산이 동일하고 정규분포를 따르며, 단위는 천 원이다.

구분	표본의 크기	표본평균	표본표준편차
표본 1	17	59.4	2.5
표본 2	13	53.2	3.4

31. 어느 도시의 시장 선거에서 A 후보의 지지율을 조사하기 위해 유권자 1,500명을 대상으로 조사한 결과, 575명이 지지하는 것으로 나타났다. A 후보의 지지율에 대한 95% 신뢰구간을 구하라.

32. 20대 청년의 취업 현황을 알아보기 위해 1,450명을 조사한 결과 889명이 취업한 것으로 나타났다. 전체 20대 청년의 취업률에 대한 90% 신뢰구간을 구하라.

33. 청소년층과 장년층의 길거리에서의 스마트폰 사용에 대한 생각을 비교하기 위해, 두 그룹에서 각각 990명과 1,050명을 조사하였다. 표본으로 선정된 두 그룹의 길거리 스마트폰 사용에 대한 찬성률은 각각 $\hat{p}_1=0.753$, $\hat{p}_2=0.435$였다. 청소년층과 장년층의 길거리 스마트폰 사용 찬성률의 차에 대한 90% 신뢰구간을 구하라

34. 동일한 증세에 사용하는 두 약품의 효능을 조사하기 위해 환자를 두 그룹으로 분류하여 임상실험을 실시하여 다음 결과를 얻었다. 두 약품의 치료율의 차이에 대한 95% 신뢰구간을 구하라.

구분	표본의 크기	완치자 수
표본 1	150	138
표본 2	164	148

35. 모표준편차가 5인 정규모집단의 모평균에 대한 95% 신뢰도와 최대 오차한계 1.5에서 신뢰구간을 구하기 위한 표본의 크기를 구하라.

36. 모비율에 대해 신뢰도 95%, 최대 오차한계 5%에서 조사하고자 한다. 이때 다음 조건에서 조사해야 할 유권자의 수를 구하라.

(a) 사전 조사에 의한 모비율이 7%인 경우

(b) 사전 정보가 없는 경우

심화문제

37. 어느 패스트푸드점에서 주문한 음식이 나오는 데 걸리는 시간은 표준편차가 8초인 정규분포를 따른다고 한다. 이 패스트푸드점에서 음식이 나오는 데 걸리는 시간을 조사한 결과 다음과 같을 때, 음식이 나오는 평균 시간에 대한 95% 신뢰구간을 구하라.

48	63	62	51	64	51	45	64	63	57
45	64	44	55	51	46	48	57	59	62

38. 우리나라를 방문한 외국인 954명을 대상으로 우리나라에 대한 관광객의 만족도를 조사한 결과 64.4%가 만족한다고 응답하였다. 우리나라를 방문한 관광객의 만족도에 대한 95% 신뢰구간을 구하라.

39. 농장에서 재배한 귤의 무게는 평균이 85g, 표준편차가 10g인 정규분포를 따른다고 한다. 임의로 n개의 귤을 선정했을 때, n개의 평균 무게가 89g 이하일 확률이 0.9974라 할 때, 선정된 귤의 개수 n을 구하라.

40. 어떤 사회단체는 대기업에서 일하는 남성과 여성 근로자의 평균 연봉의 차이를 알아보고자 한다. 이를 위해 남성 284명과 여성 256명을 조사한 결과, 남성의 평균 연봉은 9,700만원이고 여성의 평균 연봉은 7,600만원이었다. 이때 남성과 여성의 연봉은 각각 표준편차가 247만원과 164만원인 정규분포를 따른다고 할 때, 남성과 여성의 평균 연봉의 차에 대한 95% 신뢰구간을 구하라.

41. 어느 도시에 거주하는 고등학교 남학생 260명과 여학생 250명을 표본조사한 결과, 남학생 68.9%, 여학생 55.6%이 자신이 건강하다고 생각하였다. 이 도시에서 자신이 건강하다고 생각하는 남학생의 비율과 여학생의 비율의 차에 대한 90% 신뢰구간을 구하라(단, 소수점 아래 셋째 자리까지 구하라).

42. 스트레스 지수가 60 이상이면 만성 스트레스 진행 상태로 전문의의 상담이 필요하다고 한다. 어느 회사에 근무하는 직장인의 스트레스 지수는 표준편차가 5.5인 정규분포를 따른다고 한다. 이 회사에 근무하는 직장인의 평균 스트레스 지수를 신뢰도 95%로 추정할 때, 표본평균과 모평균의 차이를 1.4 이하로 하기 위한 표본의 크기를 구하라.

Chapter 11

가설검정

||| 목차 |||

||| 학습목표 |||

- 통계적 가설검정을 이해할 수 있다.
- 모평균과 모평균의 차에 대한 주장을 검정할 수 있다.
- 모비율과 모비율의 차에 대한 주장을 검정할 수 있다.

Section
11.1 통계적 가설검정

'통계적 가설검정'을 왜 배워야 하는가?

10장에서 통계적 추론으로 가장 널리 사용하는 분야 중 하나인 추정에 대해 살펴보았다. 11장에서는 또 다른 분야인 모수에 대한 가설의 진위를 증명하는 가설검정에 대해 살펴본다. 어느 대학교가 취업률이 전국 최고인 78.5%라고 홍보를 한다고 하자. 그러면 이 대학교의 주장이 참인지 아니면 거짓인지 확인할 필요가 있다. 이 절에서는 이와 같이 모수에 대한 주장을 검정하기 위해 반대인 주장을 설정하고, 어느 주장이 참인지 검정하는 일반적인 방법을 살펴본다.

가설검정의 의미

어느 대학교에서 해당 학교의 취업률이 전국 최고인 78.5%라고 홍보한 내용이 참인지 확인하기 위해서는 먼저 이 대학교의 주장을 타당한 것으로 인정하고, 이와 반대되는 주장을 설정하여 둘 중 어느 주장이 참인지 결정해야 한다. 이때 임의로 표본을 선정하고, 검정을 위한 표본통계량을 이용해 얻은 정보를 근거로 이 대학교의 주장이 참인지 거짓인지 판정한다. 이와 같이 참인지 거짓인지 명확히 밝히고자 하는 모수에 대한 주장을 **가설**hypothesis이라 하고, 표본으로부터 얻은 통계량을 이용하여 모수에 대한 주장의 진위를 검정하는 과정을 **가설검정**hypothesis testing이라 한다.

예를 들어 "취업률이 78.5%이다."라는 대학교 측의 주장과 이러한 주장이 거짓이길 바라는 반대되는 주장인 "취업률이 78.5%가 아니다."를 설정한다. 이때 대학교 측의 주장과 같이 통계적으로 검증받아야 할 주장을 귀무가설이라 하고, 귀무가설을 부정하는 가설을 대립가설이라 한다.

정의 11-1 귀무가설과 대립가설

- **귀무가설**null hypothesis : 거짓이 명확히 규명될 때까지 참인 것으로 인정되는 모수에 대한 주장
- **대립가설**alternative hypothesis : 귀무가설이 거짓이라면 참이 되는 가설

다시 말해서, 귀무가설은 타당성을 입증해야 할 가설을 의미하고 H_0로 나타낸다. 그리고 대립가설은 귀무가설을 부정하는 새로운 가설을 의미하고 H_1으로 나타낸다. 이때 **귀무가설에는 항상 등호(=)를 사용하고 대립가설에는 등호를 사용하지 않는다.** 예를 들어 취업률 p에 대한 귀무가설은 다음과 같이 생각할 수 있다.

$$H_0 : p \leq 0.785, \quad H_0 : p = 0.785, \quad H_0 : p \geq 0.785$$

그리고 이에 반대되는 대립가설은 각각 다음과 같다.

$$H_1: p > 0.785, \quad H_0: p \neq 0.785, \quad H_0: p < 0.785$$

한편 임의로 선정한 표본을 이용하여 귀무가설 H_0의 진위를 검정하며, 검정을 위해 사용하는 표본통계량을 검정통계량이라 한다.

정의 11-2 검정통계량

- **검정통계량** test statistics : 귀무가설 H_0의 진위를 판정하기 위해 표본으로부터 얻은 통계량

검정통계량의 관찰값을 이용하여 귀무가설이 거짓으로 판정된다면 '귀무가설 H_0를 **기각** reject 한다'고 하고, 귀무가설을 부정하지 못하는 경우에는 '귀무가설 H_0를 **채택** accept 한다'고 한다. 이때 귀무가설을 기각하는 검정통계량의 영역을 기각역이라 하고, 반대로 귀무가설을 채택하는 영역을 채택역이라 한다. 그러나 일반적으로 '채택'이라는 용어보다는 '기각하지 않는다'는 용어를 사용한다.

정의 11-3 기각역과 채택역

- **기각역** critical region : 귀무가설 H_0를 기각하는 검정통계량의 영역(범위)
- **채택역** acceptance region : 귀무가설 H_0를 채택하는 검정통계량의 영역(범위)

한편, 표본을 아무리 공정하게 선정하더라도 귀무가설 H_0가 실제로 참이지만 검정 결과는 참 또는 거짓으로 판정하는 경우가 발생한다. 그리고 반대로 H_0가 실제로 거짓이지만 검정 결과는 참 또는 거짓으로 판정하는 경우가 발생한다. 이때 실제로 H_0가 참[거짓]이고 검정 결과도 H_0를 기각하지 않는다면[기각한다면] 올바른 결정을 하게 된다. 그러나 H_0가 실제로 참이지만 검정한 결과 H_0를 기각한다거나, 반대로 H_0가 실제로 거짓이지만 검정한 결과 H_0를 기각하지 않는다면 오류를 범한다. 이때 [표 11-1]과 같이 실제로 참인 귀무가설을 기각함으로써 발생하는 오류를 **제1종 오류** type 1 error 라 하고, 실제로 거짓인 귀무가설을 기각하지 않음으로써 발생하는 오류를 **제2종 오류** type 2 error 라 한다.

[표 11-1] 가설검정에 대한 4가지 결과

검정 결과 \ 실제	H_0가 참	H_0가 거짓
H_0를 채택	**올바른 결정**	제2종 오류
H_0를 기각	제1종 오류	**올바른 결정**

그리고 제1종 오류를 범할 확률의 최대허용한계를 **유의수준**significance level이라 하며, 보통 α로 나타낸다. 전통적으로 유의수준 α는 0.01(1%), 0.05(5%), 0.1(10%)을 많이 사용한다. 따라서 유의수준이 $\alpha = 0.05$라 함은 원칙적으로 기각할 것을 예상하여 설정한 가설을 기각한다고 하더라도, 그것에 의한 오차는 최대 5% 이하임을 나타낸다.

기각역을 이용한 검정 방법

앞에서 귀무가설 H_0에 대한 주장, 즉 모평균과 같은 모수 θ에 대한 주장은 부등호($\leq$, $\geq$) 또는 등호(=)를 사용한다고 언급하였다. 따라서 이러한 귀무가설에 대립되는 대립가설 H_1을 설정하며, 각 경우의 검정 유형은 [표 11-2]와 같다.

[표 11-2] 가설에 따른 검정 유형

검정 유형	귀무가설	대립가설
양측검정	$H_0: \theta = \theta_0$	$H_1: \theta \neq \theta_0$
상단측검정	$H_0: \theta \leq \theta_0$	$H_1: \theta > \theta_0$
하단측검정	$H_0: \theta \geq \theta_0$	$H_1: \theta < \theta_0$

그러면 다음 순서에 따라 귀무가설을 검정한다.

❶ 귀무가설 H_0와 대립가설 H_1을 설정한다.
❷ 유의수준 α를 정한다.
❸ 적당한 검정통계량을 선택한다.
❹ 유의수준 α에 대한 임곗값과 기각역을 구한다.
❺ 검정통계량의 관찰값을 구하여, 이 값이 기각역 안에 놓이면 H_0를 기각한다.

여기서 유의수준 α에 대한 임곗값은 [그림 11-1]에서 기각역을 나타내는 경곗값이다. 이때 미리 주어진 유의수준 α에 대한 검정 유형별 H_0의 기각역은 [그림 11-1]과 같다. 검정통계량의 관찰값이 기각역 안에 놓이면 H_0를 기각하고, 관찰값이 기각역 안에 놓이지 안으면 H_0를 기각하지 못한다.

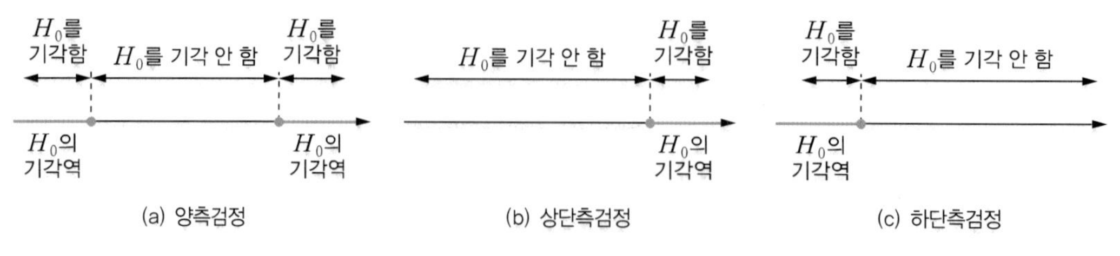

[그림 11-1] H_0의 기각역

■ 양측검정 two sided hypothesis

두 가설 $H_0: \theta = \theta_0$, $H_1: \theta \neq \theta_0$에 대해 유의수준을 α라 하자. 그러면 [그림 11-2]에서 볼 수 있듯이, 검정통계량 Θ의 양쪽 꼬리확률이 각각 $\frac{\alpha}{2}$인 두 임곗값 a, b에 대해 기각역은 다음과 같다.

$$\Theta \le a, \quad \Theta \ge b$$

따라서 검정통계량 Θ의 관찰값 θ에 대해 $\theta \le a$ 또는 $\theta \ge b$이면 H_0를 기각하고, $a < \theta < b$이면 H_0를 기각하지 못한다. 이때 채택역은 신뢰도 $100(1-\alpha)\%$인 신뢰구간과 일치한다.

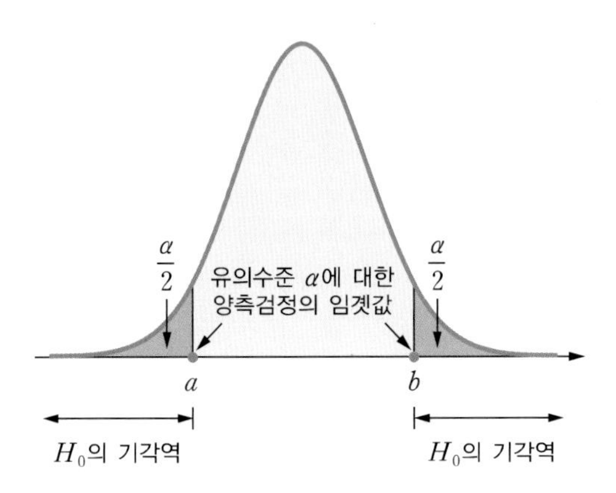

[그림 11-2] 양측검정에 대한 기각역

■ 상단측검정 one sided upper hypothesis

두 가설 $H_0: \theta \le \theta_0$, $H_1: \theta > \theta_0$에 대해 유의수준을 α라 하자. 그러면 [그림 11-3]에서 볼 수 있듯이, 검정통계량 Θ의 오른쪽 꼬리확률이 α인 임곗값 b에 대해 기각역은 다음과 같다.

$$\Theta \ge b$$

따라서 검정통계량의 관찰값 θ에 대해 $\theta \ge b$이면 H_0를 기각하고, $\theta < b$이면 H_0를 기각하지 못한다.

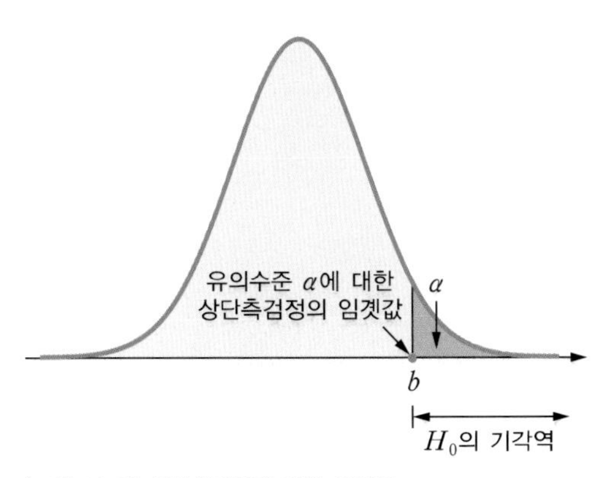

[그림 11-3] 상단측검정에 대한 기각역

■ **하단측검정**one sided lower hypothesis

두 가설 $H_0: \theta \geq \theta_0$, $H_1: \theta < \theta_0$에 대해 유의수준을 α라 하자. 그러면 [그림 11-4]에서 볼 수 있듯이, 검정통계량 Θ의 왼쪽 꼬리확률이 α인 임곗값 a에 대해 기각역은 다음과 같다.

$$\Theta \leq a$$

따라서 검정통계량의 관찰값 θ에 대해 $\theta \leq a$이면 H_0를 기각하고, $\theta > a$이면 H_0를 기각하지 못한다.

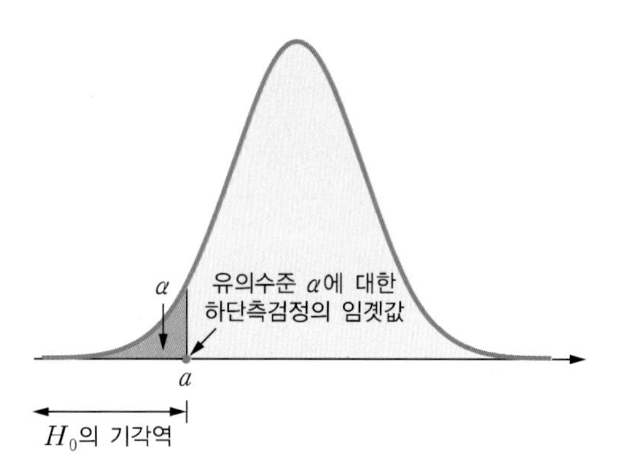

[그림 11-4] 하단측검정에 대한 기각역

p-값을 이용한 검정 방법

기각역을 이용하여 H_0의 기각 또는 채택을 결정하는 방법 이외에 p-값을 이용하는 방법이 있다. 예를 들어 정규모집단의 모평균에 대한 두 가설 $H_0: \mu \leq \mu_0$, $H_1: \mu > \mu_0$의 검정은 상단측검정이다. 그리고 상단측검정에 대한 유의수준 5%의 기각역은 $Z > 1.645$이며, 유의수준 1%에 대한 기각역은 $Z > 2.33$이다. 따라서 검정통계량의 관찰값이 $z_0 = 1.9$라 하면, [그림 11-5]와 같이 관찰값 z_0는 유의수준 5%의 기각역 안에 놓이지만 유의수준 1%의 기각역 안에 놓이지는 않는다. 그러므로 모평균에 대한 상단측검정에서 검정통계량의 관찰값이 $z_0 = 1.9$이면 유의수준 5%에서는 귀무가설을 기각하지만, 유의수준 1%에서는 귀무가설을 기각할 수 없다.

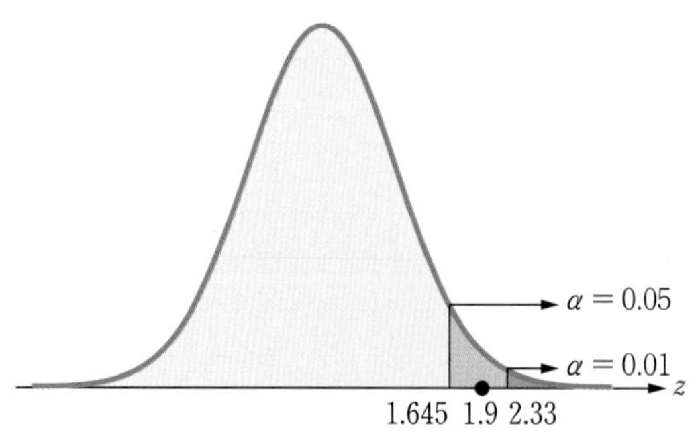

[그림 11-5] 관찰값과 유의수준의 비교

이때 관찰값 $z_0 = 1.9$에 의해 귀무가설 H_0를 기각할 가장 작은 확률은 $P(Z \geq 1.9) = 0.0287$이고, 이 확률은 H_0를 기각할 가장 작은 유의수준이다. 이와 같이 H_0를 기각할 가장 작은 유의수준을 p-값이라 한다. 그러면 관찰값 $z_0 = 1.9$에 대해 $0.01 < p\text{-값} < 0.05$임을 알 수 있다.

정의 11-4 p-값

- **p-값** [p-value] : 귀무가설 H_0가 참이라고 가정할 때, 관찰값에 의해 H_0를 기각할 가장 작은 유의수준

따라서 p-값이 주어진 유의수준보다 작으면 귀무가설 H_0를 기각하고, p-값이 유의수준보다 크면 H_0를 기각할 수 없다. p-값과 유의수준 α에 따른 귀무가설 H_0의 기각 여부를 정리하면 [표 11-3]과 같다.

[표 11-3] p-값과 유의수준에 따른 H_0의 기각 여부

p-값	유의수준(α)		
	10%	5%	1%
$p \geq 0.1$	H_0를 기각 안 함	H_0를 기각 안 함	H_0를 기각 안 함
$0.05 \leq p < 0.1$	H_0를 기각함	H_0를 기각 안 함	H_0를 기각 안 함
$0.01 \leq p < 0.05$	H_0를 기각함	H_0를 기각함	H_0를 기각 안 함
$p < 0.01$	H_0를 기각함	H_0를 기각함	H_0를 기각함

귀무가설에 대한 타당성을 검정할 때, p-값을 이용하는 방법은 다음과 같다.

❶ 귀무가설 H_0와 대립가설 H_1을 설정한다.
❷ 유의수준 α를 정한다.
❸ 적당한 검정통계량을 선택하고, 검정통계량의 관찰값을 구한다.
❹ p-값을 구한다.
❺ $p\text{-값} \leq \alpha$이면 귀무가설을 기각하고, $p\text{-값} > \alpha$이면 귀무가설을 기각하지 않는다.

Section
11.2 모평균의 가설검정

'모평균의 가설검정'을 왜 배워야 하는가?

새로 개발한 신차의 평균 연비가 20km/ℓ라고 주장한다면, 소비자 단체에서는 이러한 주장이 참인지 거짓인지를 밝히려고 한다. 이와 같이 모집단의 평균에 대한 일방적인 주장이 타당한지 아니면 신빙성이 떨어지는지를 검증할 필요가 있다. 일반적으로 모평균에 대한 주장을 검정할 때 모집단은 정규분포를 따른다고 가정하며, 이 경우 귀무가설을 검정하기 위해 사용하는 검정통계량은 표본평균 $\overline{X}$이다. 모평균을 검정할 때도 추정의 경우와 마찬가지로 모분산을 알면 정규분포를 사용하고, 모분산을 모르면 t-분포를 사용한다. 이 절에서는 단일 모평균과 두 모평균의 차에 대한 주장을 검정하는 방법을 살펴본다.

모평균의 가설검정(모분산 σ^2을 아는 경우)

모분산 σ^2이 알려진 정규모집단에서 크기가 n인 표본을 선정할 때, 표본평균 $\overline{X}$는 다음과 같은 정규분포를 따른다는 사실을 9.2절에서 살펴보았다.

$$\overline{X} \sim N\left(\mu, \frac{\sigma^2}{n}\right) \quad \text{또는} \quad Z = \frac{\overline{X} - \mu}{\sigma/\sqrt{n}} \sim N(0, 1)$$

따라서 모평균 μ에 대한 귀무가설 $H_0: \mu = \mu_0$, $H_0: \mu \le \mu_0$, $H_0: \mu \ge \mu_0$를 검정하기 위해 표준정규분포를 이용한다. 이때 귀무가설의 진위를 결정하기 전까지는 모평균에 대한 귀무가설이 정당하다고 가정하므로 세 종류의 귀무가설을 검정하기 위한 검정통계량 Z와 그에 대한 확률분포는 다음과 같다.

$$Z = \frac{\overline{X} - \mu_0}{\sigma/\sqrt{n}} \sim N(0, 1)$$

그리고 표본평균의 관찰값 $\overline{x}$에 대한 검정통계량의 관찰값 z_0는 다음과 같다.

$$z_0 = \frac{\overline{x} - \mu_0}{\sigma/\sqrt{n}}$$

■ 양측검정

모분산 σ^2이 알려진 정규모집단에서 귀무가설 $H_0: \mu = \mu_0$와 이에 대립하는 대립가설 $H_1: \mu \ne \mu_0$를 검정하는 방법을 살펴보자. 귀무가설 H_0에 대해 미리 설정된 유의수준을 α라 하면, 검정통계량

Z에 대하여 양쪽 꼬리확률이 각각 $\frac{\alpha}{2}$인 임곗값이 $\pm z_{\alpha/2}$이므로 귀무가설 H_0에 대한 기각역은 다음과 같다.

$$Z < -z_{\alpha/2}, \quad Z > z_{\alpha/2}$$

이때 [그림 11-6]과 같이 검정통계량의 관찰값 z_0가 기각역 안에 놓이면 H_0를 기각한다.

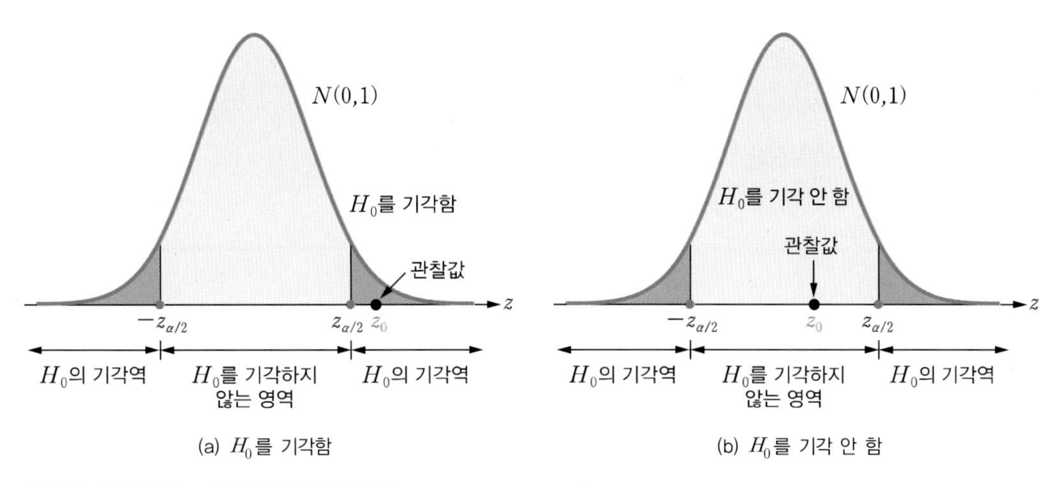

[그림 11-6] 관찰값 z_0와 양측검정의 기각역

예제 11-1

모분산이 9인 정규모집단에 대해 모평균이 15라고 주장한다. 이를 검정하기 위해 크기가 49인 표본을 추출하여 표본평균 14.5를 얻었다고 할 때, 다음 물음에 답하라.

(a) 귀무가설과 대립가설을 설정하라.
(b) 유의수준 5%에서 기각역을 구하라.
(c) 검정통계량의 관찰값을 구하라.
(d) 유의수준 5%에서 모평균이 15라는 주장을 검정하라.

풀이

(a) 귀무가설은 $H_0: \mu = 15$이고 대립가설은 $H_1: \mu \neq 15$이다.

(b) 유의수준이 $\alpha = 0.05$인 양측검정이므로 $z_{0.025} = 1.96$이다. 따라서 기각역은 $Z < -1.96$ 또는 $Z > 1.96$이다.

(c) $\sigma = 3$, $\overline{x} = 14.5$, $n = 49$이므로, 검정통계량의 관찰값은 $z_0 = \dfrac{14.5 - 15}{3/\sqrt{49}} \approx -1.17$이다.

(d) $z_0 \approx -1.17 > -1.96$ 이므로 유의수준 5%에서 귀무가설을 기각할 수 없다. 즉 모평균이 15라는 주장은 타당하다.

I Can Do 11-1

모분산이 25인 정규모집단에 대해 모평균이 12.5라고 주장한다. 이를 검정하기 위해 크기가 36인 표본을 추출하여 표본평균 14.2를 얻었다고 할 때, 다음 물음에 답하라.

(a) 귀무가설과 대립가설을 설정하라.
(b) 유의수준 10%에서 기각역을 구하라.
(c) 검정통계량의 관찰값을 구하라.
(d) 유의수준 10%에서 모평균이 12.5라는 주장을 검정하라.

그리고 모평균에 대한 양측검정의 p-값은 다음과 같이 정의된다.

$$p\text{-값} = P(Z < -|z_0|) + P(Z > |z_0|)$$

표준정규분포의 대칭성에 의해 p-값은 다음과 같이 정의할 수 있다.

$$p\text{-값} = 2P(Z > |z_0|)$$

이 경우에 p-값은 [그림 11-7]과 같으며, p-값 $> \alpha$ 이면 H_0를 기각하지 않고 p-값 $\le \alpha$ 이면 H_0를 기각한다.

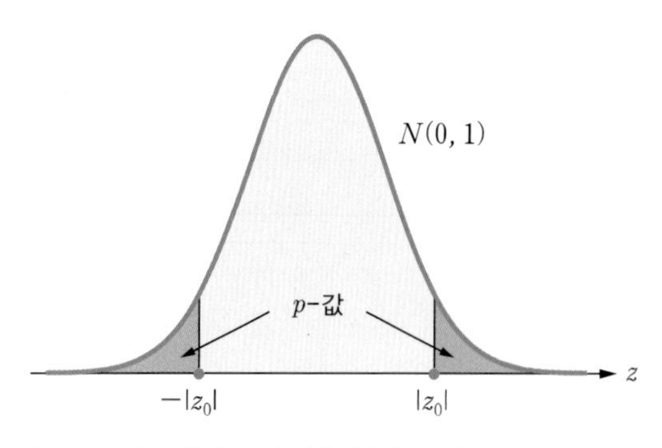

[그림 11-7] 관찰값 z_0와 양측검정의 p-값

예제 11-2

[예제 11-1]에 대해 p-값을 구하여 모평균이 15라는 주장을 검정하라.

풀이

검정통계량의 관찰값이 $z_0 \approx -1.17$이므로 p-값은 다음과 같다.

$$\begin{aligned} p\text{-값} &= P(Z < 1.17) + P(Z > 1.17) = 2P(Z > 1.17) \\ &= (2)(1 - 0.8790) = 0.2420 \end{aligned}$$

p-값 $= 0.2420 \geq \alpha = 0.05$이므로 귀무가설을 기각할 수 없다. 즉 모평균이 15라는 주장은 타당하다.

I Can Do 11-2

[I Can Do 11-1]에 대해 p-값을 구하여 모평균이 12.5라는 주장을 검정하라.

■ 상단측검정

모분산 σ^2이 알려진 정규모집단에서 귀무가설 $H_0: \mu \leq \mu_0$와 대립가설 $H_1: \mu > \mu_0$를 검정하는 방법을 살펴보자. 귀무가설 H_0에 대해 미리 설정된 유의수준을 α라 하면, 검정통계량 Z에 대하여 오른쪽 꼬리확률이 α인 임곗값이 z_α이므로 귀무가설 H_0에 대한 기각역은 다음과 같다.

$$Z > z_\alpha$$

따라서 [그림 11-8]과 같이 관찰값 z_0가 기각역 안에 놓이면 H_0를 기각한다.

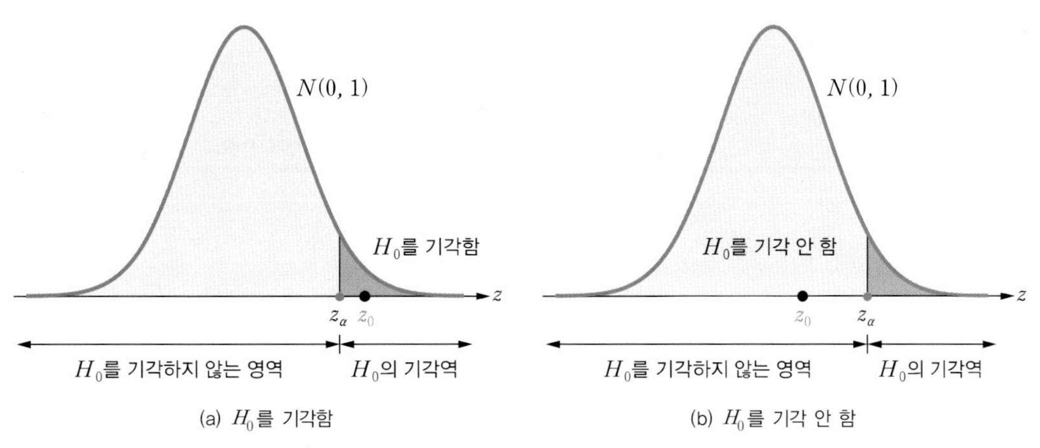

[그림 11-8] 관찰값 z_0와 상단측검정의 기각역

예제 11-3

모분산이 8인 정규모집단에 대해 모평균이 78 이하라고 주장한다. 이를 검정하기 위해 크기가 25인 표본을 추출하여 표본평균 79.1을 얻었다고 할 때, 다음 물음에 답하라.

(a) 귀무가설과 대립가설을 설정하라.
(b) 유의수준 5%에서 기각역을 구하라.
(c) 검정통계량의 관찰값을 구하라.
(d) 유의수준 5%에서 모평균이 78 이하라는 주장을 검정하라.

풀이

(a) 귀무가설은 $H_0: \mu \le 78$이고 대립가설은 $H_1: \mu > 78$이다.

(b) 유의수준이 $\alpha = 0.05$인 상단측검정이므로 $z_{0.05} = 1.645$이다. 따라서 기각역은 $Z > 1.645$이다.

(c) $\sigma = \sqrt{8} \approx 2.828$, $\overline{x} = 79.1$, $n = 25$이므로, 검정통계량의 관찰값은 $z_0 = \dfrac{79.1 - 78}{\sqrt{8}/\sqrt{25}} \approx 1.94$이다.

(d) $z_0 \approx 1.94 > 1.645$이므로, 유의수준 5%에서 귀무가설을 기각한다. 즉 모평균이 78 이하라는 주장은 타당하다고 할 수 없다.

I Can Do 11-3

분산이 16인 정규모집단에 대해 모평균이 125 이하라고 주장한다. 이를 검정하기 위해 크기가 30인 표본을 추출하여 표본평균 126.3을 얻었다고 할 때, 다음 물음에 답하라.

(a) 귀무가설과 대립가설을 설정하라.
(b) 유의수준 5%에서 기각역을 구하라.
(c) 검정통계량의 관찰값을 구하라.
(d) 유의수준 5%에서 모평균이 125 이하라는 주장을 검정하라.

그리고 모평균에 대한 상단측검정의 p-값은 다음과 같이 정의된다.

$$p\text{-값} = P(Z > z_0)$$

이때 p-값은 [그림 11-9]와 같으며, p-값 $> \alpha$이면 H_0를 채택하고 p-값 $\le \alpha$이면 H_0를 기각한다.

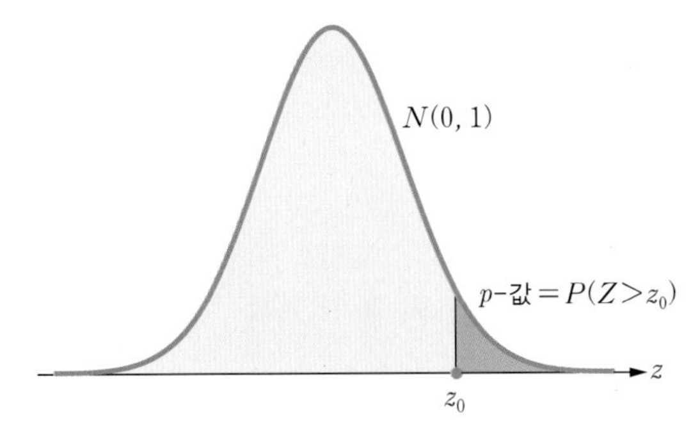

[그림 11-9] 관찰값 z_0와 상단측검정의 p-값

예제 11-4

[예제 11-3]에 대해 p-값을 구하여 모평균이 78 이하라는 주장을 검정하라.

풀이

검정통계량의 관찰값이 $z_0 \approx 1.94$이므로 p-값은 다음과 같다.

$$p\text{-값} = P(Z > 1.94) = 1 - P(Z \le 1.94) = 1 - 0.9738 = 0.0262$$

p-값 $= 0.0262 < \alpha = 0.05$이므로 귀무가설을 기각한다. 즉 모평균이 78 이하라는 주장은 타당하다고 할 수 없다.

I Can Do 11-4

[I Can Do 11-3]에 대해 p-값을 구하여 모평균이 125 이하라는 주장을 검정하라.

■ 하단측검정

모분산 σ^2이 알려진 정규모집단에서 귀무가설 $H_0: \mu \ge \mu_0$와 대립가설 $H_1: \mu < \mu_0$를 검정하는 방법을 살펴보자. 귀무가설 H_0에 대해 미리 설정된 유의수준을 α라 하면, 검정통계량 Z에 대하여 왼쪽 꼬리확률이 α인 임곗값이 $-z_\alpha$이므로 귀무가설 H_0에 대한 기각역은 다음과 같다.

$$\boxed{Z < -z_\alpha}$$

따라서 [그림 11-10]과 같이 관찰값 z_0가 기각역 안에 놓이면 H_0를 기각한다.

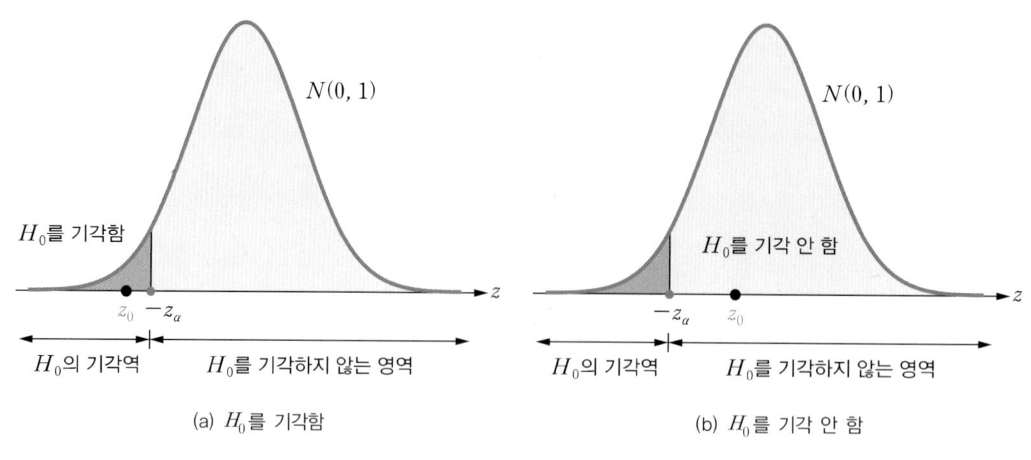

[그림 11-10] 관찰값 z_0와 하단측검정의 기각역

예제 11-5

모분산이 6인 정규모집단에 대해 모평균이 55 이상이라고 주장한다. 이를 검정하기 위해 크기가 36인 표본을 추출하여 표본평균 54.3을 얻었다고 할 때, 다음 물음에 답하라.

(a) 귀무가설과 대립가설을 설정하라.
(b) 유의수준 2.5%에서 기각역을 구하라.
(c) 검정통계량의 관찰값을 구하라.
(d) 유의수준 2.5%에서 모평균이 55 이상이라는 주장을 검정하라.

풀이

(a) 귀무가설은 $H_0: \mu \geq 55$이고 대립가설은 $H_1: \mu < 55$이다.

(b) 유의수준이 $\alpha = 0.025$인 하단측검정이므로 $z_{0.025} = 1.96$이다. 따라서 기각역은 $Z < -1.96$이다.

(c) $\sigma = \sqrt{6} \approx 2.449$, $\overline{x} = 54.3$, $n = 36$이므로, 검정통계량의 관찰값은 $z_0 = \dfrac{54.3 - 55}{2.449/\sqrt{36}} \approx -1.71$이다.

(d) $z_0 \approx -1.71 > -1.96$이므로 유의수준 2.5%에서 귀무가설을 기각할 수 없다. 즉 모평균이 55 이상이라는 주장은 타당하다.

I Can Do 11-5

모분산이 5인 정규모집단에 대해 모평균이 52.5 이상이라고 주장한다. 이를 검정하기 위해 크기가 49인 표본을 추출하여 표본평균 51.8을 얻었다고 할 때, 다음 물음에 답하라.

(a) 귀무가설과 대립가설을 설정하라.

(b) 유의수준 1%에서 기각역을 구하라.

(c) 검정통계량의 관찰값을 구하라.

(d) 유의수준 1%에서 모평균이 52.5 이상이라는 주장을 검정하라.

그리고 모평균에 대한 하단측검정의 p-값은 다음과 같이 정의된다.

$$p\text{-값} = P(Z < z_0)$$

이때 p-값은 [그림 11-11]과 같으며, $p\text{-값} > \alpha$이면 H_0를 채택하고 $p\text{-값} \le \alpha$이면 H_0를 기각한다.

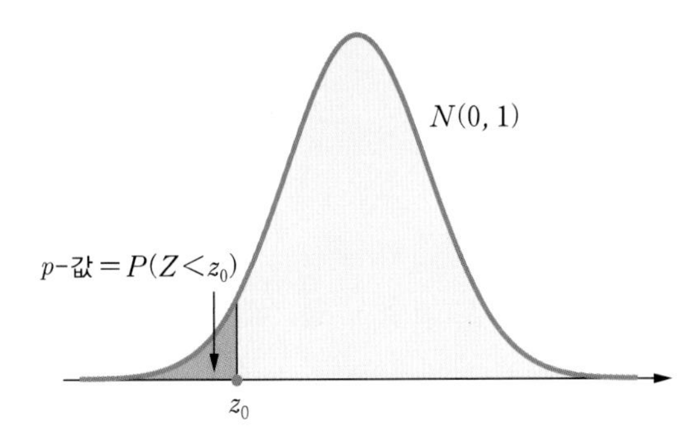

[그림 11-11] 관찰값 z_0와 하단측검정의 p-값

예제 11-6

[예제 11-5]에 대해 p-값을 구하여 모평균이 55 이상이라는 주장을 검정하라.

풀이

검정통계량의 관찰값이 $z_0 \approx -1.71$이므로 p-값은 다음과 같다.

$$p\text{-값} = P(Z < -1.71) = 1 - P(Z < 1.71) = 1 - 0.956 = 0.0436$$

$p\text{-값} = 0.0436 > \alpha = 0.025$이므로 귀무가설을 기각할 수 없다. 즉 모평균이 55 이상이라는 주장은 타당하다.

I Can Do 11-6

[I Can Do 11-5]에 대해 p-값을 구하여 모평균이 52.5 이상이라는 주장을 검정하라.

모분산을 아는 정규모집단의 모평균에 대한 가설검정은 [표 11-4]와 같이 정리할 수 있다.

[표 11-4] 모평균에 대한 검정 유형과 기각역, p-값

가설과 기각역 / 검정 유형	귀무가설 H_0	대립가설 H_1	H_0의 기각역	p-값
양측검정	$\mu = \mu_0$	$\mu \neq \mu_0$	$\lvert Z \rvert > z_{\alpha/2}$	$2P(Z > \lvert z_0 \rvert)$
상단측검정	$\mu \le \mu_0$	$\mu > \mu_0$	$Z > z_\alpha$	$P(Z > z_0)$
하단측검정	$\mu \ge \mu_0$	$\mu < \mu_0$	$Z < -z_\alpha$	$P(Z < z_0)$

모평균의 가설검정(모분산 σ^2을 모르는 경우)

모분산 σ^2을 모르는 정규모집단의 모평균에 대한 추정에서 통계량 T와 자유도 $n-1$인 t-분포를 사용하였다. 이와 마찬가지로 모분산을 모르는 정규모집단의 모평균에 대한 주장을 검정하는 경우에도 다음과 같이 통계량 T와 t-분포를 사용한다.

$$T = \frac{\overline{X} - \mu}{s/\sqrt{n}} \sim t(n-1)$$

특히 모평균 μ에 대한 귀무가설 $H_0: \mu = \mu_0$, $H_0: \mu \le \mu_0$, $H_0: \mu \ge \mu_0$를 검정할 때 귀무가설의 진위를 결정하기 전까지는 모평균에 대한 귀무가설이 정당하다고 가정하므로 세 종류의 귀무가설을 검정하기 위한 검정통계량 T와 그에 대한 확률분포는 다음과 같다.

$$T = \frac{\overline{X} - \mu_0}{s/\sqrt{n}} \sim t(n-1)$$

그리고 표본평균의 관찰값 $\overline{x}$와 표본표준편차 s에 대해 검정통계량의 관찰값 t_0는 다음과 같다.

$$t_0 = \frac{\overline{x} - \mu_0}{s/\sqrt{n}}$$

■ 양측검정

모분산 σ^2을 모르는 정규모집단에서 귀무가설 $H_0: \mu = \mu_0$와 대립가설 $H_1: \mu \neq \mu_0$를 검정하는 방법을 살펴보자. 귀무가설 H_0에 대해 미리 설정된 유의수준을 α라 하면, 양쪽 꼬리확률이 각각 $\frac{\alpha}{2}$인 두 임곗값이 $\pm t_{\alpha/2}(n-1)$이므로 귀무가설 H_0에 대한 기각역은 다음과 같다.

$$T < -t_{\alpha/2}(n-1), \quad T > t_{\alpha/2}(n-1)$$

따라서 표본으로부터 얻은 검정통계량의 관찰값 t_0가 기각역 안에 놓이면 귀무가설 H_0를 기각한다. 한편, 모평균에 대한 양측검정의 p-값은 다음과 같이 정의된다.

$$\boxed{p\text{-값} = P(|T| > |t_0|)} \quad \text{또는} \quad \boxed{p\text{-값} = 2P(T > |t_0|)}$$

따라서 p-값 $> \alpha$ 이면 H_0를 채택하고 p-값 $\le \alpha$ 이면 H_0를 기각한다.

예제 11-7

정규모집단의 모평균이 37.5라는 주장을 알아보기 위해 표본조사를 실시하여 다음을 얻었다. 이 주장에 대해 유의수준 5%에서 검정하라.

표본	표본의 크기	표본평균	표본표준편차
A	11	39.8	3.2

풀이

❶ 귀무가설 $H_0: \mu = 37.5$와 대립가설 $H_1: \mu \ne 37.5$를 설정한다.

❷ $\alpha = 0.05$에 대해 $t_{0.025}(10) = 2.228$이므로 기각역은 다음과 같다.

$$T < -2.228, \quad T > 2.228$$

❸ $n = 11$, $s = 3.2$이므로 검정통계량은 다음과 같다.

$$T = \frac{\overline{X} - 37.5}{3.2/\sqrt{11}} \approx \frac{\overline{X} - 37.5}{0.9648}$$

❹ $\overline{x} = 39.8$이므로 검정통계량의 관찰값은 $t_0 = \dfrac{39.8 - 37.5}{0.9648} \approx 2.38$이다.

❺ $t_0 = 2.38$이 기각역 안에 놓이므로 귀무가설을 기각한다. 즉 모평균이 37.5라는 주장은 타당하다고 할 수 없다.

I Can Do 11-7

[예제 11-7]에 대해 p-값을 이용하여 유의수준 5%에서 귀무가설을 검정하라.

■ **상단측검정**

모분산 σ^2을 모르는 정규모집단에서 귀무가설 $H_0: \mu \le \mu_0$와 대립가설 $H_1: \mu > \mu_0$를 검정하는 방법을 살펴보자. 귀무가설 H_0에 대해 미리 설정된 유의수준을 α라 하면, 오른쪽 꼬리확률이 α인 임곗값이 $t_\alpha(n-1)$이므로 귀무가설 H_0에 대한 기각역은 다음과 같다.

$$T \ge t_\alpha(n-1)$$

따라서 표본으로부터 얻은 검정통계량의 관찰값 t_0가 기각역 안에 놓이면 귀무가설 H_0를 기각한다. 또한 모평균에 대한 상단측검정의 $p-$값은 다음과 같이 정의되며, $p-$값$> \alpha$이면 H_0를 채택하고 $p-$값$\le \alpha$이면 H_0를 기각한다.

$$p\text{-값} = P(T > t_0)$$

예제 11-8

정규모집단의 귀무가설 $H_0: \mu \le 115$를 확인하기 위해 표본조사를 실시하여 다음을 얻었다. 주어진 물음에 답하라.

표본	표본의 크기	표본평균	표본표준편차
A	20	117.1	5

(a) 유의수준 5%에서 귀무가설을 검정하라.
(b) 유의수준 1%에서 귀무가설을 검정하라.

풀이

(a) ❶ 귀무가설 $H_0: \mu \le 115$와 대립가설 $H_1: \mu > 115$를 설정한다.

❷ $\alpha = 0.05$에 대해 $t_{0.05}(19) = 1.729$이므로 기각역은 $T > 1.729$이다.

❸ $n = 20,\ s = 5$이므로 검정통계량은 다음과 같다.

$$T = \frac{\overline{X} - 115}{5/\sqrt{20}} \approx \frac{\overline{X} - 115}{1.118}$$

❹ $\overline{x} = 117.1$이므로 검정통계량의 관찰값은 $t_0 = \dfrac{117.1 - 115}{1.118} \approx 1.878$이다.

❺ $t_0 \approx 1.878$은 기각역 안에 놓이므로 귀무가설을 기각한다. 즉 모평균이 115보다 작거나 같다는 주장은 타당하다고 할 수 없다.

(b) 유의수준이 $\alpha = 0.01$이므로 $t_{0.01}(19) = 2.539$이다. 따라서 기각역은 $T > 2.539$이고, 관찰값 $t_0 \approx 1.878$이 기각역 안에 놓이지 않으므로 귀무가설을 기각할 수 없다. 즉 모평균이 115보다 작거나 같다는 주장은 타당하다.

I Can Do 11-8

[예제 11-8]에 대해 $p-$값을 이용하여 유의수준 5%와 1%에서 귀무가설을 검정하라.

■ 하단측검정

모분산 σ^2을 모르는 정규모집단에서 귀무가설 $H_0: \mu \geq \mu_0$와 대립가설 $H_1: \mu < \mu_0$를 검정하는 방법을 살펴보자. 귀무가설 H_0에 대해 미리 설정된 유의수준을 α라 하면, 왼쪽 꼬리확률이 α인 임곗값이 $-t_\alpha(n-1)$이므로 귀무가설 H_0에 대한 기각역은 다음과 같다.

$$T < -t_\alpha(n-1)$$

따라서 표본으로부터 얻은 검정통계량의 관찰값 t_0가 기각역 안에 놓이면 귀무가설 H_0를 기각한다. 또한 모평균에 대한 하단측검정의 $p-$값은 다음과 같이 정의되며, $p-$값$> \alpha$이면 H_0를 채택하고 $p-$값$\leq \alpha$이면 H_0를 기각한다.

$$p\text{-값} = P(T < t_0)$$

예제 11-9

정규모집단에 대해 모평균이 55.5 이상이라는 주장을 검정하기 위해 크기가 16인 표본을 추출하여 표본평균 52.8과 표본표준편차 6.1을 얻었다. 유의수준 5%에서 모평균에 대한 주장을 검정하라.

풀이

❶ 귀무가설 $H_0: \mu \geq 55.5$와 대립가설 $H_1: \mu < 55.5$를 설정한다.

❷ $\alpha = 0.05$에 대해 $t_{0.05}(15) = 1.753$이므로 기각역은 $T < -1.753$이다.

❸ $n = 16$, $s = 6.1$이므로 검정통계량은 다음과 같다.

$$T = \frac{\overline{X} - 55.5}{6.1/\sqrt{16}} \approx \frac{\overline{X} - 55.5}{1.525}$$

❹ $\overline{x} = 52.8$이므로 검정통계량의 관찰값은 $t_0 = \dfrac{52.8 - 55.5}{1.525} \approx -1.77$이다.

❺ $t_0 \approx -1.77$은 기각역 안에 놓이므로 귀무가설을 기각한다. 즉 모평균이 55.5 이상이라는 주장은 타당하다고 할 수 없다.

I Can Do 11-9

[예제 11-9]에 대해 p-값을 이용하여 유의수준 5%에서 귀무가설을 검정하라.

모분산을 모르는 정규모집단의 모평균에 대한 가설검정은 [표 11-5]와 같이 정리할 수 있다.

[표 11-5] 모평균에 대한 검정 유형과 기각역, p-값

가설과 기각역 / 검정 유형	귀무가설 H_0	대립가설 H_1	H_0의 기각역	p-값
양측검정	$\mu = \mu_0$	$\mu \neq \mu_0$	$\lvert T \rvert > t_{\alpha/2}(n-1)$	$2P(T > \lvert t_0 \rvert)$
상단측검정	$\mu \leq \mu_0$	$\mu > \mu_0$	$T > t_\alpha(n-1)$	$P(T > t_0)$
하단측검정	$\mu \geq \mu_0$	$\mu < \mu_0$	$T < -t_\alpha(n-1)$	$P(T < t_0)$

두 모평균 차의 가설검정(모분산 σ_1^2, σ_2^2을 아는 경우)

독립인 두 모집단의 모분산 σ_1^2과 σ_2^2이 알려져 있고, 이 두 모집단이 각각 정규분포 $N(\mu_1, \sigma_1^2)$과 $N(\mu_2, \sigma_2^2)$을 따른다고 하자. 그러면 두 모평균의 차 $\mu_1 - \mu_2$에 대해 다음과 같은 귀무가설을 생각할 수 있다.

$$H_0: \mu_1 - \mu_2 = \mu_0, \quad H_0: \mu_1 - \mu_2 \leq \mu_0, \quad H_0: \mu_1 - \mu_2 \geq \mu_0$$

그리고 이에 대한 대립가설은 각각 다음과 같다.

$$H_1: \mu_1 - \mu_2 \neq \mu_0, \quad H_1: \mu_1 - \mu_2 > \mu_0, \quad H_1: \mu_1 - \mu_2 < \mu_0$$

한편 크기가 각각 n과 m인 두 표본의 표본평균을 $\overline{X}$와 $\overline{Y}$라 하면, 표본평균의 차는 다음과 같이 표준정규분포를 따른다는 사실을 9.2절에서 살펴보았다.

$$Z = \frac{(\overline{X} - \overline{Y}) - (\mu_1 - \mu_2)}{\sqrt{\dfrac{\sigma_1^2}{n} + \dfrac{\sigma_2^2}{m}}} \sim N(0, 1)$$

이때 귀무가설의 진위를 결정하기 전까지는 두 모평균의 차에 대한 귀무가설이 정당하다고 가정하므로 세 종류의 귀무가설을 검정하기 위한 검정통계량 Z와 그에 대한 확률분포는 다음과 같다.

$$Z = \frac{(\overline{X} - \overline{Y}) - \mu_0}{\sqrt{\dfrac{\sigma_1^2}{n} + \dfrac{\sigma_2^2}{m}}} \sim N(0, 1)$$

그리고 두 표본평균의 관찰값 $\overline{x}$와 $\overline{y}$에 대한 검정통계량의 관찰값 z_0는 다음과 같다.

$$z_0 = \frac{(\overline{x} - \overline{y}) - \mu_0}{\sqrt{\dfrac{\sigma_1^2}{n} + \dfrac{\sigma_2^2}{m}}}$$

■ **양측검정**

모분산 σ_1^2, σ_2^2이 알려진 두 정규모집단에서 귀무가설 $H_0 : \mu_1 - \mu_2 = \mu_0$와 대립가설 $H_1 : \mu_1 - \mu_2 \neq \mu_0$에 대해 유의수준을 α라 하면, 양쪽 꼬리확률이 각각 $\dfrac{\alpha}{2}$인 두 임곗값이 $\pm z_{\alpha/2}$이므로 귀무가설 H_0에 대한 기각역은 다음과 같다.

$$Z < -z_{\alpha/2}, \quad Z > z_{\alpha/2}$$

따라서 두 표본평균의 관찰값 $\overline{x}$와 $\overline{y}$에 대한 검정통계량의 관찰값 z_0가 기각역 안에 놓이면 귀무가설 H_0를 기각한다. 또한 p-값은 다음과 같이 단일 모평균의 검정과 동일하게 정의하며, p-값 $> \alpha$이면 H_0를 채택하고 p-값 $\leq \alpha$이면 H_0를 기각한다.

$$p\text{-값} = 2P(Z > |z_0|)$$

■ **상단측검정**

모분산 σ_1^2, σ_2^2이 알려진 두 정규모집단에서 귀무가설 $H_0 : \mu_1 - \mu_2 \leq \mu_0$와 대립가설 $H_1 : \mu_1 - \mu_2 > \mu_0$에 대해 유의수준을 α라 하면, 오른쪽 꼬리확률이 α인 임곗값이 z_α이므로 귀무가설 H_0에 대한 기각역은 다음과 같다.

$$Z > z_\alpha$$

따라서 두 표본평균의 관찰값 $\overline{x}$와 $\overline{y}$에 대한 검정통계량의 관찰값 z_0가 기각역 안에 놓이면 귀무가설 H_0를 기각한다. 또한 p-값은 다음과 같이 단일 모평균의 검정과 동일하게 정의하며, p-값$> \alpha$이면 H_0를 채택하고 p-값 $\leq \alpha$이면 H_0를 기각한다.

$$p\text{-값} = P(Z > z_0)$$

■ **하단측검정**

모분산 σ_1^2, σ_2^2이 알려진 두 정규모집단에서 귀무가설 $H_0 : \mu_1 - \mu_2 \geq \mu_0$와 대립가설 $H_1 : \mu_1 - \mu_2$

$< \mu_0$에 대해 유의수준을 α라 하면, 왼쪽 꼬리확률이 α인 임곗값이 $-z_\alpha$이므로 귀무가설 H_0에 대한 기각역은 다음과 같다.

$$Z < -z_\alpha$$

따라서 두 표본평균의 관찰값 $\bar{x}$와 $\bar{y}$에 대한 검정통계량의 관찰값 z_0가 기각역 안에 놓이면 귀무가설 H_0를 기각한다. 또한 p-값은 다음과 같이 단일 모평균의 검정과 동일하게 정의하며, p-값$> \alpha$이면 H_0를 채택하고 p-값$\le \alpha$이면 H_0를 기각한다.

$$p\text{-값} = P(Z < z_0)$$

모분산을 아는 정규모집단의 두 모평균의 차에 대한 가설검정은 [표 11-6]과 같이 정리할 수 있다.

[표 11-6] 두 모평균의 차에 대한 검정 유형과 기각역, p-값

검정 유형 \ 가설과 기각역	귀무가설 H_0	대립가설 H_1	H_0의 기각역	p-값
양측검정	$\mu_1 - \mu_2 = \mu_0$	$\mu_1 - \mu_2 \neq \mu_0$	$\lvert Z\rvert > z_{\alpha/2}$	$2P(Z > \lvert z_0\rvert)$
상단측검정	$\mu_1 - \mu_2 \le \mu_0$	$\mu_1 - \mu_2 > \mu_0$	$Z > z_\alpha$	$P(Z > z_0)$
하단측검정	$\mu_1 - \mu_2 \ge \mu_0$	$\mu_1 - \mu_2 < \mu_0$	$Z < -z_\alpha$	$P(Z < z_0)$

예제 11-10

두 모집단의 평균이 동일한지 알아보기 위해 표본조사를 실시하여 다음을 얻었다. 이 자료를 근거로 p-값을 구하고 평균이 동일한지 유의수준 5%에서 검정하라.

표본	표본의 크기	표본평균	모표준편차
A	25	125.2	5.3
B	25	121.8	4.6

풀이

두 표본 A와 B에 대한 모평균을 각각 μ_1, μ_2라 하자.

❶ 귀무가설 $H_0: \mu_1 = \mu_2$와 대립가설 $H_1: \mu_1 \neq \mu_2$를 설정한다.

❷ $\sigma_1 = 5.3$, $\sigma_2 = 4.6$, $n = m = 25$이므로 검정통계량은 다음과 같다.

$$Z = \frac{(\overline{X} - \overline{Y}) - 0}{\sqrt{\dfrac{5.3^2 + 4.6^2}{25}}} \approx \frac{\overline{X} - \overline{Y}}{1.4036}$$

❸ $\bar{x}=125.2$, $\bar{y}=121.8$이므로 검정통계량의 관찰값은 $z_0=\dfrac{125.2-121.8}{1.4036}\approx 2.42$이다.

❹ $z_0\approx 2.42$이므로 p-값과 유의수준의 관계는 다음과 같다.

$$p\text{-값}=2P(Z>2.42)=2(1-0.9922)=0.0156<\alpha=0.05$$

❺ p-값이 유의수준보다 작으므로 귀무가설을 기각한다. 즉 두 모평균이 동일하다는 주장은 타당하다고 할 수 없다.

I Can Do 11-10

두 모집단의 모평균을 각각 μ_1과 μ_2라 할 때, $\mu_1-\mu_2\geq 2.5$라는 주장이 타당한지 알아보기 위해 표본조사를 실시하여 다음을 얻었다. 이 자료를 근거로 $\mu_1-\mu_2\geq 2.5$라는 주장을 유의수준 5%에서 검정하라.

표본	표본의 크기	표본평균	모분산
A	25	33.3	9
B	49	29.8	4

두 모평균 차의 가설검정(모분산 σ_1^2, σ_2^2을 모르는 경우)

독립인 두 정규모집단의 모분산 σ_1^2과 σ_2^2이 동일하지만 알려지지 않은 경우에 두 모평균의 차 $\mu_1-\mu_2$에 대한 가설을 검정하는 방법을 살펴보자. 크기가 각각 n과 m인 두 표본의 표본평균을 $\overline{X}$와 $\overline{Y}$라 하면, 표본평균의 차는 다음과 같이 자유도가 $n+m-2$인 t-분포를 따른다는 사실을 9.2절에서 살펴보았다.

$$T=\frac{(\overline{X}-\overline{Y})-(\mu_1-\mu_2)}{s_p\sqrt{\dfrac{1}{n}+\dfrac{1}{m}}}\sim t(n+m-2)$$

그러므로 귀무가설 $H_0: \mu_1-\mu_2=\mu_0$, $H_0: \mu_1-\mu_2\leq\mu_0$, $H_0: \mu_1-\mu_2\geq\mu_0$를 검정을 위해 사용하는 검정통계량 T와 그에 대한 확률분포는 다음과 같다.

$$T=\frac{(\overline{X}-\overline{Y})-\mu_0}{s_p\sqrt{\dfrac{1}{n}+\dfrac{1}{m}}}\sim t(n+m-2)$$

그리고 두 표본평균의 관찰값 $\overline{x}$, $\overline{y}$와 합동표본표준편차 s_p에 대해 검정통계량의 관찰값 t_0는 다음과 같다.

$$t_0 = \frac{(\overline{x} - \overline{y}) - \mu_0}{s_p \sqrt{\frac{1}{n} + \frac{1}{m}}}$$

■ 양측검정

모분산 σ_1^2, σ_2^2이 동일하지만 알려지지 않은 두 정규모집단에서 귀무가설 $H_0: \mu_1 - \mu_2 = \mu_0$와 대립가설 $H_1: \mu_1 - \mu_2 \neq \mu_0$에 대해 유의수준을 α라 하면, 양쪽 꼬리확률이 각각 $\frac{\alpha}{2}$인 두 임곗값이 $\pm t_{\alpha/2}(n+m-2)$이므로 귀무가설 H_0에 대한 기각역은 다음과 같다.

$$T < -t_{\alpha/2}(n+m-2), \quad T > t_{\alpha/2}(n+m-2)$$

따라서 두 표본평균의 관찰값 $\overline{x}$와 $\overline{y}$에 대한 검정통계량의 관찰값 t_0가 기각역 안에 놓이면 귀무가설 H_0를 기각한다. 또한 p-값은 다음과 같이 단일 모평균의 검정과 동일하게 정의하며, p-값$> \alpha$이면 H_0를 채택하고 p-값$\leq \alpha$이면 H_0를 기각한다.

$$p\text{-값} = 2P(T > |t_0|)$$

■ 상단측검정

모분산 σ_1^2, σ_2^2이 동일하지만 알려지지 않은 두 정규모집단에서 귀무가설 $H_0: \mu_1 - \mu_2 \leq \mu_0$와 대립가설 $H_1: \mu_1 - \mu_2 > \mu_0$에 대해 유의수준을 α라 하면, 오른쪽 꼬리확률이 α인 임곗값이 $t_\alpha(n+m-2)$이므로 귀무가설 H_0에 대한 기각역은 다음과 같다.

$$T > t_\alpha(n+m-2)$$

따라서 두 표본평균의 관찰값 $\overline{x}$와 $\overline{y}$에 대한 검정통계량의 관찰값 t_0가 기각역 안에 놓이면 귀무가설 H_0를 기각한다. 또한 p-값은 다음과 같이 단일 모평균의 검정과 동일하게 정의하며, p-값$> \alpha$이면 H_0를 채택하고 p-값$\leq \alpha$이면 H_0를 기각한다.

$$p\text{-값} = P(T > t_0)$$

■ 하단측검정

모분산 σ_1^2, σ_2^2이 동일하지만 알려지지 않은 두 정규모집단에서 귀무가설 $H_0: \mu_1 - \mu_2 \geq \mu_0$와 대립가설 $H_1: \mu_1 - \mu_2 < \mu_0$에 대해 유의수준을 α라 하면, 왼쪽 꼬리확률이 α인 임곗값이 $-t_\alpha(n+m-2)$이므로 귀무가설 H_0에 대한 기각역은 다음과 같다.

$$T < -t_\alpha(n+m-2)$$

따라서 두 표본평균의 관찰값 $\overline{x}$와 $\overline{y}$에 대한 검정통계량의 관찰값 t_0가 기각역 안에 놓이면 귀무가설 H_0를 기각한다. 또한 p-값은 다음과 같이 단일 모평균의 검정과 동일하게 정의하며, p-값$> \alpha$이면 H_0를 채택하고 p-값$\leq \alpha$이면 H_0를 기각한다.

$$p\text{-값} = P(T < t_0)$$

모분산이 동일하지만 알려지지 않은 정규모집단의 두 모평균의 차에 대한 가설검정은 [표 11-7]과 같이 정리할 수 있다.

[표 11-7] 두 모평균의 차에 대한 검정 유형과 기각역, p-값

가설과 기각역 / 검정 유형	귀무가설 H_0	대립가설 H_1	H_0의 기각역	p-값
양측검정	$\mu_1 - \mu_2 = \mu_0$	$\mu_1 - \mu_2 \neq \mu_0$	$\lvert T \rvert > t_{\alpha/2}(n+m-2)$	$2P(T > \lvert t_0 \rvert)$
상단측검정	$\mu_1 - \mu_2 \leq \mu_0$	$\mu_1 - \mu_2 > \mu_0$	$T > t_\alpha(n+m-2)$	$P(T > t_0)$
하단측검정	$\mu_1 - \mu_2 \geq \mu_0$	$\mu_1 - \mu_2 < \mu_0$	$T < -t_\alpha(n+m-2)$	$P(T < t_0)$

예제 11-11

독립인 두 정규모집단의 모평균에 대해 $\mu_1 - \mu_2 = 4.5$라는 주장을 검정하기 위해 표본조사를 실시하여 다음을 얻었다. 이 주장에 대해 유의수준 5%에서 검정하라. 단, 두 모분산 σ_1^2과 σ_2^2이 동일하다.

구분	표본의 크기	표본평균	표본표준편차
표본 1	10	136.4	5.8
표본 2	12	137.8	4.3

풀이

❶ 귀무가설 $H_0: \mu_1 - \mu_2 = 4.5$와 대립가설 $H_1: \mu_1 - \mu_2 \neq 4.5$를 설정한다.

❷ $\alpha = 0.05$에 대해 $t_{0.025}(20) = 2.086$이므로 기각역은 $T < -2.086$, $T > 2.086$이다.

❸ $n=10$, $s_1=5.8$, $m=12$, $s_2=4.3$이므로 합동표본표준편차는 다음과 같다.

$$s_p^2 = \frac{(9)(5.8^2)+(11)(4.3^2)}{10+12-2} \approx 25.3075 \quad \Rightarrow \quad s_p = \sqrt{25.3075} \approx 5.031$$

❹ 검정통계량은 다음과 같다.

$$T = \frac{(\overline{X}-\overline{Y})-4.5}{5.031\sqrt{\frac{1}{10}+\frac{1}{12}}} = \frac{(\overline{X}-\overline{Y})-4.5}{2.154}$$

❺ $\overline{x}=136.4$, $\overline{y}=137.8$이므로 검정통계량의 관찰값은 $t_0 = \frac{-1.4-4.5}{2.154} \approx -2.7391$이다.

❻ $t_0 \approx -2.7391$은 기각역 안에 놓이므로 귀무가설을 기각한다. 즉 $\mu_1 - \mu_2 = 4.5$라는 주장은 타당하다고 할 수 없다.

I Can Do 11-11

독립인 두 정규모집단의 모평균에 대해 $\mu_1 - \mu_2 \le 2.5$라는 주장을 검정하기 위해 표본조사를 실시하여 다음을 얻었다. 이 주장에 대해 유의수준 5%에서 검정하라. 단, 두 모분산 σ_1^2과 σ_2^2이 동일하다.

구분	표본의 크기	표본평균	표본표준편차
표본 1	11	74.6	2.5
표본 2	14	71.1	2.0

Section 11.3 모비율의 가설검정

'모비율의 가설검정'을 왜 배워야 하는가?

선거에서 투표가 끝나는 즉시 출구조사 결과를 발표하여 어느 후보의 당선이 유력하다고 발표한다. 그런데 출구조사에서 발표한 당선 유력 후보와 실제 당선 후보가 다른 경우가 있다. 이와 같이 어느 기관이나 회사에서 주장하는 어떤 특성에 대한 비율이 타당한지 아니면 신빙성이 없는지를 검증할 필요가 있다. 이 절에서는 정당의 지지율, TV 프로그램의 시청률 또는 생산한 제품의 불량률 등과 같은 모집단의 비율에 대한 주장을 검정하는 방법을 살펴본다.

단일 모비율의 가설검정

모비율 p를 추정하기 위해 크기가 n인 표본에 대한 표본비율 $\hat{p}$을 사용한 것처럼, 모비율 p에 대한 가설을 검정하기 위해 표본비율 $\hat{p}$을 사용한다. n이 충분히 크면 $\hat{p}$은 다음과 같은 표준정규분포를 따른다는 사실을 9.3절에서 살펴보았다.

$$Z = \frac{\hat{p} - p}{\sqrt{pq/n}} \approx N(0,\, 1)$$

모비율 p에 대한 귀무가설 $H_0: p = p_0$, $H_0: p \le p_0$, $H_0: p \ge p_0$를 검정할 때 귀무가설의 진위를 결정하기 전까지는 모비율에 대한 귀무가설이 정당하다고 가정하므로 세 종류의 귀무가설을 검정하기 위한 검정통계량 Z와 그에 대한 확률분포는 다음과 같다.

$$Z = \frac{\hat{p} - p_0}{\sqrt{p_0 q_0/n}} \approx N(0,\, 1)$$

이때 표본비율의 관찰값 $\hat{p}$에 대한 검정통계량의 관찰값 z_0는 다음과 같다.

$$z_0 = \frac{\hat{p} - p_0}{\sqrt{p_0 q_0/n}}$$

■ 양측검정

귀무가설 $H_0: p = p_0$에 대해 미리 주어진 유의수준을 α라 하면, 양쪽 꼬리확률이 각각 $\frac{\alpha}{2}$인 두 임곗값이 $\pm z_{\alpha/2}$이므로 귀무가설 H_0에 대한 기각역은 다음과 같다.

$$Z < -z_{\alpha/2}, \quad Z > z_{\alpha/2}$$

따라서 표본으로부터 얻은 검정통계량의 관찰값 z_0가 기각역 안에 놓이면 귀무가설 H_0를 기각한다. 한편 모비율에 대한 양측검정의 p-값은 다음과 같이 정의되며, p-값$> \alpha$이면 H_0를 채택하고 p-값$\le \alpha$이면 H_0를 기각한다.

$$p\text{-값} = 2P(Z > |z_0|)$$

예제 11-12

모비율이 24.5%라는 주장을 검정하기 위해 크기가 500인 표본을 조사하여 표본비율 21.7%를 얻었다. 다음 두 가지 방법을 통해 모비율에 대한 주장을 유의수준 5%에서 검정하라.

(a) 기각역을 이용　　(b) p-값을 이용

풀이

(a) ❶ 귀무가설 $H_0: p = 0.245$와 대립가설 $H_1: p \neq 0.245$를 설정한다.

❷ $\alpha = 0.05$에 대하여 양측검정이므로 $z_{0.025} = 1.96$이고, 기각역은 $Z < -1.96$ 또는 $Z > 1.96$이다.

❸ $n = 500$, $p_0 = 0.245$이므로 검정통계량은 다음과 같다.

$$Z = \frac{\hat{p} - 0.245}{\sqrt{\frac{(0.245)(0.755)}{500}}} \approx \frac{\hat{p} - 0.245}{0.019}$$

❹ $\hat{p} = 0.217$이므로 검정통계량의 관찰값은 $z_0 = \frac{0.217 - 0.245}{0.019} \approx -1.46$이다.

❺ $z_0 \approx -1.46$이 기각역 안에 놓이지 않으므로 귀무가설을 기각할 수 없다. 즉 모비율이 24.5%라는 주장은 타당하다.

(b) p-값$= 2P(Z > 1.46) = 2(1 - 0.9279) = 0.1442$가 유의수준 $\alpha = 0.05$보다 크므로 귀무가설을 기각할 수 없다.

I Can Do 11-12

모비율이 45.1%라는 주장을 검정하기 위해 크기가 1,500인 표본을 조사하여 표본비율 47.3%를 얻었다. 다음 두 가지 방법을 통해 모비율에 대한 주장을 유의수준 10%에서 검정하라.

(a) 기각역을 이용　　(b) p-값을 이용

■ 상단측검정

귀무가설 $H_0: p \le p_0$에 대해 미리 주어진 유의수준을 α라 하면, 오른쪽 꼬리확률이 α인 임곗값이 z_α이므로 귀무가설 H_0에 대한 기각역은 다음과 같다.

$$Z > z_\alpha$$

따라서 표본으로부터 얻은 검정통계량의 관찰값 z_0가 기각역 안에 놓이면 귀무가설 H_0를 기각한다. 한편 모비율에 대한 상단측검정의 p-값은 다음과 같이 정의되며, p-값$> \alpha$이면 H_0를 채택하고 p-값$\le \alpha$이면 H_0를 기각한다.

$$p\text{-값} = P(Z > z_0)$$

■ 하단측검정

귀무가설 $H_0: p \ge p_0$에 대해 미리 주어진 유의수준을 α라 하면, 왼쪽 꼬리확률이 α인 임곗값이 $-z_\alpha$이므로 귀무가설 H_0에 대한 기각역은 다음과 같다.

$$Z < -z_\alpha$$

따라서 표본으로부터 얻은 검정통계량의 관찰값 z_0가 기각역 안에 놓이면 귀무가설 H_0를 기각한다. 한편 모비율에 대한 하단측검정의 p-값은 다음과 같이 정의되며, p-값$> \alpha$이면 H_0를 채택하고 p-값$\le \alpha$이면 H_0를 기각한다.

$$p\text{-값} = P(Z < z_0)$$

모비율에 대한 가설검정은 [표 11-8]과 같이 정리할 수 있다.

[표 11-8] 모비율에 대한 검정 유형과 기각역, p-값

가설과 기각역 / 검정 유형	귀무가설 H_0	대립가설 H_1	H_0의 기각역	p-값
양측검정	$p = p_0$	$p \ne p_0$	$\lvert Z\rvert > z_{\alpha/2}$	$2P(Z > \lvert z_0\rvert)$
상단측검정	$p \le p_0$	$p > p_0$	$Z > z_\alpha$	$P(Z > z_0)$
하단측검정	$p \ge p_0$	$p < p_0$	$Z < -z_\alpha$	$P(Z < z_0)$

예제 11-13

모비율이 36.4%를 초과한다는 주장을 검정하기 위해 크기가 1,000인 표본을 조사하여 표본비율 38.8%를 얻었다. 다음 두 가지 방법을 통해 모비율에 대한 주장을 유의수준 5%에서 검정하라.

(a) 기각역을 이용　　　　(b) p-값을 이용

풀이

(a) ❶ 검정하고자 하는 주장은 $p > 0.364$이며, 등호를 포함하지 않으므로 이 주장을 대립가설로 설정한다. 즉 귀무가설 $H_0: p \le 0.364$와 대립가설 $H_1: p > 0.364$를 설정한다.

❷ $\alpha = 0.05$에 대해 상단측검정이므로 $z_{0.05} = 1.645$이고, 기각역은 $Z > 1.645$이다.

❸ $n = 1000$, $p_0 = 0.364$이므로 검정통계량은 다음과 같다.

$$Z = \frac{\hat{p} - 0.364}{\sqrt{\frac{(0.364)(0.636)}{1000}}} \approx \frac{\hat{p} - 0.364}{0.0152}$$

❹ $\hat{p} = 0.388$이므로 검정통계량의 관찰값은 $z_0 = \frac{0.388 - 0.364}{0.0152} \approx 1.58$이다.

❺ $z_0 \approx 1.58$이 기각역 안에 놓이지 않으므로 귀무가설을 기각할 수 없다. 즉 모비율이 36.4%를 초과한다는 주장은 타당하다고 할 수 없다.

(b) p-값 $= P(Z > 1.58) = 1 - 0.9429 = 0.0571$이 유의수준 $\alpha = 0.05$보다 크므로 귀무가설을 기각할 수 없다. 즉 $p \le 0.364$라는 주장은 타당하다.

I Can Do 11-13

모비율이 적어도 18.3% 이상이라는 주장을 검정하기 위해 크기가 800인 표본을 조사하여 표본비율 16.4%를 얻었다. 다음 두 가지 방법을 통해 모비율에 대한 주장을 유의수준 10%에서 검정하라.

(a) 기각역을 이용　　　　(b) p-값을 이용

두 모비율 차의 가설검정

모비율이 p_1과 p_2이고 독립인 두 모집단의 모비율 차 $p_1 - p_2$를 추정하기 위해 크기가 각각 n, m인 표본에 대한 표본비율 $\hat{p}_1$, $\hat{p}_2$을 사용하였다. 이와 마찬가지로 두 모비율의 차 $p_1 - p_2$에 대한 가설을 검정하기 위해 두 표본비율의 차 $\hat{p}_1 - \hat{p}_2$을 사용하며, n, m이 충분히 크면 $\hat{p}_1 - \hat{p}_2$은 다음과 같은 표준정규분포를 따른다는 사실을 9.3절에서 살펴보았다.

$$Z=\frac{(\hat{p}_1-\hat{p}_2)-(p_1-p_2)}{\sqrt{\frac{p_1q_1}{n}+\frac{p_2q_2}{m}}}\approx N(0,\ 1)$$

두 모비율의 차 p_1-p_2에 대한 귀무가설 $H_0: p_1-p_2=p_0$, $H_0: p_1-p_2\le p_0$, $H_0: p_1-p_2\ge p_0$를 검정할 때 귀무가설의 진위를 결정하기 전까지는 두 모비율의 차에 대한 귀무가설이 정당하다고 가정하므로 세 종류의 귀무가설을 검정하기 위한 검정통계량 Z와 그에 대한 확률분포는 다음과 같다.

$$Z=\frac{(\hat{p}_1-\hat{p}_2)-p_0}{\sqrt{\frac{\hat{p}_1\hat{q}_1}{n}+\frac{\hat{p}_2\hat{q}_2}{m}}}\approx N(0,\ 1)$$

이때 두 표본비율의 관찰값 $\hat{p}_1$, $\hat{p}_2$에 대한 검정통계량의 관찰값 z_0는 다음과 같다.

$$z_0=\frac{(\hat{p}_1-\hat{p}_2)-p_0}{\sqrt{\frac{\hat{p}_1\hat{q}_1}{n}+\frac{\hat{p}_2\hat{q}_2}{m}}}$$

특히 $p_0=0$인 경우, 즉 두 모비율이 동일하다는 가설은 $p_1=p_2=p$에 대한 추론이고, 이때 p에 대한 검정을 위해 합동표본비율을 사용한다.

정의 11-5 합동표본비율

크기가 n과 m인 두 표본에 대한 성공의 횟수 x와 y에 대해 비율 $\hat{p}=\frac{x+y}{n+m}$를 **합동표본비율** pooled sample proportion이라 한다.

따라서 모비율 $p_1=p_2=p$에 대한 가설을 검정하기 위한 검정통계량과 확률분포는 다음과 같다.

$$Z=\frac{\hat{p}_1-\hat{p}_2}{\sqrt{\hat{p}\hat{q}\left(\frac{1}{n}+\frac{1}{m}\right)}}\approx N(0,\ 1)$$

두 모비율의 차에 대한 검정은 단일 모비율의 검정 방법과 동일하다. 따라서 두 모비율의 차에 대한 가설검정은 [표 11-9]와 같이 정리할 수 있다.

[표 11-9] 두 모비율의 차에 대한 검정 유형과 기각역, p-값

검정 유형 \ 가설과 기각역	귀무가설 H_0	대립가설 H_1	H_0의 기각역	p-값
양측검정	$p_1 = p_2$	$p_1 \neq p_2$	$\lvert Z\rvert > z_{\alpha/2}$	$2P(Z > \lvert z_0\rvert)$
상단측검정	$p_1 \leq p_2$	$p_1 > p_2$	$Z > z_\alpha$	$P(Z > z_0)$
하단측검정	$p_1 \geq p_2$	$p_1 < p_2$	$Z < -z_\alpha$	$P(Z < z_0)$

예제 11-14

독립인 두 모집단의 모비율이 동일한지 검정하기 위해 표본조사를 실사하여 다음을 얻었다. 두 모비율이 동일한지 유의수준 5%에서 검정하라.

구분	표본의 크기	표본비율
표본 1	1,200	0.75
표본 2	1,000	0.71

풀이

❶ 표본 1과 표본 2의 모비율을 각각 p_1, p_2라 하고, 귀무가설 $H_0: p_1 = p_2 (p_1 - p_2 = 0)$와 대립가설 $H_1: p_1 \neq p_2 (p_1 - p_2 \neq 0)$를 설정한다.

❷ $\alpha = 0.05$에 대해 양측검정이므로 $z_{0.025} = 1.96$이고, 기각역은 $Z < -1.96$, $Z > 1.96$이다.

❸ 합동표본비율을 구하기 위해 두 표본에 대한 성공의 횟수를 구하면 각각 다음과 같다.

$$x = 1200 \times 0.75 = 900, \quad y = 1000 \times 0.71 = 710$$

따라서 합동표본비율은 $\hat{p} = \dfrac{900 + 710}{1200 + 1000} \approx 0.7318$이고 검정통계량은 다음과 같다.

$$Z = \frac{\hat{p}_1 - \hat{p}_2}{\sqrt{(0.7318)(0.2682)\left(\frac{1}{1200} + \frac{1}{1000}\right)}} \approx \frac{\hat{p}_1 - \hat{p}_2}{0.0194}$$

❹ $\hat{p}_1 = 0.75$, $\hat{p}_2 = 0.71$이므로 검정통계량의 관찰값은 $z_0 = \dfrac{0.75 - 0.71}{0.019} \approx 2.11$이다.

❺ 관찰값 $z_0 \approx 2.11$은 기각역 안에 놓이므로 귀무가설을 기각한다. 즉 두 모비율이 동일하다는 주장은 타당하다고 할 수 없다.

I Can Do 11-14

독립인 모집단 1과 모집단 2에서 동일하게 크기가 1,000인 표본을 조사하여 각각 표본비율 0.635와 0.564를 얻었다. 두 모비율의 차가 0.03을 초과하는지 유의수준 5%에서 검정하라.

Chapter 11 연습문제

기초문제

1. 다음 중 옳은 용어 설명을 고르라.

① p-값은 관찰값에 의해 H_0를 기각할 가장 큰 유의수준이다.

② 제1종 오류는 거짓인 H_0를 기각하지 않음으로써 발생하는 오류이다.

③ 유의수준은 제1종 오류를 범할 확률이다.

④ 대립가설은 타당성을 입증해야 할 가설이다.

⑤ 가설의 등호는 대립가설에만 사용한다.

2. 모분산이 $\sigma^2 = 16$인 정규모집단에 대해 평균이 25보다 크다는 주장을 유의수준 5%에서 검정한다. 이때 크기가 50인 표본을 선정하여 표본평균 $\overline{x} = 26$을 얻었을 때, 다음 검정 과정 중 옳은 것을 고르라.

① $H_0: \mu > 25$, $H_1: \mu \le 25$이다.

② 유의수준이 5%이므로 기각역은 $Z < -1.645$ 또는 $Z > 1.645$이다.

③ 검정통계량은 $Z = \dfrac{\overline{X} - 25}{4/\sqrt{25}} = \dfrac{\overline{X} - 25}{0.8}$이다.

④ 검정통계량의 관찰값은 $z_0 \approx 1.77$이다.

⑤ 검정통계량의 관찰값이 기각역 안에 놓이므로 귀무가설 $\mu > 25$를 기각한다.

3. 모분산이 $\sigma^2 = 4$인 정규모집단에 대해 $\mu = 5$라는 주장을 검정하기 위해 크기가 25인 표본을 선정하였다. 표본평균이 $\overline{x} = 5.78$일 때, p-값을 구하고 유의수준 5%에서 검정한 다음 결과 중 옳은 것을 고르라.

① p-값$= 0.0512$, $\mu = 5$를 기각한다.

② p-값$= 0.0512$, $\mu = 5$를 채택한다.

③ p-값$= 0.0256$, $\mu = 5$를 기각한다.

④ p-값$= 0.0256$, $\mu = 5$를 채택한다.

⑤ p-값$= 0.332$, $\mu = 5$를 기각한다.

4. 모표준편차가 $\sigma = 3$인 정규모집단에 대해 $\mu > 4$를 검정하기 위해 크기가 36인 표본을 선정하였다. 표본평균이 $\overline{x} = 4.8$일 때, 유의수준 5%에서 검정한 다음 과정 중 옳은 것을 고르라.

① $H_0: \mu > 4$, $H_1: \mu \le 4$이다.

② 기각역은 $Z > 1.96$이다.

③ p-값$= 0.0548$이고 $\mu > 4$를 채택한다.

④ p-값$= 0.0548$이고 $\mu \le 4$를 채택한다.

⑤ 검정통계량의 관찰값이 $z_0 = 1.6$이므로 $\mu \le 4$를 기각한다.

5. 모표준편차가 $\sigma = 4$인 정규모집단에 대해 귀무가설 $H_0: \mu \ge 50$을 검정하기 위해 크기가 64인 표본을 선정하였다. 표본평균이 $\overline{x} = 48.9$일 때, 유의수준 2.5%에서 검정한 다음 과정 중 옳은 것을 고르라.

① 유의수준 2.5%에 대한 기각역을 알 수 없다.

② 검정통계량의 관찰값은 $z_0 = 2.2$이다.

③ 기각역은 $Z < 1.645$이다.

④ $H_0: \mu \ge 50$이므로 상단측검정을 한다.

⑤ p-값$= 0.0139$이고 귀무가설 H_0를 기각한다.

6. 모표준편차가 각각 $\sigma_1 = 3.1$, $\sigma_2 = 3.5$이고 독립인 두 정규모집단에서 크기가 각각 25인 표본을 추출하여 각각 표본평균 $\overline{x} = 48.2$와 $\overline{y} = 50.1$을 얻었다. 두 모평균이 동일한지 유의수준 5%에서 검정한 다음 과정 중 옳은 것을 고르라.

① 관찰값은 $z_0 = -2.03$이고 귀무가설을 채택한다.

② p-값$= 0.0424 < 0.05$이고 귀무가설을 채택한다.

③ p-값$= 0.0424 < 0.05$이고 귀무가설을 기각한다.

④ p-값$= 0.0212 < 0.05$이고 귀무가설을 채택한다.

⑤ p-값$= 0.0212 < 0.05$이고 귀무가설을 기각한다.

7. 모분산이 $\sigma_1^2 = 4$, $\sigma_2^2 = 7$이고 독립인 두 정규모집단의 모평균에 차이가 있는지 검정하기 위해 크기가 각각 20, 25인 표본을 조사하였다. 두 표본평균이 각각 71.4, 70일 때, 모평균에 차이가 있는지 유의수준 5%에서 검정한 다음 과정 중 옳은 것을 고르라.

① $H_0: \mu_1 - \mu_2 \neq 0$, $H_1: \mu_1 - \mu_2 = 0$이다.

② 기각역은 $Z < -1.96$이다.

③ 검정통계량은 $Z = \dfrac{\overline{X} - \overline{Y}}{s_p\sqrt{\dfrac{1}{n} + \dfrac{1}{m}}}$이다.

④ 검정통계량의 관찰값은 $z_0 \approx 2.26$이다.

⑤ p-값$= 0.0444 < 0.05$이고 귀무가설을 기각한다.

8. 모분산이 동일하지만 알려져 있지 않고 독립인 두 정규모집단의 모평균에 차이가 있는지 검정하기 위해 크기가 각각 10, 21인 표본을 조사하였다. 두 표본평균이 각각 15.6, 14.2이고 두 표본분산이 각각 4, 6일 때, 모평균에 차이가 있는지 유의수준 5%에서 검정한 다음 과정 중 옳은 것을 고르라.

① $H_0: \mu_1 - \mu_2 \neq 0$, $H_1: \mu_1 - \mu_2 = 0$이다.

② 기각역은 $Z < -1.96$ 또는 $Z > 1.96$이다.

③ 검정통계량은 $T = \dfrac{\overline{X} - \overline{Y}}{s_p\sqrt{\dfrac{1}{n} + \dfrac{1}{m}}}$이다.

④ 검정통계량의 관찰값은 $z_0 \approx 2.26$이다.

⑤ p-값$= 0.147 > 0.05$이고 귀무가설을 기각한다.

9. 어떤 시험의 합격률이 90%라는 주장을 검정하기 위해 표본 100명을 조사한 결과, 합격자가 83명이었다. 유의수준 5%에서 합격률이 90%라는 주장을 검정하는 다음 과정 중 옳은 것을 고르라.

① $H_0: p \neq 0.9$, $H_1: p = 0.9$이다.

② 기각역은 $Z > 1.96$이다.

③ 검정통계량의 관찰값은 $z_0 = -1.86$이다.

④ p-값이 유의수준보다 작다.

⑤ 합격률이 90%라는 주장을 기각할 수 없다.

10. 모비율이 $p \geq 0.05$라고 한다. 크기가 1,000인 표본을 조사하여 표본비율 0.038을 얻었다. 모비율이 $p \geq 0.05$라는 주장을 유의수준 5%에서 검정하는 다음 과정 중 옳은 것을 고르라.

① $H_0: p < 0.05$, $H_1: p \geq 0.05$이다.

② 기각역은 $Z < -1.645$이다.

③ 검정통계량의 관찰값은 $z_0 = -1.985$이다.

④ 귀무가설을 기각할 수 없다.

⑤ p-값이 유의수준보다 크다.

11. 모집단의 불량률이 0.1% 이하라고 한다. 표본 4,000개를 조사한 결과, 불량품이 7개였다. 유의수준 5%에서 불량률이 0.1% 이하라는 주장을 검정하는 다음 과정 중 옳은 것을 고르라.

① $H_0: p < 0.001$, $H_1: p \ge 0.001$이다.

② 기각역은 $Z > 1.96$이다.

③ 검정통계량의 관찰값은 $z_0 = -1.5$이다.

④ 귀무가설 $H_0: p \le 0.001$을 기각할 수 없다.

⑤ p-값이 유의수준보다 작다.

12. 두 모비율이 동일한지 검정하기 위해 크기가 각각 500인 두 표본을 조사하였다. 두 표본비율이 각각 $\hat{p}_1 = 0.4$, $\hat{p}_2 = 0.45$일 때, 두 모비율이 동일한지 유의수준 5%에서 검정한 다음 과정 중 옳은 것을 고르라.

① 합동표본비율은 $\hat{p} = \dfrac{200+225}{500} = 0.85$이다.

② 기각역은 $Z < -1.96$이다.

③ 관찰값은 $z_0 = -2.26$이고 귀무가설을 채택한다.

④ p-값$= 0.1096 > 0.05$이고 귀무가설을 채택한다.

⑤ p-값$= 0.0548 > 0.05$이고 귀무가설을 채택한다.

응용문제

13. 다음 정보를 이용하여 정규모집단의 모평균이 156이라는 주장을 유의수준 5%에서 검정하라.

$$\sigma = 3.9, \quad \bar{x} = 157.7, \quad n = 25$$

14. 다음 정보를 이용하여 정규모집단의 모평균이 56 이하라는 주장에 대해 p-값을 이용하여 유의수준 5%에서 검정하라.

$$\sigma = 2, \quad \bar{x} = 56.8, \quad n = 36$$

15. 모분산이 9인 정규모집단의 모평균이 4.5 미만이라는 주장을 검정하기 위해 크기가 25인 표본을 조사하였다. 표본평균이 각각 5.4일 때, 모평균이 4.5 미만인지 유의수준 5%에서 검정하라.

16. 표본으로부터 얻은 다음 정보를 이용하여 모분산을 모르는 정규모집단에 대해 모평균이 88.8이라는 주장을 유의수준 5%에서 검정하라.

$$n = 11, \quad \bar{x} = 91.2, \quad s = 4$$

17. 정규모집단의 귀무가설 $H_0: \mu \le 7.5$를 검정하기 위해 크기가 15인 표본을 조사하여 표본평균 8.9와 표본표준편차 3을 얻었다. 유의수준 5%에서 귀무가설을 검정하라.

18. 모분산이 $\sigma_1^2 = 3.5$, $\sigma_2^2 = 4.3$이고 독립인 두 정규모집단의 모평균에 차이가 있는지 검정하기 위해 크기가 동일하게 25인 표본을 조사하였다. 두 표본평균이 각각 23.2, 22.0일 때, 모평균에 차이가 있는지 유의수준 5%에서 검정하라.

19. 모분산이 동일하지만 알려지지 않고 독립인 두 정규모집단의 모평균에 차이가 있는지 검정하기 위해 크기가 각각 8, 12인 표본을 조사하였다. 두 표본평균이 각각 23.2, 22.0이고 두 표본분산이 각각 3.5, 4.3일 때, 모평균에 차이가 있는지 유의수준 5%에서 검정하라.

20. 어떤 특정한 국가 정책에 대한 여론의 반응을 알아보기 위해 여론조사를 실시하여 다음 두 결과 (a), (b)를 얻었다. 이 결과를 이용하여 국민의 절반이 이 정책을 지지한다고 할 수 있는지 유의수준 5%에서 검정하라.

(a) 900명을 상대로 여론조사한 결과 510명이 찬성하였다.

(b) 90명을 상대로 여론조사한 결과 51명이 찬성하였다.

21. 어떤 여성잡지사에서 발행하는 잡지에 따르면 20대 여성 중에서 25.4% 이상이 건강 다이어트 식품을 복용한다고 주장한다. 이러한 주장을 검정하기 위해 20대 여성 521명을 임의로 선정해 조사하였더니 117명이 복용하는 것으로 나타났다. 이 회사의 주장을 유의수준 5%에서 검정하라.

22. 어떤 국가 정책에 대해 대도시와 농어촌의 지지율이 동일한지 조사했더니 결과가 다음과 같았다. 대도시와 농어촌의 지지율이 같은지 유의수준 5%에서 검정하라.

구분	조사 대상자	지지자
대도시	1,521	1,007
농어촌	815	507

23. 두 공장에서 생산되는 동일한 제품의 불량률이 동일한지 조사했더니 결과가 다음과 같았다. 공장 A의 불량률이 공장 B의 불량률보다 0.1%를 초과하는지 유의수준 5%에서 검정하라.

구분	조사 제품 수	불량품 수
공장 A	1,540	81
공장 B	1,755	69

심화문제

24. 어떤 패스트푸드 체인회사는 주문한 음식이 나오는 데 걸리는 평균 시간이 65초라고 한다. 과거 경험에 따르면, 주문한 음식이 나오는 데 걸리는 시간은 표준편차가 10초인 정규분포를 따른다고 한다. 30개의 체인점을 상대로 음식이 나오는 데 걸리는 시간을 조사하여 다음을 얻었다고 할 때, 유의수준 5%에서 이 회사의 주장을 검정하라.

65	41	58	57	74	61	65	94	83	57	58	83	92	91	84
78	52	43	64	66	74	75	71	46	38	87	59	62	78	95

25. 어느 회사에서 제조한 스마트폰용 배터리의 일일 평균 수명은 21시간 이상이라 한다. 이 주장을 검정하기 위해 배터리 21개를 임의로 조사하였더니 평균이 20.3시간, 표준편차가 1.8시간으로 측정되었다고 한다. 이 회사의 주장을 유의수준 5%에서 검정하라.

26. 어느 여행사는 3박4일 동안 동남아 여행을 하는 데 소요되는 평균 경비가 70만 원을 초과한다고 주장한다. 이 주장을 검정하기 위해 인천국제공항에서 동남아 여행을 다녀온 사람 25명을 임의로 선정하여 조사한 결과, 평균 경비가 73만 원이었다. 여행 경비는 표준편차가 8.2만 원인 정규분포를 따른다고 할 때, 유의수준 5%에서 여행사의 주장을 검정하라.

27. 어느 사회단체는 혁신도시에서 근무하는 직원들이 퇴근 후에 자기계발을 위해 투자하는 시간이 60분 미만이라고 주장한다. 이 주장을 검정하기 위해 임의로 15명을 선정하여 퇴근 후에 자기계발을 위해 투자한 시간을 조사하여 다음을 얻었다. 이 사회단체의 주장이 타당한지 유의수준 5%에서 검정하라. 단, 단위는 분이다.

40	30	70	60	50	60	60	30	40	50	90	60	50	30	30

28. 컴퓨터 시뮬레이션을 이용하여 숫자 '0'과 '1'을 임의로 5,000개를 생성한 결과, 2,443개의 숫자 '0'이 나왔다고 한다. p-값을 이용하여 숫자 '0'이 나올 가능성이 0.5 이상이라는 주장에 대해 유의수준 5%와 10%에서 검정하라.

29. 의학 단체 A는 2,000명의 암환자 중 흡연자가 648명이라고 주장한 반면에, 다른 의학 단체 B는 암환자 1,800명 중 흡연자가 551명이라 주장한다. 두 단체가 주장하는 암환자 중 흡연자의 비율이 A가 B보다 더 큰지 유의수준 5%에서 검정하라.

부록 A 주요 분포의 확률표

A.1 이항누적확률표

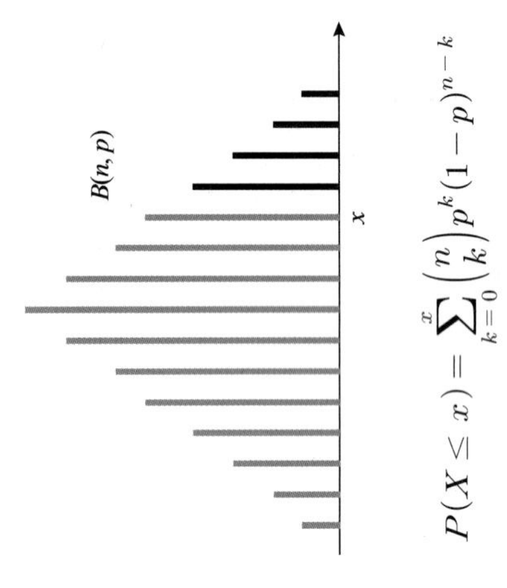

$$P(X \le x) = \sum_{k=0}^{x} \binom{n}{k} p^k (1-p)^{n-k}$$

n	x	0.05	0.10	0.15	0.2	0.25	0.3	0.35	0.4	0.45	0.5	0.55	0.6	0.65	0.7	0.75	0.8	0.85	0.9	0.95
1	0	0.9500	0.9000	0.8500	0.8000	0.7500	0.7000	0.6500	0.6000	0.5500	0.5000	0.4500	0.4000	0.3500	0.3000	0.2500	0.2000	0.1500	0.1000	0.0500
2	0	0.9025	0.8100	0.7225	0.6400	0.5625	0.4900	0.4225	0.3600	0.3025	0.2500	0.2025	0.1600	0.1225	0.0900	0.0625	0.0400	0.0225	0.0100	0.0025
	1	0.9975	0.9900	0.9775	0.9600	0.9375	0.9100	0.8775	0.8400	0.7975	0.7500	0.6975	0.6400	0.5775	0.5100	0.4375	0.3600	0.2775	0.1900	0.0975
3	0	0.8574	0.7290	0.6141	0.5120	0.4219	0.3430	0.2746	0.2160	0.1664	0.1250	0.0911	0.0640	0.0429	0.0270	0.0156	0.0080	0.0034	0.0010	0.0001
	1	0.9928	0.9720	0.9393	0.8960	0.8438	0.7840	0.7182	0.6480	0.5748	0.5000	0.4252	0.3520	0.2818	0.2160	0.1406	0.1040	0.0608	0.0280	0.0072
	2	0.9999	0.9990	0.9967	0.9920	0.9844	0.9730	0.9571	0.9360	0.9089	0.8750	0.8336	0.7840	0.7254	0.6570	0.5625	0.4880	0.3859	0.2710	0.1426

이항누적확률표(계속)

n	x	p = 0.05	0.10	0.15	0.2	0.25	0.3	0.35	0.4	0.45	0.5	0.55	0.6	0.65	0.7	0.75	0.8	0.85	0.9	0.95
4	0	0.8145	0.6561	0.5220	0.4096	0.3164	0.2401	0.1785	0.1296	0.0915	0.0625	0.0410	0.0256	0.0150	0.0081	0.0039	0.0016	0.0005	0.0001	0.0000
	1	0.9860	0.9477	0.8905	0.8192	0.7383	0.6517	0.5630	0.4752	0.3910	0.3125	0.2415	0.1792	0.1265	0.0837	0.0508	0.0272	0.0120	0.0037	0.0005
	2	0.9995	0.9963	0.9880	0.9728	0.9492	0.9163	0.8735	0.8208	0.7585	0.6875	0.6090	0.5248	0.4370	0.3483	0.2617	0.1808	0.1095	0.0523	0.0140
	3	1.0000	0.9999	0.9995	0.9984	0.9961	0.9919	0.9850	0.9744	0.9590	0.9375	0.9085	0.8704	0.8215	0.7599	0.6836	0.5904	0.4780	0.3439	0.1855
5	0	0.7738	0.5905	0.4437	0.3277	0.2373	0.1681	0.1160	0.0778	0.0503	0.0312	0.0185	0.0102	0.0053	0.0024	0.0010	0.0003	0.0001	0.0000	0.0000
	1	0.9774	0.9185	0.8352	0.7373	0.6328	0.5282	0.4284	0.3370	0.2562	0.1875	0.1312	0.0870	0.0540	0.0308	0.0156	0.0067	0.0022	0.0005	0.0000
	2	0.9988	0.9914	0.9734	0.9421	0.8965	0.8369	0.7648	0.6826	0.5931	0.5000	0.4069	0.3174	0.2352	0.1631	0.1035	0.0579	0.0266	0.0086	0.0012
	3	1.0000	0.9995	0.9978	0.9933	0.9844	0.9692	0.9460	0.9130	0.8688	0.8125	0.7438	0.6630	0.5716	0.4718	0.3672	0.2627	0.1648	0.0815	0.0226
	4	1.0000	1.0000	0.9999	0.9997	0.9990	0.9976	0.9947	0.9898	0.9815	0.9688	0.9497	0.9222	0.8840	0.8319	0.7627	0.6723	0.5563	0.4095	0.2262
6	0	0.7351	0.5314	0.3771	0.2621	0.1780	0.1176	0.0754	0.0467	0.0277	0.0156	0.0083	0.0041	0.0018	0.0007	0.0002	0.0001	0.0000	0.0000	0.0000
	1	0.9672	0.8857	0.7765	0.6554	0.5339	0.4202	0.3191	0.2333	0.1636	0.1094	0.0692	0.0410	0.0223	0.0109	0.0046	0.0016	0.0004	0.0001	0.0000
	2	0.9978	0.9842	0.9527	0.9011	0.8306	0.7443	0.6471	0.5443	0.4415	0.3438	0.2553	0.1792	0.1174	0.0705	0.0376	0.0170	0.0059	0.0013	0.0001
	3	0.9999	0.9987	0.9941	0.9830	0.9624	0.9295	0.8826	0.8208	0.7447	0.6562	0.5585	0.4557	0.3529	0.2557	0.1694	0.0989	0.0473	0.0158	0.0022
	4	1.0000	0.9999	0.9996	0.9984	0.9954	0.9891	0.9777	0.9590	0.9308	0.8906	0.8364	0.7667	0.6809	0.5798	0.4661	0.3446	0.2235	0.1143	0.0328
	5	1.0000	1.0000	1.0000	0.9999	0.9998	0.9993	0.9982	0.9959	0.9917	0.9844	0.9723	0.9533	0.9246	0.8824	0.8220	0.7379	0.6229	0.4686	0.2649
7	0	0.6983	0.4783	0.3206	0.2097	0.1335	0.0824	0.0490	0.0280	0.0152	0.0078	0.0037	0.0016	0.0006	0.0002	0.0001	0.0000	0.0000	0.0000	0.0000
	1	0.9556	0.8503	0.7166	0.5767	0.4449	0.3294	0.2338	0.1586	0.1024	0.0625	0.0357	0.0188	0.0090	0.0038	0.0013	0.0004	0.0001	0.0000	0.0000
	2	0.9962	0.9743	0.9262	0.8520	0.7564	0.6471	0.5323	0.4199	0.3164	0.2266	0.1529	0.0963	0.0556	0.0288	0.0129	0.0047	0.0012	0.0002	0.0000
	3	0.9998	0.9973	0.9879	0.9667	0.9294	0.8740	0.8002	0.7102	0.6083	0.5000	0.3917	0.2898	0.1998	0.1260	0.0706	0.0333	0.0121	0.0027	0.0002
	4	1.0000	0.9998	0.9988	0.9953	0.9871	0.9712	0.9444	0.9037	0.8471	0.7734	0.6836	0.5801	0.4677	0.3529	0.2436	0.1480	0.0738	0.0257	0.0038
	5	1.0000	1.0000	0.9999	0.9996	0.9987	0.9962	0.9910	0.9812	0.9643	0.9375	0.8976	0.8414	0.7662	0.6706	0.5551	0.4233	0.2834	0.1497	0.0444
	6	1.0000	1.0000	1.0000	1.0000	0.9999	0.9998	0.9994	0.9984	0.9963	0.9922	0.9848	0.9720	0.9510	0.9176	0.8665	0.7903	0.6794	0.5217	0.3017

이항누적확률표(계속)

n	x	p																		
		0.05	0.10	0.15	0.2	0.25	0.3	0.35	0.4	0.45	0.5	0.55	0.6	0.65	0.7	0.75	0.8	0.85	0.9	0.95
8	0	0.6634	0.4305	0.2725	0.1678	0.1001	0.0576	0.0319	0.0168	0.0084	0.0039	0.0017	0.0007	0.0002	0.0001	0.0000	0.0000	0.0000	0.0000	0.0000
	1	0.9428	0.8131	0.6572	0.5033	0.3671	0.2553	0.1691	0.1064	0.0632	0.0352	0.0181	0.0085	0.0036	0.0013	0.0004	0.0001	0.0000	0.0000	0.0000
	2	0.9942	0.9619	0.8948	0.7969	0.6785	0.5518	0.4278	0.3154	0.2201	0.1445	0.0885	0.0498	0.0253	0.0113	0.0042	0.0012	0.0002	0.0000	0.0000
	3	0.9996	0.9950	0.9786	0.9437	0.8862	0.8059	0.7064	0.5941	0.4770	0.3633	0.2604	0.1737	0.1061	0.0580	0.0273	0.0104	0.0029	0.0004	0.0000
	4	1.0000	0.9996	0.9971	0.9896	0.9727	0.9420	0.8939	0.8263	0.7396	0.6367	0.5230	0.4059	0.2936	0.1941	0.1138	0.0563	0.0214	0.0050	0.0004
	5	1.0000	1.0000	0.9998	0.9988	0.9958	0.9887	0.9747	0.9502	0.9115	0.8555	0.7799	0.6846	0.5722	0.4482	0.3215	0.2031	0.1052	0.0381	00058
	6	1.0000	1.0000	1.0000	0.9999	0.9996	0.9987	0.9964	0.9915	0.9819	0.9648	0.9368	0.8936	0.8309	0.7447	0.6329	0.4967	0.3428	0.1869	0.0572
	7	1.0000	1.0000	1.0000	1.0000	1.0000	0.9999	0.9998	0.9993	0.9983	0.9961	0.9916	0.9832	0.9681	0.9424	0.8999	0.8322	0.7275	0.5695	0.3366
9	0	0.6302	0.3874	0.2316	0.1342	0.0751	0.0404	0.0207	0.0101	0.0046	0.0020	0.0008	0.0003	0.0001	0.0000	0.0000	0.0000	0.0000	0.0000	0.0000
	1	0.9288	0.7748	0.5995	0.4362	0.3003	0.1960	0.1211	0.0705	0.0385	0.0195	0.0091	0.0038	0.0014	0.0004	0.0001	0.0000	0.0000	0.0000	0.0000
	2	0.9916	0.9470	0.8591	0.7382	0.6007	0.4628	0.3373	0.2318	0.1495	0.0898	0.0498	0.0250	0.0112	0.0043	0.0013	0.0003	0.0000	0.0000	0.0000
	3	0.9994	0.9917	0.9661	0.9144	0.8343	0.7297	0.6089	0.4826	0.3614	0.2539	0.1658	0.0994	0.0536	0.0253	0.0100	0.0031	0.0006	0.0001	0.0000
	4	1.0000	0.9991	0.9944	0.9804	0.9511	0.9012	0.8283	0.7334	0.6214	0.5000	0.3786	0.2666	0.1717	0.0988	0.0489	0.0196	0.0056	0.0009	0.0000
	5	1.0000	0.9999	0.9994	0.9969	0.9900	0.9747	0.9464	0.9006	0.8342	0.7461	0.6386	0.5174	0.3911	0.2703	0.1657	0.0856	0.0339	0.0083	0.0006
	6	1.0000	1.0000	1.0000	0.9997	0.9987	0.9957	0.9888	0.9750	0.9502	0.9102	0.8505	0.7682	0.6627	0.5372	0.3993	0.2618	0.1409	0.0530	0.0084
	7	1.0000	1.0000	1.0000	1.0000	0.9999	0.9996	0.9986	0.9962	0.9909	0.9805	0.9615	0.9295	0.8789	0.8040	0.6997	0.5638	0.4005	0.2252	0.0712
	8	1.0000	1.0000	1.0000	1.0000	1.0000	1.0000	0.9999	0.9997	0.9992	0.9980	0.9954	0.9899	0.9793	0.9596	0.9249	0.8658	0.7684	0.6126	0.3698
10	0	0.5987	0.3487	0.1969	0.1074	0.0563	0.0282	0.0135	0.0060	0.0025	0.0010	0.0003	0.0001	0.0000	0.0000	0.0000	0.0000	0.0000	0.0000	0.0000
	1	0.9139	0.7361	0.5443	0.3758	0.2440	0.1493	0.0860	0.0464	0.0233	0.0107	0.0045	0.0017	0.0005	0.0001	0.0000	0.0000	0.0000	0.0000	0.0000
	2	0.9885	0.9298	0.8202	0.6778	0.5256	0.3828	0.2616	0.1673	0.0996	0.0547	0.0274	0.0123	0.0048	0.0016	0.0004	0.0001	0.0000	0.0000	0.0000
	3	0.9990	0.9872	0.9500	0.8791	0.7759	0.6496	0.5138	0.3823	0.2660	0.1719	0.1020	0.0548	0.0260	0.0106	0.0035	0.0009	0.0001	0.0000	0.0000
	4	0.9999	0.9984	0.9901	0.9672	0.9219	0.8497	0.7515	0.6331	0.5044	0.3770	0.2616	0.1662	0.0949	0.0473	0.0197	0.0064	0.0014	0.0001	0.0000
	5	1.0000	0.9999	0.9986	0.9936	0.9803	0.9527	0.9051	0.8338	0.7384	0.6230	0.4956	0.3669	0.2485	0.1503	0.0781	0.0328	0.0099	0.0016	0.0001
	6	1.0000	1.0000	0.9999	0.9991	0.9965	0.9894	0.9740	0.9452	0.8980	0.8281	0.7340	0.6177	0.4862	0.3504	0.2241	0.1209	0.0500	0.0128	0.0010
	7	1.0000	1.0000	1.0000	0.9999	0.9996	0.9984	0.9952	0.9877	0.9726	0.9453	0.9004	0.8327	0.7384	0.6172	0.4474	0.3222	0.1798	0.0702	0.0115
	8	1.0000	1.0000	1.0000	1.0000	1.0000	0.9999	0.9995	0.9983	0.9955	0.9893	0.9767	0.9536	0.9140	0.8507	0.7560	0.6242	0.4557	0.2639	0.0861
	9	1.0000	1.0000	1.0000	1.0000	1.0000	1.0000	1.0000	0.9999	0.9997	0.9990	0.9975	0.9940	0.9865	0.9718	0.9437	0.8926	0.8031	0.6513	0.4013

이항누적확률표(계속)

n	x	0.05	0.10	0.15	0.20	0.25	0.30	0.35	0.40	0.45	0.50	0.55	0.60	0.65	0.70	0.75	0.80	0.85	0.90	0.95
15	0	0.4633	0.2059	0.0874	0.0352	0.0134	0.0047	0.0016	0.0005	0.0001	0.0000	0.0000	0.0000	0.0000	0.0000	0.0000	0.0000	0.0000	0.0000	0.0000
	1	0.8290	0.5490	0.3186	0.1671	0.0802	0.0353	0.0142	0.0052	0.0017	0.0005	0.0001	0.0000	0.0000	0.0000	0.0000	0.0000	0.0000	0.0000	0.0000
	2	0.9638	0.8159	0.6042	0.3980	0.2361	0.1268	0.0617	0.0271	0.0107	0.0037	0.0011	0.0003	0.0001	0.0000	0.0000	0.0000	0.0000	0.0000	0.0000
	3	0.9945	0.9444	0.8227	0.6482	0.4613	0.2969	0.1727	0.0905	0.0424	0.0176	0.0063	0.0019	0.0005	0.0001	0.0000	0.0000	0.0000	0.0000	0.0000
	4	0.9994	0.9873	0.9383	0.8358	0.6865	0.5155	0.3519	0.2173	0.1204	0.0592	0.0255	0.0093	0.0028	0.0007	0.0001	0.0000	0.0000	0.0000	0.0000
	5	0.9999	0.9978	0.9832	0.9389	0.8516	0.7216	0.5643	0.4032	0.2608	0.1509	0.0769	0.0338	0.0124	0.0037	0.0008	0.0001	0.0000	0.0000	0.0000
	6	1.0000	0.9997	0.9964	0.9819	0.9434	0.8689	0.7548	0.6098	0.4522	0.3036	0.1818	0.0950	0.0422	0.0152	0.0042	0.0008	0.0001	0.0000	0.0000
	7	1.0000	1.0000	0.9994	0.9958	0.9827	0.9500	0.8868	0.7869	0.6535	0.5000	0.3465	0.2131	0.1132	0.0500	0.0173	0.0042	0.0006	0.0000	0.0000
	8	1.0000	1.0000	0.9999	0.9992	0.9958	0.9848	0.9578	0.9050	0.8182	0.6964	0.5478	0.3902	0.2452	0.1311	0.0566	0.0181	0.0036	0.0003	0.0000
	9	1.0000	1.0000	1.0000	0.9999	0.9992	0.9963	0.9876	0.9662	0.9231	0.8491	0.7392	0.5968	0.4357	0.2784	0.1484	0.0611	0.0168	0.0022	0.0001
	10	1.0000	1.0000	1.0000	1.0000	0.9999	0.9993	0.9972	0.9907	0.9745	0.9408	0.8796	0.7827	0.6481	0.4845	0.3135	0.1642	0.0617	0.0127	0.0006
	11	1.0000	1.0000	1.0000	1.0000	1.0000	0.9999	0.9995	0.9981	0.9937	0.9824	0.9576	0.9095	0.8273	0.7031	0.5387	0.3518	0.1773	0.0556	0.0055
	12	1.0000	1.0000	1.0000	1.0000	1.0000	1.0000	0.9999	0.9997	0.9989	0.9963	0.9893	0.9729	0.9383	0.8732	0.7639	0.6020	0.3958	0.1841	0.0362
	13	1.0000	1.0000	1.0000	1.0000	1.0000	1.0000	1.0000	1.0000	0.9999	0.9995	0.9983	0.9948	0.9858	0.9647	0.9198	0.8329	0.6814	0.4510	0.1710
	14	1.0000	1.0000	1.0000	1.0000	1.0000	1.0000	1.0000	1.0000	1.0000	1.0000	0.9999	0.9995	0.9984	0.9953	0.9866	0.9648	0.9126	0.7941	0.5367
20	0	0.3585	0.1216	0.0388	0.0115	0.0032	0.0008	0.0002	0.0000	0.0000	0.0000	0.0000	0.0000	0.0000	0.0000	0.0000	0.0000	0.0000	0.0000	0.0000
	1	0.7358	0.3917	0.1756	0.0692	0.0243	0.0076	0.0021	0.0005	0.0001	0.0000	0.0000	0.0000	0.0000	0.0000	0.0000	0.0000	0.0000	0.0000	0.0000
	2	0.9245	0.6769	0.4049	0.2061	0.0913	0.0355	0.0121	0.0036	0.0009	0.0002	0.0000	0.0000	0.0000	0.0000	0.0000	0.0000	0.0000	0.0000	0.0000
	3	0.9841	0.8670	0.6477	0.4114	0.2252	0.1071	0.0444	0.0160	0.0049	0.0013	0.0003	0.0000	0.0000	0.0000	0.0000	0.0000	0.0000	0.0000	0.0000
	4	0.9974	0.9568	0.8298	0.6296	0.4148	0.2375	0.1182	0.0510	0.0189	0.0059	0.0015	0.0003	0.0000	0.0000	0.0000	0.0000	0.0000	0.0000	0.0000
	5	0.9997	0.9887	0.9327	0.8042	0.6172	0.4164	0.2454	0.1256	0.0553	0.0207	0.0064	0.0016	0.0003	0.0000	0.0000	0.0000	0.0000	0.0000	0.0000
	6	1.0000	0.9976	0.9781	0.9133	0.7858	0.6080	0.4166	0.2500	0.1299	0.0577	0.0214	0.0065	0.0015	0.0003	0.0000	0.0000	0.0000	0.0000	0.0000
	7	1.0000	0.9996	0.9941	0.9679	0.8982	0.7723	0.6010	0.4159	0.2520	0.1316	0.0580	0.0210	0.0060	0.0013	0.0002	0.0000	0.0000	0.0000	0.0000
	8	1.0000	0.9999	0.9987	0.9900	0.9591	0.8867	0.7624	0.5956	0.4143	0.2517	0.1308	0.0565	0.0196	0.0051	0.0009	0.0001	0.0000	0.0000	0.0000
	9	1.0000	1.0000	0.9998	0.9974	0.9861	0.9520	0.8782	0.7553	0.5914	0.4119	0.2493	0.1275	0.0532	0.0171	0.0039	0.0006	0.0000	0.0000	0.0000
	10	1.0000	1.0000	1.0000	0.9994	0.9961	0.9829	0.9468	0.8725	0.7507	0.5881	0.4086	0.2447	0.1218	0.0480	0.0139	0.0026	0.0002	0.0000	0.0000
	11	1.0000	1.0000	1.0000	0.9999	0.9991	0.9949	0.9804	0.9435	0.8692	0.7483	0.5857	0.4044	0.2376	0.1133	0.0409	0.0100	0.0013	0.0001	0.0000
	12	1.0000	1.0000	1.0000	1.0000	0.9998	0.9987	0.9940	0.9790	0.9420	0.8684	0.7480	0.5841	0.3990	0.2277	0.1018	0.0321	0.0059	0.0004	0.0000
	13	1.0000	1.0000	1.0000	1.0000	1.0000	0.9997	0.9985	0.9935	0.9786	0.9423	0.8701	0.7500	0.5834	0.3920	0.2142	0.0867	0.0219	0.0024	0.0000
	14	1.0000	1.0000	1.0000	1.0000	1.0000	1.0000	0.9997	0.9984	0.9936	0.9793	0.9447	0.8744	0.7546	0.5836	0.3828	0.1958	0.0673	0.0113	0.0003
	15	1.0000	1.0000	1.0000	1.0000	1.0000	1.0000	1.0000	0.9997	0.9985	0.9941	0.9811	0.9490	0.8818	0.7625	0.5852	0.3704	0.1702	0.0432	0.0026
	16	1.0000	1.0000	1.0000	1.0000	1.0000	1.0000	1.0000	1.0000	0.9997	0.9987	0.9951	0.9840	0.9556	0.8929	0.7748	0.5886	0.3523	0.1330	0.0159
	17	1.0000	1.0000	1.0000	1.0000	1.0000	1.0000	1.0000	1.0000	1.0000	0.9998	0.9991	0.9964	0.9879	0.9645	0.9087	0.7939	0.5951	0.3231	0.0755
	18	1.0000	1.0000	1.0000	1.0000	1.0000	1.0000	1.0000	1.0000	1.0000	1.0000	0.9999	0.9995	0.9979	0.9924	0.9757	0.9308	0.8244	0.6083	0.2642
	19	1.0000	1.0000	1.0000	1.0000	1.0000	1.0000	1.0000	1.0000	1.0000	1.0000	1.0000	1.0000	0.9998	0.9992	0.9968	0.9885	0.9612	0.8784	0.6415
	20	1.0000	1.0000	1.0000	1.0000	1.0000	1.0000	1.0000	1.0000	1.0000	1.0000	1.0000	1.0000	1.0000	1.0000	1.0000	1.0000	1.0000	1.0000	1.0000

A.2 푸아송누적확률표

$$P(X \leq x) = \sum_{k=0}^{x} \frac{\mu^k}{k!} e^{-\mu}$$

x	μ									
	0.10	0.20	0.30	0.40	0.50	0.60	0.70	0.80	0.90	.100
0	0.905	0.819	0.741	0.670	0.607	0.549	0.497	0.449	0.407	0.368
1	0.995	0.982	0.963	0.938	0.910	0.878	0.844	0.809	0.772	0.736
2	1.000	0.999	0.996	0.992	0.986	0.977	0.966	0.953	0.937	0.920
3	1.000	1.000	1.000	0.999	0.998	0.997	0.994	0.991	0.987	0.981
4	1.000	1.000	1.000	1.000	1.000	1.000	0.999	0.999	0.998	0.996
5	1.000	1.000	1.000	1.000	1.000	1.000	1.000	1.000	1.000	0.999
6	1.000	1.000	1.000	1.000	1.000	1.000	1.000	1.000	1.000	1.000
7	1.000	1.000	1.000	1.000	1.000	1.000	1.000	1.000	1.000	1.000

x	μ									
	1.10	1.20	1.30	1.40	1.50	1.60	1.70	1.80	1.90	2.00
0	0.333	0.301	0.273	0.247	0.223	0.202	0.183	0.165	0.150	0.135
1	0.699	0.663	0.627	0.592	0.558	0.525	0.493	0.463	0.434	0.406
2	0.900	0.879	0.857	0.833	0.809	0.783	0.757	0.731	0.704	0.677
3	0.974	0.966	0.957	0.946	0.934	0.921	0.907	0.891	0.875	0.857
4	0.995	0.992	0.989	0.986	0.981	0.976	0.970	0.964	0.954	0.947
5	0.999	0.998	0.998	0.997	0.996	0.994	0.992	0.990	0.987	0.983
6	1.000	1.000	1.000	0.999	0.999	0.999	0.998	0.997	0.997	0.995
7	1.000	1.000	1.000	1.000	1.000	1.000	1.000	0.999	0.999	0.999
8	1.000	1.000	1.000	1.000	1.000	1.000	1.000	1.000	1.000	1.000
9	1.000	1.000	1.000	1.000	1.000	1.000	1.000	1.000	1.000	1.000

x	μ									
	2.10	2.20	2.30	2.40	2.50	2.60	2.70	2.80	2.90	3.00
0	0.122	0.111	0.100	0.091	0.082	0.074	0.067	0.061	0.055	0.050
1	0.380	0.355	0.331	0.308	0.287	0.267	0.249	0.231	0.215	0.199
2	0.650	0.623	0.596	0.570	0.544	0.518	0.494	0.469	0.446	0.423
3	0.839	0.819	0.799	0.779	0.758	0.736	0.714	0.692	0.670	0.647
4	0.938	0.928	0.916	0.904	0.891	0.877	0.863	0.848	0.832	0.815
5	0.980	0.975	0.970	0.964	0.958	0.951	0.943	0.935	0.923	0.916
6	0.994	0.993	0.991	0.988	0.986	0.983	0.979	0.976	0.971	0.966
7	0.999	0.998	0.997	0.997	0.996	0.995	0.993	0.992	0.990	0.988
8	1.000	1.000	0.999	0.999	0.999	0.999	0.998	0.998	0.997	0.996
9	1.000	1.000	1.000	1.000	1.000	1.000	0.999	0.999	0.999	0.999
10	1.000	1.000	1.000	1.000	1.000	1.000	1.000	1.000	1.000	1.000
11	1.000	1.000	1.000	1.000	1.000	1.000	1.000	1.000	1.000	1.000
12	1.000	1.000	1.000	1.000	1.000	1.000	1.000	1.000	1.000	1.000

푸아송누적확률표(계속)

x	μ									
	3.10	3.20	3.30	3.40	3.50	3.60	3.70	3.80	3.90	4.0
0	0.045	0.041	0.037	0.033	0.030	0.027	0.025	0.022	0.020	0.018
1	0.185	0.171	0.159	0.147	0.136	0.126	0.116	0.107	0.099	0.092
2	0.401	0.380	0.359	0.340	0.321	0.303	0.285	0.269	0.253	0.238
3	0.625	0.603	0.580	0.558	0.537	0.515	0.494	0.473	0.453	0.433
4	0.798	0.781	0.763	0.744	0.725	0.706	0.687	0.668	0.648	0.629
5	0.906	0.895	0.883	0.871	0.858	0.844	0.830	0.816	0.801	0.785
6	0.961	0.955	0.949	0.942	0.935	0.927	0.918	0.909	0.899	0.889
7	0.986	0.983	0.980	0.977	0.973	0.969	0.965	0.960	0.955	0.949
8	0.995	0.994	0.993	0.992	0.990	0.988	0.986	0.984	0.981	0.979
9	0.999	0.998	0.998	0.997	0.997	0.996	0.995	0.994	0.993	0.992
10	1.000	1.000	0.999	0.999	0.999	0.999	0.998	0.998	0.998	0.997
11	1.000	1.000	1.000	1.000	1.000	1.000	1.000	0.999	0.999	0.999
12	1.000	1.000	1.000	1.000	1.000	1.000	1.000	1.000	1.000	1.000
13	1.000	1.000	1.000	1.000	1.000	1.000	1.000	1.000	1.000	1.000
14	1.000	1.000	1.000	1.000	1.000	1.000	1.000	1.000	1.000	1.000

x	μ									
	4.50	5.00	5.50	6.00	6.50	7.00	7.50	8.00	8.50	9.00
0	0.011	0.007	0.004	0.002	0.002	0.001	0.001	0.000	0.000	0.000
1	0.061	0.040	0.027	0.017	0.011	0.007	0.005	0.003	0.002	0.001
2	0.174	0.125	0.009	0.062	0.043	0.030	0.020	0.014	0.009	0.006
3	0.342	0.265	0.202	0.151	0.112	0.082	0.059	0.042	0.030	0.021
4	0.532	0.440	0.358	0.285	0.224	0.173	0.132	0.100	0.074	0.055
5	0.703	0.616	0.529	0.446	0.369	0.301	0.241	0.191	0.150	0.116
6	0.831	0.762	0.686	0.606	0.527	0.450	0.378	0.313	0.256	0.207
7	0.913	0.867	0.809	0.744	0.673	0.599	0.525	0.453	0.386	0.324
8	0.960	0.932	0.894	0.847	0.792	0.729	0.662	0.593	0.523	0.456
9	0.983	0.968	0.946	0.916	0.877	0.830	0.776	0.717	0.653	0.587
10	0.993	0.986	0.975	0.957	0.933	0.901	0.862	0.816	0.763	0.706
11	0.998	0.995	0.989	0.980	0.966	0.947	0.921	0.888	0.849	0.803
12	0.999	0.998	0.996	0.991	0.984	0.973	0.957	0.936	0.909	0.876
13	1.000	0.999	0.998	0.996	0.993	0.987	0.978	0.966	0.949	0.926
14	1.000	1.000	0.999	0.999	0.997	0.994	0.990	0.983	0.973	0.959
15	1.000	1.000	1.000	0.999	0.999	0.998	0.995	0.992	0.986	0.978
16	1.000	1.000	1.000	1.000	1.000	0.999	0.998	0.996	0.993	0.989
17	1.000	1.000	1.000	1.000	1.000	1.000	0.999	0.998	0.997	0.995
18	1.000	1.000	1.000	1.000	1.000	1.000	1.000	0.999	0.999	0.998
19	1.000	1.000	1.000	1.000	1.000	1.000	1.000	1.000	0.999	0.999
20	1.000	1.000	1.000	1.000	1.000	1.000	1.000	1.000	1.000	1.000
21	1.000	1.000	1.000	1.000	1.000	1.000	1.000	1.000	1.000	1.000
22	1.000	1.000	1.000	1.000	1.000	1.000	1.000	1.000	1.000	1.000

A.3 표준정규분포표

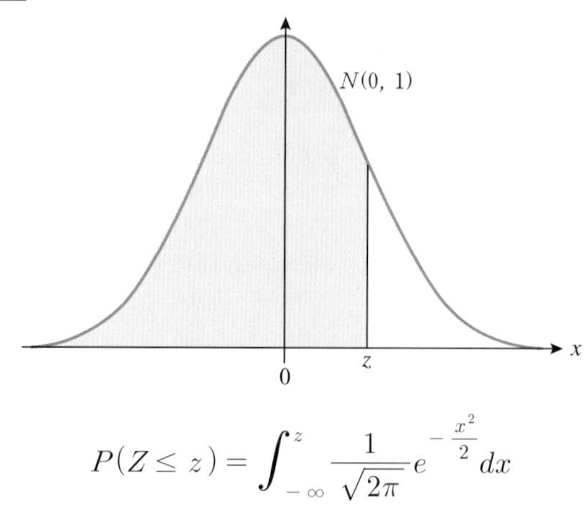

$$P(Z \le z) = \int_{-\infty}^{z} \frac{1}{\sqrt{2\pi}} e^{-\frac{x^2}{2}} dx$$

z	0.00	0.01	0.02	0.03	0.04	0.05	0.06	0.07	0.08	0.09
0.0	0.5000	0.5040	0.5080	0.5120	0.5160	0.5199	0.5239	0.5279	0.5319	0.5359
0.1	0.5398	0.5438	0.5478	0.5517	0.5557	0.5596	0.5636	0.5675	0.5714	0.5753
0.2	0.5793	0.5832	0.5871	0.5910	0.5948	0.5987	0.6026	0.6064	0.6103	0.6141
0.3	0.6179	0.6217	0.6255	0.6293	0.6331	0.6368	0.6406	0.6443	0.6480	0.6517
0.4	0.6554	0.6591	0.6628	0.6664	0.6700	0.6736	0.6772	0.6808	0.6844	0.6879
0.5	0.6915	0.6950	0.6985	0.7019	0.7054	0.7088	0.7123	0.7157	0.7190	0.7224
0.6	0.7257	0.7291	0.7324	0.7357	0.7389	0.7422	0.7454	0.7486	0.7517	0.7549
0.7	0.7580	0.7611	0.7642	0.7673	0.7703	0.7734	0.7764	0.7794	0.7823	0.7852
0.8	0.7881	0.7910	0.7939	0.7967	0.7995	0.8023	0.8051	0.8078	0.8106	0.8133
0.9	0.8159	0.8186	0.8212	0.8238	0.8264	0.8289	0.8315	0.8340	0.8365	0.8389
1.0	0.8413	0.8438	0.8461	0.8485	0.8508	0.8531	0.8554	0.8577	0.8599	0.8621
1.1	0.8643	0.8665	0.8686	0.8708	0.8729	0.8749	0.8770	0.8790	0.8810	0.8830
1.2	0.8849	0.8869	0.8888	0.8907	0.8925	0.8944	0.8962	0.8980	0.8997	0.9015
1.3	0.9032	0.9049	0.9066	0.9082	0.9099	0.9115	0.9131	0.9147	0.9162	0.9177
1.4	0.9192	0.9207	0.9222	0.9236	0.9251	0.9265	0.9279	0.9292	0.9306	0.9319
1.5	0.9332	0.9345	0.9357	0.9370	0.9382	0.9394	0.9406	0.9418	0.9429	0.9441
1.6	0.9452	0.9463	0.9474	0.9484	0.9495	0.9505	0.9515	0.9525	0.9535	0.9545
1.7	0.9554	0.9564	0.9573	0.9582	0.9591	0.9599	0.9608	0.9616	0.9625	0.9633
1.8	0.9641	0.9649	0.9656	0.9664	0.9671	0.9678	0.9686	0.9693	0.9699	0.9706
1.9	0.9713	0.9719	0.9726	0.9732	0.9738	0.9744	0.9750	0.9756	0.9761	0.9767
2.0	0.9772	0.9778	0.9783	0.9788	0.9793	0.9798	0.9803	0.9808	0.9812	0.9817
2.1	0.9821	0.9826	0.9830	0.9834	0.9838	0.9842	0.9846	0.9850	0.9854	0.9857
2.2	0.9861	0.9864	0.9868	0.9871	0.9875	0.9878	0.9881	0.9884	0.9887	0.9890
2.3	0.9893	0.9896	0.9898	0.9901	0.9904	0.9906	0.9909	0.9911	0.9913	0.9916
2.4	0.9918	0.9920	0.9922	0.9925	0.9927	0.9929	0.9931	0.9932	0.9934	0.9936
2.5	0.9938	0.9940	0.9941	0.9943	0.9945	0.9946	0.9948	0.9949	0.9951	0.9952
2.6	0.9953	0.9955	0.9956	0.9957	0.9959	0.9960	0.9961	0.9962	0.9963	0.9964
2.7	0.9965	0.9966	0.9967	0.9968	0.9969	0.9970	0.9971	0.9972	0.9973	0.9974
2.8	0.9974	0.9975	0.9976	0.9977	0.9977	0.9978	0.9979	0.9979	0.9980	0.9981
2.9	0.9981	0.9982	0.9982	0.9983	0.9984	0.9984	0.9985	0.9985	0.9986	0.9986
3.0	0.9987	0.9987	0.9987	0.9988	0.9988	0.9989	0.9989	0.9989	0.9990	0.9990
3.1	0.9990	0.9991	0.9991	0.9991	0.9992	0.9992	0.9992	0.9992	0.9993	0.9993
3.2	0.9993	0.9993	0.9994	0.9994	0.9994	0.9994	0.9994	0.9995	0.9995	0.9995
3.3	0.9995	0.9995	0.9995	0.9996	0.9996	0.9996	0.9996	0.9996	0.9996	0.9997
3.4	0.9997	0.9997	0.9997	0.9997	0.9997	0.9997	0.9997	0.9997	0.9997	0.9998
3.5	0.9998	0.9998	0.9998	0.9998	0.9998	0.9998	0.9998	0.9998	0.9998	0.9998

A.4 t-분포표 : 오른쪽 꼬리확률

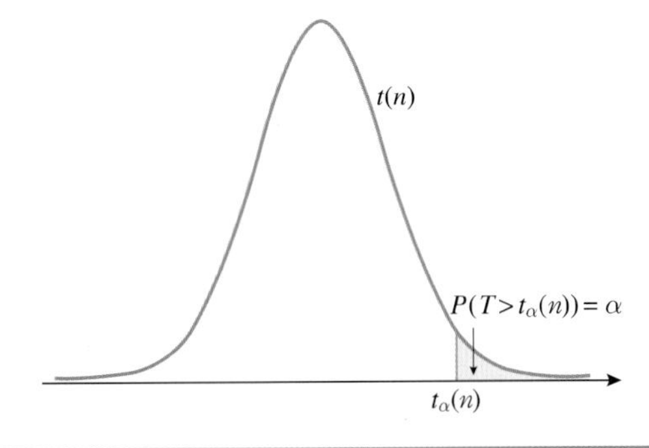

d.f \ α	0.25	0.20	0.15	0.10	0.05	0.025	0.02	0.01	0.005	0.0025	0.001	0.0005
1	1.000	1.376	1.963	3.078	6.314	12.71	15.89	31.82	63.66	127.3	318.3	636.6
2	0.816	1.061	1.386	1.886	2.920	4.303	4.849	6.965	9.925	14.09	22.33	31.60
3	0.765	0.968	1.250	1.638	2.353	3.182	3.482	4.541	5.841	7.453	10.21	12.92
4	0.741	0.941	1.190	1.533	2.132	2.776	2.999	3.747	4.604	5.598	7.173	8.610
5	0.727	0.920	1.156	1.476	2.015	2.571	2.757	3.365	4.032	4.773	5.893	6.869
6	0.718	0.906	1.134	1.440	1.943	2.447	2.612	3.143	3.707	4.317	5.208	5.959
7	0.711	0.896	1.119	1.415	1.895	2.365	2.517	2.998	3.499	4.029	4.785	5.408
8	0.706	0.889	1.108	1.397	1.860	2.306	2.449	2.896	3.355	3.833	4.501	5.041
9	0.703	0.883	1.100	1.383	1.833	2.262	2.398	2.821	3.250	3.690	4.297	4.781
10	0.700	0.879	1.093	1.372	1.812	2.228	2.359	2.764	3.169	3.581	4.144	4.587
11	0.697	0.876	1.088	1.363	1.796	2.201	2.328	2.718	3.106	3.497	4.025	4.437
12	0.695	0.873	1.083	1.356	1.782	2.179	2.303	2.681	3.055	3.428	3.930	4.318
13	0.694	0.870	1.079	1.350	1.771	2.160	2.282	2.650	3.012	3.372	3.852	4.221
14	0.692	0.868	1.076	1.345	1.761	2.145	2.264	2.624	2.977	3.326	3.787	4.140
15	0.691	0.866	1.074	1.341	1.753	2.131	2.249	2.602	2.947	3.286	3.733	4.073
16	0.690	0.865	1.071	1.337	1.746	2.120	2.235	2.583	2.921	3.252	3.686	4.015
17	0.689	0.863	1.069	1.333	1.740	2.110	2.224	2.567	2.898	3.222	3.646	3.965
18	0.688	0.862	1.067	1.330	1.734	2.101	2.214	2.552	2.878	3.197	3.610	3.922
19	0.688	0.861	1.066	1.328	1.729	2.093	2.205	2.539	2.861	3.174	3.579	3.883
20	0.687	0.860	1.064	1.325	1.725	2.086	2.197	2.528	2.845	3.153	3.552	3.850
21	0.686	0.859	1.063	1.323	1.721	2.080	2.189	2.518	2.831	3.135	3.527	3.819
22	0.686	0.858	1.061	1.321	1.717	2.074	2.183	2.508	2.819	3.119	3.505	3.792
23	0.685	0.858	1.060	1.319	1.714	2.069	2.177	2.500	2.807	3.104	3.485	3.768
24	0.685	0.857	1.059	1.318	1.711	2.064	2.172	2.492	2.797	3.091	3.467	3.745
25	0.684	0.856	1.058	1.316	1.708	2.060	2.167	2.485	2.787	3.078	3.450	3.725
26	0.684	0.856	1.058	1.315	1.706	2.056	2.162	2.479	2.779	3.067	3.435	3.707
27	0.684	0.855	1.057	1.314	1.703	2.052	2.158	2.473	2.771	3.057	3.421	3.690
28	0.683	0.855	1.056	1.313	1.701	2.048	2.154	2.467	2.763	3.047	3.408	3.674
29	0.683	0.854	1.055	1.311	1.699	2.045	2.150	2.462	2.756	3.038	3.396	3.659
30	0.683	0.854	1.055	1.310	1.697	2.042	2.147	2.457	2.750	3.030	3.385	3.646
40	0.681	0.851	1.050	1.303	1.684	2.021	2.123	2.423	2.704	2.971	3.307	3.551
50	0.679	0.849	1.047	1.299	1.676	2.009	2.109	2.403	2.678	2.937	3.261	3.496
60	0.679	0.848	1.045	1.296	1.671	2.000	2.099	2.390	2.660	2.915	3.232	3.460
80	0.678	0.846	1.043	1.292	1.664	1.990	2.088	2.374	2.639	2.887	3.195	3.416
100	0.677	0.845	1.042	1.290	1.660	1.984	2.081	2.364	2.626	2.871	3.174	3.390
1,000	0.675	0.842	1.037	1.282	1.646	1.962	2.056	2.330	2.581	2.813	3.098	3.300
∞	0.674	0.841	1.036	1.282	1.645	1.960	2.054	2.326	2.576	2.807	3.091	3.291

부록 B 연습문제 해답

Chapter 01 연습문제 해답

기초문제

1. ②

① $A \cup \varnothing = A$

② $A \subset B$이면, $A \cap B = A$이다.

③ $(A \cap B)^c = A^c \cup B^c$

④ $\varnothing^c = U$ (U는 전체집합)

⑤ $(A \cap B) \cap C = A \cap B \cap C$

2. ④, ⑤

$A = \{2, 3, 5, 7\}$, $B = \{3, 6, 9\}$이므로

$A^c = \{1, 4, 6, 8, 9\}$, $B^c = \{1, 2, 4, 5, 7, 8\}$이다.

② $A \cap B = \{3\}$

③ $A - B = \{2, 5, 7\}$

④ $A^c \cap B = \{6, 9\}$

⑤ $A^c \cap B^c = \{1, 4, 8\}$

3. ③

$A = \{(3, 1), (3, 2), (3, 3), (3, 4), (3, 5), (3, 6)\}$

$B = \{(1, 3), (2, 3), (3, 3), (4, 3), (5, 3), (6, 3)\}$

① $A - B = \{(3, 1), (3, 2), (3, 4), (3, 5), (3, 6)\}$

② $A^c = \{(i, j) \mid i = 1, 2, 4, 5, 6,\ j = 1, 2, 3, 4, 5, 6\}$

③ $A \cap B = \{(3, 3)\}$

④ $A \neq B$

⑤ $A \cup B = \{(3, 1), (3, 2), (3, 3), (3, 4), (3, 5), (3, 6), (1, 3), (2, 3), (4, 3), (5, 3), (6, 3)\}$

4. ②

X의 두 원소 1과 5가 Y의 두 원소에 대응하므로 함수가 아니다.

5. ④

X의 원소 1, 2, 4, 5가 Y의 두 원소에 대응하므로 함수가 아니다.

6. ②, ⑤

① $\mathrm{dom}(f) = \mathbb{R} - \{0\}$

③ $\mathrm{dom}(f) = \{x \mid x > 0\}$

④ $\mathrm{dom}(f) = \{x \mid x \geq 0\}$

7. ④

① $\mathrm{dom}(f) = \{(x, y) \mid 4x^2 + y^2 \leq 4\}$

② $\mathrm{dom}(f) = \mathbb{R}^2$(평면 전체)

③ $\mathrm{dom}(f) = \{(x, y) \mid y \neq -x,\ y \neq x\}$

⑤ $\mathrm{dom}(f) = \mathbb{R}^2$(평면 전체)

8. ②

기울기가 2인 직선의 방정식은 $y = 2x + a$이다. 이 직선이 점 $(0, 1)$을 지나므로 $1 = 2 \times 0 + a$를 만족한다. 따라서 $a = 1$이고, 구하고자 하는 직선의 방정식은 $y = 2x + 1$이다.

9. ③

직선의 방정식을 $y = ax + b$라고 하면, 이 직선의 x절편이 1이고 y절편이 1이므로 $0 = a + b$, $1 = a(0) + b$를 만족한다. 따라서 $a = -1$, $b = 1$이고, 구하고자 하는 직선의 방정식은 $y = -x + 1$이다.

10. ①

이 직선의 x절편이 $-\frac{1}{2}$, y절편이 1이므로 x축과 y축, 그리고 직선이 이루는 삼각형은 밑변의 길이가 $\frac{1}{2}$, 높이가 1인 직각삼각형이다. 따라서 이 삼각형의 넓이는 $S = \frac{1}{2} \times \frac{1}{2} \times 1 = \frac{1}{4}$이다.

11. ④

기울기가 2이고 꼭짓점의 좌표가 $(1, -1)$인 이차함수는 $y = 2(x-1)^2 - 1 = 2x^2 - 4x + 1$이다.

12. ②

$f(x) = (x-1)^2 - 4 = (x-3)(x+1)$이므로, 꼭짓점의 좌표는 $(1, -4)$이고 y절편은 -3이며, x절편은 $-1, 3$이다. $f(-2) = f(4) = 5$이므로 최솟값은 $f(1) = -4$, 최댓값은 $f(-2) = f(4) = 5$이다.

13. ②, ③

$f(x) = (x+1)^2 + 1$이고 $f(1) = 5$, $f(3) = 17$이므로 최솟값은 $\min f(x) = 1$, 최댓값은 $\max f(x) = 17$이다. 또한

$g(x) = -\left(x+\frac{1}{2}\right)^2 + \frac{5}{4}$이고 $g(1) = -1$, $g(3) = -11$이므로 최솟값은 $\min g(x) = -11$, 최댓값은 $\max g(x) = -1$이다.

② $\max f(x) - \min f(x) = 17 - 1 = 16$
③ $\max f(x) + \max g(x) = 17 + (-1) = 16$

14. ①
$a_n = a + (n-1)d$이므로 $a_n = 1 + (n-1)(3) = 3n-2$이다.

15. ②
$a_n = ar^{n-1}$이므로 $a_n = 2 \cdot \left(\frac{1}{3}\right)^{n-1} = \frac{2}{3^{n-1}}$이다.

16. ⑤
$a_n = 2 + (n-1)(5) = 5n-3$이므로 $a_{10} = 47$이다. 따라서 $S_{10} = \frac{10}{2}(2+47) = 245$이다.

17. ③
$S_5 = \sum_{n=1}^{5}\left(1+\left(-\frac{1}{2}\right)^n\right) = 5 + \sum_{n=1}^{5}\left(-\frac{1}{2}\right)^n$이고,
$\sum_{n=1}^{5}\left(-\frac{1}{2}\right)^n$은 초항이 $-\frac{1}{2}$, 공비가 $-\frac{1}{2}$인 등비수열의 5번째 항까지의 합이므로 다음과 같다.

$$S_5 = 5 + \left(-\frac{1}{2}\right)\frac{1-(-1/2)^5}{1-(-1/2)} = \frac{149}{32}$$

18. ③
① $\lim_{n\to\infty}\frac{1-2n}{n+1} = \lim_{n\to\infty}\frac{(1/n)-2}{1+(1/n)}$이고 $\lim_{n\to\infty}\frac{1}{n} = 0$이므로, $\lim_{n\to\infty}\frac{1-2n}{n+1} = -2$이다.

② $\lim_{n\to\infty}\frac{1-n}{4n-2} = \lim_{n\to\infty}\frac{(1/n)-1}{4-2(1/n)}$이고 $\lim_{n\to\infty}\frac{1}{n} = 0$이므로, $\lim_{n\to\infty}\frac{1-n}{4n-2} = -\frac{1}{4}$이다.

③ $\lim_{n\to\infty}\frac{n+1}{n^2-2} = \lim_{n\to\infty}\frac{(1/n)+(1/n^2)}{1-(2/n^2)}$이고
$\lim_{n\to\infty}\frac{1}{n} = 0$, $\lim_{n\to\infty}\frac{1}{n^2} = 0$이므로,
$\lim_{n\to\infty}\frac{n+1}{n^2-2} = 0$이다.

④ $\lim_{n\to\infty}\frac{n^2+1}{2n^2+5} = \lim_{n\to\infty}\frac{1+(1/n^2)}{2+5(1/n^2)}$이고
$\lim_{n\to\infty}\frac{1}{n^2} = 0$이므로, $\lim_{n\to\infty}\frac{n^2+1}{2n^2+5} = \frac{1}{2}$이다.

⑤ 공비가 $-1 < r = -\frac{1}{4} < 1$이므로 $\lim_{n\to\infty}\left(-\frac{1}{4}\right)^n = 0$이다.

19. ②
① $\sum_{n=1}^{\infty}\frac{1}{2^{n-1}} = \sum_{n=1}^{\infty}\left(\frac{1}{2}\right)^{n-1} = \frac{1}{1-(1/2)} = 2$

② $\sum_{n=1}^{\infty}\frac{4}{3^n} = 4 \cdot \sum_{n=1}^{\infty}\frac{1}{3^n} = 4 \cdot \frac{1/3}{1-(1/3)} = 2$

따라서 무한급수 $\sum_{n=1}^{\infty}\frac{4}{3^n}$는 2로 수렴한다.

③ 공비가 $r = \frac{4}{3} > 1$이므로 $\sum_{n=1}^{\infty}\left(\frac{4}{3}\right)^n$은 발산한다.

④ $\sum_{n=1}^{\infty}\left(\frac{1}{3^n}+\frac{1}{4^{n-1}}\right) = \sum_{n=1}^{\infty}\left(\frac{1}{3}\right)^n + \sum_{n=1}^{\infty}\left(\frac{1}{4}\right)^{n-1}$
이고 $\sum_{n=1}^{\infty}\left(\frac{1}{3}\right)^n = \frac{(1/3)}{1-(1/3)} = \frac{1}{2}$,
$\sum_{n=1}^{\infty}\left(\frac{1}{4}\right)^{n-1} = \frac{1}{1-(1/4)} = \frac{4}{3}$이므로
$\sum_{n=1}^{\infty}\left(\frac{1}{3^n}+\frac{1}{4^{n-1}}\right) = \frac{1}{2} + \frac{4}{3} = \frac{11}{6}$이다.

⑤ $\sum_{n=1}^{\infty}\left(-\frac{1}{4}\right)^n = \frac{-(1/4)}{1-(-1/4)} = -\frac{1}{5}$

응용문제

20.

(a) 첫 번째와 두 번째에 나올 수 있는 눈의 수는 각각 1, 2, 3, 4, 5, 6이므로 전체집합은 다음과 같다.

$$U=\begin{Bmatrix}(1,1),(1,2),(1,3),(1,4),(1,5),(1,6)\\(2,1),(2,2),(2,3),(2,4),(2,5),(2,6)\\(3,1),(3,2),(3,3),(3,4),(3,5),(3,6)\\(4,1),(4,2),(4,3),(4,4),(4,5),(4,6)\\(5,1),(5,2),(5,3),(5,4),(5,5),(5,6)\\(6,1),(6,2),(6,3),(6,4),(6,5),(6,6)\end{Bmatrix}$$

(b) 두 집합 A와 B는 각각 다음과 같다.

$$A=\begin{Bmatrix}(1,1),(1,3),(1,5),(2,2),(2,4),(2,6)\\(3,1),(3,3),(3,5),(4,2),(4,4),(4,6)\\(5,1),(5,3),(5,5),(6,2),(6,4),(6,6)\end{Bmatrix}$$

$$B=\begin{Bmatrix}(1,1),(1,2),(1,3),(1,4),(1,5),(1,6)\\(3,1),(3,2),(3,3),(3,4),(3,5),(3,6)\\(5,1),(5,2),(5,3),(5,4),(5,5),(5,6)\end{Bmatrix}$$

따라서 구하고자 하는 집합은 각각 다음과 같다.

$$A\cup B=\begin{Bmatrix}(1,1),(1,2),(1,3),(1,4),(1,5),(1,6)\\(3,1),(3,2),(3,3),(3,4),(3,5),(3,6)\\(5,1),(5,2),(5,3),(5,4),(5,5),(5,6)\\(2,2),(2,4),(2,6),(4,2),(4,4),(4,6)\\(6,2),(6,4),(6,6)\end{Bmatrix}$$

$$A\cap B=\begin{Bmatrix}(1,1),(1,3),(1,5),(3,1),(3,3)\\(3,5),(5,1),(5,3),(5,5)\end{Bmatrix}$$

$$A-B=\begin{Bmatrix}(2,2),(2,4),(2,6),(4,2),(4,4)\\(4,6),(6,2),(6,4),(6,6)\end{Bmatrix}$$

21.

(a) 섭씨온도와 같은 화씨온도를 f라고 하자. 그러면 $\frac{5}{9}(f-32)=f$가 성립한다. 따라서 구하고자 하는 화씨온도는 $f=-40$이다.

(b) $C=10$이므로 $10=\frac{5}{9}(F-32)$로부터 화씨온도는 $F=50$이다.

22.

(a) 1분에 $4l$의 물이 빠져 나오므로 x분 후에 빠져 나온 물의 양은 $4x(l)$이다. 따라서 x분 후 물탱크에 남아있는 물의 양은 $y=500-4x(l)$이다.

(b) 50분 후 물탱크에 남아있는 물의 양은 $y=500-4\times 50=300(l)$이다.

(c) 물탱크의 물이 모두 빠져 나오면 남아있는 물의 양이 0이므로 $500-4x=0$이 성립한다. 따라서 구하고자 하는 시간은 $x=125$분이다.

23.

(a) 100g당 용수철의 길이가 1cm 늘어나므로 x(g)인 물체를 매달면 $\frac{x}{100}$(cm) 늘어난다. 최초 용수철의 길이가 30cm이므로 용수철의 총 길이는 $y=\left(\frac{x}{100}+30\right)$ cm이다.

(b) 용수철의 총 길이가 50cm이므로 $\frac{x}{100}+30=50$이 성립한다. 따라서 물체의 무게는 $x=2000$g이다.

24.

(a) $a_1=1$, $a_2=\frac{4}{3}$, $a_3=\frac{3}{2}$, $a_4=\frac{8}{5}$, $a_5=\frac{5}{3}$이므로 5번째 항까지의 합은 다음과 같다.

$$a_1+a_2+a_3+a_4+a_5=1+\frac{4}{3}+\frac{3}{2}+\frac{8}{5}+\frac{5}{3}=\frac{71}{10}$$

(b) $\lim_{n\to\infty}\frac{1}{n}=0$이므로 구하고자 하는 극한은 다음과 같다.

$$\lim_{n\to\infty}a_n=\lim_{n\to\infty}\frac{2n}{n+1}=\lim_{n\to\infty}\frac{2}{1+(1/n)}=2$$

25.

$S_n=\underbrace{1-1+1-1+\cdots+(-1)^{n-1}}_{n\text{개}}$이므로 $S_{2n}=0$, $S_{2n-1}=1$이다. 따라서 $\lim_{n\to\infty}S_{2n}=0$, $\lim_{n\to\infty}S_{2n-1}=1$이다. 그러므로 무한급수 $\lim_{n\to\infty}S_n$은 존재하지 않는다. 사실 이 무한급수는 0과 1의 값을 가지며 진동한다.

26.

$$\begin{aligned}0.121212\cdots&=0.12+0.0012+0.000012+\cdots\\&=\frac{12}{100}+\frac{12}{10000}+\frac{12}{1000000}+\cdots\\&=12\left(\frac{1}{100}+\frac{1}{10000}+\frac{1}{1000000}+\cdots\right)\\&=12\cdot\frac{\frac{1}{100}}{1-\frac{1}{100}}=\frac{12}{99}=\frac{4}{33}\end{aligned}$$

Chapter 02 연습문제 해답

기초문제

1. ③

2. ①

3. ②, ⑤

② $\lim_{x\to\infty}\frac{x-1}{x^2-4}=0$

③ $\lim_{x\to-\infty}\frac{x-1}{x^2-4}=0$

④ $\lim_{x\to-2^-}\frac{x-1}{x^2-4}=\lim_{x\to 2^-}\frac{x-1}{x^2-4}=-\infty$

$\lim_{x\to-2^+}\frac{x-1}{x^2-4}=\lim_{x\to 2^+}\frac{x-1}{x^2-4}=\infty$

⑤ $\lim_{x\to 1}\frac{x-1}{x^2-4}=0=f(1)$

4. ④

① $\lim_{x\to\infty}\frac{x}{x-1}=1$

② $\lim_{x\to-\infty}\frac{x}{x-1}=1$

③ $\lim_{x\to 0^-}\frac{x}{x-1}=0$

⑤ $\lim_{x\to 1^-}\frac{x}{x-1}=-\infty,\quad \lim_{x\to 1^+}\frac{x}{x-1}=\infty$

5. ③

③ $\lim_{x\to 0}[2g(x)]=2\times(-1)=-2$

6. ⑤

① $(x^4)'=4x^3$

② $(x^{1.5})'=1.5x^{0.5}=1.5\sqrt{x}$

③ $\left(\frac{1}{x^3}\right)'=-\frac{3}{x^4}$

④ $(e^{2x})'=2e^{2x}$

7. ③

① $f'(1)=6$

② $f'(1)=1$

④ $f'(1)=-\frac{1}{2}$

⑤ $f'(1)=2e$

8. ④

① $\int x^3\,dx=\frac{1}{4}x^4+C$

② $\int e^{2x}\,dx=\frac{1}{2}e^{2x}+C$

③ $\int e^{3x}\,dx=\frac{1}{3}e^{3x}+C$

⑤ $\int xe^{x^2}\,dx=\frac{1}{2}e^{x^2}+C$

9. ⑤

① $\int_0^1 x\,dx=\left[\frac{1}{2}x^2\right]_0^1=\frac{1}{2}$

② $\int_0^1 e^{-x}x\,dx=\left[-e^{-x}\right]_0^1=1-e^{-1}$

③ $\int_{-1}^1 (x^3-x)\,dx=0$

④ $\int_{-1}^1 x^2\,dx=2\left[\frac{1}{3}x^3\right]_0^1=\frac{2}{3}$

10. ①

② $\int_{-\infty}^{\infty} e^{-x}\,dx=\int_{-\infty}^{0} e^{-x}\,dx+\int_0^{\infty} e^{-x}\,dx$

$=\infty+1=\infty$

③ $\int_0^{\infty} e^{x}\,dx=\infty$

④ $\int_{-\infty}^{\infty} x\,dx=\int_{-\infty}^{0} x\,dx+\int_0^{\infty} x\,dx=\infty-\infty$이므로 존재하지 않는다.

⑤ $\int_{-\infty}^{\infty} x^2\,dx=\infty$

11. ②

① $\dfrac{\partial}{\partial x}(x^3y) = 3x^2y$

③ $\dfrac{\partial}{\partial x}(x^3y^2) = 3x^2y^2$

④ $\dfrac{\partial}{\partial x}e^{xy} = ye^{xy}$

⑤ $\dfrac{\partial}{\partial x}e^{x+y} = e^{x+y}$

12. ④

① $\displaystyle\int_0^1\int_0^1 (x+y)\,dx\,dy = 1$

② $\displaystyle\int_0^1\int_0^1 xy\,dx\,dy = \frac{1}{4}$

③ $\displaystyle\int_0^1\int_0^1 (x^2-y^2)\,dx\,dy = 0$

⑤ $\displaystyle\int_0^1\int_0^1 xye^{x^2+y^2}dx\,dy = \frac{1}{4}(e-1)^2$

응용문제

13.

(a) $\displaystyle\lim_{x\to 1}(3x^2+x-2) = 3\times 1^2+1-2 = 2$

(b) $\displaystyle\lim_{x\to -1}(3x^2+x-2) = 3\times(-1)^2-1-2 = 0$

14.

(a) $$\lim_{x\to -1}\frac{x^3+1}{x+1} = \lim_{x\to -1}\frac{(x+1)(x^2-x+1)}{x+1} = \lim_{x\to -1}(x^2-x+1) = 3$$

(b) $$\lim_{x\to 2}\frac{x-2}{x^2-4} = \lim_{x\to 2}\frac{x-2}{(x-2)(x+2)} = \lim_{x\to 2}\frac{1}{x+2} = \frac{1}{4}$$

15.

(a) $$\lim_{x\to 2}\frac{x-2}{\sqrt{x}-\sqrt{2}} = \lim_{x\to 2}\frac{(\sqrt{x}-\sqrt{2})(\sqrt{x}+\sqrt{2})}{\sqrt{x}-\sqrt{2}} = \lim_{x\to 2}(\sqrt{x}+\sqrt{2}) = 2\sqrt{2}$$

(b) $$\lim_{x\to 0}\frac{x}{\sqrt{x^2+1}-x-1} = \lim_{x\to 0}\frac{x(\sqrt{x^2+1}+(x+1))}{(\sqrt{x^2+1}-(x+1))(\sqrt{x^2+1}+(x+1))} = \lim_{x\to 0}\frac{x(\sqrt{x^2+1}+(x+1))}{-2x} = \lim_{x\to 0}\frac{\sqrt{x^2+1}+(x+1)}{-2} = -1$$

16.

(a) $$\lim_{x\to 0}\frac{1}{x}\left(\frac{1}{\sqrt{x+2}}-\frac{1}{\sqrt{2}}\right) = \lim_{x\to 0}\frac{1}{x}\frac{\sqrt{2}-\sqrt{x+2}}{\sqrt{2}\sqrt{x+2}} = \lim_{x\to 0}\frac{1}{x}\frac{2-(x+2)}{\sqrt{2}\sqrt{x+2}(\sqrt{2}+\sqrt{x+2})} = \lim_{x\to 0}\frac{-1}{\sqrt{2}\sqrt{x+2}(\sqrt{2}+\sqrt{x+2})} = -\frac{1}{4\sqrt{2}}$$

(b) $$\lim_{x\to\infty}(\sqrt{x^2-x}-x) = \lim_{x\to\infty}\frac{(\sqrt{x^2-x}-x)(\sqrt{x^2-x}+x)}{\sqrt{x^2-x}+x} = (-1)\lim_{x\to\infty}\frac{x}{\sqrt{x^2-x}+x} = (-1)\lim_{x\to\infty}\frac{1}{\sqrt{1-(1/x)}+1} = -\frac{1}{2}$$

17.

$\displaystyle\lim_{x\to 1}(x-1) = 0$이므로 다음과 같이 분자가 $x-1$로 인수분해되어야 극한이 존재한다.

$$x^2-ax+b = (x-1)(x-b)\ \ (\text{단, } a = 1+b)$$

따라서 다음이 성립한다.

$$\lim_{x\to 1}\frac{x^2-ax+b}{x-1} = \lim_{x\to 1}(x-b) = 1-b = 2$$

즉 $b=-1$이고 $a=0$이다.

18.

상수함수 1과 이차함수 x^2-4는 모든 실수에서 연속이므로 $f(x)$의 분모가 0이 아닌 모든 점에서 연속이다. 따라서 함수 $f(x)$는 $x=\pm 2$에서 불연속이다.

19.

도함수는 다음과 같다.

$$\begin{aligned} f'(x) &= \lim_{h\to 0}\frac{[(x+h)^2-2(x+h)]-(x^2-2x)}{h} \\ &= \lim_{h\to 0}\frac{h^2+(2x-2)h}{h} \\ &= \lim_{h\to 0}(h+2x-2)=2x-2 \end{aligned}$$

따라서 $f'(1)=0$이다.

20.

$$\begin{aligned} \lim_{h\to 0}\frac{f(1-2h)-f(1)}{h} &= \lim_{h\to 0}\frac{f(1-2h)-f(1)}{-2h}(-2) \\ &= f'(1)\times(-2)=-2 \end{aligned}$$

21.

$y=\dfrac{1}{x}+1$의 도함수는 $y'=-\dfrac{1}{x^2}$이다. 따라서 $f'(1)=-1$이고 점 $(1, 2)$에서 접선의 방정식은 $y=-(x-1)+2=-x+3$이다.

22.

함수가 $x=1$에서 연속이므로 다음이 성립해야 한다.

$$\lim_{x\to 1^-}(x+a)=1+a=2 \quad\Rightarrow\quad a=1$$

$$\lim_{x\to 1^+}\frac{x+b}{x+1}=\frac{1}{2}(1+b)=2 \quad\Rightarrow\quad b=3$$

23.

함수가 $x=1$에서 미분가능하므로 다음이 성립해야 한다.

$$f'(1)=1=\left[\frac{1-b}{(1+x)^2}\right]_{x=1}=\frac{1-b}{4} \quad\Rightarrow\quad b=-3$$

또한 미분가능하면 연속이므로 다음이 성립한다.

$$f(1)=1+a=\lim_{x\to 1}\frac{x-3}{x+1}=-1 \quad\Rightarrow\quad a=-2$$

24.

$f(0)=0$, $f'(x)=(x+1)e^x$이므로 $f'(0)=1$이다. 따라서 구하고자 하는 극한값은 다음과 같다.

$$\begin{aligned} &\lim_{h\to 0}\frac{f(2h)-f(h)}{h} \\ &= \lim_{h\to 0}\frac{f(0+2h)-f(0)-f(0+h)+f(0)}{h} \\ &= 2\lim_{h\to 0}\frac{f(0+2h)-f(0)}{2h}-\lim_{h\to 0}\frac{f(0+h)-f(0)}{h} \\ &= 2f'(0)-f'(0)=2-1=1 \end{aligned}$$

25.

$f'(x)=2x-1$이므로 $f'(c)=2c-1$이고 다음을 얻는다.

$$\frac{f(1)-f(-1)}{2}=\frac{0-2}{2}=-1=2c-1$$

따라서 $c=0$이다.

26.

(a) 우선 피적분함수를 전개한다.

$$\left(x^2-\frac{1}{x^2}\right)^2=x^4+\frac{1}{x^4}-2=x^4+x^{-4}-2$$

따라서 구하고자 하는 부정적분은 다음과 같다.

$$\begin{aligned} \int\left(x^2-\frac{1}{x^2}\right)^2dx &= \int(x^4-2+x^{-4})\,dx \\ &= \frac{1}{5}x^5-2x-\frac{1}{3}x^{-3}+C \\ &= \frac{1}{5}x^5-2x-\frac{1}{3x^3}+C \end{aligned}$$

(b) 우선 피적분함수를 전개한다.

$$(e^{2x}-e^{-2x})^2=e^{4x}-2+e^{-4x}$$

따라서 구하고자 하는 부정적분은 다음과 같다.

$$\begin{aligned} \int(e^{2x}-e^{-2x})^2\,dx &= \int(e^{4x}-2+e^{-4x})\,dx \\ &= \frac{1}{4}e^{4x}-2x-\frac{1}{4}e^{-4x}+C \end{aligned}$$

27.

(a) $\dfrac{(1-\sqrt{x})^2}{x^3}=\dfrac{1}{x^3}+\dfrac{1}{x^2}-\dfrac{2}{x^{5/2}}$ 이므로, 구하고자 하는 부정적분은 다음과 같다.

$$\begin{aligned}\int \frac{(1-\sqrt{x})^2}{x^3}dx &= \int\left(\frac{1}{x^3}+\frac{1}{x^2}-\frac{2}{x^{5/2}}\right)dx\\ &= \int\left(x^{-3}+x^{-2}-2x^{-5/2}\right)dx\\ &= -\frac{1}{2}x^{-2}-x^{-1}+\frac{4}{3}x^{-3/2}+C\end{aligned}$$

(b) $\dfrac{(1+\sqrt{x})^2}{\sqrt[3]{x}}=\dfrac{1}{x^{1/3}}+2x^{1/6}+x^{2/3}$ 이므로, 구하고자 하는 부정적분은 다음과 같다.

$$\begin{aligned}\int \frac{(1+\sqrt{x})^2}{\sqrt[3]{x}}dx &= \int\left(x^{-1/3}+2x^{1/6}+x^{2/3}\right)dx\\ &= \frac{3}{2}x^{2/3}+\frac{12}{7}x^{7/6}+\frac{3}{5}x^{5/3}+C\end{aligned}$$

28.

(a) $u=2x-1$이라 하면 $u'=2$이므로 $dx=\dfrac{1}{2}du$이다. 따라서 다음을 얻는다.

$$\begin{aligned}\int(2x-1)^6dx &= \frac{1}{2}\int u^6du\\ &= \frac{1}{14}u^7+C\\ &= \frac{1}{14}(2x-1)^7+C\end{aligned}$$

(b) $u=3x+4$라 하면 $u'=3$이므로 $dx=\dfrac{1}{3}du$이다. 따라서 다음 부정적분을 얻는다.

$$\begin{aligned}\int\frac{1}{(3x+4)^5}dx &= \frac{1}{3}\int u^{-5}du\\ &= -\frac{1}{12}u^{-4}+C\\ &= -\frac{1}{12(3x+4)^4}+C\end{aligned}$$

29.

(a) $u=3x$라 하면 $u'=3$이므로 $dx=\dfrac{1}{3}du$이다. 따라서 다음 부정적분을 얻는다.

$$\begin{aligned}\int e^{3x}dx &= \frac{1}{3}\int e^u du\\ &= \frac{1}{3}e^u+C=\frac{1}{3}e^{3x}+C\end{aligned}$$

(b) $u=e^{2x}+1$이라 하면 $u'=2e^{2x}$이므로 $e^{2x}dx=\dfrac{1}{2}du$이다. 따라서 다음 부정적분을 얻는다.

$$\begin{aligned}\int\frac{e^{2x}}{(e^{2x}+1)^2}dx &= \frac{1}{2}\int\frac{1}{u^2}du\\ &= \frac{1}{2}\int u^{-2}du\\ &= -\frac{1}{2}u^{-1}+C\\ &= -\frac{1}{2(e^{2x}+1)}+C\end{aligned}$$

30.

(a) $u=x,\ v'=e^{3x}$이라 하면 $u'=1,\ v=\dfrac{1}{3}e^{3x}$이므로 다음을 얻는다.

$$\begin{aligned}\int xe^{3x}dx &= \frac{1}{3}xe^{3x}-\frac{1}{3}\int e^{3x}dx\\ &= \frac{1}{9}(3x-1)e^{3x}+C\end{aligned}$$

(b) $u=x-1,\ v'=e^{-x}$이라 하면 $u'=1,\ v=-e^{-x}$이므로 다음을 얻는다.

$$\begin{aligned}\int(x-1)e^{-x}dx &= -(x-1)e^{-x}+\int e^{-x}dx\\ &= -(x-1)e^{-x}-e^{-x}+C\\ &= -xe^{-x}+C\end{aligned}$$

31.

(a) $u=x^2-1$이라 하면 $u'=2x$이므로 $2x\,dx=du$이다. 또한 $x=0$이면 $u=-1$이고, $x=1$이면 $u=0$이므로 다음을 얻는다.

$$\begin{aligned}\int_0^1 x(x^2-1)^3dx &= \frac{1}{2}\int_0^1(x^2-1)^3(2x)dx\\ &= \frac{1}{2}\int_{-1}^0 u^3du=-\frac{1}{2}\int_0^1 u^3du\\ &= -\frac{1}{2}\left[\frac{1}{4}u^4\right]_0^1=-\frac{1}{8}\end{aligned}$$

(b) $u=x^2+1$이라 하면 $u'=2x$이므로 $2x\,dx=du$이다. 또한 $x=0$이면 $u=1$이고, $x=1$이면 $u=2$이므로 다음을 얻는다.

$$\int_0^1 \frac{x}{(x^2+1)^2}dx = \frac{1}{2}\int_0^1 \frac{2x}{(x^2+1)^2}dx = \frac{1}{2}\int_1^2 u^{-2}du = \left[-\frac{1}{2u}\right]_1^2 = \frac{1}{4}$$

32.

(a) $\int_0^1 x^3 dx = \left[\frac{1}{4}x^4\right]_0^1 = \frac{1}{4}$

(b) $\int_0^1 e^{2x} dx = \left[\frac{1}{2}e^{2x}\right]_0^1 = \frac{1}{2}(e^2-1)$

33.

(a) $f_x(x, y)=2x+2y$이므로 $f_x(1, 1)=4$이다.

(b) $f_y(x, y)=-2y+2x$이므로 $f_y(1, 1)=0$이다.

(c) $f(1, 1)=3$이므로 접평면의 방정식은 다음과 같다.

$$z-3=4(x-1)+0(y-1) \quad\Rightarrow\quad z=4x-1$$

34.

(a) $f_x(x, y)=ye^x+e^y$

$f_y(x, y)=e^x+xe^y$

(b) $f_x(x, y)=y(1+xy)e^{xy}$

$f_y(x, y)=x(1+xy)e^{xy}$

35.

(a) $\frac{\partial f}{\partial s}=\frac{df}{dx}\frac{\partial x}{\partial s}=3x^2e^s=3e^s(e^s+e^t)^2$

$\frac{\partial f}{\partial t}=\frac{df}{dx}\frac{\partial x}{\partial t}=3x^2e^t=3e^t(e^s+e^t)^2$

(b)
$$\frac{\partial f}{\partial s}=\frac{\partial f}{\partial x}\frac{\partial x}{\partial s}+\frac{\partial f}{\partial y}\frac{\partial y}{\partial s} = -\frac{1}{(x+y)^2}(1)-\frac{1}{(x+y)^2}(t) = -\frac{1+t}{(s+t+st)^2}$$

$$\frac{\partial f}{\partial t}=\frac{\partial f}{\partial x}\frac{\partial x}{\partial t}+\frac{\partial f}{\partial y}\frac{\partial y}{\partial t} = -\frac{1}{(x+y)^2}(1)-\frac{1}{(x+y)^2}(s) = -\frac{1+s}{(s+t+st)^2}$$

36.

(a)
$$\int_0^2\int_0^2 x^2y^2\,dx\,dy = \int_0^2\left[\frac{1}{3}x^3y^2\right]_{x=0}^{x=2}dy = \int_0^2 \frac{8}{3}y^2\,dy = \left[\frac{8}{9}y^3\right]_0^2 = \frac{64}{9}$$

(b)
$$\int_0^2\int_0^2 x^2y^2\,dy\,dx = \int_0^2\left[\frac{1}{3}x^2y^3\right]_{y=0}^{y=2}dx = \int_0^2 \frac{8}{3}x^2\,dx = \left[\frac{8}{9}x^3\right]_0^2 = \frac{64}{9}$$

37.

$$\int_0^2\int_0^1 \frac{1}{4}(2x+2-y)\,dx\,dy = \frac{1}{4}\int_0^2 \left[x^2+(2-y)x\right]_{x=0}^{x=1}dy = \frac{1}{4}\int_0^2 (3-y)\,dy = \frac{1}{4}\left[3y-\frac{1}{2}y^2\right]_0^2 = 1$$

38.

$$\int_0^1\int_{x^3}^{x^2} xy\,dy\,dx = \int_0^1\left[\frac{1}{2}xy^2\right]_{y=x^3}^{y=x^2}dx = \frac{1}{2}\int_0^1 (x^5-x^7)\,dx = \frac{1}{2}\left[\frac{1}{6}x^6-\frac{1}{8}x^8\right]_0^1 = \frac{1}{48}$$

39.

$$D=\{(x, y)\mid x\ge 0,\ y\ge 0,\ x+y<1\} = \{(x, y)\mid 0\le x\le 1,\ 0\le y\le 1-x\}$$

따라서 다음을 얻는다.

$$\int_0^1\int_0^{1-x} 6(1-x-y)\,dy\,dx$$
$$=\int_0^1 6\left[(1-x)y-\frac{1}{2}y^2\right]_{y=0}^{y=1-x} dx$$
$$=\int_0^1 3(x-1)^2\,dx$$
$$=\left[x^3-3x^2+3x\right]_0^1=1$$

40.

$D=\{(x,\,y)\,|\,x^2\le y\le 1\}$
$\quad=\{(x,\,y)\,|\,-1\le x\le 1,\; x^2\le y\le 1\}$

따라서 다음을 얻는다.

$$\int_{-1}^1\int_{x^2}^1 kx^2y\,dy\,dx = k\int_{-1}^1\left[\frac{1}{2}x^2y^2\right]_{y=x^2}^{y=1} dx$$
$$=\frac{k}{2}\int_{-1}^1 (x^2-x^6)\,dx$$
$$=\frac{k}{2}\left[\frac{1}{3}x^3-\frac{1}{7}x^7\right]_{-1}^1$$
$$=\frac{k}{2}\,\frac{8}{21}=\frac{4k}{21}=1$$

그러므로 $k=\dfrac{21}{4}$ 이다.

Chapter 03 연습문제 해답

기초문제

1. ③

2. ②

3.

A B AB O

4.

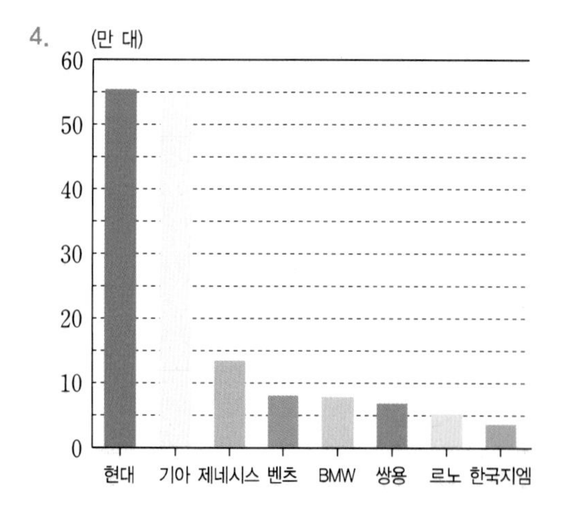

5.

(a)

구분	도수	상대도수	백분율(%)
찬성	29	0.58	58
반대	12	0.24	24
무응답	9	0.18	18

(b)

(명) 30 20 10 0 찬성 반대 무응답

(c)

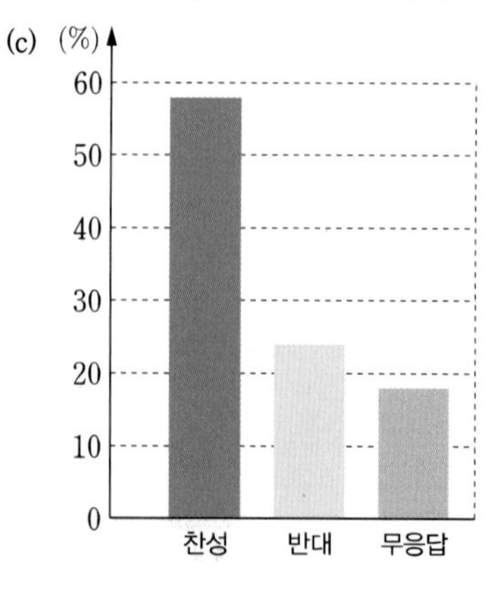

(d)

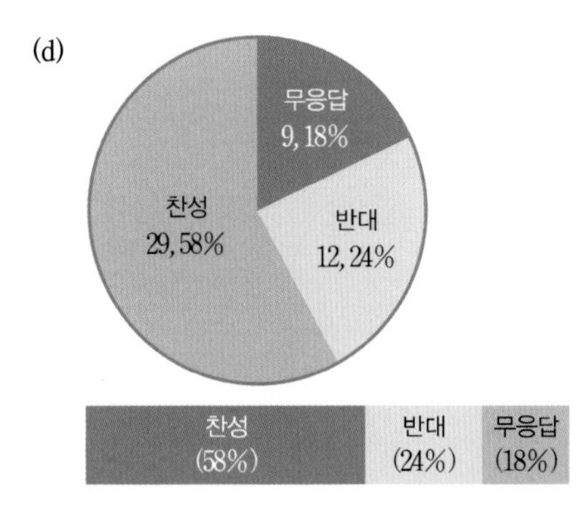

6.

(a)

국가명	수출 건수	상대 도수	백분율 (%)	수입 건수	상대 도수	백분율 (%)
중국	118	0.18	18	591	0.22	22
미국	199	0.31	31	1696	0.64	64
베트남	53	0.08	8	77	0.03	3
일본	251	0.39	39	228	0.09	9
홍콩	24	0.04	4	47	0.02	2
합계	645	1.00	100	2639	1.00	100

(b)

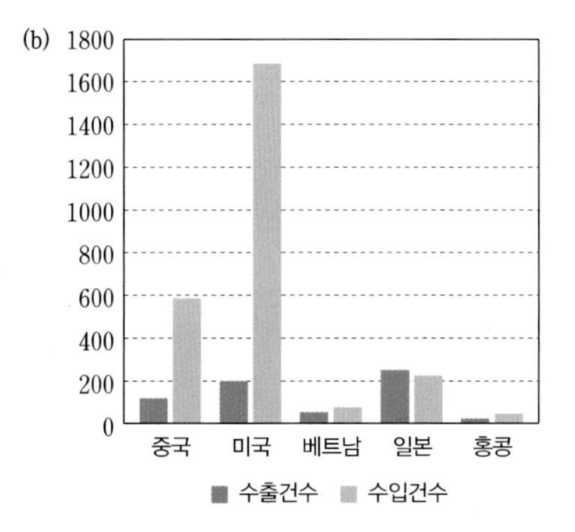

(c)

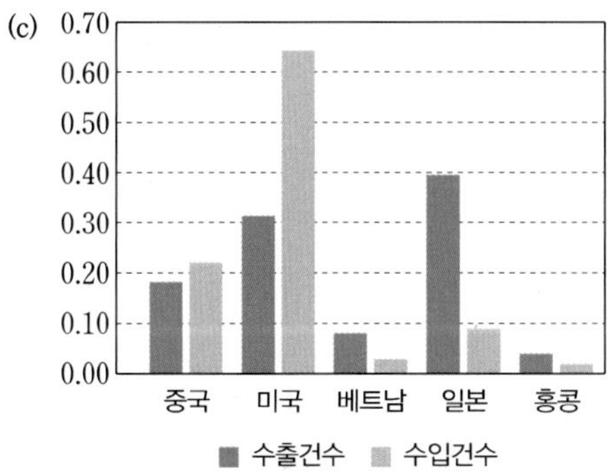

(d)

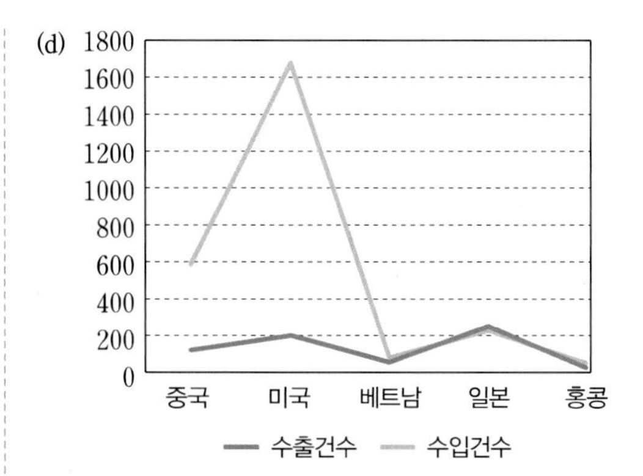

7.

(a)

20 24 28 32 36 40 44 48

(b)

계급간격	도수	상대 도수	누적 도수	누적 상대도수	계급값
19.5 ~ 25.5	9	0.30	9	0.30	22.5
25.5 ~ 31.5	11	0.37	20	0.67	28.5
31.5 ~ 37.5	9	0.30	29	0.97	34.5
37.5 ~ 43.5	0	0.00	29	0.97	40.5
43.5 ~ 49.5	1	0.03	30	1.00	46.5
합계	30	1.00			

(c)

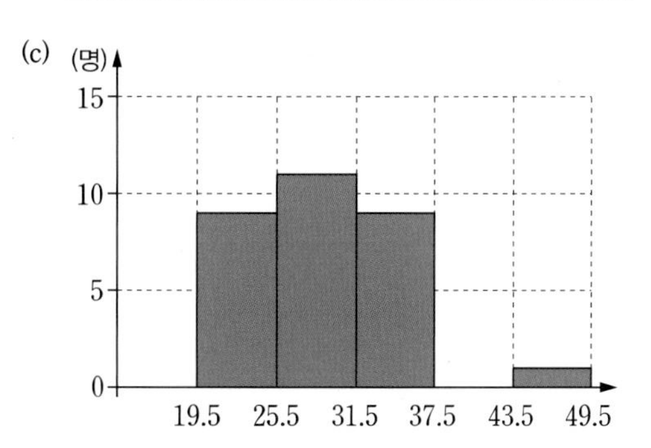

(d)

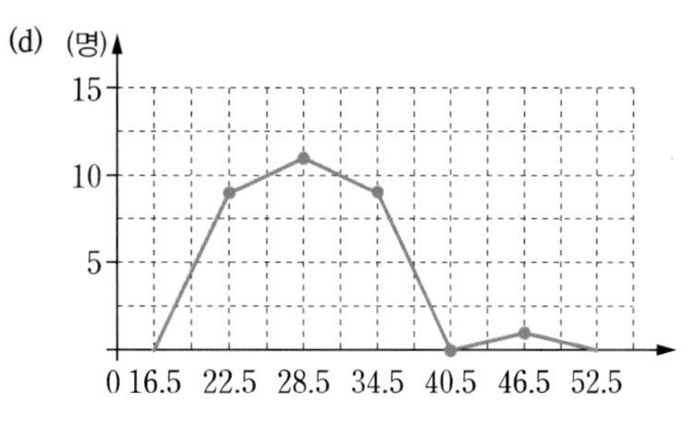

8.

(a)

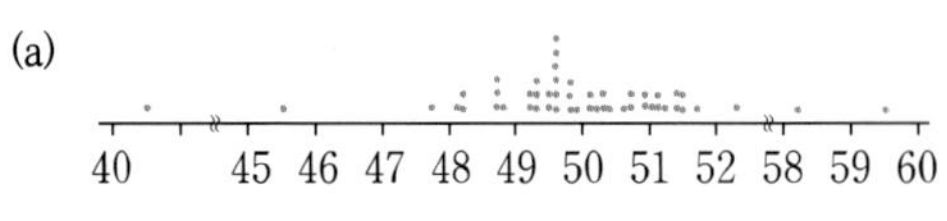

(b)

계급간격	도수	상대도수	누적도수	누적상대도수	계급값
40.35 ~ 44.25	1	0.02	1	0.02	42.3
44.25 ~ 48.15	3	0.06	4	0.08	46.2
48.15 ~ 52.05	43	0.86	47	0.94	50.1
52.05 ~ 55.95	1	0.02	48	0.96	54.0
55.95 ~ 59.85	2	0.04	50	1.00	57.9
합계	50	1.00			

(c)

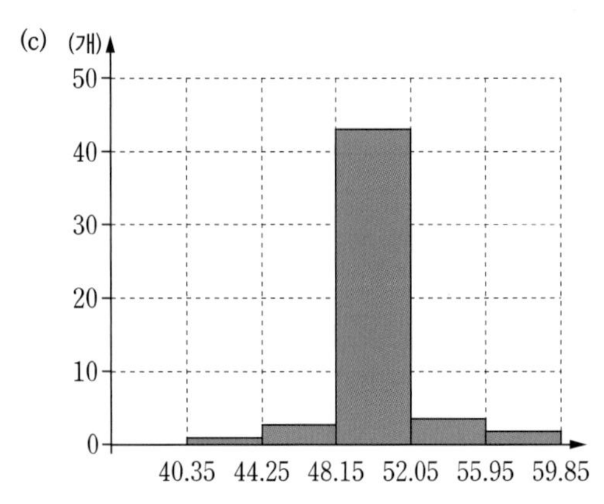

(d)

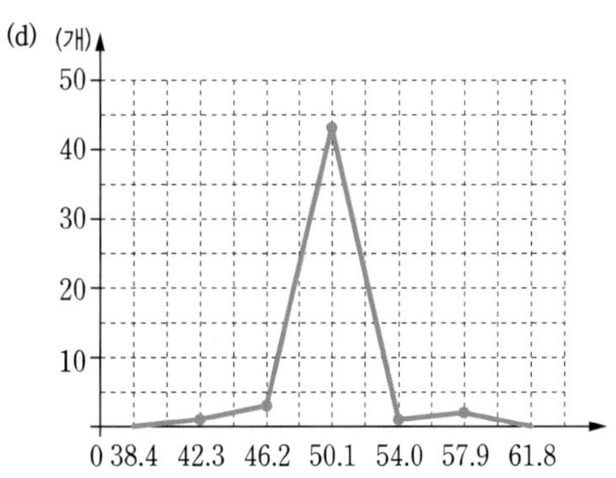

9.

(a)

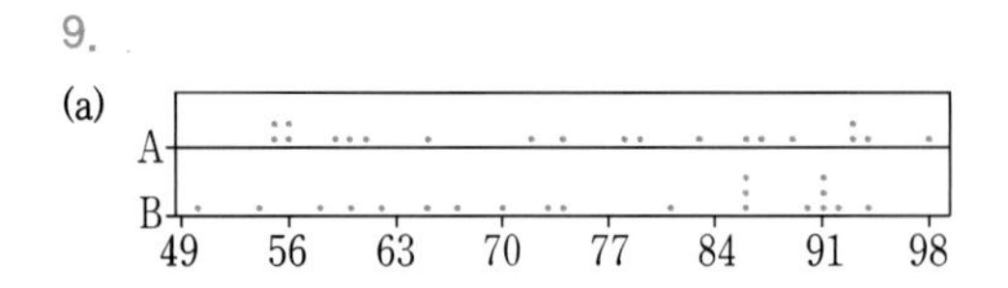

(b) A그룹

계급간격	도수	상대도수	누적도수	누적상대도수	계급값
49.5 ~ 59.5	5	0.25	5	0.25	54.5
59.5 ~ 69.5	3	0.15	8	0.40	64.5
69.5 ~ 79.5	4	0.20	12	0.60	74.5
79.5 ~ 89.5	4	0.20	16	0.80	84.5
89.5 ~ 99.5	4	0.20	20	1.00	94.5
합계	20	1.00			

B그룹

계급간격	도수	상대도수	누적도수	누적상대도수	계급값
49.5 ~ 59.5	3	0.15	3	0.15	54.5
59.5 ~ 69.5	4	0.20	7	0.35	64.5
69.5 ~ 79.5	3	0.15	10	0.50	74.5
79.5 ~ 89.5	4	0.20	14	0.70	84.5
89.5 ~ 99.5	6	0.30	20	1.00	94.5
합계	20	1.00			

(c)

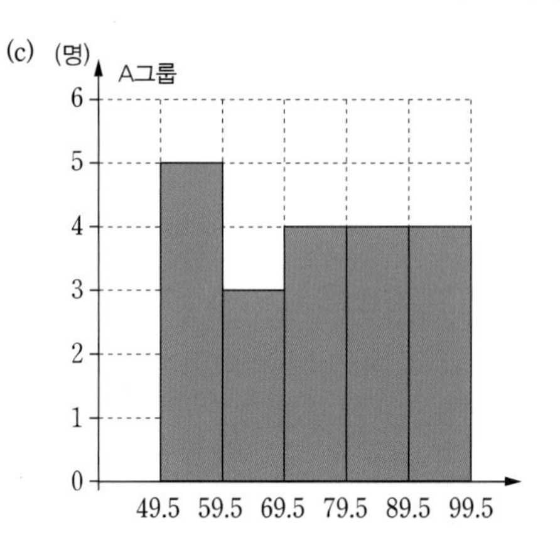

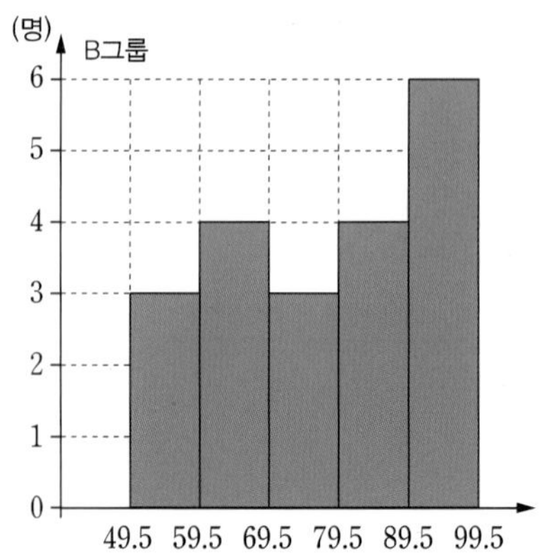

(d)

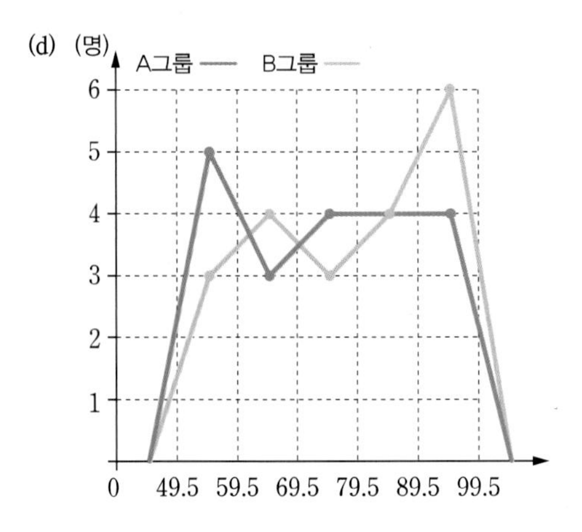

10.

십의 자릿수 2, 3, 4를 줄기로 놓고 잎부분을 기입한다.

7	2o	0011224	자료 수 30
(9)	2*	556667889	최소단위 1
14	3o	0011233344	
4	3*	555	
1	4o		
1	4*	8	

11.

정수부분을 줄기로 놓고 소수부분을 잎으로 기입한다.

1	40	4	자료 수 50
1	41		최소단위 0.1
1	42		
1	43		
1	44		
2	45	5	
2	46		
3	47	7	
10	48	1227778	
(17)	49	22333556666668889	
23	50	11233467799	
12	51	011244557	
3	52	3	
2	53		
2	54		
2	55		
2	56		
2	57		
2	58	2	
1	59	5	

12.

십의 자릿수 5, 6, 7, 8, 9를 줄기로 놓고 잎부분을 기입한다.

A그룹	누적 도수	줄기	누적 도수	B그룹
55669	5	5	3	048
015	8	6	7	0257
2489	(4)	7	10	034
3679	8	8	10	1666
3348	4	9	6	011124

응용문제

13.

(a) 각 접종인원을 총 대상자 수로 나눈다.

$$1차 : \frac{342000}{411182} \approx 0.8317 \approx 0.83$$

$$2차 : \frac{338176}{411182} \approx 0.822 \approx 0.82$$

$$3차 : \frac{237461}{411182} \approx 0.578 \approx 0.58$$

$$4차 : \frac{33884}{411182} \approx 0.082 \approx 0.08$$

(b)

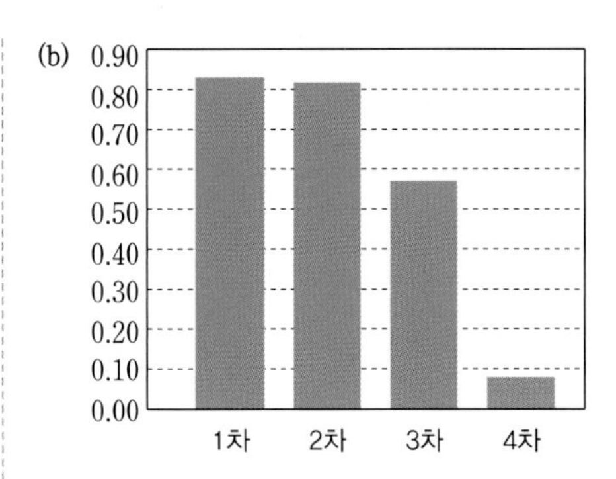

14.

각 일자별 고가와 저가에 대한 막대그래프를 그린 후, 막대의 상단 중심부를 선분으로 연결하여 꺾은선그래프를 그린다.

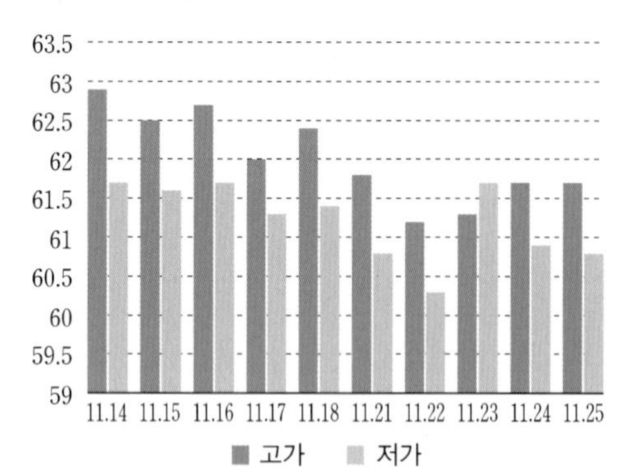

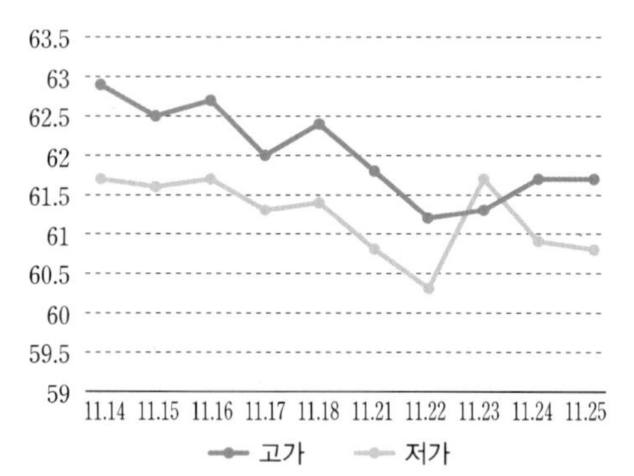

15.

(a) 연도별 부상자 수와 사망자 수를 발생 건수로 나눈다.

연도	부상률	사망률
2010	1.554	0.024
2011	1.540	0.024
2012	1.541	0.024
2013	1.526	0.024
2014	1.510	0.021
2015	1.510	0.020
2016	1.502	0.019
2017	1.492	0.019
2018	1.488	0.017

(b)

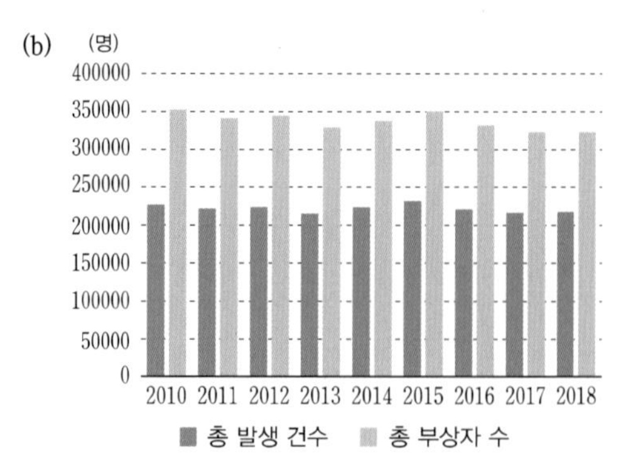

(c)

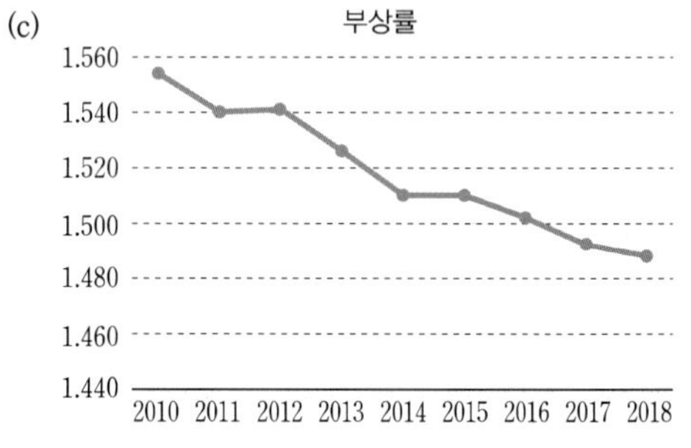

사망률

0.030
0.025
0.020
0.015
0.010
0.005
0.000
2010 2011 2012 2013 2014 2015 2016 2017 2018

16.

(a)

구분	사용량	상대도수	백분율(%)
가정용	478	0.044	4.4
공공용	126	0.012	1.2
서비스업	926	0.086	8.6
산업용	9,225	0.858	85.8
합계	10,755	1.00	100.0

(b)

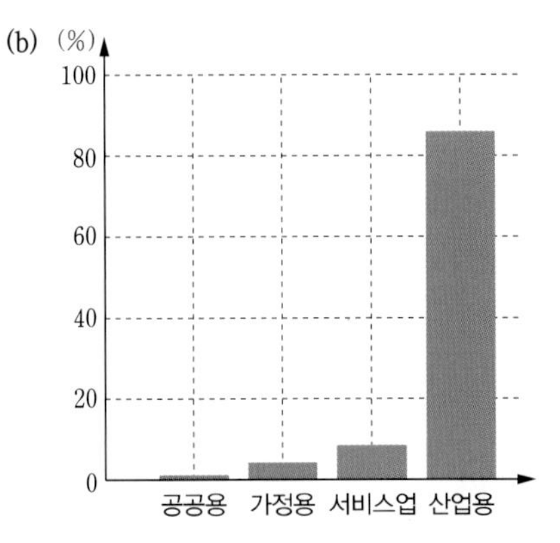

(c)

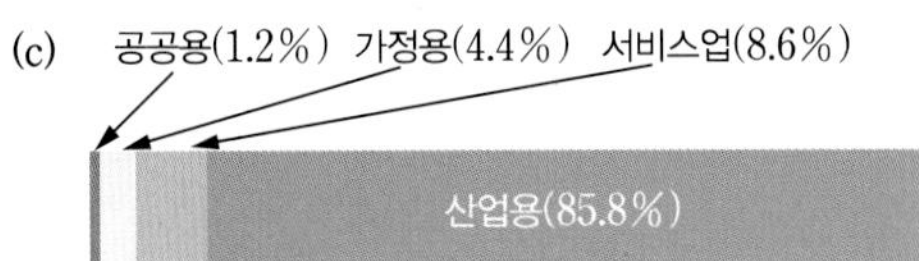

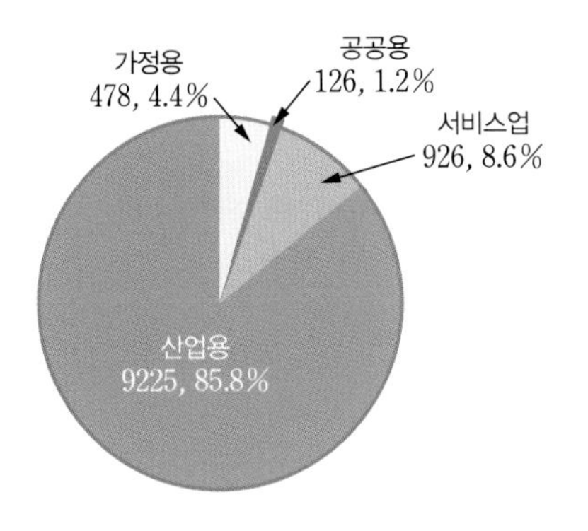

17.

(a)

구분	도수	상대도수	백분율(%)
만족	66	0.629	62.9
보통	33	0.314	31.4
불만족	6	0.057	5.7
합계	105	1.000	100

(b)

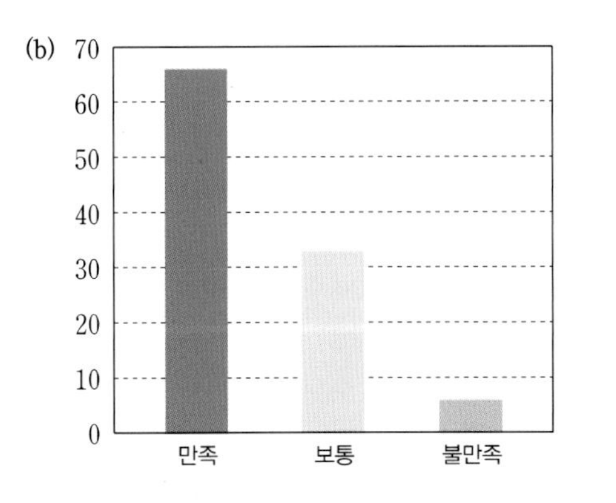

18.

(a)

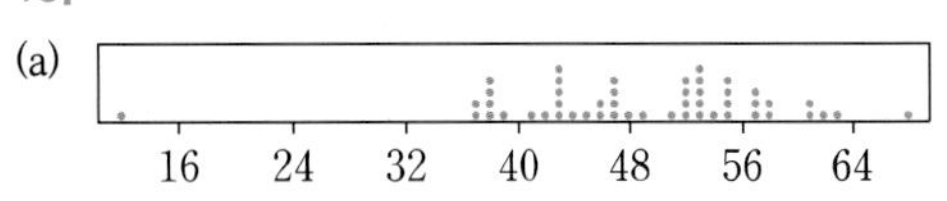

(b)

계급간격	도수	상대도수	누적도수	누적상대도수	계급값
11.5 ~ 23.5	1	0.02	1	0.02	17.5
23.5 ~ 35.5	0	0.00	1	0.02	29.5
35.5 ~ 47.5	22	0.44	23	0.46	41.5
47.5 ~ 59.5	22	0.44	45	0.90	53.5
59.5 ~ 71.5	5	0.10	50	1.00	65.5
합계	50	1.00			

(c) 크기순으로 나열했을 때 25번째 자료는 49이고 26번째 자료는 51이므로 50% 위치의 수는 50이다.

(d) 제3계급까지 누적상대도수가 0.46이므로 50% 위치의 수는 제4계급에 놓이며, 이 계급의 계급값이 53.5이므로 50% 위치의 수는 대략적으로 53.5이다.

19.

(a)

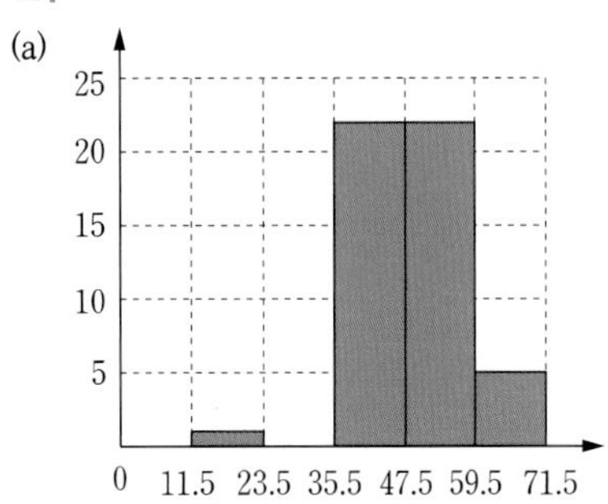

(b)

(%)
50
40
30
20
10
0 11.5 23.5 35.5 47.5 59.5 71.5

(c)

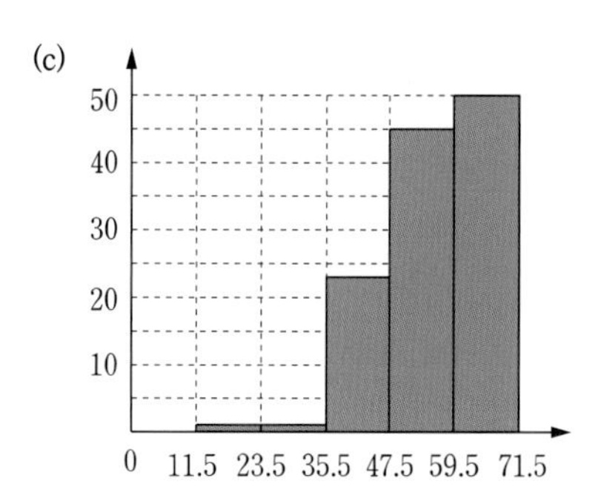

(d)

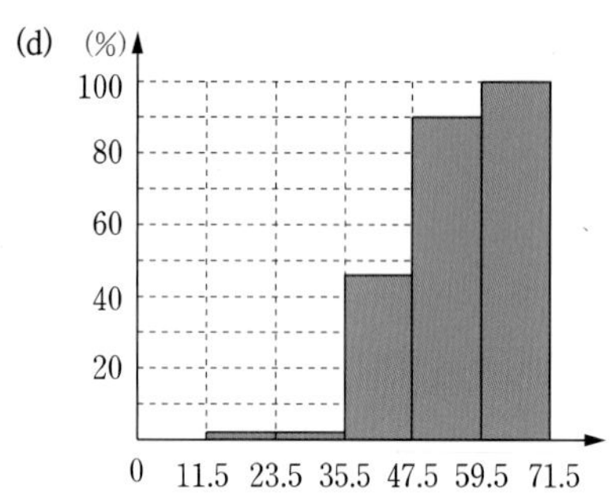

20.

(a)

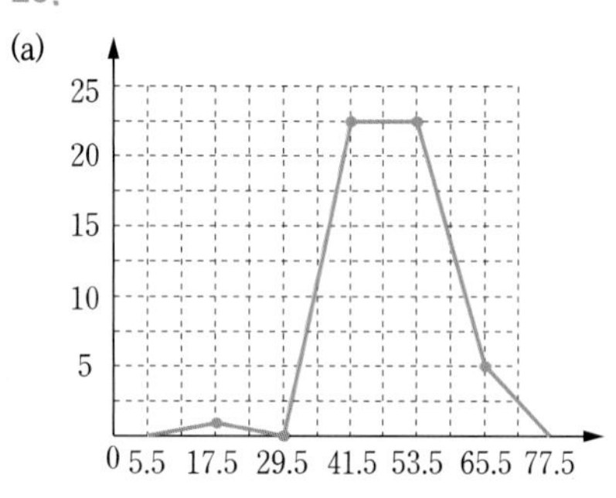

(b)

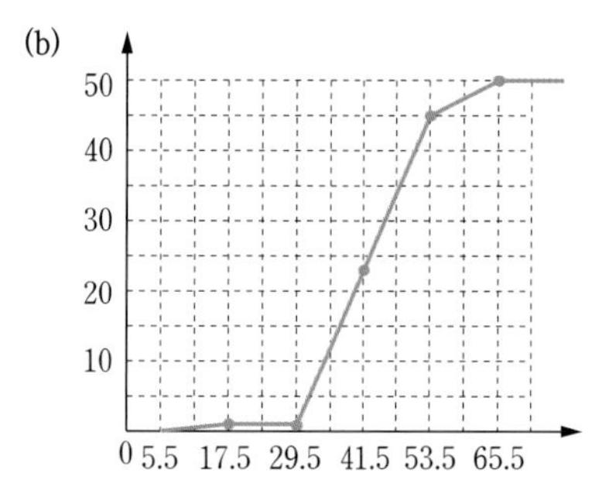

21.

(a)

2	3	89
18	4o	0111222333334444
(33)	4*	555555666666666777778888999999999
12	5o	011344
6	5*	55577
1	6o	
1	6*	
1	7o	
1	7*	
1	8o	4

자료 수 63
최소단위 1

(b) 전체 자료로부터 멀리 떨어진 84가 특이값으로 생각된다.

22.

(a)

21	43	43	44	44	45	46	47	47	48
48	49	49	49	49	50	50	52	52	52
53	55	55	55	57	58	58	58	59	60
60	61	62	63	63					

(b) 전체 자료가 35개이므로 가장 가운데 숫자는 18번째 자료값인 52이다.

(c)

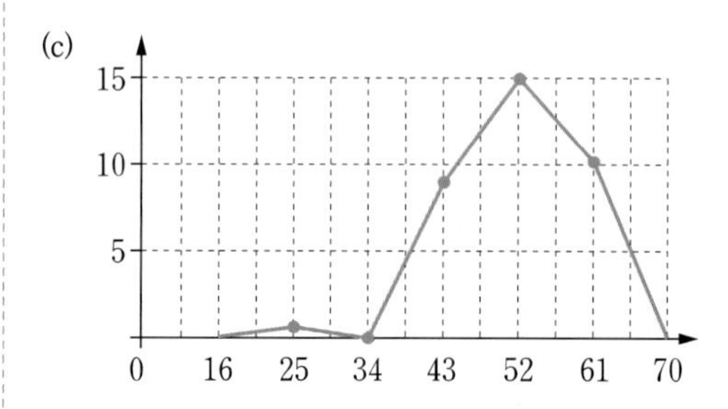

23.

(a) A 자동차

계급간격	도수	상대도수	누적도수	누적 상대도수	계급값
6.5 ~ 9.5	1	0.02	1	0.02	8
9.5 ~ 12.5	15	0.30	16	0.32	11
12.5 ~ 15.5	19	0.38	35	0.70	14
15.5 ~ 18.5	13	0.26	48	0.96	17
18.5 ~ 21.5	2	0.04	50	1.00	20
합계	50	1.00			

B 자동차

계급간격	도수	상대 도수	누적 도수	누적 상대도수	계급값
6.5 ~ 9.5	0	0.00	0	0.00	8
9.5 ~ 12.5	8	0.16	8	0.16	11
12.5 ~ 15.5	22	0.44	30	0.60	14
15.5 ~ 18.5	19	0.38	49	0.98	17
18.5 ~ 21.5	1	0.02	50	1.00	20
합계	50	1.00			

(b)

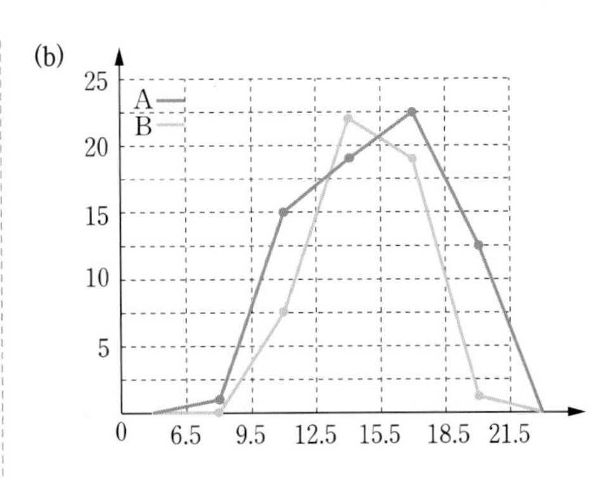

Chapter 04 연습문제 해답

기초문제

1. ①

2. ①, ⑤

3. ①

자료 A : $\bar{x} = \frac{1}{6}(4+5+5+6+7+9) = 6$

자료 B : $\bar{x} = \frac{1}{6}(4+5+5+6+7+90) = 19.5$

4. ④

평균 : $\bar{x} = 29.8$

중앙값 : $M_e = 33$

최빈값 : $M_o = 28, 33$

5. ③

계급간격	도수(f_i)	계급값(x_i)	$f_i x_i$
4.5 ~ 9.5	2	7	14
9.5 ~ 14.5	7	12	84
14.5 ~ 19.5	24	17	408
19.5 ~ 24.5	12	22	264
24.5 ~ 29.5	5	27	135
합계	50		905

따라서 $\bar{x} = \frac{1}{50}\sum f_i x_i = \frac{905}{50} = 18.1$이다.

6. ③

자료를 크기순으로 재배열하면 다음과 같다.

$$3, 3, 3, 4, 4, 5, 5, 6, 6, 7, 8, 50$$

자료의 수가 12개이므로 중앙값은 6번째와 7번째 자료값의 평균이다.

$$\bar{x} = \frac{5+5}{2} = 5$$

7. ①

자료값 중에서 가장 많은 도수를 갖는 자료값은 3이다.

8. ④

중앙값 : $M_e = \frac{4+4}{2} = 4$

최빈값 : $M_o = 3$

평균 : $\bar{x} = \frac{1}{10}\sum_{i=1}^{10} x_i = 4.2$

분산 : $s^2 = \frac{1}{9}\sum_{i=1}^{10}(x_i - 4.2)^2 = 2.4$

표준편차 : $s = \sqrt{2.4} \approx 1.549$

9. ①

[연습문제 5]에 의해 $\bar{x}=18.1$이므로 다음 표를 얻는다.

계급간격	도수(f_i)	$(x_i-\bar{x})^2$	$f_i(x_i-\bar{x})^2$
4.5 ~ 9.5	2	123.21	246.42
9.5 ~ 14.5	7	37.21	260.47
14.5 ~ 19.5	24	1.21	29.04
19.5 ~ 24.5	12	15.21	182.52
24.5 ~ 29.5	5	79.21	396.05
합계	50		1114.5

따라서 분산은 다음과 같다.

$$s^2=\frac{1}{49}\sum_{i=1}^{50}f_i(x_i-18.1)^2=\frac{1114.5}{49}\approx 22.74$$

10. ④

평균 : $\bar{x}=\frac{1}{11}\sum_{i=1}^{11}x_i=4$

분산 : $s^2=\frac{1}{10}\sum_{i=1}^{11}(x_i-4)^2=1.2$

표준편차 : $s=\sqrt{1.2}\approx 1.1$

응용문제

11.

평균은 $\bar{x}=\frac{1}{15}\sum_{i=1}^{15}x_i=\frac{525}{15}\approx 35$이다.

$15\times 0.2=3$이므로 상위 20%(3개)와 하위 20%(3개)에 해당하는 자료값을 제외한 나머지 자료의 평균을 구하면 20% 절사평균은 다음과 같다.

$$T_m=\frac{1}{9}(15+24+\cdots+39+40)\approx 30.78$$

12.

주어진 자료의 평균은 다음과 같다.

$$\bar{x}=\frac{1}{10}(28+36+\cdots+31)=\frac{288+x}{10}=32$$

따라서 $x=320-288=32$이다.

13.

평균은 $\bar{x}=\frac{1}{30}(2.2+2.6+\cdots+3.5+3.6)=3.2$이다. 중앙값은 15번째, 16번째 가격의 평균으로 $M_e=\frac{3.3+3.3}{2}=3.3$이다. 최빈값은 가장 많은 도수를 갖는 자료값인 2.6, 3.4이다.

14.

x를 제외한 나머지 자료 중에서 35, 36, 38이 가장 많으므로 x에 따라 35, 36 또는 38이 최빈값이 될 수 있다. $x=38$이면 최빈값은 38이고 평균은 36.2이므로 최빈값과 평균이 같지 않다. $x=35$이면 최빈값은 35이고 평균은 35.9이므로 최빈값과 평균이 같지 않다. $x=36$이면 최빈값은 36이고 평균도 36이므로 최빈값과 평균이 같다. 따라서 구하고자 하는 평균은 36이다.

15.

자료가 크기순으로 나열되었으므로 중앙값은 $\frac{45+46}{2}=45.5$이고 평균은 $\frac{408+x}{10}$이다. 이때 평균과 중앙값이 같으므로 $\frac{408+x}{10}=45.5$이고 따라서 $x=47$이다.

16.

(a) 평균은 $\bar{x}=\frac{1}{50}(12+14+\cdots+88+89)=53.6$이다.

중앙값은 25번째와 26번째 자료값의 평균으로 $M_e=\frac{56+57}{2}=56.5$이다.

(b) 50개 자료의 합이 2680이므로 추가되는 자료값을 x라 하면, 51개 자료값의 평균은 $\bar{x}=\frac{2680+x}{51}=53$이다. 따라서 $x=23$이다. 그러므로 줄기-잎 그림을 새로 작성하면 다음과 같다.

줄기	잎
1	2 4 4 7 7 8
2	1 1 3 4 7 8 8
3	0 2 6 8
4	0 3 7
5	0 1 5 6 6 6 7 9
6	0 3 4 5 7 9
7	1 1 1 3 5 7 8 9
8	0 0 0 1 3 3 6 8 9

17.

자료집단 A와 B의 평균을 각각 $\bar{x}$와 $\bar{y}$라 하면, 평균은 다음과 같이 동일하다.

$$\bar{x} = \frac{1}{7}\sum_{i=1}^{7} x_i = \frac{532}{7} = 76$$

$$\bar{y} = \frac{1}{7}\sum_{i=1}^{7} x_i = \frac{532}{7} = 76$$

그러나 분산을 구하면 다음과 같다.

$$s_x^2 = \frac{1}{6}\Sigma(x_i - 76)^2 = \frac{40}{6} \approx 6.7$$

$$s_y^2 = \frac{1}{6}\Sigma(y_i - 76)^2 = \frac{130}{6} \approx 21.7$$

두 자료집단의 평균은 동일하지만, 집단 A는 평균을 중심으로 집중되어 있고 집단 B는 평균으로부터 퍼지는 형태이다. 따라서 두 자료집단의 특성은 서로 다르다.

18.

(a)

계급	도수(f_i)	계급값(x_i)	$f_i x_i$	$f_i(x_i - \bar{x})^2$
1	4	2.5	10.0	441.00
2	5	6.5	32.5	211.25
3	7	10.5	73.5	42.75
4	10	14.5	145.0	22.50
5	14	18.5	259.0	423.50
합계	40		520.0	1142.00

평균 : $\bar{x} = \frac{1}{40}\sum_{i=1}^{40} f_i x_i = \frac{520}{40} = 13$

분산 : $s^2 = \frac{1}{39}\sum_{i=1}^{40} f_i(x_i - 13)^2 = \frac{1142}{39} \approx 29.28$

(b) 전체 자료의 수가 40이므로 사분위수는 다음과 같다.

$$Q_1 = \frac{x_{(10)} + x_{(11)}}{2}, \quad Q_2 = \frac{x_{(20)} + x_{(21)}}{2},$$

$$Q_3 = \frac{x_{(30)} + x_{(31)}}{2}$$

이때 $x_{(10)}$, $x_{(11)}$은 3번째 계급, $x_{(20)}$, $x_{(21)}$은 4번째 계급, $x_{(30)}$, $x_{(31)}$은 5번째 계급에 있으므로 $Q_1 = 10.5$, $Q_2 = 14.5$, $Q_3 = 18.5$이고 사분위수범위는 $\text{IQR} = 18.5 - 10.5 = 8$이다.

19.

(a) 평균은 $\bar{x} = \frac{1}{11}\sum_{i=1}^{11} x_i = \frac{44}{11} = 4$이다. 따라서 분산과 표준편차를 구하면 다음과 같다.

$$s^2 = \frac{1}{10}\sum_{i=1}^{11}(x_i - 4)^2 = \frac{24}{10} = 2.4$$

$$s = \sqrt{2.4} \approx 1.549$$

(b) $C.V = \frac{1.549}{4} \times 100 = 38.725(\%)$

20.

자료집단 A와 B의 평균을 각각 $\bar{x}$와 $\bar{y}$라 하면, 평균은 다음과 같다.

$$\bar{x} = \frac{1}{5}\sum_{i=1}^{5} x_i = \frac{22}{5} = 4.4$$

$$\bar{y} = \frac{1}{5}\sum_{i=1}^{5} y_i = \frac{910}{5} = 182$$

분산과 표준편차를 구하면 다음과 같다.

$$s_A^2 = \frac{1}{4}\sum_{i=1}^{5}(x_i - 4.4)^2 = \frac{9.2}{4} = 2.3$$

$$s_A = \sqrt{2.3} \approx 1.52$$

$$s_B^2 = \frac{1}{4}\sum_{i=1}^{5}(y_i - 182)^2 = \frac{18}{4} = 4.5$$

$$s_B = \sqrt{4.5} \approx 2.12$$

두 집단의 변동계수는 각각 다음과 같다.

$$C.V_A = \frac{1.52}{4.4} \times 100 = 34.5\%$$

$$C.V_B = \frac{2.12}{182} \times 100 = 1.16\%$$

절대적인 수치인 분산과 표준편차로 비교하면 집단 B가 집단 A보다 폭넓게 분포하지만, 상대적인 수치인 변돈계수로 비교하면 집단 A가 집단 B보다 폭넓게 분포한다.

21.

평균 : $\bar{x} = \frac{1}{5}\sum_{i=1}^{5} x_i = \frac{100}{5} = 20$

분산 : $s^2 = \frac{1}{4}\sum_{i=1}^{5} (x_i - 20)^2 = \frac{146}{4} = 36.5$

표준편차 : $s = \sqrt{36.5} \approx 6.04$

표준점수 $z_i = \frac{x_i - \bar{x}}{s}$ 를 구하면 각각 다음과 같다.

자료값	11	24	17	26	22
표준점수	−1.49	0.66	−0.50	0.99	0.33

22.

(a) $n=40$, $k=20$이므로 $m = \frac{20 \times 40}{100} = 8$이고 따라서 제20백분위수는 다음과 같다.

$$P_{20} = \frac{x_{(8)} + x_{(9)}}{2} = \frac{14+15}{2} = 14.5$$

(b) 전체 자료의 수가 40개이므로 사분위수는 다음과 같다.

$$Q_1 = P_{25} = \frac{x_{(10)} + x_{(11)}}{2} = \frac{15+15}{2} = 15$$

$$Q_2 = P_{50} = \frac{x_{(20)} + x_{(21)}}{2} = \frac{22+22}{2} = 22$$

$$Q_3 = P_{75} = \frac{x_{(30)} + x_{(31)}}{2} = \frac{24+25}{2} = 24.5$$

(c) $\text{IQR} = Q_3 - Q_1 = 24.5 - 15 = 9.5$

(d) • 안울타리 :

$f_l = Q_1 - (1.5) \times \text{IQR} = 15 - 1.5 \times 9.5 = 0.75$

$f_u = Q_3 + (1.5) \times \text{IQR} = 24.5 + 1.5 \times 9.5 = 38.75$

• 인접값 : 11, 30

• 바깥울타리 :

$f_U = Q_3 + 3 \times \text{IQR} = 24.5 + 3 \times 9.5 = 53$

• 극단 특이값 : 59

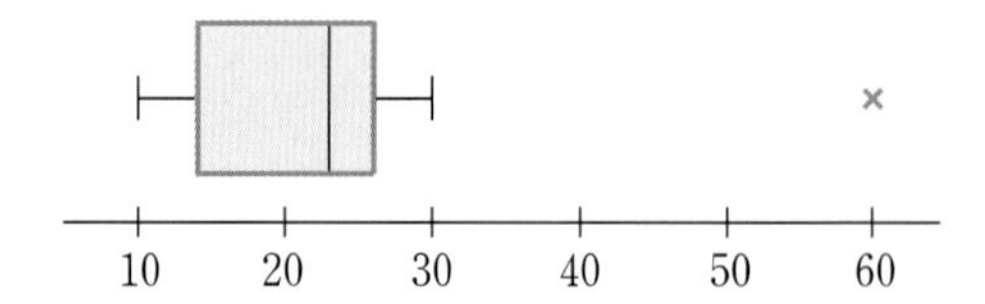

23.

(a) 크기순으로 재배열하여 평균과 중앙값을 구하면 각각 다음과 같다.

마케팅 전공 : $\bar{x} = \frac{1}{10}\sum_{i=1}^{10} x_i = 36.3$

$$M_e = \frac{35.2 + 35.8}{2} = 35.5$$

회계학 전공 : $\bar{y} = \frac{1}{16}\sum_{i=1}^{16} y_i = 45.7$

$$M_e = \frac{44.2 + 45.2}{2} = 44.7$$

(b) 마케팅 전공의 제25백분위수는 $x_{(3)} = 34.2$, 제75백분위수는 $x_{(8)} = 39.5$이고, 회계학 전공의 제25백분위수 $P_{25} = \frac{x_{(4)} + x_{(5)}}{2} = 40.95$, 제75백분위수 $P_{75} = \frac{x_{(12)} + x_{(13)}}{2} = 49.8$이다.

(c) 회계학 전공 졸업자의 연봉 초임이 마케팅 전공 졸업자의 연봉 초임보다 평균 9,400$ 더 많다.

Chapter 05 연습문제 해답

기초문제

1. ④

12장 중 3장을 선택하여 순서대로 나열하는 방법의 수이므로, ${}_{12}P_3 = 12\times11\times10 = 1320$가지이다.

2. ③

12장 중 3장을 순서 없이 나열하는 방법의 수이므로, ${}_{12}C_3 = \dfrac{12!}{3!\,9!} = 220$가지이다.

3. ④

세 자릿수를 만들기 때문에 집합 A에서 0은 제외한다. 그러면 집합 A, B, C에서 원소를 하나씩 뽑는 경우의 수는 각각 2, 3, 4이다. 따라서 세 자릿수를 만들 수 있는 경우의 수는 곱의 법칙에 의해 $2\times3\times4=24$개이다.

4. ②

A에서 1을 선택하면, B에서는 1을 제외한 두 개 중에서 하나를 선택한다. 만일 B에서 2를 선택하면 C에서는 1, 2를 제외한 나머지 중 하나를 선택한다. 그러면 A, B, C에서 동일하지 않은 숫자를 뽑아 세 자릿수를 만들 수 있는 경우의 수는 곱의 법칙에 의해 $2\times2\times2=8$개이다.

5. ⑤

3456을 소인수분해하면 $3456 = 2^7\times3^3$이므로
$3456 = 2^m\times3^n\ (m=0, 1, 2, 3, 4, 5, 6, 7,\ n=0, 1, 2, 3)$
의 형태이다. 따라서 2를 선택하는 경우의 수는 8가지이고 3을 선택하는 경우의 수는 4가지이므로, 약수는 $8\times4=32$개이다.

6. ①

a, b 중에서 하나, l, m, n 중에서 하나, p, q, r 중에서 하나를 뽑는 경우의 수이므로, 항의 개수는 $2\times3\times3=18$개이다.

7. ②

여학생 2명을 하나로 묶어서 일렬로 세우는 방법의 수는 $5! = 120$이고, 각각에 대해 여학생의 자리를 바꾸는 방법이 2가지이므로 곱의 법칙에 의해 $120\times2=240$가지이다.

8. ③

8개의 점 중에서 3개를 선택하는 방법의 수는 ${}_8C_3=56$이고, 8개의 점 중에서 4개를 택하는 방법의 수는 ${}_8C_4=70$이다. 따라서 (56, 70)이다.

9. ⑤

5명씩 구성된 남자와 여자 중에서 두 쌍이 선정되는 경우의 수는 남자 중에서 2명이 선정되고 여자 중에서 2명이 선정되는 경우이다. 따라서 두 쌍이 선정되는 경우의 수는 ${}_5C_2\times{}_5C_2=100$이다.

10. ①

$\left(\dfrac{a}{2}+\dfrac{b}{3}\right)^{10}$의 전개식에서 a^8b^2인 항이 되는 경우는 $\dfrac{a}{2}$와 $\dfrac{b}{3}$에 대해 $\left(\dfrac{a}{2}\right)^8\left(\dfrac{b}{3}\right)^2$이고, 이 항의 계수는 이항정리에 의해 ${}_{10}C_2$이다. 따라서 a^8b^2이 포함된 항은 다음과 같으므로 a^8b^2의 계수는 $\dfrac{45}{2304}$이다.

$${}_{10}C_2\left(\frac{a}{2}\right)^8\left(\frac{b}{3}\right)^2 = \frac{45}{2^8\,3^2}a^8b^2 = \frac{45}{2304}a^8b^2$$

11. ③

$A=\{(1, 5), (2, 4), (3, 3), (4, 2), (5, 1)\}$이므로, 두 눈의 합이 6일 확률은 $\dfrac{5}{36}$이다.

12. ④

전체 학생 중에서 2명을 선출하는 방법의 수는 ${}_{15}C_2=105$이고, 남학생과 여학생을 각각 1명씩 선출하는 방법의 수는 각각 ${}_{10}C_1=10$, ${}_5C_1=5$이므로 구하려는 확률은 다음과 같다.

$$\frac{{}_{10}C_1\times{}_5C_1}{{}_{15}C_2} = \frac{10\times5}{105} = \frac{10}{21}$$

13. ③

두 눈의 합이 7인 사건을 A, 적어도 한 번 6이 나오는 사건을 B라 하면 각각 다음과 같다.

$$A=\{(1,6),(2,5),(3,4),(4,3),(5,2),(6,1)\}$$
$$B=\begin{Bmatrix}(1,6),(2,6),(3,6),(4,6),(5,6),(6,6)\\(6,1),(6,2),(6,3),(6,4),(6,5)\end{Bmatrix}$$

$A\cap B=\{(1,6),(6,1)\}$이므로 $P(A)=\frac{6}{36}$, $P(B)=\frac{11}{36}$, $P(A\cap B)=\frac{2}{36}$이다. 따라서 구하려는 확률은 다음과 같다.

$$P(A\cup B)=\frac{6}{36}+\frac{11}{36}-\frac{2}{36}=\frac{15}{36}=\frac{5}{12}$$

14. ①

전체 9개의 공 중에서 3개를 꺼내는 경우의 수는 ${}_9C_3=84$이고, 꺼낸 공 중에서 흰색 공이 2개 포함되는 경우의 수는 ${}_4C_2=6$, 검은색 공이 1개 포함되는 경우의 수는 ${}_5C_1=5$이다. 따라서 구하려는 확률은 다음과 같다.

$$\frac{{}_4C_2\times{}_5C_1}{{}_9C_3}=\frac{6\times5}{84}=\frac{5}{14}$$

15. ②

처음에 1학년 학생이 나올 확률은 $\frac{4}{9}$, 두 번째에 2학년 학생이 나올 확률은 $\frac{5}{8}$, 세 번째에 1학년 학생이 나올 확률은 $\frac{3}{7}$이므로, 구하려는 확률은 다음과 같다.

$$\frac{4}{9}\times\frac{5}{8}\times\frac{3}{7}=\frac{5}{42}$$

16. ①

남자, 남자, 여자가 나갈 확률 : $\frac{4}{9}\times\frac{3}{8}\times\frac{5}{7}=\frac{5}{42}$

남자, 여자, 남자가 나갈 확률 : $\frac{4}{9}\times\frac{5}{8}\times\frac{3}{7}=\frac{5}{42}$

여자, 남자, 남자가 나갈 확률 : $\frac{5}{9}\times\frac{4}{8}\times\frac{3}{7}=\frac{5}{42}$

따라서 구하려는 확률은 $\frac{3\times5}{42}=\frac{5}{14}$이다.

17. ③

처음에 3의 배수가 나오는 사건을 A, 두 번째에 짝수의 눈이 나오는 사건을 B라 하면 $P(A)=\frac{1}{3}$, $P(A\cap B)=\frac{1}{6}$이다. 따라서 구하려는 확률은 $P(B|A)=\frac{1/6}{1/3}=\frac{1}{2}$이다.

18. ⑤

처음에 흰색이 나올 확률은 $\frac{4}{9}$, 두 번째에 검은색이 나올 확률은 $\frac{5}{9}$, 세 번째에 흰색이 나올 확률은 $\frac{4}{9}$이므로, 구하려는 확률은 다음과 같다.

$$\frac{4}{9}\times\frac{5}{9}\times\frac{4}{9}=\frac{80}{729}$$

19. ⑤

세 번 중 두 번 앞면이 나오는 경우의 수는 ${}_3C_2=3$이고, 독립시행이므로 각 경우에 앞면이 두 번 나올 확률은 $\left(\frac{3}{4}\right)^2\left(\frac{1}{4}\right)=\frac{9}{64}$이다. 따라서 구하려는 확률은 $\frac{3\times9}{64}=\frac{27}{64}$이다.

응용문제

20.

50명을 표본조사한 결과의 상대도수를 구하면 다음과 같다.

이용시간	인원	누적도수	상대도수
9.5 ~ 19.5	5	5	0.10
19.5 ~ 29.5	7	12	0.14
29.5 ~ 39.5	16	28	0.32
39.5 ~ 49.5	18	46	0.36
49.5 ~ 59.5	3	49	0.06
59.5 ~ 69.5	1	50	0.02

(a) $0.1+0.14=0.24$

(b) $1-0.1=0.9$

(c) $0.32+0.36+0.06+0.02=0.76$

21.

세 사건은 각각 다음과 같다.

$$A=\{(1,2),(2,2),(3,2),(4,2),(5,2),(6,2)\}$$
$$B=\{(1,4),(2,4),(3,4),(4,4),(5,4),(6,4)\}$$
$$C=\{(2,6),(3,5),(4,4),(5,3),(6,2)\}$$

따라서 $P(A)=\frac{1}{6}$, $P(B)=\frac{1}{6}$, $P(C)=\frac{5}{36}$ 이다.

(a) A와 B는 서로 배반사건이므로 다음을 얻는다.

$$P(A\cup B)=P(A)+P(B)=\frac{1}{6}+\frac{1}{6}=\frac{1}{3}$$

(b) $A\cap C=\{(6, 2)\}$, $B\cap C=\{(4, 4)\}$이고 $A\cap B=\varnothing$, $A\cap B\cap C=\varnothing$이므로 다음을 얻는다.

$$P(A\cap C)=\frac{1}{36},\ P(B\cap C)=\frac{1}{36}$$
$$P(A\cap B)=0,\ P(A\cap B\cap C)=0$$

따라서 구하고자 하는 확률은 다음과 같다.

$$\begin{aligned}P(A\cup B\cup C)&=P(A)+P(B)+P(C)\\&\quad-P(A\cap B)-P(A\cap C)-P(B\cap C)\\&\quad+P(A\cap B\cap C)\\&=\frac{1}{6}+\frac{1}{6}+\frac{5}{36}-0-\frac{1}{36}-\frac{1}{36}+0\\&=\frac{15}{36}=\frac{5}{12}\end{aligned}$$

22.

수학에서 A 학점을 받는 사건을 A, 통계학에서 A 학점을 받는 사건을 B라 하자. 그러면 $P(A)=0.6$, $P(B)=0.75$이고 $P(A\cup B)=0.9$이다.

(a) 두 과목에서 모두 A 학점을 받는 사건은 $A\cap B$이다. 따라서 구하고자 하는 확률은 다음과 같다.

$$\begin{aligned}P(A\cap B)&=P(A)+P(B)-P(A\cup B)\\&=0.6+0.75-0.9=0.45\end{aligned}$$

(b) 수학에서 A 학점을 받지 못했지만 통계학에서 A 학점을 받는 사건은 $A^c\cap B$이다. $A^c\cap B=B-(A\cap B)$이므로 구하고자 하는 확률은 다음과 같다.

$$\begin{aligned}P(A^c\cap B)&=P(B)-P(A\cap B)\\&=0.75-0.45=0.3\end{aligned}$$

23.

$P(A\cup B)=P(A)+P(B)-P(A\cap B)$이므로 다음과 같다.

$$P(A\cap B)=\frac{1}{3}+\frac{1}{4}-\frac{1}{2}=\frac{1}{12}$$

24.

$P(B|A)=\frac{P(A\cap B)}{P(A)}$, $P(A|B)=\frac{P(A\cap B)}{P(B)}$이므로 다음과 같다.

$$\begin{aligned}P(B|A)+P(A|B)&=3P(A\cap B)+4P(A\cap B)\\&=7P(A\cap B)=\frac{1}{2}\end{aligned}$$

따라서 $P(A\cap B)=\frac{1}{14}$이다.

25.

(a) 각각의 문제에서 정답을 선택할 확률은 $\frac{1}{5}$이므로, 문제 3개 중에서 어느 하나를 맞힐 확률은 ${}_3C_1\frac{1}{5}\left(\frac{4}{5}\right)^2=\frac{48}{125}$이다.

(b) 처음 두 문제를 맞히고 마지막 문제를 틀릴 확률은 $\frac{1}{5}\times\frac{1}{5}\times\frac{4}{5}=\frac{4}{125}$이다.

(c) 정답을 선택한 문제가 없으므로 모든 문제를 틀릴 확률은 ${}_3C_0\left(\frac{1}{5}\right)^0\left(\frac{4}{5}\right)^3=\frac{64}{125}$이다.

(d) 적어도 하나를 맞히는 사건은 모든 문제를 틀리는 사건의 여사건이므로 $1-\frac{64}{125}=\frac{61}{125}$이다.

26.

(a) 5, 6, 7, 8인 카드가 나오는 사건을 각각 A, B, C, D라 하자. 그러면 첫 번째 카드가 5일 확률은 $P(A)=\frac{4}{52}$이고, 두 번째 카드가 6일 확률은 $P(B|A)=\frac{4}{51}$이다. 또한 세 번째 카드가 7일 확률은 $P(C|A\cap B)=\frac{4}{50}$이고, 네 번째 카드가 8일 확률은 $P(D|A\cap B\cap C)=\frac{4}{49}$이다. 따라서 구하고자 하는 확률은 다음과 같다.

$$\begin{aligned}P(A\cap B\cap C\cap D)&=P(A)P(B|A)P(C|A\cap B)\\&\quad\times P(D|A\cap B\cap C)\\&=\frac{4}{52}\times\frac{4}{51}\times\frac{4}{50}\times\frac{4}{49}\\&=\frac{32}{812175}\end{aligned}$$

(b) $P(A)=\frac{4}{52}$, $P(B\mid A)=\frac{4}{52}$, $P(C\mid A\cap B)=\frac{4}{52}$, $P(D\mid A\cap B\cap C)=\frac{4}{52}$이므로 구하고자 하는 확률은 다음과 같다.

$$\begin{aligned}P(A\cap B\cap C\cap D)&=P(A)P(B\mid A)P(C\mid A\cap B)\\&\quad\times P(D\mid A\cap B\cap C)\\&=\frac{4}{52}\times\frac{4}{52}\times\frac{4}{52}\times\frac{4}{52}\\&=\frac{1}{28561}\end{aligned}$$

27.

(a) 교차로에 접근하는 차량이 직진하는 사건을 A, 우회전하는 사건을 B, 좌회전하는 사건을 C라 하면 $P(A)=3P(B)$, $P(C)=\frac{2}{3}P(B)$이다. 따라서 다음을 얻는다.

$$\begin{aligned}P(A)+P(B)+P(C)&=3P(B)+P(B)+\frac{2}{3}P(B)\\&=\frac{14}{3}P(B)=1\end{aligned}$$

따라서 구하고자 하는 확률은 각각 다음과 같다.

$$P(A)=\frac{9}{14},\quad P(B)=\frac{3}{14},\quad P(C)=\frac{1}{7}$$

(b) 교차로에 접근하는 차량이 회전할 확률은 $P(B\cup C)=\frac{5}{14}$이므로 구하고자 하는 확률은 다음과 같다.

$$P(C\mid B\cup C)=\frac{P(C)}{P(B\cup C)}=\frac{1/7}{5/14}=\frac{2}{5}$$

28.

근로자가 설명서를 숙지하는 사건을 A, 기계에 오작동이 발생하는 사건을 B라 하면, $P(A)=0.8$, $P(A^c)=0.2$이고 $P(B|A)=0.01$, $P(B|A^c)=0.04$이다. 따라서 구하고자 하는 확률은 다음과 같다.

$$\begin{aligned}P(B)&=P(A)P(B|A)+P(A^c)P(B|A^c)\\&=(0.8)(0.01)+(0.2)(0.04)=0.016\end{aligned}$$

29.

주사위를 두 번 던질 때, 처음에 2의 눈이 나오는 사건 A와 두 번째에 2의 눈이 나오는 사건 B는 각각 다음과 같다.

$$A=\{(2,1),(2,2),(2,3),(2,4),(2,5),(2,6)\}$$
$$B=\{(1,2),(2,2),(3,2),(4,2),(5,2),(6,2)\}$$

$A\cap B=\{(2,2)\}$이므로 $P(A)=\frac{1}{6}$, $P(B)=\frac{1}{6}$, $P(A\cap B)=\frac{1}{36}$이고, 따라서 다음이 성립한다.

$$P(A)P(B)=\frac{1}{6}\times\frac{1}{6}=\frac{1}{36}=P(A\cap B)$$

그러므로 두 사건 A와 B는 독립이다.

30.

(a) 공정한 동전을 네 번 던지는 게임에서 표본공간 S와 각 사건 A, B, C는 다음과 같다.

$$S=\left\{\begin{matrix}\text{HHHH, HHHT, HHTH, HTHH, HHTT, HTHT}\\\text{HTTH, HTTT, THHH, THHT, THTH, TTHH}\\\text{THTT, TTHT, TTTH, TTTT}\end{matrix}\right\}$$

$$A=\left\{\begin{matrix}\text{HHHH, HHHT, HHTH, HTHH}\\\text{HHTT, HTHT, HTTH, HTTT}\end{matrix}\right\}$$

$$B=\left\{\begin{matrix}\text{HHTH, HHTT, HTTH, HTTT}\\\text{THTH, THTT, TTTH, TTTT}\end{matrix}\right\}$$

$$C=\{\text{HTTT, THTT, TTHT, TTTH}\}$$

따라서 $P(A)=\frac{1}{2}$, $P(B)=\frac{1}{2}$, $P(C)=\frac{1}{4}$이다. 또한 각 사건의 곱사건은 다음과 같다.

$$A\cap B=\{\text{HHTH, HHTT, HTTH, HTTT}\}$$
$$B\cap C=\{\text{THTT, TTTH}\},$$
$$A\cap C=\{\text{HTTT}\},$$
$$A\cap B\cap C=\{\text{HTTT}\}$$

따라서 $P(A\cap B)=\frac{1}{4}$, $P(B\cap C)=\frac{1}{8}$, $P(A\cap C)=\frac{1}{16}$, $P(A\cap B\cap C)=\frac{1}{16}$이고 다음이 성립한다.

$$P(A\cap B)=P(A)P(B)=\frac{1}{4}$$

$$P(B\cap C)=P(B)P(C)=\frac{1}{8}$$

$$P(A\cap C)=\frac{1}{16}\neq P(A)P(C)=\frac{1}{8}$$

그러므로 A와 B, B와 C는 독립이지만, A와 C는 독립이 아니다.

(b) $P(A\cap B\cap C)=P(A)P(B)P(C)=\frac{1}{16}$이므로 세 사건은 독립이다.

31.

(a) 발전소 A와 B의 전력공급이 중단되는 사건을 각각 A와 B라 하면 $P(A)=0.02$, $P(B)=0.005$이고 $P(A\cap B)$

$=0.0007$이다. 따라서 발전소 A의 전력공급이 중단되었을 때, 발전소 B의 전력공급이 중단될 확률은 다음과 같다.

$$P(B|A)=\frac{P(A\cap B)}{P(A)}=\frac{0.0007}{0.02}=0.035$$

그리고 발전소 B의 전력공급이 중단되었다고 할 때, 발전소 A의 전력공급이 중단될 확률은 다음과 같다.

$$P(A|B)=\frac{P(A\cap B)}{P(B)}=\frac{0.0007}{0.005}=0.14$$

(b) 도시 전체가 정전될 확률은 다음과 같다.

$$P(A\cup B)=P(A)+P(B)-P(A\cap B)$$
$$=0.02+0.005-0.0007=0.0243$$

(c) 발전소 A만 전력공급이 중단되는 사건은 $A\cap B^c$이므로, 구하고자 하는 확률은 다음과 같다.

$$P(A\cap B^c|A\cup B)=\frac{P[(A\cap B^c)\cap(A\cup B)]}{P(A\cup B)}$$
$$=\frac{P(A\cap B^c)}{P(A\cup B)}$$
$$=\frac{P(A)P(B^c|A)}{P(A\cup B)}$$
$$=\frac{0.02\times(1-0.035)}{0.0243}$$
$$=0.7942$$

Chapter 06 연습문제 해답

기초문제

1.

(a) 연속확률변수

(b) 이산확률변수

(c) 이산확률변수

(d) 이산확률변수

2.

(a) $S_X=\{0, 1, 2, 3, 4, 5, 6, 7, 8, 9, 10\}$

(b) $S_X=\{x\,|\,x\geq 0\}=[0, \infty)$

(c) $S_X=\{1, 2, 3, \cdots\}$

(d) $S_X=\{x\,|\,0\leq x\leq 30\}=[0, 30]$

3. ③

$\frac{1}{4}+\frac{1}{8}+a+\frac{3}{8}=1$이므로 $a=\frac{1}{4}$이다.

4. ④

$\int_0^1 ax\,dx=\left[\frac{a}{2}x^2\right]_0^1=\frac{a}{2}=1$이므로 $a=2$이다.

5. ③

꺼낸 공 2개에 포함된 흰색 공의 개수를 X라 하면, X의 확률질량함수는 다음과 같다.

$$f(x)=\frac{{}_2C_x\times{}_5C_{2-x}}{{}_7C_2},\quad x=0, 1, 2$$

각 x에 대해 확률질량함수를 구해 확률표로 나타내면 다음과 같다.

X	0	1	2
$f(x)$	$\frac{10}{21}$	$\frac{10}{21}$	$\frac{1}{21}$

그러므로 X의 평균은 다음과 같다.

$$E(X)=0\times\frac{10}{21}+1\times\frac{10}{21}+2\times\frac{1}{21}=\frac{4}{7}$$

6. ④

1 또는 2의 눈이 나온 횟수를 X라 하면, $X=x$일 경우의 수는 ${}_5C_x$이고 각 경우의 확률은 $\left(\frac{1}{3}\right)^x\left(\frac{2}{3}\right)^{5-x}$이므로 X의 확률질량함수는 다음과 같다.

$$P(X=x)={}_5C_x\left(\frac{1}{3}\right)^x\left(\frac{2}{3}\right)^{5-x},\quad x=0, 1, \cdots, 5$$

따라서 1 또는 2의 눈이 세 번 나올 확률은 다음과 같다.

$$P(X=3) = {}_5C_3\left(\frac{1}{3}\right)^3\left(\frac{2}{3}\right)^2 = \frac{40}{243}$$

7. ④

$$P\left(\frac{1}{2} \le X \le 1\right) = \int_{\frac{1}{2}}^{1} \frac{3}{8}x^2\,dx = \left[\frac{x^3}{8}\right]_{\frac{1}{2}}^{1} = \frac{7}{64}$$

8. ②

$y = ax + b$는 두 점 $\left(1, \frac{2}{3}\right)$와 $(3, 0)$을 지나는 직선이므로, 직선의 방정식은 $y - 0 = \frac{0-2/3}{3-1}(x-3) = -\frac{1}{3}(x-3)$, 즉 $y = -\frac{1}{3}x + 1$이다.

9. ①

$P(X \ge k) = P(X \le k)$이므로 $P(X \ge k) = \frac{1}{2}$을 만족하는 상수 k를 구하면 된다. 따라서 밑변의 길이가 $3-k$, 높이가 $-\frac{1}{3}k+1$인 직각이등변삼각형의 넓이가 $\frac{1}{2}$일 때의 k를 구한다.

$$\frac{1}{2}(3-k)\left(-\frac{k}{3}+1\right) = \frac{1}{2} \quad \Rightarrow \quad k^2 - 6k + 6 = 0$$
$$\Rightarrow \quad k = 3-\sqrt{3},\ 3+\sqrt{3}$$

$0 < k < 3$이므로 $k = 3-\sqrt{3}$이다.

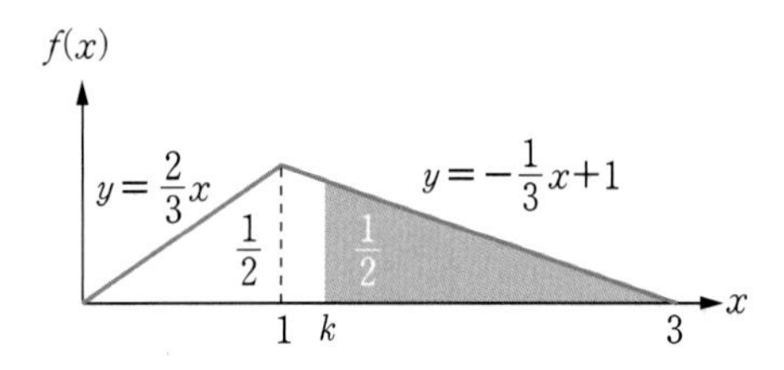

10. ⑤

$$E(X) = 1\times\frac{1}{3} + 2\times\frac{1}{6} + 3\times\frac{1}{6} + 4\times\frac{1}{3} = \frac{5}{2}$$

11. ①

$$E(X) = \int_1^3 \frac{x^2}{4}\,dx = \left[\frac{x^3}{12}\right]_1^3 = \frac{13}{6}$$

12. ⑤

$0 \le x \le 2$에서 $f(x)$가 확률밀도함수이므로 다음을 얻는다.

$$\int_0^2 a(x+2)\,dx = a\left[\frac{x^2}{2} + 2x\right]_0^2 = 6a = 1$$

따라서 $a = \frac{1}{6}$이므로 X의 평균은 다음과 같다.

$$E(X) = \frac{1}{6}\int_0^2 x(x+2)\,dx = \frac{1}{6}\left[\frac{x^3}{3} + x^2\right]_0^2 = \frac{10}{9}$$

13. ①

$E(X^2) = 1^2 \times \frac{1}{3} + 2^2 \times \frac{1}{6} + 3^2 \times \frac{1}{6} + 4^2 \times \frac{1}{3} = \frac{47}{6}$이므로, 분산은 다음과 같다.

$$\sigma^2 = E(X^2) - [E(X)]^2 = \frac{47}{6} - \left(\frac{5}{2}\right)^2 = \frac{19}{12}$$

14. ③

$P(X \le 3) = \frac{3}{5} \ge \frac{1}{2}$, $P(X \ge 3) = \frac{3}{5} \ge \frac{1}{2}$이므로, 중앙값은 $m = 3$이다.

15. ③

$E(X^2) = \int_1^3 \frac{x^3}{4}\,dx = \left[\frac{x^4}{16}\right]_1^3 = 5$이므로, 분산은 다음과 같다.

$$\sigma^2 = E(X^2) - [E(X)]^2 = 5 - \left(\frac{13}{6}\right)^2 = \frac{11}{36}$$

16. ③

m을 중앙값이라 하면 $P(X \le m) = \int_1^m \frac{1}{5}\,dx = \frac{1}{5}(m-1) = \frac{1}{2}$이므로, 중앙값은 $m = \frac{7}{2}$이다.

응용문제

17.

(a) X는 두 눈의 합을 4로 나눌 때의 나머지이므로, X가 취할 수 있는 값은 0, 1, 2, 3이고 각각의 값에 대한 사건은 다음과 같다.

$$X=0 \Leftrightarrow \begin{Bmatrix}(1,3),(2,2),(2,6),(3,1),(3,5),\\(4,4),(5,3),(6,2),(6,6)\end{Bmatrix}$$
$$X=1 \Leftrightarrow \begin{Bmatrix}(1,4),(2,3),(3,2),(3,6),(4,1),\\(4,5),(5,4),(6,3)\end{Bmatrix}$$
$$X=2 \Leftrightarrow \begin{Bmatrix}(1,1),(1,5),(2,4),(3,3),(4,2),\\(4,6),(5,1),(5,5),(6,4)\end{Bmatrix}$$
$$X=3 \Leftrightarrow \begin{Bmatrix}(1,2),(1,6),(2,1),(2,5),(3,4),\\(4,3),(5,2),(5,6),(6,1),(6,5)\end{Bmatrix}$$

따라서 X의 확률질량함수는 다음과 같다.

$$f(x)=\begin{cases}\frac{1}{4}, & x=0,2\\ \frac{2}{9}, & x=1\\ \frac{5}{18}, & x=3\\ 0, & \text{다른 곳에서}\end{cases}$$

(b) $P(1\le X\le 2)=\frac{2}{9}+\frac{1}{4}=\frac{17}{36}$

(c) $1-P(X=0)=1-\frac{1}{4}=\frac{3}{4}$

18.

(a) X는 5개의 바둑돌에 포함된 흰색 바둑돌의 개수이므로 확률질량함수는 다음과 같다.

$$P(X=x)=\frac{{}_4C_x\,{}_6C_{5-x}}{{}_{10}C_5},\quad x=0,1,2,3,4$$

(b) $$P(X\ge 1)=1-P(X=0)=1-\frac{{}_4C_0\,{}_6C_5}{{}_{10}C_5}=1-\frac{1\times 6}{252}=\frac{41}{42}$$

19.

(a) 확률질량함수의 성질에 의해 다음을 얻는다.

$$\sum_{x=0}^{4}f(x)=\frac{0+k}{60}+\frac{2+k}{60}+\frac{4+k}{60}+\frac{6+k}{60}+\frac{8+k}{60}=\frac{4+k}{12}=1$$

그러므로 $k=8$이다.

(b) X가 3 이하일 확률은 다음과 같다.

$$P(X\le 3)=1-P(X=4)=1-f(4)=1-\frac{4}{15}=\frac{11}{15}$$

20.

(a) $\frac{1}{8}+\frac{1}{4}+a+b+\frac{1}{8}=1$이므로 $a+b=\frac{1}{2}$이고, $a=3b$이므로 $a=\frac{3}{8}$, $b=\frac{1}{8}$이다.

(b) X가 4 이상일 확률은 다음과 같다.

$$P(X\ge 4)=f(4)+f(5)=\frac{1}{8}+\frac{1}{8}=\frac{1}{4}$$

21.

(a) $P(X<2)=0.3$, $P(X>2)=0.4$이므로 다음이 성립한다.

$$\sum_{x=1}^{5}P(X=x)=P(X<2)+P(X=2)+P(X>2)=0.3+P(X=2)+0.4=1$$

따라서 구하고자 하는 확률은 $P(X=2)=0.3$이다.

(b) $$P(X<3)=P(X\le 2)=P(X<2)+P(X=2)=0.3+0.3=0.6$$

22.

(a) X의 확률밀도함수는 다음 그림과 같이 $[0,10]$에서 일정한 k이고, 확률밀도함수 $f(x)$와 x축으로 둘러싸인 부분인 직사각형의 넓이가 1이어야 하므로 $k\times 10=1$이다. 따라서 $k=\frac{1}{10}$이다.

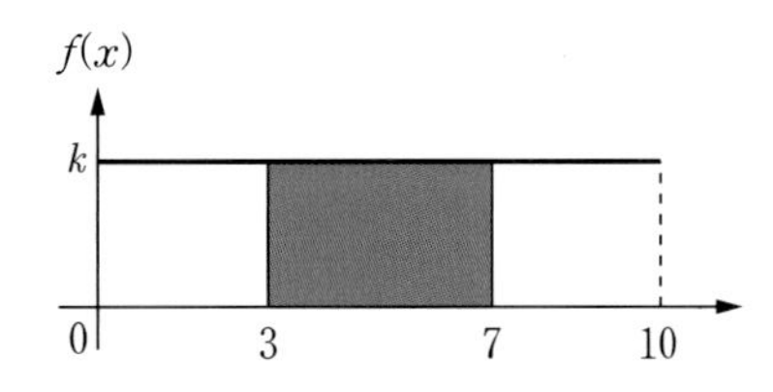

(b) 구하고자 하는 확률은 밑변의 길이가 4이고 높이가 $\frac{1}{10}$인 직사각형의 넓이이므로 $P(3 \le X \le 7) = \frac{2}{5}$이다.

23.

(a) $f(x)$가 확률밀도함수이므로 다음이 성립한다.

$$\int_0^4 \left(kx + \frac{1}{2}\right) dx = \left[\frac{k}{2}x^2 + \frac{x}{2}\right]_0^4 = 8k + 2 = 1$$

따라서 $k = -\frac{1}{8}$이다.

(b) 구하고자 하는 확률은 다음 그림과 같이 밑변의 길이가 2, 높이가 $f(2) = \frac{1}{4}$인 삼각형의 넓이이므로 $P(2 \le X \le 4) = \frac{1}{2} \times 2 \times \frac{1}{4} = \frac{1}{4}$이다.

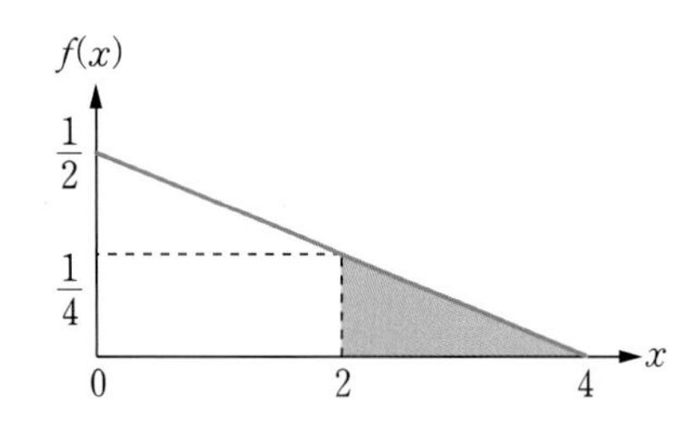

24.

(a) $P(X \ge 1) = 1 - P(X < 1)$

$$= 1 - \int_0^1 3e^{-3x} dx = 1 - \left[-e^{-3x}\right]_0^1$$

$$= 1 - (1 - e^{-3}) = e^{-3} \approx 0.0498$$

(b) $P(1 \le X \le 2) = \int_1^2 3e^{-3x} dx = \left[-e^{-3x}\right]_1^2$

$$= e^{-3} - e^{-6} \approx 0.0473$$

25.

$P(X \le a) = \int_0^a 3x^2 dx = \left[x^3\right]_0^a = a^3 = \frac{1}{8}$이므로, $a = \frac{1}{2}$이다.

26.

$$F(x) = P(X \le x) = \begin{cases} 0, & x < 1 \\ 0.2, & 1 \le x < 2 \\ 0.5, & 2 \le x < 3 \\ 0.8, & 3 \le x < 4 \\ 1, & x \ge 4 \end{cases}$$

27.

(a) $f(x) = \begin{cases} 0.15, & x = 0, 1, 4 \\ 0.25, & x = 2 \\ 0.30, & x = 3 \\ 0, & \text{다른 곳에서} \end{cases}$

(b) $P(1.5 < X \le 3.5) = F(3.5) - F(1.5)$

$$= 0.85 - 0.3 = 0.55$$

(c) $P(X \ge 2.5) = 1 - F(2.5) = 1 - 0.55 = 0.45$

28.

$x < 0$이면 $F(x) = 0$이고, $0 \le x < 5$이면

$F(x) = \int_0^x \frac{3}{125}u^2 du = \left[\frac{u^3}{125}\right]_0^x = \frac{x^3}{125}$이며, $x \ge 5$이면 $F(x) = 1$이다. 따라서 X의 분포함수는 다음과 같다.

$$F(x) = \begin{cases} 0, & x < 0 \\ \frac{x^3}{125}, & 0 \le x < 5 \\ 1, & x \ge 5 \end{cases}$$

29.

(a) $0 < x < 2$에 대해 $f(x) = F'(x) = \frac{3}{8}x^2$이므로 구하고자 하는 확률밀도함수는 다음과 같다.

$$f(x) = \begin{cases} \frac{3}{8}x^2, & 0 < x < 2 \\ 0, & \text{다른 곳에서} \end{cases}$$

(b) $P(0.5 < X \le 1.5) = F(1.5) - F(0.5)$

$$= \frac{27}{64} - \frac{1}{64} = \frac{13}{32}$$

30.

(a) X는 4개의 공에 포함된 흰 공의 개수를 나타내므로, X가 취할 수 있는 값은 0, 1, 2이고 파란 공과 빨간 공은 하나로 묶어서 생각할 수 있다. 따라서 각 경우에 대한 X의 확률질량함수는 다음과 같다.

$$P(X = x) = \frac{{}_2C_x \times {}_8C_{4-x}}{{}_{10}C_4}, \quad x = 0, 1, 2$$

각 x에 대해 확률질량함수를 구해 확률표로 나타내면 다음과 같다.

X	0	1	2
$f(x)$	$\frac{1}{3}$	$\frac{8}{15}$	$\frac{2}{15}$

(b) $\mu = E(X) = 0\times\frac{1}{3} + 1\times\frac{8}{15} + 2\times\frac{2}{15} = \frac{4}{5}$

$E(X^2) = 0\times\frac{1}{3} + 1^2\times\frac{8}{15} + 2^2\times\frac{2}{15} = \frac{16}{15}$

$\sigma^2 = E(X^2) - [E(X)]^2 = \frac{16}{15} - \left(\frac{4}{5}\right)^2 = \frac{32}{75}$

31.

(a) 파란 공, 빨간 공, 흰 공이 나오는 경우를 각각 B, R, W라 하면, 주머니에서 공 2개를 꺼내는 모든 경우와 상금은 표와 같다.

공	*BB*	*BR*	*BW*	*RR*	*RW*
상금	0	100	500	200	600

또한 각 경우의 확률은 다음과 같다.

$$P(B, B) = \frac{{}_5C_2\times{}_5C_0}{{}_{10}C_2} = \frac{2}{9}$$

$$P(B, R) = \frac{{}_5C_1\times{}_3C_1}{{}_{10}C_2} = \frac{1}{3}$$

$$P(B, W) = \frac{{}_5C_1\times{}_2C_1}{{}_{10}C_2} = \frac{2}{9}$$

$$P(R, R) = \frac{{}_3C_2\times{}_7C_0}{{}_{10}C_2} = \frac{1}{15}$$

$$P(R, W) = \frac{{}_3C_1\times{}_2C_1}{{}_{10}C_2} = \frac{2}{15}$$

$$P(W, W) = \frac{{}_2C_2\times{}_8C_0}{{}_{10}C_2} = \frac{1}{45}$$

따라서 X의 확률표는 다음과 같다.

X	0	100	200	500	600	1,000
$f(x)$	$\frac{2}{9}$	$\frac{1}{3}$	$\frac{1}{15}$	$\frac{2}{9}$	$\frac{2}{15}$	$\frac{1}{45}$

(b) 평균 상금은 다음과 같다.

$$\begin{aligned} E(X) &= 0\times\frac{2}{9} + 100\times\frac{1}{3} + 200\times\frac{1}{15} \\ &\quad + 500\times\frac{2}{9} + 600\times\frac{2}{15} + 1000\times\frac{1}{45} \\ &= 260\text{원} \end{aligned}$$

32.

각 경우에 대한 확률의 합이 1이므로 $a+b=\frac{1}{5}$이다. 또한 X의 평균이 4이므로 $\sum_{x=1}^{5} x\,P(X=x) = \frac{52}{15} + 2a + 4b = 4$를 얻는다. 따라서 연립방정식 $a+b=\frac{1}{5}$, $2a+4b=\frac{8}{15}$로부터 $a=\frac{2}{15}$, $b=\frac{1}{15}$을 얻는다.

33.

(a) $\mu = \frac{1}{15}(1+4+6+4+45) = 4$

$E(X^2) = \frac{1}{15}\times(1+8+18+16+225) = \frac{268}{15}$

$Var(X) = E(X^2) - [E(X)]^2 = \frac{28}{15}$

(b) $E(Y) = E(2X-1) = 2E(X) - 1 = 7$

$Var(Y) = Var(2X-1) = 4\,Var(X) = \frac{112}{15}$

(c) $\mu = 4$이고 $\sigma = \sqrt{\frac{28}{15}} \approx 1.37$이므로 다음을 얻는다.

$$\begin{aligned} P(\mu-\sigma \le X \le \mu+\sigma) &= P(4-1.37 \le x \le 4+1.37) \\ &= P(2.63 \le X \le 5.37) \\ &= \frac{2}{15} + \frac{1}{15} + \frac{3}{5} = \frac{4}{5} \end{aligned}$$

34.

(a) $\mu = 1\times\frac{1}{3} + 2\times\frac{1}{6} + 3\times\frac{1}{4} + 4\times\frac{1}{4} = \frac{29}{12}$

$E(X^2) = 1^2\times\frac{1}{3} + 2^2\times\frac{1}{6} + 3^2\times\frac{1}{4} + 4^2\times\frac{1}{4} = \frac{29}{4}$

$Var(X) = E(X^2) - [E(X)]^2 = \frac{203}{144}$

(b) $x=1$일 때 $P(X=x)$가 최대이므로 최빈값은 $x=1$이다.

(c) $P(X\le 2) = \frac{1}{2}$, $P(X\ge 3) = \frac{1}{2}$이므로 $2\le x\le 3$ 사이의 모든 실수가 중앙값이다.

35.

(a) $\mu = \int_{-1}^{1} \frac{x}{2}(1+x)\,dx = \left[\frac{x^2}{4} + \frac{x^3}{6}\right]_{-1}^{1} = \frac{1}{3}$

$E(X^2) = \int_{-1}^{1} \frac{x^2}{2}(1+x)\,dx = \left[\frac{x^3}{6} + \frac{x^4}{8}\right]_{-1}^{1} = \frac{1}{3}$

$Var(X) = E(X^2) - [E(X)]^2 = \frac{2}{9}$

(b) $f(x)$가 증가함수이므로 $x=1$에서 $f(x)$가 최대이므로 최빈값은 $x=1$이다.

(c) m을 중앙값이라고 할 때,

$$P(X \le m) = \int_{-1}^{m} \frac{1}{2}(1+x)\,dx$$
$$= \frac{1}{4}(m^2+2m+1) = \frac{1}{2}$$

이므로 중앙값은 $m=-1+\sqrt{2}$ 이다.

36.

(a) $f(x)$가 확률밀도함수이므로 다음이 성립한다.

$$\int_{-1}^{1} k(x^2+1)\,dx = k\left[\frac{x^3}{3}+x\right]_{-1}^{1} = \frac{8k}{3} = 1$$

따라서 구하고자 하는 상수는 $k=\frac{3}{8}$ 이다.

(b) $E(X) = \frac{3}{8}\int_{-1}^{1} x(x^2+1)\,dx = \frac{3}{8}\left[\frac{x^4}{4}+\frac{x^2}{2}\right]_{-1}^{1} = 0$

$E(X^2) = \frac{3}{8}\int_{-1}^{1} x^2(x^2+1)\,dx = \frac{3}{8}\left[\frac{x^5}{5}+\frac{x^3}{3}\right]_{-1}^{1} = \frac{2}{5}$

$\sigma^2 = E(X^2) - \{E(X)\}^2 = \frac{2}{5}$

(c) $f(x)$가 양의 기울기를 갖는 포물선이므로 최빈값은 $x=-1,\ 1$이다.

(d) m을 중앙값이라고 할 때,

$$P(X \le m) = \int_{-1}^{m} \frac{3}{8}(x^2+1)\,dx$$
$$= \frac{1}{8}(m^3+3m+4) = \frac{1}{2}$$

이므로 중앙값은 $m=0$이다.

Chapter 07 연습문제 해답

기초문제

1. ②

2. ③

$Var(X-Y+2) = Var(X) + Var(Y) = 2$

3. ②

$$\begin{aligned} Var(X-2Y+1) &= Var(X-2Y) \\ &= Var(X) + 4Var(Y) - 4Cov(X, Y) \\ &= 1+4-4=1 \end{aligned}$$

4. ②

$Var(X)=1,\ Var(Y)=1$이므로 $\sigma_X=1,\ \sigma_Y=1$이고,

따라서 $\rho = \frac{Cov(X, Y)}{\sigma_X \sigma_Y} = 1$이다.

5. ③

$$\begin{aligned} P(X \le 2,\ Y<4) &= f(0, 1) + f(1, 2) + f(2, 3) \\ &= \frac{1}{35} + \frac{4}{35} + \frac{7}{35} \\ &= \frac{12}{35} \end{aligned}$$

6. ⑤

X와 Y의 결합확률표는 다음과 같다.

Y \ X	0	1	2	$f_Y(y)$
1	$\frac{1}{57}$	$\frac{2}{57}$	$\frac{5}{57}$	$\frac{8}{57}$
2	$\frac{4}{57}$	$\frac{5}{57}$	$\frac{8}{57}$	$\frac{17}{57}$
3	$\frac{9}{57}$	$\frac{10}{57}$	$\frac{13}{57}$	$\frac{32}{57}$
$f_X(x)$	$\frac{14}{57}$	$\frac{17}{57}$	$\frac{26}{57}$	1

따라서 구하고자 하는 확률은 다음과 같다.

$$P(X=1 \mid Y=2) = \frac{P(X=1,\ Y=2)}{P(Y=2)} = \frac{5/57}{17/57} = \frac{5}{17}$$

7. ③

$$E(X) = \int_0^1 \int_0^1 2x^2\,dx\,dy = \frac{2}{3}$$

$$E(Y) = \int_0^1 \int_0^1 2xy\,dx\,dy = \frac{1}{2}$$

$$E(XY) = \int_0^1 \int_0^1 2x^2 y\,dx\,dy = \frac{1}{3}$$

$$Cov(X,\ Y) = E(XY) - E(X)E(Y) = \frac{1}{3} - \frac{2}{3} \cdot \frac{1}{2} = 0$$

8. ④

$$\int_{-1}^1 \int_{x^2}^1 f(x,\ y)\,dy\,dx = k\int_{-1}^1 \int_{x^2}^1 x^2 y\,dy\,dx = \frac{k}{2}\int_{-1}^1 (x^2 - x^6)\,dx = \frac{4k}{21} = 1$$

따라서 $k = \frac{21}{4}$ 이다.

9.

(a) 비복원추출로 52장의 카드 중에서 2장의 카드를 뽑을 수 있는 모든 경우의 수는 ${}_{52}C_2 = 1{,}326$가지이다. 카드 2장의 구성에 따른 결합확률을 구하면 다음과 같다.

$$P(X=0,\ Y=0) = \frac{{}_{26}C_2 \times {}_{13}C_0 \times {}_{13}C_0}{{}_{52}C_2} = \frac{25}{102}$$

$$P(X=1,\ Y=0) = P(X=0,\ Y=1) = \frac{{}_{26}C_1 \times {}_{13}C_1 \times {}_{13}C_0}{{}_{52}C_2} = \frac{26}{102}$$

$$P(X=1,\ Y=1) = \frac{{}_{26}C_0 \times {}_{13}C_1 \times {}_{13}C_1}{{}_{52}C_2} = \frac{13}{102}$$

$$P(X=2,\ Y=0) = P(X=0,\ Y=2) = \frac{{}_{26}C_0 \times {}_{13}C_2 \times {}_{13}C_0}{{}_{52}C_2} = \frac{6}{102}$$

따라서 X와 Y의 결합확률분포는 다음과 같다.

X \ Y	0	1	2	$f_X(x)$
0	$\frac{25}{102}$	$\frac{26}{102}$	$\frac{6}{102}$	$\frac{57}{102}$
1	$\frac{26}{102}$	$\frac{13}{102}$	0	$\frac{39}{102}$
2	$\frac{6}{102}$	0	0	$\frac{6}{102}$
$f_Y(y)$	$\frac{57}{102}$	$\frac{39}{102}$	$\frac{6}{102}$	1

(b) (a)의 결과에 따라 X와 Y의 주변확률분포는 다음과 같다.

X	0	1	2
$f_X(x)$	$\frac{57}{102}$	$\frac{39}{102}$	$\frac{6}{102}$

Y	0	1	2
$f_Y(y)$	$\frac{57}{102}$	$\frac{39}{102}$	$\frac{6}{102}$

(c) X의 평균과 분산은 다음과 같다.

$$\mu = E(X) = 0 \cdot \frac{57}{102} + 1 \cdot \frac{9}{102} + 2 \cdot \frac{6}{102} = \frac{51}{102} = \frac{1}{2}$$

$$E(X^2) = (0)^2 \frac{57}{102} + (1)^2 \frac{39}{102} + (2)^2 \frac{6}{102} = \frac{63}{102}$$

$$\sigma^2 = E(X^2) - [E(X)]^2 = \frac{63}{102} - \left(\frac{1}{2}\right)^2 = \frac{25}{68}$$

응용문제

10.

(a) $P(X=2,\ Y=1)=f(2,1)=\frac{1}{6}$

$P(X\le 1,\ Y\le 2)=f(0,1)+f(1,2)=\frac{1}{6}+\frac{1}{6}=\frac{1}{3}$

(b) X와 Y의 결합확률분포는 다음과 같다.

X \ Y	1	2	3	$f_X(x)$
0	$\frac{1}{6}$	0	0	$\frac{1}{6}$
1	0	$\frac{1}{6}$	$\frac{2}{6}$	$\frac{1}{2}$
2	$\frac{1}{6}$	0	$\frac{1}{6}$	$\frac{1}{3}$
$f_Y(y)$	$\frac{1}{3}$	$\frac{1}{6}$	$\frac{1}{2}$	1

따라서 X와 Y의 주변확률분포는 다음과 같다.

X	0	1	2
$f_X(x)$	$\frac{1}{6}$	$\frac{1}{2}$	$\frac{1}{3}$

Y	1	2	3
$f_Y(y)$	$\frac{1}{3}$	$\frac{1}{6}$	$\frac{1}{2}$

(c) $P(X\le 1)=f_X(0)+f_X(1)=\frac{1}{6}+\frac{3}{6}=\frac{2}{3}$

(d) $P(Y=0\mid X=1)=\frac{0}{1/2}=0$

$P(Y=1\mid X=1)=\frac{1/6}{1/2}=\frac{1}{3}$

$P(Y=2\mid X=1)=\frac{2/6}{1/2}=\frac{2}{3}$

따라서 구하고자 하는 확률은 다음과 같다.

$$P(Y=y\mid X=1)=\begin{cases}\frac{1}{3}, & y=1\\ \frac{2}{3}, & y=2\\ 0, & \text{다른 곳에서}\end{cases}$$

11.

(a) $P(X<Y)=\sum_{y=2}^{5}f(1,y)+\sum_{y=3}^{5}f(2,y)$

$+\sum_{y=4}^{5}f(3,4)+f(4,5)=\frac{2}{5}$

(b) $P(Y=2X)=f(1,2)+f(2,4)$

$=\frac{1+2}{150}+\frac{2+4}{150}=\frac{3}{50}$

(c) $P(X+Y=5)=f(1,4)+f(2,3)+f(3,2)+f(4,1)$

$=\frac{2}{15}$

(d) $P(3\le X+Y\le 4)=f(1,2)+f(1,3)+f(2,1)$

$+f(2,2)+f(3,1)=\frac{19}{150}$

12.

(a) X와 Y의 결합확률분포는 다음과 같다.

X \ Y	1	2	3	4	5	$f_X(x)$
1	$\frac{1}{75}$	$\frac{1}{50}$	$\frac{2}{75}$	$\frac{1}{30}$	$\frac{1}{25}$	$\frac{2}{15}$
2	$\frac{1}{50}$	$\frac{2}{75}$	$\frac{1}{30}$	$\frac{1}{25}$	$\frac{7}{150}$	$\frac{1}{6}$
3	$\frac{2}{75}$	$\frac{1}{30}$	$\frac{1}{25}$	$\frac{7}{150}$	$\frac{4}{75}$	$\frac{1}{5}$
4	$\frac{1}{30}$	$\frac{1}{25}$	$\frac{7}{150}$	$\frac{4}{75}$	$\frac{3}{50}$	$\frac{7}{30}$
5	$\frac{1}{25}$	$\frac{7}{150}$	$\frac{4}{75}$	$\frac{3}{50}$	$\frac{1}{15}$	$\frac{4}{15}$
$f_Y(y)$	$\frac{2}{15}$	$\frac{1}{6}$	$\frac{1}{5}$	$\frac{7}{30}$	$\frac{4}{15}$	1

따라서 X와 Y의 주변확률분포는 다음과 같다.

X	1	2	3	4	5
$f_X(x)$	$\frac{2}{15}$	$\frac{1}{6}$	$\frac{1}{5}$	$\frac{7}{30}$	$\frac{4}{15}$

Y	1	2	3	4	5
$f_Y(y)$	$\frac{2}{15}$	$\frac{1}{6}$	$\frac{1}{5}$	$\frac{7}{30}$	$\frac{4}{15}$

(b) $E(X)=E(Y)=\sum_{x=1}^{5} x f_X(x)=\frac{10}{3}$

(c) X와 Y의 조건부 확률분포는 다음과 같다.

Y	1	2	3	4	5
$f(y\|2)$	$\frac{3}{25}$	$\frac{4}{25}$	$\frac{5}{25}$	$\frac{6}{25}$	$\frac{7}{25}$

(d) $E(Y|X=2)=\sum_{y=1}^{5} y f(y|2)=\frac{17}{5}$

(e) $E(Y^2|X=2)=\sum_{y=1}^{5} y^2 f(y|2)=\frac{994}{25}$이므로, 조건부 분산은 다음과 같다.

$$\sigma^2_{Y|X=2}=E(Y^2|X=2)-[E(Y|X=2)]^2$$
$$=\frac{994}{25}-\left(\frac{17}{5}\right)^2=\frac{141}{5}$$

13.

(a) $$k\sum_{x=1}^{\infty}\sum_{y=1}^{\infty}\left(\frac{1}{2}\right)^x\left(\frac{1}{3}\right)^{y-1}=k\sum_{x=1}^{\infty}\left(\frac{1}{2}\right)^x\sum_{y=1}^{\infty}\left(\frac{1}{3}\right)^{y-1}$$
$$=k\frac{1/2}{1-(1/2)}\frac{1}{1-(1/3)}$$
$$=\frac{3k}{2}=1$$

따라서 $k=\frac{2}{3}$이다.

(b) $f(x, y)=\frac{2}{3}\left(\frac{1}{2}\right)^x\left(\frac{1}{3}\right)^{y-1}\ (x, y=1, 2, 3, \cdots)$이므로, X와 Y의 주변확률질량함수는 다음과 같다.

$$f_X(x)=\frac{2}{3}\left(\frac{1}{2}\right)^x\sum_{y=1}^{\infty}\left(\frac{1}{3}\right)^{y-1}=\frac{1}{2^x},\ x=1, 2, 3, \cdots$$
$$f_Y(y)=\frac{2}{3}\left(\frac{1}{3}\right)^{y-1}\sum_{x=1}^{\infty}\left(\frac{1}{2}\right)^x=\frac{2}{3^y},\ y=1, 2, 3, \cdots$$

(c) $P(X+Y=4)=f(1, 3)+f(2, 2)+f(3, 1)=\frac{19}{108}$

14.

(a) $$\int_0^1\int_0^1 kx^3y^2\,dy\,dx=\frac{k}{3}\int_0^1 x^3\,dx$$
$$=\left[\frac{k}{12}x^4\right]_0^1=\frac{k}{12}=1$$

따라서 $k=12$이다.

(b) $$f_X(x)=12\int_0^1 x^3y^2\,dy$$
$$=12x^3\left[\frac{y^3}{3}\right]_0^1=4x^3,\ 0<x<1$$
$$f_Y(y)=12\int_0^1 x^3y^2\,dx$$
$$=12y^2\left[\frac{x^4}{4}\right]_0^1=3y^2,\ 0<y<1$$

(c) 모든 $x>0$, $y>0$에 대해, $f(x, y)=f_X(x)f_Y(y)$이므로 X와 Y는 독립이다.

(d) $P\left(X\le\frac{1}{2}\right)=\int_0^{1/2}4x^3\,dx=\left[x^4\right]_0^{1/2}=\frac{1}{16}$

(e) $P\left(Y\ge\frac{1}{2}\right)=\int_{1/2}^1 3y^2\,dy=\left[y^3\right]_{1/2}^1=\frac{7}{8}$

(f) X와 Y가 독립이므로 다음과 같다.

$$P\left(X\le\frac{1}{2},\ Y\ge\frac{1}{2}\right)=P\left(X\le\frac{1}{2}\right)P\left(Y\ge\frac{1}{2}\right)$$
$$=\left(\frac{1}{16}\right)\left(\frac{7}{8}\right)=\frac{7}{128}$$

15.

(a) $$\int_0^1\int_0^y kx^3y^2\,dx\,dy=k\int_0^1\left[\frac{x^4}{4}y^2\right]_0^y dy$$
$$=\frac{k}{4}\int_0^1 y^6\,dy=\frac{k}{28}=1$$

따라서 $k=28$이다.

(b) $$f_X(x)=28\int_x^1 x^3y^2\,dy=\frac{28}{3}x^3\left[y^3\right]_x^1$$
$$=\frac{28}{3}(x^3-x^6),\ 0<x<1$$
$$f_Y(y)=28\int_0^y x^3y^2\,dx$$
$$=\frac{28}{4}y^2\left[x^4\right]_0^y=7y^6,\ 0<y<1$$

(c) 모든 $0<x<y<1$에 대해, $f(x, y)\ne f_X(x)f_Y(y)$이므로 X와 Y는 독립이 아니다.

(d) $$P\left(X\le\frac{1}{2}\right)=\int_0^{1/2}\frac{28}{3}(x^3-x^6)\,dx$$
$$=\left[\frac{1}{3}(7x^4-4x^7)\right]_0^{1/2}=\frac{13}{96}$$

(e) $P\left(Y \geq \frac{1}{2}\right) = \int_{1/2}^{1} 7y^6\,dy = \left[y^7\right]_{1/2}^{1} = \frac{127}{128}$

(f) X와 Y가 독립이 아니므로 다음과 같이 직접 구한다.

$$P\left(X \leq \frac{1}{2},\ Y \geq \frac{1}{2}\right) = \int_0^{1/2}\int_{1/2}^{1} 28x^3y^2\,dy\,dx = \int_0^{1/2}\frac{49}{6}x^3\,dx = \frac{49}{384}$$

16.

(a) $F(x, y) = \int_0^x\int_0^y \frac{3}{32}(u^2+v^2)\,dv\,du$

$$= \int_0^x \frac{1}{32}(3u^2y+y^3)\,du$$

$$= \frac{1}{32}xy(x^2+y^2),\quad 0<x<2,\ 0<y<2$$

(b) $F_X(x) = \lim_{y\to 2}\frac{1}{32}xy(x^2+y^2) = \frac{1}{16}x(x^2+4),\quad 0<x<2$

$F_Y(y) = \lim_{x\to 2}\frac{1}{32}xy(x^2+y^2) = \frac{1}{16}y(y^2+4),\quad 0<y<2$

(c) $0<x<2,\ 0<y<2$에 대해, $F(x, y) \neq F_X(x)F_Y(y)$ 이므로 X와 Y는 독립이 아니다.

(d) $P(X\leq 1,\ Y\leq 1) = F(1, 1) - F(0, 1) - F(1, 0) + F(0, 0) = \frac{1}{16}$

17.

(a) $F(x, y) = \int_0^x\int_0^y 4e^{-2(u+v)}\,dv\,du$

$$= \int_0^x 2e^{-2u}(1-e^{-2y})\,du$$

$$= (1-e^{-2x})(1-e^{-2y}),\quad x>0,\ y>0$$

(b) $F_X(x) = \lim_{y\to\infty}(1-e^{-2x})(1-e^{-2y}) = (1-e^{-2x}),\quad x>0$

$F_Y(y) = \lim_{x\to\infty}(1-e^{-2x})(1-e^{-2y}) = (1-e^{-2y}),\quad y>0$

(c) $x>0,\ y>0$에 대해, $F(x, y) = F_X(x)F_Y(y)$이므로 X와 Y는 독립이다.

(d) $P(X\leq 1) = F_X(1) = 1-e^{-2}$

$P(Y\leq 1) = F_Y(1) = 1-e^{-2}$

X와 Y가 독립이므로 다음과 같다.

$$P(X\leq 1,\ Y\leq 1) = P(X\leq 1)P(Y\leq 1) = (1-e^{-2})^2$$

18.

(a) $f(x, y) = \frac{\partial^2}{\partial x\partial y}\frac{1}{16}xy(x+y)$

$$= \frac{\partial}{\partial x}\frac{1}{16}x(x+2y)$$

$$= \frac{1}{8}(x+y),\quad 0<x<2,\ 0<y<2$$

(b) X와 Y의 주변분포함수는 각각 다음과 같다.

$$F_X(x) = \lim_{y\to 2}\frac{1}{16}xy(x+y) = \frac{1}{8}x(x+2),\quad 0<x<2$$

$$F_Y(y) = \lim_{x\to 2}\frac{1}{16}xy(x+y) = \frac{1}{8}y(y+2),\quad 0<y<2$$

따라서 주변분포함수를 미분하면 X와 Y의 주변확률밀도함수는 다음과 같다.

$$f_X(x) = \frac{d}{dx}\left(\frac{1}{8}x(x+2)\right) = \frac{x+1}{4},\quad 0<x<2$$

$$f_Y(y) = \frac{d}{dy}\left(\frac{1}{8}y(y+2)\right) = \frac{y+1}{4},\quad 0<y<2$$

(c) $0<x<2,\ 0<y<2$에 대해, $f(x, y) \neq f_X(x)f_Y(y)$ 이므로 X와 Y는 독립이 아니다.

(d) $P(X\leq 1,\ Y\leq 1) = F(1, 1) - F(0, 1) - F(1, 0) + F(0, 0) = \frac{1}{8}$

(e) $E(X) = \int_0^2\int_0^2 \frac{1}{8}x(x+y)\,dx\,dy$

$$= \int_0^2\left[\frac{1}{48}x^2(2x+3y)\right]_{x=0}^2 dy$$

$$= \int_0^2\left(\frac{1}{3}+\frac{1}{4}y\right)dy$$

$$= \left[\frac{1}{24}y(3y+8)\right]_0^2 = \frac{7}{6}$$

$$E(XY)=\int_0^2\int_0^2\frac{1}{8}xy(x+y)\,dx\,dy$$
$$=\int_0^2\left[\frac{1}{48}x^2y(2x+3y)\right]_{x=0}^{2}dy$$
$$=\int_0^2\left(\frac{1}{3}y+\frac{1}{4}y^2\right)dy$$
$$=\left[\frac{1}{12}y^2(y+2)\right]_0^2=\frac{4}{3}$$

19.

(a) $$f(x,\,y)=\frac{\partial^2}{\partial x\partial y}(1-e^{-2x})(1-e^{-3y})$$
$$=\frac{\partial}{\partial x}(1-e^{-2x})(3e^{-3y})$$
$$=(2e^{-2x})(3e^{-3y})$$
$$=6e^{-(2x+3y)},\quad x>0,\ y>0$$

(b) X와 Y의 주변분포함수는 각각 다음과 같다.

$$F_X(x)=\lim_{y\to\infty}(1-e^{-2x})(1-e^{-3y})$$
$$=(1-e^{-2x}),\quad x>0$$
$$F_Y(y)=\lim_{x\to\infty}(1-e^{-2x})(1-e^{-3y})$$
$$=(1-e^{-3y}),\quad y>0$$

따라서 주변분포함수를 미분하면 X와 Y의 주변확률밀도함수는 다음과 같다.

$$f_X(x)=\frac{d}{dx}(1-e^{-2x})=2e^{-2x},\quad x>0$$
$$f_Y(y)=\frac{d}{dy}(1-e^{-3y})=3e^{-3y},\quad y>0$$

(c) $x>0$, $y>0$에 대해 $f(x,\,y)=f_X(x)f_Y(y)$이므로 X와 Y는 독립이다.

(d) X와 Y는 독립이므로 다음과 같다.

$$f(y\,|\,x=2)=f_Y(y)=3e^{-3y},\quad y>0$$

(e) $$\mu_{Y\,|\,X=2}=\int_0^\infty 3ye^{-3y}\,dy$$
$$=\left[-\frac{1}{3}(3y+1)e^{-3y}\right]_0^\infty=\frac{1}{3}$$

(f) $$E(Y^2\,|\,X=2)=\int_0^\infty 3y^2e^{-3y}\,dy$$
$$=\left[-\frac{1}{9}(9y^2+6y+2)e^{-3y}\right]_0^\infty=\frac{2}{9}$$

이므로, $\sigma^2_{Y\,|\,X=2}=\frac{2}{9}-\left(\frac{1}{3}\right)^2=\frac{1}{9}$이다.

(g) $$E(X)=\int_0^\infty 2xe^{-2x}\,dx$$
$$=\lim_{a\to\infty}\int_0^a 2xe^{-2x}\,dx$$
$$=\lim_{a\to\infty}\left[-\frac{1}{2}(2x+1)e^{-2x}\right]_0^a$$
$$=\frac{1}{2}\lim_{a\to\infty}[1-(2a+1)e^{-2a}]=\frac{1}{2}$$

$$E(Y)=\int_0^\infty 3ye^{-3y}\,dy$$
$$=\lim_{a\to\infty}\int_0^a 3ye^{-3y}\,dy$$
$$=\lim_{a\to\infty}\left[-\frac{1}{3}(3y+1)e^{-3y}\right]_0^a$$
$$=\frac{1}{3}\lim_{a\to\infty}[1-(3a+1)e^{-3a}]=\frac{1}{3}$$

X와 Y는 독립이므로 다음을 얻는다.

$$E(XY)=E(X)E(Y)=\frac{1}{2}\times\frac{1}{3}=\frac{1}{6}$$

20.

(a) $$\int_0^\infty\int_0^\infty ke^{-(2x+y)}\,dx\,dy=\frac{k}{2}\int_0^\infty e^{-y}\,dy=\frac{k}{2}=1$$

따라서 $k=2$이다.

(b) $$f_X(x)=2\int_0^\infty e^{-(2x+y)}\,dy$$
$$=2e^{-2x}\int_0^\infty e^{-y}\,dy=2e^{-2x},\quad x>0$$
$$f_Y(y)=\int_0^\infty 2e^{-(2x+y)}\,dx$$
$$=e^{-y}\int_0^\infty 2e^{-2x}\,dx=e^{-y},\quad y>0$$

(c) 모든 $x>0$, $y>0$에 대해, $f(x,\,y)=f_X(x)f_Y(y)$이므로 X와 Y는 독립이다.

(d) X와 Y는 독립이므로 다음과 같다.

$$f(y \mid x=2) = f_Y(y) = e^{-y}, \ \ y > 0$$

(e) $\mu_{Y \mid X=2} = \int_0^{\infty} y f(y \mid x=2)\, dy$

$$= \int_0^{\infty} y e^{-y} dy = \left[-(y+1)e^{-y}\right]_0^{\infty} = 1$$

(f) $E(Y^2 \mid X=2) = \int_0^{\infty} y^2 e^{-y} dy$

$$= \left[-(y^2+2y+2)e^{-3y}\right]_0^{\infty} = 2$$

이므로, $\sigma^2_{Y \mid X=2} = 2 - (1)^2 = 1$이다.

21.

(a) $P(X \geq 2) = \int_2^{\infty} 2e^{-2x} dx = \left[-e^{-2x}\right]_2^{\infty} = \dfrac{1}{e^4}$

(b) $P(Y \leq 3) = \int_0^{3} e^{-y} dy = \left[-e^{-y}\right]_0^{3} = 1 - e^{-3}$

(c) X와 Y가 독립이므로 다음과 같다.

$$P(X \geq 2,\ Y \leq 3) = P(X \geq 2)\, P(Y \leq 3) = e^{-4}(1-e^{-3})$$

(d) X와 Y가 독립인 연속확률변수이므로 다음과 같다.

$$P(X=2,\ Y=3) = P(X=2)\, P(Y=3) = 0$$

22.

(a) $P(X \leq Y) = \int_0^2 \int_x^2 \dfrac{1}{20}(2x+3y)\, dy\, dx$

$$= \int_0^1 \frac{1}{40}(12 + 8x - 7x^2)\, dx = \frac{8}{15}$$

(b) $P(2X \geq Y) = \int_0^2 \int_{y/2}^2 \dfrac{1}{20}(2x+3y)\, dx\, dy$

$$= \int_0^1 \frac{1}{80}(16 + 24y - 7y^2)\, dy = \frac{23}{30}$$

(c) $P\left(\dfrac{X}{2} \leq Y \leq X\right) = \int_0^2 \int_{x/2}^x \dfrac{1}{20}(2x+3y)\, dy\, dx$

$$= \int_0^2 \frac{17}{160} x^2\, dx = \frac{17}{60}$$

(d) $P\left(\dfrac{Y}{2} \leq X \leq Y\right) = \int_0^2 \int_{y/2}^y \dfrac{1}{20}(2x+3y)\, dx\, dy$

$$= \int_0^2 \frac{9}{80} y^2\, dy = \frac{3}{10}$$

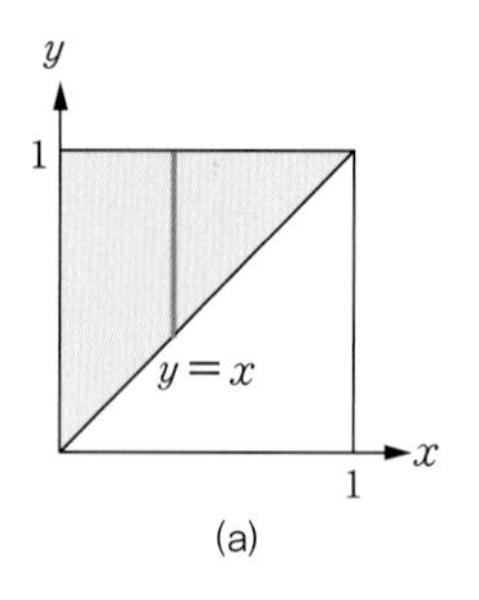

(a)

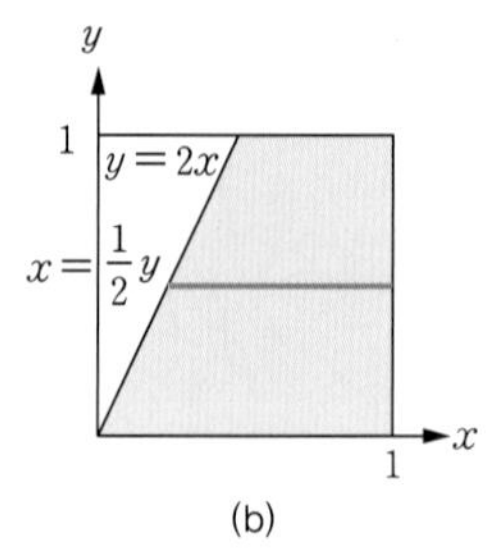

(b)

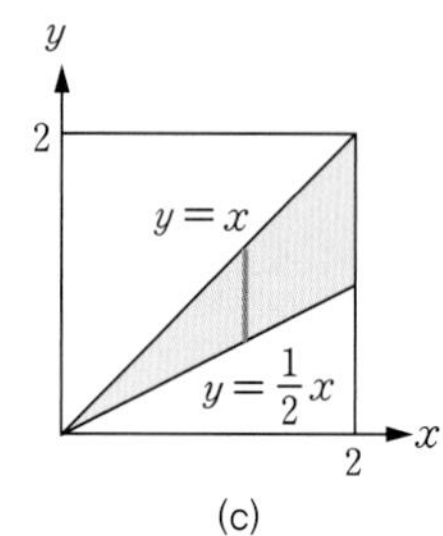

(c)

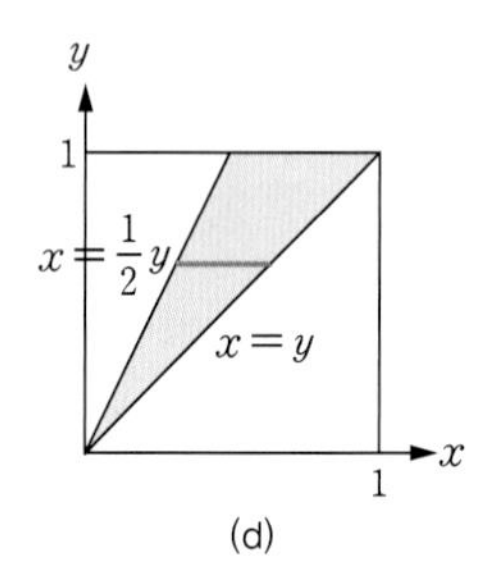

(d)

23.

(a) $f_X(x) = \int_{x^2}^{x} 24xy\, dy = \left[12xy^2\right]_{x^2}^{x}$

$$= 12(x^3 - x^5), \ \ 0 < x < 1$$

(b) $f_Y(y) = \int_y^{\sqrt{y}} 24xy\, dx = \left[12x^2 y\right]_y^{\sqrt{y}}$

$$= 12(y^2 - y^3), \ \ 0 < y < 1$$

(c) $E(X) = \int_0^1 12x(x^3 - x^5)\, dx = \dfrac{24}{35}$

$E(X^2) = \int_0^1 12x^2(x^3 - x^5)\, dx = \dfrac{1}{2}$

$\sigma_X^2 = \dfrac{1}{2} - \left(\dfrac{24}{35}\right)^2 = \dfrac{73}{2450}$

(d) $E(Y) = \int_0^1 12y(y^2 - y^3)\, dy = \dfrac{3}{5}$

$E(Y^2) = \int_0^1 12y^2(y^2 - y^3)\, dx = \dfrac{2}{5}$

$\sigma_Y^2 = \dfrac{2}{5} - \left(\dfrac{3}{5}\right)^2 = \dfrac{1}{25}$

(e) $E(XY) = \int_0^1 \int_{x^2}^{x} (xy)(24xy)\, dy\, dx = \dfrac{4}{9}$이므로,

X와 Y의 공분산은 다음과 같다.

$$Cov(X,\ Y) = E(XY) - E(X)E(Y) = \frac{4}{9} - \left(\frac{24}{35}\right)\left(\frac{3}{5}\right) = \frac{52}{1575}$$

(f) $\rho = \dfrac{Cov(X, Y)}{\sigma_X \sigma_Y} = \dfrac{52/1575}{\sqrt{\dfrac{73}{2450}}\sqrt{\dfrac{1}{25}}} \approx 0.956$

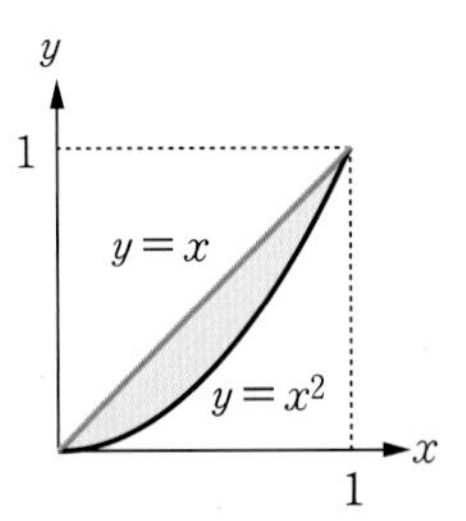

24.

(a) X와 Y의 확률밀도함수는 각각 다음과 같다.

$$f_X(x) = \int_{x^3}^{8} \frac{1}{12}\, dy = \left[\frac{y}{12}\right]_{x^3}^{8}$$
$$= \frac{1}{12}(8 - x^3),\ \ 0 < x < 2$$

$$f_Y(y) = \int_0^{y^{1/3}} \frac{1}{12}\, dx = \left[\frac{x}{12}\right]_0^{y^{1/3}}$$
$$= \frac{1}{12} y^{1/3},\ \ 0 < y < 8$$

따라서 X의 평균과 표준편차는 다음과 같다.

$$E(X) = \int_0^2 \frac{1}{12} x(8 - x^3)\, dx = \frac{4}{5}$$
$$E(X^2) = \int_0^2 \frac{1}{12} x^2(8 - x^3)\, dx = \frac{8}{9}$$
$$\sigma_X^2 = \frac{8}{9} - \left(\frac{4}{5}\right)^2 = \frac{56}{225}$$
$$\sigma_X = \sqrt{\frac{56}{225}} = \frac{2\sqrt{14}}{15}$$

또한 Y의 평균과 표준편차는 다음과 같다.

$$E(Y) = \int_0^8 \frac{1}{12} y(y^{1/3})\, dy = \frac{32}{7}$$
$$E(Y^2) = \int_0^8 \frac{1}{12} y^2(y^{1/3})\, dy = \frac{128}{5}$$
$$\sigma_Y^2 = \frac{128}{5} - \left(\frac{32}{7}\right)^2 = \frac{1152}{245}$$
$$\sigma_Y = \sqrt{\frac{1152}{245}}$$

(b) $$E(XY) = \int_0^2 \int_{x^3}^{8} \frac{xy}{12}\, dy\, dx$$
$$= \int_0^2 \frac{1}{24}(64x - x^6)\, dx = 4$$

따라서 X와 Y의 공분산은 다음과 같다.

$$Cov(X, Y) = E(XY) - E(X)E(Y)$$
$$= 4 - \left(\frac{4}{5}\right)\left(\frac{32}{7}\right) = \frac{12}{35}$$

(c) $\rho = \dfrac{Cov(X, Y)}{\sigma_X \sigma_Y} = \dfrac{12/35}{\dfrac{2\sqrt{14}}{15}\sqrt{\dfrac{1152}{245}}} \approx 0.317$

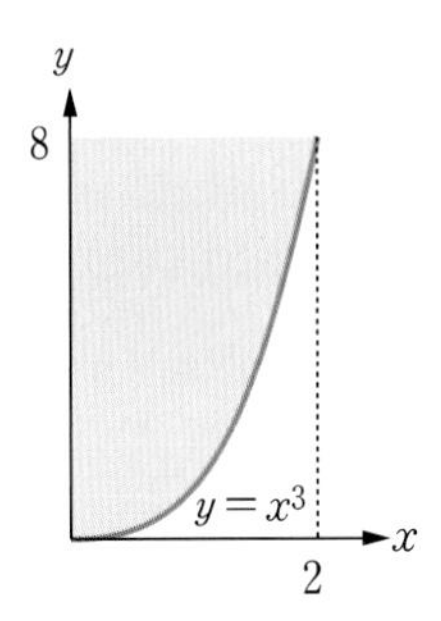

Chapter 08 연습문제 해답

기초문제

1. ③

$X \sim DU(45)$이므로 평균과 분산은 각각 다음과 같다.

$$\mu = \frac{45 + 1}{2} = 23,\quad \sigma^2 = \frac{45^2 - 1}{12} = 168.7$$

2. ②

$X \sim H(10, 4, 5)$이므로, 평균은 $\mu = 5 \times \dfrac{4}{10} = 2$이다.

3. ⑤

복원추출로 주머니에서 공을 꺼내므로 독립시행이고 공을 5번 꺼내므로 시행 횟수는 $n=5$이며, 매회 검은 공, 흰 공, 파란 공이 나올 확률은 각각 $p_1=0.3$, $p_2=0.3$, $p_3=0.4$이다. 따라서 각각의 공이 나온 횟수를 확률변수 X, Y, Z라 하면 $X \sim B(5,\ 0.3)$, $Y \sim B(5,\ 0.3)$, $Z \sim B(5,\ 0.4)$이고 각각의 공이 나온 평균 횟수는 $\mu_1 = 5\times 0.3 = 1.5$, $\mu_2 = 5\times 0.3 = 1.5$, $\mu_3 = 5\times 0.4 = 2$이다. 따라서 평균 횟수를 모두 더한 값은 5이다.

4. ③

$\mu = np = 6$, $\sigma^2 = npq = 3.6$이므로, $q=0.6$, $p=0.4$이고 $n=15$이다. 따라서 구하고자 하는 확률은 다음과 같다.

$$\begin{aligned} P(X=2) &= P(X \le 2) - P(X \le 1) \\ &= 0.0271 - 0.0052 = 0.0291 \end{aligned}$$

5. ①

$\sigma^2 = np(1-p) = -20(p^2-p) = -20\left(p-\frac{1}{2}\right)^2 + 5$이므로, $p=\frac{1}{2}$일 때 분산이 최대이다. 이때 평균은 $\mu = np = 10$이다.

6. ④

$$\begin{aligned} P(X=2) &= P(X \le 2) - P(X \le 1) \\ &= 0.7969 - 0.5033 = 0.2936 \end{aligned}$$

따라서 $P(X \ne 2) = 1 - 0.2936 = 0.7064$이다.

7. ②

성공의 횟수를 X라 하면, $X \sim B(10,\ 0.4)$이므로, X의 평균과 분산은 각각 다음과 같다.

$$\mu = 10\times 0.4 = 4,\quad \sigma^2 = 10\times 0.4\times 0.6 = 2.4$$

8. ②

처음으로 앞면이 나올 때까지 동전을 던진 횟수를 X라 하면 $X \sim G(0.25)$이므로, X의 평균은 $\mu = \frac{1}{0.25} = 4$이다.

9. ②, ④

① 모수가 평균이므로 $\mu = 2$이다.

② 모수가 분산이므로 $\sigma^2 = 2$이다.

③ $P(X=2) = \frac{2^2}{2!}e^{-2} \approx 0.271$

④ $f(x) = \frac{2^x}{x!}e^{-2}$, $x = 0, 1, \cdots$

⑤ $np = 100\times 0.02 = 2$이므로, 이항분포 $B(100,\ 0.02)$의 근사확률분포이다.

10. ④

$X \sim P(\mu)$에 대해 $P(X=2) = 2P(X=3)$이 성립하므로, $\frac{\mu^2}{2!}e^{-\mu} = \frac{2\mu^3}{3!}e^{-\mu}$이다. 따라서 $\mu = 1.5$이고, 구하고자 하는 확률은 다음과 같다.

$$\begin{aligned} P(X=1) &= P(X \le 1) - P(X \le 0) \\ &= 0.558 - 0.223 = 0.335 \end{aligned}$$

11. ⑤

$X \sim B(100,\ 0.04)$이면 평균이 $\mu = 4$이므로 X는 근사적으로 푸아송분포 $P(4)$를 따른다. 따라서 푸아송누적확률표에 의해 $P(X \le 3) \approx 0.433$이다.

12. ③

$X \sim U(1,\ 5)$이므로 평균과 분산은 각각 다음과 같다.

$$\mu = \frac{1+5}{2} = 3,\quad \sigma^2 = \frac{(5-1)^2}{12} \approx 1.33$$

13. ②

$X \sim \text{Exp}(5)$이므로 다음과 같다.

① 확률밀도함수는 $f(x) = 5e^{-5x}\ (x>0)$이다.

③ 평균은 $\mu = \frac{1}{5}$이다.

④ 분산은 $\sigma^2 = \frac{1}{25}$이다.

⑤ 비기억성 성질에 의해, $P(X>5 \mid X>3) = P(X>2)$이다.

14. ④

정규분포 $N(\mu_2,\ \sigma_2^2)$이 평균에 가장 가깝게 밀집하고, $N(\mu_3,\ \sigma_3^2)$이 평균을 중심으로 가장 넓게 분포한다.

15. ①

① $P\left(\frac{|X-\mu|}{\sigma} < 1.645\right) = P(|Z| < 1.645) = 0.9$

② $P(X \le \mu) = \frac{1}{2}$

③ $P(Z > 2.58) = 0.005$

④ $P(\mu + a\sigma < X < \mu + b\sigma) = P(a < Z < b)$

⑤ $P(a < X < b) = P\left(\frac{a-\mu}{\sigma} < Z < \frac{b-\mu}{\sigma}\right)$

16. ②

$$\begin{aligned}P(-1.54 \le Z \le 1.56) &= P(Z \le 1.56) - P(Z \le -1.54)\\ &= P(Z \le 1.56) - P(Z \ge 1.54)\\ &= P(Z \le 1.56) - [1 - P(Z \le 1.54)]\\ &= 0.9406 - (1 - 0.9382)\\ &= 0.8788\end{aligned}$$

17. ③

$$\begin{aligned}P(15 \le X \le 24) &= P\left(\frac{15-20}{4} \le Z \le \frac{24-20}{4}\right)\\ &= P(-1.25 \le Z \le 1)\\ &= P(Z \le 1) - P(Z \le -1.25)\\ &= P(Z \le 1) - P(Z \ge 1.25)\\ &= P(Z \le 1) - [1 - P(Z \le 1.25)]\\ &= 0.8413 - (1 - 0.8944)\\ &= 0.7357\end{aligned}$$

18. ①, ④

① $\mu_{X-Y} = \mu_X - \mu_Y = 21 - 10 = 11$

④ $\sigma^2_{X-Y} = \sigma^2_X + \sigma^2_Y = 4 + 4 = 8$

응용문제

19.

10명 중에서 해외 출국 경험이 있는 사람의 수를 X라 하면, $X \sim B(10, 0.35)$이다. 따라서 구하고자 하는 확률은 다음과 같다.

$$P(X \ge 4) = 1 - P(X \le 3) = 1 - 0.5138 = 0.4862$$

20.

질병에 걸린 시민의 수를 X라 하면 $X \sim B(5, 0.05)$이므로, X의 확률질량함수는 다음과 같다.

$$f(x) = {}_5C_x\,(0.05)^x\,(0.95)^{5-x},\quad x = 0, 1, 2, 3, 4, 5$$

따라서 구하고자 하는 확률은 다음과 같다.

$$\begin{aligned}P(X \le 1) &= f(0) + f(1)\\ &= {}_5C_0\,(0.05)^0\,(0.95)^5 + {}_5C_1\,(0.05)\,(0.95)^4\\ &\approx 0.0019 + 0.0102 = 0.0121\end{aligned}$$

21.

(a) A와 B에게 상품을 구매한 고객의 수를 각각 Y, Z라 하면, $Y \sim B(7, 0.25)$, $Z \sim B(8, 0.25)$이다. 이때 Y와 Z는 독립이므로 $X = Y + Z \sim B(15, 0.25)$이다.

(b) 평균 : $\mu = (15)(0.25) = 3.75$

분산 : $\sigma^2 = (15)(0.25)(0.75) = 2.8125$

표준편차 : $\sigma = \sqrt{2.8125} \approx 1.677$

(c) $P(X \ge 4) = 1 - P(X \le 3) = 1 - 0.4613 = 0.5387$

22.

$n = 50$, $p = 0.08$인 이항분포이므로, X는 평균이 $\mu = (50)(0.08) = 4$인 푸아송분포에 근사한다. 따라서 구하고자 하는 근사확률은 다음과 같다.

$$P(X \ge 5) = 1 - P(X \le 4) \approx 1 - 0.629 = 0.371$$

23.

$\mu = np = 4$, $\sigma^2 = npq = 3.2$이므로 $q = 0.8$, $p = 0.2$, $n = 20$이다. 따라서 $X \sim B(20, 0.2)$이다.

(a) $P(X = 3) = P(X \le 3) - P(X \le 2) = 0.4114 - 0.2061 = 0.2053$

(b) $P(3 \le X \le 5) = P(X \le 5) - P(X \le 2) = 0.8042 - 0.2061 = 0.5981$

24.

(a) 전체 환자 20명 중 교통사고 환자가 4명이고, 이들 중 5명을 선정할 때, 선정된 교통사고 환자 수를 X라 하면 $X \sim H(20, 4, 5)$이므로 확률질량함수는 다음과 같다.

$$f(x) = \frac{{}_4C_x \, {}_{16}C_{5-x}}{{}_{20}C_5}, \quad x = 0, 1, 2, 3, 4$$

따라서 구하고자 하는 확률은 다음과 같다.

$$P(X=2) = \frac{{}_4C_2 \, {}_{16}C_3}{{}_{20}C_5} = \frac{70}{323} \approx 0.2167$$

(b) $N=20$, $r=4$, $n=5$이므로, $\mu = (5)\left(\frac{4}{20}\right) = 1$명이다.

25.

(a) 5송이의 장미를 포함한 10개의 꽃 중에서 5송이를 선정할 때, 선정된 장미의 수를 X라 하면 $X \sim H(10, 5, 5)$이므로 확률질량함수는 다음과 같다.

$$f(x) = \frac{{}_5C_x \, {}_5C_{5-x}}{{}_{10}C_5}, \quad x = 0, 1, 2, 3, 4, 5$$

(b) $P(X \geq 3) = f(3) + f(4) + f(5)$

$$= \frac{100}{252} + \frac{25}{252} + \frac{1}{252} = \frac{1}{2}$$

(c) $N=10$, $r=5$, $n=5$이므로, 평균과 분산은 다음과 같다.

$$\mu = (5)\left(\frac{5}{10}\right) = 2.5$$

$$\sigma^2 = (5)\left(\frac{5}{10}\right)\left(\frac{5}{10}\right)\left(\frac{5}{9}\right) = \frac{25}{36}$$

26.

통화할 때까지 전화를 건 횟수를 X라 하면 $X \sim G(1/3)$이므로 확률질량함수는 다음과 같다.

$$f(x) = \left(\frac{1}{3}\right)\left(\frac{2}{3}\right)^{x-1}, \quad x = 1, 2, 3, \cdots$$

따라서 구하고자 하는 확률은 다음과 같다.

$$P(X=2) = \left(\frac{1}{3}\right)\left(\frac{2}{3}\right) = \frac{2}{9} \approx 0.2222$$

27.

(a) 긁힌 자국의 개수를 X라 하면 $X \sim P(4)$이므로 푸아송누적확률표에 의해 $P(X=0) = 0.018$이다.

(b) $P(X \geq 3) = 1 - P(X \leq 2) = 1 - 0.238$

$$= 0.762$$

28.

(a) 10년간 16번의 지진이 발생했으므로 연평균 1.6회의 지진이 발생하며, 연간 발생한 지진의 수를 X라 하면 $X \sim P(1.6)$이므로 확률질량함수는 다음과 같다.

$$f(x) = \frac{1.6^x}{x!} e^{-1.6}, \quad x = 1, 2, 3, \cdots$$

(b) $P(X \leq 1) = f(0) + f(1) \approx 0.202 + 0.323 = 0.525$

(푸아송누적확률표를 이용해도 동일한 확률을 얻는다.) 따라서 구하고자 하는 확률은 다음과 같다.

$$P(X \geq 2) = 1 - P(X \leq 1) = 1 - 0.525 = 0.475$$

(c) 다음 지진이 발생할 때까지 걸리는 시간을 T라 하면 $T \sim \text{Exp}(1.6)$이다. 따라서 다음 지진이 발생할 때까지 걸리는 평균 기간은 $\mu = \frac{1}{1.6} = 0.625$년이다.

(d) 지진이 1년간 평균 1.6회 발생하므로, 2년간 평균 3.2회 발생한다. 따라서 2년간 발생한 지진의 수를 Y라 하면 $Y \sim P(3.2)$이다. 그러므로 구하고자 하는 확률은 다음과 같다.

$$P(X \geq 3) = 1 - P(X \leq 2) = 1 - 0.340 = 0.660$$

29.

(a) 건전지의 전압을 X라 하면 $X \sim U(8.85, 9.1)$이므로 확률밀도함수는 다음과 같다.

$$f(x) = \frac{1}{9.1 - 8.85} = 4, \quad 8.85 < x < 9.1$$

(b) $P(X \geq 9) = \int_9^{9.1} 4\,dx = \left[4x\right]_9^{9.1} = 0.4$

(c) 각 건전지의 전압이 9V를 초과할 확률은 0.4이므로, 5개 중 전압이 9V를 초과한 건전지의 수를 Y라 하면 $Y \sim B(5, 0.4)$이다. 따라서 구하고자 하는 확률은 다음과 같다.

$$P(Y \geq 3) = 1 - P(Y \leq 2) = 1 - 0.6826 = 0.3174$$

30.

(a) 기다리는 시간을 X라 하면 $X \sim \text{Exp}\left(\frac{1}{3}\right)$이므로 확률밀도함수는 다음과 같다.

$$f(x) = \frac{1}{3} e^{-\frac{x}{3}}, \quad x > 0$$

또한 분포함수는 다음과 같다.

$$F(x) = \int_0^x \frac{1}{3} e^{-\frac{t}{3}} dt$$
$$= \left[-e^{-\frac{t}{3}} \right]_0^x = 1 - e^{-\frac{x}{3}}, \quad x > 0$$

(b) $P(X < 2) = F(2) = 1 - e^{-2/3} \approx 0.4866$

(c) $P(X \geq 5) = 1 - P(X \leq 5) = 1 - F(5)$
$= 1 - (1 - e^{-5/3}) = e^{-5/3} \approx 0.1889$

(d) $P(X \geq 7 \mid X > 5) = P(X > 2) = 1 - F(2)$
$= 1 - 0.4866 = 0.5134$

31.

(a) $P(Z \leq -1.34) = P(Z \geq 1.34)$
$= 1 - P(Z \leq 1.34)$
$= 1 - 0.9099 = 0.0901$

(b) $P(Z \geq -1.28) = P(Z \leq 1.28) = 0.8997$

(c) $P(|Z| \leq 2.05) = 2 \times P(0 \leq Z \leq 2.05)$
$= 2 \times [P(Z \leq 2.05) - 0.5]$
$= 2 \times (0.9798 - 0.5) = 0.9596$

(d) $P(Z \leq -1.22) = P(Z \geq 1.22)$
$= 1 - P(Z \leq 1.22)$
$= 1 - 0.8888 = 01112$

따라서 구하고자 하는 확률은 다음과 같다.

$$P(-1.22 \leq Z \leq 1.62)$$
$$= P(Z \leq 1.62) - P(Z \leq -1.22)$$
$$= 0.9474 - 0.1112 = 0.8362$$

32.

확률변수 X의 표준화 확률변수 $Z = \frac{X - 25}{3}$는 표준정규분포를 따른다. 따라서 구하고자 하는 확률은 다음과 같다.

$$P(16 \leq X \leq 31) = P\left(\frac{16-25}{3} \leq Z \leq \frac{31-25}{3}\right)$$
$$= P(-3 \leq Z \leq 2)$$
$$= P(Z \leq 2) - P(Z \leq -3)$$
$$= P(Z \leq 2) - P(Z \geq 3)$$
$$= P(Z \leq 2) - [1 - P(Z \leq 3)]$$
$$= 0.9772 - (1 - 0.9987)$$
$$= 0.9759$$

33.

(a) $P(Z \leq 1.28) = 0.5 + P(0 \leq Z \leq 1.28) = 0.8997$

(b) $P(Z \geq 2.03) = 1 - P(Z \leq 2.03)$
$= 1 - 0.9788 = 0.0212$

(c) $P(-2.03 \leq Z \leq 2.03) = 2 \times P(0 \leq Z \leq 2.03)$
$= 0.9576$

(d) $P(1.28 \leq Z \leq 2.03) = P(Z \leq 2.03) - P(Z \leq 1.28)$
$= 0.9788 - 0.8997 = 0.0791$

(e) $P(Z \leq -2.03) = P(Z \geq 2.03)$
$= 1 - P(Z \leq 2.03)$
$= 1 - 0.9788 = 0.0212$

(f) $P(-2.03 \leq Z \leq -1.28)$
$= P(1.28 \leq Z \leq 2.03)$
$= P(Z \leq 2.03) - P(Z \leq 1.28)$
$= 0.4788 - 0.3997 = 0.0791$

34.

$$P(33 \leq X \leq 55) = P\left(\frac{33-43}{4} \leq Z \leq \frac{55-43}{4}\right)$$
$$= P(-2.5 \leq Z \leq 3)$$
$$= P(Z \leq 3) - P(Z \leq -2.5)$$
$$= P(Z \leq 3) - P(Z \geq 2.5)$$
$$= P(Z \leq 3) - [1 - P(Z \leq 2.5)]$$
$$= 0.9987 - (1 - 0.9938)$$
$$= 0.9925$$

35.

$X \sim N(65, 1.6^2) \Rightarrow Z = \frac{X - 65}{1.6} \sim N(0, 1)$

(a) $P(X \geq a) = 1 - P(X \leq a) = 0.0038$이므로 $P(X \leq a) = P\left(Z \leq \frac{a-65}{1.6}\right) = 1 - 0.0038 = 0.9962$이다. 이때 $P(Z \leq 2.67) = 0.9962$이므로 $\frac{a-65}{1.6} = 2.67$이다. 따라서 $a = 65 + (1.6)(2.67) = 69.272$이다.

(b) $P(X \le a) = P\left(Z \le \frac{a-65}{1.6}\right) = 0.0122$이고,

$z_0 = \frac{a-65}{1.6}$라 하면 다음과 같다.

$$P(Z \le z_0) = P(Z \ge -z_0)$$
$$= 1 - P(Z \le -z_0) = 0.0122$$

따라서 $P(Z \le -z_0) = 0.9878$이므로 $-z_0 = -\frac{a-65}{1.6}$ $= 2.25$이다. 그러므로 $a = 65 - (1.6)(2.25) = 61.4$이다.

(c) $P(0 \le X \le a) = P\left(Z \le \frac{a-65}{1.6}\right) - 0.5 = 0.3686$이다.

즉 $P\left(Z \le \frac{a-65}{1.6}\right) = 0.8686$이므로 $\frac{a-65}{1.6} = 1.12$이다. 그러므로 $a = 65 + (1.6)(1.12) = 66.792$이다.

(d) $z_0 = \frac{a-65}{1.6}$라 하면 다음을 얻는다.

$$P(-a \le X \le a) = P(|X| \le a)$$
$$= P\left(|Z| \le \frac{a-65}{1.6}\right)$$
$$= 2P(Z \le z_0) - 1 = 0.9010$$

즉 $P(Z \le z_0) = 0.9505$이므로 $z_0 = \frac{a-65}{1.6} = 1.65$이다. 따라서 $a = 65 + (1.6)(1.65) = 67.64$이다.

36.

주행거리를 X라 하면 $X \sim N(60, 16)$이므로, 상위 5% 안에 들어가기 위한 최소 주행거리를 a라 하면, $P(X \ge a) = 0.05$이다. X를 표준화하면 다음과 같다.

$$P(X \ge a) = P\left(Z \ge \frac{a-60}{4}\right) = 0.05$$

따라서 $\frac{a-60}{4} = 1.96$이므로 $a = 60 + (4)(1.96) = 67.84$이다. 따라서 최소 주행거리는 67.84km이다.

37.

(a) $P(X \le \mu - \sigma z_{\alpha/2}) = P\left(\frac{X-\mu}{\sigma} \le -z_{\alpha/2}\right)$

$$= P(Z \le -z_{\alpha/2}) = \frac{\alpha}{2}$$

(b) $P(\mu - \sigma z_\alpha \le X \le \mu + \sigma z_\alpha)$

$$= P\left(-z_\alpha \le \frac{X-\mu}{\sigma} \le z_\alpha\right)$$
$$= P(-z_\alpha \le Z \le z_\alpha) = 1 - 2\alpha$$

38.

$$P(\mu - k\sigma \le X \le \mu + k\sigma) = P(-k \le Z \le k)$$
$$= 2P(Z \le k) - 1 = 0.95$$

따라서 $P(Z \le k) = 0.9750$이고 표준정규분포표로부터 $P(Z \le 1.96) = 0.9750$이므로 $k = 1.96$이다.

39.

① $k = 1$인 경우

$$P(\mu - \sigma \le X \le \mu + \sigma) = P(-1 \le Z \le 1)$$
$$= 2P(Z \le 1) - 1$$
$$= (2)(0.8413) - 1 = 0.6826$$

② $k = 2$인 경우

$$P(\mu - 2\sigma \le X \le \mu + 2\sigma) = P(-2 \le Z \le 2)$$
$$= 2P(Z \le 2) - 1$$
$$= (2)(0.9772) - 1 = 0.9544$$

③ $k = 3$인 경우

$$P(\mu - 3\sigma \le X \le \mu + 3\sigma) = P(-3 \le Z \le 3)$$
$$= 2P(Z \le 3) - 1$$
$$= (2)(0.9987) - 1 = 0.9974$$

40.

(a) 이항분포에 의해 확률을 구하면 다음과 같다.

$$P(29 \le X \le 35) = P(X \le 35) - P(X \le 28)$$
$$= 0.7885 - 0.2131 = 0.5754$$

(b) 확률변수 X의 평균과 분산은 다음과 같다.

$$\mu = (80)(0.4) = 32, \quad \sigma^2 = (80)(0.4)(0.6) = 19.2$$

따라서 X는 정규분포 $N(24, 19.2)$에 근사하므로 근사확률은 다음과 같다.

$$P(29 \le X \le 35) = P\left(\frac{29-32}{\sqrt{19.2}} \le Z \le \frac{35-32}{\sqrt{19.2}}\right)$$
$$\approx P(-0.68 < Z < 0.68)$$
$$= 2P(Z < 0.68) - 1$$
$$= (2)(0.7517) - 1 = 0.5034$$

(c) $P(29 \le X \le 35) = P\left(\frac{28.5-32}{\sqrt{19.2}} \le Z \le \frac{35.5-32}{\sqrt{19.2}}\right)$

$$\approx P(-0.80 < Z < 0.80)$$
$$= 2P(Z < 0.80) - 1$$
$$= (2)(0.7881) - 1 = 0.5762$$

41.

주사위를 600번 던져서 1 또는 2의 눈이 나온 횟수를 X라 하면 $X \sim B\left(600, \frac{1}{3}\right)$이고, 평균과 분산은 각각 다음과 같다.

$$\mu = \frac{600}{3} = 200, \quad \sigma^2 = \frac{(600)(2)}{9} = 133.33$$

따라서 X는 정규분포 $N(200, 133.33)$에 근사하므로, 구하고자 하는 근사확률은 다음과 같다.

$$\begin{aligned} P(X \geq 180) &= P\left(Z \geq \frac{179.5 - 200}{\sqrt{133.33}}\right) \\ &\approx P(Z \geq -1.78) = P(Z < 1.78) \\ &= 0.9625 \end{aligned}$$

42.

(a) KTX의 소요 시간을 X라 하면 $X \sim N(3, 0.04)$이므로 구하고자 하는 확률은 다음과 같다.

$$\begin{aligned} P(X < 2.6) &= P\left(Z < \frac{2.6-3}{0.2}\right) \\ &= P(Z < -2) = 1 - P(Z < 2) \\ &= 1 - 0.9772 = 0.0228 \end{aligned}$$

(b) 고속버스의 소요 시간을 Y라 하면 $Y \sim N(5, 0.25)$이므로 $U = Y - X \sim N(2, 0.29)$이다. 따라서 구하고자 하는 확률은 다음과 같다.

$$\begin{aligned} P(U < 1) &= P\left(Z < \frac{1-2}{\sqrt{0.29}}\right) \\ &= P(Z < -1.86) = 1 - P(Z < 1.86) \\ &= 1 - 0.9686 = 0.0314 \end{aligned}$$

Chapter 09 연습문제 해답

기초문제

1. ③

2. ④

정규모집단이면 $\overline{X} \sim N\left(\mu, \frac{\sigma^2}{n}\right)$이다.

3. ①

4. ②

5. ①

6. ①

7. ③

8. ⑤

9. ③

응용문제

10.

(a) $\mu = 20$, $\sigma^2 = 25$, $n = 36$이므로 $\mu_{\overline{X}} = 20$, $\sigma^2_{\overline{X}} = \frac{25}{36} \approx 0.6944$, $\sigma_{\overline{X}} = \sqrt{0.6944} \approx 0.83$이다. 따라서 $\overline{X} \sim N(20, 0.83^2)$이다.

(b)
$$\begin{aligned} P(19 < \overline{X} < 20.5) &= P\left(\frac{19-20}{0.83} < Z < \frac{20.5-20}{0.83}\right) \\ &\approx P(-1.2 < Z < 0.6) \\ &= P(Z < 0.6) - P(Z \leq -1.2) \\ &= P(Z < 0.6) - P(Z \geq 1.2) \end{aligned}$$

$= P(Z < 0.6) - [1 - P(Z < 1.2)]$
$= 0.7257 - (1 - 0.8849)$
$= 0.6106$

(c) $P(|\overline{X} - 20| > 1) = P\left(\frac{|\overline{X} - 20|}{0.83} > \frac{1}{0.83}\right)$
$\approx P(|Z| > 1.2)$
$= 2P(Z > 1.2)$
$= 2(1 - P(Z < 1.2))$
$= 2(1 - 0.8849) = 0.2302$

11.

$Z = \frac{\overline{X} - 45}{\sigma / \sqrt{25}} \sim N(0, 1)$이므로 각 경우의 확률은 다음과 같다.

(a) $P(44.5 < \overline{X} < 45.5)$
$= P\left(\frac{44.5 - 45}{2/\sqrt{25}} < Z < \frac{45.5 - 45}{2/\sqrt{25}}\right)$
$= P(-1.25 < Z < 1.25)$
$= 2P(Z < 1.25) - 1$
$= (2)(0.8944) - 1 = 0.7888$

(b) $P(44.5 < \overline{X} < 45.5)$
$= P\left(\frac{44.5 - 45}{3/\sqrt{25}} < Z < \frac{45.5 - 45}{3/\sqrt{25}}\right)$
$\approx P(-0.83 < Z < 0.83)$
$= 2P(Z < 0.83) - 1$
$= (2)(0.7967) - 1 = 0.5934$

(c) $P(44.5 < \overline{X} < 45.5)$
$= P\left(\frac{44.5 - 45}{4/\sqrt{25}} < Z < \frac{45.5 - 45}{4/\sqrt{25}}\right)$
$\approx P(-0.63 < Z < 0.63)$
$= 2P(Z < 0.63) - 1$
$= (2)(0.7357) - 1 = 0.4714$

12.

(a) $\mu = 25$, $\sigma^2 = 4$, $n = 25$이므로 $\overline{X} \sim N(25, 0.16)$이다. 따라서 구하고자 하는 확률은 다음과 같다.

$P(24.5 < \overline{X} < 25.5) = P\left(\frac{24.5 - 25}{0.4} < Z < \frac{25.5 - 25}{0.4}\right)$
$= P(-1.25 < Z < 1.25)$
$= 2P(Z < 1.25) - 1$
$= (2)(0.8944) - 1 = 0.7888$

(b) $\mu = 25$, $\sigma^2 = 4$, $n = 100$이므로 $\overline{X} \sim N(25, 0.04)$이다. 따라서 구하고자 하는 확률은 다음과 같다.

$P(24.5 < \overline{X} < 25.5) = P\left(\frac{24.5 - 25}{0.2} < Z < \frac{25.5 - 25}{0.2}\right)$
$= P(-2.5 < Z < 2.5)$
$= 2P(Z < 2.5) - 1$
$= (2)(0.9938) - 1 = 0.9876$

(c) $\mu = 25$, $\sigma^2 = 4$, $n = 160$이므로 $\overline{X} \sim N(25, 0.025) \approx N(25, 0.158^2)$이다. 따라서 구하고자 하는 확률은 다음과 같다.

$P(24.5 < \overline{X} < 25.5) = P\left(\frac{24.5 - 25}{0.158} < Z < \frac{25.5 - 25}{0.158}\right)$
$\approx P(-3.16 < Z < 3.16)$
$= 2P(Z < 3.16) - 1$
$= (2)(0.9992) - 1 = 0.9984$

13.

$\sigma_{\overline{X}}^2 = \frac{\sigma^2}{n}$이므로 $0.5 = \frac{25}{n}$이다.

따라서 $n = \frac{25}{0.5} = 50$이다.

14.

(a) 우리나라 10대의 한 달 소비금액을 X라 할 때, $X \sim N(18, 1.2^2)$이므로 다음과 같다.

$P(X \geq 17) = P\left(Z \geq \frac{17 - 18}{1.2}\right)$
$\approx (Z \geq -0.83)$
$= P(Z \leq 0.83) = 0.8967$

(b) $\mu = 18$, $\sigma = 1.2$, $n = 9$이므로 $\mu_{\overline{X}} = 18$, $\sigma_{\overline{X}}^2 = \frac{1.2^2}{9} = 0.16$, $\sigma_{\overline{X}} = 0.4$이다. 따라서 $\overline{X} \sim N(18, 0.4^2)$이다.

(c) $P(\overline{X} \geq 17) = P\left(Z \geq \frac{17 - 18}{0.4}\right)$
$= P(Z \geq -2.5)$
$= P(Z \leq 2.5) = 0.9938$

(d) $P(16.7 < \overline{X} < 18.5)$
$= P\left(\frac{16.7 - 18}{0.4} < Z < \frac{18.5 - 18}{0.4}\right)$
$= P(-3.25 < Z < 1.25)$
$= P(Z < 1.25) - P(Z > 3.25)$
$= 0.8944 - (1 - 0.9994) = 0.8938$

15.

(a) $\mu=4$, $\sigma^2=2.25$, $n=50$이므로, 표본평균은 평균이 $\mu_{\overline{X}}=4$이고 분산이 $\sigma^2_{\overline{X}}=\dfrac{2.25}{50}\approx 0.2121^2$인 정규분포를 따른다. 즉 $\overline{X}\sim N(4,\ 0.2121^2)$이다.

(b) $$\begin{aligned} P(X\le 3.6) &= P\left(Z\le \frac{3.6-4}{0.2121}\right)\\ &\approx (Z\le -1.89)\\ &=1-P(Z\le 1.89)\\ &=1-0.9706=0.0294 \end{aligned}$$

(c) $$\begin{aligned} P(X\ge 4.6) &= P\left(Z\ge \frac{4.6-4}{0.2121}\right)\\ &\approx P(Z\ge 2.83)\\ &=1-P(Z\le 2.83)\\ &=1-0.9977=0.0023 \end{aligned}$$

(d) $$\begin{aligned} P(3.6\le X\le 4.6) &= P\left(\frac{3.6-4}{0.2121}\le Z\le \frac{4.6-4}{0.2121}\right)\\ &\approx (-1.89\le Z\le 2.83)\\ &=P(Z\le 2.83)-P(Z\le -1.89)\\ &=0.9977-(1-0.9706)\\ &=0.9683 \end{aligned}$$

16.

(a) $\mu=40$, $\sigma^2=16$, $n=25$이므로 $\mu_{\overline{X}}=\mu=40$, $\sigma^2_{\overline{X}}=\dfrac{16}{25}=0.8^2$이고 $\overline{X}\sim N(40,\,0.8^2)$이다. 따라서 구하고자 하는 확률은 다음과 같다.

$$\begin{aligned} P(|\overline{X}-\mu|\ge 2) &= P\left(\left|\frac{\overline{X}-\mu}{0.8}\right|\ge \frac{2}{0.8}\right)\\ &=P(|Z|\ge 2.5)\\ &=2P(Z\ge 2.5)\\ &=2[1-P(Z<2.5)]\\ &=2(1-0.9938)=0.0124 \end{aligned}$$

(b) $z_{0.05}=1.645$이고 x_0를 표준화하면 $\dfrac{x_0-40}{0.8}$이다. 따라서 $\dfrac{x_0-40}{0.8}=z_{0.05}=1.645$이면 $x_0=40+(0.8)(1.645)=41.316$이다.

17.

(a) $\mu=20$, $\sigma^2=6.25$, $n=25$이므로 $\mu_{\overline{X}}=20$, $\sigma^2_{\overline{X}}=\dfrac{6.25}{25}=0.5^2$이고 $\overline{X}\sim N(20,\,0.5^2)$이다.

(b) $$\begin{aligned} &P(18.7\le \overline{X}\le 21.3)\\ &=P\left(\frac{18.7-20}{0.5}\le Z\le \frac{21.3-20}{0.5}\right)\\ &=P(-2.6\le Z\le 2.6)\\ &=2P(Z\le 2.6)-1\\ &=(2)(0.9961)-1=0.9922 \end{aligned}$$

(c) $$\begin{aligned} P(\overline{X}-\mu\ge 1.5\sigma_{\overline{X}}) &= P\left(\frac{\overline{X}-\mu}{\sigma_{\overline{X}}}\ge 1.5\right)\\ &=P(Z\ge 1.5)\\ &=1-P(Z\le 1.5)\\ &=1-0.9332=0.0668 \end{aligned}$$

18.

(a) $n=10$, $s=0.4$이므로 $\dfrac{s}{\sqrt{n}}=\dfrac{0.4}{\sqrt{10}}\approx 0.1265$이다. 모분산을 모르므로 $\overline{X}$와 관련한 표본분포는 $T=\dfrac{\overline{X}-3.4}{0.1265}\sim t(9)$이다.

(b) $$\begin{aligned} &P(3.225\le \overline{X}\le 3.757)\\ &=P\left(\frac{3.225-3.4}{0.1265}\le T\le \frac{3.757-3.4}{0.1265}\right)\\ &\approx P(-1.383\le T\le 2.822)\\ &=P(T\le 2.822)+P(T\le 1.383)-1\\ &\approx 0.99+0.9-1=0.8900 \end{aligned}$$

(c) $t_{0.95}(9)=-t_{0.05}(9)=-1.833$이므로 하위 5%인 최댓값 $\overline{x}_0$는 다음과 같다.

$$\frac{\overline{x}_0-3.4}{0.1265}=-t_{0.05}(9)=-1.833$$
$$\Rightarrow\ \overline{x}_0=3.4-(0.1265)(1.833)\approx 3.168$$

19.

(a) 표본평균은 $\overline{x}=\dfrac{1}{7}\sum x_i=158$이고 표본분산과 표본표준편차는 다음과 같다.

$$s^2=\frac{1}{6}\sum(x_i-159)^2=\frac{62}{6}\approx 10.33$$
$$s=\sqrt{10.33}\approx 3.214$$

$n=7$이므로 $\dfrac{s}{\sqrt{n}}=\dfrac{3.214}{\sqrt{7}}\approx 1.215$이고, 모분산을 모르므로 표본평균과 관련한 표본분포는 다음과 같다.

$$T=\frac{\overline{X}-158}{1.215}\sim t(6)$$

(b) $P(158.87 < \overline{X} < 160.97)$

$$= P\left(\frac{158.87-158}{1.215} < T < \frac{160.97-158}{1.215}\right)$$
$$\approx P(-0.716 < T < 2.444)$$
$$= P(T < 2.444) - [1 - P(T < 0.716)]$$
$$\approx 0.9750 + 0.7500 - 1 = 0.7250$$

(c) 자유도가 6인 t-분포에서 $t_{0.05}(6) = 1.943$이므로 상위 5%인 최솟값 $\overline{x}_0$는 다음과 같다.

$$\frac{\overline{x}_0 - 158}{1.215} = t_{0.05}(6) = 1.943$$
$$\Rightarrow \overline{x}_0 = 158 + (1.215)(1.943) \approx 160.36$$

20.

(a) 표본평균은 $\overline{x} = \frac{1}{5}\sum x_i = 20$이고 표본분산과 표본표준편차는 다음과 같다.

$$s^2 = \frac{1}{4}\sum(x_i - 20)^2 = \frac{10}{4} = 2.5$$
$$s = \sqrt{2.5} \approx 1.581$$

(b) $n=5$이므로 $\frac{s}{\sqrt{n}} = \frac{1.581}{\sqrt{5}} \approx 0.707$이고, 모분산을 모르므로 표본평균과 관련한 표본분포는 다음과 같다.

$$T = \frac{\overline{X} - 20}{0.707} \sim t(4)$$

(c) 자유도가 4인 t-분포에서 $t_{0.1}(4) = 1.533$이므로 상위 10%인 최소 연비 $\overline{x}_0$는 다음과 같다.

$$\frac{\overline{x}_0 - 20}{0.707} = t_{0.1}(4) = 1.533$$
$$\Rightarrow \overline{x}_0 = 20 + (0.707)(1.533) \approx 21.084$$

21.

(a) $U = \overline{X} - \overline{Y}$는 평균이 $\mu_{\overline{X}-\overline{Y}} = 5$이고 표준편차가 $\sigma_{\overline{X}-\overline{Y}} = \sqrt{\frac{16}{64} + \frac{25}{49}} \approx 0.8719$인 정규분포를 따른다.

(b) $P(U \ge 6.3) = P\left(Z \ge \frac{6.3-5}{0.8719}\right) \approx 1 - P(Z < 1.49)$

$$= 1 - 0.9319 = 0.0681$$

(c) $P(4.8 < U < 7.1) = P\left(\frac{4.8-5}{0.8719} < Z < \frac{7.1-5}{0.8719}\right)$

$$\approx P(-0.23 < Z < 2.41)$$
$$= P(Z < 2.41) - P(Z \le -0.23)$$
$$= P(Z < 2.41) - P(Z \ge 0.23)$$
$$= P(Z < 2.41) - [1 - P(Z < 0.23)]$$
$$= 0.9920 - (1 - 0.5910)$$
$$= 0.5830$$

(d) 두 모표준편차가 동일하게 5이므로, $\sigma_{\overline{X}-\overline{Y}} = \sqrt{\frac{25}{64} + \frac{25}{49}} \approx 0.949$이다. 따라서 다음과 같다.

$$P(4.8 < U < 7.1) = P\left(\frac{4.8-5}{0.949} < Z < \frac{7.1-5}{0.949}\right)$$
$$\approx P(-0.21 < Z < 2.21)$$
$$= P(Z < 2.21) - P(Z \le -0.21)$$
$$= P(Z < 2.21) - P(Z \ge 0.21)$$
$$= P(Z < 2.21) - [1 - P(Z < 0.21)]$$
$$= 0.9864 - (1 - 0.5832) = 0.5696$$

(e) 두 표본의 크기가 동일하게 64이므로, $\sigma_{\overline{X}-\overline{Y}} = \sqrt{\frac{16}{64} + \frac{25}{64}} \approx 0.8$이다. 따라서 다음과 같다.

$$P(4.8 < U < 7.1) = P\left(\frac{4.8-5}{0.8} < Z < \frac{7.1-5}{0.8}\right)$$
$$\approx P(-0.25 < Z < 2.63)$$
$$= P(Z < 2.63) - P(Z < -0.25)$$
$$= P(Z < 2.63) - P(Z > 0.25)$$
$$= P(Z < 2.63) - [1 - P(Z \le 0.25)]$$
$$= 0.9957 - (1 - 0.5987) = 0.5944$$

22.

(a) 남자의 데이트 비용을 X라 하면 $X \sim N(4.7, 0.5^2)$이므로 구하고자 하는 확률은 다음과 같다.

$$P(X > 5.5) = P\left(Z > \frac{5.5-4.7}{0.5}\right)$$
$$= P(Z > 1.6)$$
$$= 1 - P(Z \le 1.6)$$
$$= 1 - 0.9452 = 0.0548$$

(b) 여자의 데이트 비용을 Y라 하면 $Y \sim N(3.5, 0.8^2)$이므로 구하고자 하는 확률은 다음과 같다.

$$P(Y \ge 5.5) = P\left(Z \ge \frac{5.5-3.5}{0.8}\right)$$
$$= P(Z \ge 2.5)$$
$$= 1 - P(Z < 2.5)$$
$$= 1 - 0.9938 = 0.0062$$

(c) 상위 5%인 백분위수는 $z_{0.05} = 1.645$이므로, 남자와 여자의 상위 5% 최소 금액은 각각 다음과 같다.

$$\frac{x_0 - 4.7}{0.5} = 1.645 \Rightarrow x_0 = 4.7 + (0.5)(1.645) = 5.5225\text{만 원}$$

$$\frac{y_0 - 3.5}{0.8} = 1.645 \Rightarrow y_0 = 3.5 + (0.8)(1.645) = 4.816\text{만 원}$$

(d) 표본으로 선정된 남자와 여자의 평균 데이트 비용을 각각 $\overline{X}$, $\overline{Y}$라 하면 $U = \overline{X} - \overline{Y}$는 다음과 같은 평균과 표준편차를 갖는 정규분포를 따른다.

$$\mu_{\overline{X}-\overline{Y}} = 4.7 - 3.5 = 1.2$$

$$\sigma_{\overline{X}-\overline{Y}} = \sqrt{\frac{0.25}{15} + \frac{0.64}{10}} \approx 0.284$$

따라서 구하고자 하는 확률은 다음과 같다.

$$P(U \ge 2.1) = P\left(Z \ge \frac{2.1 - 1.2}{0.284}\right) \approx P(Z \ge 3.17) = 1 - P(Z < 3.17) = 1 - 0.9992 = 0.0008$$

(e) $z_{0.025} = 1.96$이므로 $\frac{u_0 - 1.2}{0.284} = 1.96$이다.

따라서 $u_0 = 1.2 + (0.284)(1.96) \approx 1.757$이다.

23.

(a) 표본으로 선정된 남자와 여자의 평균 근속연수를 각각 $\overline{X}$, $\overline{Y}$라 하면 $U = \overline{X} - \overline{Y}$의 평균과 분산은 각각 다음과 같다.

$$\mu_{\overline{X}-\overline{Y}} = 11.7 - 7.8 = 3.9$$

$$\sigma_{\overline{X}-\overline{Y}} = \sqrt{\frac{25}{10} + \frac{9}{10}} \approx 1.844$$

따라서 구하고자 하는 확률은 다음과 같다.

$$P(U \ge 6.5) = P\left(Z \ge \frac{6.5 - 3.9}{1.844}\right) \approx P(Z \ge 1.41) = 1 - P(Z < 1.41) = 1 - 0.9207 = 0.0793$$

(b) 구하고자 하는 확률은 다음과 같다.

$$P(|U| \le 8.5) = P\left(|Z| \le \frac{8.5 - 3.9}{1.844}\right) \approx P(|Z| \le 2.49) = 2P(Z < 2.49) - 1 = (2)(0.9936) - 1 = 0.9872$$

24.

(a) 합동표본분산과 합동표본표준편차는 각각 다음과 같다.

$$s_p^2 = \frac{1}{15 + 12 - 2}(14 \times 81 + 11 \times 16) = 52.4$$

$$s_p = \sqrt{52.4} \approx 7.2388$$

(b) $\mu_X - \mu_Y = 3$, $n = 15$, $m = 12$이고 $\sqrt{\frac{1}{15} + \frac{1}{12}} \approx 0.3873$이므로 다음을 얻는다.

$$s_p\sqrt{\frac{1}{n} + \frac{1}{m}} = (7.2388)(0.3873) \approx 2.8$$

따라서 $\mu_X - \mu_Y = 3$이므로, $\frac{(\overline{X} - \overline{Y}) - 3}{2.8} \sim t(25)$이다.

(c) $t_{0.1}(25) = 1.316$이므로 구하고자 하는 t_0는 다음과 같다.

$$\frac{t_0 - 3}{2.8} = t_{0.1}(25) = 1.316$$

$$\Rightarrow t_0 = 3 + (2.8)(1.316) = 6.6848$$

25.

(a) $s_p^2 = \frac{1}{6 + 8 - 2}[(5)(64) + (7)(81)] \approx 73.9167$

$s_p = \sqrt{73.9167} \approx 8.5975$

(b) $\mu_1 = \mu_2$이므로 $\mu_1 - \mu_2 = 0$이고, $(8.6)\sqrt{\frac{1}{6} + \frac{1}{8}} \approx 4.6432$이므로 $T = \frac{\overline{X} - \overline{Y}}{4.6432} \sim t(12)$이다. 따라서 다음과 같다.

$$P(\overline{X} - \overline{Y} > 10.12) = P\left(T > \frac{10.12}{4.6432}\right) \approx P(T > 2.179) = 0.025$$

26.

(a) 모비율이 $p=0.27$인 모집단에서 크기가 $n=1500$인 표본을 선정했으므로 표본비율 $\hat{p}$은 다음과 같은 평균과 표준편차를 갖는 정규분포를 따른다.

$$\mu_{\hat{p}}=0.27,\quad \sigma_{\hat{p}}=\sqrt{\frac{(0.27)(0.73)}{1500}}\approx 0.0115$$

(b) 표본비율이 30%를 초과할 확률은 다음과 같다.

$$\begin{aligned}P(\hat{p}>0.3)&=P\left(Z>\frac{0.3-0.27}{0.0115}\right)\\&\approx P(Z>2.61)\\&=1-P(Z\le 2.61)\\&=1-0.9955=0.0045\end{aligned}$$

(c) $P(0.25<\hat{p}<0.29)$

$$\begin{aligned}&=P\left(\frac{0.25-0.27}{0.0115}<Z<\frac{0.29-0.27}{0.0115}\right)\\&\approx P(-1.74<Z<1.74)\\&=2P(Z<1.74)-1\\&=(2)(0.9591)-1=0.9182\end{aligned}$$

27.

(a) 모비율이 $p=0.3$인 모집단에서 크기가 $n=100$인 표본을 선정했으므로, 표본비율 $\hat{p}$은 평균과 분산이 각각 다음과 같은 정규분포를 따른다.

$$\mu_{\hat{p}}=0.3$$

$$\sigma_{\hat{p}}^2=\frac{(0.3)(0.7)}{100}=0.0021,\quad \sigma_{\hat{p}}\approx 0.046$$

따라서 구하고자 하는 확률은 다음과 같다.

$$\begin{aligned}P(\hat{p}>0.35)&\approx P\left(Z>\frac{0.35-0.3}{0.046}\right)\\&=P(Z>1.09)\\&=1-P(Z\le 1.09)\\&=1-0.8621=0.1379\end{aligned}$$

(b) 모비율이 $p=0.5$인 모집단에서 크기가 $n=100$인 표본을 선정했으므로, 표본비율 $\hat{p}$은 평균과 분산이 각각 다음과 같은 정규분포를 따른다.

$$\mu_{\hat{p}}=0.5$$

$$\sigma_{\hat{p}}^2=\frac{(0.5)(0.5)}{100}=0.0025,\quad \sigma_{\hat{p}}\approx 0.05$$

따라서 구하고자 하는 확률은 다음과 같다.

$$\begin{aligned}P(\hat{p}>0.35)&\approx P\left(Z>\frac{0.35-0.5}{0.05}\right)\\&=P(Z>-3)\\&=P(Z<3)=0.9987\end{aligned}$$

28.

모비율이 $p=0.25$인 모집단에서 크기가 n인 표본을 선정할 때, 표본비율 $\hat{p}$은 다음 평균과 표준편차를 갖는 정규분포에 근사한다.

$$\mu_{\hat{p}}=0.25,\quad \sigma_{\hat{p}}=\sqrt{\frac{(0.25)(0.75)}{n}}\approx\frac{0.433}{\sqrt{n}}$$

(a) $n=100$이므로 $\hat{p}\approx N(0.25,\ 0.043^2)$이고, 따라서 구하고자 하는 확률은 다음과 같다.

$$\begin{aligned}P(|\hat{p}-p|<0.005)&=P\left(\frac{|\hat{p}-p|}{0.043}<\frac{0.005}{0.043}\right)\\&\approx P(|Z|<0.11)\\&=2P(Z<0.11)-1\\&=(2)(0.5438)-1=0.0876\end{aligned}$$

(b) $n=1000$이므로 $\hat{p}\approx N(0.25,\ 0.014^2)$이고, 따라서 구하고자 하는 확률은 다음과 같다.

$$\begin{aligned}P(|\hat{p}-p|<0.005)&=P\left(\frac{|\hat{p}-p|}{0.014}<\frac{0.005}{0.014}\right)\\&\approx P(|Z|<0.36)\\&=2P(Z<0.36)-1\\&=(2)(0.6406)-1=0.2812\end{aligned}$$

29.

(a) 두 모비율이 각각 $p_1=0.25$, $p_2=0.23$이므로 $p_1-p_2=0.02$이고, $n=m=100$이므로 다음을 얻는다.

$$\sqrt{\frac{(0.25)(0.75)+(0.23)(0.77)}{100}}\approx 0.06$$

따라서 $\hat{p}_1-\hat{p}_2\sim N(0.02,\ 0.06^2)$이다.

(b) $$\begin{aligned}P(\hat{p}_1-\hat{p}_2\ge 0.08)&=P\left(Z\ge\frac{0.08-0.02}{0.06}\right)\\&\approx P(Z\ge 0.99)\\&=1-P(Z<0.99)\\&=1-0.8389=0.1611\end{aligned}$$

(c) 관찰된 표본비율의 차가 $0.256-0.232=0.024$이므로 구하고자 하는 확률은 다음과 같다.

$$P(\hat{p}_1 - \hat{p}_2 > 0.024) = P\left(Z > \frac{0.024 - 0.02}{0.06}\right)$$
$$\approx P(Z > 0.07)$$
$$= 1 - P(Z \le 0.07)$$
$$= 1 - 0.5279 = 0.4721$$

(d) $z_{0.025} = 1.96$이므로 구하고자 하는 p_0는 다음과 같다.

$$\frac{p_0 - 0.02}{0.06} = 1.96$$
$$\Rightarrow p_0 = 0.02 + (1.96)(0.06) = 0.1376$$

30.

(a) 두 모비율이 $p_1 = p_2 = 0.93$이므로 $p_1 - p_2 = 0$이고, $n = 150$, $m = 100$이므로 다음을 얻는다.

$$\sqrt{\frac{(0.93)(0.07)}{150} + \frac{(0.93)(0.07)}{100}} \approx 0.033$$

따라서 $\hat{p}_1 - \hat{p}_2 \sim N(0, 0.033^2)$이다.

(b) $P(0.01 < \hat{p}_1 - \hat{p}_2 < 0.03)$

$$= P\left(\frac{0.01 - 0}{0.033} < Z < \frac{0.03 - 0}{0.033}\right)$$
$$\approx P(0.3 < Z < 0.91)$$
$$= P(Z < 0.91) - P(Z \le 0.3)$$
$$= 0.8186 - 0.6179 = 0.1907$$

(c) 관찰된 표본비율의 차이가 0.02이므로 구하고자 하는 확률은 다음과 같다.

$$P(\hat{p}_1 - \hat{p}_2 > 0.02) = P\left(Z > \frac{0.02 - 0}{0.033}\right)$$
$$\approx P(Z > 0.61)$$
$$= 1 - P(Z \le 0.61)$$
$$= 1 - 0.7291 = 0.2709$$

(d) $z_{0.05} = 1.645$이므로 구하고자 하는 p_0는 다음과 같다.

$$\frac{p_0}{0.033} = 1.645$$
$$\Rightarrow p_0 = (1.645)(0.033) \approx 0.054$$

Chapter 10 연습문제 해답

기초문제

1. ②

① 95% 신뢰도는 표본을 여러 번 취해서 구한 신뢰구간 중에서 모수의 참값을 포함하는 신뢰구간의 개수가 전체 신뢰구간의 95%임을 의미한다.

③ 신뢰도가 높을수록 신뢰구간의 길이는 커진다.

④ 표본의 크기가 커질수록 표본분산은 모분산에 근사한다.

⑤ 크기가 n인 표본평균은 $\overline{x} = \frac{1}{n}\sum_{i=1}^{n} x_i$이다.

2. ①

X_1, X_2가 동일한 모집단분포를 따르므로 $E(X_1) = E(X_2) = \mu$이다. 따라서 기댓값의 성질을 이용하여 각 추정량의 평균을 구하면 다음과 같다.

$$E(\hat{\mu}_1) = E(X_1) = \mu$$
$$E(\hat{\mu}_2) = \frac{1}{2}E(X_1 + X_2) = \frac{1}{2}[E(X_1) + E(X_2)]$$
$$= \frac{1}{2}(\mu + \mu) = \mu$$
$$E(\hat{\mu}_3) = \frac{1}{3}E(X_1 + 2X_2) = \frac{1}{3}[E(X_1) + 2E(X_2)]$$
$$= \frac{1}{3}(\mu + 2\mu) = \mu$$
$$E(\hat{\mu}_4) = E\left(\overline{X} + \frac{1}{2}\right) = E(\overline{X}) + \frac{1}{2} = \mu + \frac{1}{2}$$

그러므로 $\hat{\mu}_1$, $\hat{\mu}_2$, $\hat{\mu}_3$은 모평균 μ에 대한 불편추정량이고, $\hat{\mu}_4$은 편의추정량이다.

3. ⑤

X_1, X_2가 동일한 모집단분포를 따르므로 $Var(X_1) =$

$Var(X_2) = \sigma^2$이라 하면, 각 추정량의 분산은 다음과 같다.

$$Var(\hat{\mu}_1) = Var(X_1) = \sigma^2$$

$$Var(\hat{\mu}_2) = \frac{1}{4} Var(X_1 + X_2) = \frac{1}{4}[Var(X_1) + Var(X_2)] = \frac{1}{4}(\sigma^2 + \sigma^2) = \frac{\sigma^2}{2}$$

$$Var(\hat{\mu}_3) = \frac{1}{9} Var(X_1 + 2X_2) = \frac{1}{9}[Var(X_1) + 4Var(X_2)] = \frac{1}{9}(\sigma^2 + 4\sigma^2) = \frac{5}{9}\sigma^2$$

$$Var(\hat{\mu}_4) = Var\left(\overline{X} + \frac{1}{2}\right) = Var(\overline{X}) = \frac{\sigma^2}{2}$$

$Var(\hat{\mu}_2) = Var(\hat{\mu}_4) < Var(\hat{\mu}_3) < Var(\hat{\mu}_1)$이므로 모평균 μ에 대한 유효추정량은 $\hat{\mu}_2$과 $\hat{\mu}_4$이다.

4. ⑤

오차한계가 클수록 신뢰구간의 길이가 커지며, 각각의 경우에 대한 오차한계는 다음과 같다.

$$e = \frac{1.96}{\sqrt{16}} = 0.49, \quad e = \frac{(1.96)(2)}{\sqrt{16}} = 0.98,$$

$$e = \frac{(1.96)(3)}{\sqrt{16}} = 1.47, \quad e = \frac{(1.96)(4)}{\sqrt{16}} = 1.96$$

$$e = \frac{(1.96)(5)}{\sqrt{16}} = 2.45$$

5. ①

오차한계가 클수록 신뢰구간의 길이가 커지며, 각각의 경우에 대한 오차한계는 다음과 같다.

$$e = \frac{(1.96)(2)}{\sqrt{10}} \approx 1.24, \quad e = \frac{(1.96)(2)}{\sqrt{20}} \approx 0.88,$$

$$e = \frac{(1.96)(2)}{\sqrt{30}} \approx 0.72, \quad e = \frac{(1.96)(2)}{\sqrt{40}} \approx 0.62$$

$$e = \frac{(1.96)(2)}{\sqrt{50}} \approx 0.55$$

6. ⑤

신뢰도가 클수록 신뢰구간의 길이가 커진다.

7. ③

$n = 36$, $\sigma^2 = 25$, $\alpha = 0.05$, $z_{0.025} = 1.96$이므로, 모평균 μ에 대한 95% 신뢰구간의 하한과 상한은 다음과 같다.

$$\overline{x} - 1.96 \times \frac{5}{\sqrt{36}} = \overline{x} - 1.633$$

$$\overline{x} + 1.96 \times \frac{5}{\sqrt{36}} = \overline{x} + 1.633$$

따라서 모평균 μ에 대한 95% 신뢰구간은 $(\overline{x} - 1.633, \overline{x} + 1.633)$이다.

8. ③

$\alpha = 0.01$에 대해 $z_{0.005} = 2.58$이므로, 모평균에 대한 95% 신뢰구간의 하한과 상한은 다음과 같다.

$$\overline{x} - 2.58 \times \frac{\sigma}{\sqrt{16}} = \overline{x} - \frac{2.58\sigma}{4}$$

$$\overline{x} + 2.58 \times \frac{\sigma}{\sqrt{16}} = \overline{x} + \frac{2.58\sigma}{4}$$

따라서 모평균 μ에 대한 99% 신뢰구간은 $\left(\overline{x} - 2.58\frac{\sigma}{4}, \overline{x} + 2.58\frac{\sigma}{4}\right)$이다.

9. ③

$\overline{x} = 25$, $\sigma = 4$, $n = 36$이므로, 모평균 μ에 대한 95% 신뢰구간의 하한과 상한은 다음과 같다.

$$\overline{x} - 1.96 \times \frac{4}{\sqrt{36}} = 23.69$$

$$\overline{x} + 1.96 \times \frac{4}{\sqrt{36}} = 26.31$$

따라서 모평균 μ에 대한 95% 신뢰구간은 $(23.69, 26.31)$이다.

10. ①

$\overline{x} = 25$, $s = 4$이고, $n = 100(\geq 30)$으로 n이 충분히 크므로 모평균 μ에 대한 95% 근사신뢰구간의 하한과 상한은 다음과 같다.

$$\overline{x} - 1.96 \times \frac{4}{\sqrt{100}} = 24.22$$

$$\overline{x} + 1.96 \times \frac{4}{\sqrt{100}} = 25.78$$

따라서 모평균 μ에 대한 95% 근사신뢰구간은 $(24.22, 25.78)$이다.

11. ③

$\bar{x}=20$, $s=4$, $n=16$이므로, 모평균 μ에 대한 95% 신뢰구간의 하한과 상한은 다음과 같다.

$$\bar{x}-t_{0.025}(15)\frac{4}{\sqrt{16}}=20-2.131\frac{4}{\sqrt{16}}=17.869$$
$$\bar{x}+t_{0.025}(15)\frac{4}{\sqrt{16}}=20+2.131\frac{4}{\sqrt{16}}=22.131$$

따라서 모평균 μ에 대한 95% 신뢰구간은 $(17.869, 22.131)$이다.

12. ④

$\bar{x}=9$, $s=1.5$, $n=25$이므로, 모평균 μ에 대한 90% 신뢰구간의 하한과 상한은 다음과 같다.

$$\bar{x}-t_{0.05}(24)\frac{1.5}{\sqrt{25}}=9-1.711\frac{1.5}{\sqrt{25}}=8.487$$
$$\bar{x}+t_{0.05}(24)\frac{1.5}{\sqrt{25}}=9+1.711\frac{1.5}{\sqrt{25}}=9.513$$

따라서 모평균 μ에 대한 90% 신뢰구간은 $(8.487, 9.513)$이다.

13. ⑤

$\bar{x}=14$, $\bar{y}=11$이므로 $\bar{x}-\bar{y}=3$이고 $\sigma_1^2=5$, $n=25$, $\sigma_2^2=4$, $m=25$이므로, 두 모평균의 차 $\mu_1-\mu_2$에 대한 95% 신뢰구간의 하한과 상한은 다음과 같다.

$$3-1.96\times\sqrt{\frac{5}{25}+\frac{4}{25}}=1.824$$
$$3+1.96\times\sqrt{\frac{5}{25}+\frac{4}{25}}=4.176$$

따라서 두 모평균의 차 $\mu_1-\mu_2$에 대한 95% 신뢰구간은 $(1.824,\ 4.176)$이다.

14. ②

$\bar{x}=111$, $\bar{y}=97$이므로 $\bar{x}-\bar{y}=14$이고 $\sigma_1^2=25$, $n=18$, $\sigma_2^2=16$, $m=24$이므로, 두 모평균의 차 $\mu_1-\mu_2$에 대한 95% 신뢰구간의 하한과 상한은 다음과 같다.

$$14-1.96\times\sqrt{\frac{25}{18}+\frac{16}{24}}=11.19$$
$$14+1.96\times\sqrt{\frac{25}{18}+\frac{16}{24}}=16.81$$

따라서 두 모평균의 차 $\mu_1-\mu_2$에 대한 95% 신뢰구간은 $(11.19,\ 16.81)$이다.

15. ③

$\bar{x}=36$, $\bar{y}=29$이므로 $\bar{x}-\bar{y}=7$이고 $s_1=2.2$, $s_2=2.4$, $n=15$, $m=11$, $t_{0.05}(24)=1.711$이므로, 합동표본분산과 합동표본표준편차는 다음과 같다.

$$s_p^2=\frac{1}{24}\left[(14)(2.2)^2+(10)(2.4)^2\right]=5.223$$
$$s_p\approx 2.285$$

따라서 두 모평균의 차에 대한 90% 신뢰구간의 하한과 상한은 다음과 같다.

$$7-(1.711)(2.285)\sqrt{\frac{1}{15}+\frac{1}{11}}=5.448$$
$$7+(1.711)(2.285)\sqrt{\frac{1}{15}+\frac{1}{11}}=8.552$$

그러므로 두 모평균의 차에 대한 90% 신뢰구간은 $(5.448,\ 8.552)$이다.

16. ④

$\bar{x}=20.3$, $\bar{y}=15.6$이므로 $\bar{x}-\bar{y}=4.7$이고 $s_1=2.4$, $s_2=2.0$, $n=13$, $m=11$, $t_{0.025}(22)=2.074$이므로, 합동표본분산과 합동표본표준편차는 다음과 같다.

$$s_p^2=\frac{1}{22}\left[(12)(2.4)^2+(10)(2.0)^2\right]=4.96$$
$$s_p\approx 2.227$$

따라서 두 모평균의 차에 대한 95% 신뢰구간의 하한과 상한은 다음과 같다.

$$4.7-(2.074)(2.227)\sqrt{\frac{1}{13}+\frac{1}{11}}=2.808$$
$$4.7+(2.074)(2.227)\sqrt{\frac{1}{13}+\frac{1}{11}}=6.592$$

그러므로 두 모평균의 차에 대한 95% 신뢰구간은 $(2.808,\ 6.592)$이다.

17. ②

$n=500$, $\hat{p}=0.08$, $\hat{q}=0.92$이므로 신뢰구간의 하한과 상한은 다음과 같다.

$$\hat{p}-1.645\sqrt{\frac{\hat{p}\hat{q}}{n}}=0.08-1.645\sqrt{\frac{(0.08)(0.92)}{500}}\approx 0.060$$

$$\hat{p}+1.645\sqrt{\frac{\hat{p}\hat{q}}{n}}=0.08+1.645\sqrt{\frac{(0.08)(0.92)}{500}}\approx 0.100$$

따라서 모비율에 대한 90% 신뢰구간은 $(0.060, 0.100)$이다.

18. ④

$n=1500$, $\hat{p}=0.23$, $\hat{q}=0.77$이므로, 신뢰구간의 하한과 상한은 다음과 같다.

$$\hat{p}-1.96\sqrt{\frac{\hat{p}\hat{q}}{n}}=0.23-1.96\sqrt{\frac{(0.23)(0.77)}{1500}}\approx 0.209$$

$$\hat{p}+1.96\sqrt{\frac{\hat{p}\hat{q}}{n}}=0.23+1.96\sqrt{\frac{(0.23)(0.77)}{1500}}\approx 0.251$$

따라서 모비율에 대한 95% 신뢰구간은 $(0.209, 0.251)$이다.

19. ⑤

$\hat{p}_1=0.754$, $\hat{p}_2=0.736$, $n=550$, $m=700$이고 $\hat{p}_1-\hat{p}_2=0.018$이므로 신뢰구간의 하한과 상한은 다음과 같다.

$$(\hat{p}_1-\hat{p}_2)-1.96\sqrt{\frac{\hat{p}_1\hat{q}_1}{n}+\frac{\hat{p}_2\hat{q}_2}{m}}$$
$$=0.018-1.96\sqrt{\frac{(0.754)(0.246)}{550}+\frac{(0.736)(0.264)}{700}}$$
$$\approx -0.031$$

$$(\hat{p}_1-\hat{p}_2)+1.96\sqrt{\frac{\hat{p}_1\hat{q}_1}{n}+\frac{\hat{p}_2\hat{q}_2}{m}}$$
$$=0.018+1.96\sqrt{\frac{(0.754)(0.246)}{550}+\frac{(0.736)(0.264)}{700}}$$
$$\approx 0.067$$

따라서 모비율의 차에 대한 95% 신뢰구간은 $(-0.031, 0.067)$이다.

20. ④

$\hat{p}_1=0.441$, $\hat{p}_2=0.411$, $n=250$, $m=260$이고 $\hat{p}_1-\hat{p}_2=0.03$이므로, 신뢰구간의 하한과 상한은 다음과 같다.

$$(\hat{p}_1-\hat{p}_2)-1.645\sqrt{\frac{\hat{p}_1\hat{q}_1}{n}+\frac{\hat{p}_2\hat{q}_2}{m}}$$
$$=0.03-1.645\sqrt{\frac{(0.441)(0.559)}{250}+\frac{(0.411)(0.589)}{260}}$$
$$\approx -0.042$$

$$(\hat{p}_1-\hat{p}_2)+1.96\sqrt{\frac{\hat{p}_1\hat{q}_1}{n}+\frac{\hat{p}_2\hat{q}_2}{m}}$$
$$=0.03+1.645\sqrt{\frac{(0.441)(0.559)}{250}+\frac{(0.411)(0.589)}{260}}$$
$$\approx 0.102$$

따라서 모비율의 차에 대한 90% 신뢰구간은 $(-0.042, 0.102)$이다.

21. ③

$$n\ge\left((1.96)\frac{4}{1}\right)^2\approx 61.47 \quad\Rightarrow\quad n=62$$

22. ⑤

$$n\ge\left(\frac{1.96}{(2)(0.05)}\right)^2=384.16 \quad\Rightarrow\quad n=385$$

응용문제

23.

(a) $E(\hat{\mu}_1)=\frac{1}{3}E(X_1+X_2+X_3)=\frac{1}{3}(\mu+\mu+\mu)$
$=\mu$,

$E(\hat{\mu}_2)=\frac{1}{4}E(X_1+2X_2+X_3)=\frac{1}{4}(\mu+2\mu+\mu)$
$=\mu$,

$E(\hat{\mu}_3)=\frac{1}{3}E(2X_1+X_2+2X_3)$
$=\frac{1}{3}(2\mu+\mu+2\mu)=\frac{5}{3}\mu$

따라서 불편추정량은 $\hat{\mu}_1$, $\hat{\mu}_2$이다.

(b) $Var(\hat{\mu}_1) = \frac{1}{9} Var(X_1 + X_2 + X_3)$

$$= \frac{1}{9}(4+7+14) \approx 2.78$$

$$Var(\hat{\mu}_2) = \frac{1}{16} Var(X_1 + 2X_2 + X_3)$$

$$= \frac{1}{16}(4+(4)(7)+14) = 2.875$$

$$Var(\hat{\mu}_3) = \frac{1}{9} Var(2X_1 + X_2 + 2X_3)$$

$$= \frac{1}{9}((4)(4)+7+(4)(14)) \approx 8.78$$

따라서 최소분산 불편추정량은 $\hat{\mu}_1$ 이다.

24.

$E(X_1) = E(X_2) = \mu$이므로 다음을 얻는다.

$$E(\hat{\mu}) = E\left(\frac{aX_1 + bX_2}{a+b}\right)$$

$$= \frac{1}{a+b}[aE(X_1) + bE(X_2)]$$

$$= \frac{a\mu + b\mu}{a+b} = \mu$$

따라서 점추정량 $\hat{\mu}$은 모평균 μ에 대한 불편추정량이다.

25.

$z_{0.025} = 1.96$이고, $\sigma = \sqrt{0.4} \approx 0.632$, $n = 30$이므로 평균 직경에 대한 95% 신뢰구간의 하한과 상한은 다음과 같다.

$$\bar{x} - z_{0.025}\frac{\sigma}{\sqrt{n}} = 25 - 1.96\frac{0.632}{\sqrt{30}} \approx 24.77$$

$$\bar{x} + z_{0.025}\frac{\sigma}{\sqrt{n}} = 25 - 1.96\frac{0.632}{\sqrt{30}} \approx 25.23$$

따라서 평균 직경에 대한 95% 신뢰구간은 (24.77, 25.23)이다.

26.

$t_{0.025}(29) = 2.045$이고, $s = \sqrt{0.44} \approx 0.663$이므로 평균 직경에 대한 95% 신뢰구간의 하한과 상한은 다음과 같다.

$$\bar{x} - t_{0.025}(29)\frac{s}{\sqrt{n}} = 25 - 2.045\frac{0.663}{\sqrt{30}} \approx 24.75$$

$$\bar{x} + t_{0.025}(29)\frac{s}{\sqrt{n}} = 25 + 2.045\frac{0.663}{\sqrt{30}} \approx 25.25$$

따라서 평균 직경에 대한 95% 신뢰구간은 (24.75, 25.25)이다.

27.

$z_{0.05} = 1.645$이고 $\sigma = \sqrt{1.5} \approx 1.225$, $n = 25$이므로, 모평균 μ에 대한 90% 신뢰구간의 하한과 상한은 다음과 같다.

$$\bar{x} - z_{0.05}\frac{\sigma}{\sqrt{n}} = 12 - 1.645\frac{1.225}{\sqrt{25}} \approx 11.597$$

$$\bar{x} + z_{0.05}\frac{\sigma}{\sqrt{n}} = 12 + 1.645\frac{1.225}{\sqrt{25}} \approx 12.403$$

따라서 모평균 μ에 대한 90% 신뢰구간은 (11.597, 12.403)이다.

28.

$t_{0.05}(30) = 1.697$이고, $s = \sqrt{2.25} = 1.5$이므로, 모평균 μ에 대한 90% 신뢰구간의 하한과 상한은 다음과 같다.

$$\bar{x} - t_{0.05}(30)\frac{s}{\sqrt{n}} = 28 - 1.697\frac{1.5}{\sqrt{31}} \approx 27.54$$

$$\bar{x} + t_{0.05}(30)\frac{s}{\sqrt{n}} = 28 + 1.697\frac{1.5}{\sqrt{31}} \approx 28.46$$

따라서 모평균 μ에 대한 90% 신뢰구간은 (27.54, 28.46)이다.

29.

$\bar{x} = 34.5$, $\bar{y} = 32.1$이므로 $\bar{x} - \bar{y} = 2.4$이고, $\sigma_1^2 = \sigma_2^2 = 9$, $n = 16$, $m = 36$이므로, 신뢰구간의 하한과 상한은 다음과 같다.

$$(\bar{x} - \bar{y}) - 1.96\sqrt{\frac{\sigma_1^2}{n} + \frac{\sigma_2^2}{m}}$$

$$= 2.4 - 1.96\sqrt{\frac{9}{16} + \frac{9}{36}} \approx 0.633$$

$$(\bar{x} - \bar{y}) + 1.645\sqrt{\frac{\sigma_1^2}{n} + \frac{\sigma_2^2}{m}}$$

$$= 4 + 1.645\sqrt{\frac{16}{25} + \frac{25}{16}} \approx 4.167$$

따라서 두 모평균의 차에 대한 95% 신뢰구간은 (0.633, 4.167)이다.

30.

$\bar{x} = 59.4$, $\bar{y} = 53.2$이므로 $\bar{x} - \bar{y} = 6.2$이고, $s_1^2 = 6.25$, $s_2^2 = 11.56$, $n = 17$, $m = 13$이다. 따라서 합동표본분산과 합동표본표준편차는 다음과 같다.

$$s_p^2 = \frac{1}{28}[(16)(6.25)+(12)(11.56)] \approx 8.5257$$

$$s_p = \sqrt{8.5257} \approx 2.92$$

$t_{0.005}(28) = 2.763$이므로 신뢰구간의 하한과 상한은 다음과 같다.

$$(\bar{x}-\bar{y}) - t_{0.005}(28)\,s_p\sqrt{\frac{1}{n}+\frac{1}{m}}$$

$$= 6.2 - (2.763)(2.92)\sqrt{\frac{1}{17}+\frac{1}{13}} \approx 3.228$$

$$(\bar{x}-\bar{y}) + t_{0.005}(28)\,s_p\sqrt{\frac{1}{n}+\frac{1}{m}}$$

$$= 6.2 + (2.763)(2.92)\sqrt{\frac{1}{17}+\frac{1}{13}} \approx 9.172$$

따라서 두 모평균의 차에 대한 99% 신뢰구간은 (3.228, 9.172)이다.

31.

$z_{0.025} = 1.96$, $n = 1500$, $\hat{p} = \frac{575}{1500} \approx 0.383$이므로, 95% 신뢰구간의 하한과 상한은 다음과 같다.

$$\hat{p} - 1.96\sqrt{\frac{\hat{p}\hat{q}}{n}} = 0.383 - 1.96\sqrt{\frac{(0.383)(0.617)}{1500}} \approx 0.358$$

$$\hat{p} + 1.96\sqrt{\frac{\hat{p}\hat{q}}{n}} = 0.383 + 1.96\sqrt{\frac{(0.383)(0.617)}{1500}} \approx 0.408$$

따라서 A 후보의 지지율에 대한 95% 신뢰구간은 (0.358, 0.408)이다

32.

$z_{0.05} = 1.645$, $n = 1450$, $\hat{p} = \frac{889}{1450} \approx 0.613$이므로 90% 신뢰구간의 하한과 상한은 다음과 같다.

$$\hat{p} - 1.645\sqrt{\frac{\hat{p}\hat{q}}{n}} = 0.613 - 1.645\sqrt{\frac{(0.613)(0.387)}{1450}} \approx 0.592$$

$$\hat{p} + 1.645\sqrt{\frac{\hat{p}\hat{q}}{n}} = 0.613 + 1.645\sqrt{\frac{(0.613)(0.387)}{1450}} \approx 0.634$$

따라서 20대 청년의 취업률에 대한 90% 신뢰구간은 (0.592, 0.634)이다

33.

$\hat{p}_1 = 0.753$, $\hat{p}_2 = 0.435$이므로 $\hat{p}_1 - \hat{p}_2 = 0.318$이고 $z_{0.05} = 1.645$, $n = 990$, $m = 1050$이므로, 신뢰구간의 하한과 상한은 다음과 같다.

$$(\hat{p}_1 - \hat{p}_2) - 1.96\sqrt{\frac{\hat{p}_1\hat{q}_1}{n}+\frac{\hat{p}_2\hat{q}_2}{m}}$$

$$= 0.318 - 1.645\sqrt{\frac{(0.735)(0.265)}{990}+\frac{(0.435)(0.565)}{1050}}$$

$$\approx 0.284$$

$$(\hat{p}_1 - \hat{p}_2) + 1.96\sqrt{\frac{\hat{p}_1\hat{q}_1}{n}+\frac{\hat{p}_2\hat{q}_2}{m}}$$

$$= 0.318 + 1.645\sqrt{\frac{(0.735)(0.265)}{990}+\frac{(0.435)(0.565)}{1050}}$$

$$\approx 0.352$$

따라서 길거리 스마트폰 사용 찬성률의 차에 대한 90% 신뢰구간은 (0.284, 0.352)이다.

34.

$\hat{p}_1 = \frac{138}{150} = 0.92$, $\hat{p}_2 = \frac{148}{164} \approx 0.902$이므로 $\hat{p}_1 - \hat{p}_2 = 0.012$이고 $z_{0.025} = 1.96$, $n = 150$, $m = 164$이므로, 신뢰구간의 하한과 상한은 다음과 같다.

$$(\hat{p}_1 - \hat{p}_2) - 1.96\sqrt{\frac{\hat{p}_1\hat{q}_1}{n}+\frac{\hat{p}_2\hat{q}_2}{m}}$$

$$= 0.012 - 1.96\sqrt{\frac{(0.92)(0.08)}{150}+\frac{(0.902)(0.098)}{164}}$$

$$\approx -0.051$$

$$(\hat{p}_1 - \hat{p}_2) + 1.96\sqrt{\frac{\hat{p}_1\hat{q}_1}{n}+\frac{\hat{p}_2\hat{q}_2}{m}}$$

$$= 0.012 + 1.96\sqrt{\frac{(0.92)(0.08)}{150}+\frac{(0.902)(0.098)}{164}}$$

$$\approx 0.075$$

따라서 두 약품의 치료율의 차이에 대한 95% 신뢰구간은 (−0.051, 0.075)이다.

35.

$z_{0.025} = 1.96$, $d = 1.5$, $\sigma = 5$이므로 표본의 크기는 다음과 같다.

$$n \geq \left(1.96 \times \frac{5}{1.5}\right)^2 \approx 42.68 \quad \Rightarrow \quad n = 43$$

36.

(a) $z_{0.025} = 1.96$, $d = 0.05$, $p^* = 0.07$이므로 표본의 크기는 다음과 같다.

$$n \geq \left(\frac{1.96}{0.05}\right)^2 (0.07)(0.93) \approx 100.035 \quad \Rightarrow \quad n = 101$$

(b) $z_{0.025} = 1.96$, $d = 0.05$이므로 표본의 크기는 다음과 같다.

$$n \geq \left(\frac{1.96}{(2)(0.05)}\right)^2 = 384.16 \quad \Rightarrow \quad n = 385$$

Chapter 11 연습문제 해답

기초문제

1. ③

① p-값은 관찰값에 의해 H_0를 기각할 가장 작은 유의수준이다.

② 제1종 오류는 참인 H_0를 기각함으로써 발생하는 오류이다.

④ 대립가설은 타당성을 입증해야 할 귀무가설에 대립되는 가설이다.

⑤ 가설의 등호는 귀무가설에만 사용한다.

2. ④

상단측검정에 대한 검정 순서는 다음과 같다.

❶ $H_0: \mu \leq 25$, $H_1: \mu > 25$(주장)이다.

❷ 유의수준이 5%이므로 기각역은 $Z > 1.645$이다.

❸ 검정통계량은 $Z = \dfrac{\overline{X} - 25}{4/\sqrt{50}} \approx \dfrac{\overline{X} - 25}{0.5657}$이다.

❹ 검정통계량의 관찰값은 $z_0 \approx 1.77$이다.

❺ 검정통계량의 관찰값이 기각역 안에 놓이므로 귀무가설 H_0를 기각한다. 즉 $\mu > 25$를 기각할 수 없다.

3. ②

$\sigma = 2$, $n = 25$, $\overline{x} = 5.78$이므로 검정통계량의 관찰값은 $z_0 = \dfrac{5.78 - 5}{2/\sqrt{25}} = 1.95$이다. 양측검정이므로 p-값은 다음과 같다.

$$p\text{-값} = 2[1 - P(Z < 1.95)] = 2(1 - 0.9744) = 0.0512$$

p-값 $= 0.0512 > \alpha = 0.05$이므로 귀무가설 $\mu = 5$를 기각할 수 없다. 즉 $\mu = 5$를 채택한다.

4. ④

검정 과정은 다음과 같다.

❶ $H_0: \mu \leq 4$, $H_1: \mu > 4$이다.

❷ 유의수준이 5%인 상단측검정이므로 기각역은 $Z > 1.645$이다.

❸ $\sigma = 3$, $\overline{x} = 4.8$, $n = 36$이므로 검정통계량의 관찰값은 $z_0 = \dfrac{4.8 - 4}{3/\sqrt{36}} = 1.6$이다.

❹ $z_0 = 1.6$은 기각역 안에 놓이지 않으므로 귀무가설 $H_0: \mu \leq 4$를 기각하지 않는다. 즉 $\mu \leq 4$를 채택한다.

❺ p-값 $= 0.0548 > 0.05$이므로 $H_0: \mu \leq 4$를 기각하지 않는다.

5. ⑤

검정 과정은 다음과 같다.

❶ $H_0: \mu \geq 50$, $H_1: \mu < 50$이다.

❷ 유의수준이 2.5%인 하단측검정이므로 기각역은 $Z < -1.96$이다.

❸ $\sigma = 4$, $\overline{x} = 48.9$, $n = 64$이므로 검정통계량의 관찰값은 $z_0 = \dfrac{48.9 - 50}{4/\sqrt{64}} = -2.2$이다.

❹ $z_0 = -2.2$는 기각역 안에 놓이므로 귀무가설 $H_0: \mu \geq 50$을 기각한다.

❺ p-값 $= 0.0139 < 0.025$이므로 $H_0: \mu \geq 50$을 기각한다.

6. ③

검정 과정은 다음과 같다.

❶ $H_0: \mu_1 - \mu_2 = 0$, $H_1: \mu_1 - \mu_2 \neq 0$이다.

❷ 기각역은 $Z < -1.96$ 또는 $Z > 1.96$이다.

❸ $\sigma_1^2 = 9.61$, $\sigma_2^2 = 12.25$, $n = 25$, $m = 25$이므로 검정통계량은 다음과 같다.

$$Z = \frac{\overline{X} - \overline{Y}}{\sqrt{(9.61 + 12.25)/25}} \approx \frac{\overline{X} - \overline{Y}}{0.935}$$

❹ $\overline{x} = 48.2$, $\overline{y} = 50.1$이므로 검정통계량의 관찰값은 $z_0 = \frac{48.2 - 50.1}{0.935} = -2.03$이다.

❺ 관찰값 $z_0 = -2.03$은 기각역 안에 놓이므로 귀무가설 $H_0: \mu_1 - \mu_2 = 0$을 기각한다.

❻ p-값$= 0.0424 < 0.05$이고 귀무가설을 기각한다.

7. ⑤

검정 과정은 다음과 같다.

❶ $H_0: \mu_1 - \mu_2 = 0$, $H_1: \mu_1 - \mu_2 \neq 0$이다.

❷ 기각역은 $Z < -1.96$ 또는 $Z > 1.96$이다.

❸ 검정통계량 $Z = \dfrac{\overline{X} - \overline{Y}}{\sqrt{\dfrac{\sigma_1^2}{n} + \dfrac{\sigma_2^2}{m}}}$의 관찰값은 $z_0 \approx 2.02$이다.

❹ 관찰값 $z_0 \approx 2.02$는 기각역 안에 놓이므로 귀무가설 $H_0: \mu_1 - \mu_2 = 0$을 기각한다.

❺ p-값$= 2(1 - 0.9778) = 0.0444 < 0.05$이므로 귀무가설 $H_0: \mu_1 - \mu_2 = 0$을 기각한다.

8. ③

검정 과정은 다음과 같다.

❶ $H_0: \mu_1 - \mu_2 = 0$, $H_1: \mu_1 - \mu_2 \neq 0$이다.

❷ 기각역은 $T < -2.086$ 또는 $T > 2.086$이다.

❸ 검정통계량 $T = \dfrac{\overline{X} - \overline{Y}}{s_p \sqrt{\dfrac{1}{n} + \dfrac{1}{m}}}$의 관찰값은 $t_0 \approx 1.45$이다.

❹ 관찰값 $t_0 \approx 1.45$는 기각역 안에 놓이지 않으므로 귀무가설 $H_0: \mu_1 - \mu_2 = 0$을 기각할 수 없다.

❺ p-값$= 2(1 - 0.9265) = 0.147 > 0.05$이므로 귀무가설 $H_0: \mu_1 - \mu_2 = 0$을 기각할 수 없다.

9. ④

검정 과정은 다음과 같다.

❶ $H_0: p = 0.9$, $H_1: p \neq 0.9$이다.

❷ 유의수준이 5%인 양측검정이므로 기각역은 $Z < -1.96$ 또는 $Z > 1.96$이다.

❸ 표본비율은 $\hat{p} = \frac{83}{100} = 0.83$이다.

❹ 검정통계량의 관찰값은 $z_0 = \frac{0.83 - 0.9}{\sqrt{0.9 \times 0.1/100}} \approx -2.33$이다.

❺ 검정통계량의 관찰값이 기각역 안에 놓이므로 귀무가설 $H_0: p = 0.9$를 기각한다.

❻ p-값$= 0.0198 < 0.05$이고 귀무가설을 기각한다.

10. ②

검정 과정은 다음과 같다.

❶ $H_0: p \ge 0.05$, $H_1: p < 0.05$이다.

❷ 기각역은 $Z < -1.645$이다.

❸ $n = 1000$, $\hat{p} = 0.038$이므로 검정통계량의 관찰값은 $z_0 = \frac{0.038 - 0.05}{\sqrt{0.05 \times 0.95/1000}} \approx -1.74$이다.

❹ 검정통계량의 관찰값이 기각역 안에 놓이므로 귀무가설 $H_0: p \ge 0.05$를 기각한다.

❺ p-값$= 0.0409 < 0.05$이고 귀무가설을 기각한다.

11. ④

상단측검정에 대한 검정 과정은 다음과 같다.

❶ $H_0: p \le 0.001$, $H_1: p > 0.001$이다.

❷ 상단측검정이므로 기각역은 $Z > 1.645$이다.

❸ 표본비율은 $\hat{p} = \frac{7}{4000} = 0.00175$이다.

❹ 검정통계량의 관찰값은 $z_0 = \frac{0.00175 - 0.001}{\sqrt{0.001 \times 0.999/4000}} \approx 1.5$이다.

❺ 검정통계량의 관찰값이 기각역 안에 놓이지 않으므로 귀무가설 $p \le 0.001$을 기각할 수 없다.

❻ p-값$= 0.0668 > 0.05$이고 귀무가설을 기각할 수 없다.

12. ④

검정 과정은 다음과 같다.

❶ $H_0: p_1 - p_2 = 0$, $H_1: p_1 - p_2 \neq 0$이다.

❷ 기각역은 $Z < -1.96$ 또는 $Z > 1.96$이다.

❸ $n=500$, $m=500$, $\hat{p}_1=0.4$, $\hat{p}_2=0.45$이므로 표본의 성공의 횟수는 각각 200, 225이고, 합동표본비율은 $\hat{p}=\dfrac{200+225}{500+500}=0.425$, $\hat{q}=0.575$이다.

❹ 검정통계량은 다음과 같다.

$$Z=\frac{\hat{p}_1-\hat{p}_2}{\sqrt{0.425\times0.575\times\dfrac{2}{500}}}\approx\frac{\hat{p}_1-\hat{p}_2}{0.03127}$$

❺ 검정통계량의 관찰값 $z_0=\dfrac{0.4-0.45}{0.03127}\approx-1.6$은 기각역 안에 놓이지 않으므로 귀무가설 $H_0: p_1-p_2=0$을 기각할 수 없다.

❻ p-값$=0.1096>0.05$이고 귀무가설을 기각할 수 없다. 즉 귀무가설을 기각하지 않는다.

응용문제

13.

❶ $H_0: \mu=156$, $H_1: \mu\neq156$

❷ 유의수준이 5%이므로 기각역은 $Z<-1.96$ 또는 $Z>1.96$이다.

❸ 검정통계량은 $Z=\dfrac{\overline{X}-156}{3.9/\sqrt{25}}=\dfrac{\overline{X}-156}{0.78}$이다.

❹ 검정통계량의 관찰값은 $z_0=\dfrac{157.7-156}{0.78}\approx2.17$이다.

❺ 검정통계량의 관찰값이 기각역 안에 놓이므로 귀무가설 $\mu=156$을 기각한다.

14.

❶ $H_0: \mu\leq56$, $H_1: \mu>56$이다.

❷ 검정통계량은 $Z=\dfrac{\overline{X}-56}{2/\sqrt{36}}=3(\overline{X}-56)$이다.

❸ 검정통계량의 관찰값은 $z_0=3(56.8-56)=2.4$이다.

❹ p-값$=P(Z>2.4)=1-0.9918=0.0082<0.05$이므로 귀무가설 $\mu\leq56$을 기각한다.

15.

❶ $H_0: \mu\geq4.5$, $H_1: \mu<4.5$이다.

❷ 검정통계량은 $Z=\dfrac{\overline{X}-4.5}{3/\sqrt{25}}=\dfrac{5(\overline{X}-4.5)}{3}$이다.

❸ 검정통계량의 관찰값은 $z_0=\dfrac{5(5.4-4.5)}{3}=1.5$이다.

❹ p-값 $=P(Z>1.5)=1-0.9332=0.0668>0.05$이므로 귀무가설 $\mu\geq4.5$를 기각할 수 없다. 즉 모평균이 4.5 미만이라는 주장은 타당하다고 할 수 없다.

16.

❶ $H_0: \mu=88.8$, $H_1: \mu\neq88.8$이다.

❷ 유의수준이 5%이므로 기각역은 다음과 같다.

$T<-t_{0.025}(10)=2.228$ 또는 $T>t_{0.025}(10)=2.228$

❸ 검정통계량은 $T=\dfrac{\overline{X}-88.8}{4/\sqrt{11}}\approx\dfrac{\overline{X}-88.8}{1.206}$이다.

❹ 검정통계량의 관찰값은 $t_0=\dfrac{91.2-88.8}{1.206}\approx1.99$이다.

❺ 검정통계량의 관찰값이 기각역 안에 놓이지 않으므로 귀무가설 $\mu=88.8$을 기각할 수 없다.

17.

❶ $H_0: \mu\leq7.5$, $H_1: \mu>7.5$이다.

❷ 유의수준이 5%이므로 기각역은 $T>t_{0.05}(14)=1.761$이다.

❸ 검정통계량은 $T=\dfrac{\overline{X}-7.5}{3/\sqrt{15}}\approx\dfrac{\overline{X}-7.5}{0.775}$이다.

❹ 검정통계량의 관찰값은 $t_0\approx\dfrac{8.9-7.5}{0.775}\approx1.81$이다.

❺ 검정통계량의 관찰값이 기각역 안에 놓이므로 귀무가설 $\mu\leq7.5$를 기각한다.

18.

❶ $H_0: \mu_1-\mu_2=0$, $H_1: \mu_1-\mu_2\neq0$이다.

❷ 기각역은 $Z<-1.96$ 또는 $Z>1.96$이다.

❸ 검정통계량은 $Z=\dfrac{\overline{X}-\overline{Y}}{\sqrt{\dfrac{\sigma_1^2}{n}+\dfrac{\sigma_2^2}{m}}}$이다.

❹ 검정통계량의 관찰값은 $z_0\approx2.148$이다.

❺ 검정통계량의 관찰값이 기각역 안에 놓이므로 귀무가설 $H_0: \mu_1 - \mu_2 = 0$을 기각한다. 즉 모평균에 차이가 없다는 주장을 기각한다.

19.

❶ $H_0: \mu_1 - \mu_2 = 0$, $H_1: \mu_1 - \mu_2 \neq 0$이다.

❷ 기각역은 다음과 같다.

$$T < -t_{0.025}(18) = -2.101 \text{ 또는 } T > t_{0.025}(18) = 2.101$$

❸ $s_p^2 = \dfrac{(7)(3.5) + (11)(4.3)}{18} \approx 3.9889$

$s_p \approx \sqrt{39889} \approx 1.9972$

❹ 검정통계량 $T = \dfrac{\overline{X} - \overline{Y}}{1.9972\sqrt{\dfrac{1}{n} + \dfrac{1}{m}}}$의 관찰값은 $t_0 \approx 1.316$이다.

❺ 검정통계량의 관찰값이 기각역 안에 놓이지 않으므로 귀무가설 $H_0: \mu_1 - \mu_2 = 0$을 기각할 수 없다.

20.

(a) ❶ $H_0: p = 0.5$, $H_1: p \neq 0.5$이다.

❷ 기각역은 $Z < -1.96$ 또는 $Z > 1.96$이다.

❸ 검정통계량은 $Z = \dfrac{\hat{p} - 0.5}{\sqrt{0.25/510}} \approx \dfrac{\hat{p} - 0.5}{0.0221}$이다.

❹ $\hat{p} = \dfrac{510}{900} \approx 0.5667$이므로 통계량의 관찰값은

$z_0 = \dfrac{0.5667 - 0.5}{0.0221} \approx 3.0181$이다.

❺ $z_0 \approx 3.0181$이 기각역 안에 놓이므로 귀무가설을 기각한다. 즉 국민의 절반이 이 정책을 지지한다는 주장은 타당하다고 할 수 없다.

(b) 검정통계량은 $Z = \dfrac{\hat{p} - 0.5}{\sqrt{0.25/51}} \approx \dfrac{\hat{p} - 0.5}{0.07}$이다.

$\hat{p} = \dfrac{51}{90} \approx 0.5667$이므로 통계량의 관찰값은

$z_0 = \dfrac{0.5667 - 0.5}{0.07} \approx 0.953$이다. 관찰값 z_0가 기각역 안에 놓이지 않으므로 귀무가설을 기각할 수 없다. 즉 국민의 절반이 이 정책을 지지한다는 주장은 타당하다.

21.

❶ $H_0: p \geq 0.254$, $H_1: p < 0.254$이다.

❷ 기각역은 $Z < -z_{0.05} = -1.645$이다.

❸ 검정통계량은 $Z = \dfrac{\hat{p} - 0.254}{\sqrt{(0.254)(0.746)/521}} \approx \dfrac{\hat{p} - 0.254}{0.0191}$이다.

❹ $\hat{p} = \dfrac{117}{521} \approx 0.2246$이므로 통계량의 관찰값은

$z_0 = \dfrac{0.2246 - 0.254}{0.0191} \approx -1.54$이다.

❺ $z_0 \approx -1.54$가 기각역 안에 놓이지 않으므로 귀무가설을 기각할 수 없다. 즉 20대 여성 중 25.4% 이상이 건강 다이어트 식품을 복용한다는 주장은 타당하다.

22.

❶ 대도시와 농어촌의 지지율을 각각 p_1, p_2라 하면, $H_0: p_1 - p_2 = 0$, $H_1: p_1 - p_2 \neq 0$이다.

❷ 두 표본비율과 합동표본비율은 각각 다음과 같다.

$$\hat{p}_1 = \frac{1007}{1521} \approx 0.662, \quad \hat{p}_2 = \frac{507}{815} \approx 0.622$$

$$\hat{p} = \frac{1007 + 507}{1521 + 815} \approx 0.648$$

❸ 기각역은 $Z < -1.96$ 또는 $Z > 1.96$이다.

❹ 검정통계량의 관찰값은 다음과 같다.

$$z_0 = \frac{0.662 - 0.622}{\sqrt{(0.648)(0.352)\left(\dfrac{1}{1521} + \dfrac{1}{815}\right)}} \approx 1.929$$

❺ $z_0 \approx 1.929$는 기각역 안에 놓이지 않으므로 귀무가설을 기각할 수 없다. 즉 대도시와 농어촌의 지지율이 같다는 주장은 타당하다.

23.

❶ 공장 A와 공장 B의 불량률을 각각 p_1, p_2라 하면, $H_0: p_1 - p_2 \leq 0.001$, $H_1: p_1 - p_2 > 0.001$이다.

❷ 두 표본비율은 각각 다음과 같다.

$$\hat{p}_1 = \frac{81}{1540} \approx 0.0526, \quad \hat{p}_2 = \frac{69}{1755} \approx 0.0393$$

❸ 기각역은 $Z < -1.96$ 또는 $Z > 1.96$이다.

❹ 검정통계량의 관찰값은 다음과 같다.

$$z_0 = \frac{(0.0526 - 0.0393) - 0.001}{\sqrt{\dfrac{(0.0526)(0.9474)}{1540} + \dfrac{(0.0393)(0.9607)}{1755}}} \approx 1.676$$

❺ $z_0 \approx 1.676$은 기각역 안에 놓이지 않으므로 귀무가설을 기각할 수 없다. 즉 공장 A의 불량률이 공장 B의 불량률보다 0.1%를 초과한다는 주장은 타당하다고 할 수 없다.

찾아보기

찾아보기

찾아보기